Deutsches Dachdeckerhandwerk

Regeln für Abdichtungen

Deutsches Dachdeckerhandwerk
– Regelwerk –

Fachregel für Abdichtungen
– Fachdachrichtlinie –

Aufgestellt und herausgegeben vom

Zentralverband
des Deutschen Dachdeckerhandwerks
– Fachverband Dach-, Wand- und Abdichtungstechnik – e.V.
und
Hauptverband
der Deutschen Bauindustrie e.V.
– Bundesfachabteilung Bauwerksabdichtung –

Ausgabe Januar 2026

RM Rudolf Müller

Bibliographische Information der Deutschen Bibliothek
Die Deutsche Bibliothek verzeichnet diese Publikation in der Deutschen Nationalbibliogaphie; detaillierte bibliographische Daten sind im Internet über https://portal.dnb.de abrufbar.

10. Auflage 2026

Maßgebend für das Anwenden von Regelwerken, Richtlinien, Merkblättern, Hinweisen, Verordnungen usw. ist deren Fassung mit dem neusten Ausgabedatum, die bei der jeweiligen herausgebenden Institution erhältlich ist. Zitate aus Normen, Merkblättern usw. wurden, unabhängig von ihrem Ausgabedatum, in neuer deutscher Rechtschreibung abgedruckt.

Das vorliegende Werk wurde mit größter Sorgfalt erstellt. Verlag und Herausgeber können dennoch für die inhaltliche und technische Fehlerfreiheit, Aktualität und Vollständigkeit des Werkes keine Haftung übernehmen.

Wir freuen uns Ihre Meinung über dieses Fachbuch zu erfahren. Bitte teilen Sie uns Ihre Anregungen, Hinweise oder Fragen per E-Mail: fachmedien.dach@rudolf-mueller.de oder Telefon: (06123) 9238-258 mit.

PEFC
PEFC/04-31-3513
PEFC-zertifiziert
Dieses Produkt stammt aus nachhaltig bewirtschafteten Wäldern, Recycling und kontrollierten Quellen
www.pefc.co.uk

Covergestaltung: Inga Lämmlein, Rodgau
Satz und Umschlagerstellung: Satz+Layout Werkstatt Kluth GmbH, Erftstadt
Druck- und Bindearbeiten: Westermann Druck Zwickau GmbH, Crimmitschauer Str. 43, 08058 Zwickau
Printed in Germany

ISBN: 978-3-481-04846-4, Produktionscharge *002

Vorwort

Das vorliegende Taschenbuch enthält die Grundregel, die Fachregeln, Hinweise, Merkblätter und Produktdatenblätter, die für die Ausführung von Dächern mit Abdichtungen relevant sind.

Der Inhalt der vorliegenden Regelwerksteile entspricht dem Stand des Regelwerks Januar 2026. Alle Neuerungen und Veränderungen, die sich in den Teilen des Regelwerks weiterhin ergeben, werden in nachfolgenden Taschenbüchern Berücksichtigung finden.

Auf der Rückseite des Buches finden Sie einen Überblick über die Gesamtstruktur des Regelwerks. Über den aktuellen Stand etwaiger Bearbeitung gibt Ihnen der Zentralverband des Deutschen Dachdeckerhandwerks gerne weitere Informationen.

Für die Themenbereiche Dachdeckungen und Metallarbeiten im Dachdeckerhandwerk liegen ebenfalls Taschenbuch-Ausgaben vor.

Das komplette Regelwerk ist als Online-Anwendung im Komplettpaket-Abo, hier mit mobile und Desktop-App, als reines Digitalabo mit mobile App sowie als Loseblattwerk in 2 DIN A4-Ordnern erhältlich.

Köln, im Dezember 2025

ZENTRALVERBAND DES DEUTSCHEN DACHDECKERHANDWERKS
– Fachverband Dach-, Wand- und Abdichtungstechnik – e.V.

Deutsches Dachdeckerhandwerk
Regelwerk

Vorwort

Das Regelwerk des Deutschen Dachdeckerhandwerks besteht aus den Grundregeln, Fachregeln, Hinweisen, Merkblättern und Produktdatenblättern. Sie alle bilden zusammen ein geschlossenes Ganzes. Jede einzelne Schrift ist durch Bezüge mit anderen Schriften verknüpft. Dies ist notwendig, um einerseits Mehrfachregelungen, Wiederholungen oder sogar Widersprüche zu vermeiden, andererseits sind so Anpassungen einzelner Schriften möglich, ohne damit Änderungen vieler Regelwerksteile vornehmen zu müssen. Die Gliederung des Regelwerks bedeutet jedoch auch, daß nun mehrere Schriften gleichzeitig beachtet werden müssen und nicht eine Schrift, alleine und losgelöst für sich, umfassende Regelungen für eine bestimmte Ausführungsweise beinhaltet.

Das Regelwerk des Deutschen Dachdeckerhandwerks ist als Loseblattsammlung, CD-ROM oder in gebundener Fassung erhältlich, wobei die gebundenen Fassungen die Schriften zusammenfassen, die zu einem wesentlichen Tätigkeitsgebiet zusammengehören und dementsprechend gemeinsam beachtet werden müssen.

Das Regelwerk des Deutschen Dachdeckerhandwerks ist insbesondere auf der Grundlage baupraktischer Erfahrungen und unter Berücksichtigung der Gewährleistungsverpflichtung des Auftragnehmers ein Maßstab für fachgerechtes technisches Verhalten. Die im Regelwerk enthaltenen Anforderungen und technischen Hinweise sichern ein ausreichendes Qualitätsniveau und dienen damit dem Verbraucherschutz. Der Inhalt des Regelwerkes ist eine wichtige Erkenntnisquelle für sachgemäße Planung und Anwendungstechnik im Normalfall. Es können jedoch nicht alle denkbar möglichen Sonderfälle erfasst werden, in denen dann sowohl weitergehende als auch einschränkende Maßnahmen erforderlich werden könnten.

Verbandsseitig stellt das Regelwerk eine Zusammenfassung von Erkenntnissen ohne zwingende Bindung der Verbandsmitglieder dar. Die Anwendung des Regelwerkes befreit also nicht von der Verantwortung für eigenes Handeln, dessen Einhaltung sichert jedoch nach aller bisherigen Erkenntnis eine einwandfreie technische Leistung. Dabei wird die Eignung der vom Auftragnehmer vorgeschriebenen bzw. vorgeschlagenen Werkstoffe für den vorgesehenen Zweck und die Brauchbarkeit der Vorleistung anderer am Bau Beteiligter vorausgesetzt.

Das Regelwerk des Deutschen Dachdeckerhandwerks ist unter Berücksichtigung des gegenwärtigen Standes der Bautechnik und gesicherter Entwicklungstendenzen eine Richtschnur sowohl für die Ausführungstechnik des bauausführenden Unternehmers als auch für den Planer.

Dieser hat dabei die Auswirkung der Baukonstruktion des jeweiligen Bauwerkes, den vorgesehenen Nutzungszweck sowie die örtlichen und klimatischen Verhältnisse und somit die bauphysikalischen Beanspruchungen zu beachten. Das Regelwerk beinhaltet keine Leistungsbeschreibungen und entbindet nicht von einer Ausschreibung nach der Verdingungsordnung für Bauleistungen (VOB).

Die üblicherweise beigegebenen Zeichnungen sind Beispiele für die Arbeitsausführung. Sie dienen lediglich der Veranschaulichung und sind damit eine unverbindliche Erläuterung der textlichen Ausführungen. Regional und insbesondere klimatisch bedingte andere Lösungen sind denkbar und zulässig.

Der Herausgeber dankt allen Mitgliedern der Fachausschüsse des Zentralverbandes des Deutschen Dachdeckerhandwerks und den in vielen Ausschüssen als Gast mitwirkenden repräsentativ berufenen Vertretern der Industrie für die geleistete Arbeit.

Der Umfang des Regelwerkes weist auf die geleistete intensive Arbeit hin. In den Dank beziehen wir aber auch gerne all diejenigen ein, die mit Rat und Tat bei der Erstellung der Grundregel, der einzelnen Fachregeln sowie der Hinweise und Merkblätter, aber auch Produktdatenblätter geholfen haben.

Der Zentralverband des Deutschen Dachdeckerhandwerks würde es begrüßen, wenn ihm auch weiterhin Anregungen, insbesondere Ergänzungsmöglichkeiten und Klarstellungen oder Verbesserungsvorschläge zugingen, damit das Regelwerk weiterhin seinen hohen Stellenwert behält.

Köln, September 1997

ZENTRALVERBAND

DES DEUTSCHEN DACHDECKERHANDWERKS

– Fachverband

Dach-, Wand- und Abdichtungstechnik – e.V.

Inhaltsübersicht

Deutsches Dachdeckerhandwerk
– Regelwerk –

Grundregel für Dachdeckungen, Abdichtungen und Außenwandbekleidungen

Aufgestellt und herausgegeben vom

Zentralverband des Deutschen Dachdeckerhandwerks – Fachverband Dach-, Wand- und Abdichtungstechnik – e.V.

Ausgabe September 1997

Rudolf Müller

Vorgänger:

Grundregeln des Dachdeckerhandwerks		1926
Grundregeln des Dachdeckerhandwerks	Mai	1964
Grundregeln des Dachdeckerhandwerks	März	1975
Grundregeln des Dachdeckerhandwerks	August	1985

Verlag: Verlagsgesellschaft Rudolf Müller Bau-Fachinformationen GmbH & Co. KG, Stolberger Str. 76, 50933 Köln

Druck: Druckerei Engelhardt GmbH, Neunkirchen

9/97

Inhaltsverzeichnis

1 Allgemeines

(1) Das Regelwerk besteht aus der Grundregel und weiteren Regelwerkteilen für die Planung und Ausführung im Bereich der Dach-, Wand- und Abdichtungstechnik.

(2) Die Dach-, Wand- und Abdichtungstechnik befaßt sich überwiegend mit der Aufgabe, das Gebäude gegen Witterungseinflüsse und einzelne Bauteile vor Feuchtigkeit zu schützen. Neben dem reinen Feuchteschutz müssen aber noch weitere Funktionen beachtet werden, wie z. B. Wärmeschutz, Schallschutz, Brandschutz und Standsicherheit. Diese sehr unterschiedlichen Anforderungen sowie das Zusammenwirken aller Funktionsschichten einschließlich der Unterkonstruktion, müssen bei der Planung berücksichtigt werden. Erfolgt keine gesonderte Planung, sind die Anforderungen alleine von dem für die Ausführung Verantwortlichen (Planungshaftung) zu beachten.

(3) Das Regelwerk sichert bei Einhaltung nach bisherigen Erkenntnissen im Normalfall eine einwandfreie technische Leistung. Bei besonderen Beanspruchungen können weitergehende oder einschränkende Maßnahmen erforderlich sein. Auch die Brauchbarkeit der Vorleistungen anderer am Bau Beteiligter, die Eignung der Werkstoffe und ergänzende Herstellervorschriften sind von besonderer Bedeutung.

(4) Das Regelwerk des Dachdeckerhandwerks und die darin enthaltenen Fachregeln erlangen üblicherweise den Status allgemein anerkannter Regeln der Technik. Wenn keine anderslautende Einzelvereinbarung getroffen wird, werden sie Grundlage für die Ausführung. Angaben in Prospekten haben üblicherweise nicht den Status, allgemein anerkannt zu sein, weil sie oft werblichen Charakter besitzen. Herstellervorschriften (Verlegeanleitungen, Planungs- und Verarbeitungshinweise o. ä.) stellen werkstoffspezifische Regelungen dar. Sie können ebenso, wie z. B. Normen, Regelwerke und fortdauernde praktische Erfahrung, den Status der allgemein anerkannten Regeln der Technik erlangen. Alle am Bau beteiligten Fachleute haben die Pflicht, sich ständig über die fortlaufenden Entwicklungen zum allgemein anerkannten Stand der Technik zu informieren.

(5) Den am Bau Beteiligten muß in diesem Zusammenhang bewußt sein, daß insbesondere eine Abweichung von den Anforderungen gemäß den Fachregeln eine erhöhte Sorgfaltspflicht bei Beratung und Ausführung bis hin zur Bedenkenanmeldung verlangt. Der Grund dafür ist, daß selbst für den Fall, in dem es dadurch nicht zum Schaden kommt, nun der Ausführende beweisen muß, daß er eine der Regelausführung gleichwertige Leistung erbracht hat.

(6) Das Regelwerk erfaßt keine Sonderfälle und befreit nicht von der Verantwortung für eigenes Handeln. Insbesondere müssen evtl. vorhandene Normen und Zulassungsbescheide, die einschlägigen Unfallverhütungsvorschriften sowie die örtlichen Verhältnisse und deren Auswirkungen auf die Baukonstruktion berücksichtigt werden.

(7) Im Regelwerk enthaltene Zeichnungen oder Details sind Darstellungen, die die textliche Beschreibungen ergänzen. Als Beispiel einer möglichen Ausführungsart eines bestimmten Teilbereiches stellen sie keine Lösung einer Gesamtsituation dar. Sie sind nicht maßstabsgerecht.

2 Regelwerkteile

2.1 Grundregel

Die Grundregel ist die Basis für das gesamte Regelwerk des Dachdeckerhandwerks und damit für alle Planungs- und Ausführungsgrundsätze der nachgeordneten Regelwerkteile.

2.2 Fachregeln

Fachregeln enthalten Vorgehensweisen für die Planung und Ausführung, die sich in ihren jeweiligen Fachbereichen als theoretisch richtig und handwerklich machbar herausgestellt haben. Sie sichern ein ausreichendes Qualitätsniveau und dienen damit den Interessen der Verbraucher.

2.3 Hinweise

Hinweise beinhalten auf der Basis von bauaufsichtlich eingeführten Normen, bauaufsichtlichen Zulassungen und anderen Regelwerken oder Normen eine praxisorientierte Zusammenfassung von anerkannten Verhaltens- und Vorgehensweisen als Hilfe für die Planung und Ausführung. Hinweise haben baurechtliche Bedeutung und müssen dementsprechend beachtet werden.

2.4 Merkblätter

Merkblätter enthalten bereichs- und/oder themenbezogene Ergänzungen zu Fachregeln sowie Hinweise. Sie verfügen gleichermaßen über deren Bedeutung und tragen dem Stand der Technik, Normen und anderen Regelwerken Rechnung. Sie werden aufgestellt, wenn bestimmte technische Konsequenzen als notwendig erkannt worden sind.

2.5 Produktdatenblätter

Produktdatenblätter enthalten Informationen und Anforderungen an Werkstoffe und Produkte, wie sie in der Dach-, Wand- und Abdichtungstechnik üblich sind. Bei den Anforderungen können gegenüber Normen ggf. auch zusätzliche Festlegungen enthalten sein.

2.6 Übersichten

Übersichten enthalten Auflistungen von Informationen, die für die Anwendung des Regelwerkes von Bedeutung sind, wie z. B. als Zusammenstellung aller Regelwerkteile oder zur Information über Normen oder Vorschriften.

3 Begriffe

3.1 Allgemeine Hinweise

Begriffsbestimmungen wurden ohne Wertung nach fachlichen Oberbegriffen für eine bestimmte Thematik aufgelistet und diesen dann weitere im Zusammenhang stehende Begriffe zugeordnet. Dabei wurden Begriffe aufgenommen, die für ein allgemeines Verständnis, insbesondere der Grundregel, erforderlich sind. Weitere Begriffsbestimmungen, insbesondere wenn sie spezielle Themenbereiche, Werkstoffe o. ä. betreffen, sind in den jeweiligen Regelwerkteilen aufgeführt.

3.2 Modale Hilfsverben

Modale Hilfsverben und deren Aussagefähigkeit sind für ein eindeutiges Verständnis des Regelwerkes von besonderer Bedeutung. Die Auflistung in Tabelle 1 erfolgt in gewichteter Reihenfolge.

Tabelle 1: Modale Hilfsverben

Modale Hilfsverben	Bedeutung		Gründe, die zur Wahl des Hilfsverbums führen (Beispiele)
muß, müssen	Gebot	unbedingt, fordernd	Äußerer Zwang, wie durch Rechtsvorschrift, sicherheitstechnische Forderung, Vertrag oder innerer Zwang, wie Forderung der Einheitlichkeit oder der Folgerichtigkeit
darf nicht, dürfen nicht	Verbot		
soll, sollen	Regel	bedingt, fordernd	Durch Verabredung oder Vereinbarung freiwillig übernommene Verpflichtung, von der nur in begründeten Fällen abgewichen werden darf.
soll nicht, sollen nicht			
darf, dürfen	Erlaubnis	freistellend	In bestimmten Fällen darf von dem durch Gebot, Verbot oder Regel Gegebenen abgewichen, z.B. eine gleichwertige Lösung gewählt werden.
muß nicht, müssen nicht			
sollte, sollten	Empfehlung, Richtlinie	auswählend, anratend, empfehlend	Von mehreren Möglichkeiten wird eine als zweckmäßig empfohlen, ohne andere zu erwähnen oder auszuschließen. Eine bestimmte Angabe ist erwünscht, aber nicht als Forderung anzusehen. Eine bestimmte Lösung wird abgewehrt, ohne sie zu verbieten.
sollte nicht, sollten nicht			
kann, können	unverbindlich		Vorliegen einer physischen Fähigkeit (die Hand kann eine bestimmte Kraft ausüben), einer physikalischen Möglichkeit (ein Balken kann eine Belastung tragen) einer ideellen Möglichkeit (eine Voraussetzung kann bestimmte Folgen haben, eine Feststellung kann schon überholt sein, wenn ...)
kann nicht, können nicht			

3.3 Begriffsbestimmungen

3.3.1 Abdichtungen

(1) Abdichtungen von Dächern oder Bauteilen werden aus zusammenfügbaren bahnen- oder planenförmigen Produkten hergestellt oder als ganzflächige Beschichtungen ausgeführt. Aufgrund unterschiedlicher Anforderungen sind Dachabdichtungen und Bauwerksabdichtungen zu unterscheiden.

(2) Dachabdichtungen sind der obere Abschluß von Gebäuden auf flachen oder geneigten Dachkonstruktionen. Dachabdichtungen können mit Schutz- und Nutzschichten versehen sein.

(3) Bauwerksabdichtungen sind Abschlüsse von Gebäudeteilen zum Schutz des Bauwerkes gegen Feuchtigkeit oder Wasser. Es wird unterschieden nach Maßnahmen gegen

- Bodenfeuchtigkeit,
- nicht drückendes Wasser,
- von außen drückendes Wasser und
- von innen drückendes Wasser.

3.3.2 An- und Abschlüsse

(1) Anschlüsse sind besondere Ausbildungen von Dachdeckungen, Abdichtungen oder Außenwandbekleidungen an angrenzende oder durchdringende Bauteile oder Bauelemente.

Insbesondere bei Dachdeckungen unterscheidet man zwischen seitlichen, firstseitigen und traufseitigen Anschlüssen (siehe Abb. 1).

(2) Abschlüsse sind besondere Ausbildungen von Dachdeckungen, Abdichtungen oder Außenwandbekleidungen an den Rändern der Dachflächen. Übliche Begriffe für Randabschlüsse sind z. B. First, Ortgang, Traufe, o. ä. (siehe Abb. 2).

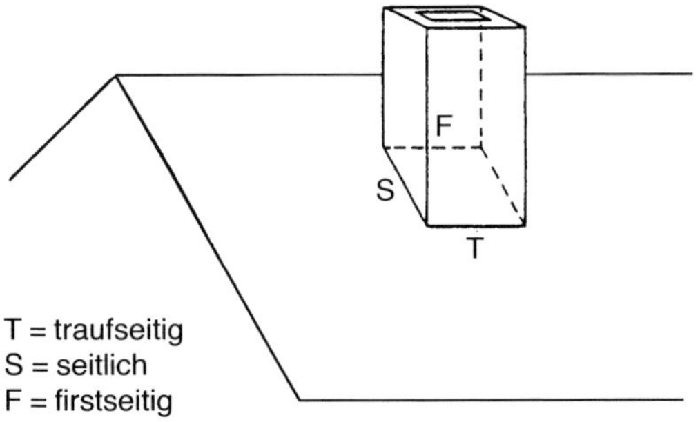

Abb. 1: Anschlüsse

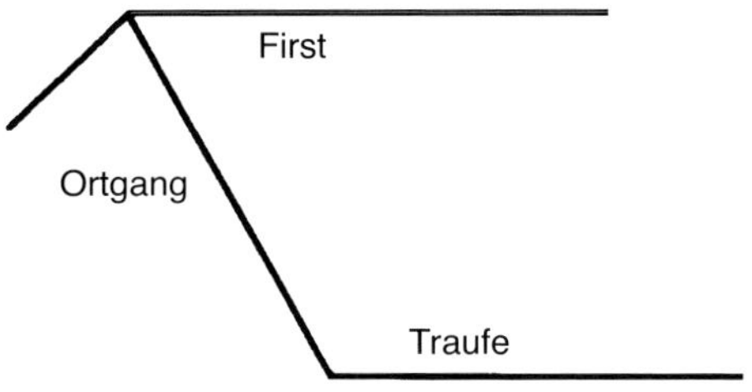

Abb. 2: Abschlüsse

3.3.3 Außenwandbekleidungen

Außenwandbekleidungen werden an tragenden Wandkonstruktionen aus schuppen- oder tafelförmig angebrachten ebenen oder profilierten klein- oder großformatigen Elementen hergestellt.

3.3.4 Behelfsdeckung oder Behelfsabdichtung

Unter Behelfsdeckung oder Behelfsabdichtung versteht man den vorübergehenden Schutz einer Konstruktion oder Bauteilfläche, um das Gebäude vor Feuchtigkeit zu schützen und beispielsweise eine Weiterarbeit im Gebäudeinneren zu ermöglichen. Behelfsdeckungen oder Behelfsabdichtungen sind zumindest für einige Zeit der Witterung ausgesetzt. Die verwendeten Werkstoffe und die Art der Ausführung müssen hierfür geeignet sein. Je nach verwendetem Material und ggf. mit zusätzlicher Wind-Sog-Sicherung kann beispielsweise eine Vordeckung als Behelfsdeckung dienen. Je nach Art und Ausführung können auch Dampfsperren oder erste Lagen von mehrlagigen Dachabdichtungen als Behelfsabdichtung verwendet werden.

3.3.5 Dach- und Wandkonstruktionen

Dach- und Wandkonstruktionen bestehen aus mehreren Einzelschichten, die in ihrer Funktion zusammenwirken. Je nach Anordnung der Schichten unterscheidet man

- einschalige, nicht durchlüftete Konstruktionen, oder
- mehrschalige, durchlüftete Konstruktionen.

3.3.6 Dachdeckungen

Dachdeckungen sind der obere Abschluß von Gebäuden auf geneigten Dachkonstruktionen aus in der Regel schuppenförmig überdeckten ebenen oder profilierten platten- oder tafelförmigen Deckwerkstoffen.

3.3.7 Dachneigung

(1) Dachneigung ist die Neigung der Dachkonstruktion (Unterkonstruktion) gegen die Waagerechte. Das Maß der Dachneigung wird ausgedrückt als Winkel zwischen der Waagerechten und der Dachfläche in Grad (°) oder als Steigung der Dachfläche über der Waagerechten in Prozent (%).

(2) Regeldachneigung ist die unterste Dachneigungsgrenze, bei der sich in der Praxis eine Dachdeckung als regensicher erwiesen hat.

(3) Mindestdachneigung ist die unterste Dachneigungsgrenze, die nicht unterschritten werden darf.

(4) Bei Dachdeckungen ist die Neigung des Deckwerkstoffes aufgrund der Verlegetechnik immer geringer als die Dachneigung.

3.3.8 Deckunterlage

Die Deckunterlage dient zur Aufnahme der Deckung oder Abdichtung und muß auf den zur Anwendung kommenden Werkstoff abgestimmt sein, z. B. Lattung, Schalung, Trapezblech u. ä.

3.3.9 Durchdringungen

Durchdringungen sind Bauteile oder Elemente in runder oder eckiger Form, die bei einer Aussparung in der Bauteilfläche erforderlich werden, z. B. Dachausstiege, Dachgully, Antennendurchgänge u. ä.

3.3.10 Einbauteile

Einbauteile sind Bauteile oder Elemente, die in Dachdeckungen, Abdichtungen oder Außenwandbekleidungen eingebaut werden, z. B. Dachflächenfenster, Lichtkuppeln, Sicherheitsdachhaken, Schneefanggitter, Wandhalterungen, Lüfter u. ä.

3.3.11 Einfassungen

Einfassungen sind Bauteile oder Elemente, die einen regensicheren bzw. wasserdichten Anschluß von Dachdeckungen bzw. Abdichtungen an Durchdringungen gewährleisten. Sie sind in Form und Ausführung auf den jeweiligen Werkstoff abzustimmen.

3.3.12 Gefälle

Gefälle ist die Neigung einer Oberfläche gegen die Waagerechte, z. B. bei Rinnen, Abdichtungen, Abdeckungen.

3.3.13 Grate

Grate sind die außenliegenden Verschneidungslinien von zwei Dachflächen.

3.3.14 Kehlen

Kehlen sind die innenliegenden Verschneidungslinien von zwei Dachflächen.

3.3.15 Lüftung

Lüftung ergibt sich aus dem Anschluß eines Zwischenraumes an Innen- oder Außenluft. Äußere Luftschichten können sich direkt über der Wärmedämmung (siehe „Merkblatt Wärmeschutz bei Dächern“ und „Hinweise für hinterlüftete Außenwandbekleidungen“) oder direkt unter den Deck- bzw. Abdichtungsschichten (siehe jeweilige Fachregel) befinden.

3.3.16 Notdeckung oder Notabdichtung

Unter Notdeckung oder Notabdichtung versteht man eine befristete Abdeckung oder Abdichtung als vorübergehender Schutz im Schadensfall. Notdeckungen oder Notabdichtungen sind keine dauerhafte Lösung. Von ihr können nicht die Kriterien einer Deckung oder Abdichtung erwartet werden. Sie ersetzen keine Dachdeckung oder Abdichtung.

3.3.17 Nutzung

(1) Gebäudenutzung ergibt sich durch die vorhandene oder geplante Nutzung, z. B. durch Wohnen, Arbeiten oder Lagern.

(2) Genutzte Flächen sind Bauteilflächen, die für den Aufenthalt von Personen oder für die Nutzung durch Verkehr vorgesehen sind.

(3) Nicht genutzte Flächen sind Bauteilflächen, die nur gelegentlich betreten werden sollen, z. B. zum Zwecke der Wartung und Instandhaltung.

3.3.18 Systemteile

Systemteile sind Bauteile oder Elemente, die in ihrer Formgebung, Farbe und ihren Eigenschaften auf die jeweiligen Hauptmerkmale eines Werkstoffes abgestimmt sind. Systemteile gelten als ein übergeordnetes Ganzes, deren Veränderungen an den Einzelbauteilen einen Eingriff in die Haftungsverhältnisse bewirkt.

3.3.19 Trennschicht

Eine Trennschicht ist eine flächige Trennung von Werkstoffen, um Wechselwirkungen zwischen Schichten zu vermeiden.

3.3.20 Unterdächer, Unterdeckungen und Unterspannungen

Unterdächer, Unterdeckungen und Unterspannungen werden als zusätzliche Maßnahmen unterhalb von Dachdeckungen angeordnet, um vor eindringender Feuchtigkeit, Flugschnee und Staub zu schützen.

3.3.21 Unterkonstruktion

Die Unterkonstruktion besteht aus dem Tragwerk mit oder ohne Deckunterlage.

3.3.22 Vordeckung

Unter Vordeckung versteht man die Abdeckung, z. B. von Holzschalung vor der Weiterarbeit, also vor dem Ausführen der eigentlichen Dachdeckung, Abdichtung oder Außenwandbekleidung. Je nach Art und Ausführung der Vordeckung kann sie auch als Behelfsdeckung dienen oder zu einem Unterdach oder einer Unterdeckung beitragen.

4 Einwirkungen und Beanspruchungen

4.1 Allgemeines

Von den Umfassungsflächen baulicher Anlagen werden Schutzfunktionen erwartet, die durch Dachdeckungen, Abdichtungen, Außenwandbekleidungen oder andere Maßnahmen erreicht werden sollen. Grundlage aller Maßnahmen ist eine auf das jeweilige Objekt bezogene sach- und fachgerechte Planung mit eindeutigen Vorgaben bzw. Abklärungen zur Ausführungsart und Auswahl der Werkstoffe. Abhängig von den zu erwartenden Einwirkungen ergeben sich unterschiedliche Beanspruchungen.

4.2 Beanspruchungen durch Feuchtigkeit

(1) Feuchtigkeit wirkt sich auf die Eigenschaften und die Funktion von Bauteilen, Baustoffen und Schichten, die konstruktiven Verhältnisse, die Nutzung des Gebäudes, die Hygiene und die Gesundheit der Bewohner und Nutzer aus. Einwirkungen von Feuchtigkeit entstehen durch Niederschlag, Baufeuchte und Nutzungsfeuchte.

(2) Niederschlag tritt als Regen, Schnee, Hagel oder Eis auf. Bei extremen Standorten oder besonderen Witterungsverhältnissen können sich diese Niederschläge in Treibregen, Flugschnee, Schnee- oder Eisschanzenbildung auswirken.

(3) Baufeuchte ist als Eigen- und/oder Einbaufeuchtigkeit von Baustoffen vorhanden.

(4) Nutzungsfeuchte ist die in der Raumluft enthaltene Luftfeuchte. Die Größenordnung ist abhängig vom Luftaustausch und von dem Lüftungsverhalten der Benutzer.

4.3 Beanspruchungen durch Umwelteinflüsse

(1) Die Alterung der Werkstoffe und Bauteilschichten führt zu Verfärbungen und zur Änderung von physikalisch-chemischen bzw. mechanischen Eigenschaften.

(2) Bewitterung, Immissionen, Feuchtigkeit, Ablagerungen von Schmutz und Staub, atmosphärische Niederschläge und wechselnde Temperaturen können Verfärbungen und beschleunigte Alterung bewirken.

(3) Veränderungen der Werkstoffe entstehen durch UV-Strahlung, Sauerstoff und Ozon sowie fotochemische Vorgänge.

(4) Aggressive Niederschläge entwickeln sich durch in der Atmosphäre auftretende Lösungen von Stoffen und Gasen, z. B. zu „saurem Regen“.

(5) Ablagerungen von Staub und Schmutz sind ein guter Nährboden für Pflanzen, Flechten, Moose, Algen, Bakterien und mikrobiologisches Wachstum.

(6) Die Beanspruchungen durch Umwelteinflüsse können unterschieden werden in mäßige oder hohe Beanspruchungen.

(7) Mäßige Beanspruchungen durch Umwelteinflüsse liegen vor, wenn Bauteilschichten oder Werkstoffe durch andere Bauteile oder Schichten vor einer unmittelbaren Einwirkung von Niederschlagsfeuchtigkeit und/oder Sonneneinstrahlung sowie Ablagerungen dauerhaft geschützt werden.

(8) Hohe Beanspruchungen durch Umwelteinflüsse liegen vor, wenn Bauteilschichten oder Werkstoffe den Einwirkungen durch die Umwelt auf Dauer ungeschützt ausgesetzt sind.

4.4 Thermische Beanspruchungen

(1) Thermische Beanspruchungen ergeben sich durch Temperaturunterschiede und Temperaturwechsel.

(2) Oberflächen- bzw. Lufttemperaturen verändern sich infolge Sonneneinstrahlung, durch Aufheizung oder Abstrahlung, Wärmeleitung, Luftströmung oder Verdunstungskälte.

(3) Temperaturunterschiede bestehen zwischen Höchst- und Niedrigsttemperaturen, Werkstoffober- und -unterseiten, Innen- und Außenbereichen oder bei mehrschaligen Konstruktionen zwischen den Schichten.

(4) Temperaturwechsel betreffen z. B. einen Jahreszeitraum (Sommer-Winter), Tageszeitraum (Tag-Nacht) bzw. Stundenzeitraum (Witterungssturz/sommerlicher Hagelschlag) oder auch Flächenbereiche, z. B. bei Übergängen von Sonnen- zu Schattenbereichen, oder von trockenen zu feuchten oder vereisten Bereichen.

(5) Die thermische Beanspruchung von Bauteilflächen kann unterteilt werden in mäßige oder hohe thermische Beanspruchung.

(6) Mäßige thermische Beanspruchung liegt vor, wenn keine hohen Aufheizungen und keine schnellen Temperaturveränderungen zu erwarten sind, z. B. aufgrund eines Oberflächenschutzes.

(7) Hohe thermische Beanspruchung liegt vor, wenn Bauteilflächen ungeschützt Kälte und Hitze ausgesetzt sind.

4.5 Mechanische Beanspruchungen

(1) Mechanische Beanspruchungen entstehen aus der Baukonstruktion, durch Bewegungen von Bauteilschichten, durch Wind, Einwirkungen während der Bauzeit sowie Nutzung.

(2) Beanspruchungen aus der Baukonstruktion treten infolge Setzungen und/oder Erschütterungen, Spannungen in der Tragkonstruktion sowie durch Abbinde- oder Trocknungsvorgänge auf.

(3) Beanspruchungen durch Bewegungen einzelner Bauteilschichten entstehen durch z. B. Vibrationen, Schubkräfte und werkstoffbedingte oder thermische Formänderungen.

(4) Beanspruchungen durch Wind erfolgen als Winddruck oder Windsog.

(5) Beanspruchungen durch Einwirkungen während der Bauzeit ergeben sich z. B. durch Baustellenbetrieb oder Arbeiten von anderen Gewerken.

(6) Beanspruchungen durch Nutzung von Bauteilflächen erfolgt z. B. durch Begehen oder Befahren von Terrassen, Grünanlagen, Parkdecks o. ä.

(7) Nach baupraktischen Gesichtspunkten kann unterteilt werden in mäßige und hohe mechanische Beanspruchungen.

(8) Mäßige mechanische Beanspruchung liegt vor, wenn Bauteilschichten oder Werkstoffe auf einer festen Unterlage aufliegen und keinen außergewöhnlichen Bewegungen, Belastungen, Kräften oder Spannungen ausgesetzt sind.

(9) Hohe mechanische Beanspruchung liegt vor, wenn Bauteilschichten und Werkstoffe auf schwingungsanfälligen und/oder weichen Unterlagen aufliegen oder Windlasten, flächigen Spannungen, Schwingungen, Bewegungen, Schub bzw. Scherkräften, hohen Punktlasten oder Nutzungsanforderungen ausgesetzt sind.

4.6 Konstruktiv bedingte Beanspruchungen

Besondere Beanspruchungen können sich durch die Konstruktion ergeben, z. B. durch

- geschwungene, gedrehte oder gewölbte Flächen,
- stark gegliederte Flächen, Vor- oder Rücksprünge,
- wechselndes Gefälle oder unterschiedliche Neigungen,
- überdurchschnittliche Abmessungen von Bauteilen, und bei
- Übergangsbereichen von unterschiedlichen Bauteilen.

5 Anforderungen

5.1 Allgemeines

(1) Bei Bauleistungen müssen die bauaufsichtlichen Regelungen beachtet werden sowie zusätzliche Auflagen, die sich aus Anforderungen des Umweltschutzes, des Arbeits- und Gesundheitsschutzes sowie der Unfallverhütung ergeben. Die Klärung der Randbedingungen muß im Rahmen der Planung vor der Ausführung erfolgen. Insbesondere sind z. B. zu berücksichtigen:

- Landesbauordnungen,
- Städte-, Kreis- oder Gemeindeverordnungen oder -satzungen,
- bauaufsichtliche Vorschriften,
- Belange des Denkmalschutzes,
- Unfallverhütungsvorschriften (UVV).

(2) Bauleistungen werden üblicherweise von mehreren Gewerken erbracht. Als vertragliche Anforderung ergibt sich die Pflicht, Vorleistungen anderer Gewerke oder die örtlichen Gegebenheiten per Augenschein zu prüfen. Die Weiterarbeit kommt im übertragenen Sinn einer technischen Abnahme der Vorleistung gleich.

5.2 Wärmeschutz

(1) Wärmeschutz-Anforderungen müssen dem baulich, technisch notwendigen Wärmeschutz (siehe DIN 4108 „Wärmeschutz im Hochbau") und dem Wärmeschutz zur Energieeinsparung sowie zur Minderung der Umweltbelastung (siehe „Wärmeschutzverordnung") entsprechen. Erreicht werden sollen z. B.

- ein ganzjährig möglichst gleichbleibendes angenehmes Innenraumklima für die Bewohner bzw. Benutzer von Gebäuden,
- die Reduzierung von Heizenergie,
- die Reduzierung von umweltschädigenden Abgasen,
- die Reduzierung von Bauteil-Bewegungen,
- die Reduzierung von Wärmeverlusten in der kalten Jahreszeit und
- die Vermeidung hoher Bauteilfeuchte, die z. B. zu Schimmelpilzbildung führen kann.

(2) Raumabschließende Schichten, Konstruktionen oder Bauteile müssen luftdicht ausgebildet werden, um Luftströmungen zu unterbinden. Luftströmungen von der warmen zur kalten Bauteilseite können zu Wärmeverlusten und schädlicher Tauwasserbildung führen.

5.3 Brandschutz

(1) Brandschutz-Anforderungen dienen dem Personen- und Sachschutz und haben das Ziel, das Entstehen von Bränden einzuschränken bzw. die Brandwei-

terleitung zu erschweren oder zu verzögern. Der vorbeugende Brandschutz für Baumaßnahmen betrifft das Brandverhalten von Baustoffen, wobei eine Unterteilung in nichtbrennbare und brennbare Baustoffe erfolgt, und das Brandverhalten von Bauteilen.

(2) Baustoffe werden entsprechend ihrem Brandverhalten nach Tabelle 2 (zukünftig wohl nach Tabelle 3) eingestuft:

Tabelle 2: Gültige deutsche Klassifizierung

Baustoffklasse	Bauaufsichtliche Benennung
A	nicht brennbare Baustoffe
A1	Baustoffe ohne brennbare Bestandteile und ohne besonderen Nachweis
A2	Baustoffe mit brennbaren Bestandteilen (benötigen ein Prüfzeichen)
B	brennbare Baustoffe
B1	schwer entflammbare Baustoffe
B2	normal entflammbare Baustoffe
B3	leicht entflammbare Baustoffe

Tabelle 3: Zukünftige europäische Klassifizierung: Klassen von Brandverhalten für Bauprodukte mit Ausnahme von Fußbodenbelägen

Brandsituation	Europäische Klassen	Produktklassen	
Vollbrand in einem Raum	A	Kein Beitrag zum Brand	– Sehr begrenzter Heizwert und sehr begrenzte Wärmeabgabe – Keine Verbrennung mit Flammen – Begrenzter Masseverlust
	B	Sehr begrenzter Beitrag zum Brand	– Sehr begrenzter Heizwert und/ oder sehr begrenzte Wärmeabgabe – Begrenzter Masseverlust – Fast keine Flammenausbreitung – Sehr begrenzte Rauchentwicklung – Kein brennendes Abtropfen/Abfallen und/oder eine Kombination davon
Brennender Gegenstand	C	Begrenzter Beitrag zum Brand	– Sehr begrenzte Flammenausbreitung – Begrenzte Wärmeabgabe – Begrenzte Rauchentwicklung – Begrenzte Entzündbarkeit – Sehr begrenztes brennendes Abtropfen/Abfallen und/oder eine Kombination davon
	D	Hinnehmbarer Beitrag zum Brand	– Begrenzte Flammenausbreitung – Hinnehmbare Wärmeabgabe – Begrenzte Rauchentwicklung – Hinnehmbare Entzündbarkeit – Begrenztes brennendes Abtropfen/Abfallen und/oder eine Kombination davon
Kleiner Flammenangriff auf begrenzte Fläche eines Produkts	E	Hinnehmbares Brandverhalten	– Hinnehmbare Entzündbarkeit
	F	Keine Leistung festgestellt	

(3) Grundsätzlich dürfen nur Baustoffe eingesetzt werden, die als mindestens „normal entflammbar“ eingestuft wurden. Der Einsatz „leicht entflammbarer“ Baustoffe ist nur unter bestimmten Randbedingungen zulässig.

(4) An Bauteile können Anforderungen in Bezug auf den Feuerwiderstand (Brandbeanspruchung von innen) und/oder an den Feuerschutz (Brandbeanspruchung von außen) gestellt werden.

(5) Die Feuerwiderstandsklassen (z. B. F30, F60) sind insbesondere von der Art der Wärmedämmung und der inneren Bekleidung abhängig. Der Nachweis muß nach einem Regelaufbau oder mit einem Prüfzeugnis erfolgen (siehe DIN 4102 „Brandverhalten von Baustoffen und Bauteilen“).

(6) Beim Feuerschutz von Dächern wird zwischen

- widerstandsfähig gegen Flugfeuer und strahlende Wärme (harte Bedachung) und
- Dächer ohne Nachweis (weiche Bedachung) unterschieden.

Der notwendige Nachweis ergibt sich für einzelne Deckungen oder Abdichtungen aus DIN 4102-4 „Brandverhalten von Baustoffen und Bauteilen; Zusammenstellung und Anwendung klassifizierter Baustoffe, Bauteile und Sonderbauteile“ oder es ist eine Prüfung gemäß DIN 4102-7 „Brandverhalten von Baustoffen und Bauteilen; Bedachungen“ erforderlich.

5.4 Schallschutz

(1) Schallschutz-Maßnahmen haben die Aufgabe zu verhindern, daß Geräusche von gesundheitsschädigendem Ausmaß in bewohnte oder genutzte Gebäude eindringen oder aus Gebäuden auf das Umfeld einwirken können. Auch innerhalb eines Gebäudes muß die Schallübertragung unterbunden oder abgemindert werden.

Zu unterscheiden sind:

- Körper- oder Trittschall, der über Bauteile oder Werkstoffe weitergeleitet, und
- Luftschall, der durch schwingende Luftschichten übertragen wird.

(2) Anforderungen an den Schallschutz müssen durch bauliche oder konstruktive Maßnahmen sichergestellt werden. In der Regel haben Dachdeckungen, Abdichtungen und Außenwandbekleidungen einen geringen Einfluß auf den Schalldämmwert einer Konstruktion. Wesentlich größerer Einfluß wird durch darunterliegende Bauteilschichten, wie Stahlbeton oder eingebaute Dämmschichten erbracht. Das geforderte Schalldämmaß ist daher bereits in der Planung festzulegen und dafür erforderliche Schichten in der Ausschreibung anzugeben.

5.5 Standsicherheit

(1) Bauliche Anlagen müssen im ganzen und in den einzelnen Teilen für sich allein standsicher sein. Dazu sind Standsicherheitsnachweise erforderlich, die im Rahmen der Gebäudeplanung von Sonderfachleuten, wie z. B. Tragwerksplanern, Statikern, erstellt werden und die Bemessung der konstruktiven Tragglieder festlegen. Die Festlegungen berücksichtigen als Lastannahmen u. a. auch die Eigengewichte der Baustoffe, Windlasten, Verkehrslasten, Schneelasten und Eislasten. Für die auf dem konstruktiven Tragwerk auszuführenden Arbeiten ist vorauszusetzen, daß die Unterkonstruktionen ausreichend bemessen und den statischen Festlegungen entsprechend ausgeführt wurden.

(2) Anforderungen an die Standsicherheit betreffen auch Teile von baulichen Anlagen und Bauteilflächen mit Dachdeckungen, Abdichtungen oder Außenwandbekleidungen. Es ist eine Ausführung erforderlich, die den allgemein anerkannten Regeln der Technik entspricht, oder es sind Standsicherheitsnachweise erforderlich. Die jeweiligen Landesbauordnungen regeln, wann ein Nachweis der Standsicherheit gegenüber Baubehörden erbracht werden muß.

(3) Die Übertragung von Windlasten von Dachdeckungen, Dachabdichtungen und Außenwandbekleidungen auf die Tragglieder wird bei den statischen Festlegungen der Unterkonstruktionen nicht erfaßt. Aus diesem Grunde sind die dabei zu berücksichtigenden Windlasten ebenfalls nach den für Standsicherheitsnachweise vorgeschriebenen Lastannahmen für Windlasten zu ermitteln und mit den bauteilspezifischen Sicherheitszuschlägen zu versehen. Diese Windlasten sind dann über Befestigungen oder von Schicht zu Schicht bis in die Unterkonstruktion abzuleiten.

(4) Die Berücksichtigung von Schnee- und Eislasten betrifft insbesondere die Unterkonstruktion, die vom Statiker berechnet werden muß. Bei Übersparren-Dämmsystemen müssen die Schnee- und Eislasten, unter Berücksichtigung der neigungsabhängigen Schubkräfte, sicher in die Unterkonstruktion abgeleitet werden.

Die Notwendigkeit von Schneerutschsicherungen und/oder Schneefangvorrichtungen kann in regionalen Bauvorschriften gefordert werden und ist zu berücksichtigen.

5.6 Blitzschutz

(1) Blitzschutz-Systeme dienen dem Personen- und Sachschutz vor den Folgen von Blitzeinschlag in Gebäude und beinhalten inneren und äußeren Blitzschutz. Die Notwendigkeit, welche Gebäude mit Blitzschutzanlagen zu versehen sind, wird in der Regel in örtlichen Baubestimmungen festgelegt. Darüber hin-

aus werden von den Schadenversicherern objektbezogene Auflagen zur Errichtung von Blitzschutzmaßnahmen, als Grundlage für Prämienvereinbarungen, gemacht.

(2) Der innere Blitzschutz beinhaltet den Potentialausgleich, den Überspannungsschutz und die Beseitigung von Näherungen. Diese Maßnahmen stehen teilweise in engem Zusammenhang mit der elektrischen Anlage.

(3) Der äußere Blitzschutz steht in engem Zusammenhang mit dem Aufbau des Daches. Durch die Anlagenteile der Blitzschutz-Systeme darf die Dichtigkeit bzw. Regensicherheit eines Daches nicht beeinträchtigt werden.

(4) Um eine gewerkübergreifende einwandfreie und sichere Ausführung aller Details zu gewährleisten, sollten Blitzschutz-Systemen in enger Zusammenarbeit zwischen dem Planer und den unterschiedlichen Handwerkern (speziell Firmen, die sich auf den Blitzschutzbau spezialisiert haben) erstellt werden.

(5) Blitzschutz-Systeme sind nach den anerkannten Regeln der Blitzschutztechnik zu bauen und zu warten. Zur Sicherstellung der Funktionstauglichkeit unterliegen sie einer regelmäßigen Überprüfung.

5.7 Anforderungen an Werkstoffe

Werkstoffe für Dachdeckungen, Abdichtungen und Außenwandbekleidungen einschließlich aller zugehörigen Schichten müssen für den jeweiligen Anwendungsfall geeignet und aufeinander abgestimmt sein. Sie müssen frostbeständig sein und dürfen sich über die übliche Alterung hinaus nicht ungewöhnlich schnell verändern. Sie müssen sich unter bauüblichen Bedingungen ohne ungewöhnliches Risiko oder Erschwernisse sicher verarbeiten lassen.

5.8 Anforderungen an Dachdeckungen

(1) Dachdeckungen müssen regensicher sein. Das wird im Normalfall erreicht, wenn die in den Fachregeln angegebenen werkstoffabhängigen Regeldachneigungen und Werkstoffüberdeckungen eingehalten werden. Bei Unterschreitung der Regeldachneigung müssen zusätzliche Maßnahmen, z. B. Unterdächer, Unterdeckungen, Unterspannungen, geplant und ausgeführt werden.

(2) Durch extreme Witterungseinwirkungen, wie z. B. Treibregen, Flugschnee, Vereisungen und Schneeablagerungen, örtliche Gegebenheiten, klimatische Verhältnisse, steile oder flache Dächer, lange Sparren, Dachverschneidungen etc. kann kurzfristig bzw. vorübergehend Niederschlagsfeuchte unter die Dachdeckung gelangen und zu Durchfeuchtungen der darunterliegenden Räume führen. Derartige Einwirkungen können nur ausgeschlossen werden, wenn zusätzliche Maßnahmen, wie z. B. Unterdächer, Unterdeckungen, Unterspannungen, geplant und ausgeführt werden.

5.9 Anforderungen an Abdichtungen

(1) Abdichtungen müssen wasserdicht sein. Aufgrund unterschiedlicher Anforderungen sind Dachabdichtungen und Bauwerksabdichtungen zu unterscheiden.

(2) Dachabdichtungen müssen bis zur Oberkante der An- und Abschlüsse wasserdicht sein. Dies erfordert auch wasserdichte Anschlüsse an Dachdurchdringungen sowie die Einhaltung bestimmter Anschlußhöhen.

(3) Bauwerksabdichtungen werden in der Regel als abdichtende Maßnahme zwischen zwei starren Schichten ausgeführt und sind deshalb später nicht mehr frei zugänglich. Im Normalfall sind die thermischen Beanspruchungen nur gering, mechanische Beanspruchungen werden durch Schutzmaßnahmen gemindert. Diese Vorgaben gelten auch für die wasserdichte Ausführung der An- und Abschlüsse sowie Durchdringungen.

5.10 Anforderungen an Außenwandbekleidungen

Außenwandbekleidungen müssen das Außenbauteil Wand vor Witterungseinwirkungen schützen und Durchfeuchtungen innerer Schichten vermindern oder vermeiden.

5.11 Anforderungen an ausgebaute Dachgeschosse

(1) Durch den Dachausbau werden die unterhalb des Daches befindlichen Räume einer Gebäudenutzung zugeführt, die der Nutzung von Räumen in Normalgeschossen gleichzusetzen ist und deshalb den gleichen Anforderungen unterliegen. Insbesondere müssen in gleicher Weise die bauaufsichtlichen Anforderungen, wie z. B. des Wärme-, Brand-, Schall- und Blitzschutzes sowie der Standsicherheit, beachtet werden.

(2) Den höheren Nutzungsanforderungen entsprechend soll keine Feuchtigkeit infolge Treibregen, Flugschnee, Vereisungen oder Schneeablagerungen eindringen, so daß Unterdächer, Unterdeckungen, Unterspannungen als zusätzliche Maßnahme geplant und ausgeführt werden müssen. Wasserdichtigkeit kann nur durch Abdichtungen oder durch Unterdächer mit eingebundener Konterlattung erreicht werden.

6 Pflege und Wartung

(1) Dachdeckungen, Abdichtungen und Außenwandbekleidungen müssen in gewissen Zeitabständen überprüft werden. Hierfür wird der Abschluß eines Inspektions- und Wartungsvertrages empfohlen, um die regelmäßige Überprüfung und Wartung der Bauteile sicherzustellen. Rechtzeitige Pflege kann die Lebensdauer verlängern und vor größeren Schäden bewahren.

(2) Pflege- und Wartungsmaßnahmen sind zur regelmäßigen Überprüfung der Bauteilflächen erforderlich, um evtl. Veränderungen, Beschädigungen oder Folgeschäden rechtzeitig festzustellen. Je früher Veränderungen oder Beschädigungen erkannt werden, um so geringer ist der erforderliche Aufwand für die Beseitigung von Folgeschäden und die Kosten für Reparaturen oder andere bestandserhaltende Maßnahmen.

(3) Die Aufgabe der Inspektion besteht in einer sach- und fachgerechten Überprüfung der vertraglich festgelegten Bauteilflächen, mit der Feststellung des Istzustandes insbesondere auf die Funktionstauglichkeit. Die Inspektion bezieht sich auf die Beschaffenheit der freiliegenden Werkstoffe und auf die sichtbaren Veränderungen durch äußere Einwirkungen.

(4) Eine Wartung beinhaltet die Aufrechterhaltung der Funktionsfähigkeit von Systemteilen, Einbauteilen und bauteilüblicher Elemente, wie z. B. Entwässerungseinrichtungen, Lüftungen, Abdeckungen, Einfassungen u. ä. Die Wartung schließt das Entfernen von funktionsbeeinträchtigenden Schmutzablagerungen ein.

(5) Zusätzliche Funktionsprüfungen haben zur Aufgabe, bestimmte Anlagenteile auf ihre bestimmungsgemäße Funktionstauglichkeit zu überprüfen.

Deutsches Dachdeckerhandwerk
– Regelwerk –

Fachregel für Abdichtungen

– Flachdachrichtlinie –

Aufgestellt und herausgegeben vom

Zentralverband des Deutschen Dachdeckerhandwerks – Fachverband Dach-, Wand- und Abdichtungstechnik – e.V.

Ausgabe Januar 2026

RM Rudolf Müller

Vorgänger

Richtlinie für die Ausführung von Flachdächern	Juli 1962
Richtlinie für die Ausführung von Flachdächern	Mai 1967
Richtlinie für die Ausführung von Flachdächern	Januar 1973
Ergänzung (gleicher Titel)	1974
Richtlinie für die Planung und Ausführung von Dächern mit Abdichtungen – Flachdachrichtlinien	Januar 1982
Richtlinie für die Planung und Ausführung von Dächern mit Abdichtungen – Flachdachrichtlinien	Mai 1991 mit Änderungen 1992
Fachregel für Dächer mit Abdichtungen – Flachdachrichtlinien –	September 2001 mit Änderungen 2003
Fachregel für Dächer mit Abdichtungen – Flachdachrichtlinie –	Oktober 2008 mit Änderungen 2009 und 2011
Fachregel für Dächer mit Abdichtungen – Flachdachrichtlinie –	Ausgabe Dezember 2016 mit Änderungen November 2017, Mai 2019 und März 2020

Verlag: Verlagsgesellschaft Rudolf Müller GmbH & Co. KG, Stolberger Str. 84, 50933 Köln

Satz: Reemers Publishing Services GmbH, Krefeld

Druck: Limberg-Druck GmbH, Kaarst

12/2025

Inhaltsverzeichnis

1 Allgemeine Regeln

1.1 Geltungsbereich

(1) Diese Regel gilt für die Planung und Ausführung von Abdichtungen
- nicht genutzter Dachflächen, einschließlich extensiv begrünter Dachflächen,
- genutzter Dach- und Deckenflächen, z. B. intensiv begrünter Flächen, Terrassen, Dächer mit Solaranlagen, Balkone, Loggien und Laubengänge,
- erdüberschütteter Deckenflächen,
- befahrener Dach- und Deckenflächen aus Stahlbeton

mit Abdichtungsbahnen und Flüssigkunststoffen sowie allen für die Funktionsfähigkeit des Dachaufbaus/Bauteilaufbaus erforderlichen Schichten.

(2) Die Fachregel gilt nicht für Abdichtungen
- bei Unterdächern,
- erdberührter Wände und Bodenplatten nach DIN 18533,
- in und unter Wänden nach DIN 18533,
- von Innenräumen nach DIN 18534,
- von Behältern und Becken nach DIN 18535,
- von befahrenen Flächen, die nicht Bestandteil eines Gebäudes sind, z. B. Brücken, (siehe DIN 18532),
- von Deponien, Erdbauwerken und bergmännisch erstellten Tunneln,
- mit mineralischen und flexiblen Dichtungsschlämmen,
- im Verbund mit Fliesenbelägen,
- mit polymermodifizierter Bitumendickbeschichtung (PMBC).

(3) Die Abbildungen in diesem Regelwerk zeigen Beispiele für eine Ausführung. Sie sind nicht maßstabsgetreu und zeigen nicht alle durch den Textteil möglichen Ausführungsvarianten.

Die Abbildungen ergänzen den Text und ersetzen ihn nicht. Die Abbildungen stellen keine Zeichnungen im Sinne der DIN 199 dar.

1.2 Begriffe

Zusätzlich zu den Begriffen aus anderen Regelwerksteilen („Grundregel für Dachdeckungen, Abdichtungen und Außenwandbekleidung“) gelten für Abdichtungen folgende Definitionen.

(1) Abdichtung
Flächige, wasserdichte Schicht eines Bauteils

(2) Abschottung
Maßnahme zur Begrenzung der flächigen Ausbreitung von Wasser im Dachaufbau/Bauteilaufbau

(3) Auflast
Maßnahme zur Sicherung des Dachaufbaus gegenüber Windlasten

(4) Ausgleichsschicht
Schicht zum Ausgleich oder zur Überbrückung von Rauigkeiten und Unebenheiten.

(5) Balkon
Nutzbare Plattform über Geländeniveau, die über die Fassade eines Gebäudes hinausragt

(6) Befahrene Fläche
Zum Befahren mit Fahrzeugen vorgesehene Dach- oder Deckenfläche

(7) Behelfsabdichtung
Der Begriff ist in der Grundregel wie folgt definiert:
„Unter Behelfsabdichtung versteht man den vorübergehenden Schutz einer Konstruktion oder Bauteilfläche, um das Gebäude vor Feuchtigkeit zu schützen und beispielsweise eine Weiterarbeit im Gebäude-

inneren zu ermöglichen. Behelfsabdichtungen sind zumindest für einige Zeit der Witterung ausgesetzt. Die verwendeten Werkstoffe und die Art der Ausführung müssen hierfür geeignet sein. Je nach Art und Ausführung können auch Dampfsperren oder erste Lagen von mehrlagigen Dachabdichtungen als Behelfsabdichtung verwendet werden.“

(8) Begrünung/Begrünungsaufbau

Schicht oder Schichtenfolge, die den Bewuchs mit Pflanzen ermöglicht

(9) Bewegungsfuge

Fuge zwischen Bauteilen, die die unterschiedlichen Bewegungen der Bauteile ermöglicht

(10) Dachaufbau/Bauteilaufbau

Schichtenfolge des Daches/Bauteils ohne Nutzschichten

(11) Dampfdruckausgleich

Flächiger Ausgleich von Dampfdruckunterschieden

(12) Dampfsperre

Schicht zur Begrenzung der Wasserdampfdiffusion

(13) Durchdringung

Bauteil, das die Abdichtung und gegebenenfalls weitere Bauteilschichten durchdringt, z. B. Rohrleitung, Geländerstütze, Ablauf

(14) Einbauteil

Bauelement, das in die Abdichtung und gegebenenfalls in weitere Bauteilschichten eingebunden wird

(15) Erdüberschüttete Deckenfläche

Oberhalb des Grundwasserstandes liegende Deckenfläche, die den oberen Abschluss eines Bauwerkes darstellt und mit Erdreich überschüttet sowie ggf. mit weiteren Nutz- und/oder Funktionsschichten abgedeckt ist

(16) Extensivbegrünung

Begrünung mit geringer Aufbauhöhe und geringem Gewicht sowie einer Bepflanzung, die sich weitgehend selbst erhält, weiterentwickelt und sich an die jeweiligen Standortbedingungen anpasst, bei denen aufgrund von regionalen klimatischen Bedingungen Pflegemaßnahmen erforderlich werden können

(17) Gefällelose Fläche

Unterlagen/Unterkonstruktionen von Abdichtungen ohne Gefälle; Flächen mit einem planmäßigen Gefälle kleiner 2 % sind wie gefällelose Flächen zu behandeln.

(18) Genutzte Fläche

Für den Aufenthalt von Personen oder die Aufstellung von Anlagen vorgesehene Fläche oder intensiv begrünte Fläche, z. B. Dach mit Solaranlage, Terrasse, Balkon, Laubengang, Loggia, Retentionsflächen

(19) Haftbrücke/Voranstrich/Grundierung

Schicht zur Verbesserung der Klebehaftung

(20) Inspektion

Maßnahme zur Feststellung und Beurteilung des Ist-Zustandes

(21) Instandhaltung

Maßnahmen zur Feststellung und Beurteilung des Ist-Zustandes sowie zur Bewahrung und Wiederherstellung der Funktionsfähigkeit

(22) Instandsetzung

Maßnahmen zur Wiederherstellung der Funktionsfähigkeit

(23) Intensivbegrünung

Begrünung mit hohem Anspruch an den vegetationstechnischen Aufbau und daraus resultierend großer Aufbauhöhe und dem Bedarf nach intensiver Pflege, z. B. zusätzlicher Bewässerung

(24) Kaschierung

Vliese, Gewebe oder Bahnen, die werkseitig auf Dämmstoffe oder Abdichtungsbahnen aufgebracht sind

(25) Klemmprofil/Wandanschlussprofil

Metallprofil zur Sicherung der Abdichtung gegen Abrutschen, z. B. stranggepresstes Aluminiumprofil

(26) Klemmschiene

Massives Metallprofil zur Sicherung der Abdichtung gegen Abrutschen und Hinterlaufen der Abdichtung am oberen Ende des Anschlusses

(27) Laubengang

Über dem Geländeniveau liegende Plattform an einem Gebäude zur Erschließung mehrerer Nutzungseinheiten

(28) Loggia

Nutzbare Plattform über Geländeniveau, die teilweise oder ganz in die Fassade eingezogen ist

(29) Luftdichtheit

Eigenschaft eines Baustoffs, Bauteils oder der Hülle des Gebäudes, nicht oder nur in geringem Maße mit Luft durchströmt zu werden

(30) Notabdichtung

Der Begriff ist in der Grundregel wie folgt definiert:

„Unter Notabdichtung versteht man eine befristete Abdichtung als vorübergehender Schutz im Schadensfall. Notabdichtungen sind keine dauerhafte Lösung. Von ihr können nicht die Kriterien einer Abdichtung erwartet werden. Sie ersetzen keine Abdichtung."

(31) Nicht genutzte Fläche

Fläche, die nur für Zwecke der Pflege, Wartung und Instandhaltung des Daches betreten wird, die extensiv begrünt sein kann, jedoch nicht für den dauernden Aufenthalt von Personen oder die Nutzung durch Verkehr vorgesehen ist

(32) Nutzschicht/Belag

Schicht oberhalb der Abdichtung zur direkten Nutzung infolge Aufenthalts von Personen und/oder Befahrens mit Fahrzeugen

(33) Oberflächenschutz

Maßnahme zum Schutz der Abdichtung vor mechanischer und/oder thermischer und/oder atmosphärischer Beanspruchung

(34) Schleppstreifen

Streifenförmige Trennlage zur Sicherstellung einer unverklebten Zone

(35) Schutzlage

Schutz einer Abdichtungsschicht aus bahnenförmigen Stoffen gegen mechanische und/oder thermische und/oder chemische Einwirkungen

(36) Schutzmaßnahme

Maßnahme zum vorübergehenden Schutz während der Bauausführung

(37) Schutzschicht

Schicht zum dauernden Schutz der Abdichtung vor mechanischer und/oder thermischer und/oder chemischer Einwirkung

(38) Terrasse/Dachterrasse

Für den Aufenthalt von Personen vorgesehene Dach-/Deckenfläche

(39) Trennschicht/-lage

Schicht oder Lage zur Trennung von angrenzenden Schichten

(40) Überdeckung, Überlappung

Bereich, in dem Bahnen zur Herstellung von Nähten und Stößen übereinanderliegen

(41) Unterlage/Untergrund

Schicht zur Aufnahme der Abdichtung

(42) Unterläufigkeit

Verteilung von Wasser unterhalb einer oder mehrerer Schichten des Dachaufbaus infolge lokaler Fehlstellen/Beschädigungen

(43) Vollflächige Verklebung/Verschweißung

Verbindung zwischen zwei Schichten mit Heißbitumen, Klebstoffen, Klebstoffschichten oder aufgeschmolzenen Bitumendeckschichten, die durch Baustellenbedingungen einzelne geringfügige Hohlstellen/-räume aufweisen kann

(44) Wartung

Maßnahme zur Bewahrung der Funktionsfähigkeit

1.3 Konstruktions- und Verlegearten

(1) Nicht genutzte und genutzte Dächer mit Abdichtungen werden unterschieden in:

- nicht belüftete Dächer/Bauteile,
- belüftete Dächer/Bauteile,

die folgende Funktionsschichten haben können:

- Unterlage
- Haftbrücke
- Ausgleichsschicht/Trennschicht/-lage
- Luftdichtheitsschicht
- Dampfsperre
- Wärmedämmung
- belüfteter Dachraum
- Dampfdruckausgleichsschicht/Trennlage
- Dachabdichtung/Abdichtung
- Wurzelschutz/Schutzlage/Schutzschicht
- Oberflächenschutz/Auflast/Dachbegrünung/Nutzschicht

Bei nicht belüfteten Dächern/Bauteilen gibt es darüber hinaus den Aufbau als Umkehrdach. Hier liegt die Wärmedämmung oberhalb der Abdichtung.

(2) Abdichtungen, Dampfsperren und Wärmedämmstoffe können je nach Stoffart wie folgt ausgeführt werden:

- lose verlegt (mit Auflast oder mechanischer Befestigung),
- teilflächig verklebt,
- vollflächig verklebt.

Abdichtungen und Dampfsperren können je nach Stoffart wasserunterlaufsicher ausgeführt werden.

(3) Ein Begrünungsaufbau besteht z. B. aus folgenden Schichten:

- Schutzschicht gegen Wurzeldurchwuchs
- Schutzschicht gegen mechanische Beschädigung
- Entwässerungs- und Dränageschicht
- Filterschicht
- Vegetationsschicht

Abb. 1: Konstruktionsart: Nicht belüftetes Dach (beispielhafte Abbildung)

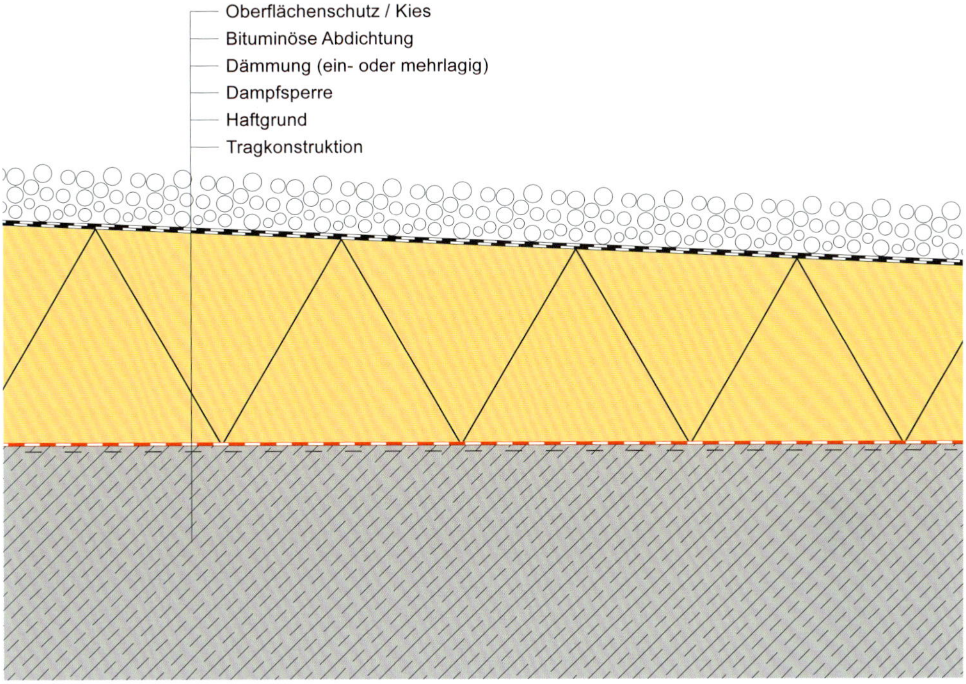

Abb. 2: Konstruktionsart: Nicht belüftetes Dach als Umkehrdach (beispielhafte Abbildung)

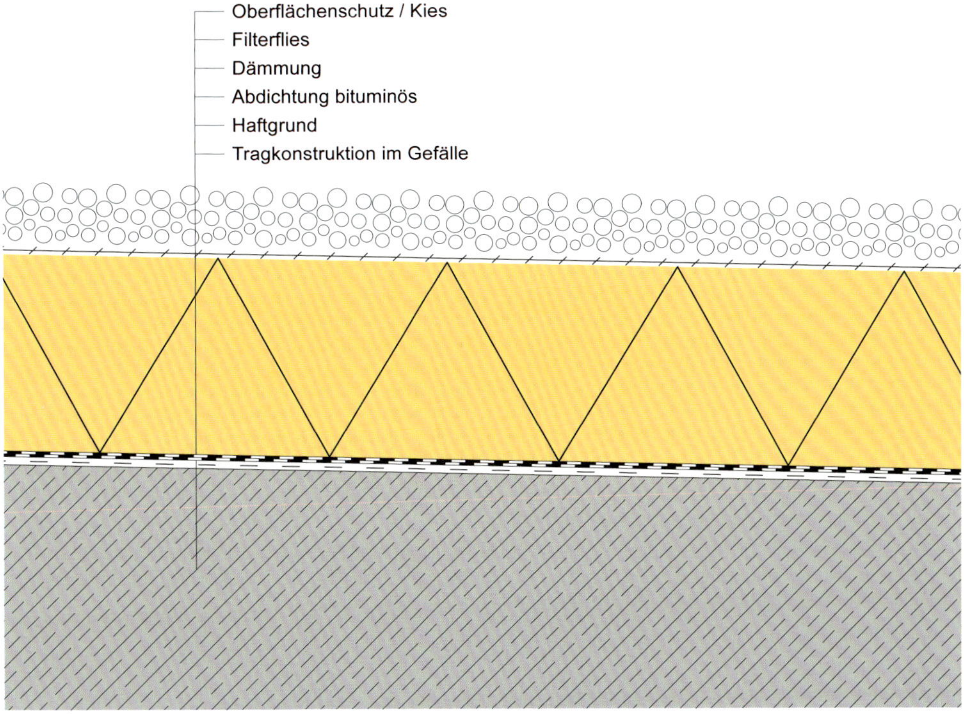

Abb. 3: Konstruktionsart: Belüftetes Dach (beispielhafte Abbildung)

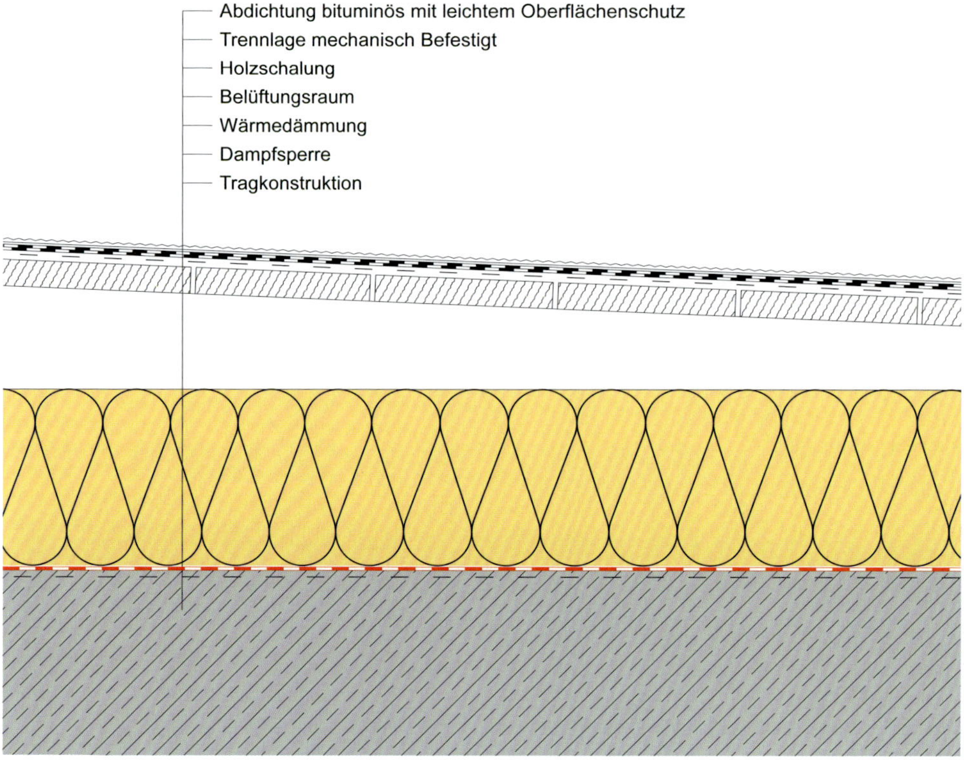

2 Grundsätzliche Anforderungen an Planung und Ausführung

2.1 Allgemeines

(1) Auf Abdichtungen können folgende Beanspruchungen einwirken:

- Feuchte
- mechanische Beanspruchungen
- thermische Beanspruchungen
- biologische Beanspruchungen (z. B. durch Wurzelwachstum)
- chemische Beanspruchungen (z. B. Emissionen aus Industrieanlagen).

Darüber hinausgehende Beanspruchungen sind ebenfalls in der Planung zu berücksichtigen.

(2) Abdichtungen dürfen bei Witterungsverhältnissen, die sich nachteilig auf die Funktionsschichten der zu erbringenden Leistung auswirken können, nur ausgeführt werden, wenn durch zusätzliche Leistungen nachteilige Auswirkungen verhindert werden. Solche Witterungsverhältnisse sind z. B. Temperaturen unter + 5°C, Nässe, Schnee und Eis oder starker Wind. Diese zusätzlichen Leistungen sind unter Berücksichtigung der Gegebenheiten zum Ausführungszeitpunkt in Abhängigkeit der zu verwendenden Materialien zu planen und als zusätzliche Leistung vorzusehen.

(3) Die Voraussetzungen für eine fachgerechte Anordnung und Ausführung des Dachaufbaus/Bauteilaufbaus sind bereits bei der Planung zu schaffen. Die Schichtenfolge, die Art der Abdichtung und ihre Bemessung sind von

- der Art der Tragkonstruktion,
- der Beanspruchung,
- der auftraggeberseitig angestrebten Nutzungsdauer der Dachfläche (z. B. bei Solaranlagen),

- der Nutzung des Bauwerks,
- der jeweiligen Unterlage

abhängig. Die Wechselwirkung zwischen Abdichtung und den darunter liegenden Schichten sowie die Beanspruchung der Abdichtung sind zu berücksichtigen.

(4) Die Oberfläche von Abdichtungen wird unter anderem durch atmosphärische Einwirkungen, wie z. B. UV-Strahlen, hohe bzw. niedrige Temperaturen, Temperaturschwankungen und Feuchtigkeit beansprucht. Entweder bietet die Abdichtung selbst einen ausreichenden Schutz, oder die Oberlage ist mit einem Oberflächenschutz zu versehen.

(5) Grenzen abzudichtende Flächen an transparente oder stark reflektierende Fassadenflächen, können diese Flächen durch hohe Temperaturen beansprucht werden (siehe auch Abschnitt 3.4.2 (10)).

(6) Der Oberflächenschutz bietet je nach Ausführung einen Schutz gegen mechanische Beschädigungen, direkte Sonneneinstrahlung und kann die technische Nutzungsdauer der Abdichtung erhöhen (siehe Abschnitt 3.8).

(7) Schwerer Oberflächenschutz reduziert die auf die Abdichtung einwirkenden Temperaturen, wirkt ausgleichend bei Temperaturschwankungen und bietet Schutz gegen Flugfeuer und strahlende Wärme sowie UV-Strahlung. Er verbessert auch den Schutz gegen mechanische Beanspruchung sowie gegen Verkrustungen bei Ablagerungen. Dieser kann gleichzeitig als Sicherung gegen Abheben durch Windkräfte wirken. Schwerer Oberflächenschutz kann z. B. mit Dachbegrünungen, Schüttungen, Plattenbelägen ausgeführt werden.

Dachbegrünungen sind im besonderen Maße als schwerer Oberflächenschutz geeignet.

Sie weisen zusätzlich zu anderen Arten des Oberflächenschutzes folgende Eigenschaften auf:

- Speicherung von Niederschlagswasser und gezielte Ableitung von der Dachfläche
- Bindung von Feinstaub
- Gestaltungsmöglichkeiten für die Nutzung der Dachfläche
- ggf. Verbesserung des Schallschutzes
- positiver Einfluss auf die Umgebungstemperaturen und die Umgebungsfeuchtegehalte

(8) Werden Behelfsabdichtungen geplant und ausgeführt, ist bereits in der Planung eine eventuell vorgesehene Nutzung durch Dritte während des Bauablaufs vorzugeben und entsprechende Schutzmaßnahmen sind zu planen und vorzugeben.

(9) Die Dampfsperre, Wärmedämmung, Belüftung und Luftdichtheitsschicht sind wesentliche Bestandteile des Feuchte- und Wärmeschutzes für das Bauwerk. Die Bemessung und Festlegung der Ausführungsart einschließlich der Anschlussdetails der bauphysikalischen Funktionsschichten erfolgt durch den Planer (siehe „Merkblatt Wärmeschutz bei Dach und Wand").

(10) Dächer in Holzbauweise mit Vollsparrendämmung ohne Hinterlüftung der Abdichtungsunterlage haben sich in der Praxis als sehr schadenträchtig gezeigt.

(11) Zur Sicherung von Dachabdichtungen gegen Windkräfte, zur Aufnahme horizontaler Kräfte und bei Gefälle > 5 % sind Maßnahmen nach Abschnitt 2.8 bis 2.10 erforderlich und durch den Planer vorzugeben.

(12) Um Pflege, Wartung und Instandsetzungsarbeiten vornehmen zu können, sollen bei Dächern mit Abdichtung bereits bei der Planung Maßnahmen zur Absturz-/Durchsturzsicherung und gegebenenfalls Wartungswege vorgesehen werden. Dabei sind die bauaufsichtlichen Anforderungen der Länder zu berücksichtigen.

(13) Dächer mit Abdichtungen müssen in der Regel entsprechend den Bestimmungen der Landesbauordnungen widerstandsfähig gegen Flugfeuer und strahlende Wärme sein (harte Bedachung). Bei Bedachungen mit einem allgemeinen bauaufsichtlichen Prüfzeugnis oder mit Klassifizierung B_{roof} (t1) nach DIN EN 13501-5[1] als Nachweis der harten Bedachung muss der Dachaufbau mit den Angaben im Prüfzeugnis bzw. im Klassifizierungsbericht übereinstimmen. Ein Nachweis ist nicht erforderlich, wenn der Dachaufbau nach DIN 4102-4[2] z. B. vollständig mit einer mindestens 5 cm dicken Schüttung aus Kies 16/32 bedeckt ist. Bei begrünten Dächern sind die jeweiligen Brandschutzanforderungen der Länder zu beachten.

---

[1] DIN EN 13501-5 Klassifizierung von Bauprodukten und Bauarten zu ihrem Brandverhalten; Klassifizierung mit den Ergebnissen aus Prüfungen von Bedachungen bei Beanspruchung durch Feuer von außen

[2] DIN 4102-4 Brandverhalten von Baustoffen und Bauteilen – Teil 4: Zusammenstellung und Anwendung klassifizierter Baustoffe, Bauteile und Sonderbauteile

(14) Bei großflächigen Dächern sollen in Abhängigkeit vom Brandschutzkonzept z. B. die Regelungen der DIN 18234 für die Ausführung eingeplant werden. Dies gilt insbesondere für Dächer nach der Industriebaurichtlinie. Diese fordert, dass Bedachungen (bestehend aus Unterkonstruktion, Dampfsperre, Wärmedämmung und Abdichtung) von Brandabschnitten mit einer Dachfläche von mehr als 2.500 m^2 so auszuführen sind, dass eine Brandweiterleitung innerhalb eines Brandabschnitts oder eines Brandbekämpfungsabschnitts über das Dach behindert wird.

Die Forderung gilt als erfüllt bei Dächern,

- die nach DIN 18234-1[3] geprüft und ausgeführt sind bzw. den in DIN 18234-2[4] aufgeführten Dachaufbauten entsprechen,
- mit tragender Unterkonstruktion aus mineralischen Baustoffen (Beton oder Porenbeton),
- mit Dachaufbauten aus nicht brennbaren Stoffen.

An allen Durchdringungen, Einbauteilen, Anschlüssen und Abschlüssen sind konstruktive Maßnahmen gegen die Brandweiterleitung z. B. nach DIN 18234-3[5] zu planen. Insbesondere an den Anschlussstellen von Durchdringungen von profilierten flächigen Baustoffen und belüfteten Dächern gilt es, den Eintritt von Flammen in den Profil- oder Dachhohlraum zu verhindern. Die in DIN 18234-4[6] aufgeführten Durchdringungen, Anschlüsse und Abschlüsse erfüllen die Anforderungen ohne Brandprüfung.

(15) Herstellerseitige Anwendungsbeschränkungen, die über die Anforderungen dieses Regelwerks hinausgehen, sind zu berücksichtigen.

2.2 Gefälle und Dachneigung

(1) Unterlagen von Abdichtungen sollen, unabhängig von der Art der Unterlage, mit einem Gefälle von mindestens 2 % in der Fläche geplant werden. Davon ausgenommen sind Kehlbereiche und Rinnen.

Bei Flächen mit barrierefreien Übergängen mit Nutzbelägen (nach Abschnitt 4.4(4) und Anhang I)

- auf Bettungsschicht soll das ausgeführte Gefälle der Abdichtung zur Hauptentwässerung ≥ 1 % betragen.
- auf Stelzlager (oder Flüssigkunststoff mit systemintegrierter Nutzschicht) sollte das ausgeführte Gefälle der Abdichtung zur Hauptentwässerung ≥ 1 % betragen.

(2) Das tatsächliche Gefälle kann zulässigerweise durch vorhandene Toleranzen in der Tragkonstruktion vom geplanten Gefälle abweichen. Dies können z. B.

- Toleranzen in der Tragkonstruktionsoberfläche,
- lastabhängige und/oder lastunabhängige Verformungen der Tragkonstruktion sein.

Auf Flächen mit einer Neigung bis zu 5 % kann Pfützenbildung bzw. stehendes Wasser vorkommen. Bei Dächern mit einem ausgeführten Gefälle ≤ 5 % ist in der Fläche sowie in Kehlen, in Rinnen, an Dacheinläufen und um Einbauteile (z. B. Lichtkuppeln) Pfützenbildung möglich und zulässig.

(3) Wenn ein vertraglich vereinbartes Gefälle in der Ausführung erreicht werden muss, so ist ein zusätzliches Nivellement der Ebenheit der Tragkonstruktion erforderlich. Ein Nivellement kann

- bei Ortbetondecken erst nach dem Ausschalen,
- bei Bestandsdecken erst nach dem Abriss des alten Dachbelags

erfolgen. Die Ergebnisse des Nivellements sind in der Planung des Gefälles zu berücksichtigen. Dadurch kommt es zu Verzögerungen bzw. Unterbrechungen im Bauablauf. Gegebenenfalls sind z. B. umfangreiche Ausgleichsmaßnahmen des Untergrundes und/oder Neuplanung der Entwässerung erforderlich.

(4) Flächen können in begründeten Fällen ohne Gefälle geplant und ausgeführt werden.

Beispielhaft gelten als begründete Fälle:

---

[3] DIN 18234-1 Baulicher Brandschutz großflächiger Dächer – Brandbeanspruchung von unten; Geschlossene Dachflächen – Anforderungen und Prüfung

[4] DIN 18234-2 Baulicher Brandschutz großflächiger Dächer – Brandbeanspruchung von unten – Teil 2: Verzeichnis von Dächern, welche die Anforderungen nach DIN 18234-1 erfüllen; Geschlossene Dachflächen

[5] DIN 18234-3 Baulicher Brandschutz großflächiger Dächer – Brandbeanspruchung von unten – Teil 3: Durchdringungen, Anschlüsse und Abschlüsse von Dachflächen – Anforderungen und Prüfung

[6] DIN 18234-4 Baulicher Brandschutz großflächiger Dächer – Brandbeanspruchung von unten – Teil 4: Verzeichnis von Durchdringungen, Anschlüssen und Abschlüssen von Dachflächen, welche ohne weiteren Nachweis die Anforderungen nach DIN 18234-3 erfüllen

- Dachterrassen, Loggien, Laubengänge und Balkone mit Fenstern und Türen als Übergänge und Nutzbelägen, z. B. aus Beton, Steinzeug, Keramik, Holz/Holzwerkstoff. Dies gilt nicht für Flächen mit barrierefreien Übergängen.
- konstruktiv vorgegebene Lage der Entwässerungseinrichtungen, die eine Gefällegebung nicht ermöglichen,
- Intensivbegrünung,
- erdüberschüttete Flächen,
- Retentionsflächen,
- baurechtliche Anforderungen, die eine Gefällegebung nicht ermöglichen,

sowie vergleichbare Fälle. In diesen Fällen sind die besonderen Anforderungen des Abschnitts 3.6.2.2 einzuhalten.

(5) Bei der Messung bzw. Ermittlung des Gefälles bleiben Bahnenüberdeckungen unberücksichtigt.

(6) Besteht die Gefahr, dass sich geringfügige, aber länger einwirkende Mengen stehenden Wassers schädigend auf Schutz- und Belagsschichten auswirken (z. B. bei Plattenbelägen im Mörtelbett), soll durch eine planmäßige Gefällegebung oder andere Maßnahmen für eine Wasserableitung gesorgt werden.

2.3 Entwässerung

(1) Die Entwässerung ist unter Beachtung der Bemessungsnormen, des „Merkblatt zur Bemessung von Entwässerungen" und der baulichen Gegebenheiten so anzuordnen, dass die Niederschläge auf kurzem Wege abgeleitet werden können. Die Entwässerung kann mit Abläufen oder über vorgehängte Dachrinnen mit entsprechender Traufausbildung erfolgen (siehe „Fachregel für Metallarbeiten im Dachdeckerhandwerk").

(2) Mit Ausnahme von Dachflächen mit Entwässerung über vorgehängte Rinnen müssen Dachflächen unabhängig von ihrer Größe mindestens einen Dachablauf und mindestens einen Notüber- oder Notablauf erhalten. Für die Bemessung der Dachabläufe und Notentwässerung ist das „Merkblatt zur Bemessung von Entwässerungen" zu beachten. Dachflächen ohne Gefälle erfordern besondere Maßnahmen, z. B. Anordnung der Abläufe an den Stellen maximaler Durchbiegung.

(3) Bei Dachentwässerung mit Druckströmung ist mit einem vorübergehenden Wasseranstau auf der Abdichtung zu rechnen. Dabei sind systemkonforme Dachabläufe mit werkseitiger Anschlussmöglichkeit der Dampfsperre zu empfehlen.

(4) Abgetrennte Teilflächen, z. B. durch Aufkantungen, müssen getrennt entwässert werden. Durch Bewegungsfugen abgetrennte Teilflächen sollen getrennt entwässert werden.

(5) Die Abläufe von innenliegenden Dachentwässerungen sollen an Tiefpunkten der Dachfläche angeordnet werden und so ausgebildet sein, dass die Abdichtung wasserdicht angeschlossen werden kann. Flächenabläufe sollen einen Abstand von mindestens 0,30 m von aufgehenden Wandflächen (z. B. Putz bei WDVS), Dachaufbauten, Fugen oder anderen Durchdringungen der Abdichtung haben. Maßgebend ist dabei die äußere Begrenzung des Flansches. Dies gilt nicht für Attikaabläufe.

(6) Dachabläufe müssen zu Wartungszwecken frei zugänglich sein.

(7) Wird der Wasserabfluss durch die Belagsschichten so weit verzögert, dass daraus Schäden am Belag zu erwarten sind, sind Dränschichten auf der Abdichtung erforderlich.

(8) Abläufe zur Entwässerung von Belagsoberflächen, die die Abdichtung durchdringen, müssen sowohl die Nutzfläche als auch die Abdichtungsebene dauerhaft entwässern. Sie müssen für Wartungsarbeiten leicht zugänglich sein.

(9) Werden Abdichtungen im Gebäudebestand erneuert, ist bei

- innenliegender Entwässerung die Entwässerungsleistung der Abläufe und Notüberläufe sowie ggf. der innenliegenden Rinnen,
- der Entwässerung über außenliegende Rinnen die Entwässerungsleistung der Rinnen und Fallrohre

durch den Planer zu prüfen (siehe „Merkblatt zur Bemessung von Entwässerungen").

(10) Beim Aufstellen/Auflegen von Anlagen/Solaranlagen auf Dächern muss der Einfluss auf die Entwässerung aller Flächen bei der Planung berücksichtigt werden. Abläufe müssen für Wartungsarbeiten leicht zugänglich sein.

2.4 Details

(1) Die Anschlusshöhe der Abdichtung muss im Hinblick auf Spritzwasser und Überflutungsschutz an aufgehenden Bauteilen, Durchdringungen und Dachrandabschlüssen nach Abschnitt 4.3 bis 4.6 geplant werden.

(2) Türen als Zugänge zu Flächen mit Abdichtungen müssen im Bereich der Türschwellen und Türpfosten für einen einwandfreien Anschluss der Abdichtung geeignet sein.

(3) Der Abstand von Durchdringungen untereinander (von Flanschaußenkante zu Flanschaußenkante) und zu anderen Bauteilen, z. B. Bewegungsfugen, An- und Abschlüssen, soll mindestens 30 cm betragen. Bei Flüssigkunststoffen soll der Abstand der Durchdringungen untereinander mindestens 10 cm betragen. Kann aus konstruktiven Gründen dieser Abstand nicht eingehalten werden, können mehrere Durchdringungen durch eine Schachtkonstruktion eingefasst und als Anschluss an ein aufgehendes Bauteil ausgeführt werden.

(4) Die Breite von Flächen zwischen Aufkantungen (z. B. Flächen zwischen Lichtbändern/Glasdächern, mit Bahnen ausgekleidete Rinnen) soll 50 cm nicht unterschreiten.

(5) Die Anordnung der Bewegungsfugen, die zu erwartenden Größen und die Richtung der Bewegungen sind vom Planer anzugeben. Je nach Art und Größe der Bewegungen ist zwischen Fugen des Typs I und Fugen des Typs II zu unterscheiden (siehe Abschnitt 4.7.1 bis 4.7.3). Für Bewegungsfugen, die unmittelbar im Bereich von Wandanschlüssen oder Randaufkantungen angeordnet werden, sind geeignete konstruktive Maßnahmen, z. B. Hilfskonstruktionen, Fugenbänder, notwendig.

(6) An- und Abschlüsse von Abdichtungen sollten für Wartungszwecke und Instandhaltung zugänglich bleiben.

(7) Dichtstoffverfugungen als Sicherung des oberen Abschlusses von Anschlüssen sind wegen ihrer begrenzten Nutzungsdauer regelmäßig zu warten und instand zu setzen. Diese Instandsetzungsarbeiten sind durch den Bauherrn/Eigentümer/Betreiber zu veranlassen.

2.5 Nutzung der Flächen

(1) Auf der Abdichtung aufgestellte Aggregate und Anlagen sind so anzuordnen, dass ein ausreichender Abstand für Ausführung, Wartung und Pflege zwischen Anlage und Abdichtung vorhanden ist. Dabei sollte der Mindesthöhenabstand über Oberfläche Belag 50 cm betragen.

(2) Nutzschichten dürfen nicht im Verbund mit der Abdichtung stehen. Ausgenommen davon sind Abdichtungen von

- Balkonen, Loggien, Laubengängen und Dachterrassen mit Flüssigkunststoffen mit systemintegrierter Nutzschicht

  und

- befahrenen Flächen.

(3) Durch auf der Abdichtung aufgestellte Anlagen und Aggregate dürfen keine horizontalen und vertikalen Kräfte (Schub- oder Scherkräfte oder Druckbeanspruchungen) in die Abdichtung eingeleitet werden, die zu Schäden der Abdichtung und/oder anderer Bauteilschichten führen können.

(4) Bei nicht genutzten Flächen sollten Wartungswege, z. B. für technische Anlagen, in der Planung berücksichtigt werden. Insbesondere bei der Verwendung von Mineralwolledämmungen als Unterlage für die Abdichtung sind zusätzliche Maßnahmen zur Lastverteilung zu ergreifen.

(5) Bei einem Dach mit Begrünung können sich z. B. durch Anstaubewässerung oder Wasserrückhaltung im Begrünungsaufbau die bauphysikalischen Verhältnisse verändern. Dies muss bei der Bemessung der Dampfsperre berücksichtigt werden. In diesem Fall haben sich dampfdichte Stoffe mit einem s_d-Wert > 1.500 m, z. B. Bahnen mit Metallbandeinlage, bewährt.

(6) Für den Schichtenaufbau extensiver und intensiver Dachbegrünungen gilt die Dachbegrünungsrichtlinie.

2.6 Besondere Maßnahmen zur Reduzierung/Vermeidung der Verteilung von Wasser im Schichtenaufbau

(1) Abschottungen innerhalb des Dachaufbaus/Bauteilaufbaus reduzieren das Risiko der Wasserwanderung innerhalb des Schichtenpakets bei Beschädigung der Abdichtung. Abschottungen eignen sich vorzugsweise für Konstruktionen mit Betontragkonstruktion. Abschottungen sind planerisch vorzugeben.

(2) Die vollflächige Verklebung von Abdichtungsbahnen im Gießverfahren oder Flüssigkunststoffen auf der Stahlbetonunterlage/-unterkonstruktion reduziert bei lokaler Beschädigung der Abdichtung die Wasserwanderung auf der Stahlbetonunterlage/–unterkonstruktion.

(3) Maßnahmen zur Vermeidung der Wasserunterläufigkeit können schädliche Auswirkungen bei Beschädigungen der Abdichtung auf darunterliegende Gebäudeteile reduzieren. Maßnahmen zur Vermeidung der Wasserunterläufigkeit sind in der Regel nur bei befahrenen Flächen erforderlich und planerisch vorzugeben.

(4) Wenn Maßnahmen zur Vermeidung der Wasserunterläufigkeit (wasserunterlaufsicher) geplant sind, ist die Dampfsperre oder Abdichtung auf den vorbehandelten Beton vollflächig im Gieß- oder Schweißverfahren zu kleben. Die Vorbehandlung umfasst z. B. die abtragende Behandlung des Betons (z. B. Kugelstrahlen, Feinfräsen) sowie Grundierung oder Versiegelung (siehe Abschnitt 2.7.2).

2.7 Unterlage/Unterkonstruktion

2.7.1 Allgemeines

(1) Flächen, die für die Aufnahme von Abdichtungen oder der damit zusammenhängenden Schichten vorgesehen sind, müssen stetig verlaufen, sauber und frei von Fremdkörpern sein. Bei konstruktiver Möglichkeit wird empfohlen, bereits die Unterlage/Unterkonstruktion im Gefälle auszuführen.

(2) Zur Vermeidung von Konvektionswärmeverlusten und damit verbundenem Tauwasserausfall ist bei Gebäuden mit beheizten Innenräumen ausreichende Luftdichtheit erforderlich (siehe „Merkblatt Wärmeschutz bei Dach und Wand"). Soll die Luftdichtheit durch eine Dampfsperre erreicht werden, sind z. B. bei Stahltrapezprofilen oder Holzschalungen besondere Anforderungen an die Unterkonstruktion, insbesondere an An- und Abschlüssen sowie Durchdringungen, zu stellen. Luftdichtheit kann auch durch Maßnahmen auf der Rauminnenseite hergestellt werden.

2.7.2 Ortbeton, Zementestriche und Betonfertigteile

(1) Ortbetondecken und Estriche müssen ausreichend erhärtet und oberflächentrocken sein. Die Oberfläche soll frei von Kiesnestern, klaffenden Rissen, Graten und abgerieben sein.

(2) Die Fugen zwischen Betonfertigteilen müssen geschlossen oder formstabil abgedeckt sein.

(3) Über Kopf- und Längsfugen großformatiger Platten, bei denen Bewegungen auftreten können, sind mindestens 20 cm breite Schleppstreifen lose aufzulegen und einseitig zu fixieren.

(4) Wenn Dampfsperren oder Abdichtungen in besonderen Fällen wasserunterlaufsicher ausgeführt werden sollen, sind in der Regel folgende Maßnahmen erforderlich:

- Prüfung der Betonfeuchte und Haftzugfestigkeit der Betondecke
- Beton abtragend vorbereiten, z. B. durch Kugelstrahlen oder Feinfräsen
- Prüfung der Rauigkeit
- ggf. Kratzspachtelung
- Versiegelung nach ZTV-ING

Sofern die Haftzugfestigkeit gegeben ist, kann bei Abdichtungen mit Polymerbitumenbahnen im Gießverfahren die Rauigkeit anstelle der Kratzspachtelung auch mit der Polymerbitumenklebemasse ausgeglichen und auf die Versiegelung verzichtet werden.

Die Haftzugfestigkeit ist nach DIN EN 1542[7] zu ermitteln. Hierbei ist je 500 m² abzudichtender Fläche eine Abreißprüfung mit mindestens 3 gleichmäßig über die Fläche verteilten Einzelmessungen durchzuführen. Die Haftzugfestigkeit muss als Mittelwert mindestens 1,5 N/mm² und jeder Einzelwert mindestens 1,0 N/mm² betragen.

---

[7] DIN EN 1542 Produkte und Systeme für den Schutz und die Instandsetzung von Betontragwerken – Prüfverfahren – Messung der Haftfestigkeit im Abreißversuch

Die abtragend vorbereiteten Betonoberflächen erfordern einen Flächenausgleich, wenn die Grenzwerte der Stichmaße für Ebenheitsabweichungen der Betonoberfläche nach Abb. 4 überschritten werden. Für den Flächenausgleich dürfen nur zugelassene Instandsetzungsmörtel verwendet werden.

Abb. 4: Grenzwerte für Ebenheitsabweichungen von Oberseiten von Stahlbetondecken nach DIN 18202[8]

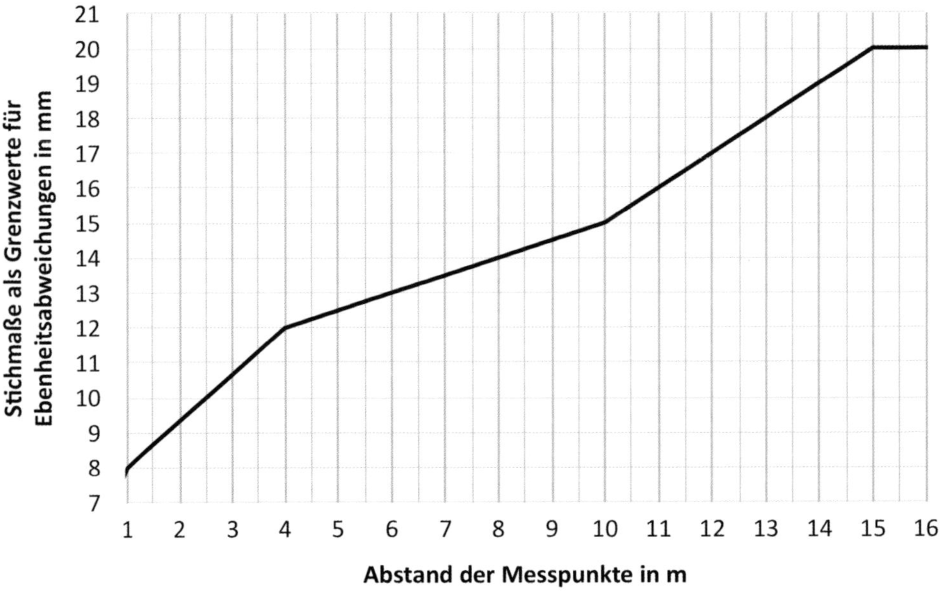

Für Messabstände größer 15 m gilt der Grenzwert für einen Messabstand von 15 m.

Die Rauigkeit des vorbereiteten Betons muss mit dem Sandflächenverfahren nach DIN EN 13036-1[9] geprüft werden. Hierbei ist je 500 m² abzudichtender Fläche eine Prüfung mit mindestens 3 gleichmäßig über die Fläche verteilten Einzelmessungen durchzuführen. Bei Rauigkeiten größer als 1,5 mm muss eine Kratzspachtelung mit Reaktionsharzmörtel oder Reaktionsharz erfolgen.

Die Flächen sind mit Reaktionsharz nach ZTV-ING zu versiegeln. Für die versiegelte Fläche muss die Haftfestigkeit nach DIN EN 1542 ermittelt werden. Hierbei ist je 500 m² abzudichtender Fläche eine Abreißprüfung mit mindestens 3 gleichmäßig über die Fläche verteilten Einzelmessungen durchzuführen. Die Haftfestigkeit muss als Mittelwert mindestens 1,5 N/mm² und jeder Einzelwert mindestens 1,0 N/mm² betragen.

Die Materialverträglichkeit zwischen Grundierung, Versiegelung, Kratzspachtelung und Abdichtung muss gegeben sein.

2.7.3 Dachschalung

(1) Für Schalungen in Dachaufbauten von nicht genutzten Dachflächen sind die „Hinweise Holz und Holzwerkstoffe" zu beachten. Bei genutzten Flächen sind die Schalungen zusätzlich nach den technischen Baubestimmungen nachzuweisen.

(2) Auf Schalungen aus Holz soll eine Trennschicht/-lage angeordnet werden.
Bei Holzwerkstoffplatten sollte eine Trennschicht/-lage angeordnet werden.

(3) Maßnahmen für den Holzschutz dürfen den Dachaufbau/Bauteilaufbau nicht schädlich beeinflussen.

---

[8] DIN 18202 Toleranzen im Hochbau – Bauwerke

[9] DIN EN 13036-1 Oberflächeneingenschaften von Straßen und Flugplätzen – Prüfverfahren – Teil 1: Messung der Makrotexturtiefe der Fahrbahnoberfläche mit Hilfe eines volumetrischen Verfahrens

2.7.4 *Stahltrapezprofile*

(1) Stahltrapezprofile müssen den bauaufsichtlichen Vorschriften (z. B. DIN EN 1090) entsprechen. Sie sind nach der „Richtlinie für die Planung und Ausführung von Dach-, Wand- und Deckenkonstruktionen aus Metallprofiltafeln“ des Industrieverbandes für Bausysteme im Metallleichtbau e. V. (siehe Anhang zu „Fachregel für Metallarbeiten im Dachdeckerhandwerk“, hier „IFBS-Fachregeln des Metallleichtbaus") und nach bauaufsichtlichen Regeln (z. B. DIN EN 1090-4[10]) zu verlegen.

(2) Die rechnerische Durchbiegung der Stahltrapezprofile darf 1/300 der Stützweite (zwischen den Bindern oder Pfetten) nicht überschreiten.

Bei gefällelosen Flächen muss mit Wassersackbildung gerechnet werden. Abläufe sollen an Tiefpunkten angeordnet werden.

(3) Die Blechdicke von Trapezprofilen sollte im Hinblick auf die mechanische Belastung bei Ausführung der Abdichtungsarbeiten mindestens 0,88 mm betragen. Bei dünneren Blechen besteht die Gefahr der Deformierung.

(4) Die Obergurte von Trapezprofilen sollen sich in einer Ebene befinden, bei verklebten Dachaufbauten sollen die Höhen benachbarter Obergurte untereinander nicht mehr als 2 mm differieren.

(5) Die Durchbiegung der Obergurte quer zur Spannrichtung infolge Eigenlast darf bei verklebten Dachaufbauten maximal 3 mm betragen.

(6) An Ausschnitten für Abläufe und Rohrdurchführungen sind Verstärkungsbleche, Ausbildung gemäß bauaufsichtlichen Anforderungen, notwendig. Die Schwächung der Profile entsprechend der Lage und der Größe der Ausschnitte ist statisch nachzuweisen, ggf. müssen tragende Auswechslungen vorgesehen werden.

(7) Schubfelder sind statisch wirksame Scheiben, von denen die Gesamtstabilität eines Bauwerks wesentlich abhängig ist. An diesen dürfen keine nachträglichen Veränderungen wie z. B. Einschnitte oder Dachausschnitte ohne statischen Nachweis vorgenommen werden.

(8) Im Bereich von An- und Abschlüssen treten zwischen den Flächen und den aufgehenden Bauteilen bzw. Dachrandkonstruktionen unterschiedliche Bewegungen auf. Um nachteilige Auswirkungen auf den Anschlussbereich zu verhindern, sind zusätzliche Auflager oder Aufkantungen, die mit den Stahltrapezprofilen selbst verbunden sind, vom Planer vorzusehen. An den freien Längsrändern der Trapezprofile sind Randversteifungsbleche notwendig.

Der Einbau einer Dampfsperre und Luftdichtheitsschicht wird im Regelfall erforderlich. Dampfsperren, die gleichzeitig die Funktion einer Luftdichtheitsschicht übernehmen (z. B. auf Trapezprofilen ohne dichtende Maßnahmen an Blechüberdeckungen oder einer raumseitig vorhandenen ausreichend luftdichten Schicht), sind an Nähten und Stößen, An- und Abschlüssen und Durchdringungen ausreichend luftdicht anzuschließen (siehe „Merkblatt Wärmeschutz bei Dach und Wand“).

2.8 Maßnahmen zur Aufnahme horizontaler Kräfte

(1) Bei Dächern mit Abdichtungen treten Horizontalkräfte in der Abdichtungsebene auf. Diese sind abhängig von Unterkonstruktion, Wärmedämmung, Auflast und Abdichtungsart. Die auftretenden Horizontalkräfte können u. a. zu Spannungen, Randspaltenbildung bei Wärmedämmschichten, Falten- und Rissbildung in der Abdichtungsebene führen.

(2) Zur Vermeidung nachteiliger Auswirkungen auf den Dachaufbau sind Maßnahmen zur Aufnahme horizontaler Kräfte erforderlich. Diese Maßnahmen sind erforderlich bei

- Unterkonstruktionen aus Stahltrapezprofilen oder
- Dachaufbauten mit leichtem Oberflächenschutz und Hartschaum-Dämmstoffen aus expandiertem Polystyrol (EPS) mit einer Druckbelastbarkeit < 150 kPA oder
- einlagigen bahnenförmigen Abdichtungen.

(3) In den in (2) genannten Fällen ist die Abdichtung an bzw. um

- Dachrändern,
- Anschlüssen an aufgehenden Bauteilen,

---

[10] DIN EN 1090-4 Ausführung von Stahltragwerken und Aluminiumtragwerken – Teil 4: Technische Anforderungen an tragende, kaltgeformte Bauelemente aus Stahl und tragende, kaltgeformte Bauteile für Dach-, Decken-, Boden- und Wandanwendungen

- Kehlen bei loser Verlegung mit Neigungswechseln von mehr als 7 % (ca. 4°) bei loser Verlegung (z. B. am Übergang auf Sheddachflächen),
- Bewegungsfugen,
- Lichtbändern,
- Lichtkuppeln und Flachdachfenstern,

etc. mechanisch zu befestigen. Diese Befestigungen sind nur dann voll wirksam, wenn sie in oder unmittelbar über der Abdichtungsebene, am Übergang zu senkrechten oder geneigten Flächen, angeordnet und ausgeführt werden. Bei großen Dämmstoffdicken empfiehlt sich die Befestigung in der aufgehenden Konstruktion bzw. noch herzustellenden Hilfskonstruktionen. Einbinden oder Einklemmen in höher liegende Randprofile oder unter Randabdeckungen sowie Verklebungen sind keine Befestigungen in diesem Sinne.

(4) Maßnahmen zur Aufnahme horizontaler Kräfte sind von der Gebäudehöhe unabhängig.

(5) Die Befestigung der Abdichtung mit der Unterkonstruktion erfolgt durch Linienbefestigung oder durch lineare Befestigung.

(6) Linienbefestigungen können mit Metallbändern, Profilen aus Metall oder Verbundblech ausgeführt werden. Diese sollten mit mindestens 3 Befestigern pro Meter mit der tragenden Konstruktion verbunden werden.

(7) Lineare Befestigungen sind in Reihe angeordnete punktweise Einzelbefestigungen. Diese sollten mit mindestens 4 Befestigungselementen pro Meter ausgeführt werden. Lineare Befestigungen für die Aufnahme von horizontalen Kräften sind nicht für die Befestigung im aufgehenden Bauteil geeignet.

2.9 Maßnahmen zur Windsogsicherung

2.9.1 Allgemeines

(1) Die Sicherung von Abdichtungen und den dazugehörigen Schichten gegen Abheben durch Windkräfte kann erfolgen durch

- Auflast,
- Verklebung,
- mechanische Befestigung.

(2) Für die Festlegung der Windlasten sind die „Hinweise zur Lastenermittlung“ zu berücksichtigen.

(3) Die auf die Abdichtung einwirkende Windbelastung ist abhängig von:

- Windzone (1 bis 4),
- Geländekategorie (I bis IV oder Mischprofile Küste und Binnenland),
- der Gebäudehöhe,
- der Dachform,
- der Dachneigung,
- den Dachbereichen (Ecke – Rand – Innenbereiche),
- dem Dachrand (z. B. scharfkantig, Attika),
- der Lasteinzugsfläche (Außendruckbeiwerte $c_{pe,1}$ bis $c_{pe,10}$),
- dem Innendruck bei offenen Gebäuden.

(4) Anhang II stellt einen vereinfachten Nachweis der Windsogsicherung von Dächern geschlossener Gebäude mit Neigungen < 5° (ca. 9 %) und Gebäudehöhen bis 25 m dar. Dächer mit Neigungen < 5° (ca. 9 %) werden in Eckbereiche (F), Randbereiche (G), Innenbereich (H) und Innenbereich (I) eingeteilt. Bei Überschreitung dieser Werte ist ein Einzelnachweis nach den „Hinweisen zur Lastenermittlung“ oder den technischen Baubestimmungen erforderlich.

(5) Beim Einzelnachweis nach den technischen Baubestimmungen können sich gegenüber Anhang II geringere Werte ergeben.

(6) Bei offenen Gebäuden entsteht Innendruck. Dieser kann sich bei offener Unterlage, z. B. Stahltrapezprofile, auf den Dachaufbau auswirken und ist bei der Bemessung zu berücksichtigen.

(7) Abdeckungen sind nach der „Fachregel für Metallarbeiten im Dachdeckerhandwerk“ zu befestigen.

2.9.2 *Sicherung durch Auflast*

(1) Als Auflast zur Sicherung gegen abhebende Windkräfte werden z. B. verwendet:
- Schüttung aus Kies 16/32, Mindestdicke im Einbauzustand 5 cm,
- Plattenbeläge aus Betongehwegplatten oder gleichwertig mindestens 400/400/40 mm zur Abdeckung von Kies oder direkt auf einer Schutzlage verlegt,
- Betonformsteine, auf Kies und/oder Schutzlage verlegt,
- Betonplatten, an der Einbaustelle betoniert oder vorgefertigt, Größe und Bewehrung nach statischen Erfordernissen bis maximal 2,50 × 2,50 m, auf Schutz- und 2 Gleitlagen verlegt,
- Vegetationssubstrate (für die Bemessung ist das Trockengewicht maßgebend).

(2) In Abhängigkeit von der Gebäudehöhe können die Schüttdicken von Kies, Körnung 16/32, der in Anhang II angegebenen Werte als ausreichende Sicherung gegen Abheben durch Windkräfte angesehen werden. Bei einer Auflast aus anderen Stoffen (z. B. Plattenbelägen) muss die Auflast in kN/m² mindestens den angegebenen Werten des Windsogs entsprechen.

(3) In Rand- und Eckbereichen können bei Schüttgütern und Begrünungen in der Anwuchsphase Verwehungen auftreten. Dort empfiehlt sich die Verwendung von Plattenbelägen, Rasengittersteinen mit Kiesverfüllung oder Betonformsteinen.

(4) Dachaufbauten mit Begrünung/Begrünungsaufbau können zur Lagesicherung genutzt werden, sofern ihr Flächengewicht zur Beschwerung ausreicht und das Substrat ausreichend verwehsicher bzw. lagesicher ist. Bei nicht ausreichendem Flächengewicht ist der darunter liegende Schichtenaufbau durch Verklebung oder mechanische Befestigung so zu sichern, dass die Windlasten durch die Verklebung oder die mechanische Befestigung allein aufgenommen werden.

2.9.3 *Sicherung durch Kleben*

(1) Der Untergrund muss für eine Klebehaftung geeignet sein. Ggf. ist eine Haftbrücke notwendig.

(2) Bei verklebten Dachaufbauten/Bauteilaufbauten sind die einzelnen Schichten untereinander mit geeigneten Klebstoffen dauerhaft miteinander zu verbinden.

(3) Erfahrungsgemäß können für geschlossene Gebäude bis 25 m Höhe bei Verlegung ohne Auflast Ausführungen nach Tabelle 1 als ausreichende Sicherung gegen Abheben durch Windkräfte angesehen werden. Bei von Tabelle 1 abweichenden Mengen ist herstellerseitig ein Nachweis der Abreißfestigkeit zu erbringen.

Tabelle 1: Verklebung bis 25 m Höhe bei geschlossenen Gebäuden

Bereiche	Heißbitumen	Kaltbitumen[1] ca. 100 g/m und Streifen	PU- Kleber[1] (ca. 40 g/m) oder PU-Schäume
Innenbereich (I)	10 % der Fläche	2 Streifen/m²	4 Streifen/m²
Innenbereich (H)	20 % der Fläche	3 Streifen/m²	5 Streifen/m²
Randbereich (G)	30 % der Fläche	3 Streifen/m²	6 Streifen/m²
Eckbereich (F)	40 % der Fläche	4 Streifen/m²	8 Streifen/m²

[1] Bei Kaltverklebung sind die entsprechenden Angaben der Hersteller zu beachten. Für Kaltbitumenkleber und PU-Kleber/Schäume sind insbesondere folgende Herstellerangaben erforderlich:
- Haltbarkeitsdatum
- Anwendungs- und Klimarandbedingungen
- Verarbeitungsvorschriften, z. B. Angaben zur Menge, Verteilung, Untergrundvorbehandlung

(4) Für Dämmplatten, die auf oberseitig thermisch zu aktivierenden Bitumendampfsperrbahnen verklebt werden sollen, hat der Hersteller der Bitumendampfsperrbahn die Eignung für diese Anwendung, die Anwendungsgrenzen und die aufnehmbaren Windsogkräfte anzugeben.

(5) Die Abreißfestigkeit jeder zu klebenden Lage oder Schicht und die Eigenfestigkeit der Klebstoffverbindungen müssen so groß sein, dass die angesetzten Windlasten lagesicher abgeleitet werden können.

(6) Wenn eine der zu klebenden Lagen oder Schichten keine ausreichende Abreißfestigkeit aufweist, sind mechanische Befestigungen oder Auflast anzuwenden, sodass die Windlasten durch die Auflast oder die mechanische Befestigung aufgenommen bzw. abgetragen werden.

(7) Bei der Verklebung von Kunststoff- und Elastomerbahnen sind produktbezogene Systemklebstoffe zu verwenden.

(8) Kaltselbstklebende Bahnen sind mit unterseitiger Klebeschicht versehen und müssen die jeweiligen Windsogkräfte aufnehmen. Der Hersteller hat die Anwendungsgrenzen, insbesondere Temperaturgrenzen, und die aufnehmbaren Windsogkräfte anzugeben. Der Untergrund muss für eine Kaltselbstklebung geeignet und vorbereitet sein.

(9) Der Hersteller von kaschierten Hartschaum-Dämmplatten hat die Eignung für die Anwendung, die Anwendungsgrenzen und die aufnehmbaren Windsogkräfte anzugeben.

(10) Für die Klebung von Dampfsperren oder Dämmstoffen unmittelbar auf Trapezprofilen oder Dämmstoffen auf Dampfsperren über Trapezprofilen sollten kalt verarbeitbare Klebemassen/Klebstoffe verwendet werden. Durch Belastung während der Ausführung können sich die einzelnen Profilrippen vorübergehend durchbiegen. Wärmedämmungen aus Hartschaum können mit heißen Klebemassen aus Polymerbitumen verklebt werden. Bei Kaltbitumenklebern kann der notwendige Klebekontakt erst nach der Entlastung eintreten (Nachklebeeffekt).

2.9.4 Sicherung durch mechanische Befestigung

(1) Für die mechanische Befestigung von Abdichtungen sind zugelassene Befestiger zu verwenden. Befestigungsmittel zur Windsogsicherung müssen für diesen Zweck geeignet und auf den Untergrund, die jeweiligen Werkstoffe sowie die Ausführungsart abgestimmt sein. Im Einzelfall kann es erforderlich sein, Auszugswerte zu ermitteln. Dies gilt nicht für die mechanische Befestigung von Bitumenbahnen mit Breitkopfstiften auf Schalungen.

(2) Die mechanische Befestigung wird vorzugsweise bei Abdichtungen auf Trapezprofilen und Schalung angewendet. Die Befestigung kann als lineare Befestigung (punktweise mit Einzelbefestigungen) oder Linienbefestigung (mit durchlaufenden Metallprofilen oder Metallbändern, auch Verbundblechen) erfolgen. Diese kann hergestellt werden durch

- Befestigung in der Überdeckung,
- nahtunabhängige Befestigung,
- unterseitige Befestigung.

(3) Bei Befestigung in der Überdeckung wird die lineare punktweise Einzelbefestigung im überdeckten Bahnenrand angeordnet. Hierbei sollen die Bahnen quer zur Spannrichtung des Trapezblechs bzw. der Holzschalung verlegt werden. Bei der Ausführung ist darauf zu achten, dass der Abstand von mindestens 10 mm zwischen Lastverteilteller und Bahnenkante eingehalten wird. Für die Klemmwirkung ist ein ausreichend druckfester Untergrund erforderlich.

(4) Bei nahtunabhängiger Befestigung werden die Linienbefestigungen oder linearen Befestigungen in erforderlichen Abständen angeordnet. Nahtunabhängige Befestigungen sind mit Dachbahnstreifen zu überdecken.

(5) Bei unterseitiger Befestigung von Kunststoff- oder Elastomerbahnen können Streifen oder Teller, z. B. aus Bahnenmaterial, mit Einzelbefestigungen in der Unterkonstruktion befestigt werden. Darauf wird die Abdichtung systemspezifisch befestigt.

(6) Mechanische Befestigungen müssen im jeweiligen Bereich auf die Fläche bezogen gleichmäßig verteilt angeordnet werden. Bei linearer Befestigung in der Bahnenüberlappung wird empfohlen, die Bahnenbreite von 1,60 m nicht zu überschreiten.

(7) Die Anzahl der Befestigungen ergibt sich aus den zu berücksichtigenden Windlasten, der Ausführungsart und den Bemessungslasten der Befestigungsmittel. Als Befestigungsmittel gelten Befestigungselemente oder Nagelbefestigungen. Diese müssen auf Ausführungsart und Werkstoffe des Dachaufbaus/Bauteilaufbaus abgestimmt sein.

(8) Die Bemessungslast für Befestigungssysteme zum Befestigen von Dachaufbauten muss mindestens 0,40 kN/St. betragen. Der Bemessungswert ist vom Hersteller anzugeben.
Die im Anhang II aufgeführten Tabellen basieren auf einer Berechnung mit einer Bemessungslast von 0,50 kN/St. In Abhängigkeit von der Beschaffenheit des Untergrundes und der zu befestigenden Komponenten ist ggf. eine andere Bemessungslast anzusetzen.

(9) Mit der Befestigung der Abdichtung können gleichzeitig auch Dämmschicht und Dampfsperre befestigt werden. Werden Dämmplatten nicht ausreichend durch die Befestigung der Dachbahnen erfasst, ist es notwendig, die Dämmplatten für sich getrennt, mechanisch oder durch Kleben, zu befestigen.

(10) Werden Dämmstoffe aus Mineralwolle eingebaut, sind trittsichere Befestigungselemente zu verwenden.

(11) An mechanischen Befestigungen auf Stahltrapezprofilen und Schalungen, insbesondere über Räumen mit hoher Luftfeuchtigkeit, kann bei niedrigen Außentemperaturen Tauwasserbildung auftreten. Bei Phenolharz-Hartschaum ist die Korrosionsbeständigkeit der Befestigungselemente zu berücksichtigen.

(12) Bei Trapezprofilen soll der Abstand der Befestigungen auf gleichen Obergurten in Längsrichtung nicht kleiner als 20 cm sein.

(13) Werden bei Instandsetzungen Befestigungselemente durch vorhandene Dachaufbauten geschraubt, müssen korrosionsbeständige Befestiger (Edelstahl) verwendet werden.

(14) Für die Befestigung von Bitumenbahnen auf Schalung sind Befestigungselemente oder korrosionsgeschützte Stifte DIN EN 14592[11] mit extra großem Flachkopf, Kopfdurchmesser ≥ 9 mm zu verwenden, die mindestens 25 mm lang, bei dickeren Bahnen oder Mehrfachüberdeckungen entsprechend länger sein müssen. Die befestigte Bahn muss Abschnitt 3.6.2.2 entsprechen.

(15) Nachfolgende Nagelreihenabstände haben sich bewährt:

- Innenbereich (I) 0,90 bis 1,0 m
- Innenbereich (H) 0,90 bis 1,0 m
- Randbereich (G) 0,45 bis 0,5 m
- Eckbereich (F) 0,45 bis 0,5 m.

Der Nagelabstand muss 50 mm bis 100 mm betragen. Die Nägel sollen versetzt angeordnet werden.

Der Schaft von Befestigungsmitteln aus Kupfer oder Edelstahl soll aufgeraut oder geharzt sein.

Bei der Befestigung in Holzwerkstoffplatten sollen gerillte Nägel verwendet werden.

2.9.5 Befestigungen von Randhölzern (Randkonstruktionen)

(1) Für die Befestigung von Randhölzern bzw. -bohlen am Dachrand und im Bereich von Deckenöffnungen haben sich die Ausführungsbeispiele nach Tabelle 2 in der Praxis bewährt. Die Tabellenwerte berücksichtigen die Anforderungen der DIN EN 1991-1-4[12] nach den vereinfachten Annahmen für den Böengeschwindigkeitsdruck der Windzonen 1 bis 4 für das Mischprofil Binnenland sowie der Windzonen 1 bis 3 für das Mischprofil Küste. Befestigerabstände für Randhölzer in Windzone 4, Mischprofil Küste und Inseln Ostsee, sind in der Tabelle 2 nicht berücksichtigt.

(2) Die Eignung von Befestigungssystemen ist vom jeweiligen Hersteller nachzuweisen. Andere Befestigungsarten müssen gleichwertig sein. Die Ausführungsart ist bei der Planung festzulegen und in der Leistungsbeschreibung anzugeben.

Tabelle 2: Befestigung von Randhölzern

Randhölzer	Befestigerabstände für Gebäudehöhen bis 25 m
Holz auf Beton, z. B. Schrauben-Dübel-Kombination (verz. Schrauben d = 7 mm + Dübel) Auszugswert $F_{z,d}$ = 2,0 kN	50 cm
Holz auf Porenbeton, z. B. Schrauben-Dübel-Kombination (verz. Schrauben d = 7 mm + Spezialdübel) Auszugswert $F_{z,d}$ = 0,50 kN	20 cm
Holz auf Profilblech d ≥ 0,75 mm, verz. Schrauben d = 6 mm, Auszugswert $F_{z,d}$ = 0,90 kN	33 cm
Holz auf Vollholz, verz. Holzschrauben d = 6 mm, Auszugswert $F_{z,d}$ = 0,33 kN	20 cm

[11] DIN EN 14592 Holzbauwerke – Stiftförmige Verbindungsmittel – Anforderungen
[12] DIN EN 1991-1-4 Eurocode 1: Einwirkungen auf Tragwerke – Teil 1-4: Allgemeine Einwirkungen – Windlasten

2.10 Zusätzliche Maßnahmen bei Gefälle über 5 %

(1) Bei Flächen mit einem Gefälle über 5 % (ca. 3°) können zusätzliche Maßnahmen notwendig werden, die ein Abgleiten der Schichten des Dachaufbaus insbesondere bei Erwärmung durch Sonneneinstrahlung in Richtung des Gefälles verhindern.

(2) Folgende konstruktiven Maßnahmen können bei bahnenförmigen Abdichtungen, einzeln oder kombiniert, erforderlich werden:

- Sicherung der Dachbahnen am oberen Rand durch versetzte Nagelung mit höchstens 10 cm Nagelabstand
- Befestigung unter Verwendung von Metallbändern bzw. Verbundblechen
- Durchziehen der Bahnen über den First und kopfseitige Befestigung
- Einbauen von Stützkonstruktionen zur Fixierung von Dämmschichten und Abdichtungslagen
- Einbauen von zusätzlichen Nagelleisten bei nicht nagelbarem Untergrund
- mechanische Befestigung in der Fläche, z. B. Befestiger mit Halteteller.

(3) In Bezug auf die Abdichtungsbahnen können zusätzlich folgende Maßnahmen erforderlich werden:

- Verwendung von Bahnen mit hoher Wärmestandfestigkeit
- für Klebeschichten Verwendung von standfester Klebemasse oder anderer geeigneter Kleber
- Verwendung von Dachbahnen mit hoher Zugfestigkeit
- Verlegung der Bahnen in Gefällerichtung
- Unterteilen der Bahnenlängen
- Bahnenteilung im Übergangsbereich wegen unterschiedlicher Verhältnisse durch starke Erwärmung infolge Sonneneinstrahlung und Schattenwirkung, z. B. Shedflächen

(4) Bei mehrlagiger Abdichtung über 5 % (ca. 3°) Neigung kann die Oberlage im Überlappungsbereich mechanisch befestigt werden. Dabei wird die untere Lage durch Befestiger bzw. Nagelung durchdrungen.

3 Planung und Ausführung der Funktionsschichten

3.1 Haftbrücke

3.1.1 Allgemeines

Die Haftbrücke ist eine Schicht zur Verbesserung der Klebehaftung.

3.1.2 Stoffe

Als Haftbrücken sind z. B. geeignet:

- Voranstriche aus Bitumenlösung oder Bitumenemulsion
- Voranstriche auf Kunststoffbasis als Lösung oder Emulsion
- Grundierungen, abgestimmt auf die nachfolgenden Schichten
- Versiegelungen

3.1.3 Planung und Ausführung

(1) Das Aufbringen der Haftbrücke kann durch Streichen, Rollen oder Spritzen auf die gereinigte Unterlage teil- oder ganzflächig erfolgen. Vor dem Aufbringen weiterer Schichten muss die Haftbrücke durchgetrocknet sein.

(2) Haftbrücken sollen ausgeführt werden, wenn die Windsogsicherung durch die Verklebung des Dachaufbaus erfolgt.

(3) Wenn Maßnahmen zur Sicherung gegen Wasserunterläufigkeit ausgeführt werden sollen, ist ggf. nach der abtragenden Vorbehandlung des Untergrundes, z. B. durch Kugelstrahlen oder Feinfräsen, eine Versiegelung (mindestens 1.000 g/m^2) erforderlich (siehe Abschnitt 2.7.2 (4)).

3.2 Trenn- und Ausgleichsschicht

3.2.1 Allgemeines

Die Trennschicht oder Trennlage ist eine Schicht oder Lage zur flächigen oder teilflächigen Trennung

- der Dampfsperre zum Untergrund,
- der Abdichtung zum Untergrund bzw. zu darunterliegenden Schichten.

Sie soll

- die Eigenbeweglichkeit der Abdichtung bei Temperaturschwankungen ermöglichen,
- die Übertragung von Bewegungen und Spannungen aus dem Untergrund vermindern und
- den Kontakt chemisch unverträglicher Werkstoffe verhindern.

3.2.2 Stoffe

(1) Als Trenn- und Ausgleichsschichten sind z. B. geeignet:
  - Bitumenbahnen
  - Kunststoffvlies
  - Glasvlies

(2) Eine Kaschierung der Kunststoff- oder Elastomerbahn kann die Funktion einer Trennlage oder Ausgleichsschicht auch erfüllen, wenn die Kaschierung ein Flächengewicht von mindestens 150 g/m^2 besitzt.

3.2.3 Planung und Ausführung

(1) Die Funktion einer Trenn- und Ausgleichsschicht kann je nach Untergrund hergestellt werden mit
  - lose verlegten Trennlagen,
  - lose verlegten und mechanisch befestigten Trennlagen,
  - lose verlegten und/oder mechanisch befestigten Lagen (Dampfsperre oder untere Lage Abdichtung),
  - punkt- oder unterbrochen streifenweise verklebten Lagen (Dampfsperre oder untere Lage Abdichtung).

(2) Unter Abdichtungen aus Kunststoff- und Elastomerbahnen soll bei loser Verlegung und mechanischer Befestigung ungedämmter Dächer eine Trenn- oder Ausgleichschicht auf Untergründen aus z. B.
  - Beton,
  - Porenbeton,
  - Holzschalungen,
  - bestehenden Abdichtungen

  verlegt werden.

(3) Werden Dämmplatten verwendet, deren temperaturbedingte Längenänderung sich nachteilig auf die Abdichtung auswirken kann, z. B. XPS, ist eine vollflächige Trennung zwischen Dämmschicht und Abdichtung vorzusehen.

3.3 Dampfsperre

3.3.1 Stoffe

(1) Als Dampfsperrbahnen sind z. B. geeignet:
  - Bitumendampfsperrbahnen mit und ohne Metallbandeinlage
  - Bitumendachbahnen
  - Bitumendachdichtungsbahnen
  - Bitumen-Schweißbahnen mit und ohne Metallbandeinlage
  - Polymerbitumenbahnen
  - Kunststoffdampfsperrbahnen
  - Kunststoffbahnen
  - Elastomerbahnen
  - Alu-Verbunddampfsperren

(2) Dampfsperrbahnen müssen dem Produktdatenblatt im Regelwerk des Dachdeckerhandwerks entsprechen.

(3) Schaumglasplatten sind dampfdiffusionsdicht. Sie können die Funktion einer Dampfsperre übernehmen, wenn die Fugen mit Bitumenmasse oder Klebstoff geschlossen sind.

3.3.2 Planung und Ausführung

(1) Die Dampfsperre ist wesentlicher Bestandteil des Feuchte- und Wärmeschutzes für das Bauwerk. Die Bemessung und Festlegung der Ausführungsart einschließlich der Anschlussdetails der bauphysikalischen Funktionsschichten erfolgt durch den Planer.

(2) Bei einem Dach mit Begrünung können sich z. B. durch Anstaubewässerung oder Wasserrückhaltung im Begrünungsaufbau die bauphysikalischen Verhältnisse verändern. Dies muss bei der Bemessung der Dampfsperre berücksichtigt werden. In diesem Fall haben sich dampfdichte Stoffe mit einem s_d-Wert > 1.500 m, z. B. Bahnen mit Metallbandeinlage, bewährt.

(3) Dampfsperren, die gleichzeitig die Funktion einer Luftdichtheitsschicht übernehmen (z. B. auf Trapezprofilen ohne dichtende Maßnahmen an Blechüberdeckungen oder einer raumseitig vorhandenen ausreichend luftdichten Schicht), sind an Nähten und Stößen, An- und Abschlüssen und Durchdringungen luftdicht anzuschließen (siehe „Merkblatt Wärmeschutz bei Dach und Wand").

(4) Dampfsperren können lose aufgelegt, punktweise, streifenweise oder vollflächig auf die Unterlage aufgeklebt werden.

(5) Dampfsperren sind

- an An- und Abschlüssen bis Oberkante Dämmschicht/Dämmstoffkeil hochzuführen und anzuschließen,
- an Durchdringungen anzuschließen.

(6) Bei der Bewertung der Dampfsperre für nicht klimatisierte, normal genutzte Räume können Durchdringungen von mechanischen Befestigungen vernachlässigt werden.

(7) Dampfsperrbahnen sind auf Trapezprofilen generell in Spannrichtung gleichlaufend zu den Obergurten zu verlegen. Die Längsnaht muss auf einem Obergurt liegen. Die Quernaht kann auf einem temporären Hilfsauflager z. B. aus Blechstreifen hergestellt werden, wenn die Dampfsperre luftdicht ausgeführt wird.

(8) Dampfsperren aus Kunststoffbahnen müssen auf rauem Untergrund auf einer zusätzlichen Ausgleichsschicht oder mit werkseitig aufgebrachter Ausgleichsschicht verlegt werden.

(9) Wenn Dampfsperren die Funktion einer Behelfsabdichtung übernehmen sollen, müssen diese nach planerischen Vorgaben ausgeführt werden. Ggf. sind in Abhängigkeit von der Bauzeit die Behelfsabdichtungen zu überarbeiten. Brandlastreduzierte Dampfsperren sind für die Ausführung von Behelfsabdichtungen nicht geeignet. Nähte von kaltselbstklebenden Bahnen für Behelfsabdichtungen müssen im Schweißverfahren gefügt werden.

(10) Ist bei Porenbetondecken, Stegzementdielen u. Ä. eine zusätzliche Wärmedämmung vorgesehen, so ist vom Planer ein Nachweis über die Notwendigkeit einer Dampfsperre hinsichtlich des Tauwasserausfalls zu führen (siehe „Merkblatt Wärmeschutz bei Dach und Wand").

(11) Für die Verklebung von Dampfsperren unmittelbar auf Trapezprofilen sollten kalt verarbeitbare Klebemassen/Klebstoffe verwendet werden. Durch Belastung während der Ausführung können sich die einzelnen Profilrippen vorübergehend durchbiegen.

3.4 Wärmedämmung

3.4.1 Stoffe

(1) Als Wärmedämmstoffe sind z. B. geeignet:
- Polystyrol-Hartschaum EPS nach DIN EN 13163[13]
- Polystyrol-Extruderschaum XPS nach DIN EN 13164[14]
- Polyurethan-Hartschaum PU nach DIN EN 13165[15]
- Mineralwoll-Dämmstoff MW nach DIN EN 13162[16]
- Schaumglas CG nach DIN EN 13167[17]
- Holzfaserdämmstoffe WF nach DIN EN 13171[18]

(2) Wärmedämmstoffe müssen dem „Produktdatenblatt für Wärmedämmstoffe" entsprechen oder einen bauaufsichtlichen Verwendbarkeitsnachweis (allgemeine bauaufsichtliche Zulassung oder allgemeine Bauartgenehmigung) besitzen. Das Produktdatenblatt gibt die Anforderungen der DIN 4108-10[19] wieder. Darin enthalten sind auch die Angaben zur Druckbelastbarkeit und den entsprechenden Kurzzeichen (z. B. dh, ds) der einzelnen Dämmstoffe.

(3) Wärmedämmstoffe, auf die Abdichtungen unmittelbar aufgebracht werden sollen, müssen für die jeweilige Nutzung geeignet sein. Sie dürfen keine schädlichen Einflüsse auf die Abdichtung ausüben und müssen sich als Unterlage für die Abdichtung und deren Herstellung eignen.

(4) Die Mindestwerte der Druckbelastbarkeit nach Tabelle 3 sind einzuhalten. Bei nicht genutzten Flächen sollen die Dämmstoffe der Druckbelastbarkeitsklasse dm nach DIN 4108-10 und bei genutzten Flächen der Druckbelastbarkeitsklasse dh entsprechen und das Anwendungskurzzeichen DAA besitzen.

Tabelle 3: Mindestwerte der Druckbelastbarkeit von Wärmedämmstoffen

Dämmstoff	**Druckbelastbarkeit [1] in kPA**	
	Nicht genutzte Dachflächen	Genutzte Dach- und Deckenflächen
EPS nach DIN EN 13163	100	150
XPS nach DIN EN 13164	200	300
PU nach DIN EN 13165	100	
CG nach DIN EN 13167	500	
[1] Wert der Druckbelastbarkeit nach Leistungserklärung/CE-Kennzeichnung des Produkts bei einer Stauchung von 10 %		

(5) Wärmedämmstoffe aus Mineralwolle nach DIN EN 13162 mit einer Druckfestigkeit/–spannung von mindestens 60 kPa bei 10 % Stauchung sind bei nicht genutzten Dachflächen als Wärmedämmung geeignet. Im Bereich von Wegen für die Wartung des Dachs sollen lastverteilende Schichten oberhalb der Wärmedämmung/Abdichtung angeordnet werden.

(6) Wärmedämmstoffe aus Mineralwolle nach DIN EN 13162 mit einer Druckfestigkeit/–spannung von mindestens 70 kPa bei 10 % Stauchung sind bei genutzten Dachflächen geeignet, bei denen die Nutzung ausschließlich aus Solaranlagen oder anderen technischen Anlagen besteht. Bereits bei der Montage der Solaranlage bzw. der technischen Anlage muss eine lastverteilende Schicht angeordnet werden. Diese kann unter der Abdichtung, z. B. durch geeignete Wärmedämmplatten, oder oberhalb der Abdichtung hergestellt werden. Für Wartungs- und Verkehrswege sind lastverteilende Schichten oberhalb der Abdichtung notwendig. Dies können z. B. Bautenschutzmatten mit Gehwegplatten/Gitterrosten sein.

(7) Wärmedämmstoffe unterhalb von befahrenen Flächen müssen unter langfristiger Druckbeanspruchung dauerhaft formstabil sein; die maximale Stauchung unter den planmäßigen Belastungen darf nicht mehr als

---

[13] DIN EN 13163 Wärmedämmstoffe für Gebäude - Werkmäßig hergestellte Produkte aus expandiertem Polystyrol (EPS) - Spezifikation
[14] DIN EN 13164 Wärmedämmstoffe für Gebäude – Werkmäßig hergestellte Produkte aus extrudiertem Polystyrolschaum (XPS) – Spezifikation
[15] DIN EN 13165 Wärmedämmstoffe für Gebäude – Werkmäßig hergestellte Produkte aus Polyurethan-Hartschaum (PU) – Spezifikation
[16] DIN EN 13162 Wärmedämmstoffe für Gebäude – Werkmäßig hergestellte Produkte aus Mineralwolle (MW) – Spezifikation
[17] DIN EN 13167 Wärmedämmstoffe für Gebäude – Werkmäßig hergestellte Produkte aus Schaumglas (CG) – Spezifikation
[18] DIN EN 13171 Wärmedämmstoffe für Gebäude – Werkmäßig hergestellte Produkte aus Holzfasern (WF) – Spezifikation
[19] DIN 4108-10 Wärmeschutz und Energie-Einsparung in Gebäuden – Teil 10: Anwendungsbezogene Anforderungen an Wärmedämmstoffe

2 % betragen. Für diese Anwendung sind der bauaufsichtliche Verwendbarkeitsnachweis und die Freigabe durch den Hersteller des Wärmedämmstoffs erforderlich.

(8) Die Druckfestigkeit muss in der Leistungserklärung, den Produktinformationen oder der allgemeinen bauaufsichtlichen Zulassung/Genehmigung des Dämmstoffs angegeben sein.

(9) Die größte Seitenlänge von Hartschaum-Dämmplatten soll nicht größer als 1,25 m sein. Polyurethan-Hartschaumplatten mit größeren Abmessungen sind möglich, wenn die Platten an den Ecken mechanisch befestigt werden. Bei großflächigen Dächern gemäß DIN 18234-2 darf der Abstand der Befestiger entlang der Plattenkante nicht mehr als 1.200 mm betragen.

(10) Wenn Dämmplatten mechanisch befestigt werden, müssen die Druckbelastbarkeit und Oberflächenbeschaffenheit der Dämmung und das Befestigungssystem aufeinander abgestimmt werden (siehe Abschnitt 2.9.4). Bei Dämmstoffen aus Mineralwolle ist das Verhalten unter Punktlast bei Deformation zusätzlich zu berücksichtigen.

3.4.2 Planung und Ausführung

(1) Wärmedämmstoffe sollen im Fugenversatz eng aneinander verlegt werden. Fugen aus zulässigen Maßabweichungen und temperaturbedingten Längenänderungen lassen sich nicht vermeiden. Bei einlagig verlegten stumpf gestoßenen Dämmstoffen ist bei einer Fugenbreite von mehr als 5 mm der Wärmedurchgangskoeffizient ggf. zu korrigieren (siehe „Merkblatt Wärmeschutz bei Dach und Wand“).

Bei Dämmplatten aus expandiertem Polystyrol (EPS) können infolge herstellungsbedingter Längenänderungen (Schrumpf) Fugen auftreten, die im Rahmen der Planung und Ausführung nicht absehbar sind. Es empfiehlt sich die Verwendung von Platten mit Stufenfalz.

Bei Dämmschichtdicken von mehr als 160 mm und Verwendung von stumpf gestoßenen Dämmplatten soll die Dämmung mehrlagig ausgeführt werden.

An Fugen von Wärmedämmungen oder im Bereich von Randhölzern, Zargen u. Ä. ergibt sich ein von den Werten der Fläche geringfügig abweichender Wärmedurchlasswiderstand. Dadurch können bei Reif, dünner Schneedecke oder Feuchtigkeit auf der Dachfläche Abzeichnungen erkennbar werden, die die Funktionsfähigkeit nicht beeinträchtigen.

(2) EPS-Hartschaumdämmplatten sollten auf der Unterlage verklebt oder mechanisch befestigt werden.

Polyurethan-Hartschaumplatten sollen auf dem Untergrund verklebt oder mechanisch befestigt werden.

(3) Für die Verklebung von Wärmedämmstoffen auf Dampfsperren über Trapezprofilen sollten kalt verarbeitbare Klebemassen/Klebstoffe verwendet werden. Durch Belastung während der Ausführung können sich die einzelnen Profilrippen vorübergehend durchbiegen. Heiße Klebemassen aus Polymerbitumen sind bei Wärmedämmungen aus Hartschaum geeignet. Bei Kaltbitumenklebern kann der notwendige Klebekontakt erst nach der Entlastung eintreten (Nachklebeeffekt).

(4) Dämmplatten, auf die Abdichtungen unmittelbar aufgeklebt werden, dürfen auf der Oberseite keine Ausgleichskanäle aufweisen.

(5) Wird auf Dämmplatten aus Polystyrol-Hartschaum die erste Lage der Abdichtung geschweißt oder mit Bitumen aufgeklebt, müssen diese oberseitig mit überlappender Kaschierung versehen sein. Die Überlappungen müssen nicht verklebt werden.

(6) Bei mehrlagigen Wärmedämmstoffschichten in verklebten Dachaufbauten (Verklebung zur Lagesicherung) sind die einzelnen Wärmedämmstoffschichten miteinander zu verkleben.

(7) Gefälledämmungen (Dämmstoffe mit entsprechendem Zuschnitt) oder gebundene Schüttungen aus expandierten Mineralien eignen sich zur Herstellung von Gefällekeilen oder flächigem Gefälle oberhalb der Dampfsperre.

(8) Werden Dämmschichten über der Abdichtung angeordnet (Umkehrdächer), die damit direkter Feuchtigkeitseinwirkung ausgesetzt sind, müssen entsprechend geeignete Werkstoffe, z. B. Polystyrol-Extruderschaum XPS, verwendet werden. Bei diesem Dämmsystem sind die bauaufsichtlichen Auflagen zu beachten. Wesentliche Punkte sind:

- Dämmschichten über der Abdichtung werden vorzugsweise auf schwerer Unterlage (z. B. Ortbeton) verwendet.
- Über der Dämmschicht ist zusätzlich eine Filtermatte oder ein Filtervlies erforderlich, um zu vermeiden, dass Fremdkörper unter die Dämmplatten gelangen.

- Auf den Dämmplatten ist eine Auflast erforderlich. Bei der Bemessung der Auflast sind die jeweilige Windlast und der Auftrieb zu berücksichtigen.
- Die Dachentwässerung ist so zu planen und auszuführen, dass ein langfristiges Überstauen der Wärmedämmung bei regelmäßiger Wartung ausgeschlossen ist. Ein kurzfristiges Überstauen (während intensiver Niederschläge) kann als unbedenklich angesehen werden.
- Zur Verminderung von Wärmeverlusten kann eine Erhöhung der Dämmstoffdicke erforderlich werden.
- Schichten oberhalb der Wärmedämmung müssen diffusionsoffen sein.

(9) Bei Stahltrapezprofilen muss die notwendige Überbrückung der lichten Weite zwischen den Obergurten berücksichtigt werden. Die Mindestdicke der Wärmedämmung sollte ungeachtet des erforderlichen Wärmeschutzes nach Tabelle 4 gewählt werden.

Tabelle 4: Empfohlene Mindestdicken auf Trapezprofilen

Größte lichte Weite zwischen den Obergurten in cm	Mindestdicke des Wärmedämmstoffs in cm			
	EPS	PUR	Mineralfaser	Schaumglas
7	4	4	5	4
10	5	5	8	5
13	6	6	10	6
15	7	6	12	7
16	8	7	12	8
17	9	8	14	9
18	10	8	14	9
20	12	8	14	10

(10) Wärmedämmstoffe aus expandiertem Polystyrol (EPS) sollen wegen der begrenzten Temperaturbeständigkeit nicht vor transparenten oder stark reflektierenden Flächen, z. B. Fassaden oder Anlagentechnik, eingesetzt werden.

3.5 Dampfdruckausgleichsebene

3.5.1 Planung und Ausführung

Dampfdruckausgleich soll durch eine zusammenhängende Luftschicht erreicht werden, wenn mit Feuchtigkeit unter der Abdichtung gerechnet werden muss, deren Wasserdampfdruck sich nicht verteilen kann. Dazu kann die erste Lage der Abdichtung punkt- oder unterbrochen streifenweise aufgeklebt oder lose verlegt werden.

3.6 Abdichtung

3.6.1 Allgemeines

(1) Für Abdichtungen können Bitumen- und Polymerbitumenbahnen, Kunststoff- und Elastomerbahnen oder Flüssigkunststoffe verwendet werden.

(2) Hinsichtlich der Anwendung werden Abdichtungsprodukte unterschiedlichen Typen zugeordnet. Tabelle 5 zeigt die Anwendungstypen sowie die zugehörigen Kurzzeichen.

Tabelle 5: Anwendungstypen von Abdichtungen

Typkurzzeichen	Anwendung von Abdichtungen
DE	Bahnen für einlagige Abdichtungen und Flüssigkunststoffe
DO	Bahnen für die Oberlage einer mehrlagigen Abdichtung
DU	Bahnen für die untere Lage einer mehrlagigen Abdichtung
DZ	Bahnen für Zwischenlage bzw. zusätzliche Lage einer mehrlagigen Abdichtung

(3) Für die Ausführung der Abdichtung an aufgehenden Bauteilen, Balkon- oder Terrassentüren, Durchdringungen, Dachrandabschlüssen, Bewegungsfugen und Entwässerung ist Abschnitt 4 zu beachten.

(4) Beim Abschluss der Abdichtung von Decken überschütteter Bauwerke ist die Abdichtung mindestens 20 cm unter die Arbeitsfuge zwischen Decke und Wänden herunterzuführen und mit einer ggf. vorhandenen Wandabdichtung zu verbinden oder mechanisch zu befestigen.

(5) Bei genutzten, befahrenen oder begrünten Flächen ist auf der Abdichtung eine Schutzlage/–schicht nach Abschnitt 3.7 anzuordnen, es sei denn, die Nutzschicht selbst übernimmt diese Funktion. Sollen Arbeiten durch Dritte vor Ausführung der Schutzlage oder Schutzschicht ausgeführt werden, sind Schutzmaßnahmen gegen Beschädigungen erforderlich. Abdichtungen dürfen nicht gleichzeitig als Nutzschicht verwendet werden.

(6) Bei befahrenen und genutzten Flächen müssen alle An- und Abschlüsse und Durchdringungen der Abdichtung gegen mechanische Beschädigung z. B. mit Abdeck- oder Schutzblechen geschützt werden. Dies gilt nicht für genutzte Dachflächen mit Solaranlagen oder anderweitigen technischen Anlagen.

(7) Einlagige Abdichtungen nach Abschnitt 3.6.3 oder 3.6.4 unter Begrünungen, ohne aufliegende durchwurzelungsfeste Schutzschicht/–lage, bedürfen eines Nachweises des Widerstandes gegen Durchwurzelung. Die oberste Lage von mehrlagigen Abdichtungen nach Abschnitt 3.6.2 unter Begrünungen, ohne aufliegende durchwurzelungsfeste Schutzschicht/–lage, bedarf eines Nachweises des Widerstandes gegen Durchwurzelung. Der Nachweis des Widerstandes gegen Durchwurzelung kann nach dem FLL-Verfahren oder nach DIN EN 13948[20] erfolgen. Nachweise nach dem FLL-Verfahren sollten bevorzugt werden.

(8) Die Verträglichkeit der Werkstoffe bzw. Bahnen untereinander muss sichergestellt sein.

(9) Für Anschlüsse von Abdichtungen an Details gelten die Mindestfügebreiten nach Abschnitt 3.6.2 bis 3.6.4.

(10) Bei gefällelosen Flächen sollte ein schwerer Oberflächenschutz angeordnet werden.

3.6.2 Abdichtung mit Bitumenbahnen

3.6.2.1 Stoffe

(1) Bitumen- und Polymerbitumenbahnen können als Dachdichtungs-, Schweiß- oder kaltselbstklebende Bahnen verwendet werden. Sie müssen dem „Produktdatenblatt für Bitumenbahnen" entsprechen. Geeignet sind Bahnen aus

- Bitumen,
- Polymerbitumen, modifiziert mit thermoplastischen Elastomeren (PYE),
- Polymerbitumen, modifiziert mit thermoplastischen Kunststoffen (PYP).

Die Deckschichten von Polymerbitumenbahnen können mit unterschiedlichen Polymeren modifiziert sein.

(2) Polymerbitumen-Schweißbahnen mit Glasgewebeeinlage oder Kombinationsträgereinlage müssen mindestens 4 mm dick sein.

(3) Polymerbitumen-Schweißbahnen mit Polyestervlieseinlage müssen mindestens 5 mm dick sein.

(4) Polymerbitumen-Dachdichtungsbahnen müssen einen Mindestgehalt an Löslichem von 2.100 g/m^2 besitzen.

(5) Kaltselbstklebende Polymerbitumenbahnen als untere Lage einer mehrlagigen Abdichtung müssen mindestens 2,8 mm dick sein.

(6) Polymerbitumenbahnen aus PYP für einlagige Verlegung müssen mindestens 4 mm dick sein.

(7) Polymerbitumenbahnen aus PYE für einlagige Verlegung müssen mindestens 4,5 mm dick sein.

(8) Polymerbitumen-Schweißbahnen mit Kupferbandeinlage (Cu) oder Verbundträger aus Glasvlies und Polyester-Kupferfolienverbund (VCu) müssen mindestens 5 mm dick sein.

(9) Bitumen-Schweißbahnen mit Glasgewebeeinlage müssen mindestens 4 mm dick sein. Bitumen-Schweißbahnen mit Polyestervlieseinlage müssen mindestens 5 mm dick sein.

(10) Bitumen-Dachdichtungsbahnen mit Glasgewebeeinlage müssen einen Mindestgehalt an Löslichem von 1.600 g/m^2 besitzen. Bitumen-Dachdichtungsbahnen mit Polyestervlieseinlage müssen einen Mindestgehalt an Löslichem von 2.000 g/m^2 besitzen.

(11) Bahnen, die auf der Baustelle unter Verwendung von heißflüssigem Polymerbitumen und Trägereinlagen hergestellt werden, müssen dem „Produktdatenblatt für Bitumenbahnen" entsprechen.

---

[20] DIN EN 13948 Abdichtungsbahnen – Bitumen-, Kunststoff- und Elastomerbahnen für Dachabdichtungen; Bestimmung des Widerstandes gegen Wurzelpenetration

3.6.2.2 Planung und Ausführung

(1) Abdichtungen aus Bitumen- oder Polymerbitumenbahnen werden in der Regel mehrlagig ausgeführt.

(2) Für mehrlagige Abdichtungen, mit Ausnahme von befahrenen Flächen, sind

- Polymerbitumen-Dachdichtungsbahnen (Anwendungstyp DO/DU, wenn die Bahnen keinen leichten Oberflächenschutz (Beschieferung) aufweisen)
  - PYE-G 200 DD
  - PYE-PV 200 DD und PYP-PV 200 DD
- Polymerbitumen-Schweißbahnen (Anwendungstyp DO/DU, wenn die Bahnen keinen leichten Oberflächenschutz (Beschieferung) aufweisen)
  - PYE-G 200 S4/5 und PYP-G 200 S4/5
  - PYE-PV 200 S5 und PYP-PV 200 S5
  - PYE-KTG/KTP S4 und PYP-KTG/KTP S4
- Kaltselbstklebende Polymerbitumenbahnen als untere Lage (Anwendungstyp DU)
  - PYE-KTG/KTP KSP-2,8 und PYP-KTG/KTP KSP-2,8

geeignet. Bahnen des Anwendungstyps DO können auch als untere Lage verwendet werden, wenn sie oberseitig keinen leichten Oberflächenschutz (Beschieferung) aufweisen. Kaltselbstklebende Polymerbitumenbahnen sollten eine Dicke von mindestens von 3,5 mm aufweisen, wenn die Fügung der Nähte eine zusätzliche Wärmezugabe, z. B. aufgrund der Witterung oder der Verwendung als Behelfsabdichtung, erfordert.

(3) Für mehrlagige Abdichtungen sind, mit Ausnahme von befahrenen Flächen, als untere Lage (Anwendungstyp DU)

- Bitumen-Dachdichtungsbahnen
  - G 200 DD
  - PV 200 DD
- Bitumen-Schweißbahnen
  - G 200 S4 und G 200 S5
  - PV 200 S5

geeignet.

Diese Bahnen dürfen nur bei

- Dächern und
- genutzten Deckenflächen (Terrassen, Balkone, Loggien und Laubengängen)

verwendet werden, wenn

- deren Abdichtungsunterlage ein Gefälle von mindestens 2 % aufweist und
- ein schwerer Oberflächenschutz aufgebracht wird.

(4) Für einlagige Abdichtungen (Anwendungstyp DE) von nicht genutzten Flächen sind Polymerbitumenbahnen mit Kombinationsträgereinlage

- PYP-KTG/KTP 4 und PYP-KTG/KTP 4,5
- PYE-KTG/KTP 4,5

geeignet, wenn das Gefälle der Unterlage mindestens 2 % beträgt. Einlagige Abdichtungen dürfen nicht für begrünte Flächen verwendet werden.

(5) Als obere Abdichtungslage (Anwendungstyp DO) sind Polymerbitumen-Schweißbahnen mit Verbundträger aus Glasvlies und Polyester-Kupferfolienverbund oder Polymerbitumen-Schweißbahnen mit Kupferbandeinlage

- PYE-VCu S5
- PYE-Cu01 S5

für begrünte Flächen geeignet. Im Bereich von Anschlüssen und Durchdringungen kann sich bei Bahnen mit Kupferbandeinlage die obere Deckschicht infolge hoher Temperaturen ablösen, daher muss dieser Bereich vor direkter Sonneneinstrahlung geschützt werden. Bahnen nach (2), die den Anforderungen nach Abschnitt 3.6.1 (7) genügen, sind ebenfalls geeignet.

(6) Für mehrlagige Abdichtungen von befahrenen Flächen, die auf einer

- Betontragkonstruktion oder
- Schaumglas-Wärmedämmung oder
- PU-Wärmedämmung

aufgebracht werden, sind

- Polymerbitumen-Dachdichtungsbahnen als obere und untere Lage
  - PYE-G 200 DD und PYP-G 200 DD
  - PYE-PV 200 DD und PYP-PV 200 DD
- Polymerbitumen-Schweißbahnen als obere und untere Lage
  - PYE-G 200 S4/5 und PYP-G 200 S4/5
  - PYE-PV 200 S5 und PYP-PV 200 S5
  - PYE-KTG/KTP S4 und PYP-KTG/KTP S4

geeignet. Kombinationen aus Polymerbitumen-Dachdichtungsbahnen und Polymerbitumen-Schweißbahnen sind ebenfalls geeignet.

Auf kaschierten PU-Wärmedämmungen können als untere Lage auch kaltselbstklebende Polymerbitumenbahnen verwendet werden.

(7) Für befahrene Flächen werden weitere Abdichtungsbauarten in der ZTV-ING und DIN 18532 beschrieben.

(8) An- und Abschlüsse sind bei mehrlagigen und einlagigen Abdichtungen mindestens zweilagig auszuführen. Bei einlagigen Abdichtungen sind auch Kehlen mindestens zweilagig auszuführen.

(9) Bei mehrlagigen Abdichtungen sollen die einzelnen Lagen parallel zueinander mit Versatz verlegt werden. Die Lagen müssen miteinander vollflächig verklebt werden.

(10) Bei ein- und mehrlagigen Abdichtungen sollen die Bahnenquernähte versetzt werden.

(11) Bitumenbahnen müssen an den Längs- und Quernähten

- bei mehrlagigen Abdichtungen mindestens 8 cm,
- bei einlagigen Abdichtungen mindestens 10 cm

überlappt werden.

Bei Polymerbitumenbahnen mit Polyestervlieseinlage als obere Lage muss die Überlappung am Querstoß wegen des Schrumpfverhaltens erhöht werden. Es werden 12 cm Überlappung zum Zeitpunkt der Verlegung empfohlen.

Die Nahtverbindungen erfolgen durch Verkleben oder Verschweißen. Bei mehrlagigen Abdichtungen beträgt die Mindestfügebreite der Naht 8 cm. Bei der unteren Lage einer mehrlagigen Abdichtung bleiben eingeklebte Befestigungsmittel einer Breite bis 4 cm bei der Bemessung der Mindestfügebreite unberücksichtigt. Werden einlagige Abdichtungen im Überdeckungsbereich mechanisch befestigt, muss die Überdeckungsbreite entsprechend erhöht werden.

Bei kaltselbstklebenden Bahnen sollten die Nähte im Schweißverfahren gefügt werden.

Nahtverbindungen von einlagigen Abdichtungen mit Polymerbitumenbahnen werden im Schweißverfahren mit Flamme oder mit Warmgas hergestellt. Die Mindestfügebreite im Längsnahtbereich beträgt beim Schweißverfahren mit Flamme 8 cm, beim Warmgasschweißen 6 cm, im Quernahtbereich und bei allen Nahtverbindungen auf werkseitiger Bestreuung 10 cm. Bei der Verwendung von Befestigungsmitteln im Nahtbereich einlagiger Abdichtungen muss die Mindestfügebreite neben dem Lastverteilteller eingehalten werden.

(12) Bei

- Polymerbitumen-Schweißbahnen in der Oberlage
- einlagigen Abdichtungen
- kaltselbstklebenden Polymerbitumenbahnen

müssen in der Überlappung am Querstoß an der unterdeckenden Bahn Schrägschnitte angeordnet werden.

(13) Die Überlappung der Bahnen darf z. B. bei An- und Abschlüssen sowie Einbauteilen auch gegen den Wasserlauf ausgeführt werden.

(14) Die erste Lage darf lose verlegt oder teilflächig verklebt werden. Auf geeigneter Unterlage, z. B. Beton oder kaschierter Wärmedämmung, darf die erste Lage vollflächig aufgeklebt werden. Auf unkaschierten Schaumglasplatten ist die vollflächige Verklebung im Gießverfahren oder auf Bitumenheißabstrich auszuführen.

(15) Eine hohlraumfreie Verklebung ist unter Baustellenbedingungen nicht immer erzielbar. Einzelne z. B. durch Unebenheiten entstehende, geringfügige Hohlräume können nicht ausgeschlossen werden.

(16) Polymerbitumenbahnen, die als Kaschierung von klappbaren Wärmedämmungen verwendet werden, sind als untere Abdichtungslage dann zulässig, wenn sie aus Bahnen nach (2) bestehen und eine Lieferlänge von mindestens 2,50 m aufweisen. Dabei sollen die Überlappungen der Kaschierung mindestens 8 cm breit sein und müssen dicht verklebt werden.

(17) Die ein- oder mehrlagige Abdichtung kann durch zusätzliche Lagen und/oder durch Schutzlagen ergänzt werden.

(18) Falls erforderlich, ist auf dem Untergrund ein Voranstrich aufzubringen.

(19) Eine Verklebung kann bei Bitumenbahnen erfolgen durch

- Gießverfahren,
- Schweißverfahren (Schmelzverfahren),
- Bürstenstreichverfahren,
- Kaltklebeverfahren.

Beim Gieß-, Schweiß- oder Bürstenstreichverfahren sollte als Sichtkontrolle an den Nähten und Stößen Klebemasse hervortreten.

(20) Für das Gießverfahren und das Bürstenstreichverfahren werden Bitumenklebemassen verwendet, deren Standfestigkeit auf die Konstruktion und das Gefälle abzustimmen ist (siehe Abschnitt 2.10).

(21) Beim Gießverfahren wird vor die fest aufgerollte Bahn so viel Bitumenklebemasse aufgegossen, dass beim Einrollen der Bahn vor der Rolle in ganzer Bahnenbreite ein Klebemassewulst entsteht.

(22) Beim Schweißverfahren (Schmelzverfahren) werden Bitumenschweißbahnen durch eine Propangasflamme oder Warmgas erhitzt, die zu verklebenden Bitumenschichten angeschmolzen und die Bahnen unter Andrücken eingerollt.

(23) Beim Bürstenstreichverfahren wird auf Bürstenstrichbreite so viel Bitumenklebemasse aufgetragen, dass beim Einrollen der Bahnen unter Andrücken in gesamter Rollenbreite ein Klebemassewulst entsteht.

(24) Bei der Kaltverklebung werden Bitumenbahnen verwendet, die werkseitig auf der Bahnenunterseite mit einer Selbstklebemasse versehen sind, oder Bitumenbahnen werden vor Ort streifenweise mit Kaltkleber aufgeklebt.

(25) Bei Abdichtungen von befahrenen Flächen sind im Schweiß- und Gießverfahren dimensionsstabile Wickelkerne zu verwenden. Bei Abdichtungen, die im Gießverfahren verlegt werden, sind dimensionsstabile Wickelkerne zu verwenden.

(26) Die teilflächige Verklebung ist eine flecken- oder unterbrochen streifenweise Befestigung auf dem Untergrund. Diese erfolgt durch 3 bis 4 Klebepunkte pro Quadratmeter oder 3 bis 4 Klebestreifen pro Meter Bahnenbreite (siehe auch Abschnitt 2.9.3).

3.6.3 Abdichtung mit Kunststoff- und Elastomerbahnen

3.6.3.1 Stoffe

(1) Kunststoff- und Elastomerbahnen können als homogene Bahnen, Bahnen mit Einlagen, Bahnen mit innenliegender Verstärkung oder Bahnen mit Kaschierung verwendet werden. Sie müssen dem "Produktdatenblatt für Kunststoff- und Elastomerbahnen" entsprechen. Die Bahnen werden sowohl mit als auch ohne Selbstklebeschicht oder Polymerbitumenbeschichtung eingesetzt.

(2) Kunststoffbahnen können auf der Basis von

- Polyvinylchlorid,
  - Polyvinylchlorid (PVC-P), bitumenverträglich (BV) oder nicht bitumenverträglich (NB),
  - Ethylen-Vinylacetat Terpolymer/-Copolymer (EVA/EVAC),
- flexiblen Polyolefinen,
  - flexiblen Polyolefinen (TPO/FPO)
  - Ethylencopolymerisat-Bitumen (ECB) mit Bitumen als Weichmacher/Füllstoff

- Polyisobutylen (PIB)

hergestellt sein.

(3) Elastomerbahnen werden auf der Basis von

- Ethylen-Propylen-Dien-Terpolymer (EPDM)
- thermoplastischen Elastomeren – thermoplastischen Elastomeren nicht vernetzt oder teilvernetzt (TPE)

hergestellt.

(4) Kunststoff- und Elastomerbahnen können unterseitig zusätzliche Kaschierungen besitzen.

(5) Kaschierungen, Polymerbitumenbeschichtungen und Selbstklebeschichten dürfen bei der Ermittlung der Bahnendicke nicht berücksichtigt werden.

3.6.3.2 Planung und Ausführung

(1) Abdichtungen mit Kunststoff- und Elastomerbahnen werden in der Regel einlagig ausgeführt. Die Bahnen entsprechen dem Anwendungstyp DE.

(2) Für Abdichtungen von genutzten, nicht genutzten und erdüberschütteten Flächen sind geeignet:

- Kunststoffbahnen mit Einlage oder innenliegender Verstärkung und einer Dicke von mindestens 1,5 mm,
- Kunststoffbahnen auf der Basis von flexiblen Polyolefinen mit Bitumen als Weichmacher/Füllstoff (ECB) mit Einlage und einer Dicke von mindestens 2,0 mm,
- Elastomerbahnen mit innenliegender Verstärkung und einer Dicke von mindestens 1,5 mm,
- Elastomerbahnen ohne innenliegende Verstärkung und mit einer Dicke von mindestens
  - 1,3 mm bei nicht genutzten Flächen,
  - 1,5 mm bei genutzten und erdüberschütteten Flächen,
- Kunststoffbahnen auf der Basis von Polyisobutylen (PIB) mit Kaschierung und einer Dicke von mindestens 1,5 mm in Abhängigkeit vom Fügeverfahren nach Tabelle 6.

(3) Für Abdichtungen von genutzten, nicht genutzten und erdüberschütteten Flächen sind Kunststoffbahnen auf der Basis von Polyvinylchlorid (PVC-P und EVA) ohne Einlage oder innenliegende Verstärkung und mit einer Dicke von mindestens 1,5 mm bei

- oberseitigem Schutz der Abdichtung vor niedrigen Temperaturen (z. B. durch einen schweren Oberflächenschutz) oder
- Verklebung mit der Unterlage

geeignet.

(4) Für befahrene Flächen sind die unter (2) und (3) genannten Bahnen in Verbindung mit einer Bitumenbahn nach Abschnitt 3.6.2.2 (6) im vollflächig verklebten Aufbau geeignet.

(5) Die Bahnen können lose verlegt, teilflächig verklebt oder vollflächig verklebt werden. Die Verklebung kann durch eine auf der Bahnenunterseite angeordnete Selbstklebeschicht oder durch einen geeigneten Klebstoff erfolgen. Bei bitumenverträglichen Kunststoff- und Elastomerbahnen kann die Bahn auch mit Bitumenklebemasse im Bürstenstreich- oder im Flämmverfahren aufgeklebt werden. Herstellerseitige Anwendungsbeschränkungen sind zu berücksichtigen.

(6) Unter der Abdichtung ist eine Trenn- oder Ausgleichschicht zu verlegen, wenn die Unterlage oder die Abdichtung dies erfordert (siehe Abschnitt 3.2).

(7) Bei schwerem Oberflächenschutz oder oberhalb der Abdichtung liegender Nutzschicht ist über der Abdichtung eine Schutzlage vorzusehen (siehe Abschnitt 3.7).

(8) Bei der Verklebung von Kunststoff- und Elastomerbahnen auf dem Untergrund sind Selbstklebebahnen oder produktbezogene Systemkleber zu verwenden.

(9) Bei Kunststoff- und Elastomerbahnen beträgt die Überlappung für Baustellennähte mindestens 4 cm. Bei mechanisch befestigten Bahnen mit Saumbefestigung muss die Überlappungsbreite entsprechend erhöht werden.

(10) Die Überlappung der Bahnen kann z. B. bei An- und Abschlüssen sowie Einbauteilen auch gegen den Wasserlauf ausgeführt werden.

(11) Kreuzstöße sind zu vermeiden, z. B. durch versetzt angeordnete Bahnen.

(12) Für die Mindestfügebreite der Nahtausbildung in Abhängigkeit vom Fügeverfahren ist Tabelle 6 zu beachten.

Tabelle 6: Mindestfügebreite von Kunststoff- und Elastomerbahnen in Abhängigkeit vom Fügeverfahren

Fügeverfahren	Stoff	Mindestfügebreite in cm
Quellschweißen	EVA/EVAC, PVC-P	3
Warmgasschweißen oder Heizkeilschweißen	ECB, EVA/EVAC, TPO/FPO, PVC-P, PIB, TPE	2
	EPDM[1]	3
Dichtrand/Abdeckband/Nahtband	EPDM	4[2]
Heißvulkanisation (Hot Bonding)	EPDM	2
Warmgasschweißen mit Polymerbitumen	EPDM	4

[1] nicht vernetztes/nicht ausvulkanisiertes EPDM mit thermoplastischen Eigenschaften oder mit vorkonfektioniertem thermoplastischem Dichtrand
[2] bei vernetztem Nahtband bei EPDM-Bahnen 6 cm

(13) Bei Kunststoffbahnen erfolgt die Nahtverbindung durch
- Quellschweißen,
- Warmgasschweißen,
- Dichtungsbänder/Abdeckbänder,
- Hochfrequenzschweißen (industrielle Fertigung),
- Heizkeilschweißen.

(14) Bei Elastomerbahnen erfolgt die Nahtverbindung durch
- Dichtungsbänder/Abdeckbänder/Nahtbänder,
- Heißvulkanisieren (Hot Bonding).

(15) Bei Elastomerbahnen, die zum Zeitpunkt der Verarbeitung thermoplastische Eigenschaften oder eine thermoplastische Beschichtung haben, erfolgt die Nahtverbindung durch
- Quellschweißen,
- Warmgasschweißen,
- Heizkeilschweißen.

(16) Die zu verbindenden Flächen müssen frei von Verunreinigungen sein und sind ggf. mit systemzugehörigen Produkten vorzubereiten. An T-Stößen sind wegen möglicher Kapillarbildung systemgerechte Maßnahmen erforderlich, z. B. Abschrägen der Bahnen.

(17) Nähte sind zusätzlich zu sichern, wenn dies vom Bahnenhersteller gefordert wird.

(18) Beim Quellschweißverfahren wird der Werkstoff mit einem dafür geeigneten Quellschweißmittel angelöst. Durch Zusammendrücken erfolgt die Verbindung.

(19) Beim Warmgasschweißen wird der zu verschweißende Werkstoff mit Heißluft plastifiziert. Durch Zusammendrücken erfolgt die Verbindung.

(20) Kunststoff- und Elastomerbahnen können fabrikmäßig bereits mit einem Dichtungsband ausgerüstet werden. Dieses ist im Nahtbereich aufgebracht und mit einem Schutzband abgedeckt. An der Baustelle wird nach dem Ausrichten und Reinigen der Bahnen das Schutzband abgezogen und die Naht unter Druck zusammengefügt. Dabei entsteht eine selbsttätige Verklebung. Die gleiche Verbindung kann auch auf der Baustelle durch Einlegen eines Dichtungsbandes ausgeführt werden.

(21) Elastomerbahnen können thermoplastisch beschichtet oder mit vorkonfektioniertem thermoplastischem Dichtrand ausgerüstet sein. Beim Warmgasschweißen werden die Fügeflächen der Bahnenüberlappung durch Wärme plastifiziert und durch Druck miteinander verbunden.

(22) Elastomerbahnen können durch Warmgasschweißen gefügt werden, wenn die Unterseite nicht vernetzt/nicht ausvulkanisiert ist.

(23) Elastomerbahnen können mit vernetzten Nahtbändern gefügt werden.

(24) Nahtverbindung durch Heißvulkanisieren (Hot Bonding) wird vorzugsweise zur Vorfertigung von Planen angewendet.

3.6.4 Abdichtung mit Flüssigkunststoffen

3.6.4.1 Stoffe

Flüssigkunststoffe können aus

- Flexiblen ungesättigten Polyesterharzen (UP)
- Flexiblen Polyurethanharzen (PUR) 1K oder 2K
- Flexiblen reaktiven Polymethylmethacrylaten (PMMA)

bestehen. Flüssigkunststoffe müssen dem „Produktdatenblatt für Flüssigkunststoffe" entsprechen. Sie müssen eine Europäische Technische Bewertung auf der Basis der EAD 030350-00-0402 oder eine Europäische Technische Zulassung auf der Basis der ETAG 005[21] besitzen.

Abdichtungen mit Flüssigkunststoffen benötigen Einlagen aus Kunststofffaservlies.

Beschichtungen mit Oberflächenschutzsystemen OS8, OS10 und OS11 nach RiLi SIB sind keine gleichwertige Alternative zu Abdichtungen.

3.6.4.2 Planung und Ausführung

(1) Flüssigkunststoffe gelten als einlagige Abdichtung des Anwendungstyps DE.

(2) Für Abdichtungen sind Flüssigkunststoffe nach Tabelle 7 geeignet.

Tabelle 7: Flüssigkunststoffe für Abdichtungen

Stoffe	**Leistungsstufen**[1]	**Mindestgewicht der Einlage**[2]	**Mindestdicke**[3]
Flexible ungesättigte Polyesterharze (UP)	Klimazone: S	110 g/m^2	2,1 mm
	Erwartete Nutzungsdauer: W 3		
Flexible Polyurethanharze (PUR) 1K, 2K	Dachneigung[4]: S1, S2, S3, S4		
	Nutzlast: P 4		
Flexible reaktive Polymethylmethacrylate (PMMA)	Tiefste Oberflächentemperatur: TL 4		
	Höchste Oberflächentemperatur: TH 4		

[1] Erläuterung der Leistungsstufen siehe „Produktdatenblatt für Flüssigkunststoffe".
[2] Kunststofffaservlies
[3] Wenn die in der europäischen Zulassung/Bewertung angegebene Mindestschichtdicke höher ist als die geforderte Mindestschichtdicke, so gilt der höhere Wert.
[4] Unabhängig von der tatsächlichen Dachneigung sind alle Neigungsstufen S1 bis S4 nachzuweisen.

(3) Bei Flüssigkunststoffen mit systemintegrierter Nutzschicht oberhalb von Dämmschichten sind lastverteilende Maßnahmen zwischen Flüssigkunststoff und Dämmschicht erforderlich.

(4) Flüssigkunststoffe sollen vollflächig haftend aufgetragen werden. Eine vollflächige Haftung ist unter Baustellenbedingungen nicht immer erzielbar. Einzelne z. B. durch Unebenheiten entstehende, geringfügige Fehlstellen können nicht ausgeschlossen werden.

(5) Eine Vorbehandlung des Untergrundes ist erforderlich (z. B. säubern, grundieren, anschleifen).

(6) Der Untergrund soll trocken und frei von losen oder haftmindernden Bestandteilen sein. Bei Untergründen aus Beton oder Estrich darf die Feuchtigkeit maximal 6 Gew.-% betragen.

(7) Bei der Ausführung der Arbeiten muss die Oberflächentemperatur mindestens 3 K über der Taupunkttemperatur liegen. Bei Unterschreitung kann sich auf der Oberfläche ein trennend wirkender Feuchtigkeitsfilm bilden.

(8) Wenn die hier genannten Anforderungen an die Oberflächenbeschaffenheit des Untergrundes (z. B. Rauigkeit, Temperatur, Feuchtigkeit) nicht erfüllt werden, sind ggf. Trennlagen oder Trägerlagen z. B. aus Bitumenbahnen einzuplanen.

(9) Werden Flüssigkunststoffe auf Unterlagen aus Holzschalung oder unkaschierten Wärmedämmstoffen verlegt, müssen Trennschichten/-lagen angeordnet werden. Werden Flüssigkunststoffe auf Unterlagen aus Holzwerkstoffen verlegt, sollten Trennschichten/-lagen angeordnet werden.

---

[21] ETAG 005 Leitlinie für die Europäische Technische Zulassung für flüssig aufzubringende Dachabdichtungen (ETAG Nr. 005)

(10) Flüssigkunststoffe müssen mindestens zweischichtig mit Einlage ausgeführt werden. Das Auftragen kann durch Streichen, Rollen oder Spritzen erfolgen. Die Einlage ist in eine vorgelegte Menge Flüssigkunststoff einzuarbeiten und frisch in frisch abzudecken, sodass die Einlage vollständig abgedeckt ist und keine sichtbaren Lufteinschlüsse vorhanden sind. Die einzelnen Bahnen der Einlage sollen mindestens 5 cm überlappt werden.

(11) Gehen Flüssigkunststoffe auf bahnenförmige Abdichtungen über, muss die Überlappungsbreite mindestens 10 cm betragen. Flüssigkunststoff und die Abdichtung müssen miteinander verträglich sein.

(12) Flüssigkunststoffe erhärten durch chemische Reaktion. Systemkonforme Zuschläge und andere Zusatzstoffe können beigemischt sein oder getrennt geliefert werden. Die Aushärtung beginnt bei Mehrkomponentenprodukten nach dem Mischen. Die für die Verarbeitung zur Verfügung stehende Zeit (Verarbeitungszeit, Topfzeit) ist zeitlich begrenzt. Bei manchen Systemen sind die Wartezeiten zwischen dem Auftrag der einzelnen Schichten (Intervallzeit) nach oben und ggf. unten begrenzt. Reaktive Systeme, die mittels der Luftfeuchtigkeit erhärten (1-komponentige Polyurethansysteme), benötigen keine zusätzliche Härterkomponente. Bei diesen Systemen existiert keine nennenswerte zeitliche Begrenzung der Verarbeitungszeit (Topfzeit). Die Verarbeitungstemperatur bestimmt die Reaktionsgeschwindigkeit und damit alle zeitlichen Abläufe. Hohe Temperaturen beschleunigen, niedrige Temperaturen verzögern den Härtungsverlauf der Abdichtung.

(13) Nach Arbeitsunterbrechungen ist ein ausreagierter Übergangsbereich ggf. vorzubehandeln.

(14) Es wird empfohlen, über die Untergrundvorbereitung, die Art der Flüssigkunststoffe, die verwendete Einlage und die verarbeiteten Mengen eine Dokumentation zu erstellen.

3.7 Schutzlagen und Schutzschichten

3.7.1 Allgemeines

(1) Die Schutzlage ist eine oberhalb der Abdichtung angeordnete flächig verlegte Lage zum Schutz vor mechanischen Einwirkungen. Eine Schutzlage zählt nicht als Abdichtungslage.

(2) Die Schutzschicht ist eine oberhalb der Abdichtung angeordnete Schicht zum Schutz vor mechanischer und/oder thermischer Beanspruchung.

3.7.2 Stoffe für Schutzlagen und Schutzschichten

(1) Als Schutzlagen mit hoher Perforationsfestigkeit sind geeignet z. B.:

- Kunststoffvlies, mindestens 300 g/m^2
- Kunststoffbahnen, mindestens 1,2 mm dick
- Bautenschutzmatten und -platten aus Gummigranulat, mindestens 6 mm dick, oder Kunststoffgranulat mindestens 4 mm
- Drainagematten und -platten

(2) Als Schutzschichten sind geeignet z. B.:

- Platten aus Polystyrol-Extruderschaum (XPS)
- Schutzestrich
- Betonplatten

(3) Schutzlagen gegen Durchwurzelung können z. B. aus Kunststoffbahnen, Elastomerbahnen oder Bitumenbahnen bestehen. Die Eignung als Durchwurzelungsschutz muss nachgewiesen sein, z. B. gemäß FLL-Prüfverfahren.

3.8 Oberflächenschutz

3.8.1 Allgemeines

(1) Ein Oberflächenschutz ist die Abdeckung einer Abdichtung zum Schutz vor mechanischer, thermischer und/oder atmosphärischer Beanspruchung. Es wird zwischen leichtem und schwerem Oberflächenschutz unterschieden.

(2) Die Oberfläche eines Daches wird unter anderem durch atmosphärische Einwirkungen, z. B. UV-Strahlen, hohe bzw. niedrige Temperaturen, Temperaturschwankungen und Feuchtigkeit, beansprucht. Entweder

bietet die Abdichtung selbst einen ausreichenden Schutz, oder die Oberlage ist mit einem Oberflächenschutz zu versehen.

(3) Schwerer Oberflächenschutz bietet je nach Ausführung einen Schutz gegen mechanische Beschädigungen, direkte Sonneneinstrahlung und kann die technische Nutzungsdauer der Abdichtung erhöhen.

(4) Schwerer Oberflächenschutz wirkt ausgleichend bei Temperaturschwankungen und bietet Schutz gegen Flugfeuer und strahlende Wärme sowie UV-Strahlung. Er verbessert auch den Schutz gegen mechanische Beanspruchung sowie gegen Verkrustungen bei Ablagerungen. Dieser kann bei lose verlegten Abdichtungen gleichzeitig als Sicherung gegen Abheben durch Windkräfte wirken.

(5) Heller Oberflächenschutz wirkt reflektierend und kann dadurch die Aufheizung vermindern.

3.8.2 Stoffe für den Oberflächenschutz

(1) Als leichter Oberflächenschutz sind

- werksseitige Bestreuungen von Bitumenbahnen mit z. B. Schiefer,
- das Einstreuen von z. B. Schiefersplitt in eine Polymerbitumenkaltmasse

geeignet. Streich- und rollbare Stoffe für den Oberflächenschutz müssen mit den Werkstoffen des Untergrundes verträglich sein und dürfen das Brandverhalten des Daches nicht nachteilig verändern.

(2) Als schwerer Oberflächenschutz sind z. B.

- extensive und intensive Dachbegrünungen,
- Kies mit Körnung 16/32 mm (abweichend von normativen Festlegungen für Zuschlagstoffe für Beton sind ein erhöhter Anteil von Unter- oder Überkorn sowie höhere Feinanteile oder auch nicht frostbeständige Anteile zulässig; gebrochenes Korn im Kies ist unvermeidbar),
- gebrochenes Material,
- Plattenbeläge, Formsteine, frostbeständige Betonplatten u. Ä. auf z. B. Kies- oder Splittbett,
- Nutzschichten von befahrenen Flächen,
- Erdschichten

geeignet.

3.8.3 Planung und Verarbeitung

(1) Bei Abdichtungen mit Bitumenbahnen muss die obere Lage aus einer Polymerbitumenbahn bestehen. Elastomerbitumenbahnen (PYE) müssen, Plastomerbitumenbahnen (PYP) können mit einer geeigneten Bestreuung bedeckt sein.

(2) Die Kiesschüttung muss zum Zeitpunkt des Einbaus mindestens 50 mm dick sein. Übernimmt die Kiesschüttung gleichzeitig die Sicherung gegen Abheben durch Windsogkräfte, so ist die Dicke der Schüttung auch abhängig von den anzusetzenden Soglasten (siehe auch Abschnitt 2.9.2).

Bei schwerem Oberflächenschutz aus gebrochenem Material muss eine Schutzlage mit einer Dicke von mindestens 4 mm (im Einbauzustand) ausgeführt werden.

(3) Bei einlagigen Abdichtungen ist eine Schutzlage anzuordnen.

(4) Bei pneumatischer Förderung des Kieses ist mit erhöhtem Bruchanteil und einer hohen Aufprallgeschwindigkeit zu rechnen. In diesen Fällen ist oberhalb der Abdichtung eine Schutzlage anzuordnen.

(5) Plattenbeläge und Formsteine als Oberflächenschutz und Auflast werden in der Regel in Kies oder Splittbett verlegt. Auf mehrlagigen Abdichtungen kann, auf einlagigen Abdichtungen muss eine Schutzlage verlegt werden.

Bei einer Verlegung von Plattenbelägen und Formsteinen ohne Kies-, Splittbett oder Stelzlager auf der Abdichtung ist die Anordnung einer Schutzlage erforderlich.

(6) Bei Stelzlagern sollte eine Schutzlage verlegt werden.

(7) Zur Lagestabilisierung von Kiesschüttungen können z. B. Rasengittersteine verwendet werden.

(8) Begrünungen als schwerer Oberflächenschutz sind nach der Dachbegrünungsrichtlinie zu planen und auszuführen. Sie wirken in besonderem Maße temperaturausgleichend auf die Abdichtung und sind in der Lage, Niederschlagswasser zurückzuhalten und so die Entwässerungssysteme zu entlasten.

Extensive und intensive Dachbegrünungen unterscheiden sich in ihren Funktionsschichten und der Wasserspeicherfähigkeit. Sie sind aufgrund ihres Eigengewichts sowie objektspezifischer und statischer Eigenschaften zu planen und zu berücksichtigen. Ggf. sind hierfür Fachplanungen erforderlich.

Die Funktion als Auflast, zur Sicherung gegen Abheben durch Windsogkräfte muss gesondert nachgewiesen werden.

Zur Lagesicherung von Dachbegrünungen können insbesondere in der Anwuchsphase zusätzliche Maßnahmen, z. B. Abdeckung mit Erosionsschutzgewebe, erforderlich werden.

An- und Abschlüsse sowie Durchdringungen sollen bei Begrünungen von Bewuchs freigehalten werden. Dafür sind Streifen mit Kiesschüttungen oder Plattenbeläge mit einer Breite von ca. 50 cm zweckmäßig.

(9) Hinsichtlich der Widerstandsfähigkeit gegen Flugfeuer und strahlende Wärme und der Brandübertragung bei Wänden und Dächern mit Öffnungen sind die Brandschutzanforderungen der Länder zu beachten.

(10) Bei einem Umkehrdach erfüllt die oberhalb der Abdichtung aufgebrachte Wärmedämmung mit Filterschicht und Auflast auch die Funktion eines schweren Oberflächenschutzes.

4 Details

4.1 Allgemeines

(1) Dachdetails sollten so ausgebildet und gestaltet sein, dass diese zur Überprüfung und Wartung stets zugänglich sind.

(2) An- und Abschlüsse von Abdichtungen müssen bis zu ihrem oberen Ende wasserdicht sein.

(3) Es wird unterschieden zwischen Anschlüssen an Bauteilen, die mit der Unterlage fest verbunden sind (starrer Anschluss), und Anschlüssen an Bauteilen, die gegenüber der Unterlage Bewegungen verschiedener Art unterworfen sind (beweglicher Anschluss).

(4) Eine starre Verbindung der Abdichtung an Bauteilen, die statisch voneinander getrennt sind, ist auf jeden Fall zu vermeiden, um eine Überbeanspruchung im Anschlussbereich durch Zug-, Schub- und Scherkräfte auszuschließen. Bei Anschlüssen an beweglichen Bauteilen sind deshalb entsprechende konstruktive Maßnahmen vorzusehen.

(5) An- und Abschlüsse sollten aus den gleichen Werkstoffen wie die Abdichtung hergestellt werden. Werden unterschiedliche Werkstoffe verwendet, so müssen diese für den jeweiligen Zweck geeignet und untereinander dauerhaft verträglich sein.

(6) Durchdringungen an An- und Abschlüssen können bei Verwendung von Systembauteilen, z. B. Attikaabläufen, abweichend von Abschnitt 2.4 (3) ausgeführt werden.

(7) Die obere Lage von Abdichtungen mit Elastomerbitumenbahnen (PYE) muss mindestens einen leichten Oberflächenschutz besitzen, unabhängig von ggf. weiteren Schichten oberhalb der Abdichtung.

(8) Für Details von Abdichtungen mit Kunststoff- und Elastomerbahnen sollen systemgerechte Bahnen oder System- und Formteile verwendet werden.

(9) Für Details sind Flüssigkunststoffe nur mit Trägereinlage zulässig.

(10) Die Dicke der Bahnen oder der Flüssigkunststoffe am Anschluss muss mindestens der erforderlichen Dicke der Abdichtung nach Abschnitt 3.6.2 bis 3.6.4 entsprechen.

4.2 Klemmkonstruktionen

4.2.1 Klemmprofile/Wandanschlussprofile

(1) Klemmprofile/Wandanschlussprofile sind in Abhängigkeit von ihrer Funktion zu dimensionieren und zu befestigen. Der Befestigungsabstand soll nicht mehr als 20 cm betragen. Ihre Einzellänge soll 3,0 m nicht überschreiten. Sie müssen mittels Schrauben im Untergrund dauerhaft befestigt werden.

(2) Wird der obere Rand des Klemmprofils/Wandanschlussprofils nicht durch einen Überhangstreifen oder die Wandbekleidungen vor der Bewitterung geschützt, ist er durch Abkanten so zu gestalten, dass eine Dichtstoffverfugung von mindestens 10 mm Breite und 6 mm Dicke eingebracht werden kann oder durch vorkomprimierte Bänder für eine zusätzliche Abdichtung gesorgt wird. Dichtstoffverfugungen sind regelmäßig zu warten und instand zu setzen.

4.2.2 Klemmschienen

(1) Klemmschienen sollen bei geeigneten Untergründen, z. B. Beton, Anschlüsse der Abdichtung gegen Hinterlaufen durch Wasser schützen. Klemmschienen und die zu ihrer Befestigung verwendeten Schrauben sowie der Abstand der Schrauben untereinander müssen der Ebenheit des Untergrundes angepasst sein.

(2) Im Regelfall sind Klemmschienen mit einer Breite ≥ 45 mm und einer Dicke von 5 mm bis 7 mm zu verwenden. Sie sind mit Sechskantschrauben mit einem Durchmesser von 8 mm in Dübeln zu befestigen; bei geeigneter Abmessung mit mindestens gleichem Widerstandsmoment, aber kleinerem Schraubenabstand können auch Schrauben ≥ 6 mm verwendet werden. Der Abstand der Schrauben untereinander soll 150 mm betragen. Die Einzellängen der Klemmschienen sollten 2,50 m nicht überschreiten.

(3) Die Abdichtungsränder müssen zwischen Klemmschienen und Bauwerksflächen eingeklemmt werden. An Bauwerkskanten und -kehlen und über Fugen sind Klemmschienen so zu unterbrechen, dass sie sich bei temperaturbedingter Ausdehnung nicht gegenseitig behindern.

4.2.3 Los- und Festflanschkonstruktionen

(1) Los- und Festflanschkonstruktionen müssen im Regelfall aus schweißbarem Stahl bestehen, und ihre Maße müssen den Werten der Tabelle 8 bzw. der Tabelle 9 entsprechen. Die Losflansche dürfen nicht steifer ausgebildet sein als die Festflansche. Ihre Länge darf 1,50 m nicht übersteigen und muss so gewählt werden, dass sie passgerecht ohne Beschädigung der Bolzen eingebaut werden können.

(2) Der Zwischenraum zwischen 2 Losflanschen darf im Regelfall nicht mehr als 4 mm betragen. Über den Stoßstellen der Festflansche sollten auch die Losflansche gestoßen sein. Alle Schweißnähte, die den Wasserweg unterbinden sollen, müssen wasserdicht und Baustellennähte zweilagig ausgeführt sein. Die Stumpfstöße der Festflansche sind voll durchzuschweißen und auf der Abdichtungsfläche plan zu schleifen.

(3) Für die Gewindebolzen sind bevorzugt aufgeschweißte Bolzen zu verwenden. Gewindebolzen aus durchgesteckten und verschweißten Sechskantschrauben sind auf Sonderfälle zu beschränken. Bei aufgeschweißten Gewindebolzen, sofern keine Automatenschweißung erfolgt, ist die Schweißnaht nötigenfalls statisch nachzuweisen. Die Bolzenlänge ist so zu bemessen, dass nach Aufsetzen der Schraubmutter im ungepressten Zustand der Abdichtung mindestens ein Gewindegang am Bolzenende frei ist. Ändern sich die Neigungen der Abdichtungsebenen bezogen auf die Längsrichtung von Los- und Festflanschkonstruktionen um mehr als 45°, so sind sie an diesen Stellen mit einem Radius von mindestens 20 cm auszubilden, wobei in der Winkelhalbierenden ein Bolzen anzuordnen ist. In diesem Fall müssen die Losflansche als Passstücke mit Langlöchern hergestellt sein und beim Anschrauben sind Unterlegscheiben zu verwenden. Wegen der Langlöcher sind beim Anschrauben Unterlegscheiben zu verwenden.

(4) Die Festflansche sind im Bauwerk zu verankern und so einzubauen, dass ihre Oberflächen mit den angrenzenden abzudichtenden Bauwerksflächen eine Ebene bilden. Die der Abdichtung zugewandten Flanschflächen sind unmittelbar vor Einbau der Abdichtung zu säubern und erforderlichenfalls mit einem Voranstrich zu versehen.

(5) Zum Einbau der Abdichtung in Los- und Festflanschkonstruktionen müssen die wegen der Gewindebolzen erforderlichen Löcher in den einzelnen Abdichtungslagen mit einem Locheisen eingestanzt werden. Notwendige Stöße und Nähte der Abdichtungslagen sind in den Flanschbereichen stumpf zu stoßen und gegeneinander zu versetzen.

(6) Im Flanschbereich ist deshalb bei mehrlagigen, mit Bitumen geklebten Abdichtungen eine zusätzliche Lage anzuordnen, deren Nähte ebenfalls stumpf zu stoßen sind. Bei einlagig lose verlegten Abdichtungen sind zwei Lagen aus demselben Werkstoff oder stoffverträglichen Elastomeren erforderlich.

(7) Die Bolzen müssen bis zum Aufsetzen der Schraubmuttern vor Verschmutzung und Beschädigung geschützt werden. Die Schraubmuttern sind mehrmals (mindestens dreimal) über einen Zeitraum von 24 Stunden anzuziehen. Der Anpressdruck der Schraubmuttern ist auf die Flanschkonstruktion und auf die Art der Abdichtung abzustimmen.

(8) Bei Abdichtungen aus Bitumenbahnen und bei bitumenverklebten Abdichtungen ist am freien Ende das Ausquetschen der Bitumenmasse zu begrenzen. Hierzu ist erforderlichenfalls eine Stahlleiste anzuordnen.

(9) Für die in Tabelle 8 genannten Flanschkonstruktionen ist für bitumenverklebte Abdichtungen aus Bahnen mit Glasgewebeeinlage ein Anziehmoment für dreimaliges Anziehen von 15 Nm, bei sonstigen verklebten Bahnen von 20 Nm und für lose verlegte Abdichtungen mit Kunststoff- und Elastomerbahnen von 30 Nm erforderlich.

Tabelle 8: Regelmaße für Los-Festflanschkonstruktionen, Regelmaße für bitumenverklebte Abdichtungen und lose verlegte Abdichtungen mit Kunststoff- und Elastomerbahnen bei Wasseranstauhöhen von ≤ 10 cm

Losflansch	Breite	≥ 60 mm
	Dicke	≥ 6 mm
	Kantenfasung	ca. 2mm
Festflansch	Breite	≥ 70 mm
	Dicke	≥ 6 mm (≥ Dicke Losflansch)
Schraubenbolzen	Durchmesser	≥ 12 mm
	Abstand untereinander	75–150 mm
	Abstand am Ende des Losflansches	≤ 75 mm
Schweißnaht bei Gewindebolzen	Breite	ca. 2 mm
	Höhe	ca. 3,2 mm
Lochung im Losflansch	Durchmesser	≥ 14 mm
Erweiterung bei Gewindebolzen	Durchmesser	Durchmesser + 2 × Schweißnahtbreite

(10) Für die in Tabelle 9 genannten Flanschkonstruktionen ist für bitumenverklebte Abdichtungen aus Bahnen mit Glasgewebeeinlage ein Anziehmoment für dreimaliges Anziehen von 65 Nm, bei sonstigen verklebten Bahnen von 80 Nm und für lose verlegte Abdichtungen mit Kunststoff- und Elastomerbahnen von 100 Nm erforderlich.

Tabelle 9: Regelmaße für Los-Festflanschkonstruktionen bei Wasseranstauhöhen von > 10 cm, Regelmaße für bitumenverklebte Abdichtungen und lose verlegte Abdichtungen mit Kunststoff- und Elastomerbahnen

Losflansch	Breite	≥150 mm
	Dicke	≥10 mm
	Kantenfasung	ca. 2mm
Festflansch	Breite	≥ 160 mm
	Dicke	≥ 10 mm (≥ Dicke Losflansch)
Schraubenbolzen	Durchmesser	≥ 20 mm
	Abstand untereinander	75–150 mm
	Abstand am Ende des Losflansches	≤75 mm
Schweißnaht bei Gewindebolzen	Breite	ca. 2 mm
	Höhe	ca. 5 mm
Lochung im Losflansch	Durchmesser	≥ 22 mm
Erweiterung bei Gewindebolzen	Durchmesser	Durchmesser + 2 × Schweißnahtbreite

Abb. 5: Los- und Festflanschkonstruktionen aus Flacheisen (beispielhafte Abbildung)

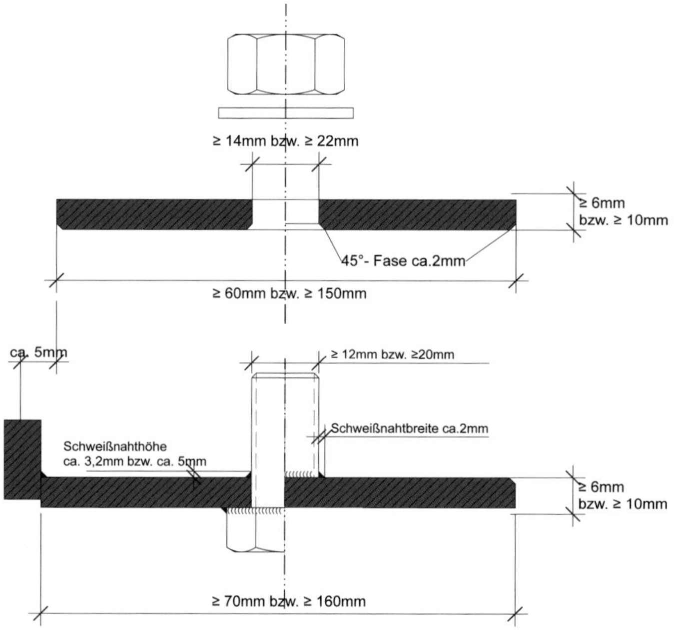

Abb. 6: Los- und Festflanschkonstruktionen für Übergänge (beispielhafte Abbildung)

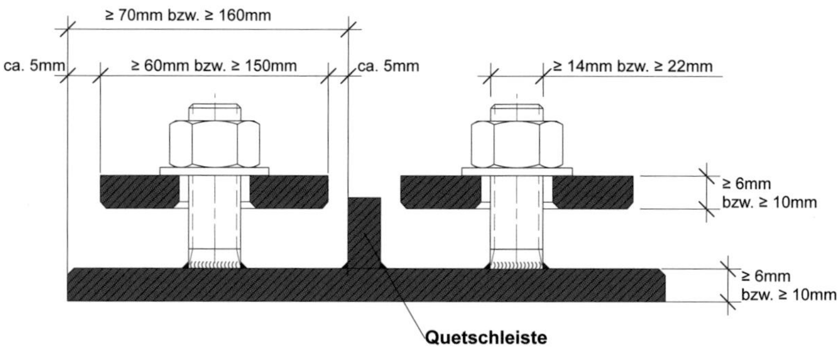

Abb. 7: Los- und Festflanschkonstruktionen für Hohlkehlen (beispielhafte Abbildung)

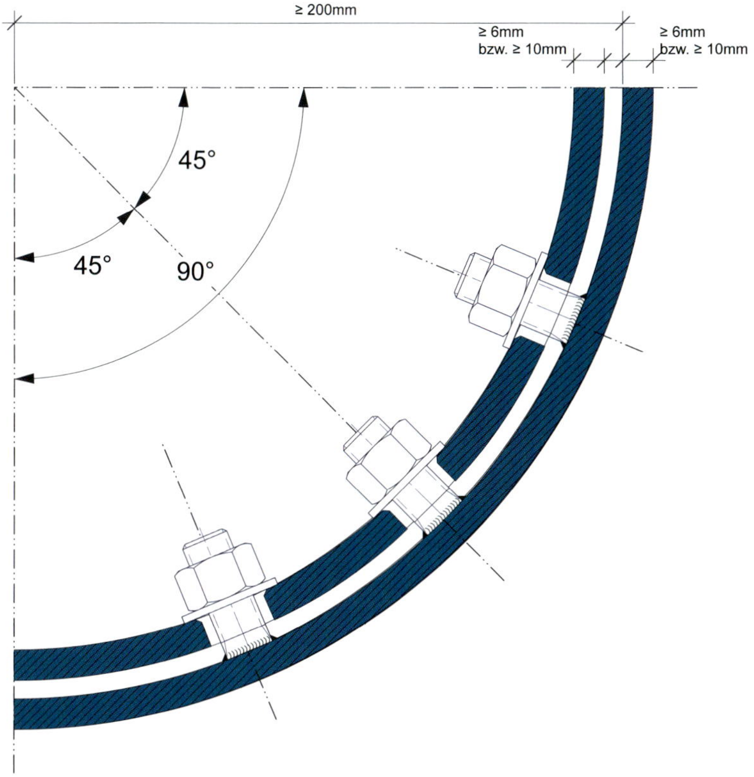

Abb. 8: Los- und Festflanschkonstruktionen für wärmegedämmte Konstruktionen mit Dehnfugenband und zweiteiliger Abdeckung (z. B. für befahrene Flächen, Begrünungen) (beispielhafte Abbildung)

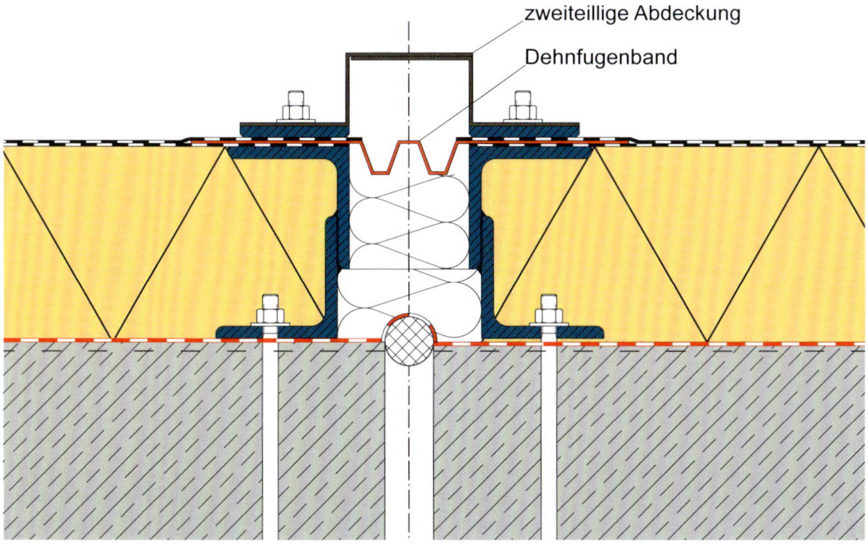

4.3 Anschlüsse an aufgehende Bauteile

4.3.1 Anschlusshöhen

(1) Die Höhe der Abdichtung soll im Hinblick auf Spritzwasser- und Überflutungsschutz

- bei Neigungen bis 5° (ca. 9 %) mindestens 15 cm und
- bei Neigungen über 5° (ca. 9 %) mindestens 10 cm

über Oberfläche Belag, z. B. Kiesschüttung oder Vegetationsschicht, betragen. In schneereichen Gebieten ist ggf. eine größere Anschlusshöhe erforderlich.

(2) Bei der mechanischen Fixierung von Anschlüssen mit Klemmschienen, Klemmprofilen oder Verbundblechen an aufgehende Bauteile bleiben Befestigungsmittel für die Anschlusshöhe unberücksichtigt.

4.3.2 Anschlüsse mit Abdichtungen

(1) Anschlussbahnen müssen dauerhaft gegen Abrutschen gesichert werden. Die Sicherung soll im oberen Randbereich mit mechanischer Befestigung erfolgen. Sind Anschlüsse an aufgehenden Bauteilen frei bewittert oder durch Spritzwasser unmittelbar belastet, so sind sie durch Klemmprofile, Klemmschienen oder angeschweißte Verbundbleche linienförmig an ausreichend eben hergestellten Untergründen im Regelfall im Abstand von 20 cm zu fixieren. Nagelbänder dürfen nicht verwendet werden.

(2) Bei Anschlüssen mit Flüssigkunststoffen kann bei ausreichender Haftung mit dem Untergrund auf eine mechanische Befestigung und Verwahrung am oberen Rand verzichtet werden.

(3) Das obere Ende von Anschlüssen muss regensicher verwahrt werden. Dies kann durch folgende Maßnahmen erfolgen:

- Verwahrung mit eingelassenen Überhangstreifen oder
- Überdeckung des oberen Endes durch die Bekleidung der Außenwand oder gleichwertig oder
- Anpressung der Abdichtung durch Klemmschienen auf den Untergrund oder
- Klemmprofile/Wandanschlussprofil mit Dichtstoffverfugungen.

Dichtstoffverfugungen sind wegen ihrer begrenzten Nutzungsdauer regelmäßig zu warten und instand zu setzen.

Bei nicht regensicheren vorgesetzten Außenwandbekleidungen muss der Anschluss hinter dieser an der Wand hochgeführt werden. Bei Vorsatzmauerwerk, Wärmedämmverbundsystemen, Sichtbeton oder Putzschichten muss die Hinterläufigkeit der Abdichtung vermieden werden. Hierfür sind z. B. Z-förmige Feuchtigkeitssperren, eingelassene Überhangstreifen oder Z-Profile geeignet.

Die Ausführung mit Überhangstreifen oder vorgefertigten Metallprofilen erfolgt entsprechend den „Fachregeln für Metallarbeiten im Dachdeckerhandwerk". Überhangstreifen, Klemmprofile/Wandanschlussprofile und Klemmschienen, die der Witterung ausgesetzt sind, müssen mit korrosionsbeständigen Befestigungsmitteln angebracht werden.

(4) Flächen, an denen die Abdichtungsbahnen des Anschlusses hochgeführt, aufgeklebt oder befestigt werden, müssen eine glatte und ebene Oberfläche aufweisen. Betonflächen im Anschlussbereich dürfen keine Kiesnester, Risse oder ausgebrochene Kanten aufweisen. Bei unebenem oder stark strukturiertem Mauerwerk muss der Anschlussbereich mit einer festhaftenden Putzschicht versehen sein.

(5) Bei senkrechten Fugen im Anschlussbereich, z. B. bei Fugen von Betonfertigteilen oder Bewegungsfugen, muss der Anschluss so ausgebildet werden, dass eine Bewegung über dem Fugenbereich möglich ist. Klemmschienen dürfen über Bewegungsfugen nicht durchlaufen. Die Fugen selbst müssen so ausgebildet sein, z. B. durch Wasserabweiser, dass der Anschlussbereich nicht durch Niederschlagswasser hinterlaufen werden kann.

(6) Bei zu erwartenden geringfügigen Bewegungen im Anschlussbereich (z. B. bei Betonfertigteilen, Holzaufkantung o. Ä.) dürfen Anschlussbahnen im Übergangsbereich von der Dachfläche zur Anschlussfläche nicht fest mit dem Untergrund verbunden werden. Ggf. kann der Einbau von Trennstreifen notwendig sein.

(7) Bei Abdichtungen mit Kunststoff- und Elastomerbahnen sind die Bahnen im Anschlussbereich bei Anschlusshöhen von mehr als 50 cm an der senkrechten Fläche mechanisch zu befestigen (Linienbefestigung oder lineare Befestigung) und zusätzlich aufzukleben.

Bei Abdichtungen mit Bitumen- oder Polymerbitumenbahnen sind die Bahnen im Anschlussbereich an der senkrechten Fläche aufzukleben und bei Anschlusshöhen von mehr als 50 cm zusätzlich mechanisch zu befestigen (Linienbefestigung oder lineare Befestigung). Die Befestigung kann in der ersten oder zweiten Lage erfolgen.

(8) Bei genutzten oder befahrenen Flächen ist die Abdichtung im Anschlussbereich gegen mechanische Beschädigung z. B. mit Schutz- oder Abdeckblechen, Steinplatten oder dergleichen zu schützen. In die Abdichtung eingebundene Verbundbleche gelten nicht als Schutz vor mechanischer Beschädigung. Dies gilt nicht für genutzte Dachflächen mit Solaranlagen oder anderweitigen technischen Anlagen.

(9) Bei Abdichtungen aus Bitumenbahnen soll der Anschlussbereich mit einer Haftbrücke versehen werden. Anschlüsse aus Bitumenbahnen sind mindestens zweilagig auszuführen. Am Übergang vom abzudichtenden Bauteil zum aufgehenden Bauteil soll ein Keil, z. B. aus Dämmstoff, oder eine Hohlkehle angeordnet werden. Die Lagen der Flächenabdichtung sind im Bereich des Keils bzw. des Übergangs abzusetzen. Die Anschlussbahnen werden in die Lagen der Flächenabdichtung eingebunden und an den senkrechten oder schrägen Anschlussflächen bis zur erforderlichen Höhe hochgeführt. Die Verlegung der Anschlussbahnen soll senkrecht zum Anschluss erfolgen, dabei sollten die Anschlussbahnen Rollenbreite nicht überschreiten.

(10) Bei Abdichtungen mit Kunststoff- oder Elastomerbahnen sollten Form- oder Systemteile verwendet werden.

4.3.3 Anschlüsse mit Verbundblechen

(1) Bei Abdichtungen mit Kunststoff- und Elastomerbahnen können An- und Abschlüsse auch mit Verbundblechen hergestellt werden. Bei der Ausbildung der Stöße sind die thermischen Längenänderungen zu berücksichtigen. Bei Anschlüssen mit Verbundblechen sollen die Stoßverbindungen mit der Bahnenqualität der Dachfläche ausgeführt werden.

(2) Verbundbleche und Kunststoff- und Elastomerbahnen sind nach Abschnitt 3.6.3.2 zu verbinden.

(3) Verbundbleche müssen werkstoffgerecht verwendet werden.

Abb. 9: Starrer Wandanschluss mit Bitumenbahnen – ungedämmte Wand (beispielhafte Abbildung)

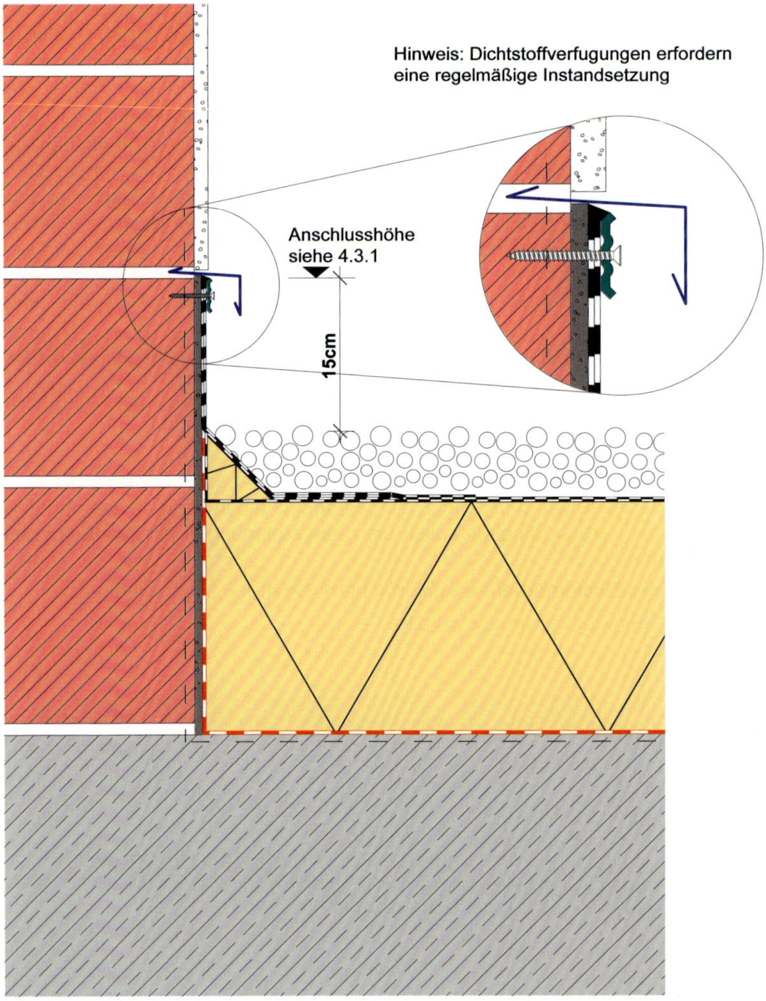

Abb. 10: Starrer Wandanschluss mit Bitumenbahnen – gedämmte Wand mit Wärmedämmverbundsystem – Ausführung mit Stützprofil – Ausführung des Anschlusses vor dem WDVS (beispielhafte Abbildung)

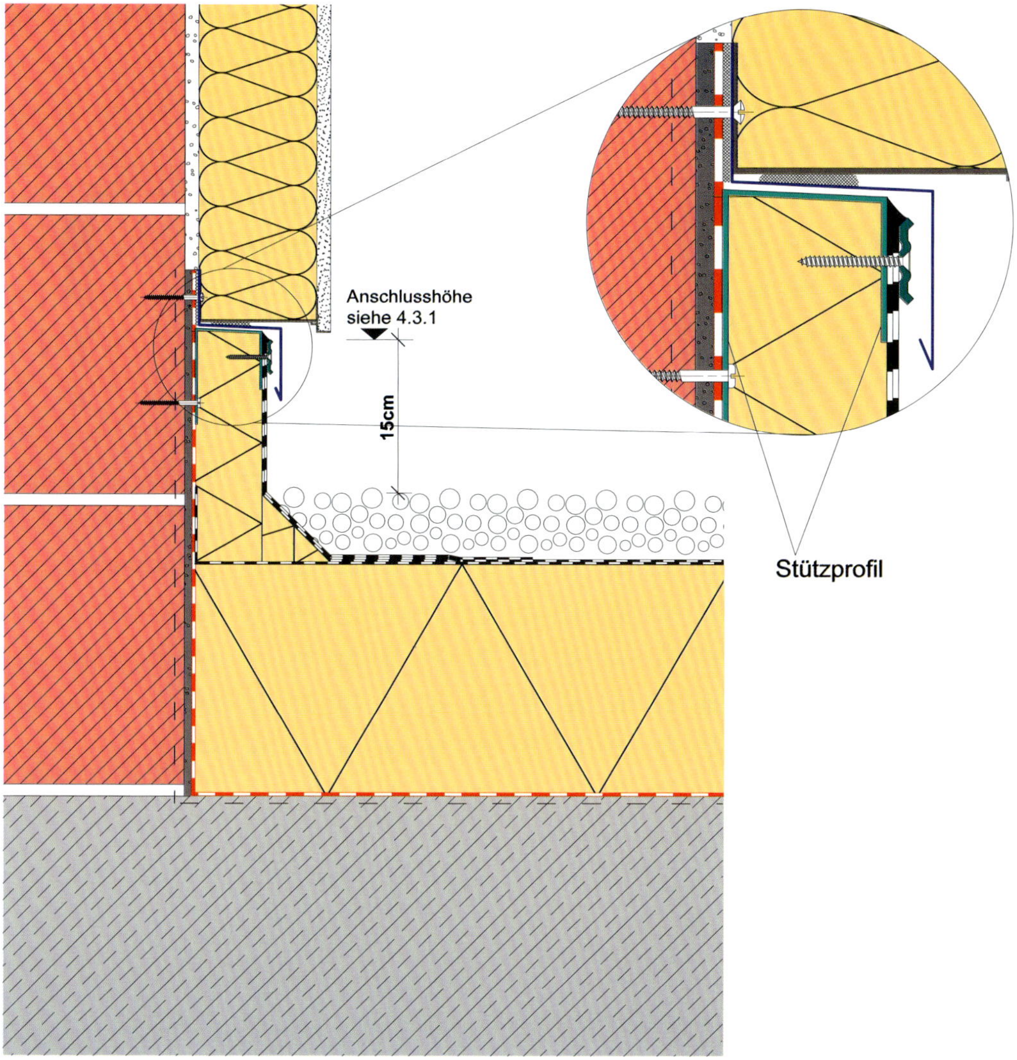

Abb. 11: Starrer Wandanschluss mit Bitumenbahnen für einlagige Verlegung mit Linienbefestigung – gedämmte Wand mit Wärmedämmverbundsystem – Ausführung mit Stützprofil (beispielhafte Abbildung)

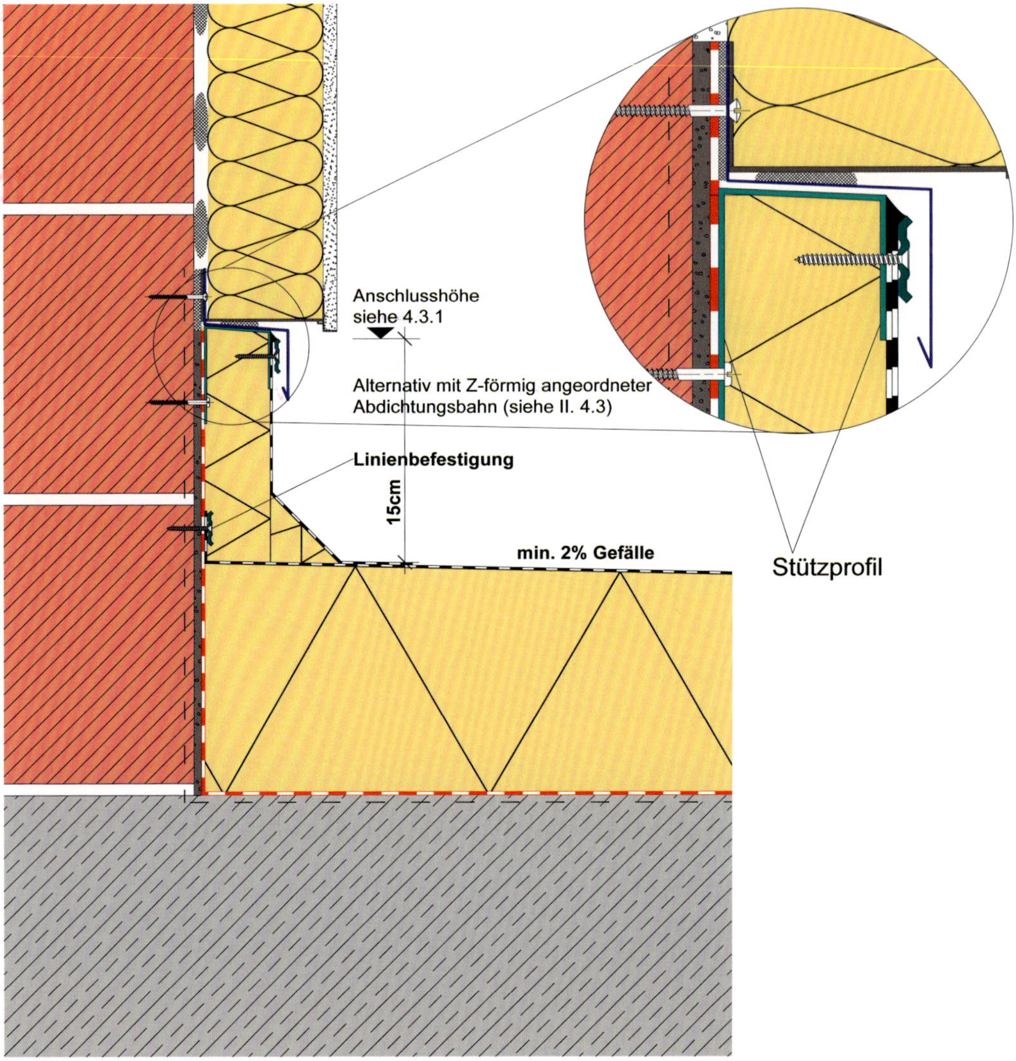

Abb. 12: Starrer Wandanschluss mit Bitumenbahnen – gedämmte Wand mit belüfteter/hinterlüfteter Außenwandbekleidung (beispielhafte Abbildung)

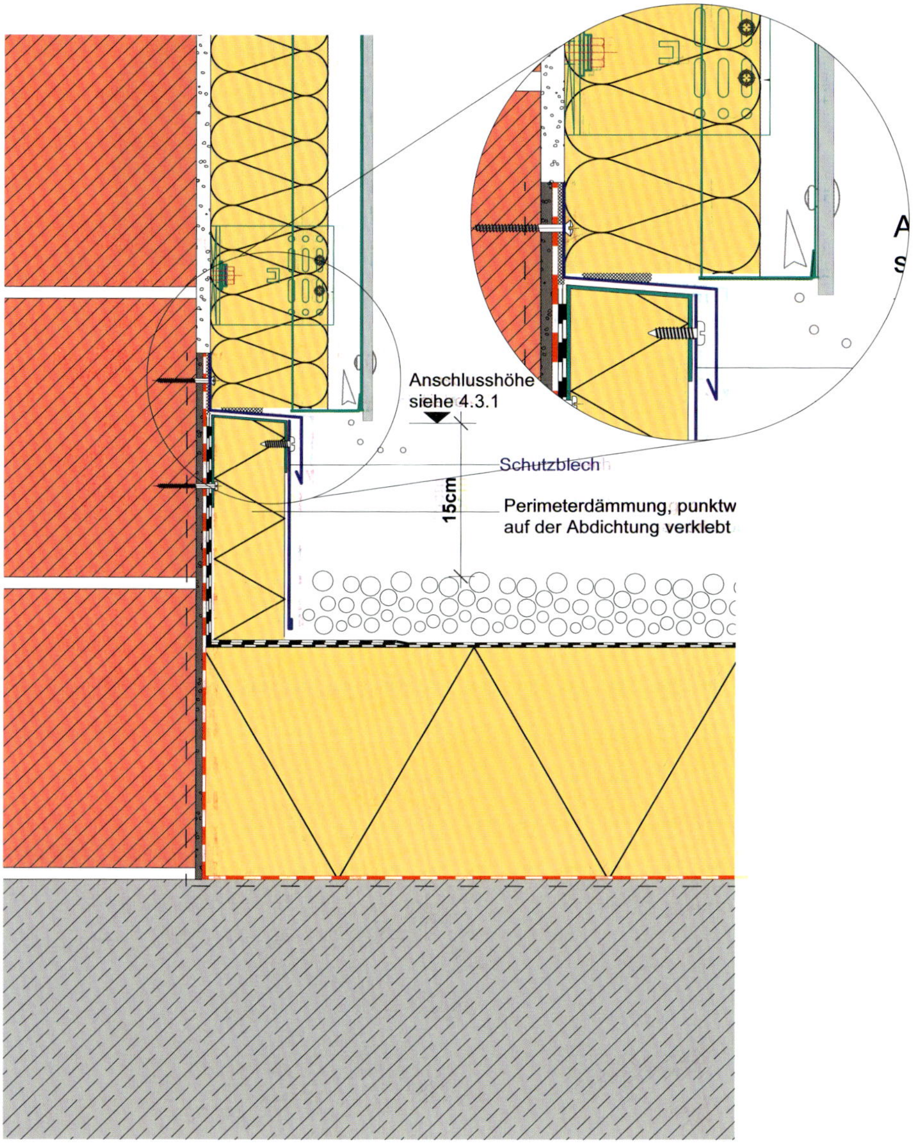

Abb. 13: Starrer Wandanschluss mit Kunststoff-/Elastomerbahnen gedämmte Wand mit Wärmedämmverbundsystem (Sanierung) (beispielhafte Abbildung)

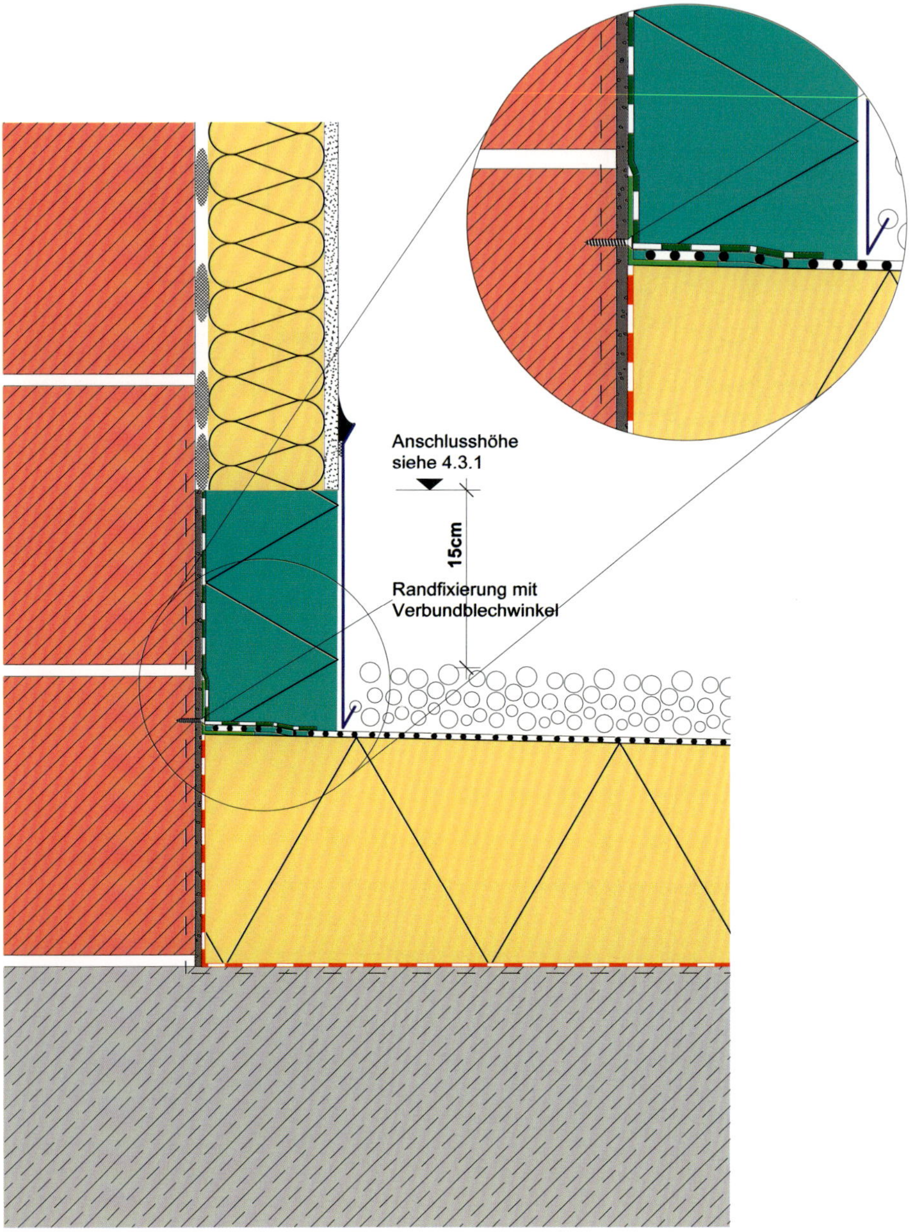

Abb. 14: Starrer Wandanschluss mit Bitumenbahnen – zweischaliges Mauerwerk mit Kerndämmung und bauseitiger Horizontalsperre (beispielhafte Abbildung)

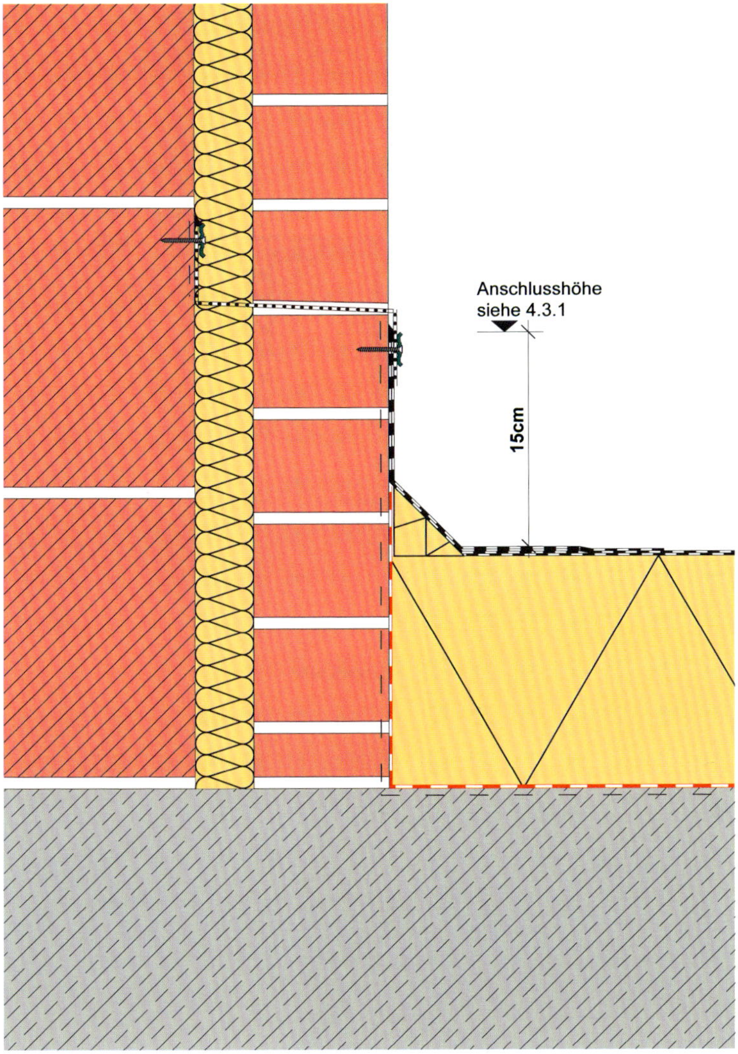

Abb. 15: Starrer Wandanschluss mit Kunststoffbahnen und Linienbefestigung – gedämmte Wand mit Wärmedämmverbundsystem (beispielhafte Abbildung)

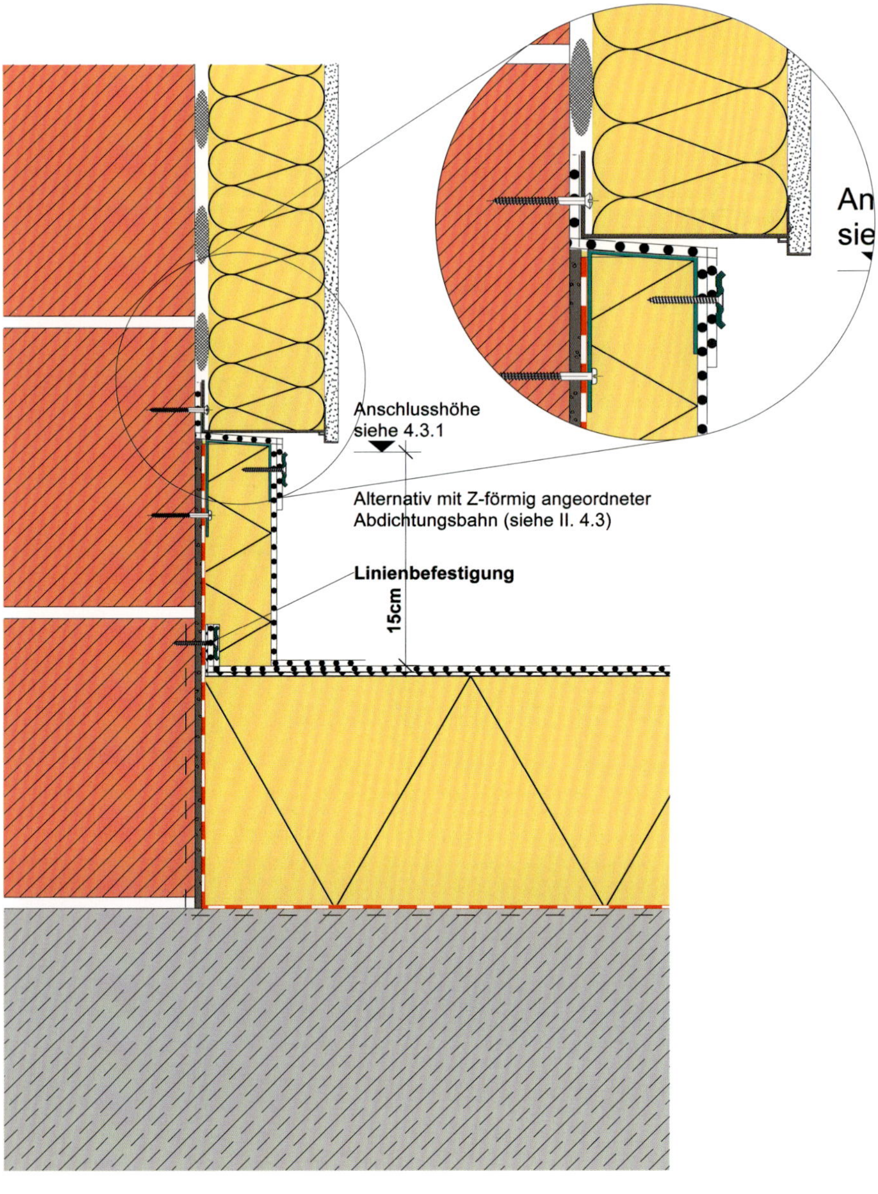

Abb. 16: Starrer Wandanschluss mit Flüssigkunststoff – ungedämmte Wand (beispielhafte Abbildung)

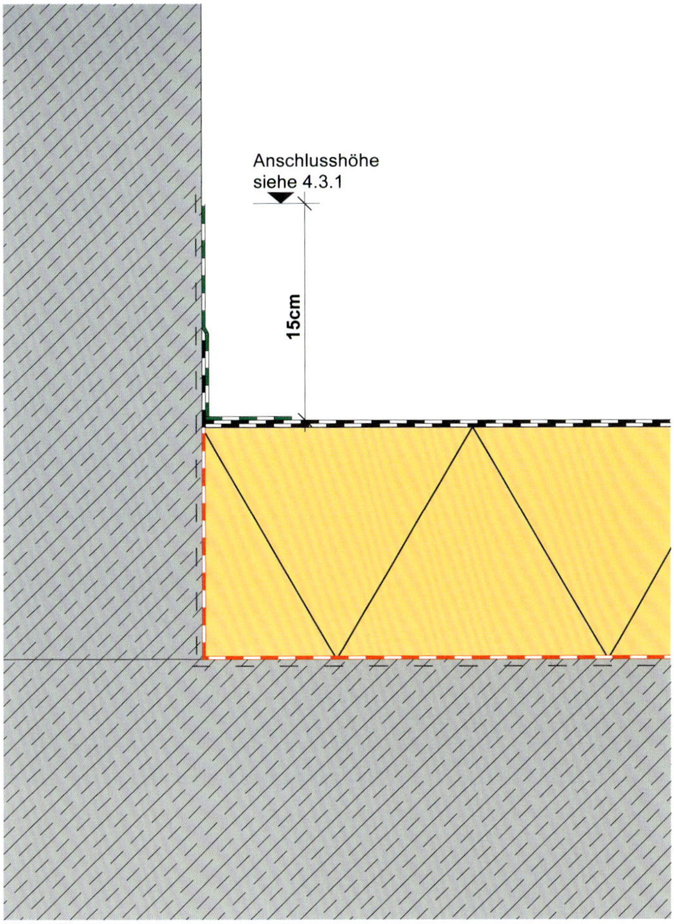

Abb. 17: Starrer Wandanschluss mit Flüssigkunststoff – ungedämmte Wand (beispielhafte Abbildung)

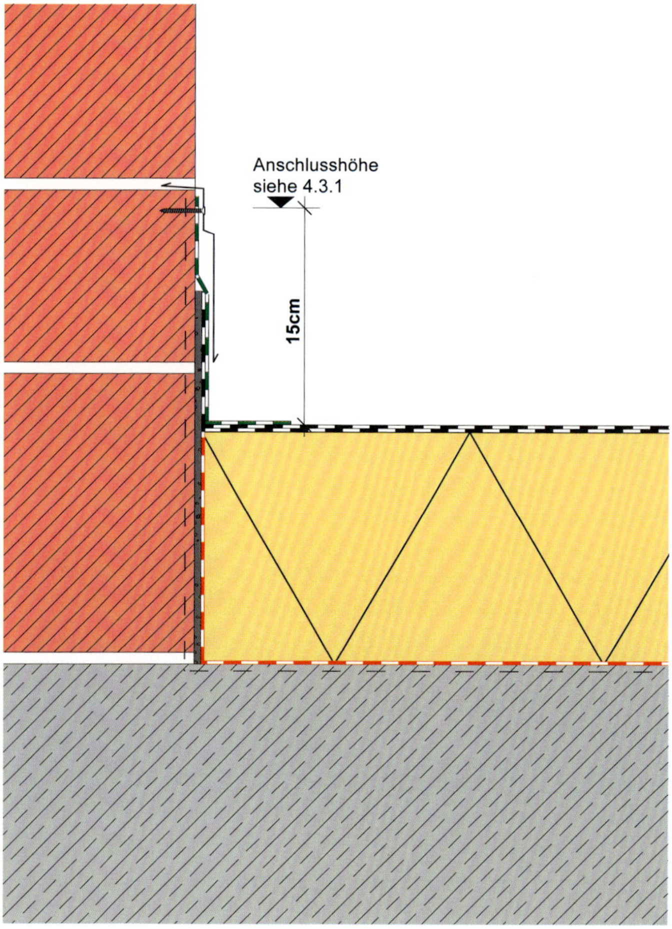

Abb. 18: Beweglicher Wandanschluss mit Kunststoffbahnen – ungedämmte Wand (beispielhafte Abbildung)

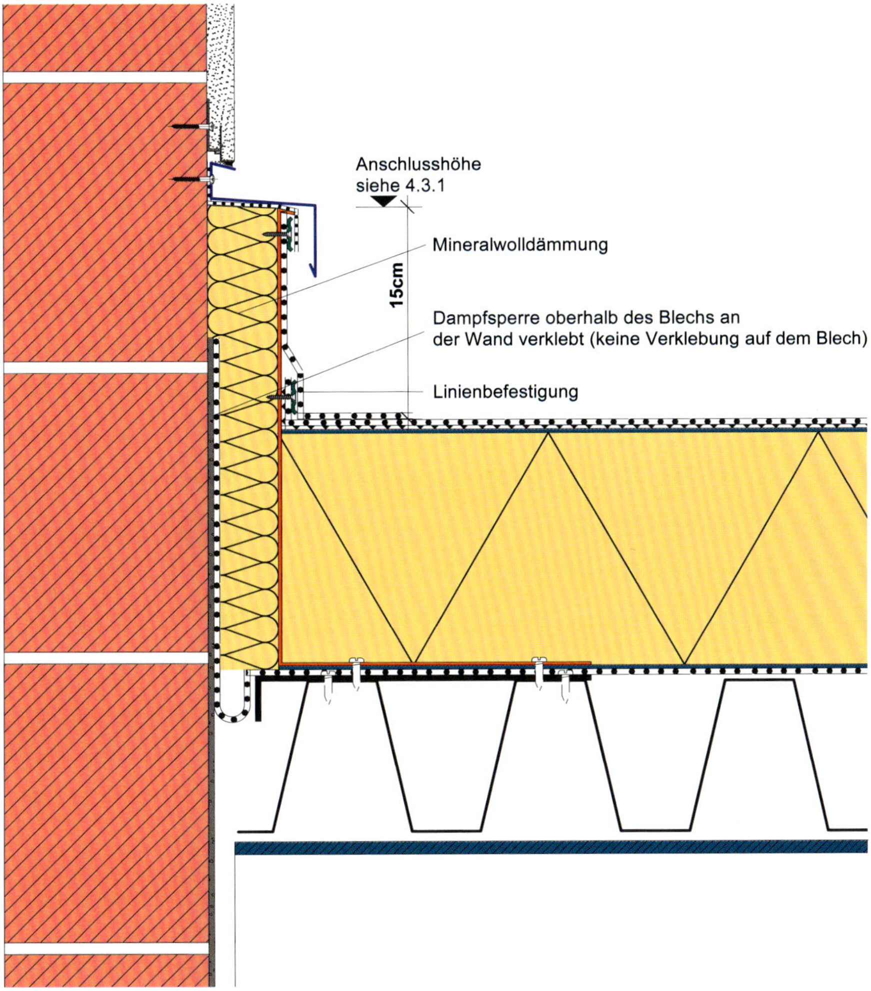

4.4 Anschlüsse an Türen und Fenster

(1) Die Höhe der Abdichtung soll im Hinblick auf Spritzwasser- und Überflutungsschutz ≥ 15 cm über Oberfläche Belag, z. B. Kiesschüttung oder Vegetationsschicht, betragen. Der Anschluss kann mit bahnenförmigen Abdichtungen und Flüssigkunststoffen ausgeführt werden.

(2) Eine Reduzierung der Anschlusshöhe auf ≥ 5 cm über Oberfläche Belag ist möglich, wenn zur Reduzierung der Spritzwasserbelastung direkt vor dem Fensterelement in der Laibung Maschen-/Querstab-/Längsstabroste mit einer Nennbreite ≥ 15 cm

- auf geschlossenen Rinnen mit unmittelbarem Anschluss an einen Ablauf oder
- auf Schlitz-/Drainage-/Fassadenrinnen oder offene Rostrahmen mit Füßen mit Entwässerung in die (Dach-)Fläche

angeordnet sind.

Damit das Niederschlagswasser aus den eventuell vorhandenen Entwässerungsöffnungen der Fenster ablaufen kann, soll der Abstand der Roste ≥ 1 cm und ≤ 2 cm sein.

Der Anschluss sollte mit Flüssigkunststoff ausgeführt werden.

Die Spritzwasserbelastung kann auch durch ausreichend dimensionierte Überdachungen reduziert werden.

(3) Bei Anschlusshöhen ≥ 5 cm können die Anschlüsse an Tür-/Fensterelemente auch mit Verbundblechen ausgeführt werden. Diese müssen seitlich mindestens 12 cm in die gerade Wandanschlussfläche fortgeführt werden.

Abb. 19: Terrassentüranschluss – Ausführung mit Bitumenbahnen Flüssigkunststoff und Schutzblech – Anschlusshöhe ≥ 15 cm (beispielhafte Abbildung)

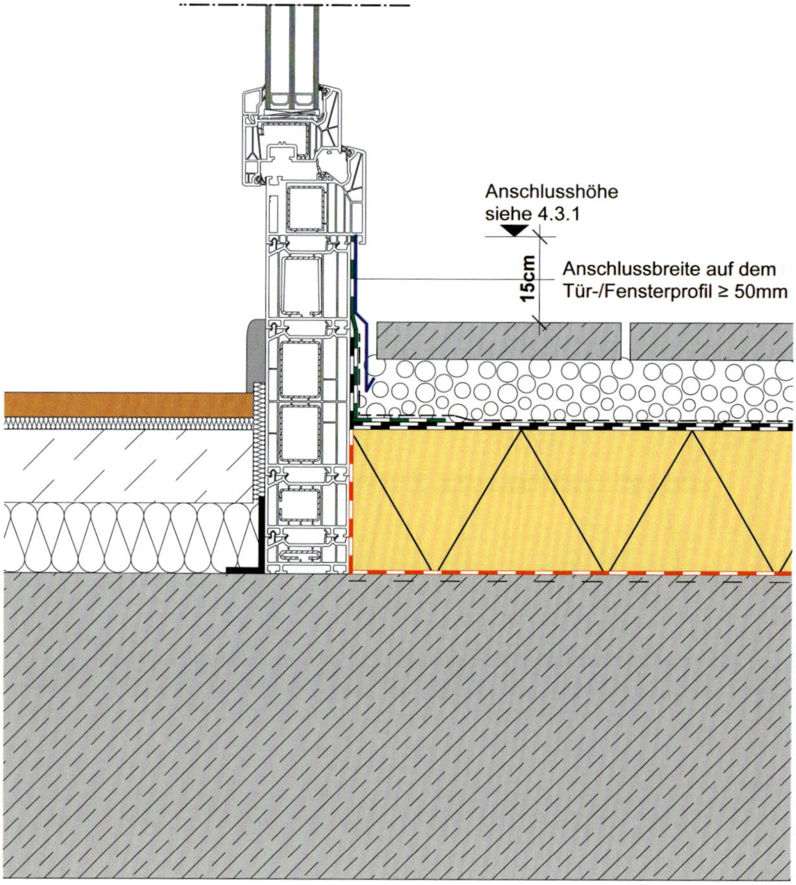

Abb. 20: Terrassentüranschluss mit Entwässerungsrinne – Ausführung mit Bitumenbahnen und Flüssigkunststoff mit systemintegrierter Nutzschicht – Anschlusshöhe ≥ 5 cm (beispielhafte Abbildung)

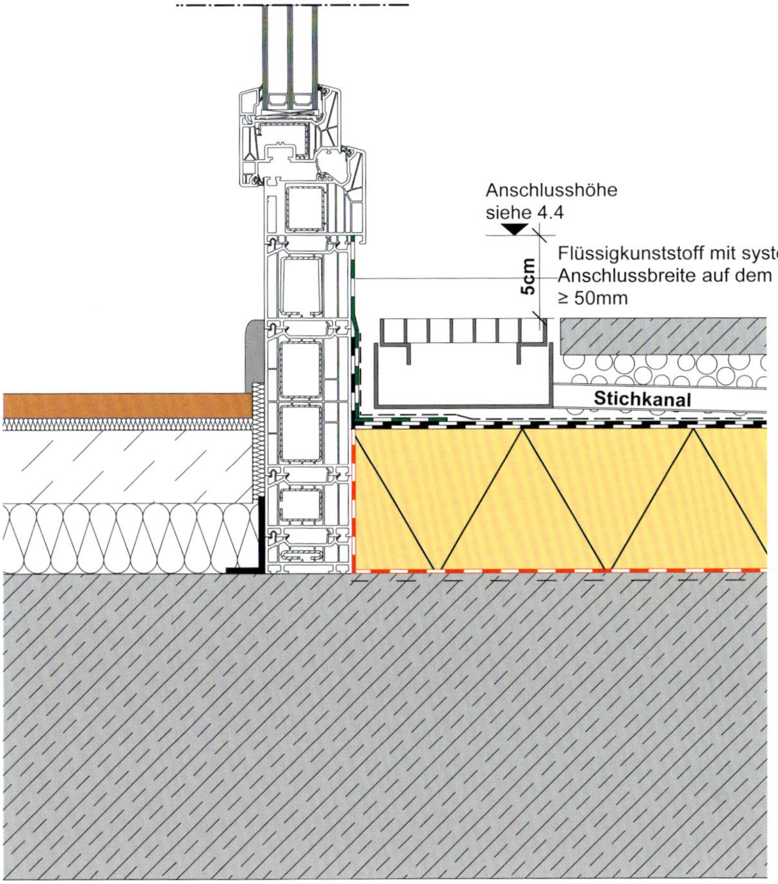

Abb. 21: Terrassentüranschluss mit Entwässerungsrinne – Ausführung mit Kunststoffbahnen und Flüssigkunststoff – Anschlusshöhe ≥ 5 cm (beispielhafte Abbildung)

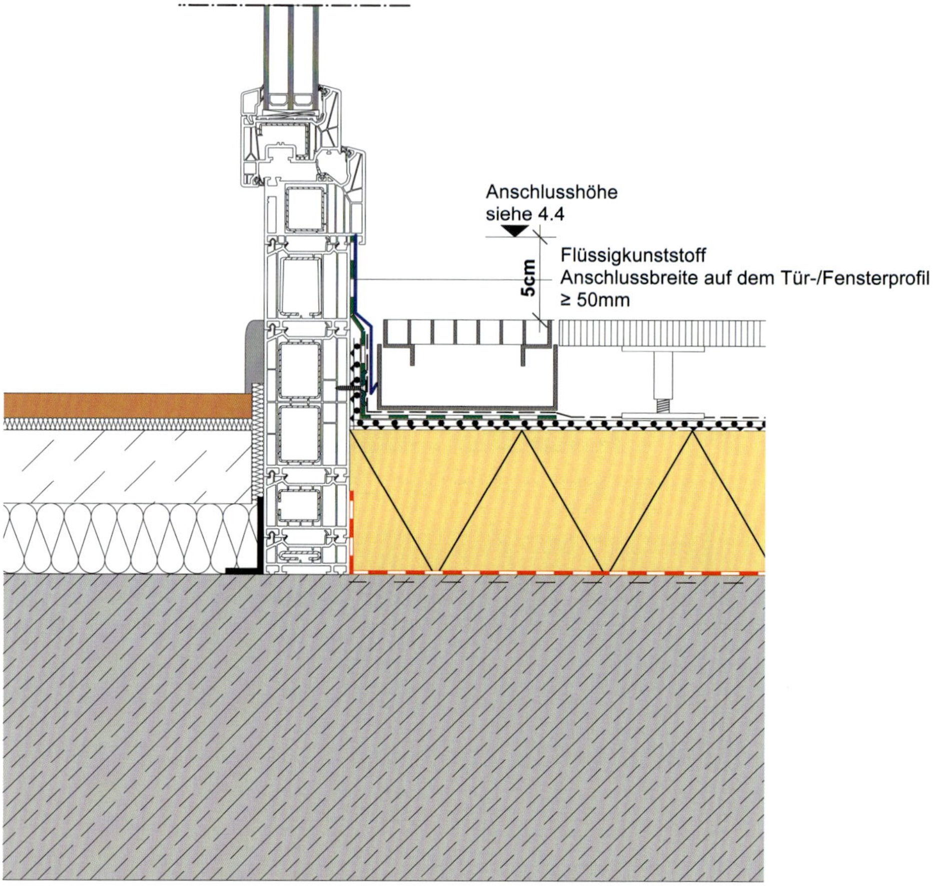

(4) Bei barrierefreien Übergängen endet die Oberkante der Abdichtung am Tür-/Fensterelement unterhalb der Oberfläche des Belags. Daher sind bei diesen Übergängen besondere Maßnahmen erforderlich, um eine Überflutung des Innenraums zu verhindern und die Spritzwasserbeanspruchung zu reduzieren. Da die Abdichtung unterhalb der Oberfläche des Belags endet, sind für diese Anschlüsse nur Flüssigkunststoffe geeignet, die ohne mechanische Sicherung ausgeführt werden können. Der Anschluss mit bahnenförmigen Abdichtungsmaterialien ist bei Fenster-/Türkonstruktionen mit Los-/Festflanschkonstruktionen möglich.

Zur Reduzierung der Spritzwasserbelastung sind direkt vor dem Fensterelement in der Laibung Maschen-/Querstab-/Längsstabroste mit einer Nennbreite ≥ 15 cm (ab Schneelastzone 3 Nennbreite ≥ 20 cm) anzuordnen. Die Roste müssen einen Öffnungsanteil von ≥ 50 % haben. Damit das Niederschlagswasser aus den eventuell vorhandenen Entwässerungsöffnungen der Tür-/Fensterelemente ablaufen kann, soll der Abstand der Roste ≥ 1 cm und ≤ 2 cm sein.

Zur Verhinderung einer Überflutung der Tür-/Fensterschwelle sind nachfolgende Maßnahmen insgesamt erforderlich.

- Bemessung der Hauptentwässerung mit einem Sicherheitsbeiwert von ≥ 1.
- Bemessung der Notentwässerung mit einem Sicherheitsbeiwert von ≥ 2 sowie für den gesamten Jahrhundertregen.
- Haupt- und Notentwässerung müssen in einem Abstand ≤ 10,0 m vom barrierefreien Übergang eingebaut werden.

- Die Überflutungskante der Notentwässerung muss mindestens 5 cm niedriger als das obere Ende des Flüssigkunststoffs am Schwellenprofil eingebaut werden.
- Für die Bemessung der Notentwässerung darf die Anstauhöhe/Druckhöhe maximal mit 35 mm berücksichtigt werden.
- Die Entwässerungsöffnungen der Tür-/Fensterelemente müssen über der Oberkante des Flüssigkunststoffs am Schwellenprofil liegen. Die Fügebreite des Flüssigkunststoffs unterhalb der Entwässerungsöffnungen muss ≥ 5 cm betragen.
- Ab Schneelastzone 3 sind Rinnen, Abläufe für die Haupt- und Notentwässerung, Speier und Stichkanäle mit einer Beheizung auszuführen.
- Bei Belägen auf Bettungsschicht (Kies oder Splitt jeweils ungebunden):
  - Das ausgeführte Gefälle der Abdichtung zur Hauptentwässerung soll ≥ 1 % betragen.
  - Einbau einer Drainagematte mit einer Dicke ≥ 1,5 cm unterhalb der Bettungsschicht.
  - Einbau von Stichkanälen mit rechteckiger Querschnittsfläche ≥ 20 cm^2 im Abstand von max. 2,1 m untereinander.
- Bei Belägen auf Stelzlager muss die Höhe der Stelzlager ≥ 2 cm betragen. Das ausgeführte Gefälle der Abdichtung zur Hauptentwässerung sollte ≥ 1 % betragen.
- Die Beläge sollen ein Gefälle ≥ 1 % vom Anschluss zu den Entwässerungseinrichtungen (Gullys/Speier) haben.
- Bei Flüssigkunststoff mit systemintegrierter Nutzschicht sollte das ausgeführte Gefälle der Abdichtung zur Hauptentwässerung ≥ 1 % betragen.

Die Schwellen bei Türen/Fenstern sollten nicht aus Holz bestehen.

(5) Fügeflächen des Flüssigkunststoffs auf dem Tür-/Fensterelement müssen im ausgeführten Zustand eine Breite ≥ 5 cm aufweisen. Zur Ausführung des Anschlusses muss die Aufkantungshöhe von Oberkante der Flächenabdichtung bis zum oberen Ende des Flüssigkunststoffes am Schwellenprofil mindestens 10 cm betragen, siehe Abbildung 22. D.h. die Aufbauhöhe für den Nutzbelag einschließlich Stelzlager oder Kies beträgt mindestens 10 cm.

(6) Fügeflächen für Abdichtungen müssen in der Laibung und auf der Außenwandoberfläche eben und versatzfrei sein. Ggf. ist die Laibung vor der Ausführung des Abdichtungsanschlusses und dem Einbau des Tür-/Fensterelements zu verputzen. Fügeflächen müssen eine Breite/Länge von ≥ 5 cm haben. Dies gilt insbesondere für die Laibung.

(7) Fügeflächen der Abdichtung auf dem Tür-/Fensterelement, also auf Schwellen- und Pfostenprofilen, müssen eine durchgehende Ebene bilden. Versätze, Falze und Nuten sind nicht zulässig. Dies gilt insbesondere auch für Einbaupositionen des Fensters ganz oder teilweise vor der Wandkonstruktion bzw. in der Dämmebene.

Innerhalb der Mindestfügebreite dürfen keine Fugen zwischen

- Schwellenprofil und Aufdopplungsprofil
- Blendrahmenprofil und seitlichem Verbreitungsprofil
- Blendrahmenprofil und Außenwand (Baukörperfuge)

liegen. Dies gilt nicht, wenn die Fugen wasserdicht abgedichtet sind und über die Fuge keine mechanische Beanspruchung auf den Flüssigkunststoff erfolgt.

(8) Rollladen-Führungsschienen dürfen erst nach Ausführung und Aushärtung des Flüssigkunststoffs angebracht werden. Befestigungen für Rollladen-Führungsschienen dürfen den Flüssigkunststoff nicht durchdringen. Clips für die Befestigung der Rollladen-Führungsschienen dürfen nicht innerhalb der Fügefläche des Flüssigkunststoffs angeordnet sein.

Abb. 22: Barrierefreier Übergang – Anschlussflächen auf dem Blendrahmen und der Schwelle – Einbauposition: in der Laibung. (beispielhafte Abbildung)

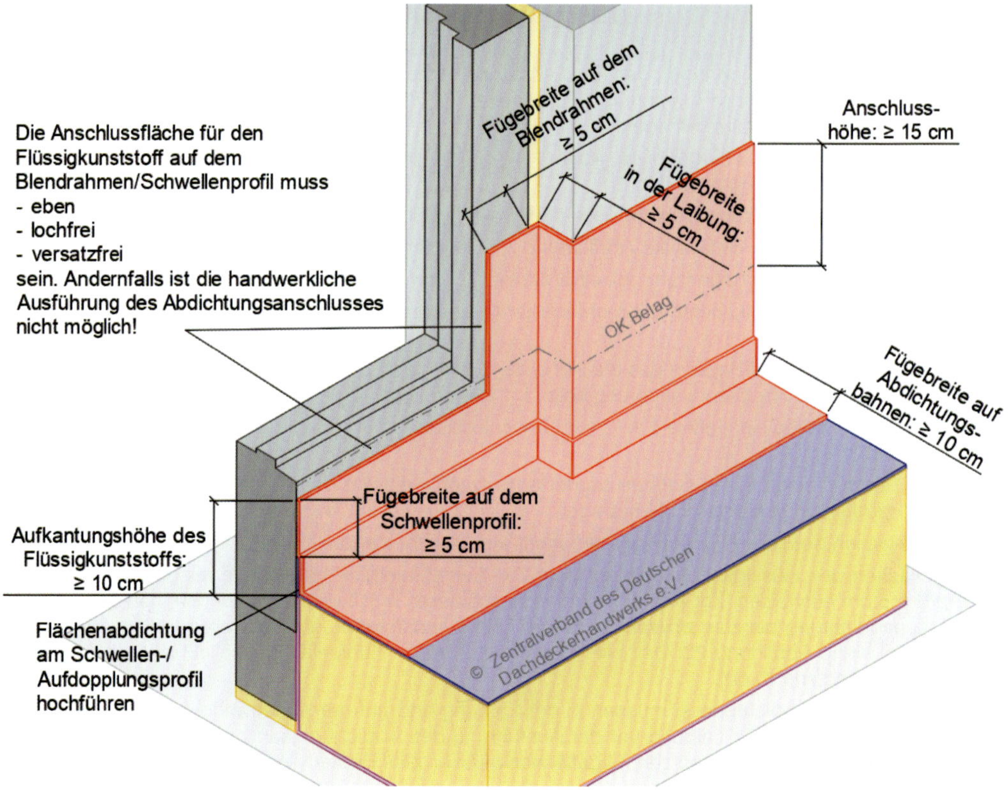

Abb. 23: Barrierefreier Übergang – Anschlussflächen auf dem Blendrahmen und der Schwelle – Einbauposition flächenbündig mit der Wandkonstruktion. (beispielhafte Abbildung)

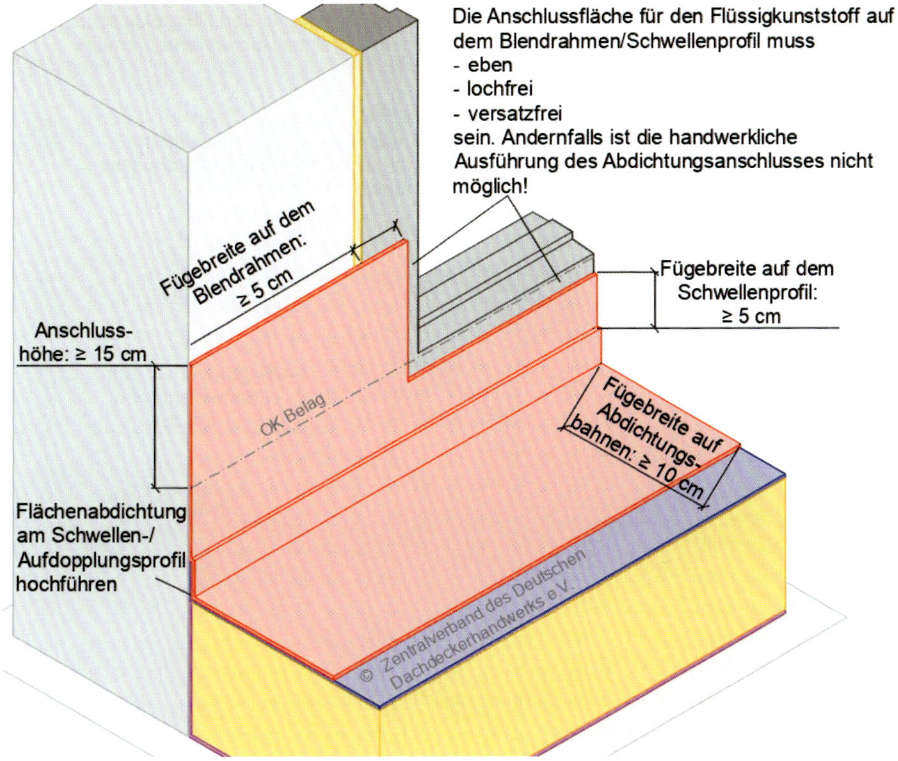

Abb. 24: Barrierefreier Übergang – Anschlussflächen auf dem Blendrahmen und der Schwelle – Einbauposition: ganz oder teilweise vor der Wandkonstruktion (beispielhafte Abbildung)

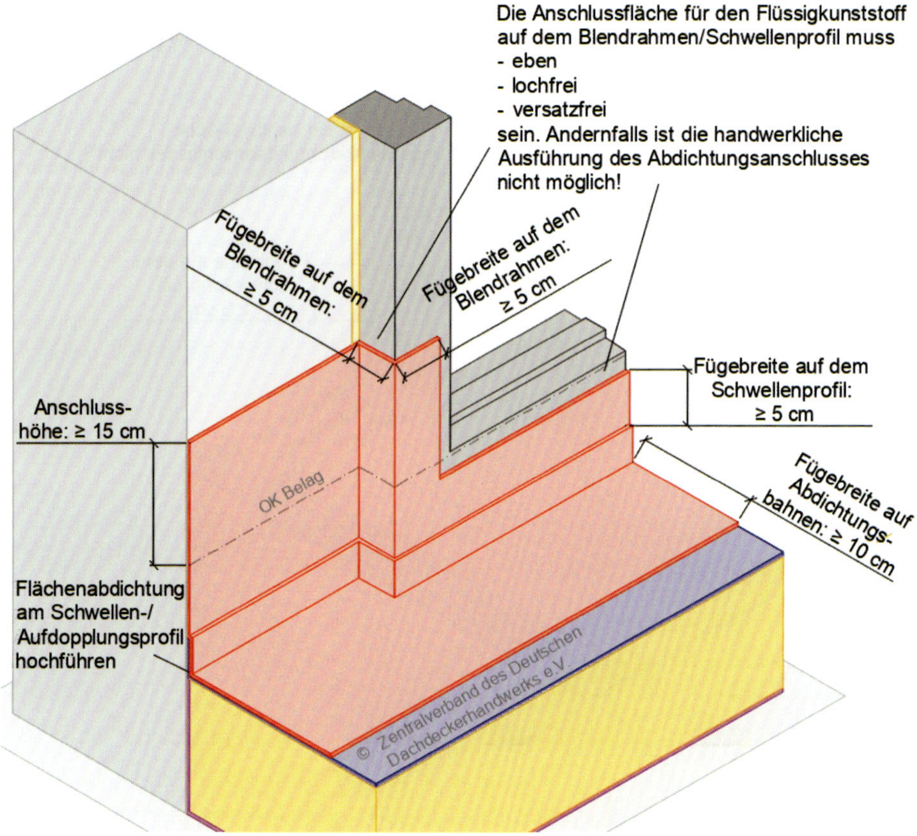

Abb. 25: Barrierefreier Übergang – Befestigungen von Rollladen-Führungsschienen und Entwässerungsöffnungen von Schwellenprofilen (beispielhafte Abbildung)

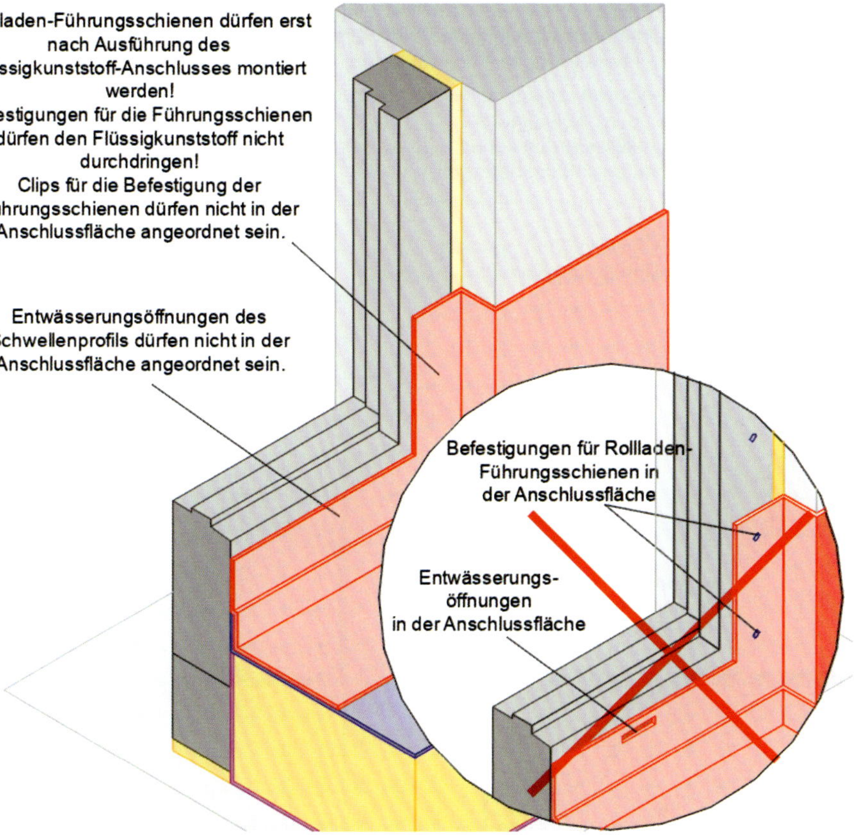

Weitere beispielhafte Abbildungen sind dem Anhang I zu entnehmen.

4.5 Anschlüsse an Durchdringungen

4.5.1 Allgemeines

(1) Anschlüsse an Durchdringungen können als bewegliche oder starre Anschlüsse ausgebildet werden.
Bewegliche Anschlüsse werden mit
- Rohrhülse/Stützkonstruktion mit Klebeflansch oder
- Dichtungsmanschetten

ausgeführt.
Starre Anschlüsse werden mit
- bahnenförmigen Abdichtungen oder
- Flüssigkunststoffen/-abdichtungen oder
- Formteilen oder
- Dichtungsmanschetten

ausgeführt.

(2) Die Anschlüsse sollen mindestens 15 cm über Oberfläche Belag hochgeführt werden und am oberen Ende gegen hinterlaufendes Wasser gesichert werden.

Bei Verwendung industriell hergestellter Formteile mit materialhomogener Anschlussmöglichkeit müssen diese bis 15 cm über Oberkante Belag wasserdicht sein. Die Flansche müssen in der Dichtungsebene angeordnet sein und mindestens 16 cm breite Klebeflächen aufweisen.

Handwerklich hergestellte Klebeflansche müssen in der Dichtungsebene angeordnet sein und nach jeder Seite mindestens 16 cm breite Klebeflächen aufweisen.

(3) Der Abstand von Durchdringungen untereinander und zu anderen Bauteilen, z. B. Wandanschlüssen, Bewegungsfugen oder Dachrändern, soll mindestens 30 cm betragen, damit die jeweiligen Anschlüsse fachgerecht und dauerhaft hergestellt werden können. Bei Flüssigkunststoffen soll der Abstand der Durchdringungen untereinander mindestens 10 cm betragen.

(4) Bei Anschlussflächen/Flanschen muss die Einklebefläche frei von Verunreinigungen und trocken sein.

Abb. 26: Anschluss an Rohrdurchführung – Ausführung mit Bitumenbahnen (Schelle: nichtrostend, korrosionsbeständig) (beispielhafte Abbildung)

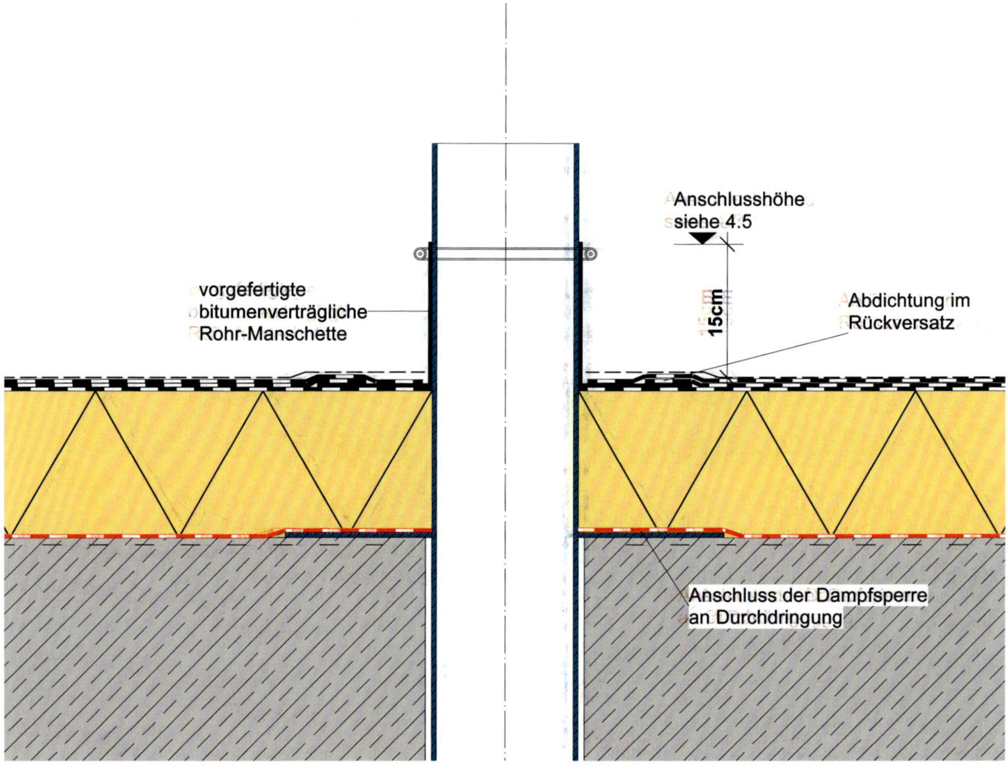

Abb. 27: Anschluss an Rohrdurchführung mit vorgefertigter Manschette – Ausführung mit Kunststoff-/Elastomerbahnen (beispielhafte Abbildung)

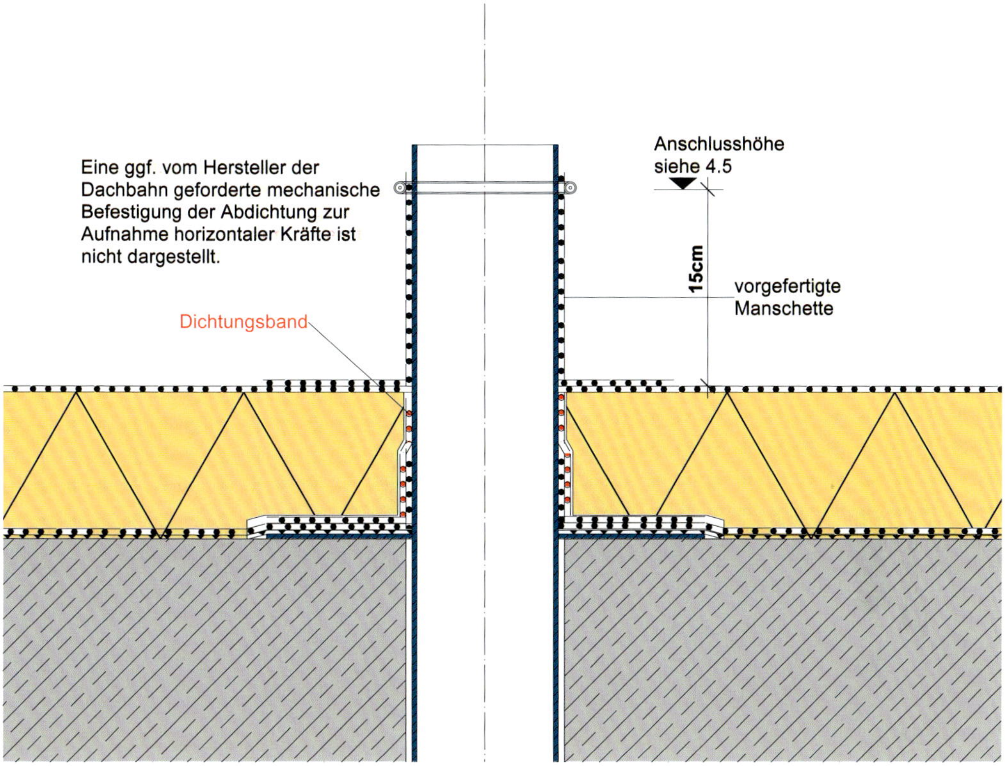

Abb. 28: Anschluss an Rohrdurchführung – Ausführung mit Flüssigkunststoff (beispielhafte Abbildung)

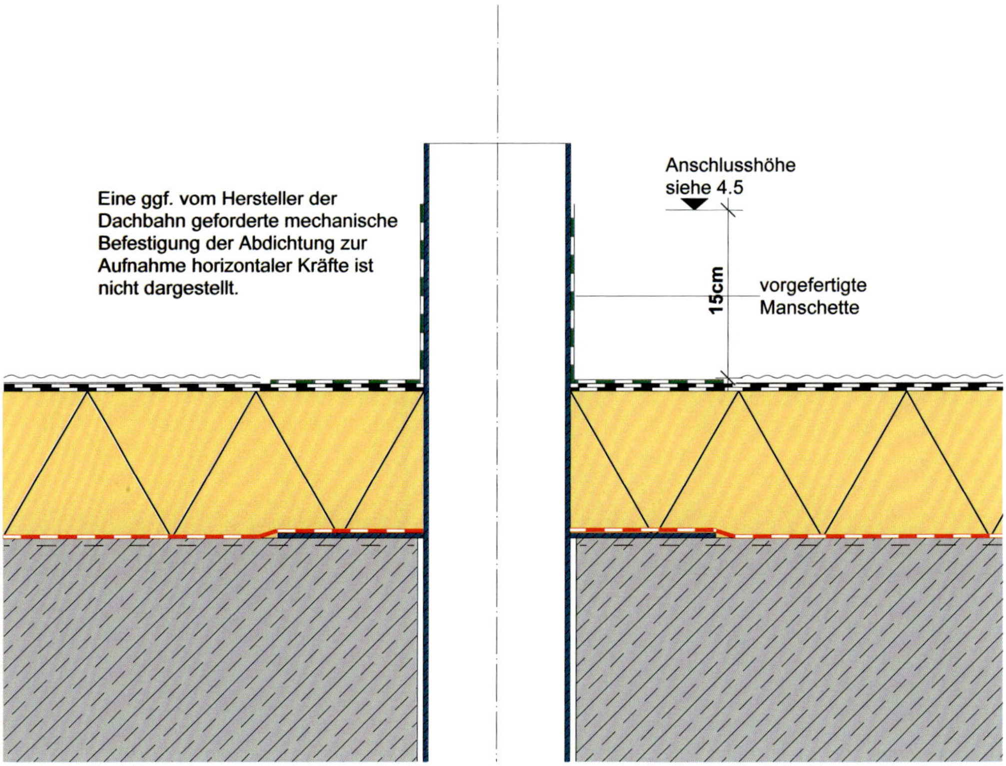

4.5.2 Schornsteine (Kamine)

An Schornsteinen (Kaminen) erfolgt der Anschluss von Abdichtungen sinngemäß wie die Ausbildung von Wandanschlüssen (siehe Abschnitt 4.3).

4.5.3 Aufsatzkränze und Zargen für Lichtkuppeln, Lichtbänder, Flachdachfenster und Rauchgas- und Wärmeabzugsgeräte (RWA)

(1) Lichtkuppelelemente bestehen aus einem Aufsatzkranz und darauf getrennt angeordneten Lichtschalen/-elementen. Einteilige Lichtkuppeln mit Kleberand sind nicht geeignet.

(2) Die Anschlusshöhe soll sich mindestens 15 cm über Oberfläche Belag befinden; dies gilt nicht für das Eindichten des horizontalen Flansches. Aufsatzkränze müssen auf dem Untergrund nach Herstellerangaben befestigt werden.

(3) Bei größeren Aufsatzkränzen besteht zunehmend die Gefahr von Schäden als Folge der temperaturbedingten Bewegungen. Das Nennmaß des Aufsatzkranzes soll deshalb 2,50 m nicht überschreiten.

(4) Anschlüsse von Abdichtungen an Aufsatzkränze können sowohl durch Eindichten des horizontalen Flansches als auch durch vollständiges Einfassen bis zum oberen Rand hergestellt werden.

(5) Wird ein Anschluss mit Bitumen- und Polymerbitumenbahnen durch Eindichten des Klebeflansches hergestellt, muss dieser mindestens 12 cm breit sein. In diesem Fall sollte der Aufsatzkranz mindestens 5 cm aus der Abdichtungsebene angehoben und der Übergang keilförmig ausgebildet werden. Die Einklebefläche muss mit einer Haftbrücke versehen werden. Die Abdichtung muss vollflächig aufgeklebt und auf dem Klebeflansch des Aufsatzkranzes zweilagig mit Rückversatz sein.

(6) Bei Aufsatzkränzen, die direkt auf der Unterkonstruktion befestigt werden und bei denen die Wärmedämmung oberhalb des Klebeflansches an den Aufsatzkranz geführt wird, ist der Anschluss entsprechend Abschnitt 4.3.2 auszuführen.

(7) Bei Abdichtungen aus Kunststoff- oder Elastomerbahnen können Aufsatzkränze bis zum oberen Rand eingefasst werden. Der Anschluss an den Aufsatzkranz erfolgt durch Aufkleben mit einem für den jeweiligen Werkstoff geeigneten Kleber oder mit mechanisch befestigten Verbundblechen. Für die Ausbildung der Ecken sollten Formteile verwendet werden. Die mechanische Sicherung der Abdichtung gegen Abrutschen ist nach Abschnitt 4.3.2 auszuführen.

(8) Kunststoffbahnen können auf systemkonforme Lichtkuppelflansche direkt aufgeschweißt werden.

(9) Anschlüsse an Lichtbänder werden entsprechend Abschnitt 4.3.2 ausgeführt.

Abb. 29: Lichtkuppelanschluss, Aufsatzkranz direkt auf der Unterkonstruktion – Ausführung mit Bitumenbahnen und mechanischer Befestigung (beispielhafte Abbildung)

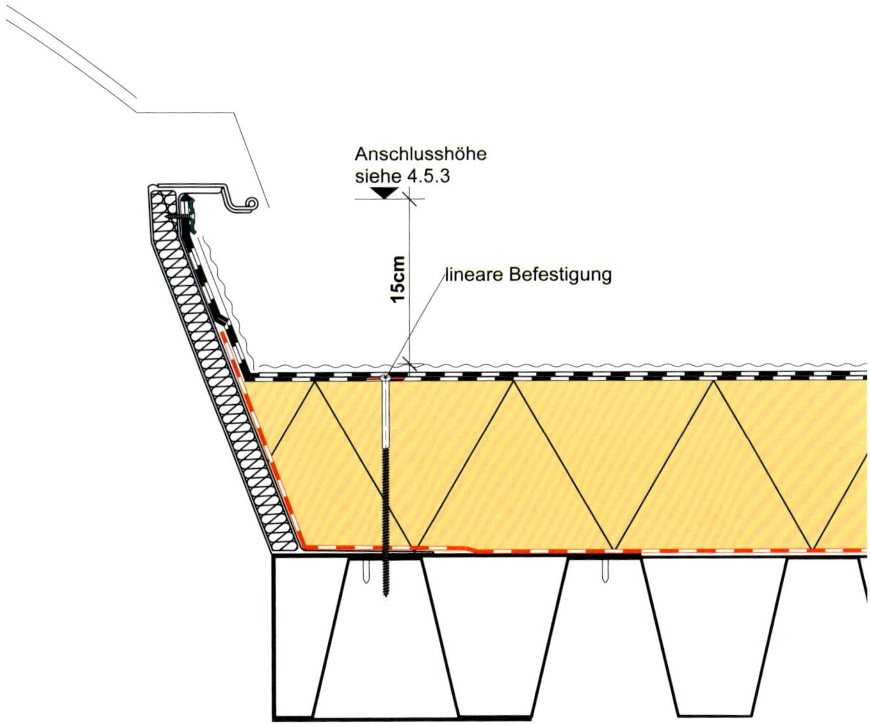

Abb. 30: Lichtkuppelanschluss, Aufsatzkranz aus GFK direkt auf der Unterkonstruktion – Ausführung mit Bitumenbahnen und Flüssigkunststoff (beispielhafte Abbildung)

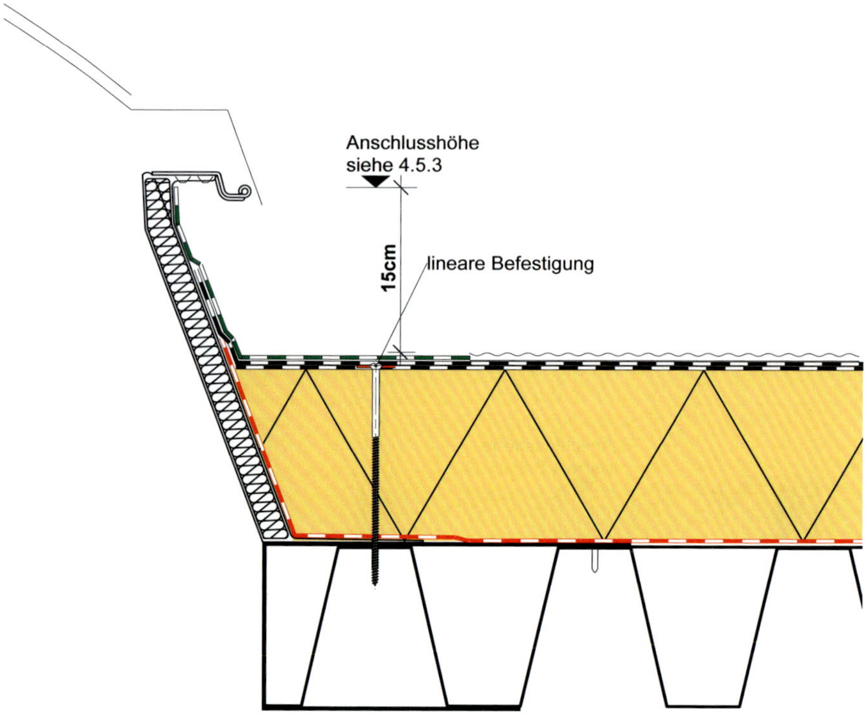

Abb. 31: Lichtkuppelanschluss, Aufsatzkranz auf Randbohle – Ausführung mit Kunststoff-/Elastomerbahnen (beispielhafte Abbildung)

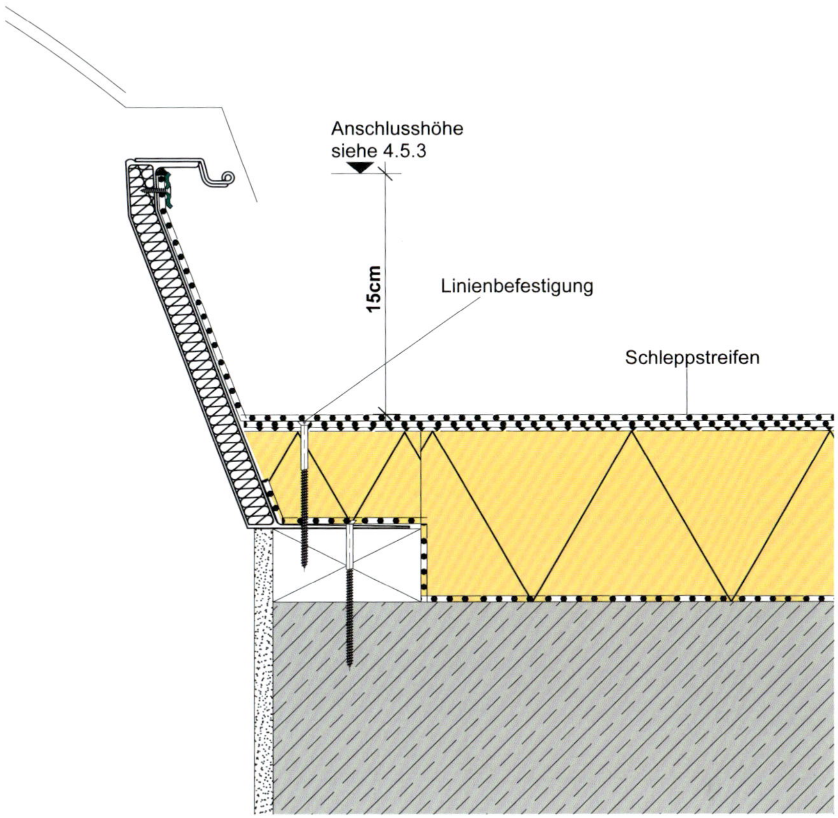

Abb. 32: Lichtbandanschluss mit Stahlzarge – Ausführung mit Bitumenbahnen (beispielhafte Abbildung)

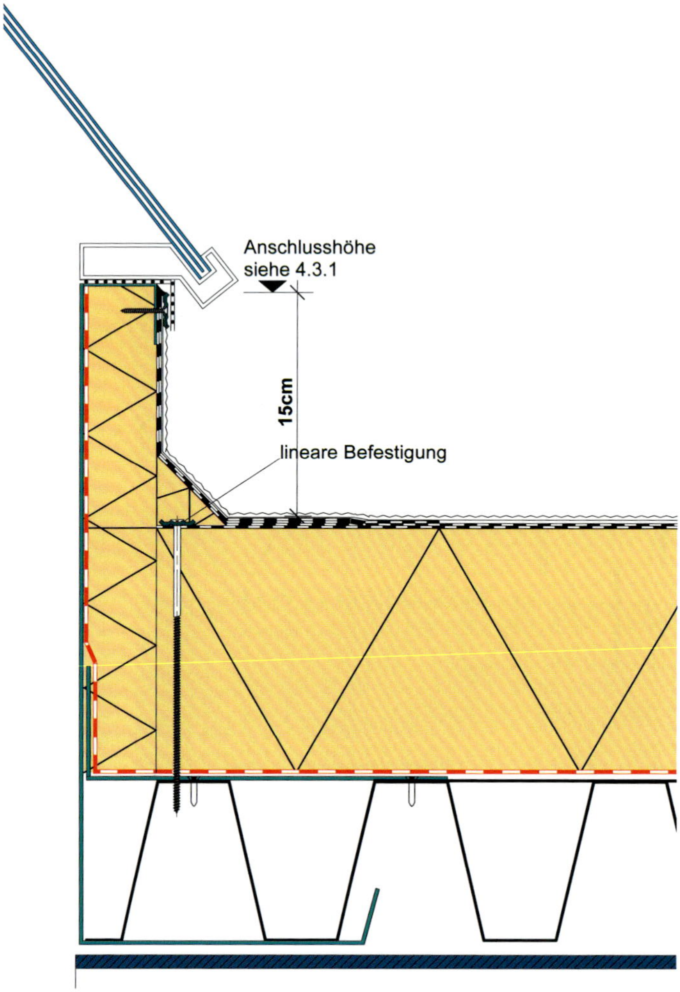

Abb. 33: Lichtbandanschluss mit Stahlzarge – Ausführung mit Kunststoff-/Elastomerbahnen (beispielhafte Abbildung)

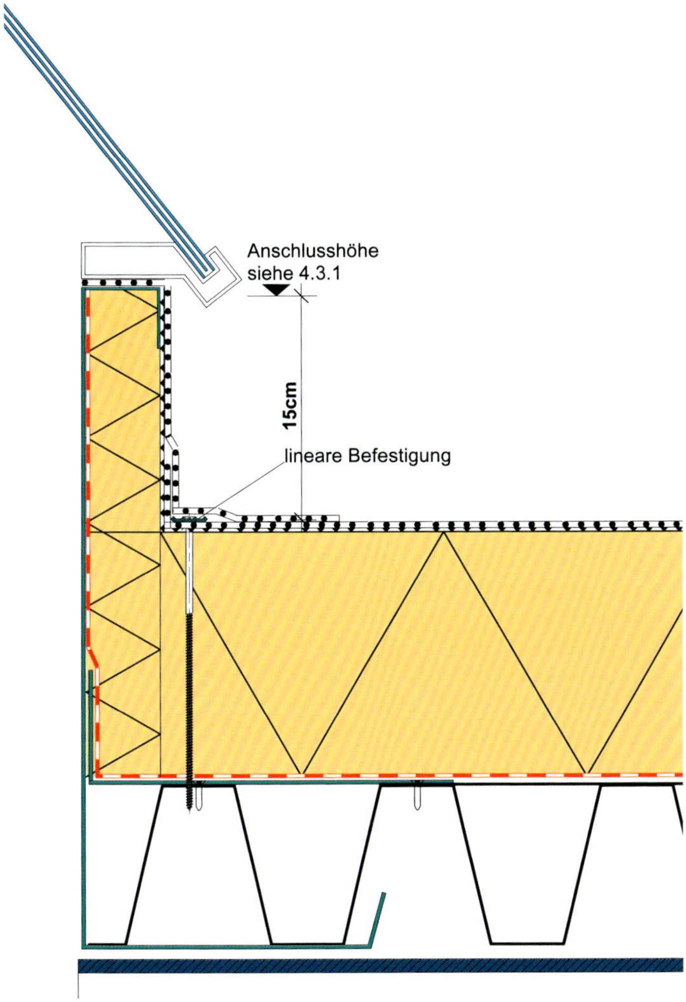

4.5.4 Anschlagpunkte für Absturzsicherungen, Stützen, Masten und Verankerungen

Anschlagpunkte für Absturzsicherungen, Stützen, Masten und Verankerungen müssen in der Unterlage bzw. im Untergrund oder in der Dachkonstruktion verankert sein. Durch Windeinwirkung können an Masten starke Bewegungen auftreten. Deshalb müssen diese Anschlüsse beweglich ausgebildet werden.

4.6 Dachrandabschlüsse

(1) An Dachkanten von Abdichtungen ist, ausgenommen im Bereich von Dachrinnen, ein Randabschluss erforderlich. Geeignet sind z. B.

- Randaufkantungen mit Dachrandabdeckungen,
- Randaufkantungen mit Dachrandabschlussprofilen,
- Dachrandabschlussprofile.

(2) Die Höhe der Abdichtung an Dachrandabschlüssen soll

- bei Dachneigungen bis 5° (ca. 9 %) mindestens 10 cm,
- bei Dachneigungen über 5° (ca. 9 %) mindestens 5 cm

über Oberfläche Belag betragen, außer der Dachrand wird wie ein Anschluss an ein aufgehendes Bauteil entsprechend Abschnitt 4.3 ausgebildet.

(3) Dachrandabdeckungen sollen ein Gefälle zur Dachseite aufweisen.

(4) Die Abdichtungsbahnen des Anschlusses sollen bei Dachrandaufkantungen bis zur Außenkante geführt, verklebt oder mechanisch befestigt werden, außer der Dachrand wird wie ein Anschluss an ein aufgehendes Bauteil entsprechend Abschnitt 4.3 ausgebildet.

(5) Abmessungen und Ausführung von Dachrandabdeckungen und Abschlussprofile sind in der „Fachregel für Metallarbeiten im Dachdeckerhandwerk“ geregelt.

(6) Dachrandabschlussprofile und Dachrandabdeckungen einschließlich ihrer Teile und Befestigungen müssen den zu erwartenden Beanspruchungen aus Windbelastung standhalten.

(7) Dachrandabschlussprofile müssen so konstruiert sein und montiert werden, dass sich die thermischen Längenänderungen der Profile nicht nachteilig auf die Abdichtung auswirken können. Werden bei Dachrandabschlussprofilen Abdichtungen bis zur Außenkante des Daches geführt, ist der Anschluss mit einer zusätzlichen Anschlussbahn auf das Stützblech/–profil auszuführen.

Dachrandabschlussprofile bestehen in der Regel aus

- Haltern (in der Regel verstellbar),
- Auflage-/Gleitprofil,
- Blende.

(8) Dachrandabschlussprofile, die direkt in die Abdichtung eingeklebt werden, sind ungeeignet, weil die an den Stoßstellen auftretenden temperaturbedingten Bewegungen zu Rissen in der Abdichtung führen können.

(9) Wenn Dachränder die Funktion der Notentwässerung im Rahmen einer statisch nachgewiesenen Anstaubewässerung erfüllen sollen, müssen alle Befestigungspunkte der Dachrandbefestigung wasserdicht und hinterlaufsicher ausgeführt werden. Für eine solche wasserdichte und hinterlaufsichere Ausführung der Dachrandabdeckung sind besondere Maßnahmen erforderlich.

Abb. 34: Starrer Dachrandabschluss – Ausführung mit Bitumenbahnen (beispielhafte Abbildung)

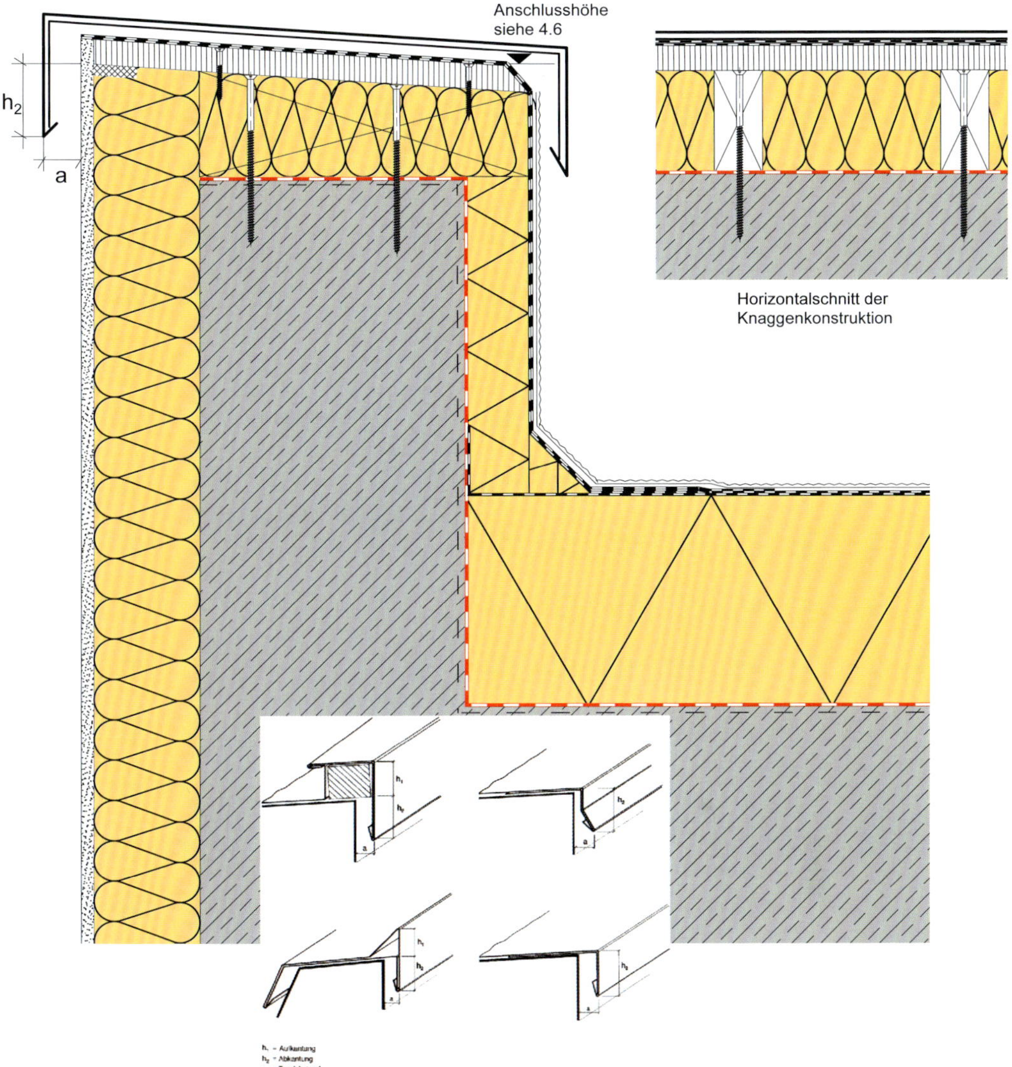

h_1 = Aufkantung
h_2 = Abkantung
a = Tropfabstand

Mindest-Auf-/Abkanthöhen, Mindest-Tropfkantenabstand

Gebäudehöhe m	a */**/*** mm	h_2 mm	h_1 mm
< 8	20	50	mind. 25
8 – 20		80	
> 20		100	

* Bei Verwendung von Kupfer wird empfohlen, einen größeren Tropfkantenabstand auszuführen. Verunreinigungen durch abtropfendes Wasser sind nicht gänzlich zu vermeiden.

** Bei Putzfassaden / Wärmedämmverbundsystemen wird empfohlen, den Überstand der Tropfkante zum fertigen Oberputz nach DIN EN 13914-1 mit mindestens 40mm, unter Berücksichtigung zulässiger Toleranzen (nach DIN 18202), auszuführen.

*** siehe 6.3.1 (1)

Abb. 35: Starrer Dachrandabschluss – Ausführung mit Kunststoff-/Elastomerbahnen (beispielhafte Abbildung)

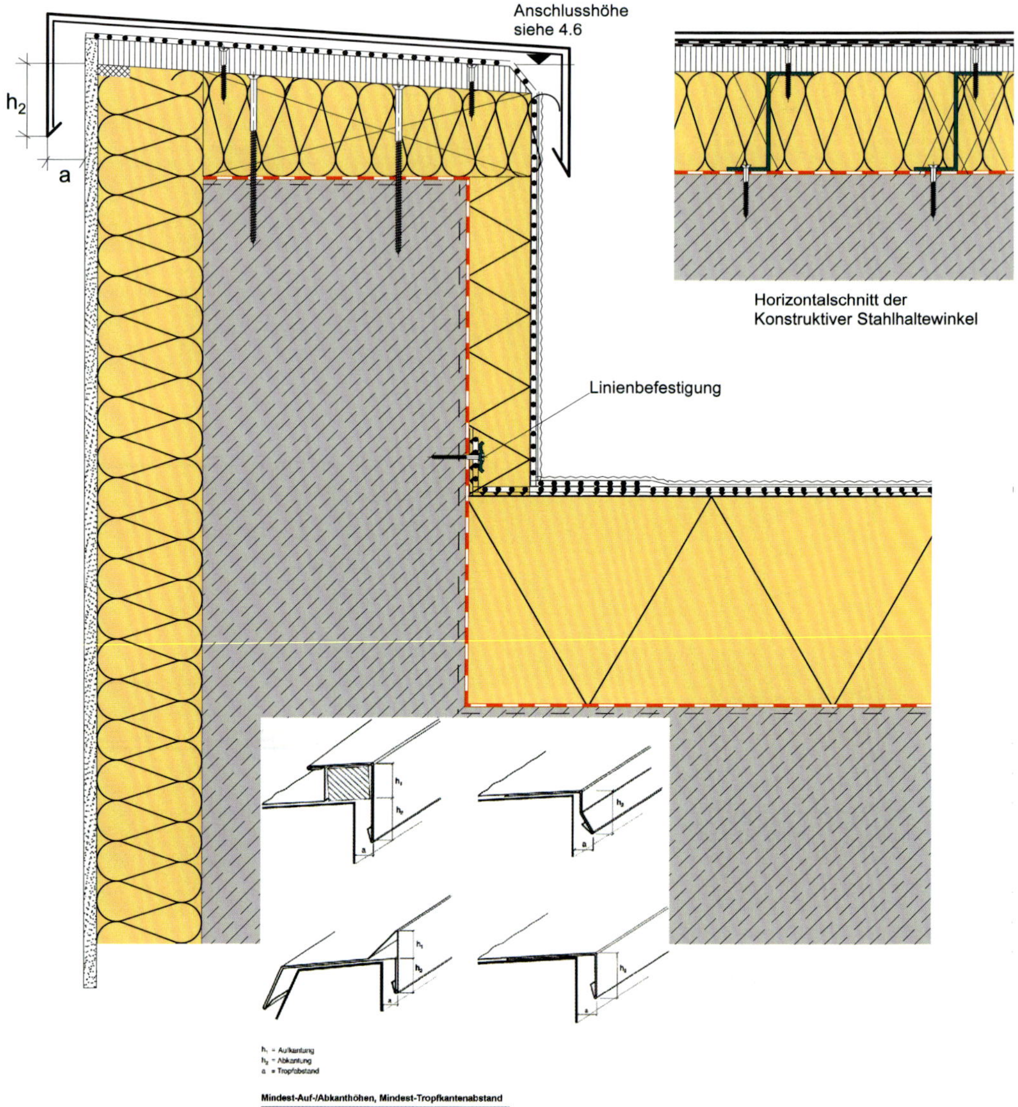

h_1 = Aufkantung
h_2 = Abkantung
a = Tropfabstand

Mindest-Auf-/Abkanthöhen, Mindest-Tropfkantenabstand

Gebäudehöhe m	a */ **/ *** mm	h_2 mm	h_1 mm
< 8	20	50	mind. 25
8 – 20		80	
> 20		100	

* Bei Verwendung von Kupfer wird empfohlen, einen größeren Tropfkantenabstand auszuführen. Verunreinigungen durch abtropfendes Wasser sind nicht gänzlich zu vermeiden.

** Bei Putzfassaden / Wärmedämmverbundsystemen wird empfohlen, den Überstand der Tropfkante zum fertigen Oberputz nach DIN EN 13914-1 mit mindestens 40mm, unter Berücksichtigung zulässiger Toleranzen (nach DIN 18202), auszuführen.

*** siehe 6.3.1 (1)

Abb. 36: Beweglicher Dachrandabschluss – Ausführung mit Bitumenbahnen (beispielhafte Abbildung)

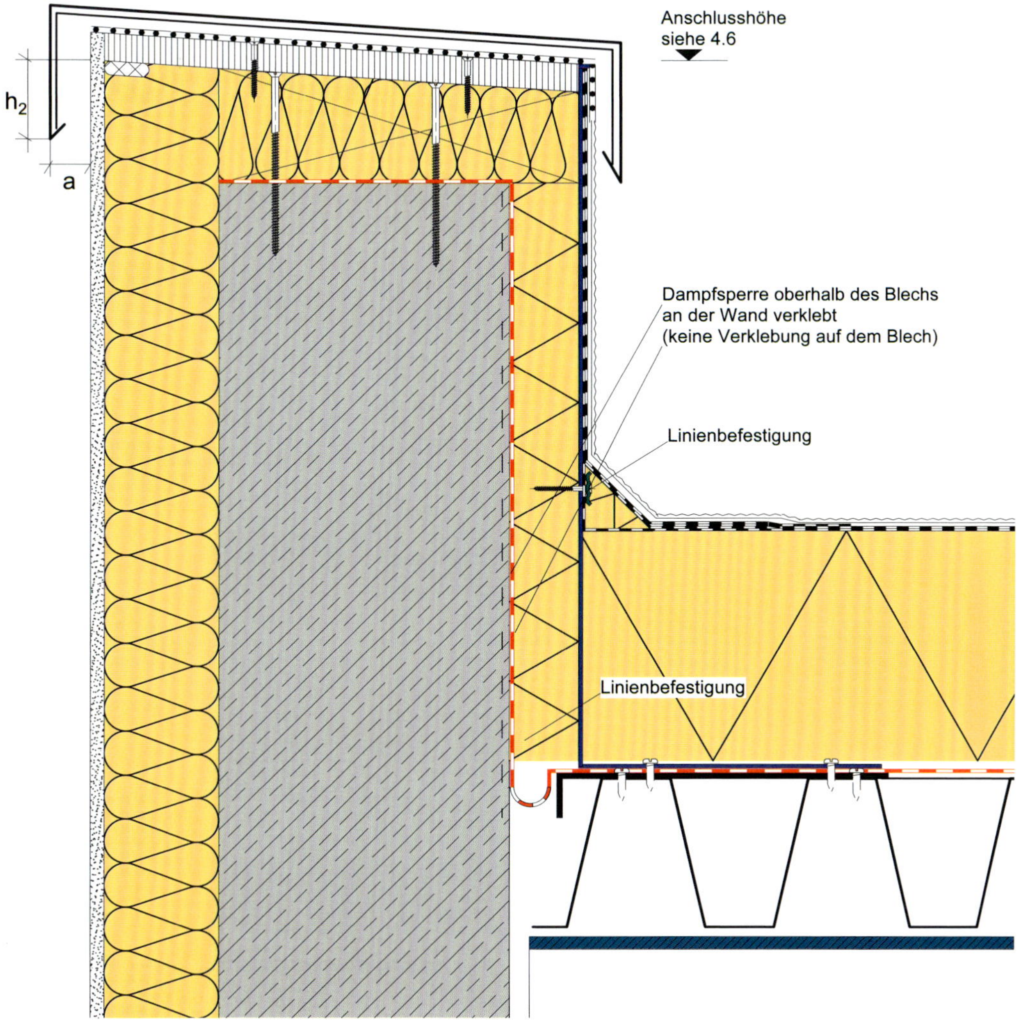

Abb. 37: Beweglicher Dachrandabschluss – Ausführung mit Kunststoff-/Elastomerbahnen (beispielhafte Abbildung)

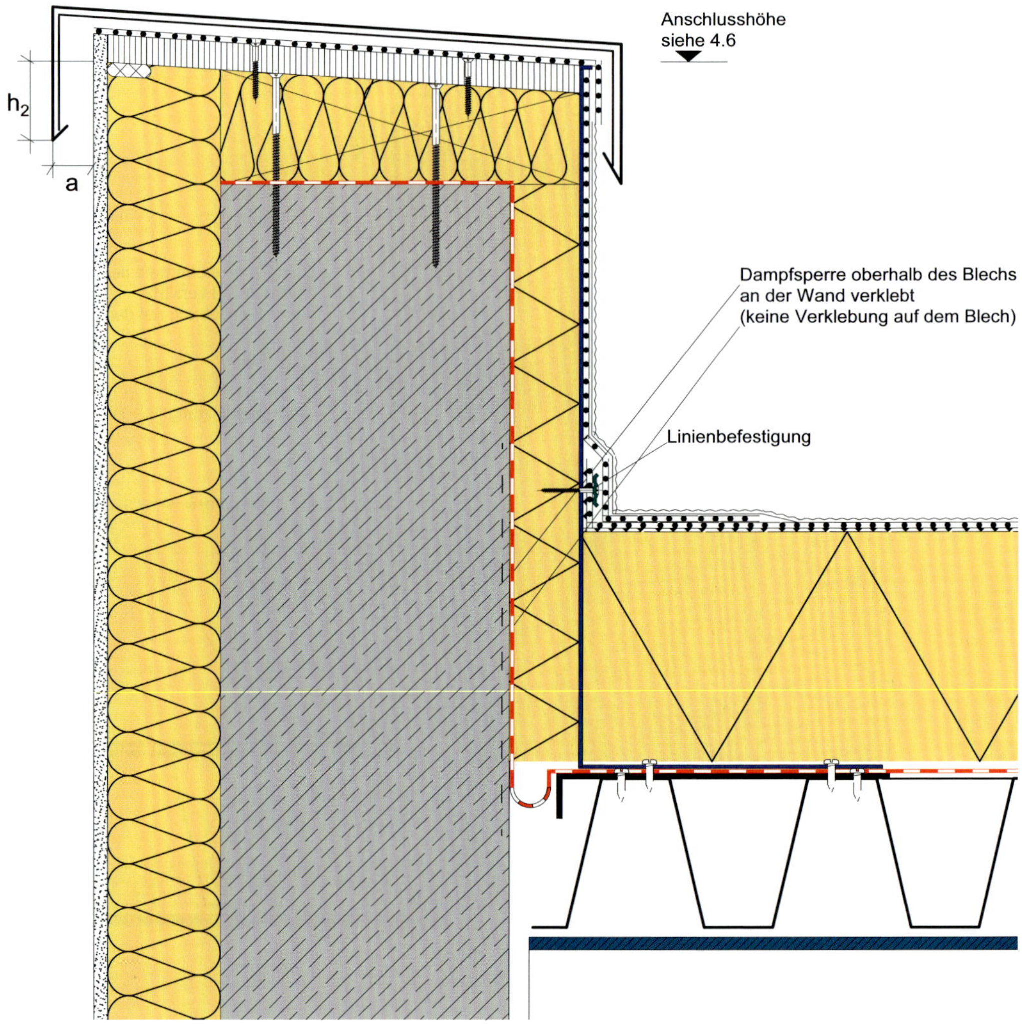

Abb. 38: Dachrandabschluss mit mehrteiligem Profil – Ausführung mit Bitumenbahnen (beispielhafte Abbildung)

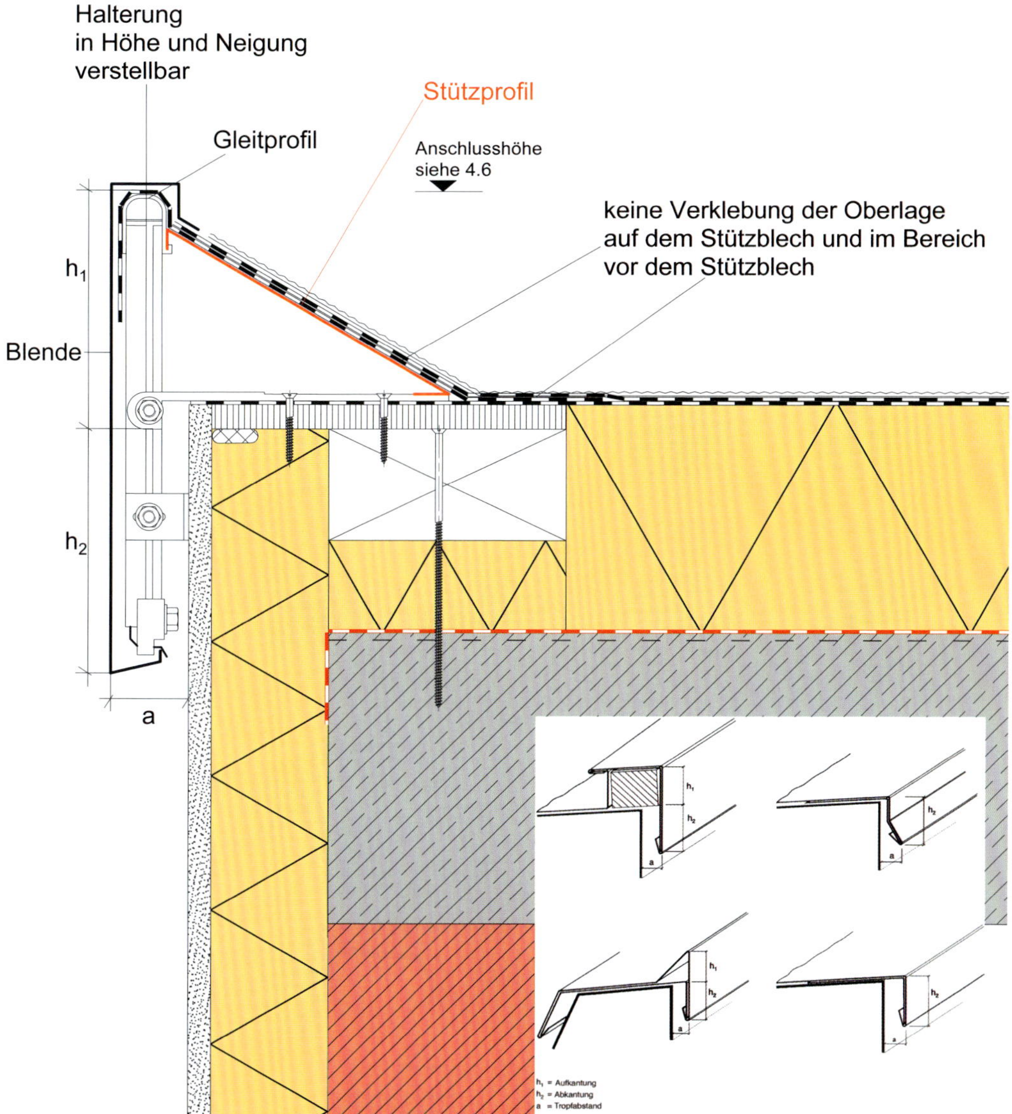

Mindest-Auf-/Abkanthöhen, Mindest-Tropfkantenabstand

Gebäudehöhe m	a */ **/ *** mm	h_2 mm	h_1 mm
< 8	20	50	mind. 25
8 – 20		80	
> 20		100	

* Bei Verwendung von Kupfer wird empfohlen, einen größeren Tropfkantenabstand auszuführen. Verunreinigungen durch abtropfendes Wasser sind nicht gänzlich zu vermeiden.

** Bei Putzfassaden / Wärmedämmverbundsystemen wird empfohlen, den Überstand der Tropfkante zum fertigen Oberputz nach DIN EN 13914-1 mit mindestens 40mm, unter Berücksichtigung zulässiger Toleranzen (nach DIN 18202), auszuführen.

*** siehe 6.3.1 (1)

Abb. 39: Dachrandabschluss mit mehrteiligem Profil – Ausführung mit Kunststoff-/Elastomerbahnen (beispielhafte Abbildung)

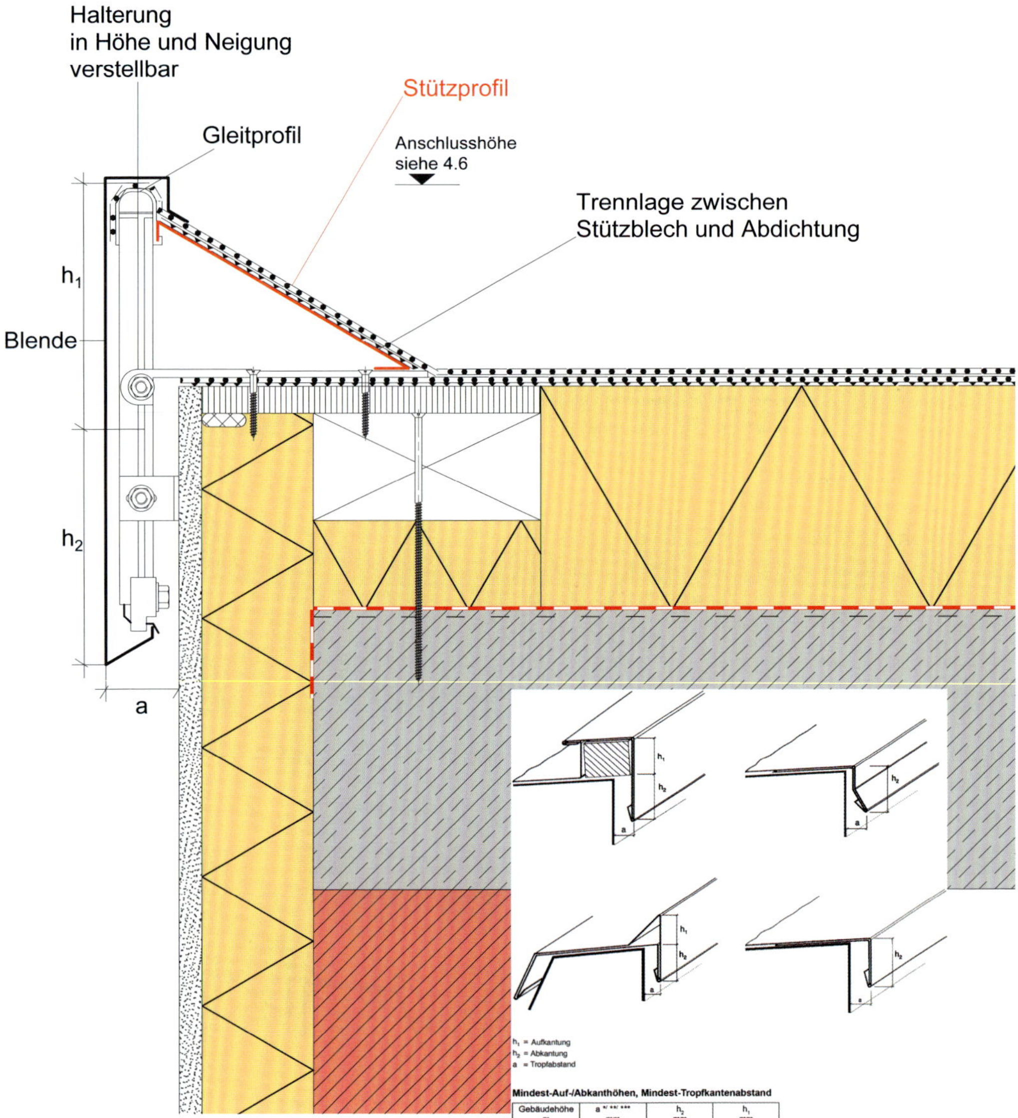

Mindest-Auf-/Abkanthöhen, Mindest-Tropfkantenabstand

Gebäudehöhe m	a */ **/ *** mm	h_2 mm	h_1 mm
< 8	20	50	mind. 25
8 – 20		80	
> 20		100	

* Bei Verwendung von Kupfer wird empfohlen, einen größeren Tropfkantenabstand auszuführen. Verunreinigungen durch abtropfendes Wasser sind nicht gänzlich zu vermeiden.

** Bei Putzfassaden / Wärmedämmverbundsystemen wird empfohlen, den Überstand der Tropfkante zum fertigen Oberputz nach DIN EN 13914-1 mit mindestens 40mm, unter Berücksichtigung zulässiger Toleranzen (nach DIN 18202), auszuführen.

*** siehe 6.3.1 (1)

4.7 Bewegungsfugen

4.7.1 Allgemeines

(1) An Bewegungsfugen dürfen sich Bewegungen aus Gebäudeteilen nicht so auswirken, dass die Funktionsfähigkeit einzelner Schichten beeinträchtigt wird. Dazu muss die Ausführung der Bewegungsfugen auf die jeweilige Art der Abdichtung sowie auf Art, Richtung, Größe und Häufigkeit der zu erwartenden Bewegungen abgestimmt sein. Es wird unterschieden zwischen Fugen des Typs I und II.

(2) Bewegungsfugen sollen auch im Bereich der Dampfsperre entsprechend berücksichtigt und ausgeführt werden.

(3) Bei Wasseranstauhöhen von mehr als 10 cm müssen Bewegungsfugen mit Los- und Festflanschkonstruktionen nach Tabelle 8 bzw. Tabelle 9 und Fugenbänder ausgeführt werden.

(4) Bewegungsfugen bei befahrenen Flächen sind als Los- und Festflanschkonstruktion nach Abschnitt 4.2.3 auszuführen.

4.7.2 Fugentyp I

(1) Fugentyp I sind Fugen für langsam ablaufende und einmalige oder selten wiederholte Bewegungen, z. B. Setzungsbewegungen, Schwindverkürzungen oder Längenänderungen durch jahreszeitliche Temperaturschwankungen (Dehnungen) in oberseitig wärmegedämmten Dachflächen. Dabei sollten die Bewegungen der Fugenflanken sowohl für Einzelbewegungen als auch für kombinierte Bewegungen folgende Maße nicht überschreiten:

- 5 mm bei verklebten Abdichtungen aus Bitumen-, Kunststoff- und Elastomerbahnen sowie bei Flüssigkunststoffen
- 10 mm bei lose verlegten Abdichtungen aus Kunststoff-, Elastomer- und Bitumenbahnen

Bei Überschreitung dieser Maße ist die Abdichtung über der Fuge nach Fugentyp II auszuführen.

(2) Über der Fuge des Typs I kann die Abdichtung vereinfacht in ebener Ausführung durchlaufen. Die Abdichtung ist über der Fuge erforderlichenfalls durch geeignete Maßnahmen, z. B. durch Abdeckbleche, so zu unterlegen, dass ein Einsinken in den Fugenspalt verhindert wird.

Bei Abdichtungen aus verklebten Bitumenbahnen, Kunststoff- oder Elastomerbahnen sowie Flüssigkunststoffen sind Schleppstreifen von mindestens 20 cm Breite unter der Abdichtung anzuordnen.

Bei lose verlegten Kunststoff- oder Elastomerbahnen und Bitumenbahnen kann die Abdichtung über Fugen mit Bewegungen bis 10 mm über den Fugen durchgezogen werden, wenn die Bahnen im Fugenbereich unterstützt sind.

Abb. 40: Fugentyp I – Bewegungsfuge mit Schleppstreifen und Abdichtung aus Polymerbitumenbahnen (beispielhafte Abbildung)

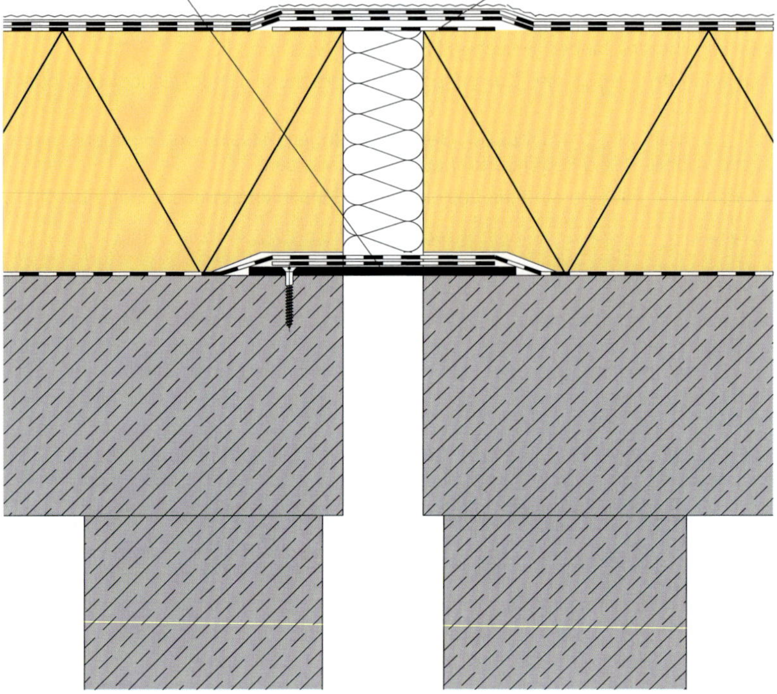

4.7.3 Fugentyp II

(1) Fugentyp II sind Fugen für schnell ablaufende oder häufig wiederholte Bewegungen, beispielsweise Längenänderungen durch tageszeitliche Temperaturschwankungen z. B. bei oberseitig ungedämmten Dachflächen.

(2) Die Art der Ausführung ist unter Berücksichtigung der Größe und Häufigkeit der Fugenbewegungen im Einzelfall festzulegen, z. B. durch

- Anordnung von Fugenbändern mit Einklebeflansch,
- Unterbrechen der Flächenabdichtung und schlaufenartige Anordnung geeigneter Abdichtungsstoffe, vorgefertigte Fugenkonstruktionen mit integrierten Kunststoff- oder Elastomer-Dichtungsprofilen,
- Los- und Festflanschkonstruktionen und Einbau von Fugenbändern.

(3) Fugenausbildungen mit schlaufenartiger Anordnung der Abdichtung können aus der Abdichtungsebene herausgehoben werden, z. B. durch Anordnung von Dämmstoffkeilen oder durch Aufkantungen. Teilflächen von Dächern, die durch Heraushebungen getrennt werden, sind unabhängig voneinander zu entwässern.

(4) Die Fugen sollten nicht durch Bauwerksecken führen und nicht in einer Kehle oder Kante verlaufen. Ihr Abstand zu parallel verlaufenden Kehlen oder Kanten muss im Regelfall mindestens 50 cm betragen. Ist dieses Maß nicht einzuhalten, muss die Fuge mit einer Hilfskonstruktion verlagert oder eine Sonderkonstruktion eingesetzt werden.

Abb. 41: Fugentyp II – Bewegungsfuge mit Hilfskonstruktion und Abdeckung – Ausführung mit Bitumenbahnen (beispielhafte Abbildung)

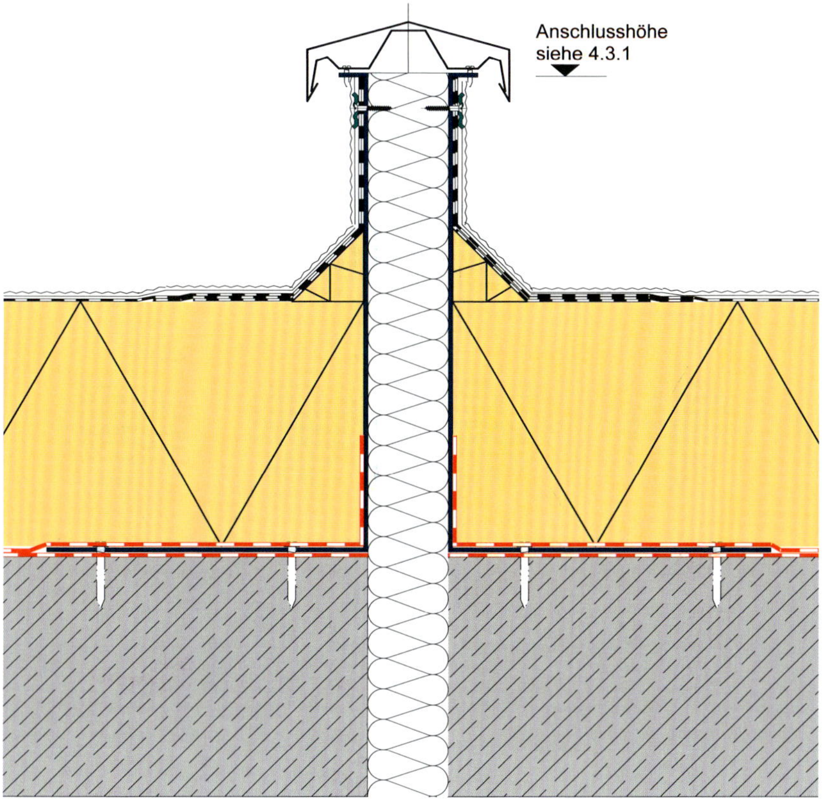

4.8 Entwässerung

4.8.1 Abläufe, Notab- und Notüberläufe

(1) Fabrikmäßig vorgefertigte Dachabläufe müssen DIN EN 1253-2[22] entsprechen (Bemessung der Dachabläufe und Notüberläufe siehe Abschnitt 2.3).

(2) Die Grundkörper sind in der Unterkonstruktion zu befestigen.

(3) Flansche in der Abdichtungsebene sollen in der Unterlage eingelassen werden.

(4) Der Anschluss kann mit Los- und Festflanschkonstruktionen nach Tabelle 8 bzw. Tabelle 9, Klebeflanschen oder Stutzen mit herstellerseitig integrierten Anschlussbahnen ausgeführt werden. Die Anschlussbahnen müssen auf die Abdichtung abgestimmt sein.

(5) Die Dampfsperre ist in der Regel an den Grundkörper des zweiteiligen Dachablaufs, Notab- und Notüberlaufs anzuschließen.

(6) Abläufe sollten durch Kies-/Laubfangkörbe vor Verstopfung geschützt werden. Dachabläufe müssen zu Wartungszwecken frei zugänglich sein und sind regelmäßig zu warten.

(7) Bei Terrassenflächen sind über Dachabläufen, Notab- und Notüberläufen herausnehmbare Gitterroste oder vergleichbare gelochte/geschlitzte Abdeckungen anzuordnen. Rahmen für Gitterroste, die in den Terrassenbelag fest eingebunden sind, dürfen die Eigenbeweglichkeit des Terrassenbelags gegenüber dem Ablauf nicht beeinträchtigen.

[22] DIN EN 1253-2 Abläufe für Gebäude – Teil 2: Dachabläufe und Bodenabläufe ohne Geruchsverschluss

(8) Rohrverbindungen innerhalb der Konstruktion sollen vermieden werden. Ist dies nicht möglich, sind die Verbindungen mechanisch zu sichern.

Abb. 42: Dachablauf mit Aufstockelement – Ausführung mit Bitumenbahnen (beispielhafte Abbildung)

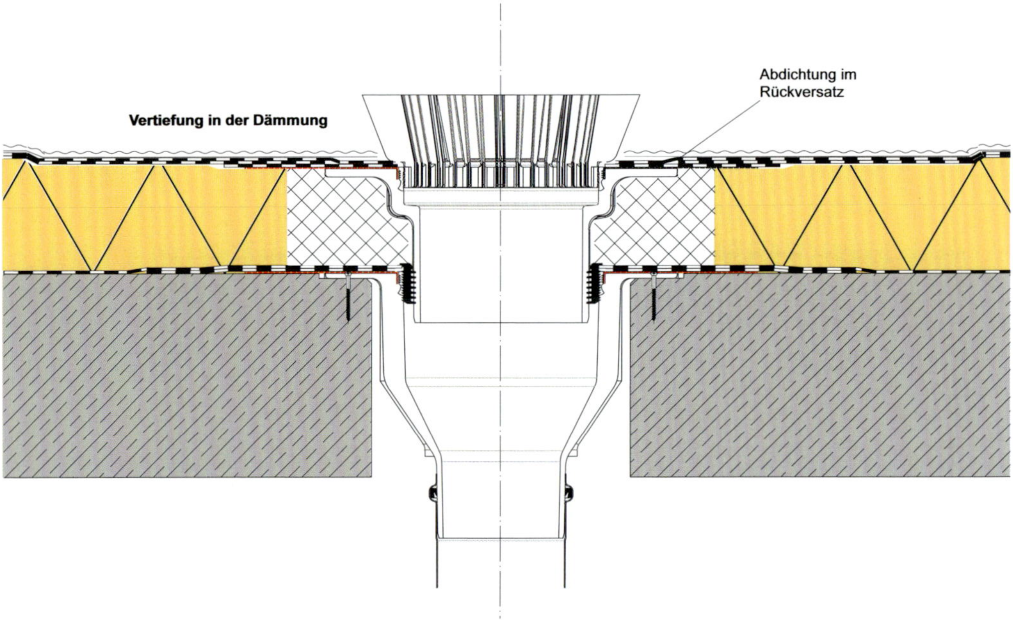

Abb. 43: Dachablauf mit Aufstockelement – Ausführung mit Kunststoff-/Elastomerbahnen (beispielhafte Abbildung)

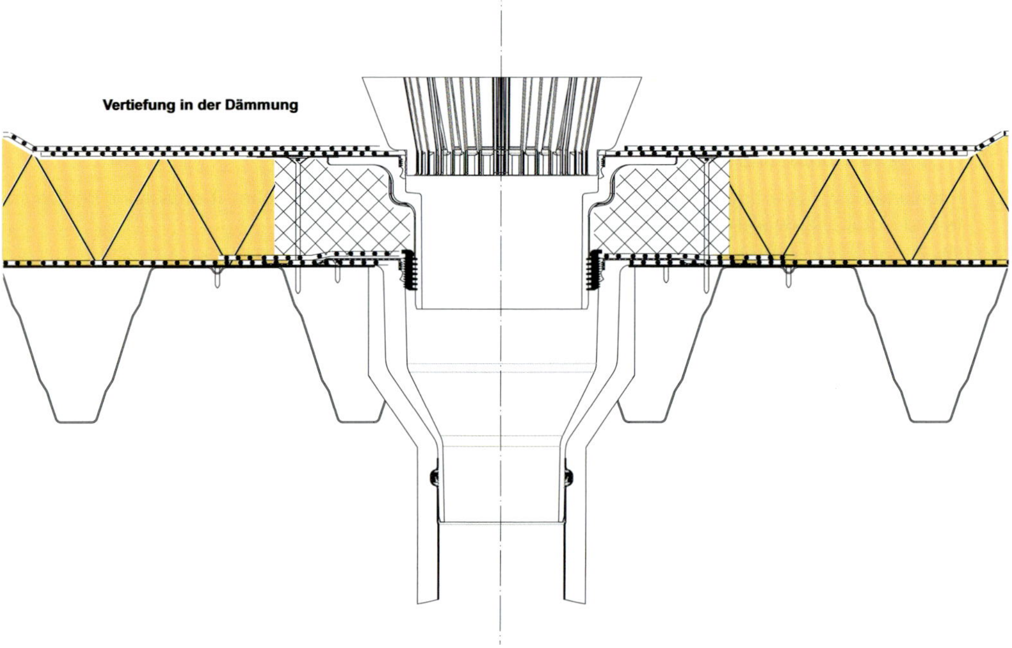

4.8.2 Traufausbildung bei Dachrinnen

(1) Erfolgt die Entwässerung von Dachflächen über vorgehängte Rinnen, so ist als Übergang ein Traufblech anzuordnen. Dieses kann eingeklebt oder als Stützblech überklebt werden.

Bei eingeklebten Blechen mit Bitumenbahnen muss die verklebte Fläche auf Blechanschlüssen mindestens 16 cm breit sein. Die Abdichtung soll im Lagenrückversatz aufgeklebt und zweilagig sein. Sind Scherbewegungen gegenüber der Dachabdichtung zu erwarten, ist am Übergang vom Kleberand zur Dachabdichtung ein mindestens 10 cm breiter, lose verlegter Trennstreifen anzuordnen. Das Blech ist mechanisch zu befestigen. Zuschnitte von einzuklebenden Blechen sowie die Bemessung und Anordnung von Dehnungsausgleichern erfolgen nach den „Fachregeln für Metallarbeiten im Dachdeckerhandwerk".

Bei der Abdichtung mit Flüssigkunststoffen muss die verklebte Fläche auf Blechanschlüssen mindestens 10 cm breit sein.

(2) Zur Befestigung der Traufstreifen können Randbohlen oder wärmegedämmte Profile verwendet werden. Diese sollen 10 mm niedriger als die vorhandene Dämmschicht sein und an der Dachseite mindestens 20 mm über den Rand des Traufstreifens vorstehen.

(3) Die Befestigung von Traufblechen auf der Unterkonstruktion sollte versetzt in höchstens 10 cm Abstand erfolgen. Traufbleche aus Verbundblechen sind mit Schrauben im Versatz zu befestigen.

(4) Rinnenhalter sollen eingelassen oder die Zwischenräume aufgefüttert werden.

(5) Bei Rinnen aus verzinktem Stahl und Titanzink sind innenseitig Maßnahmen zum Korrosionsschutz erforderlich.

Abb. 44: Dachrandabschluss mit vorgehängter Rinne – Ausführung mit Bitumenbahnen (beispielhafte Abbildung)

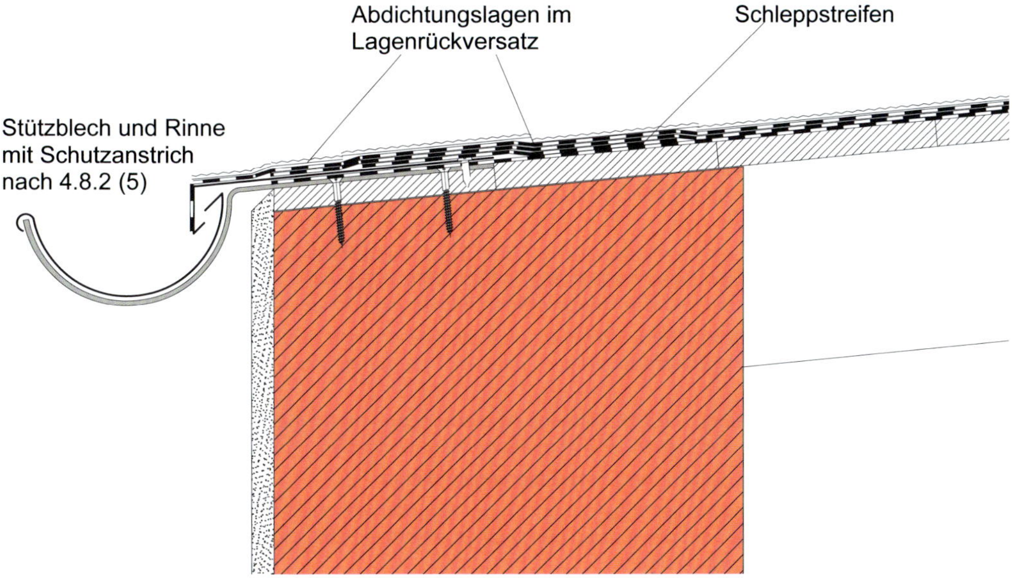

5 Pflege und Wartung

5.1 Allgemeines

(1) Zur Erhaltung von Abdichtungen sind Pflege- und Wartungsmaßnahmen erforderlich. Die rechtzeitige Durchführung dieser Maßnahmen setzt eine regelmäßige Überprüfung der Abdichtung voraus. Dies ist im Rahmen einer Inspektion und Wartung durch einen Fachkundigen durchzuführen und ist durch den Bauherrn/Eigentümer/Betreiber zu veranlassen. Der Umfang der Maßnahmen ist abhängig von der Alterungsbeständigkeit der Abdichtung, die im Wesentlichen durch deren Qualität und die Art des Oberflächenschutzes bestimmt wird. Es wird empfohlen, dazu einen entsprechenden Inspektions- und/oder Wartungsvertrag abzuschließen. Die Pflege von Dachbegrünungen ist nach der FLL-Dachbegrünungsrichtlinie[23] regelmäßig durchzuführen.

(2) Das Hauptziel von Instandsetzungen ist grundsätzlich die Wiederherstellung einer den anerkannten Regeln der Technik entsprechenden Abdichtung. Die dazu erforderlichen Arbeiten müssen auf den vorhandenen Zustand des Daches und die ermittelten Mängel und Schäden abgestimmt werden

(3) Soll das Ziel der Instandsetzungen lediglich eine auf kurzfristige Reststandzeit des Gebäudes oder Daches abgestimmte Reparatur sein, so ist dies ausdrücklich zu vereinbaren. Dann können ggf. die Voruntersuchungen eingeschränkt werden oder ganz entfallen.

5.2 Voruntersuchungen

(1) Vor Instandsetzungen und Erneuerungen sind Bestandsaufnahmen und Zustandsfeststellungen durchzuführen. Beim Vorliegen von Schäden sind Ursachenermittlungen durchzuführen. Art und Umfang der Voruntersuchungen sind abzustimmen auf z. B. die Art und den Aussagewert vorliegender Dokumente, das Schadensbild des Altdaches und die Ziele und die Art der geplanten Maßnahmen. Die Ergebnisse der Bestandsaufnahme sind zu protokollieren.

(2) Dabei können z. B. folgende Untersuchungen erforderlich werden:

- Bei einer geplanten wesentlichen Erhöhung der Dachlasten sowie bei Schadensbildern, die Schädigungen des Tragwerks vermuten lassen, ist die Tragfähigkeit der Tragkonstruktion durch einen Tragwerksplaner zu überprüfen und der Zustand des Tragwerks zu untersuchen.
- Bei Nutzungsänderungen, die eine erhöhte Temperatur- und Feuchtebelastung erwarten lassen, und beim Einbau von Schichten, die die bauphysikalische Situation verändern, ist das Dach bauphysikalisch zu beurteilen.
- Sollen die vorhandenen Dachschichten auf dem Dach verbleiben, so ist zu untersuchen, ob sie weiterhin funktionsfähig sind oder sich zumindest im Schichtenpaket nicht schädigend auswirken werden und ob sie untereinander und mit der Tragunterkonstruktion lagesicher verbunden sind.
- Lässt das Schadensbild eine Durchfeuchtung der vorhandenen Dämmschichten erwarten, so ist der Durchfeuchtungsgrad stichprobenartig zu untersuchen, soweit die Dämmschichten nicht entfernt werden sollen.
- Sollen neue Abdichtungen auf bestehende Abdichtungen unmittelbar verlegt oder verklebt werden, so ist die Verträglichkeit zur vorhandenen Unterlage zu untersuchen.
- Die Überprüfung der Gefälle- und Entwässerungssituation.
- Sind Schäden am Altdach auf die Konzeption der An- und Abschlüsse zurückzuführen oder wird durch die geplanten Maßnahmen der Aufbau des Daches erhöht, so sind die Anschlussausbildungen im Detail auf ihre weitere Eignung zu prüfen.

(3) Der Dachaufbau ist vor Bearbeitung gemäß der Gefahrstoffverordnung auf Schadstoffe hin zu überprüfen.

[23] FLL-Dachbegrünungsrichtlinie Dachbegrünungsrichtlinien – Richtlinien für die Planung, Bau und Instandhaltungen von Dachbegrünungen 2018

5.3 Inspektion

(1) Die Inspektion ist die Feststellung des Zustandes der Abdichtung nach Augenschein, einschließlich der An- und Abschlüsse sowie der Durchdringungen. Inspektionen sollen zweimal jährlich erfolgen (siehe auch „Merkblatt zur Bemessung von Entwässerungen“). Hierzu sollten Inspektionsverträge abgeschlossen werden.

(2) Die Ergebnisse der Inspektion sind schriftlich zu dokumentieren. Das Protokoll soll Angaben zu den festgestellten Schäden, ggf. zu erforderlichen weitergehenden Untersuchungen und zur Art und Dringlichkeit von notwendigen Maßnahmen enthalten.

5.4 Wartung

(1) Die Wartung umfasst mindestens folgende Aufgaben:

- Beseitigung von Verschmutzungen, Laub und unerwünschtem Pflanzenbewuchs
- Reinigung der Dachabläufe
- Ausgleichen von Kiesverwehungen
- Reinigung von Be- und Entlüftungsöffnungen

Art und Umfang sind in einem Wartungsvertrag festzulegen.

(2) Standort, Gebäudegeometrie sowie Umwelt-/Fremdeinwirkungen haben Einfluss auf die Beanspruchung der Abdichtung.

Um die Funktion uneingeschränkt zu gewährleisten, sind Dächer einer regelmäßigen Wartung, mindestens einmal jährlich, zu unterziehen.

5.5 Instandsetzung

5.5.1 Allgemeines

(1) Instandsetzungsarbeiten werden erforderlich, wenn in Teilbereichen Schäden vorliegen, die die Funktionsfähigkeit der Abdichtung und der Funktionsschichten des Dach-/Bauteilaufbaus einschränken. Hierzu gehören z. B.

- Ergänzung oder Erneuerung von Wärmedämmung,
- Ausbesserung von Schadstellen in der Abdichtung,
- Ergänzung oder Erneuerung von Teilen des Oberflächenschutzes,
- Befestigung und Verfugung von An- und Abschlüssen,
- Ergänzung oder Erneuerung des Korrosionsschutzes an Metallteilen und Verwahrungen,
- Reparatur oder Austausch von Einbauteilen.

(2) Ist die Funktionsfähigkeit der Abdichtung z. B. durch fortgeschrittene Alterung, unterlassene Wartung oder Beschädigungen nicht mehr gegeben, ist die Abdichtung zu erneuern. Dies setzt eine weitergehende stichpunktartige Überprüfung auch der darunter liegenden Schichten voraus. Im Rahmen dieser Überprüfung ist festzustellen, ob die eventuell unter der Abdichtung liegenden Funktionsschichten, wie z. B. die Wärmedämmschicht und die Dampfsperre, noch funktionsfähig sind. Ggf. sind schadhafte Teile dieser Schichten zu erneuern.

(3) Wenn Fehlstellen in der Wärmedämmung entstanden sind, ist eine Ergänzung erforderlich.

(4) Einzelne Blasen in der Abdichtung sind aufzuschneiden, zu trocknen und abzudichten.

(5) Spannungsrisse in der Abdichtung werden vor dem Überkleben mit einem lose verlegten oder einseitig fixierten Trennstreifen abgedeckt, der die Übertragung von Spannungen auf die neue(n) Abdichtungslage(n) verhindern soll.

(6) Beschädigungen werden durch Aufbringen von Bahnen oder flüssig aufzubringende Abdichtungen beseitigt, die der Abdichtung entsprechen. Es sind systemgerechte Abdichtungs- und Hilfsstoffe zu verwenden.

(7) Dichtstofffasen als Sicherung des oberen Abschlusses von Anschlüssen sind wegen ihrer begrenzten Nutzungsdauer regelmäßig instand zu setzen; dies ist durch den Bauherrn/Eigentümer/Betreiber zu veranlassen.

5.5.2 *Instandsetzung von Abdichtungen aus Bitumenbahnen*

(1) Wenn die Schichten der Abdichtung noch funktionsfähig sind, kann die Abdichtung z. B. durch Aufkleben einer Polymerbitumenbahn (DO) verbessert/regeneriert werden. Eine vollflächige Verklebung ist dabei nicht immer möglich. Die Verklebung kann auch punkt- oder streifenweise erfolgen.

(2) Bei Abdichtungen, die

- ganz oder teilweise aus Abdichtungsbahnen mit Trägereinlagen aus Rohfilzpappe bestehen oder
- starke Blasenbildung

aufweisen, muss auch bei Vorbehandlung des Untergrundes mit einer erneuten Blasenbildung gerechnet werden. Der Einbau einer Dampfdruckausgleichsschicht oder Wärmedämmschicht zwischen der schadhaften und der neu aufzubringenden Abdichtung ist deshalb notwendig.

(3) Eine zusätzliche Wärmedämmschicht verbessert den Wärmeschutz des Gebäudes.

Zur Vorbereitung des Untergrundes sind größere Wellen, Blasen oder Falten aufzuschneiden und nicht verklebte Teile sind zu entfernen. Grobe Verkrustungen sind abzustoßen und Schmutzablagerungen zu entfernen. Auf die Unterlage für die neu aufzubringende Abdichtung ist eine Haftbrücke aufzubringen, wenn eine Verklebung vorgesehen ist.

Die neue Abdichtung ist nach Abschnitt 3.6.2 und folgende auszuführen.

5.5.3 *Instandsetzung von Abdichtungen aus Kunststoff- und Elastomerbahnen*

Bei Erneuerung einer schadhaft gewordenen Abdichtung aus Kunststoff- oder Elastomerbahnen kann es erforderlich sein, die schadhafte Abdichtung zu entfernen.

Eine zusätzliche Wärmedämmschicht verbessert den Wärmeschutz des Gebäudes.

Die neue Abdichtung ist nach Abschnitt 3.6.3 und folgende auszuführen.

5.5.4 *Instandsetzung von Abdichtungen mit Flüssigkunststoffen*

Abdichtungen mit Flüssigkunststoffen können nach entsprechender Vorbereitung systemgerecht überarbeitet werden. Die neue Abdichtung ist nach Abschnitt 3.6.4 und folgende auszuführen.

Anhang I Barrierefreie Anschlüsse

Abb. I.1: Ausbildung von Fensterelementstößen – vor Montage des Abdeckprofils (beispielhafte Abbildung)

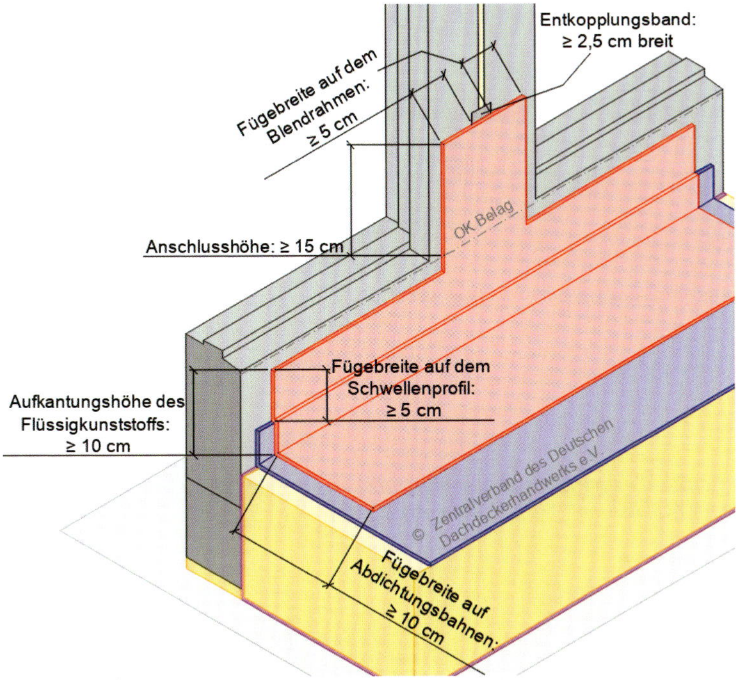

Abb. I.2: Ausbildung von Fensterelementstößen – nach Montage des Abdeckprofils (beispielhafte Abbildung)

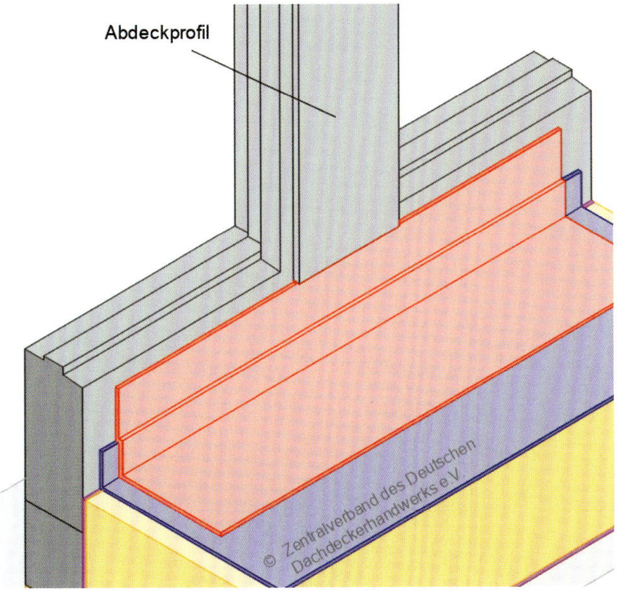

Abb. I.3: Belag auf Stelzlager mit Schlitz-/Drainage-/Fassadenrinne und oberseitigem Rost vor dem Fenster – Hauptentwässerung über Attikaablauf (beispielhafte Abbildung)

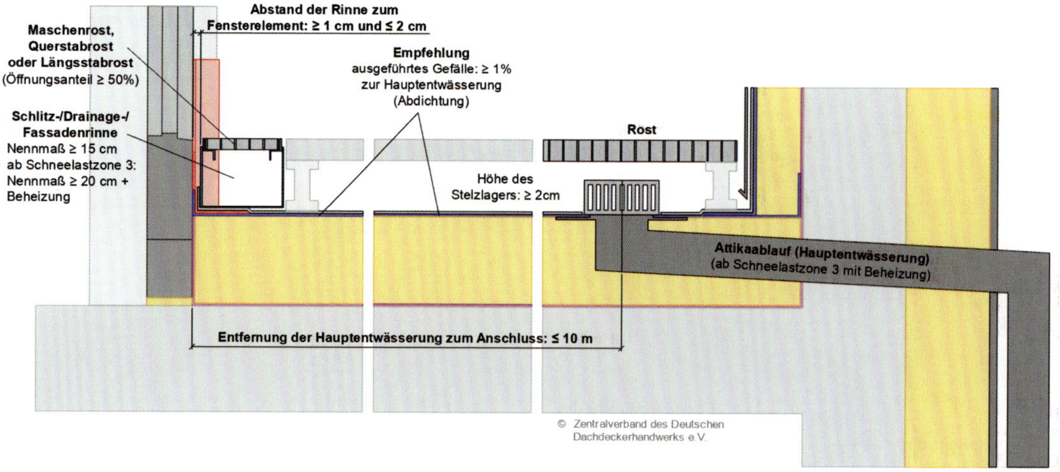

Abb. I.4: Belag auf Stelzlager mit Schlitz-/Drainage-/Fassadenrinne und oberseitigem Rost vor dem Fenster – Notentwässerung über Attikaablauf (beispielhafte Abbildung)

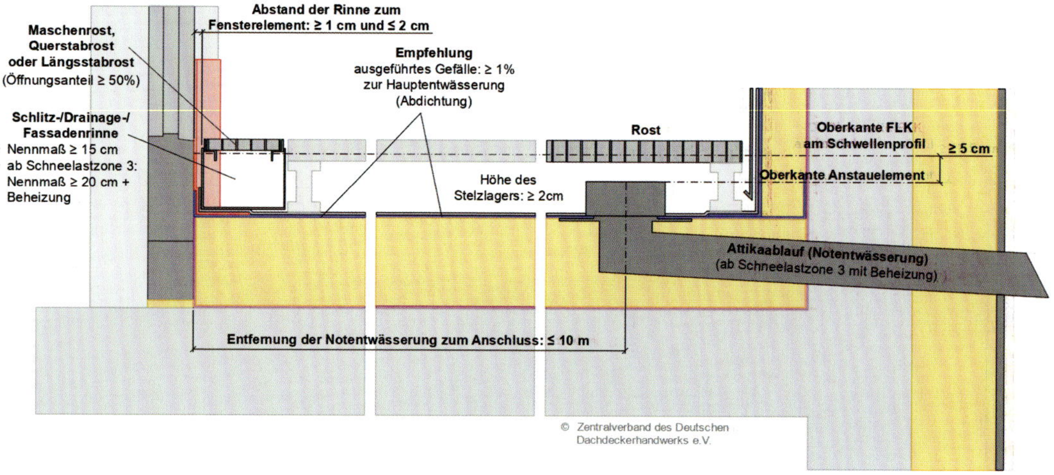

Abb. I.5: Belag auf Stelzlager mit Schlitz-/Drainage-/Fassadenrinne und oberseitigem Rost vor dem Fenster – Notentwässerung über Attikaablauf (beispielhafte Abbildung)

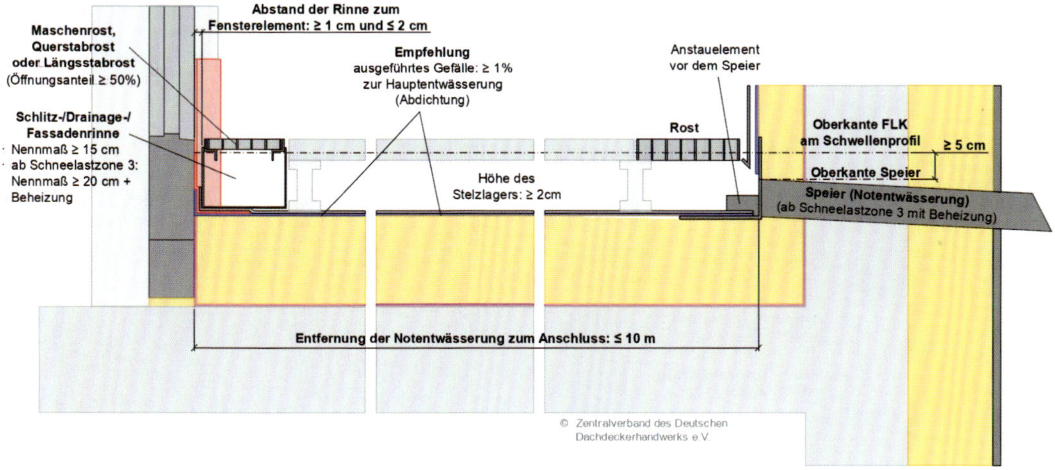

Abb. I.6: Belag auf Stelzlager mit Schlitz-/Drainage-/Fassadenrinne und oberseitigem Rost vor dem Fenster – Hauptentwässerung über Dachablauf/Notentwässerung über Attikaablauf (beispielhafte Abbildung)

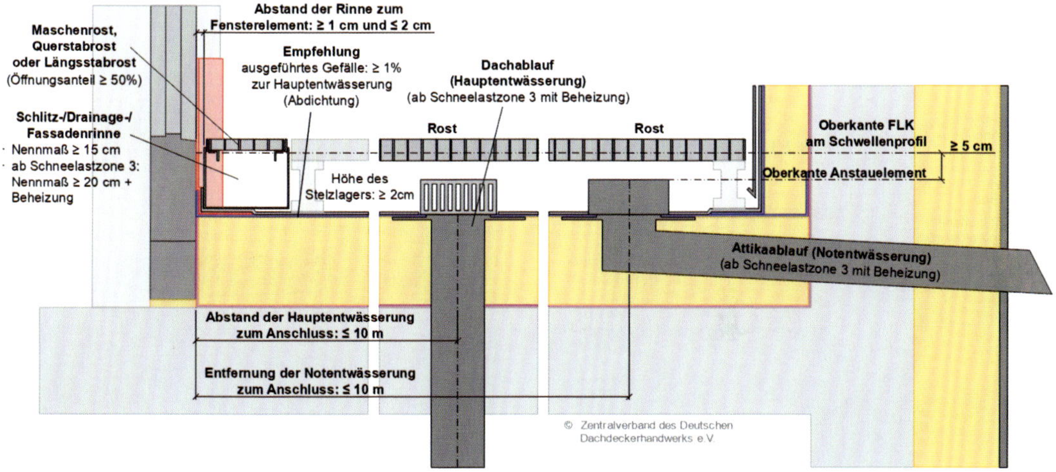

Abb. I.7: Belag auf Stelzlager mit Schlitz-/Drainage-/Fassadenrinne und oberseitigem Rost vor dem Fenster – Hauptentwässerung über Dachablauf/Notentwässerung über Speier (beispielhafte Abbildung)

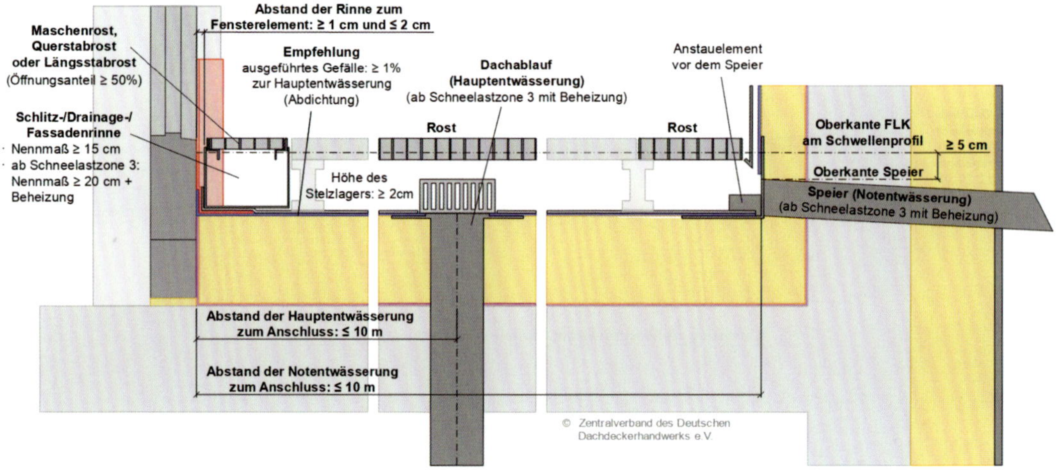

Abb. I.8: Belag auf Kies mit Schlitz-/Drainage-/Fassadenrinne und oberseitigem Rost vor dem Fenster – Hauptentwässerung über Attikaablauf (beispielhafte Abbildung)

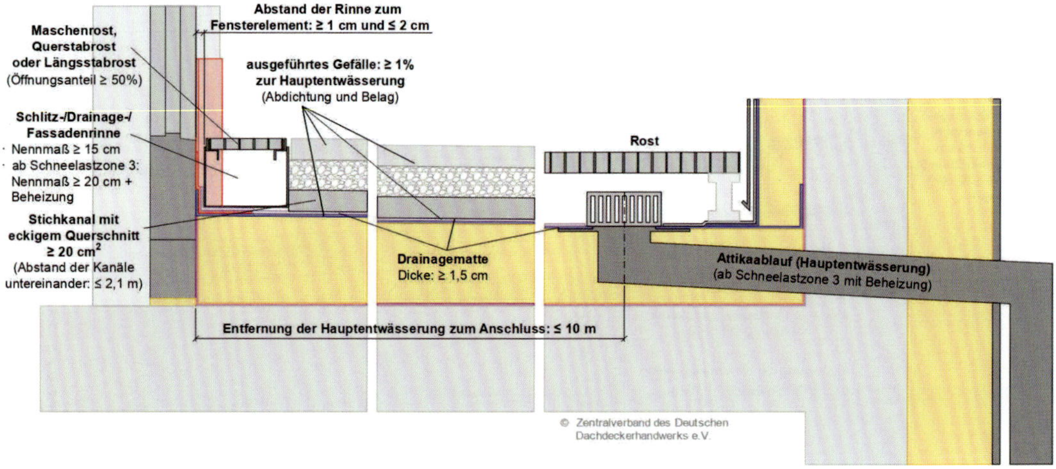

Abb. I.9: Belag auf Kies mit Schlitz-/Drainage-/Fassadenrinne und oberseitigem Rost vor dem Fenster – Notentwässerung über Attikaablauf (beispielhafte Abbildung)

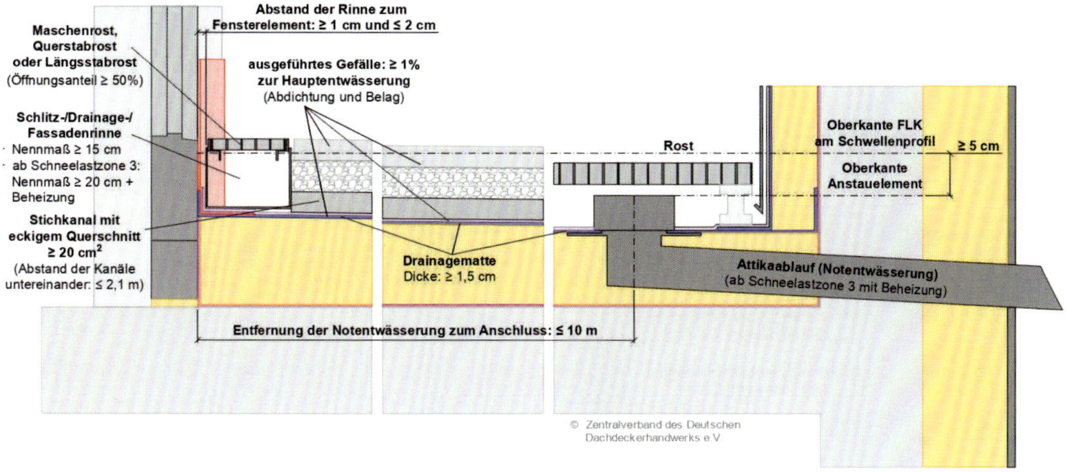

Abb. I.10: Belag auf Kies mit Schlitz-/Drainage-/Fassadenrinne und oberseitigem Rost vor dem Fenster – Notentwässerung über Speier (beispielhafte Abbildung)

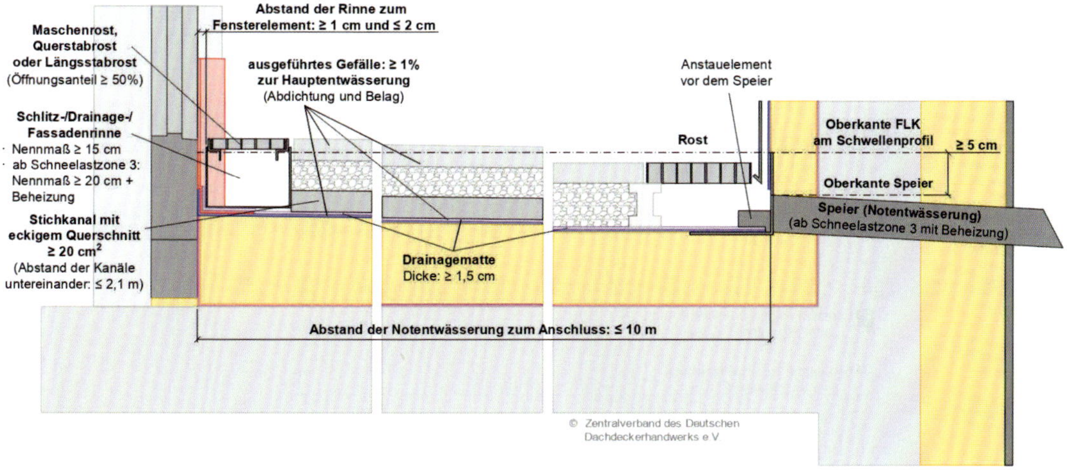

Abb. I.11: Belag auf Kies mit Schlitz-/Drainage-/Fassadenrinne und oberseitigem Rost vor dem Fenster – Hauptentwässerung über Dachablauf/Notentwässerung über Attikaablauf (beispielhafte Abbildung)

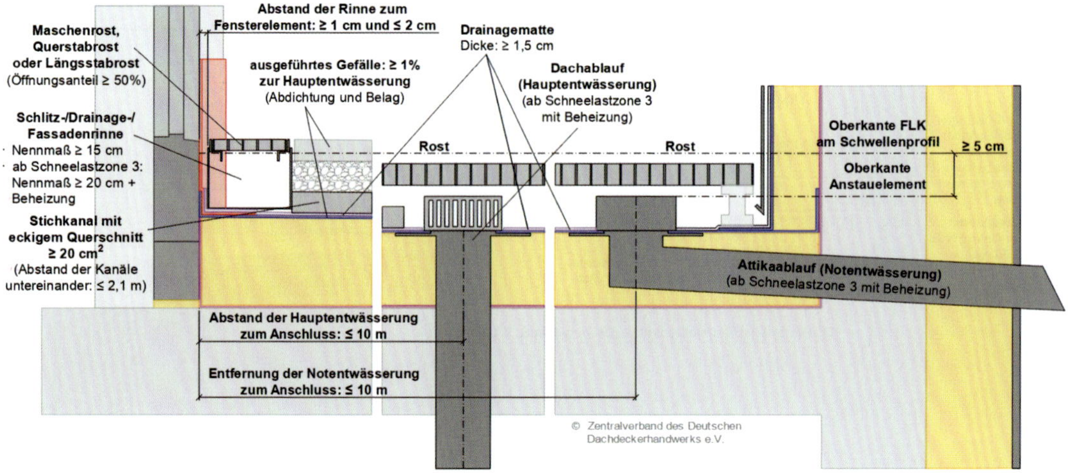

Abb. I.12: Belag auf Kies mit Schlitz-/Drainage-/Fassadenrinne und oberseitigem Rost vor dem Fenster – Hauptentwässerung über Dachablauf/Notentwässerung über Speier (beispielhafte Abbildung)

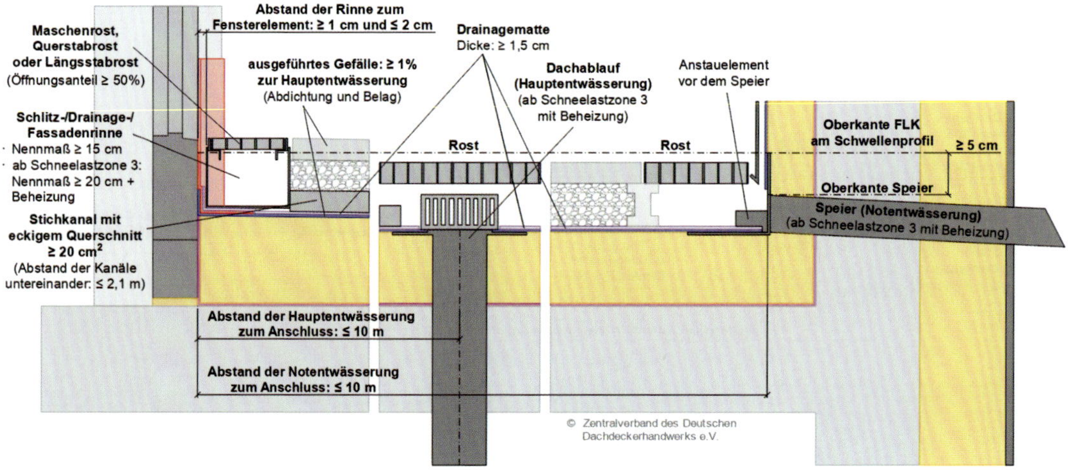

Anhang II Windsogsicherung von Dächern mit Abdichtungen mit einer Neigung < 5°

(1) Der Anhang II stellt einen vereinfachten Nachweis der Windsogsicherung für

- Gebäudestandorte der Windzonen 1 bis 4 (mit Ausnahme der Inseln der Nordsee) mit einer Höhe von maximal 800 m über NN,
- Gebäudehöhen von maximal 25 m,
- Gebäude ohne Windinnendruck (siehe „Hinweise zur Lastenermittlung"),
- Dachneigungen < 5° (ca. 9 %)

dar.

(2) Der Einzelnachweis der Windsogsicherung kann stets nach den Hinweisen zur Lastenermittlung geführt werden und ist in folgenden Fällen erforderlich:

- Bei Dachneigungen ≥ 5° (ca. 9 %) oder
- wenn das Gebäude auf den Inseln der Nordsee liegt oder
- sich das Gebäude in Kamm- und Gipfellagen oder in exponierter Lage befindet (z. B. Flughafennähe), Gebäude, bei denen die umgebende Bebauung eine „Schluchtenbildung" begünstigt, oder
- sich das Gebäude auf einer Höhe von mehr als 800 m über NN befindet oder
- die Gebäudehöhe größer als 25 m ist, oder
- bei Gebäuden mit Windinnendruck und ohne geschlossene Unterlagen oder ohne durchströmungshemmende Schichten.

Gebäude mit Windinnendruck sind solche, die entweder

- durchlässige Außenbauteilen besitzen oder
- an mindestens einer Außenseite offen sind oder
- deren Fenster, Türen und Tore bei Sturm geöffnet werden müssen (z. B. Ausfahrten von Rettungsfahrzeugen).

(3) Ein Einzelnachweis der Windsogsicherung ist in technischer Sicht vorrangig gegenüber den Tabellenwerten. Die Ergebnisse von Einzelnachweisen können von den Werten der Tabelle II.1 bis Tabelle II.3 abweichen.

(4) Die Zuordnung eines Gebäudestandorts zu einer Windzone erfolgt nach den amtlichen Bekanntmachungen der Länder. Diese werden zusammengefasst vom Deutschen Institut für Bautechnik in elektronischer Form veröffentlicht (https://www.dibt.de).

(5) Als Gebäudehöhe h ist die maximale Höhe des Gebäudes über Grund, ggf. einschließlich Attika, nach Abb. II.1 zu berücksichtigen.

Abb. II.1: Gebäudehöhe h für die Windlastermittlung

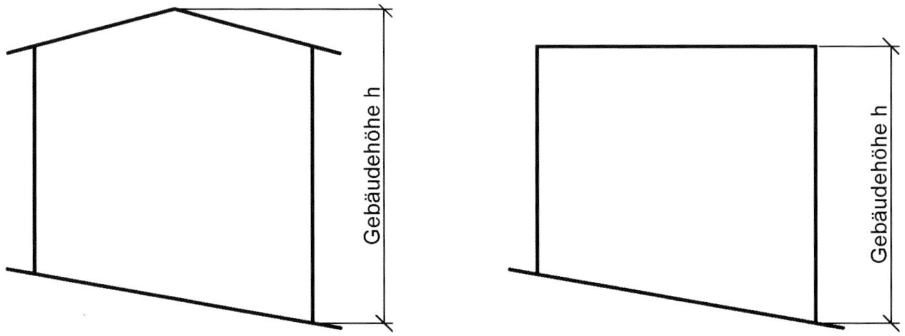

(6) Dachflächen mit einer Neigung von < 5° (ca. 9 %) werden vereinfacht in Eckbereiche (F), Randbereiche (G), Innenbereich (H) und Innenbereich (I) nach Abb. II.2 eingeteilt.

Abb. II.3 zeigt diese vereinfachte Bereichseinteilung für rechteckige Gebäudegrundrisse.

Abb. II.2: Einteilung von Dachflächen bei Neigungen < 5° (ca. 9 %) und Anströmung auf eine Gebäudeseite

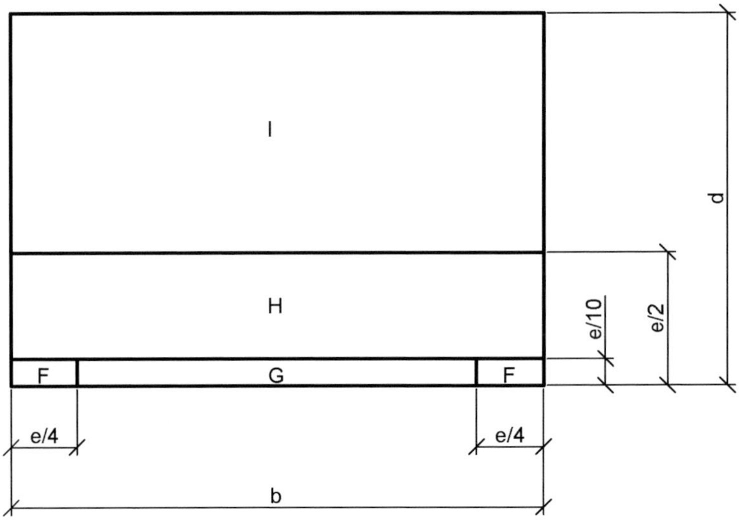

e = b oder 2h (der kleinere Wert ist maßgebend)
h: maximale Höhe des Gebäudes über Grund

Abb. II.3: Einteilung von rechteckigen Dachflächen bei Neigungen < 5° (ca. 9 %)

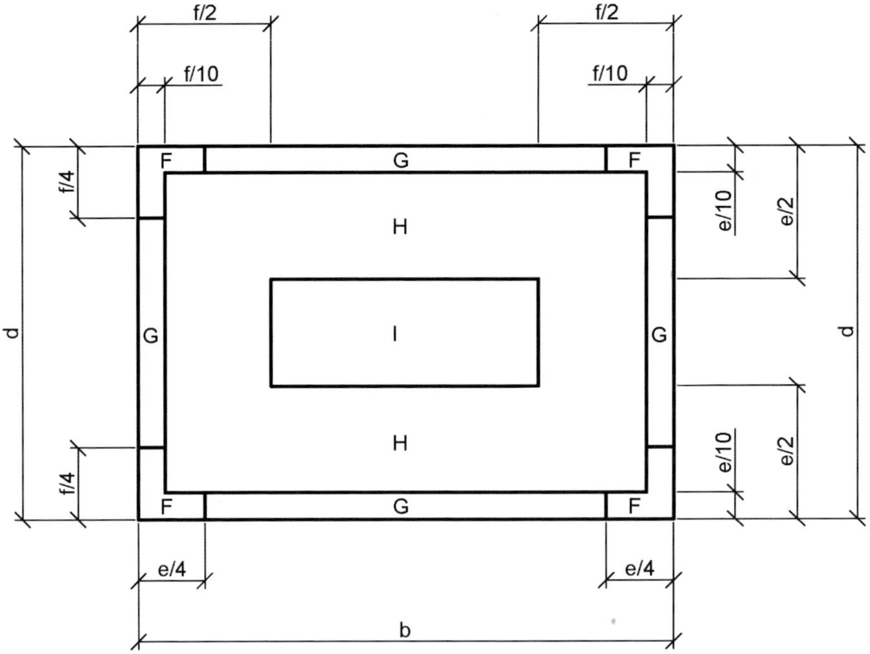

e = b oder 2h (der kleinere Wert ist maßgebend)
f = d oder 2h (der kleinere Wert ist maßgebend)
h: maximale Höhe des Gebäudes über Grund

(7) Im Bereich von Durchdringungen und Aufbauten, die

- mindestens an einer Stelle mehr als 0,35 m aus der Dachfläche herausragen
  und
- über mindestens eine waagerechte Abmessung von mehr als 0,5 m verfügen,

sollte ein Randbereich nach Abb. II.4 angeordnet werden. Die Abmessungen des Randbereichs um eine Durchdringung ergeben sich aus der Hälfte des größten horizontalen Außenmaßes der Durchdringung, jedoch mindestens ein Meter und maximal zwei Meter. Die Breite des Randbereichs wird in der Dachfläche gemessen.

Überschneidet sich der Randbereich einer Durchdringung oder eines Dachaufbaus mit dem Rand- oder Eckbereich der Dachfläche, empfiehlt sich die Ausführung nach Abb. II.4. Zusätzliche Befestigungsmittel sind dort nicht erforderlich.

Abb. II.4: Erhöhte Beanspruchung der Dachfläche infolge Durchdringungen

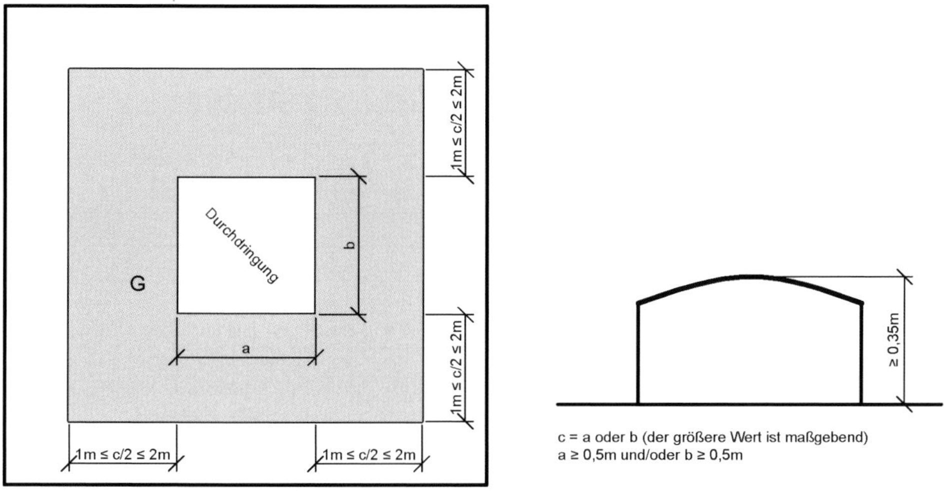

(8) Hinweise zur Anwendung der Tabelle II.1 bis Tabelle II.3:

- Grundlage für die Windeinwirkungen sind der Außendruckbeiwert $c_{pe,1}$ sowie die Lastannahmen nach den „Hinweisen zur Lastenermittlung".
- Das Mischprofil Küste ist für Gebäudestandorte innerhalb eines 5 km breiten Streifens landeinwärts der Küsten von Nord- und Ostsee sowie von großen Seen (mindestens 5 km freie Fläche in Windrichtung) anzusetzen. Das Mischprofil Küste ist ebenfalls für die Inseln der Ostsee anzusetzen.
- Die angegebenen Werte für die erforderlichen Schüttdicken des Kieses ergeben sich aus einer Eigengewichtskraft des Kieses von 0,18 kN/m² (Bemessungswert) und cm Schüttdicke; sie sind auf ganze cm aufzurunden; der Sicherheitsbeiwert $\gamma_G = 0{,}9$ ist bereits berücksichtigt; zur Einhaltung der erf. Auflast ist die tatsächlich eingebaute Flächenlast, z. B. mittels Lieferschein, zu prüfen.
- Bei Dächern mit Attika ist das Verhältnis h_p/h zu berücksichtigen. h_p ist die Höhe der Attika, gemessen von der Abdichtung bis zur Oberkante der Attika.
- Die Werte für die erforderliche Anzahl an Befestigern und Stiften gelten für Bemessungswerte der Tragfähigkeit von $R_{d,Befestiger} = 0{,}5$ kN und $R_{ax,d,Stift} = 0{,}076$ kN (Nägel aus verzinktem Stahl mit extra großem Flachkopf 2,5*25 mm; NH S10 mit einer Holzfeuchte ≤ 20 %).

Tabelle II.1: Windsogsicherung für Gebäude mit einer Höhe h ≤ 10 m (Dachneigung < 5°)

		Kies [cm]				Befestiger pro m^2				Stifte pro m^2			
Wz 1		F	G	H	I	F	G	H	I	F	G	H	I
scharfkantiger Traufbereich		10,5	8,4	5,0	5,0	3,8	3,0	2,0	2,0	25	20	12	11
mit Attika	$h_p/h = 0{,}025$	9,2	7,5	5,0	5,0	3,3	2,7	2,0	2,0	22	18	12	11
	$h_p/h = 0{,}05$	8,4	6,7	5,0	5,0	3,0	2,4	2,0	2,0	20	16	12	11
	$h_p/h = 0{,}10$	7,5	5,9	5,0	5,0	2,7	2,1	2,0	2,0	18	14	12	11
Wz 2 Binnenland		F	G	H	I	F	G	H	I	F	G	H	I
scharfkantiger Traufbereich		13,6	10,9	6,5	5,0	4,9	3,9	2,4	2,0	33	26	16	11
mit Attika	$h_p/h = 0{,}025$	12,0	9,8	6,5	5,0	4,3	3,6	2,4	2,0	29	24	16	11
	$h_p/h = 0{,}05$	10,9	8,7	6,5	5,0	3,9	3,2	2,4	2,0	26	21	16	11
	$h_p/h = 0{,}10$	9,8	7,6	6,5	5,0	3,6	2,8	2,4	2,0	24	18	16	11
Wz 2 Küste/Inseln der Ostsee		F	G	H	I	F	G	H	I	F	G	H	I
scharfkantiger Traufbereich		17,8	14,2	8,5	5,0	6,4	5,1	3,1	2,0	42	34	21	11
mit Attika	$h_p/h = 0{,}025$	15,6	12,8	8,5	5,0	5,7	4,6	3,1	2,0	37	31	21	11
	$h_p/h = 0{,}05$	14,2	11,4	8,5	5,0	5,1	4,1	3,1	2,0	34	27	21	11
	$h_p/h = 0{,}10$	12,8	10,0	8,5	5,0	4,6	3,6	3,1	2,0	31	24	21	11
Wz 3 Binnenland		F	G	H	I	F	G	H	I	F	G	H	I
scharfkantiger Traufbereich		16,7	13,4	8,0	5,0	6,0	4,8	2,9	2,0	40	32	19	11
mit Attika	$h_p/h = 0{,}025$	14,7	12,0	8,0	5,0	5,3	4,4	2,9	2,0	35	29	19	11
	$h_p/h = 0{,}05$	13,4	10,7	8,0	5,0	4,8	3,9	2,9	2,0	32	26	19	11
	$h_p/h = 0{,}10$	12,0	9,4	8,0	5,0	4,4	3,4	2,9	2,0	29	23	19	11
Wz 3 Küste/Inseln der Ostsee		F	G	H	I	F	G	H	I	F	G	H	I
scharfkantiger Traufbereich		21,9	17,5	10,5	5,3	7,9	6,3	3,8	2,0	52	42	25	13
mit Attika	$h_p/h = 0{,}025$	19,3	15,8	10,5	5,3	7,0	5,7	3,8	2,0	46	38	25	13
	$h_p/h = 0{,}05$	17,5	14,0	10,5	5,3	6,3	5,1	3,8	2,0	42	34	25	13
	$h_p/h = 0{,}10$	15,8	12,3	10,5	5,3	5,7	4,5	3,8	2,0	38	30	25	13
Wz 4 Binnenland		F	G	H	I	F	G	H	I	F	G	H	I
scharfkantiger Traufbereich		19,8	15,9	9,5	5,0	7,2	5,7	3,5	2,0	47	38	23	12
mit Attika	$h_p/h = 0{,}025$	17,5	14,3	9,5	5,0	6,3	5,2	3,5	2,0	42	34	23	12
	$h_p/h = 0{,}05$	15,9	12,7	9,5	5,0	5,7	4,6	3,5	2,0	38	30	23	12
	$h_p/h = 0{,}10$	14,3	11,1	9,5	5,0	5,2	4,0	3,5	2,0	34	27	23	12
Wz 4 Küste/Inseln der Ostsee		F	G	H	I	F	G	H	I	F	G	H	I
scharfkantiger Traufbereich		26,1	20,9	12,5	6,3	9,4	7,5	4,5	2,3	62	50	30	15
mit Attika	$h_p/h = 0{,}025$	23,0	18,8	12,5	6,3	8,3	6,8	4,5	2,3	55	45	30	15
	$h_p/h = 0{,}05$	20,9	16,7	12,5	6,3	7,5	6,0	4,5	2,3	50	40	30	15
	$h_p/h = 0{,}10$	18,8	14,6	12,5	6,3	6,8	5,3	4,5	2,3	45	35	30	15

Tabelle II.2: Windsogsicherung für Gebäude mit einer Höhe 10 m < h ≤ 18 m (Dachneigung < 5°)

		Kies [cm]				Befestiger pro m²				Stifte pro m²			
Wz 1		F	G	H	I	F	G	H	I	F	G	H	I
scharfkantiger Traufbereich		13,6	10,9	6,5	5,0	4,9	3,9	2,4	2,0	33	26	16	11
mit Attika	$h_p/h = 0{,}025$	12,0	9,8	6,5	5,0	4,3	3,6	2,4	2,0	29	24	16	11
	$h_p/h = 0{,}05$	10,9	8,7	6,5	5,0	3,9	3,2	2,4	2,0	26	21	16	11
	$h_p/h = 0{,}10$	9,8	7,6	6,5	5,0	3,6	2,8	2,4	2,0	24	18	16	11
Wz 2 Binnenland		F	G	H	I	F	G	H	I	F	G	H	I
scharfkantiger Traufbereich		16,7	13,4	8,0	5,0	6,0	4,8	2,9	2,0	40	32	19	11
mit Attika	$h_p/h = 0{,}025$	14,7	12,0	8,0	5,0	5,3	4,4	2,9	2,0	35	29	19	11
	$h_p/h = 0{,}05$	13,4	10,7	8,0	5,0	4,8	3,9	2,9	2,0	32	26	19	11
	$h_p/h = 0{,}10$	12,0	9,4	8,0	5,0	4,4	3,4	2,9	2,0	29	23	19	11
Wz 2 Küste/Inseln der Ostsee		F	G	H	I	F	G	H	I	F	G	H	I
scharfkantiger Traufbereich		20,9	16,7	10,0	5,0	7,5	6,0	3,6	2,0	50	40	24	12
mit Attika	$h_p/h = 0{,}025$	18,4	15,0	10,0	5,0	6,6	5,4	3,6	2,0	44	36	24	12
	$h_p/h = 0{,}05$	16,7	13,4	10,0	5,0	6,0	4,8	3,6	2,0	40	32	24	12
	$h_p/h = 0{,}10$	15,0	11,7	10,0	5,0	5,4	4,2	3,6	2,0	36	28	24	12
Wz 3 Binnenland		F	G	H	I	F	G	H	I	F	G	H	I
scharfkantiger Traufbereich		19,8	15,9	9,5	5,0	7,2	5,7	3,5	2,0	47	38	23	12
mit Attika	$h_p/h = 0{,}025$	17,5	14,3	9,5	5,0	6,3	5,2	3,5	2,0	42	34	23	12
	$h_p/h = 0{,}05$	15,9	12,7	9,5	5,0	5,7	4,6	3,5	2,0	38	30	23	12
	$h_p/h = 0{,}10$	14,3	11,1	9,5	5,0	5,2	4,0	3,5	2,0	34	27	23	12
Wz 3 Küste/Inseln der Ostsee		F	G	H	I	F	G	H	I	F	G	H	I
scharfkantiger Traufbereich		25,0	20,0	12,0	6,0	9,0	7,2	4,4	2,2	60	48	29	15
mit Attika	$h_p/h = 0{,}025$	22,0	18,0	12,0	6,0	8,0	6,5	4,4	2,2	53	43	29	15
	$h_p/h = 0{,}05$	20,0	16,0	12,0	6,0	7,2	5,8	4,4	2,2	48	38	29	15
	$h_p/h = 0{,}10$	18,0	14,0	12,0	6,0	6,5	5,1	4,4	2,2	43	34	29	15
Wz 4 Binnenland		F	G	H	I	F	G	H	I	F	G	H	I
scharfkantiger Traufbereich		24,0	19,2	11,5	5,8	8,7	6,9	4,2	2,1	57	46	28	14
mit Attika	$h_p/h = 0{,}025$	21,1	17,3	11,5	5,8	7,6	6,3	4,2	2,1	50	41	28	14
	$h_p/h = 0{,}05$	19,2	15,4	11,5	5,8	6,9	5,6	4,2	2,1	46	37	28	14
	$h_p/h = 0{,}10$	17,3	13,5	11,5	5,8	6,3	4,9	4,2	2,1	41	32	28	14
Wz 4 Küste/Inseln der Ostsee		F	G	H	I	F	G	H	I	F	G	H	I
scharfkantiger Traufbereich		29,2	23,4	14,0	7,0	10,5	8,4	5,1	2,6	70	56	34	17
mit Attika	$h_p/h = 0{,}025$	25,7	21,0	14,0	7,0	9,3	7,6	5,1	2,6	61	50	34	17
	$h_p/h = 0{,}05$	23,4	18,7	14,0	7,0	8,4	6,8	5,1	2,6	56	45	34	17
	$h_p/h = 0{,}10$	21,0	16,4	14,0	7,0	7,6	5,9	5,1	2,6	50	39	34	17

Tabelle II.3: Windsogsicherung für Gebäude mit einer Höhe 18 m < h ≤ 25 m (Dachneigung < 5°)

		Kies [cm]				Befestiger pro m²				Stifte pro m²			
Wz 1		F	G	H	I	F	G	H	I	F	G	H	I
scharfkantiger Traufbereich		15,7	12,5	7,5	5,0	5,7	4,5	2,7	2,0	38	30	18	11
mit Attika	$h_p/h = 0{,}025$	13,8	11,3	7,5	5,0	5,0	4,1	2,7	2,0	33	27	18	11
	$h_p/h = 0{,}05$	12,5	10,0	7,5	5,0	4,5	3,6	2,7	2,0	30	24	18	11
	$h_p/h = 0{,}10$	11,3	8,8	7,5	5,0	4,1	3,2	2,7	2,0	27	21	18	11
Wz 2 Binnenland		F	G	H	I	F	G	H	I	F	G	H	I
scharfkantiger Traufbereich		18,8	15,0	9,0	5,0	6,8	5,4	3,3	2,0	45	36	22	11
mit Attika	$h_p/h = 0{,}025$	16,5	13,5	9,0	5,0	6,0	4,9	3,3	2,0	40	32	22	11
	$h_p/h = 0{,}05$	15,0	12,0	9,0	5,0	5,4	4,4	3,3	2,0	36	29	22	11
	$h_p/h = 0{,}10$	13,5	10,5	9,0	5,0	4,9	3,8	3,3	2,0	32	25	22	11
Wz 2 Küste/Inseln der Ostsee		F	G	H	I	F	G	H	I	F	G	H	I
scharfkantiger Traufbereich		23,0	18,4	11,0	5,5	8,3	6,6	4,0	2,0	55	44	27	14
mit Attika	$h_p/h = 0{,}025$	20,2	16,5	11,0	5,5	7,3	6,0	4,0	2,0	48	40	27	14
	$h_p/h = 0{,}05$	18,4	14,7	11,0	5,5	6,6	5,3	4,0	2,0	44	35	27	14
	$h_p/h = 0{,}10$	16,5	12,9	11,0	5,5	6,0	4,7	4,0	2,0	40	31	27	14
Wz 3 Binnenland		F	G	H	I	F	G	H	I	F	G	H	I
scharfkantiger Traufbereich		23,0	18,4	11,0	5,5	8,3	6,6	4,0	2,0	55	44	27	14
mit Attika	$h_p/h = 0{,}025$	20,2	16,5	11,0	5,5	7,3	6,0	4,0	2,0	48	40	27	14
	$h_p/h = 0{,}05$	18,4	14,7	11,0	5,5	6,6	5,3	4,0	2,0	44	35	27	14
	$h_p/h = 0{,}10$	16,5	12,9	11,0	5,5	6,0	4,7	4,0	2,0	40	31	27	14
Wz 3 Küste/Inseln der Ostsee		F	G	H	I	F	G	H	I	F	G	H	I
scharfkantiger Traufbereich		27,1	21,7	13,0	6,5	9,8	7,8	4,7	2,4	65	52	31	16
mit Attika	$h_p/h = 0{,}025$	23,9	19,5	13,0	6,5	8,6	7,1	4,7	2,4	57	47	31	16
	$h_p/h = 0{,}05$	21,7	17,4	13,0	6,5	7,8	6,3	4,7	2,4	52	42	31	16
	$h_p/h = 0{,}10$	19,5	15,2	13,0	6,5	7,1	5,5	4,7	2,4	47	36	31	16
Wz 4 Binnenland		F	G	H	I	F	G	H	I	F	G	H	I
scharfkantiger Traufbereich		27,1	21,7	13,0	6,5	9,8	7,8	4,7	2,4	65	52	31	16
mit Attika	$h_p/h = 0{,}025$	23,9	19,5	13,0	6,5	8,6	7,1	4,7	2,4	57	47	31	16
	$h_p/h = 0{,}05$	21,7	17,4	13,0	6,5	7,8	6,3	4,7	2,4	52	42	31	16
	$h_p/h = 0{,}10$	19,5	15,2	13,0	6,5	7,1	5,5	4,7	2,4	47	36	31	16
Wz 4 Küste/Inseln der Ostsee		F	G	H	I	F	G	H	I	F	G	H	I
scharfkantiger Traufbereich		32,3	25,9	15,5	7,8	11,7	9,3	5,6	2,8	77	62	37	19
mit Attika	$h_p/h = 0{,}025$	28,5	23,3	15,5	7,8	10,3	8,4	5,6	2,8	68	56	37	19
	$h_p/h = 0{,}05$	25,9	20,7	15,5	7,8	9,3	7,5	5,6	2,8	62	49	37	19
	$h_p/h = 0{,}10$	23,3	18,1	15,5	7,8	8,4	6,6	5,6	2,8	56	43	37	19

Deutsches Dachdeckerhandwerk
– Regelwerk –

Hinweise Holz und Holzwerkstoffe

Aufgestellt und herausgegeben vom

Zentralverband des Deutschen Dachdeckerhandwerks – Fachverband Dach-, Wand- und Abdichtungstechnik – e.V.

Ausgabe November 2017

Rudolf Müller

1 Allgemeines

1.1 Geltungsbereich

(1) Die Hinweise gelten für Unterlagen und Unterkonstruktionen aus Nadelholz und Holzwerkstoffen von Dachdeckungen, Dachabdichtungen und Außenwandbekleidungen. Wesentliche Grundlage hierfür sind bauaufsichtliche Anforderungen. Für Dachlatten und deren Verbindungen gelten praxisorientierte Regeln.

(2) Höherwertige Anforderungen in Fachregeln haben Vorrang.

(3) Anforderungen an den Brandschutz sind der jeweiligen Landesbauordnung zu entnehmen und werden in diesen Hinweisen nicht behandelt.

1.2 Begriffe

(1) Latten sind Holzbauteile mit einer Dicke von maximal 40 mm und einer Breite von kleiner 80 mm.

(2) Bretter sind Holzbauteile mit einer Dicke von maximal 40 mm und einer Breite von mindestens 80 mm.

(3) Bohlen sind Holzbauteile mit einer Dicke größer 40 mm und einer Breite von mehr als der dreifachen Dicke.

(4) Kanthölzer sind Holzbauteile mit einer Breite größer 40 mm und einer Höhe von mindestens der Breite und maximal der dreifachen Breite.

(5) Traglatten sind linienförmige Unterlagen für Dachdeckungen und Außenwandbekleidungen.

(6) Konterlatten/Grundhölzer sind Teile der Unterkonstruktion von Dachdeckungen, Dachabdichtungen sowie Außenwandbekleidungen und verbinden die Unterlage der Deckungen und Bekleidungen mit der tragenden Konstruktion des Gebäudes/Bauwerks.

(7) Dachlatten sind Trag- und Konterlatten von Dachdeckungen.

(8) Schalungen sind flächige Unterlagen für Dachdeckungen, Außenwandbekleidungen, Abdichtungen, Unterdeckungen und Unterdächer.

(9) Unterkonstruktionen im Sinne dieser Hinweise beschränken sich auf Bauschnitthölzer zur Aufnahme der Dachdeckung, Abdichtung und Außenwandbekleidung.

(10) Unterkonstruktionen werden im Sinne von Standsicherheitsnachweisen unterschieden in:

- tragende Bauteile,
- tragende Bauteile ohne rechnerischen Nachweis,
- nichttragende Bauteile.

Im Folgenden wird zwischen tragenden Bauteilen und tragenden Bauteilen ohne rechnerischen Nachweis unterschieden.

(11) Tragende Bauteile sind Bauteile, die nach DIN EN 1995-1-1[1] und DIN EN 1995-1-1/NA[2] bemessen werden müssen.

Beispiel:

- Konterlatten bei Aufsparren-Dämmsystemen,
- Grundhölzer bei Außenwandbekleidungen,
- Dachlatten, Pfetten und Schalungen bei Sparrenabständen > 1,0 m,
- Sparrenauswechslungen,
- Bauholz (z. B. Latten, Bretter) zur Aussteifung von Balken oder Bindern.

(12) Tragende Bauteile ohne rechnerischen Nachweis sind Bauteile, die statisch nicht bemessen werden müssen und nach handwerklichen Erfahrungen ausgeführt werden.

Beispiel:

- Konterlatten außer der in Abschnitt (11) genannten Fälle,
- Traglatten und Schalungen von Dachdeckungen oder Dachabdichtungen bei Achsabständen der Unterkonstruktion ≤ 1,0 m.

(13) Nichtragende Bauteile sind Bauteile, die außer ihrer Eigengewichtslast keine weiteren Lasten abtragen.

Beispiel:

- Schalungen für Unterdächer oder Unterdeckungen.

(14) Nennmaße sind Größenangaben von Holz und Holzwerkstoffen bei einer Messbezugsfeuchte von 20 %.

(15) Istmaße sind durch Messung festgestellte Maße.

(16) Maßtoleranzen sind Differenzen zwischen Istmaßen und Nennmaßen.

(17) Befestigungsmittel sind Teile, die Deckung, Abdichtung und Bekleidung an der Unterkonstruktion mechanisch befestigen.

(18) Verbindungsmittel im Sinne der „Hinweise Holz und Holzwerkstoffe" sind metallische Bauteile zum Verbinden einzelner Hölzer untereinander. Im Bereich der Außenwandbekleidung wird in diesem Zusammenhang auch der Begriff Verbindungselemente verwendet.

(19) Verankerungsmittel bzw. Verankerungselemente sind Teile, die bei Außenwandbekleidungen das

[1] DIN EN 1995-1-1 Eurocode 5: Bemessung und Konstruktion von Holzbauten – Teil 1.1: Allgemeines – Allgemeine Regeln und Regeln für den Hochbau

[2] DIN EN 1995-1-1/NA Nationaler Anhang – National festgelegte Parameter - Eurocode 5: Bemessung und Konstruktion von Holzbauten – Teil 1-1: Allgemeines – Allgememeine Regeln und Regeln für den Hochbau

Grundholz in der zu bekleidenden Schicht (z. B. Außenwände) mechanisch verankern.

(20) Rillennägel sind Nägel, die über einen Teil der Länge ihres Schafts ein Profil oder eine Verformung aufweisen.

(21) Technisch getrocknetes Holz ist Holz, das in einer dafür geeigneten Anlage prozessgesteuert bei einer Temperatur von mindestens 55°C mindestens 48 Stunden auf eine Holzfeuchte von maximal 20 % getrocknet wurde.

(22) Trocken sortiertes Holz (TS bzw. TROCKEN SORTIERT) ist Schnittholz, das bei einer mittleren Holzfeuchte von höchstens 20 % sortiert wurde.

2 Bauprodukte

2.1 Nutzungsklassen und Holzfeuchte

(1) Nach DIN EN 1995-1-1 und DIN EN 1995-1-1/NA werden 3 Nutzungsklassen (NKL) unterschieden. Das System der Nutzungsklassen dient im Wesentlichen der Zuordnung von Festigkeitswerten und zur Berechnung von Verformungen von Holz- und Holzwerkstoffbauteilen sowie der Verbindungen unter festgelegten Umweltbedingungen.

- Nutzungsklasse 1
  Sie ist gekennzeichnet durch einen Feuchtegehalt in den Holzbaustoffen, der einer Temperatur von 20° C und einer relativen Luftfeuchte der umgebenden Luft entspricht, die nur für einige Wochen pro Jahr einen Wert von 65 % übersteigt (Holz im Innenbereich).
- Nutzungsklasse 2
  Sie ist gekennzeichnet durch einen Feuchtegehalt in den Holzbaustoffen, der einer Temperatur von 20° C und einer relativen Luftfeuchte der umgebenden Luft entspricht, die nur für einige Wochen pro Jahr einen Wert von 85 % übersteigt (Holz im überdachten Außenbereich).
- Nutzungsklasse 3
  Sie erfasst Klimabedingungen, die zu einem höheren Feuchtegehalt führen als in Nutzungsklasse 2 angegeben. In Ausnahmefällen können auch überdachte Tragwerke in die Nutzungsklasse 3 einzustufen sein (Holz in Schwimmbädern).

(2) Die Einbaufeuchte von Hölzern darf nicht höher als 20 % sein. Die mittlere Holzfeuchte wird nach DIN EN 13183-2[3] ermittelt.

(3) Als Gleichgewichtsfeuchte im Gebrauchszustand gilt die im Mittel sich einstellende Feuchte im Bauteil. Tabelle 1 zeigt die Bereiche der zu erwartenden Gleichgewichtsfeuchten nach DIN EN 1995-1-1.

[3] DIN EN 13183-2 Feuchtegehalt eines Stückes Schnittholz – Teil 2: Schätzung durch elektrisches Widerstands-Messverfahren

Tabelle 1: Bereiche der zu erwartenden Gleichgewichtsfeuchten nach DIN EN 1995-1-1

Nutzungsklasse	1	2	3
Holzfeuchte	5 - 15 %[1)]	10 - 20 %[2)]	12 - 24 %[3)]

1) In den meisten Nadelhölzern wird in der Nutzungsklasse 1 eine mittlere Gleichgewichtsfeuchte von 12 % nicht überschritten.
2) In den meisten Nadelhölzern wird in der Nutzungsklasse 2 eine mittlere Gleichgewichtsfeuchte von 20 % nicht überschritten.
3) Die Nutzungsklasse 3 schließt Bauwerke ein, in denen sich höhere Gleichgewichtsfeuchten einstellen können.

2.2 Bauholz

(1) Tragende Bauteile aus Bauholz müssen eine Nenndicke von mindestens 24 mm und eine Nennbreite von mindestens 48 mm aufweisen.

(2) Bauholz für tragende Bauteile muss DIN EN 14081-1[4] entsprechen und mit einer CE-Kennzeichnung gekennzeichnet sein (siehe Abb. 2.1 und 2.2). Die Kennzeichnung kann auf dem einzelnen Stück Holz oder einer Verpackungseinheit erfolgen.

Bei der Sortierung von Bauholz nach DIN EN 14081-1 wird zwischen visueller und maschineller Sortierung unterschieden. In der CE-Kennzeichnung ist die maschinelle Sortierung an dem Buchstaben „M“ zu erkennen, bei der visuellen Sortierung sind die Sortiernorm und Sortierklasse angegeben.

Nach DIN 20000-5[5] darf nur trocken sortiertes Holz verwendet werden, bei Lattem mit einem Querschnitt bis 40/60 mm darf die Trocknung auf eine Holzfeuchte von maximal 20 % auch nach der Sortierung erfolgen. In der CE-Kennzeichnung wird die Sortierung von trockenem Holz mit „TROCKEN SORTIERT“ angegeben.

In der CE-Kennzeichnung nach DIN EN 14081-1 wird ebenfalls die Festigkeitsklasse nach DIN EN 338[6] angegeben. Auf Grundlage der DIN EN 1912[7] zeigt Tabelle 2 die Zuordnung von Sortierklassen zu Festigkeitsklassen für Nadelholz. Tabelle 2 gilt nicht für Latten.

[4] DIN EN 14081-1 Holzbauwerke – Nach Festigkeit sortiertes Bauholz für tragende Zwecke mit rechteckigem Querschnitt – Teil 1: Allgemeine Anforderungen

[5] DIN 20000-5 Anwendung von Bauprodukten in Bauwerken – Teil 5: Nach Festigkeit sortiertes Bauholz für tragende Zwecke mit recheckigem Querschnitt.

[6] DIN EN 338 Bauholz für tragende Zwecke – Festigkeitsklassen

[7] DIN EN 1912 Bauholz für tragende Zwecke – Festigkeitsklassen – Zuordnung von visuellen Sortierklassen und Holzarten

CE

012345

(Kennnummer der notifizierten Zertifizierungsstelle)

Musterholzwerk

(Name oder Kennzeichnung des Herstellers)

13

(Letzten beiden Ziffern des Jahres in dem die CE-Kennzeichnung angebracht wurde)

M / TROCKEN SORTIERT

Musterholzwerk Nr. 1111

(Identifizierungscodenummer)

EN 14081-1

C24

(mandatierte Eigenschaften, z. B. Festigkeitsklasse)

Abb. 2.1: Beispiel für eine CE-Kennzeichnung für maschinell, trocken sortiertes Holz nach DIN EN 14081-1

(3) Trag- und Konterlatten sowie Brettschalungen als Unterlagen von Dachdeckungen und Dachabdichtungen ohne rechnerischen Nachweis müssen den Anforderungen nach Abschnitt 3.2 entsprechen.

Die Latten können durch den Hersteller zum vereinfachten Nachweis der Übereinstimmung mit

- der Sortierklasse S10 bei visueller Sortierung nach DIN 4047-1,
- der Festigkeitsklasse C24 M oder C27 M nach DIN EN 336 bei maschineller Sortierung

zusätzlich an den Stirnseiten vollflächig mit roter Farbe gekennzeichnet sein. Die Abbildungen 2.3 und 2.4 zeigen Beispiele für CE-Kennzeichnungen von Dachlatten.

(4) Bei der Verwendung von Vollholz mit Keilzinkenstoß, Balkenschichtholz und Brettschichtholz sind die Anforderungen an die Eigenschaften, Kennzeichnung und Verwendung nach den Landesbauordnungen (Bauregellisten und Technische Baubestimmungen) zu beachten.

(5) Erforderliche Festigkeitsklassen und ggf. Sortierklassen für Bauhölzer, welche auf Grundlage eines rechnerischen Nachweises verwendet werden, sind entsprechend der Nachweise einzuhalten.

(6) Für nicht tragende Bauteile sollte Bauholz nach DIN EN 14081-1 verwendet werden.

(7) Die Nennmaße von Bauhölzern sind auf eine Messbezugsfeuchte von 20 % bezogen. Die Abweichungen der Querschnittsmaße von den Nennma-

CE

012345

(Kennnummer der notifizierten Zertifizierungsstelle)

Musterholzwerk

(Name oder Kennzeichnung des Herstellers)

13

(Letzten beiden Ziffern des Jahres in dem die CE-Kennzeichnung angebracht wurde)

DIN 4074-1 - S10

TROCKEN SORTIERT

Musterholzwerk Nr. 1111

(Identifizierungscodenummer)

EN 14081-1

C24

(mandatierte Eigenschaften, z. B. Festigkeitsklasse)

Abb. 2.2: Beispiel für eine CE-Kennzeichnung für visuell, trocken sortiertes Holz nach DIN EN 14081-1

Tabelle 2: Zuordnung der Sortierklassen nach DIN 4074-1[8] zu Festigkeitsklassen nach DIN EN 338

Sortierklasse nach DIN 4074-1	Festigkeitsklasse nach DIN EN 338
S10	C24
S13	C30

[8] DIN 4074-1 Sortierung von Holz nach der Tragfähigkeit – Teil 1: Nadelschnittholz

CE

012345

(Kennnummer der notifizierten Zertifizierungsstelle)

Musterholzwerk

(Name oder Kennzeichnung des Herstellers)

13

(Letzten beiden Ziffern des Jahres in dem die CE-Kennzeichnung angebracht wurde)

Dachlatte 30 / 50 mm
DIN 4074-1 - S10
TROCKEN SORTIERT
Musterholzwerk Nr. 1111

(Identifizierungscodenummer)

EN 14081-1

Abb. 2.3: Beispiel für eine CE-Kennzeichnung für visuell, trocken sortierte Dachlatten nach DIN EN 14081-1

CE

012345

(Kennnummer der notifizierten Zertifizierungsstelle)

Musterholzwerk

(Name oder Kennzeichnung des Herstellers)

13

(Letzten beiden Ziffern des Jahres in dem die CE-Kennzeichnung angebracht wurde)

Dachlatte 30 / 50 mm
C27 M
TROCKEN SORTIERT
Musterholzwerk Nr. 1111

(Identifizierungscodenummer)

EN 14081-1

Abb. 2.4: Beispiel für eine CE-Kennzeichnung für maschinell sortierte Dachlatten nach DIN EN 14081-1

ßen müssen innerhalb der Toleranzen der DIN EN 336[9] liegen. Die zulässigen Toleranzen betragen in:

Maßtoleranzklasse 1:

- für Dicken und Breiten ≤ 100 mm: + 3 mm / -1 mm
- für Dicken und Breiten > 100 mm und ≤ 300 mm: + 4 mm / -2 mm
- für Dicken und Breiten > 300 mm: + 5 mm / -3 mm

Maßtoleranzklasse 2:

- für Dicken und Breiten ≤ 100 mm: ± 1 mm
- für Dicken und Breiten > 100 mm und ≤ 300 mm: ± 1,5 mm
- für Dicken und Breiten > 300 mm: ± 2,0 mm

Grundsätzlich gilt die Maßtoleranzklasse 1. Höherwertigere Anforderungen an die Maßhaltigkeit sind im Einzelfall zu vereinbaren.

(8) Weitere Abweichungen der Istmaße zu den Nennmaßen ergeben sich aus dem Schwinden und Quellen des Holzes. Die Berechnung erfolgt mit den Werten der Tabelle 3 nach DIN EN 1995-1-1/NA und DIN EN 336.

2.3 Holzwerkstoffe

(1) Holzwerkstoffe bestehen aus zersägtem, zerspantem oder zerfasertem Holz, das mit Klebstoffen oder mineralischen Bindemitteln zu platten- oder stabförmigen Querschnitten verpresst wird.

(2) Tragende oder aussteifende Holzwerkstoffe müssen der jeweiligen Produktnorm bzw. einer allgemeinen bauaufsichtlichen Zulassung und den Normen DIN EN 13986[10] und DIN 20000-1[11] entsprechen und mit dem CE-Kennzeichen bzw. Ü-Zeichen gekennzeichnet sein.

(3) Nicht tragende Holzwerkstoffe sollten ebenfalls diesen Anforderungen entsprechen.

[9] DIN EN 336 Bauholz für tragende Zwecke – Maße, zulässige Abweichungen

[10] DIN EN 13986 Holzwerkstoffe zur Verwendung im Bauwesen – Eigenschaften, Bewertung der Konformität und Kennzeichnung

[11] DIN 20000-1 Anwendung von Bauprodukten in Bauwerken – Teil 1: Holzwerkstoffe

(4) CE-gekennzeichnete Holzwerkstoffe nach der Norm DIN EN 13986 dürfen in Deutschland nur verwendet werden, wenn

- sie der Formaldehydklasse E1 (≤ 0,1 ppm) entsprechen und gekennzeichnet sind,
- der PCP-Gehalt von 5 ppm nicht überschritten wird und die Platte dementsprechend gekennzeichnet ist.

Holzwerkstoffe, denen bei der Herstellung chemische Substanzen zur Verbesserung des Brandverhaltens (Feuerschutzmittel) oder zur Verbesserung der Widerstandsfähigkeit gegen biologischen Befall, z. B. durch Pilze und Insekten (Holzschutzmittel) zugesetzt werden, bedürfen zur Verwendung einer allgemeinen bauaufsichtlichen Zulassung.

(5) Holzwerkstoffplatten dürfen nur in den Nutzungsklassen verwendet werden, für die sie nach der technischen Klasse nach DIN EN 13986 geeignet sind.

(6) Holzwerkstoffe, die als Unterlage für Dachdeckungen oder Dachabdichtungen verwendet werden, müssen eine Mindestdicke von 22 mm aufweisen und für die Nutzungsklasse 2 geeignet sein. Nach DIN EN 1995-1-1/NA und DIN EN 13986 sind hierfür

- OSB-Platten nach DIN EN 300[12)]
  - technische Klassen: OSB/3 und OSB/4
- Sperrholz nach DIN EN 636[13)]
  - technische Klassen: Feucht und Außen
- Harte Holzfaserplatten nach DIN EN 622-2[14)]
  - technische Klasse: HB.HLA2
- Kunstharzgebundene Holzspanplatten nach DIN EN 312[15)]
  - technische Klassen: P 5 und P 7
- Zementgebundene Holzspanplatten nach DIN EN 634-1[16)]
- Massivholzplatten nach DIN EN 13353[17)]
  - technische Klasse: SWP/2

geeignet.

[12)] DIN EN 300 Platten aus langen, flachen, ausgerichteten Spänen (OSB) – Definition, Klassifizierung und Anforderungen

[13)] DIN EN 636 Sperrholz – Anforderungen

[14)] DIN EN 622-2 Faserplatten – Anforderungen – Teil 2: Anforderungen an harte Platten

[15)] DIN EN 312 Spanplatten – Anforderungen

[16)] DIN EN 634-1 Zementgebundene Spanplatten – Anforderungen – Teil 1: Allgemeine Anforderungen

[17)] DIN EN 13353 Massivholzplatten (SWP) – Anforderungen

Tabelle 3: Rechenwerte der Quell- und Schwindmaße von Holz

Mittleres Schwind- und Quellmaß in % für Änderungen der Holzfeuchte um 1 % unterhalb des Fasersättigungsbereichs der Dicke und Breite von Holzbauteilen	
Holzarten: Fichte, Lärche, Tanne, Kiefer	0,25
Beispiel: Nennquerschnitt bei 20 % Messbezugsfeuchte: 30/50 mm Holzfeuchte im Gebrauchszustand: 15 % Differenz der Holzfeuchten: 20 % - 15 % = 5 %; Änderung der Abmessungen in Prozent: 5 · 0,25 = 1,25 % Mittlere Abweichung: Dicke = 0,0125 · 30 mm ≈ 0,4 mm Breite = 0,0125 · 50 mm ≈ 0,6 mm	

(7) Schalungen aus Holzwerkstoffen, die zur Aufnahme eines Unterdachs oder einer Unterdeckung dienen, müssen bei Holzspan- und OSB-Platten mindestens 15 mm, bei Sperrholzplatten mindestens 10 mm dick und für die Nutzungsklasse 2 geeignet sein. Ergänzend zu (6) sind hierfür auch

- Harte Holzfaserplatten nach DIN EN 622-2
  - technische Klassen: HB.H, HB-HLA1 und HB.E
- Mittelharte Holzfaserplatten nach DIN EN 622-3[18)]
  - technische Klassen: MBL.H, MBH.H, MBH.HLS1, MBH.HLS2, MBL.E und MBH.E
- Poröse Holzfaserplatten nach DIN EN 622-4[19)]
  - technische Klassen: SB.H, SB.HLS und SB.E

geeignet.

(8) Die Schwind- und Quellmaße für Holzwerkstoffe nach DIN EN 1995-1-1/NA sind in Tabelle 4 aufgeführt.

[18)] DIN EN 622-3 Faserplatten – Anforderungen – Teil 3: Anforderungen an mittelharte Platten

[19)] DIN EN 622-4 Faserplatten – Anforderungen – Teil 4: Anforderungen an poröse Platten

Tabelle 4: Schwind- und Quellmaße für Holzwerkstoffe nach DIN EN 1995-1-1/NA

Holzwerkstoff	Schwind- und Quellmaß in % für Änderung der Holzfeuchte um 1 % unterhalb des Fasersättigungsbereiches
Sperrholz	0,02
Furnierschichtholz ohne Querfurniere	
– In Faserrichtung der Deckfurniere	0,01
– Rechtwinklig zur Faserrichtung der Deckfurniere	0,32
Furnierschichtholz mit Querfurnieren	
– In Faserrichtung der Deckfurniere	0,01
– Rechtwinklig zur Faserrichtung der Deckfurniere	0,03
Kunstharzgebundene Spanplatten, Faserplatten	0,035
Zementgebundene Spanplatten	0,03
OSB-Platten, Typen OSB/2 und OSB/3	0,03
OSB-Platten, Typ OSB/4	0,015

Tabelle 5: Beispielhafte Umgebungsbedingungen für Korrosionsbelastungen von Stahlbauteilen

Korrosionsbelastung	Beispiele für typische Umgebungsbedingungen	
	außen	innen
unbedeutend C1 [a]		Geheizte Gebäude mit neutralen Atmosphären, z. B. Büros, Läden, Schulen, Hotels.
gering C2 [a]	Atmosphären mit geringer Verunreinigung. Meistens ländliche Gebiete. Verbindungsmittel für die Befestigung von Dachlatten und Schalungsbrettern als Unterlage von Dachdeckungen und Abdichtungen, deren Kopf oder Rücken vollständig abgedeckt ist.	Ungeheizte Gebäude, wo Kondensation auftreten kann, z. B. Lager, Sporthallen.
mäßig C3 [a]	Stadt- und Industrieatmosphäre, mäßige Verunreinigung durch Schwefeldioxid. Küstenbereiche mit geringer Salzbelastung.	Produktionsräume mit hoher Feuchte und etwas Luftverunreinigung, z. B. Anlagen zur Lebensmittelherstellung, Wäschereien, Brauereien, Molkereien.
stark C4 [a]	Industrielle Belastung und Küstenbereiche mit mäßiger Salzbelastung.	Chemieanlagen, Schwimmbäder, Bootsschuppen über Meerwasser.
sehr stark (Industrie) C5-I [a]	Industrielle Bereiche mit hoher Feuchte und agressiver Atmosphäre.	Gebäude oder Bereiche mit nahezu ständiger Kondensation und mit starker Verunreinigung.
sehr stark (Meer) C5-M [a]	Küsten- und Offshorebereiche mit hoher Salzbelastung.	Gebäude oder Bereiche mit nahezu ständiger Kondensation und mit starker Verunreinigung.

[a] Korrosivitätskategorie nach DIN EN ISO 12944-2

2.4 Metallische Verbindungs- und Verankerungsmittel

(1) Metallische Verbindungsmittel in Form von Nägeln, Schrauben und Klammern müssen der DIN EN 14592[20] entsprechen oder über eine allgemeine bauaufsichtliche Zulassung (abZ) bzw. Europäisch Technische Bewertung (ETB) verfügen. Veranke-rungs-mittel wie Schrauben-Dübel-Kombinationen bedürfen einer allgemeinen bauaufsichtlichen Zulassung bzw. Europäisch Technischen Bewertung.

(2) Für die Bemessung von Holzverbindungen mit Nägeln, Schrauben und Klammern sind neben DIN EN 1995-1-1, DIN EN 1995-1-1/NA, DIN 1052-10[21] auch die bauaufsichtlichen Zulassungen bzw. Europäisch Technischen Bewertungen sowie die nationale Anwendungsnorm DIN 20000-6[22] zu DIN EN 14592 zu berücksichtigen.

(3) Nägel und Schrauben, jeweils mit einem Durchmesser d ≤ 4mm, für die Befestigung von Trag- und Konterlatten, Bohlen, Kanthölzern sowie Schalungen als Unterlage für Dachdeckungen und Dachabdichtungen müssen mindestens einen Korrosionsschutz von 12µm (Fe/Zn-Verzinkung) besitzen. Nägel und Schrauben, jeweils mit einem Durchmesser d > 4 mm, sollten einen Korrosionsschutz von mindestens 5 µm (Fe/Zn-Verzinkung) besitzen.

(4) Klammern für die Befestigung von Holz- oder Holzwerkstoffbauteilen sollen aus nichtrostendem Stahl (z. B. nach allgemeiner bauaufsichtlicher Zulassung Z-30.3-6) bestehen. Für die Befestigung von Schalungsbrettern als Unterlage von Dachdeckungen, Abdichtungen, Unterdächern und Unterdeckungen können Klammern mit einem Korrosionsschutz von mindestens 12µm (Fe/Zn-Verzinkung) verwendet werden.

(5) Verbindungsmittel für die Befestigung von Schalungen für Unterdeckungen und Unterdächer sowie Sichtschalungen sollten mindestens einen Korrosionsschutz von 12µm (Fe/Zn-Verzinkung) besitzen.

(6) Sichtbar bleibende und nicht direkt bewitterte Verbindungsmittel sollten aus nichtrostendem Stahl bestehen.

(7) Frei der Bewitterung ausgesetzte Verbindungsmittel müssen aus nichtrostendem Stahl bestehen.

(8) Für Verbindungsmittel von Außenwandbekleidungen und deren Unterkonstruktion sind die „Hinweise für hinterlüftete Außenwandbekleidungen“ zu berücksichtigen.

(9) Korrosion von Verbindungsmitteln kann bei chemisch geschütztem Holz, gerbstoffreichen Hölzern (z. B. Bongossi, Eiche) oder Holzwerkstoffen auftreten. Bei chemisch geschützten Hölzern oder gerbstoffreichen Hölzern sollen Verbindungsmittel aus nichtrostendem Stahl verwendet werden. Bei Holzwerkstoffen sind die Hinweise der Holzwerkstoffhersteller zu berücksichtigen.

(10) In Bereichen mit starker und sehr starker Korrosionsbelastung (Korrosivitätskategorien C4 und C5 nach DIN EN ISO 12944-2[23]), z. B. Chemieanlagen und Schwimmbäder, ist der Korrosionsschutz im Einzelfall nach den Technischen Baubestimmungen zu planen und auszuführen. Vereinfacht können in diesen Fällen, mit Ausnahmen von stark chlorhaltigen Umgebungsbedingungen (z. B. Schwimmbäder), Verbindungsmittel aus nichtrostendem Stahl verwendet werden.

3 Ausführung

3.1 Verbindungsmittel und Verbindungen

3.1.1 Allgemeines

In den folgenden Abschnitten werden Verbindungen mit glattschaftigen und profilierten Nägeln (Rillennägel) mit einem Durchmesser kleiner 5 mm, beharzten Klammern und Schrauben behandelt. Anderweitige Verbindungen sind nach den Technischen Baubestimmungen auszuführen.

3.1.2 Mindestholzdicken und Mindesteindringtiefen von Verbindungsmitteln

(1) Tragende Bauteile aus Holz müssen mindestens eine Nenndicke von 24 mm und Holzwerkstoffe mindestens eine Nenndicke von 22 mm haben. Darüber hinaus müssen

- Trag- und Konterlatten
- Schalungsbretter

nach DIN EN 1995-1-1 eine Mindestdicke von dem 7-fachen des Verbindungsmitteldurchmessers haben. Für andere Bauteile ist die Mindestholzdicke nach DIN EN 1995-1-1 und DIN EN 1995-1-1/NA zu bestimmen.

(2) Die Mindesteindringtiefen von stabförmigen Verbindungsmitteln in Holz sind in Abhängigkeit von ihrem Durchmesser (bei Nägeln und Klammern der Durchmesser des Schafts, bei Schrauben der Außendurchmesser des Gewindes) definiert und betragen nach DIN EN 1995-1-1 vereinfacht für

[20] DIN EN 14592 Holzbauwerke – Stiftförmige Verbindungsmittel – Anforderungen

[21] DIN 1052-10 Herstellung und Ausführung von Holzbauwerken – Teil 10: Ergänzende Bestimmungen

[22] DIN 20000-6 Anwendung von Baurodukten in Bauwerken – Teil 6: Verbindungsmittel nach EN 14592 und EN

[23] DIN EN ISO 12944-2 Korrossionsschutz von Stahlbauteilen durch Beschichtungssysteme – Teil 2: Einteilung der Umgebungsbedingungen

- glattschaftige Nägel und Klammern 12 × d,
- profilierte Nägel (Rillennägel) 8 × d,
- Schrauben 6 × d.

Für die Mindesteindringtiefen können Bauteile aus Holz und Holzwerkstoffen angerechnet werden, wenn diese

- eine Rohdichte ≥ 350 kg/m³,
  und
- Holzbauteile eine Dicke ≥ 24 mm haben,
  oder
- Holzwerkstoffe eine Dicke ≥ 22 mm haben,
  und
- die Bauteile einzeln ausreichend befestigt sind (siehe Abb. 3.1).

Andernfalls ist die Verbindungsmittellänge um die Dicke dieses Bauteils zu erhöhen (siehe Abb. 3.1).

3.1.3 Abstände von Verbindungsmitteln zum Rand und untereinander

(1) Bei nicht vorgebohrten Nagelverbindungen von Nadelholz der Sortierklassen S10 und S13 bzw. der Festigkeitsklassen C24 und C30 betragen die Mindestrandabstände nach DIN EN 1995-1-1 zum

- unbeanspruchten Rand 5 × d
- beanspruchten Rand vereinfacht 7 × d
- vom beanspruchten Hirnholzende vereinfacht 15 × d
- vom unbeanspruchten Hirnholzende 10 × d

sowie die Mindestabstände untereinander

- in Faserrichtung vereinfacht 10 × d
- rechtwinklig zur Faserrichtung 5 × d.

Von den Randabständen kann bei Dachlatten als Unterlage von Dachdeckungen und Schalungen als Unterlage von Dachdeckungen und Dachabdichtungen abgewichen werden, wenn das Holz nicht spaltet und eine dauerhafte Verbindung gewährleistet ist. Die Abbildungen 3.2 bis 3.5 zeigen die Abstände für übliche Anwendungsfälle. Lattenstöße können direkt auf dem Sparren, einem breiten Konterbrett bzw. -bohle, 2 parallel angeordneten Konterlatten oder mit Stoßverbindern ausgeführt werden. Die Eignung und der Anwendungsbereich von Stoßverbindern ist vom Hersteller nachzuweisen und anzugeben.

(2) Die Mindestrandabstände von Nägeln und Schrauben in Sperrholz, OSB-Platten, kunstharzgebundenen Holzspanplatten und Faserplatten der technischen Klasse HB.HLA2 sollten vom unbeanspruchten Rand 3 x d betragen, soweit nicht die Nagelabstände im Holz maßgebend werden. Vom beanspruchten Plattenrand sollten die Abstände der Nägel oder Schrauben 4 x d bei Sperrholz sowie 7 x d bei OSB-Platten, kunstharzgebundenen Holzspanplatten und

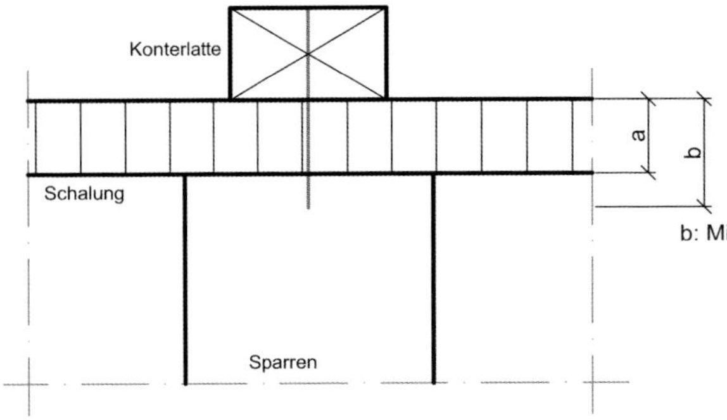

b: Mindesteindringtiefe des Verbindungsmittels
wenn
a ≥ 24 mm bei Holzschalung oder
a ≥ 22 mm bei Schalungen aus Holzwerkstoffen
<u>und</u>
Rohdichte ≥ 350kg/m³ (z.B. Nadelholz S10, OSB)
<u>und</u>
separater Befestigung der Schalung

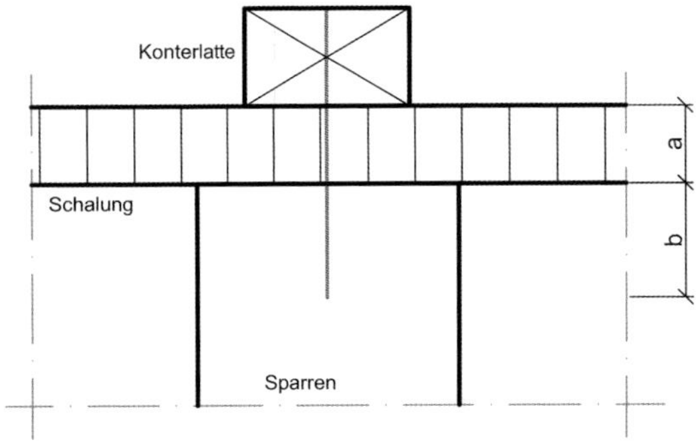

b: Mindesteindringtiefe des Verbindungsmittels
wenn
a < 24 mm bei Holzschalung oder
a < 22 mm bei Schalungen aus Holzwerkstoffen
<u>oder</u>
Rohdichte < 350kg/m³

Abb. 3.1: Mindesteindringtiefe von Verbindungsmitteln

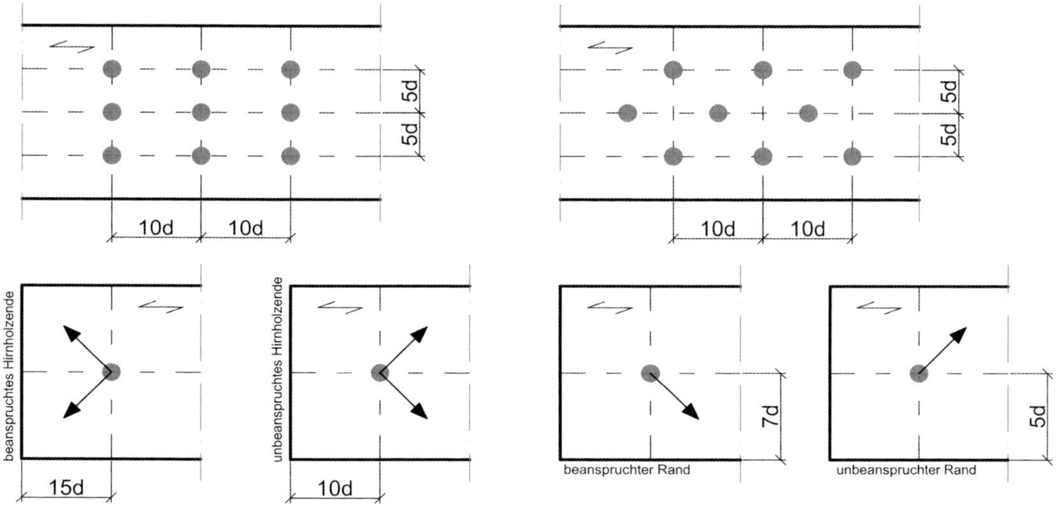

Abb. 3.2: Mindestabstände von Nägeln nach DIN EN 1995-1-1

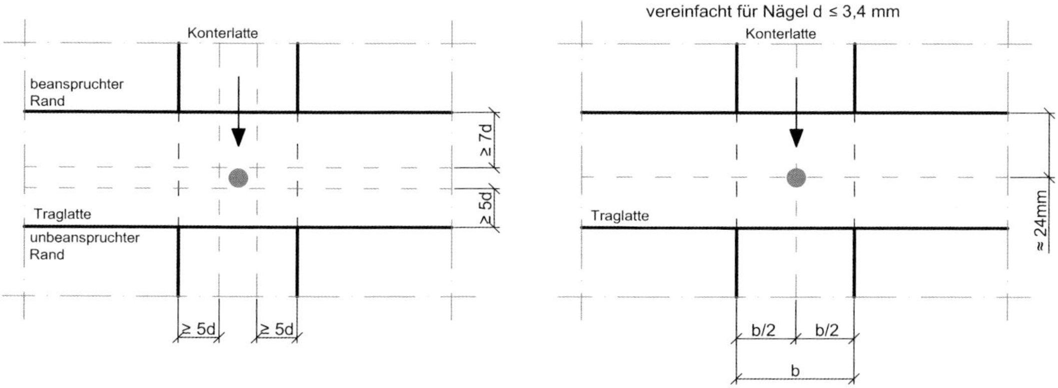

Abb.3.3: Randabstände von Nägeln zur Befestigung von Traglatten mit 1 Nagel

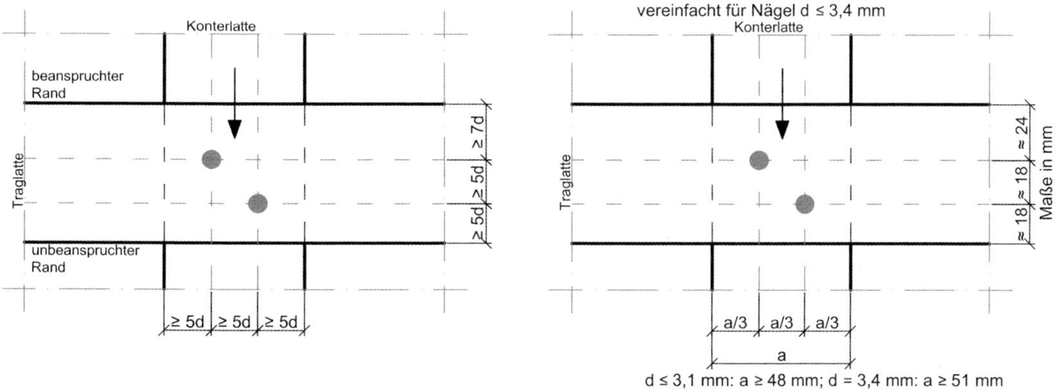

Abb. 3.4: Randabstände von Nägeln zur Befestigung von Traglatten mit 2 Nägeln

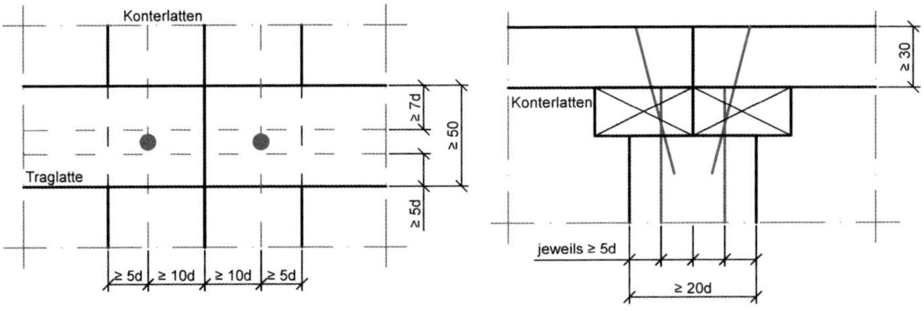

Trag- und Konterlattenbefestigung mit Rillennägeln d = 2,8 mm

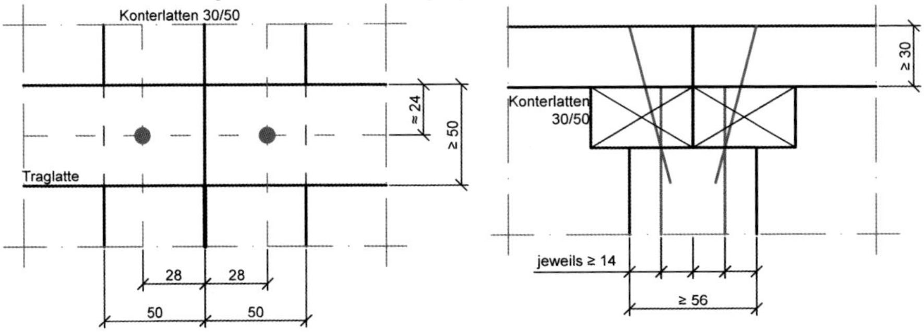

Trag- und Konterlattenbefestigung mit Rillennägeln d = 3,1 mm

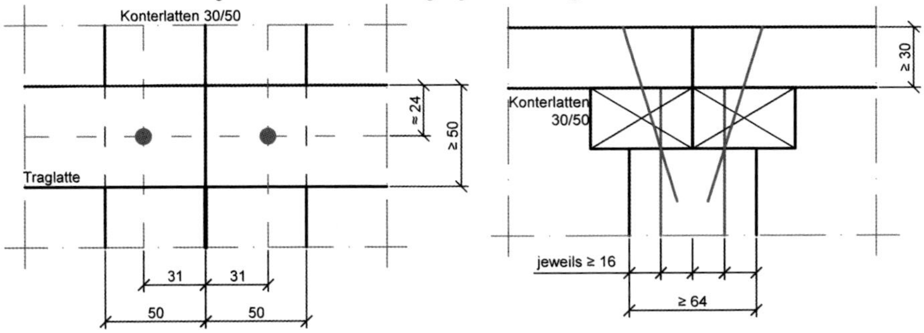

Trag- und Konterlattenbefestigung mit Rillennägeln d = 3,4 mm

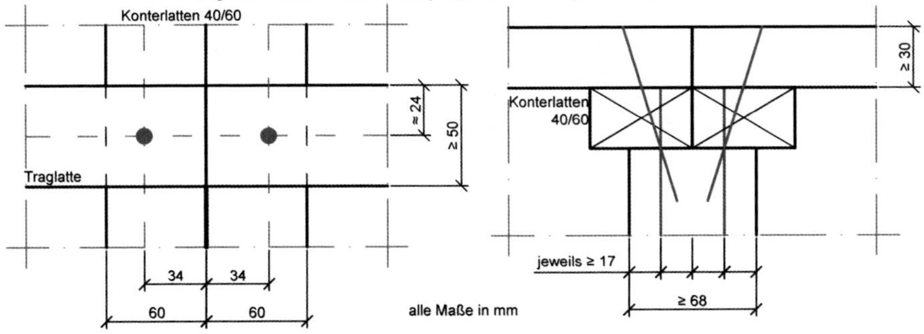

Abb. 3.5: Randabstände von Nägeln an Traglattenstößen

Faserplatten nicht unterschreiten. Der Abstand der Befestigungsmittel untereinander sollte in keiner Richtung 40 x d überschreiten. Wird von den empfohlenen Abständen abgewichen, ist darauf zu achten, dass eine dauerhafte Verbindung gewährleistet ist.

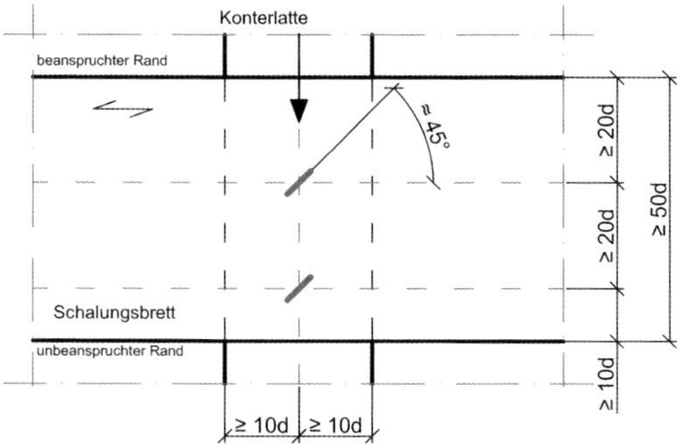

Abb. 3.6: Randabstände von Klammern nach DIN EN 1995 bei der Befestigung von Schalungsbrettern

(3) Bei Klammerverbindungen betragen die Mindestrandabstände nach DIN EN 1995-1-1

- zum unbeanspruchten Rand 10 × d
- zum beanspruchten Rand vereinfacht 20 × d
- vom beanspruchten Hirnholzende vereinfacht 20 × d
- vom unbeanspruchten Hirnholzende 15 × d

sowie die Mindestabstände untereinander

- in Faserrichtung vereinfacht 20 × d
- rechtwinklig zur Faserrichtung 15 × d.

Von diesen Randabständen kann bei

- Dachlatten als Unterlage von Dachdeckungen und
- Schalungen als Unterlage von Dachdeckungen und Dachabdichtungen

abgewichen werden, wenn das Holz nicht spaltet und eine dauerhafte Verbindung gewährleistet ist. Der Winkel zwischen Klammerrücken und Holzfaser sollte ca. 45° betragen.

(4) Die Mindestrandabstände von Schrauben in Nadelholz der Sortierklassen S10 und S13 bzw. der Festigkeitsklassen C24 und C30 können vereinfacht nach Abschnitt (1) angenommen werden oder sind DIN EN 1995-1-1 bzw. den bauaufsichtlichen Verwendbarkeitsnachweisen (abZ, ETB) zu entnehmen.

(5) Schrauben-Dübel-Kombinationen zur Befestigung von Latten, Bohlen und Brettern werden i.d.R. hinsichtlich der Randabstände und Abstände untereinander wie Bolzen betrachtet. Für Bolzenverbindungen betragen die Mindestrandabstände nach DIN EN 1995-1-1 zum

- unbeanspruchten Rand 3 × d
- beanspruchten Rand vereinfacht 4 × d
- vom beanspruchten Hirnholzende 7 × d (jedoch mindestens 80 mm)
- vom unbeanspruchten Hirnholzende 4 × d

sowie die Mindestabstände untereinander

- in Faserrichtung vereinfacht 5 × d
- rechtwinklig zur Faserrichtung 4 × d.

3.2 Holz und Holzwerkstoffe als Unterlage bzw. Unterkonstruktion von Dachdeckungen und Dachabdichtungen

3.2.1 Allgemeines

(1) Die Angaben zu erforderlichen Abmessungen von Bauteilen und deren Befestigung der Abschnitte 3.2.2 bis 3.2.4 gelten für Gebäudehöhen bis 25 m. Bei Gebäudehöhen von mehr als 25 m ist die Befestigung nach den Technischen Baubestimmungen nachzuweisen.

(2) Werden Bauteile nach den Abschnitten 3.2.2 bis 3.2.4 für die Aussteifung des Daches und/oder des Gebäudes herangezogen, sind sie nach den Technischen Baubestimmungen nachzuweisen und dementsprechend auszuführen.

(3) Die Befestigung von Einbauteilen wie z. B. Schneefangstützen ist gesondert nachzuweisen bzw. nach Herstellervorgaben auszuführen.

(4) Werden technische Anlagen, sicherheitstechnische Vorrichtungen oder ähnliches auf

- Konterlatten
- Traglatten
- Schalungen
- Dachdeckungen
- Dachabdichtungen

befestigt, sind die daraus resultierenden Lasten im rechnerischen Nachweis für diese Befestigung sowie der lastweiterleitenden Bauteile zu berücksichtigen (siehe u. a. „Merkblatt Einbauteile bei Dachdeckungen").

3.2.2 Konterlatten

(1) Konterlatten müssen bei visueller Sortierung mindestens der Sortierklasse S 10 nach DIN 4047-1 entsprechen und über eine Mindestnenndicke von 24 mm verfügen. Maschinell sortierte Konterlatten müssen bei

- Nennquerschnitten 30/50 mm der Festigkeitsklasse C27 M
- Nennquerschnitten 40/60 mm der Festigkeitsklasse C24 M

nach DIN EN 338 entsprechen. Für Latten mit Nennquerschnitten kleiner 30/50 mm liegen keine Festigkeitswerte vor, weshalb eine Zuordnung zu einer Festigkeitsklasse nicht erfolgen kann und diese somit nicht verwendet werden können.

(2) Ohne rechnerischen Nachweis sind Konterlatten direkt auf Holz oder Holzwerkstoffen mit einer Rohdichte ≥ 350 kg/m³ nach Tabelle 6 bzw. 7 zu befestigen. Bei geringeren Nagelabmessungen ist ein Nachweis nach den Technischen Baubestimmungen erforderlich. Nägel oder Schrauben mit höherer Tragfähigkeit sind unter Einhaltung der Mindestrandabstände nach Abschnitt 3.1.3 zulässig.

Tabelle 6: Befestigung von Konterlatten unter Traglatten

			Befestigung von Konterlatten unter Traglatten pro m bei einem Achsabstand der Unterkonstruktion von maximal 1,0 m	
			Sattel- und Walmdächer	**Pultdächer**
Gebäudehöhe h	≤ 10 m	Wz 1	4 x Na 3,1 x 80 [a]	5 x Na 3,1 x 80 [a]
		Wz 2 B		6 x Na 3,1 x 80 [a]
		Wz 2 K	6 x Na 3,1 x 80 [a]	8 x Na 3,1 x 80 [b]
		Wz 3 B		
		Wz 3 K	7 x Na 3,1 x 80 [a]	9 x Na 3,1 x 80 [c]
		Wz 4 B		
		Wz 4 K	8 x Na 3,1 x 80 [b]	4 x RiNa 3,1 x 80
	≤ 18 m	Wz 1	5 x Na 3,1 x 80 [a]	6 x Na 3,1 x 80 [a]
		Wz 2 B		7 x Na 3,1 x 80 [a]
		Wz 2 K	7 x Na 3,1 x 80 [a]	9 x Na 3,1 x 80 [b]
		Wz 3 B		
		Wz 3 K	8 x Na 3,1 x 80 [b]	4 x RiNa 3,1 x 80
		Wz 4 B		
		Wz 4 K	9 x Na 3,1 x 80 [b]	5 x RiNa 3,1 x 80
	≤ 25 m	Wz 1	5 x Na 3,1 x 80 [a]	7 x Na 3,1 x 80 [a]
		Wz 2 B	6 x Na 3,1 x 80 [a]	8 x Na 3,1 x 80 [b]
		Wz 2 K	7 x Na 3,1 x 80 [a]	10 x Na 3,1 x 80 [c]
		Wz 3 B		
		Wz 3 K	8 x Na 3,1 x 80 [b]	4 x RiNa 3,1 x 80
		Wz 4 B		
		Wz 4 K	10 x Na 3,1 x 80 [c]	5 x RiNa 3,1 x 80
		Wz: Windzone B: Binnenland K: Küste und Inseln der Ostsee Na: Nagel RiNa: Rillennagel		[a] alternativ: 3 x RiNa 2,8 x 75 [b] alternativ: 4 x RiNa 2,8 x 75 oder 3 x RiNa 3,1 x 80 [c] alternativ: 4 x RiNa 3,1 x 80
		Eindringtiefe: Na 3,1 x 80: 40 mm RiNa 2,8 x 75: 35 mm RiNa 3,1 x 80: 40 mm		Bemessungswerte der Tragfähigkeit in Stabachse: Na 3,1 x 80: 230 N RiNa 2,8 x 75: 520 N RiNa 3,1 x 80: 670 N

Tabelle 7: Befestigung von Konterlatten unter Schalungen

			Befestigung von Konterlatten unter Schalungen pro m bei einem Achsabstand der Unterkonstruktion von maximal 1,0 m	
			Sattel- und Walmdächer	**Pult- und Flachdächer**
Gebäudehöhe h	≤ 10 m	Wz 1	4 x RiNa 2,8 x 75 [a]	4 x RiNa 3,1 x 80 [c]
		Wz 2 B	4 x RiNa 2,8 x 75 [b]	5 x RiNa 3,1 x 80
		Wz 2 K	4 x RiNa 3,1 x 80	6 x RiNa 3,1 x 80
		Wz 3 B		
		Wz 3 K	5 x RiNa 3,1 x 80	7 x RiNa 3,1 x 80
		Wz 4 B		
		Wz 4 K	6 x RiNa 3,1 x 80	9 x RiNa 3,1 x 80
	≤ 18 m	Wz 1	4 x RiNa 2,8 x 75 [b]	5 x RiNa 3,1 x 80
		Wz 2 B	4 x RiNa 3,1 x 80	6 x RiNa 3,1 x 80
		Wz 2 K	5 x RiNa 3,1 x 80	7 x RiNa 3,1 x 80
		Wz 3 B		
		Wz 3 K	6 x RiNa 3,1 x 80	8 x RiNa 3,1 x 80
		Wz 4 B		
		Wz 4 K	7 x RiNa 3,1 x 80	10 x RiNa 3,1 x 80
	≤ 25 m	Wz 1	4 x RiNa 3,1 x 80	5 x RiNa 3,1 x 80
		Wz 2 B	5 x RiNa 3,1 x 80	6 x RiNa 3,1 x 80
		Wz 2 K	6 x RiNa 3,1 x 80	8 x RiNa 3,1 x 80
		Wz 3 B		
		Wz 3 K	7 x RiNa 3,1 x 80	9 x RiNa 3,1 x 80
		Wz 4 B		
		Wz 4 K	8 x RiNa 3,1 x 80	11 x RiNa 3,1 x 80
		Wz: Windzone B: Binnenland K: Küste und Inseln der Ostsee Na: Nagel RiNa: Rillennagel	[a] alternativ: 7 x Na 3,1 x 80 [b] alternativ: 9 x Na 3,1 x 80 [b] alternativ: 10 x Na 3,1 x 80	
		Eindringtiefe: Na 3,1 x 80: 40 mm RiNa 2,8 x 75: 35 mm RiNa 3,1 x 80: 40 mm	Bemessungswerte der Tragfähigkeit in Stabachse: Na 3,1 x 80: 230 N RiNa 2,8 x 75: 520 N RiNa 3,1 x 80: 670 N	

(3) Konterlatten können mit Unterbrechungen verlegt werden. Je Konterlatte sind unabhängig von Tabelle 6 bzw. 7 mindestens 2 Befestigungsmittel erforderlich.

(4) Die Befestigung von Konterlatten über Aufsparrendämmsystemen oder Holzwerkstoffplatten mit einer Rohdichte < 350 kg/m³ erfordert einen rechnerischen Nachweis oder kann nach Herstellerangaben erfolgen.

3.2.3 Traglatten

(1) Für Traglatten mit lichten Abständen ≤ 0,40 m und Achsabständen der Unterkonstruktion von maximal 1,0 m gelten hinsichtlich der Querschnitte und Sortierklassen die Tabelle 8. Die Befestigung erfolgt nach den Tabellen 9 bis 11.

(2) Für Traglatten, die nicht den Anforderungen nach Abschnitt (1) entsprechen, ist ein rechnerischer Nachweis nach den Technischen Baubestimmungen erforderlich.

(3) Traglatten sind so anzubringen, dass 2 volle Kanten auf dem Auflager aufliegen. Bei eingehängtem Deckmaterial dürfen Traglatten nur an der nach der Traufe zeigenden oberen Lattenkante teilweise baumkantige Ausbildungen aufweisen.

Tabelle 8: Traglatten ohne rechnerischen Nachweis aus Nadelholz

Nennquerschnitte in mm	Achsabstand der Unterkonstruktion in m	Sortierklasse nach DIN 4074-1 für visuell sortierte Latten	Sortierklasse nach DIN EN 338 für maschinell sortierte Latten
30/50	bis 0,80	S 10 TS oder S10[a]	C 27 M TS oder C 27 M[a]
40/60	bis 1,00	S 10 TS oder S10[a]	C 24 M TS oder C 24 M[a]
[a] maximale Holzfeuchte 20%			

Tabelle 9: Befestigung von Traglatten je Auflager für Gebäudehöhen h ≤ 10 m

<table>
<tr><td colspan="3" rowspan="2"></td><th colspan="2">Befestigung von Traglatten unter Dachziegel- und Dachsteindeckungen (Gebäudehöhe h ≤ 10m)</th></tr>
<tr><th>Sattel- und Walmdächer</th><th>Pultdächer</th></tr>
<tr><td rowspan="14">Achsabstand der Unterkonstruktion</td><td rowspan="7">≤ 0,8 m</td><td>Wz 1</td><td rowspan="2">RiNa 2,8 x 75</td><td rowspan="2">RiNa 3,1 x 80</td></tr>
<tr><td>Wz 2 B</td></tr>
<tr><td>Wz 2 K</td><td rowspan="4">RiNa 3,1 x 80</td><td>RiNa 3,4 x 90</td></tr>
<tr><td>Wz 3 B</td><td>RiNa 3,1 x 80</td></tr>
<tr><td>Wz 3 K</td><td>2 x RiNa 3,1 x 80 [a]</td></tr>
<tr><td>Wz 4 B</td><td>RiNa 3,4 x 90</td></tr>
<tr><td>Wz 4 K</td><td>RiNa 3,4 x 90</td><td>2 x RiNa 3,1 x 80 [a]</td></tr>
<tr><td rowspan="7">≤ 1,0 m</td><td>Wz 1</td><td>RiNa 2,8 x 75</td><td rowspan="2">RiNa 3,1 x 80</td></tr>
<tr><td>Wz 2 B</td><td rowspan="3">RiNa 3,1 x 80</td></tr>
<tr><td>Wz 2 K</td><td>2 x RiNa 3,1 x 80 [a]</td></tr>
<tr><td>Wz 3 B</td><td>RiNa 3,4 x 90</td></tr>
<tr><td>Wz 3 K</td><td rowspan="2">RiNa 3,4 x 90</td><td rowspan="3">2 x RiNa 3,1 x 80 [a]</td></tr>
<tr><td>Wz 4 B</td></tr>
<tr><td>Wz 4 K</td><td>2 x RiNa 3,1 x 80 [a]</td></tr>
<tr><td colspan="2">Wz: Windzone
B: Binnenland</td><td colspan="3">K: Küste und Inseln der Ostsee
RiNa: Rillennagel</td></tr>
<tr><td colspan="2">Eindringtiefe:
RiNa 2,8 x 75: 24 mm
RiNa 3,1 x 80: 30 mm
RiNa 3,4 x 90: 40 mm</td><td colspan="3">Bemessungswerte der Tragfähigkeit in Richtung der Stabachse:
RiNa 2,8 x 75: 340 N
RiNa 3,1 x 80: 600 N
RiNa 3,4 x 90: 730 N</td></tr>
<tr><td colspan="5">An Traglattenstößen ist nur 1 Rillennagel je Traglatte erforderlich.</td></tr>
<tr><td colspan="5">[a] Breite der Traglatte mindestens 53 mm</td></tr>
</table>

Tabelle 10: Befestigung von Traglatten je Auflager für Gebäudehöhen 10 m < h ≤ 18 m

<table>
<tr><th colspan="3" rowspan="2"></th><th colspan="2">Befestigung von Traglatten unter Dachziegel- und Dachsteindeckungen (Gebäudehöhe 10 < h ≤ 18m)</th></tr>
<tr><th>Sattel- und Walmdächer</th><th>Pultdächer</th></tr>
<tr><td rowspan="14">Achsabstand der Unterkonstruktion</td><td rowspan="7">≤ 0,8 m</td><td>Wz 1</td><td>RiNa 2,8 x 75</td><td rowspan="2">RiNa 3,1 x 80</td></tr>
<tr><td>Wz 2 B</td><td rowspan="3">RiNa 3,1 x 80</td></tr>
<tr><td>Wz 2 K</td><td rowspan="2">RiNa 3,4 x 90</td></tr>
<tr><td>Wz 3 B</td></tr>
<tr><td>Wz 3 K</td><td>RiNa 3,4 x 90</td><td rowspan="3">2 x RiNa 3,1 x 80 [a]</td></tr>
<tr><td>Wz 4 B</td><td>RiNa 3,1 x 80</td></tr>
<tr><td>Wz 4 K</td><td>2 x RiNa 3,1 x 80 [a]</td></tr>
<tr><td rowspan="7">≤ 1,0 m</td><td>Wz 1</td><td rowspan="2">RiNa 3,1 x 80</td><td>RiNa 3,1 x 80</td></tr>
<tr><td>Wz 2 B</td><td>RiNa 3,4 x 90</td></tr>
<tr><td>Wz 2 K</td><td rowspan="2">RiNa 3,4 x 90</td><td rowspan="4">2 x RiNa 3,1 x 80 [a]</td></tr>
<tr><td>Wz 3 B</td></tr>
<tr><td>Wz 3 K</td><td>2 x RiNa 3,1 x 80 [a]</td></tr>
<tr><td>Wz 4 B</td><td>RiNa 3,4 x 90</td></tr>
<tr><td>Wz 4 K</td><td>2 x RiNa 3,1 x 80 [a]</td><td>2 x RiNa 3,4 x 90 [b]</td></tr>
<tr><td colspan="3">Wz: Windzone
B: Binnenland</td><td colspan="2">K: Küste und Inseln der Ostsee
RiNa: Rillennagel</td></tr>
<tr><td colspan="3">Eindringtiefe:
RiNa 2,8 x 75: 24 mm
RiNa 3,1 x 80: 30 mm
RiNa 3,4 x 90: 40 mm</td><td colspan="2">Bemessungswerte der Tragfähigkeit in Richtung der Stabachse:
RiNa 2,8 x 75: 340 N
RiNa 3,1 x 80: 600 N
RiNa 3,4 x 90: 730 N</td></tr>
<tr><td colspan="5">An Traglattenstößen ist nur 1 Rillennagel je Traglatte erforderlich.</td></tr>
<tr><td colspan="5">[a] Breite der Traglatte mindestens 53 mm
[b] Breite der Traglatte mindestens 58 mm / Breite der Konterlatte mindestens 51 mm</td></tr>
</table>

Tabelle 11: Befestigung von Traglatten je Auflager für Gebäudehöhen 18 m < h ≤ 25 m

<table>
<tr><td colspan="3" rowspan="2"></td><th colspan="2">Befestigung von Traglatten unter Dachziegel- und Dachsteindeckungen (Gebäudehöhe 18 < h ≤ 25m)</th></tr>
<tr><th>Sattel- und Walmdächer</th><th>Pultdächer</th></tr>
<tr><td rowspan="14">Achsabstand der Unterkonstruktion</td><td rowspan="7">≤ 0,8 m</td><td>Wz 1</td><td rowspan="4">RiNa 3,1 x 80</td><td>RiNa 3,1 x 80</td></tr>
<tr><td>Wz 2 B</td><td>RiNa 3,4 x 90</td></tr>
<tr><td>Wz 2 K</td><td rowspan="5">2 x RiNa 3,1 x 80 [a]</td></tr>
<tr><td>Wz 3 B</td></tr>
<tr><td>Wz 3 K</td><td rowspan="2">RiNa 3,4 x 90</td></tr>
<tr><td>Wz 4 B</td></tr>
<tr><td>Wz 4 K</td><td>2 x RiNa 3,1 x 80 [a]</td></tr>
<tr><td rowspan="7">≤ 1,0 m</td><td>Wz 1</td><td rowspan="2">RiNa 3,1 x 80</td><td>RiNa 3,4 x 90</td></tr>
<tr><td>Wz 2 B</td><td rowspan="5">2 x RiNa 3,1 x 80 [a]</td></tr>
<tr><td>Wz 2 K</td><td rowspan="2">RiNa 3,4 x 90</td></tr>
<tr><td>Wz 3 B</td></tr>
<tr><td>Wz 3 K</td><td rowspan="3">2 x RiNa 3,1 x 80 [a]</td></tr>
<tr><td>Wz 4 B</td></tr>
<tr><td>Wz 4 K</td><td>2 x RiNa 3,4 x 90 [b]</td></tr>
<tr><td colspan="3">Wz: Windzone
B: Binnenland</td><td colspan="2">K: Küste und Inseln der Ostsee
RiNa: Rillennagel</td></tr>
<tr><td colspan="3">Eindringtiefe:
RiNa 2,8 x 75: 24 mm
RiNa 3,1 x 80: 30 mm
RiNa 3,4 x 90: 40 mm</td><td colspan="2">Bemessungswerte der Tragfähigkeit in Richtung der Stabachse:
RiNa 2,8 x 75: 340 N
RiNa 3,1 x 80: 600 N
RiNa 3,4 x 90: 730 N</td></tr>
<tr><td colspan="5">An Traglattenstößen ist nur 1 Rillennagel je Traglatte erforderlich.</td></tr>
<tr><td colspan="5">[a] Breite der Traglatte mindestens 53 mm
[b] Breite der Traglatte mindestens 58 mm / Breite der Konterlatte mindestens 51 mm</td></tr>
</table>

3.2.4 Schalungen als Unterlage von Dachdeckungen und Dachabdichtungen

(1) Für Schalungen aus Brettern und Platten mit Auflagerabständen bis zu 1,0 m und ohne weitere statische Funktion (z. B. Aussteifung von Nagelplattenbindern) gelten hinsichtlich der Sortierklasse bzw. technischen Klasse und Nenndicken der Abschnitt 2.3 (6) sowie die Tabellen 12 und 13.

Bei Achsabständen der Unterkonstruktion von mehr als 1,0 m ist ein rechnerischer Nachweis der Schalung sowie der Befestigung nach den Technischen Baubestimmungen erforderlich.

Tabelle 12: Nenndicke, zulässige Achsabstände der Unterkonstruktionen und

Nenndicke von Holzschalungen in mm	Achsabstand der Unterkonstruktion in m	Sortierklasse DIN 4074-1
≥ 24	≤ 0,80	S 10
≥ 28	≤ 0,90	
≥ 30	≤ 1,0	

Tabelle 13: Nenndicke und zulässige Achsabstände der Unterkonstruktion von Holzwerkstoffen

Nenndicke von Holzwerkstoffschalungen in mm	Achsabstand der Unterkonstruktion in m
≥ 22	≤ 0,80
≥ 25	≤ 1,0

(2) Die erforderliche Schalungsdicke kann durch einen Einzelnachweis nach den Technischen Baubestimmungen, insbesondere unter Berücksichtigung der Lasten aus dem Arbeitsbetrieb (siehe „Hinweise zur Lastenermittlung"), ermittelt werden. Schalungen mit zusätzlicher statischer Funktion für das Tragwerk (z. B. Aussteifung von Nagelplattenbindern) und deren Befestigung müssen unabhängig vom Auflagerabstand nach den Technischen Baubestimmungen berechnet werden.

(3) Schalungen mit Brettbreiten von maximal 0,16 m sind nach Tabelle 14 je Auflager zu befestigen. Bei Brettbreiten über 0,16 m ist die Verbindungsmittelanzahl nach Tabelle 14 linear um ganze Verbindungsmittel zu erhöhen. Bei größeren Achsabständen der Unterkonstruktion und/oder größeren Gebäudehöhen ist ein Nachweis nach den Technischen Baubestimmungen erforderlich.

(4) Schalungen aus Holzwerkstoffen sind nach Tabelle 7 oder auf Grundlage eines Nachweises nach den Technischen Baubestimmungen zu befestigen. Anstelle von Nägeln 3,1 x 80 können auch Klammern 1,8 x 65 verwendet werden. Anstelle von Rillennägeln 2,8 x 75 oder 3,1 x 80 können auch Klammern 1,8 x 65 verwendet werden, wenn die Anzahl verdoppelt wird.

(5) Die feuchtebedingten Längenänderungen von Holzwerkstoffplatten können bis zu 2 mm pro Meter betragen. Dies ist bei der Verlegung entsprechend zu berücksichtigen.

(6) Querstöße von Holzschalungen dürfen nur auf den unterstützenden Bauteilen (z. B. Sparren oder Pfetten) angeordnet werden. Die Auflagertiefe ergibt sich nach Abschnitt 3.1.3.

3.3 Holz und Holzwerkstoffe als Unterlage bzw. Unterkonstruktion von Außenwandbekleidungen

3.3.1 Allgemeines

Glattschaftige Nägel sind für die Befestigung von Unterkonstruktionen von Außenwandbekleidungen nicht zugelassen.

Tabelle 14: Befestigung von Schalungsbrettern

<table>
<tr><th colspan="5"></th><th colspan="2">Befestigung von Schalungsbrettern mit einer Breite ≤ 0,16 m je Auflager (Gebäudehöhe h ≤ 25 m)</th></tr>
<tr><th colspan="5"></th><th>Sattel- und Walmdächer</th><th>Pult- und Flachdächer</th></tr>
<tr><td rowspan="8">Achsabstand der Unterkonstruktion</td><td rowspan="4">≤ 0,80 m</td><td rowspan="8">Nenndicke der Schalung</td><td rowspan="4">≤ 26 mm</td><td>Wz 1</td><td rowspan="4">2 × Nagel 2,8 x 65 [a]</td><td rowspan="2">2 × Nagel 3,1 x 80 [a]</td></tr>
<tr><td>Wz 2</td></tr>
<tr><td>Wz 3</td><td rowspan="2">3 × Nagel 3,1 x 80 [a]</td></tr>
<tr><td>Wz 4</td></tr>
<tr><td rowspan="4">≤ 1,0 m</td><td rowspan="4">≤ 32 mm</td><td>Wz 1</td><td rowspan="2">2 × Nagel 3,1 x 80 [a]</td><td rowspan="2">3 × Nagel 3,1 x 80 [a]</td></tr>
<tr><td>Wz 2</td></tr>
<tr><td>Wz 3</td><td rowspan="2">3 × Nagel 3,1 x 80 [a]</td><td rowspan="2">4 × Nagel 3,1 x 80 [a]</td></tr>
<tr><td>Wz 4</td></tr>
<tr><td colspan="7">Wz: Windzone
[a] alternativ: 2 x Klammern 1,8 x 65 oder 2 x Rillennagel 2,8 x 75
Bei Aufsparrendämmungen und Unterdeckplatten muss die Dicke der Konterlatten mindestens 34 mm für Nägel 2,8 x 65 und 38 mm für Nägel 3,1 x 80 betragen. Bei Verwendung von Rillennägeln 2,8 x 75 beträgt die Dicke der Konterlatten mindestens 24 mm.</td></tr>
</table>

3.3.2 Grundhölzer

(1) Grundhölzer aus Nadelholz für Außenwandbekleidungen mit kleinformatigen Platten müssen mindestens der Sortierklasse S 10 nach DIN 4074-1 entsprechen und über einen Nennquerschnitt von 30/50 mm verfügen.

(2) Ist ein statischer Nachweis der Grundhölzer erforderlich, so ist dieser nach den Technischen Baubestimmungen zu führen. Festlegungen über das Erfordernis eines statischen Nachweises sind der jeweiligen Landesbauordnung zu entnehmen.

(3) Verankerungsmittel (Verankerungselemente) für die Befestigung der Grundhölzer müssen eine ständige Zugkraft aufnehmen können. Die Art und Anzahl der erforderlichen Verankerungsmittel ergibt sich aus einem statischen Nachweis nach den Technischen Baubestimmungen. Geeignete Produkte je nach Verankerungsgrund sind hierfür z. B.

- Schrauben-Dübel-Kombinationen mit allgemeiner bauaufsichtlicher Zulassung,
- Rillennägel nach DIN EN 14592,
- Holzschrauben mit allgemeiner bauaufsichtlicher Zulassung.

Bei der Verwendung von Schrauben-Dübel-Kombinationen ist der Zulassung zu entnehmen, ob die Anwendung nur im Druckbereich (z. B. Nylon-Dübel in Mauerwerk) oder Druck- und Zugbereich (z. B. Sonderformen für Stahlbeton-Skelett-Stützen) zulässig ist.

3.3.3 Traglatten

(1) Traglatten für Außenwandbekleidungen mit kleinformatigen Platten müssen mindestens der Sortierklasse S 10 nach DIN 4074-1 entsprechen und über einen Nennquerschnitt von mindestens 30/50 mm verfügen.

(2) Die Art und Anzahl der Verbindungsmittel pro Kreuzungspunkt ergibt sich aus dem statischen Nachweis nach den Technischen Baubestimmungen.

(3) Geeignete Verbindungsmittel sind z. B.:

- Profilierte Nägel (Rillennägel) nach DIN EN 14592,
- Holzschrauben mit allgemeiner bauaufsichtlicher Zulassung.

3.3.4 Schalungen

(1) Schalungen aus Nadelholz für Außenwandbekleidungen mit kleinformatigen Platten sollen mindestens der Sortierklasse S 10 nach DIN 4074-1 entsprechen und über eine Nenndicke von 24 mm verfügen. Hinsichtlich der erforderlichen Schalungsdicke sind die "Fachregeln für Außenwandbekleidungen" zu beachten.

(2) Die Art und Anzahl der Verbindungsmittel pro Kreuzungspunkt ergibt sich aus dem statischen Nachweis nach den Technischen Baubestimmungen. Bei Schalungen aus Brettern sind bis Brettbreiten von 0,16 m mindestens 2, bei Brettbreiten über 0,16 m mindestens 3 Verbindungsmittel pro Kreuzungspunkt zu verwenden.

(3) Geeignete Verbindungsmittel sind z. B.

- Profilierte Nägel (Rillennägel) nach DIN EN 14592,
- Holzschrauben mit allgemeiner bauaufsichtlicher Zulassung.

3.4 Sonstige Holzbauteile

3.4.1 Schalungen für Unterdächer und Sichtschalungen

(1) Nicht sichtbar bleibende Schalungen für Unterdächer und Unterdeckungen sind aus besäumten, ungehobelten, mindestens 18 mm dicken Brettern nach DIN 68365[24], Güteklasse 3, herzustellen.

(2) Für Schalungen von Unterdächern oder Unterdeckungen wird die Befestigung nach Abschnitt 3.2.4 empfohlen.

(3) Sichtbar bleibende Schalungen (z. B. Vordach-, Ort-, Traufschalung) sind an der Sichtfläche aus gespundeten und gehobelten Brettern nach DIN 68365, Güteklasse 2, oder gespundeten Bohlen nach DIN 4072[25] herzustellen. Die Dicke der Bretter sollte mindestens 16 mm betragen.

(4) Sichtbar bleibende Schalungen (z. B. Vordach-, Ort-, Traufschalung) aus Holzwerkstoffen, die der Bewitterung ausgesetzt sind, sollen für die Nutzungsklasse 3 (siehe Abschnitt 2.1) geeignet sein.

(5) Schalung aus Holzwerkstoffen für nichttragende Zwecke müssen den Abschnitten 2.3 (6) bzw. 2.3 (7) entsprechen.

3.4.2 Bohlen und Kanthölzer

(1) Die Befestigung von Bohlen und Kanthölzern hat sich an dem jeweiligen Verwendungszweck zu orientieren. Es wird für die Befestigung von Bohlen und Kanthölzern gemäß den unterschiedlichen Beanspruchungen unterschieden. Die "Hinweise zur Lastenermittlung" sind zu beachten.

(2) Bei Dachdeckungen werden die Befestigungsmittel der Bohlen überwiegend einfach (Abscheren), bei Abdichtungen mehrfach (Abscheren und Herausziehen) beansprucht. Die verwendeten Befestigungsmittel müssen für diese Lastfälle geeignet sein. Die

[24] DIN 68365 Schnittholz für Zimmererarbeiten – Sortierung nach dem Aussehen – Nadelholz

[25] DIN 4072 Gespundete Bretter aus Nadelholz

Tabelle 15: Zuordnung von Holz und Holzwerkstoffen zu Gebrauchsklassen in Abhängigkeit von der Gefährdung

GK (Gebrauchsklasse)		Holzfeuchte [a]	Gefährdung durch				Auswaschbeanspruchung
			Insekten	holzzerstörende Pilze	Moderfäule	Holzschädlinge im Meerwasser	
0		trocken (ständig ≤ 20%)	Nein	Nein	Nein	Nein	Nein
1		trocken (ständig ≤ 20%)	Ja	Nein	Nein	Nein	Nein
2		gelegentlich feucht (> 20%)	Ja	Ja	Nein	Nein	Nein
3	3.1	gelegentlich feucht (> 20%)	Ja	Ja	Nein	Nein	Ja
	3.2[b]	gelegentlich feucht (> 20%)	Ja	Ja	Nein	Nein	Ja
4		vorwiegend bis ständig feucht (> 20%)	Ja	Ja	Ja	Nein	Ja
5		ständig feucht (> 20%)	Ja	Ja	Ja	Ja	Ja

[a] Die Begriffe „gelegentlich", „vorwiegend" und „ständig" zeigen eine zunehmende Beanspruchung an, ohne dass hierfür wegen der sehr unterschiedlichen Einflussgrößen genaue Zahlenangaben möglich sind.

[b] Im Gegensatz zur GK 3.1 ist eine Anreicherung von Feuchtigkeit in GK 3.2 möglich (z. B. stehendes Wasser auf einem horizontalen Balkonbalken).

Herstellerangaben zu den Befestigungsmitteln bzw. Abschnitt 3.1 sind zu beachten.

(3) Bei einfacher Beanspruchung auf Abscheren ist die Befestigung der Bohle oder des Kantholzes mit Drahtstiften in jedem Kreuzungspunkt ausreichend. Die erforderliche Einschlagtiefe ist zu berücksichtigen.

(4) Bohlen und Kanthölzer können einfach auf verschiedenen Untergründen oder mehrfach aufeinander verwendet werden. Bei der Verwendung von mehreren Bohlen oder Kanthölzern übereinander ist jede Bohle oder jedes Kantholz einzeln zu befestigen.

(5) Werden Bohlen oder Kanthölzer durch die Dämmstoffe hindurch an der tragenden Unterkonstruktion befestigt, erfolgt eine zusätzliche Beanspruchung der Befestigungen auf Biegung.

(6) Bohlen oder Kanthölzer sind bei Aufsparrendämmungen nach der Typenstatik des Herstellers zu befestigen.

(7) Werden Kanthölzer in die tragende Dachkonstruktion eingebunden, sind für die Verbindungen untereinander bauaufsichtlich zugelassene Verbindungsmittel wie Balkenschuhe, Sparrenpfettenanker, Winkel o. ä. zu verwenden.

4 Holzschutz

4.1 Allgemeines

(1) Für tragende Bauteile aus Holz und Holzwerkstoffen sind in Abhängigkeit von der Gefährdung des Holzes bzw. Holzwerkstoffes Maßnahmen zu dessen Schutz nach DIN 68800-1[26] erforderlich. Für nicht tragende Bauteile sind diese Maßnahmen zum Holzschutz empfehlenswert.

(2) Die erforderlichen Maßnahmen ergeben sich aus den bestehenden Gefährdungen und der daraus resultierenden Gebrauchsklasse (GK). Tabelle 15 zeigt vereinfacht die Zuordnung zu den Gebrauchsklassen nach DIN 68800-1.

Beispiel für GK 0:

- Sparren beim vollgedämmten Steildach mit
  - belüfteter Dachdeckung
  - Unterdeckbahn mit $s_d \leq 0{,}3$ m (als insektenundurchlässige Abdeckung des Holzsparrens)
  - Zwischensparrendämmung
  - Dampfsperre mit $s_d \geq 2{,}0$ m (als insektenundurchlässige Abdeckung des Holzsparrens)
  - Raumseitige Bekleidung.

[26] DIN 68800-1 Holzschutz – Teil 1: Allgemeines

(3) Holzbauteile, bei denen eine Gefährdung durch holzzerstörende Insekten besteht, werden der Gebrauchsklasse (GK) 0 zugeordnet, wenn das Holz

- in Aufenthaltsräumen (z. B. sichtbarer Dachstuhl) oder vergleichbar verbaut ist

oder

- mit einer allseitig insektenundurchlässigen Abdeckung versehen ist

oder

- ohne bauliche Veränderung auf das Vorkommen von holzzerstörenden Insekten überprüft werden kann (z. B. sichtbare Hölzer in begehbaren, unbeheizten Dachräumen; sichtbare Sparren im Bereich des Dachüberstands) und ein sichtbar bleibender Hinweis auf die Notwendigkeit der regelmäßigen Kontrolle vorhanden ist.

(4) Als Maßnahmen zum Schutz des Holzes vor Organismen stehen z. B.

- Bauliche Maßnahmen (grundsätzliche und besondere bauliche Maßnahmen),
- Verwendung von Holzarten mit einer höheren Dauerhaftigkeitsklasse,
- Anwendung von Holzschutzmitteln

zur Verfügung.

(5) Schutzmaßnahmen sind nur dann erforderlich, wenn entsprechend der Gebrauchsklasse eine Gefährdung des Holzes bzw. Holzwerkstoffes besteht. Bei der Auswahl der Schutzmaßnahmen sind grundsätzliche bauliche Maßnahmen immer zu berücksichtigen. Besondere bauliche Maßnahmen sollten der Anwendung von Holzschutzmitteln vorgezogen werden.

(6) Bei Einhaltung der grundsätzlichen und besonderen baulichen Maßnahmen werden Holzbauteile der Gebrauchsklasse 0 zugeordnet und benötigen keine weitere Schutzmaßnahme. Werden die besonderen baulichen Maßnahmen nicht eingehalten, ist der Holzschutz nach DIN 68800 zu planen und auszuführen.

4.2 Grundsätzliche bauliche Maßnahmen

(1) Grundsätzliche bauliche Maßnahmen beziehen sich auf die Holzfeuchte

- während des Transports, der Lagerung und des Einbaus,
- im Gebrauchszustand.

(2) Während des Transports und der Lagerung sind Holz und Holzwerkstoffe durch Abdecken vor Niederschlägen zu schützen, ein vollständiges Verpacken mit diffusionshemmenden Folien sollte vermieden werden. Bei der Lagerung sollte Bodenkontakt vermieden werden.

(3) Beim Einbau von Holz als

- Dachlatten,
- Schalungen als Unterlage von Dachdeckungen, Dachabdichtungen, Unterdächern, Unterdeckungen und Außenwandbekleidungen,
- Bohlen und Kanthölzern,
- Sparren und Pfetten,
- Wechsel für Dachfenster

darf deren Holzfeuchte maximal 20 % betragen.

(4) Wird Holz während der Bauphase auf mehr als 20 % aufgefeuchtet (z. B. infolge von Niederschlägen), so muss sichergestellt sein, dass innerhalb von maximal 3 Monaten nach Abschluss der Arbeiten eine Holzfeuchte von maximal 20 % vorliegt. Bauteile nach Abschnitt (3), die direkt an eine belüftete Luftschicht grenzen, trocknen innerhalb dieses Zeitraums auf eine Holzfeuchte ≤ 20 % ab. Dies gilt auch für Schalungen, die oberseitig diffusionsoffen abgedeckt sind und unterseitig an eine belüftete Luftschicht grenzen.

(5) Während der Bauphase sind Holzwerkstoffe, mit Ausnahme von Unterdeckplatten (gemäß „Produktdatenblatt für Unterdeckplatten aus Holzfasern") vor Niederschlägen zu schützen.

(6) Andere Bau- und Dämmstoffe innerhalb eines Bauteilquerschnittes sind so einzubauen, dass die in ihnen enthaltene Feuchte nicht

- zu einem Quellen und Schwinden der angrenzenden Hölzer und Holzwerkstoffe führen, welches deren Brauchbarkeit beeinträchtigt, oder
- zu den Voraussetzungen für den Befall der angrenzenden Hölzer und Holzwerkstoffe durch holzzerstörende Pilze führen kann.

(7) Hohe Baufeuchte (z. B. resultierend aus hohen Luftfeuchten infolge von Putz- oder Estricharbeiten im Gebäudeinneren) darf nicht

- zu einem Quellen und Schwinden von Holz und Holzwerkstoffen führen, welches deren Brauchbarkeit beeinträchtig, oder
- zu den Voraussetzungen für den Befall von Holz und Holzwerkstoffen durch holzzerstörende Pilze führen.

Aus diesem Grund sind Räume mit hoher Baufeuchte und daraus resultierender hoher Raumluftfeuchte solange intensiv zu lüften und ggf. zu beheizen oder technisch zu trocknen, bis die hohe Baufeuchte abgeklungen ist.

(8) Im Gebrauchszustand müssen Holz und Holzwerkstoffe vor

- Niederschlägen (Ausnahme: Holzwerkstoffe mit allgemeiner bauaufsichtlicher Zulassung als Außenwandbekleidung, Dachdeckungen mit Holzschindeln),

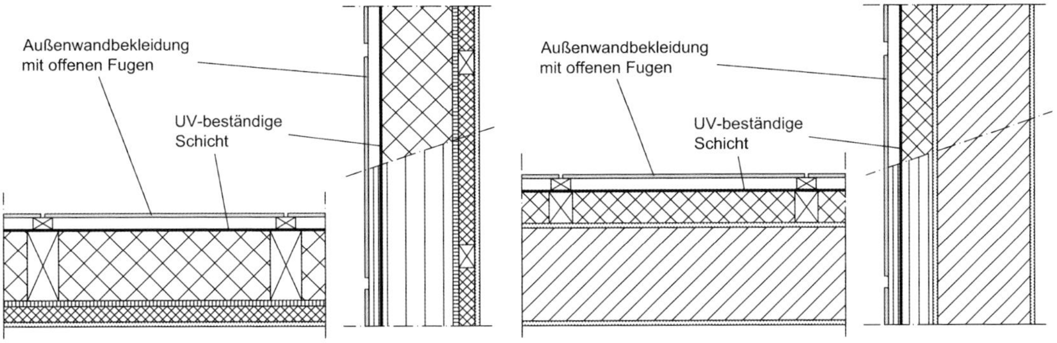

Abb. 4.1: Beispiele für Außenwandkonstruktionen mit Außenwandbekleidungen mit offenen Fugen und dahinterliegender UV-beständiger Schicht

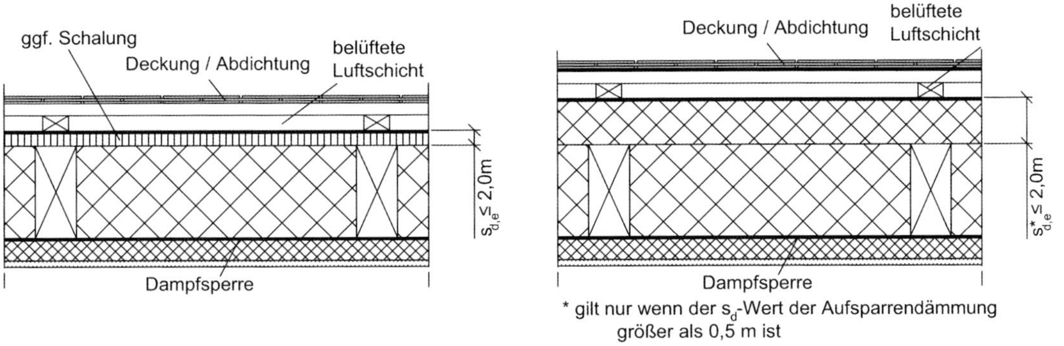

Abb. 4.2: Beispiele für Dachkonstruktionen aus Holz mit Zwischensparrendämmung oder Zwischen- und Aufsparrendämmung

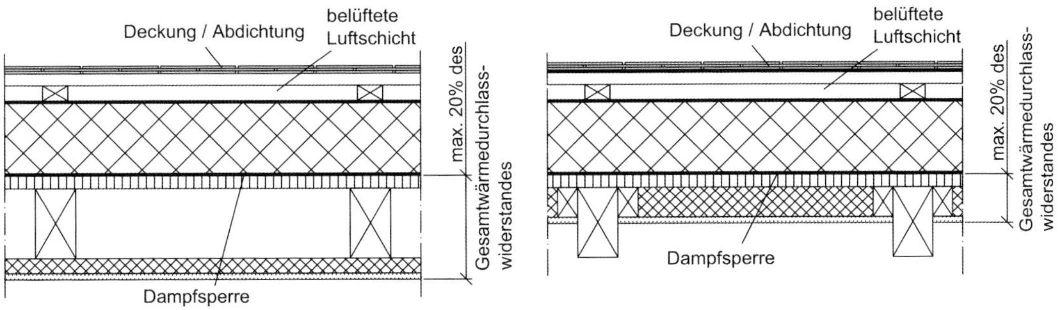

Abb. 4.3: Beispiele für Dachkonstruktionen aus Holz mit Aufsparrendämmung

- Feuchte aus angrenzenden Stoffen und Bauteilen,
- Tauwasserausfall, der zu einer Holzfeuchte > 20 % führt,

geschützt werden.

(9) Dachdeckungen, Dachabdichtungen und Außenwandbekleidungen nach dem Regelwerk des Dachdeckerhandwerks stellen einen ausreichenden Niederschlagsschutz zur Sicherstellung der Dauerhaftigkeit von Holz und Holzwerkstoffen dar. Einschränkungen hinsichtlich der Verwendbarkeit von Holz oder Holzwerkstoffen anderer Regelwerksteile sind zu berücksichtigen (z. B. übermäßige Niederschlagseinträge durch große Unterschreitung der Regeldachneigung). Bei Außenwandbekleidungen mit offenen Fugen und tragenden Holzbauteilen raumseitig der Belüftungsschicht ist eine dauerhaft wirksame wasserableitende und UV-beständige

Schicht nach Abbildung 4.1 anzuordnen. Die ausreichende UV-Beständigkeit von Folien oder ähnlichen Baustoffen ist durch einen bauaufsichtlichen Verwendbarkeitsnachweis nachzuweisen.

(10) Zur Vermeidung von Tauwasserausfall, der zu einer Holzfeuchte > 20 % führt, sind Bauteile nachweisfrei nach dem „Merkblatt Wärmeschutz bei Dach und Wand" oder mit rechnerischem Nachweis nach DIN 4108-3 auszuführen.

(11) Bei nachweisfreien Bauteilen nach dem „Merkblatt Wärmeschutz bei Dach und Wand" darf der s_d-Wert nach Abbildung 4.2 außenseitig der Holzbauteile bzw. zwischen den Holzbauteilen und einer belüfteten Luftschicht maximal 2,0 m betragen. Dies gilt nicht für Bauteile nach Abbildung 4.3.

(12) Dachkonstruktionen, deren Tauwasserschutz durch einen rechnerischen Nachweis nach DIN 4108-3 nachgewiesen wird, müssen eine rechnerische Trocknungsreserve von 250 g/(m² · a) nach DIN 68800-2[27] aufweisen. Außenwandkonstruktionen, deren Tauwasserschutz durch einen rechnerischen Nachweis nach DIN 4108-3 nachgewiesen wird, müssen eine rechnerische Trocknungsreserve von 100 g/(m² · a) nach DIN 68800-2 aufweisen.

4.3 Besondere bauliche Maßnahmen

(1) Besondere bauliche Maßnahmen beziehen sich auf die Vermeidung von Bauschäden durch holzzerstörende Pilze und Insekten. Sie sind anzuwenden, wenn die Gebrauchsklasse GK 0 (d. h. die Anwendung von Holzschutzmitteln ist nicht erforderlich) erreicht werden soll und die grundsätzlichen baulichen Maßnahmen alleine eine Zuordnung zu GK 0 nicht erlauben.

(2) Die besonderen baulichen Maßnahmen der DIN 68800-2 ordnen Latten als Unterkonstruktionen von Außenwandbekleidungen, Dachlatten, Traufbohlen und Dachschalungen der GK 0 zu. Diese Bauteile benötigen keine weiteren Holzschutzmaßnahmen (insbesondere keinen Schutz durch Holzschutzmittel).

Im Anhang A der DIN 68800-2 sind Bauteile enthalten, die die Anforderungen der Gebrauchsklasse 0 einhalten. Für einige Dachkonstruktionen werden in diesem Anhang Höhen für belüftete Luftschichten gefordert, die größer als die Anforderungen des „Merkblatt Wärmeschutz bei Dach und Wand" sind.

(3) Holzbauteile unter Dach sind durch entsprechende Überstände anderer Bauteile (z. B. Bekleidungen) vor Niederschlägen zu schützen. Dies ist der Fall, wenn zwischen Vorderkante des schützenden Bauteils und Unterkante des zu schützenden Holzbauteils ein Winkel von höchstens 60°, bezogen auf die Horizontale, nach Abbildung 4.4 vorhanden ist.

27) DIN 68800-2 Holzschutz – Teil 2: Vorbeugende bauliche Maßnahmen im Hochbau

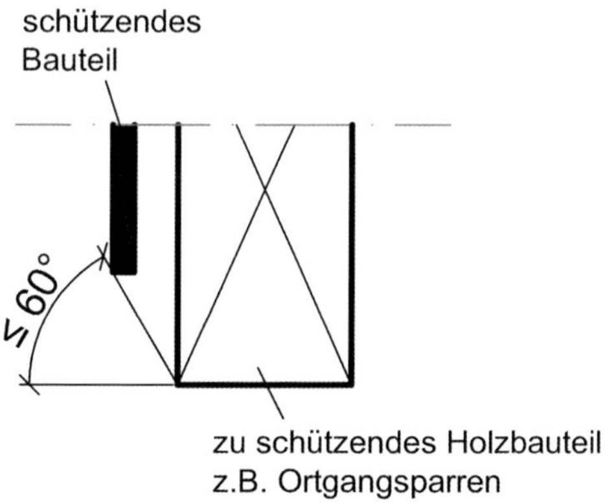

Abb. 4.4: Schutz von Holzbauteilen gegen Niederschläge durch andere Bauteile

Dies ist insbesondere am Pultabschluss, Ortgang und Pfettenkopf zu berücksichtigen.

(4) Durch

- den Einsatz von Holz in Aufenthaltsräumen (z. B. sichtbarer Dachstuhl) oder vergleichbar,

oder

- den Einsatz von technisch getrocknetem Holz oder Holzwerkstoffen mit einer Holzfeuchte von ≤ 20 % im Gebrauchszustand,

oder

- eine allseitige insektenundurchlässige Abdeckung des Holzes,

oder

- offene Anordnung des Holzes, so dass es ohne bauliche Veränderung kontrolliert werden kann und ein sichtbar bleibender Hinweis auf die Notwendigkeit der regelmäßigenv Kontrolle vorhanden ist,

oder

- Verwendung von Farbkernhölzern mit einem Splintholzanteil von ≤ 10 %

kann ein Bauschaden durch holzzerstörende Insekten vermieden werden.

(5) Als insektenunzugänglich sind Bauteile zu betrachten, die innen- und außenseitig z. B.

- Holzwerkstoffplatten mit Nut-Feder-Verbindung,
- Profilbrettschalung,
- Rauspund,
- Gipsbauplatten mit Fugenverspachtelung,
- Folien mit luftdicht geschlossenen Überlappungen,
- Unterdeckungen aus Bahnen, die an Nähten und Stößen verklebt sind und Schnittkanten an Grat und First abdecken,
- Unterdeckungen aus Platten

aufweisen.

Deutsches Dachdeckerhandwerk
– Regelwerk –

Hinweise zur Lastenermittlung

Aufgestellt und herausgegeben vom

Zentralverband des Deutschen Dachdeckerhandwerks – Fachverband Dach-, Wand- und Abdichtungstechnik – e.V.

Ausgabe Mai 2019

RM Rudolf Müller

Vorgänger

Hinweise zur Lastenermittlung	Ausgabe September 1997 mit Änderungen März 2003
Hinweise zur Lastenermittlung	Ausgabe Oktober 2011

Verlag: Verlagsgesellschaft Rudolf Müller GmbH & Co. KG, Stolberger Str. 84, 50933 Köln

Satz: QuartNet GmbH & Co. KG, Erftstadt

Druck: Medienhaus Plump, Rheinbreitbach

05/19

Inhaltsverzeichnis

1 Allgemeines

1.1 Geltungsbereich

(1) Die „Hinweise zur Lastenermittlung“ sind Grundlage für die Angaben in den jeweiligen Fachregeln für die Ausführung von Dachdeckungen, Dachabdichtungen und Außenwandbekleidungen.

(2) Die „Hinweise zur Lastenermittlung“ ergänzen die jeweiligen Fachregeln und erläutern deren Angaben um Regelungen und Zusammenhänge für die Ermittlung von Lasten und der Einteilung von Flächen.

(3) Standsicherheitsnachweise von Bauwerken und Bauwerksteilen sind nach den bauaufsichtlich eingeführten Vorschriften zu führen. Davon abweichende Regelungen in den „Hinweisen zur Lastenermittlung“ sind dafür nicht geeignet und stellen lediglich eine praxisorientierte Vorgehensweise zur Windsogsicherung von Dachdeckungen, Dachabdichtungen und Außenwandbekleidungen dar.

1.2 Allgemeine Hinweise

(1) Bei der Ausführung von Dachdeckungen, Dachabdichtungen und Außenwandbekleidungen ist zu beachten, dass die an der äußeren Oberfläche einwirkenden Lasten sicher in die dem statischen Standsicherheitsnachweis entsprechenden Unterkonstruktionen abgeführt werden.

(2) Grundlagen für die Hinweise zur Lastenermittlung sind die bauaufsichtlich eingeführten Vorschriften und Erkenntnisse aus der Praxis.

(3) Die verwendeten Berechnungsgrundlagen und die gewählten praxisorientierten Vereinfachungen geben einen Überblick über die unterschiedlich belasteten Bereiche. Die mathematisch genaue Umsetzung dieser theoretischen Grundlagen in handwerkliche Regeln für die unterschiedlichsten Produkte ist nicht möglich.

(4) Die Lastenermittlung ist bereits bei der Planung zu berücksichtigen. Gegebenenfalls ist ein Tragwerksplaner heranzuziehen. Wenn im Sanierungsfall das Eigengewicht der Dachdeckung oder Dachabdichtung einschließlich aller funktionsbedingten Schichten erhöht wird, ist eine Prüfung der Unterkonstruktionen hinsichtlich der statischen Tragfähigkeit zu empfehlen. Gegebenenfalls ist ein statischer Nachweis erforderlich.

(5) Änderungen in der tragenden Konstruktion, z. B. Einbau von Dachgauben, Dachflächenfenstern, Lichtkuppeln, sind nach handwerklichen Regeln und ggf. nach statischem Nachweis auszuführen.

(6) Der Bauzustand stellt regelmäßig eine größere Belastung für Bauteile als der Endzustand dar. Lastumlagerungen und Anhäufungen während der Ausführung von Dachdeckerarbeiten (z. B. Kies bei Flachdachabdichtungen) sowie Lagerung von Material auf der Dachfläche (z. B. auf dafür speziell vorgesehenen Dachständern) bewirken in der Regel eine punktuelle Nutzlastüberschreitung. Um Risse, irreversible Verformungen oder gar Bruch zu vermeiden, sind sie nur auf tragenden Bauteilen wie Wänden, Stützen oder Unterzügen vorzusehen. Dabei sind lastverteilende Beläge zu verwenden. Im Zweifel sind Tragwerksplaner einzuschalten.

(7) Im Einzelnen sind zu beachten: Eigengewichtslasten, Schneelasten, Windlasten und Verkehrslasten.

(8) Einzelnachweise der Tragfähigkeit oder Gebrauchstauglichkeit oder Lagesicherheit (Windsogsicherung) sind vorrangig vor Vereinfachungen von Fachregeln und Hinweisen zu betrachten.

(9) Weiter gehende Vorschriften der jeweiligen Landesbauordnungen sind zu beachten.

2 Eigengewichtslasten

(1) Die Ermittlung der Eigengewichtslasten erfolgt nach den Technischen Baubestimmungen der Bundesländer, hier insbesondere DIN EN 1991-1-1[1]. Die gängigsten Werte sind den Tabellen im Anhang I zu entnehmen. Die Rechenwerte für Produkte, die in diesen Tabellen nicht enthalten sind, sind beim jeweiligen Hersteller zu erfragen.

(2) Bei Dachbegrünungen sind die vom Hersteller angegebenen Rechenwerte auf den wassergesättigten Zustand zu beziehen.

(3) Es ist zu beachten, dass bei einem Wechsel auf schwerere Produkte im Zuge einer Dachumdeckung die Tragfähigkeit und/oder die zulässige Durchbiegung der Tragkonstruktion überschritten werden kann. Folgen können z. B. Behinderung des geregelten Wasserablaufs, erhöhte Beanspruchung von Abdichtungsbahnen, Rissbildung an der Deckenuntersicht, Beeinträchtigung der Regensicherheit der Dachdeckung, deutliche Wellenbildung in der Ansicht sein.

---

1 DIN EN 1991-1-1 Einwirkungen auf Tragwerke: Wichten, Eigengewicht und Nutzlasten im Hochbau

3 Schneelasten

3.1 Allgemeines

(1) Die Ermittlung der Schneelasten erfolgt nach den Technischen Baubestimmungen der Länder, hier insbesondere DIN EN 1991-1-3[2] einschließlich DIN EN 1991-1-3/NA[3]. Die Rechenwerte der Schneelasten auf den Boden ergeben sich aus der Schneelastzone in Abhängigkeit von der Geländehöhe des Bauwerks über NN. DIN EN 1991-1-3/NA gliedert die BRD nach Abbildung 1 in die Schneelastzonen 1, 1a, 2, 2a und 3.

Zur genaueren Zuordnung des jeweiligen Gebäudestandortes zu einer Schneelastzone veröffentlicht das Deutsche Institut für Bautechnik unter www.dibt.de (Aktuelles/Technische Baubestimmungen) eine Zuordnung der Landkreise und kreisfreien Städte zu den jeweiligen Schneelastzonen.

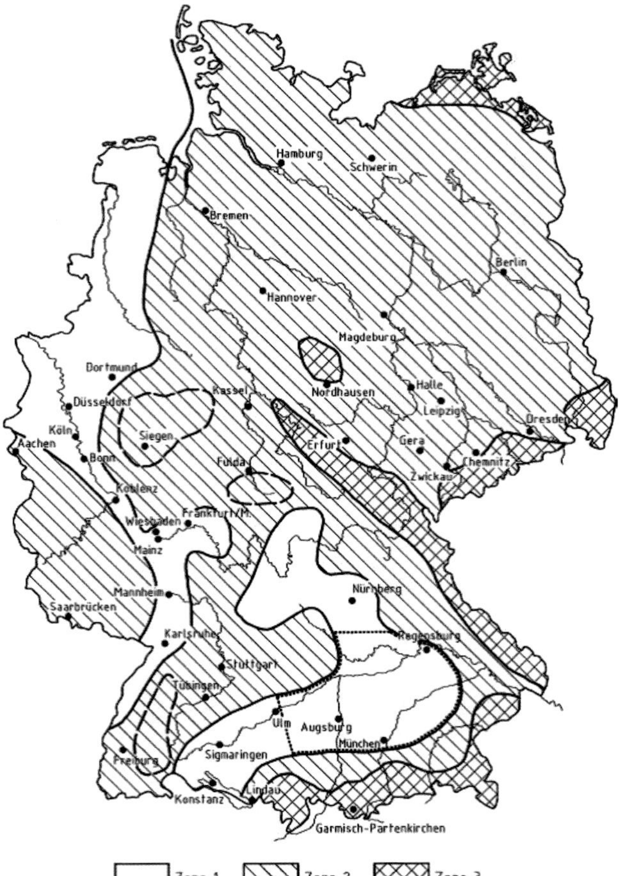

Abb. 1: Schneelastzonen nach DIN EN 1991-1-3/NA

(2) Tabelle 1 zeigt die charakteristischen Werte der Schneelast auf den Boden s_k für die Schneelastzonen 1 bis 3 in Abhängigkeit von der Geländehöhe des Gebäudestandortes über NN. Bei Geländehöhen zwischen den angegebenen Werten darf geradlinig interpoliert werden, oder es ist der jeweils höhere Wert anzunehmen.

---

2 DIN EN 1991-1-3 Einwirkungen auf Tragwerke: Allgemeine Einwirkungen, Schneelasten

3 DIN EN 1991-1-3/NA Nationaler Anhang - National festgelegte Parameter - Eurocode 1: Einwirkungen auf Tragwerke - Teil 1-3: Allgemeine Einwirkungen – Schneelasten

Tabelle 1: Charakteristische Werte der Schneelast s_k auf dem Boden in kN/m² nach DIN EN 1991-1-3/NA

Schnee-lastzone	Geländehöhe des Gebäudestandortes über NN in m										
	100	200	300	400	500	600	700	800	900	1000	1100
1	0,65	0,65	0,65	0,65	0,84	1,06	1,31	1,59	1,90	2,24	2,62
1a	0,81	0,81	0,81	0,82	1,05	1,32	1,63	1,98	2,37	2,80	3,27
2	0,85	0,85	0,90	1,22	1,61	2,07	2,59	3,18	3,83	4,55	5,34
2a	1,06	1,06	1,12	1,52	2,01	2,58	3,23	3,97	4,79	5,69	6,67
3	1,10	1,10	1,29	1,78	2,38	3,07	3,87	4,77	5,76	6,86	8,06
Zwischenwerte dürfen interpoliert werden, oder es ist der jeweils höhere Wert anzunehmen.											

(3) Im norddeutschen Tiefland können höhere als in Tabelle 1 angegebene Werte für die Schneelast auftreten. Angaben zu den zu berücksichtigenden Lasten sind in den Technischen Baubestimmungen der Länder enthalten und vom Fachplaner (z. B. Statiker) zu berücksichtigen.

(4) Für bestimmte Lagen der Schneelastzone 3 können sich höhere Werte als nach Tabelle 1 ergeben. Informationen über die Schneelast in diesen Lagen sind von den örtlichen zuständigen Stellen einzuholen.

3.2 Schneelasten auf Dächern

3.2.1 Allgemeines

(1) Die charakteristische Gewichtskraft des Schnees auf die Dachfläche s_α ist abhängig von der Neigung und ergibt sich nach Gleichung [1]. Der Faktor k_α nach Tabelle 2 berücksichtigt das Abrutschen des Schnees in Abhängigkeit von der Dachneigung.

$$S_\alpha = s_k \, x \, k_\alpha \quad [1]$$

s_α charakteristische Schneelast auf die Dachfläche in kN/m²

s_k charakteristische Schneelast auf den Boden nach Tabelle 1 in kN/m²

k_α Faktor zur Berücksichtigung des Abrutschens des Schnees von der Dachfläche nach Tabelle 2

Tabelle 2: Faktor k_α zur Berücksichtigung des Abrutschens des Schnees von der Dachfläche

	0°	**1°**	**2°**	**3°**	**4°**	**5°**	**6°**	**7°**	**8°**	**9°**
0°	0,80	0,80	0,80	0,80	0,80	0,80	0,80	0,80	0,80	0,80
10°	0,79	0,79	0,79	0,78	0,78	0,78	0,77	0,77	0,77	0,76
20°	0,76	0,75	0,75	0,74	0,74	0,73	0,72	0,72	0,71	0,70
30°	0,70	0,67	0,64	0,61	0,58	0,55	0,52	0,49	0,47	0,44
40°	0,41	0,39	0,36	0,34	0,31	0,29	0,26	0,24	0,22	0,20
50°	0,18	0,16	0,14	0,12	0,10	0,08	0,06	0,05	0,03	0,02
60°-90°	0	0	0	0	0	0	0	0	0	0

(2) Bei Nachweisen der Standsicherheit und Tragfähigkeit von Bauteilen ist DIN EN 1990[4] zu berücksichtigen. Ist der Schnee die einzige zu berücksichtigende Einwirkung, ist die charakteristische Schneelast s_α mit dem Teilsicherheitsbeiwert $\gamma_Q = 1{,}5$ zu multiplizieren.

(3) Erhöhte Schneebelastungen durch Verwehungen, abrutschenden Schnee von höher liegenden Dachflächen und Schneeüberhang an der Traufe nach DIN EN 1991-1-3 einschließlich DIN EN 1991-1-3/NA sind ggf. zu berücksichtigen.

3.2.2 Schneelasten auf Schneefangsysteme

(1) Verpflichtungen zum Einbau von Schneefangsystemen sind den öffentlich-rechtlichen Bestimmungen, z. B. Landesbauordnungen, zu entnehmen.

---

[4] DIN EN 1990 Eurocode: Grundlagen der Tragwerksplanung

(2) Werden linienförmige Schneefangsysteme zum Schutz der darunterliegenden Verkehrsflächen auf dem Dach eingebaut, ist die auf die Schneefangsysteme wirkende Kraft $F_{d,s}$ pro m Schneefangsystem nach Gleichung [2] zu bestimmen. Diese ergibt sich in Abhängigkeit von der Schneelast auf die Dachfläche s_k, der Dachneigung $_\alpha$ und dem Abstand zwischen Schneefangsystem und First oder einem höher liegenden Hindernis oder einem Dachaufbau l_s. Der Faktor $k_{s,\alpha}$ nach Tabelle 3 berücksichtigt die Dachneigung $_\alpha$ und den Teilsicherheitsbeiwert $\gamma_Q = 1{,}5$ nach DIN EN 1990.

$$F_{d,s} = s_k \times k_{s,\alpha} \times l_s \qquad [2]$$

$F_{d,s}$ Bemessungswert der Schneelast auf das Schneefangsystem je Meter in kN/m

s_k charakteristische Schneelast nach Tabelle 1 in kN/m²

$k_{s,\alpha}$ Faktor zur Berücksichtigung des Abrutschens des Schnees von der Dachfläche und Beanspruchung des Schneefangsystems nach Tabelle 3

l_s Maßgebende Länge des Schnees nach Abbildung 2

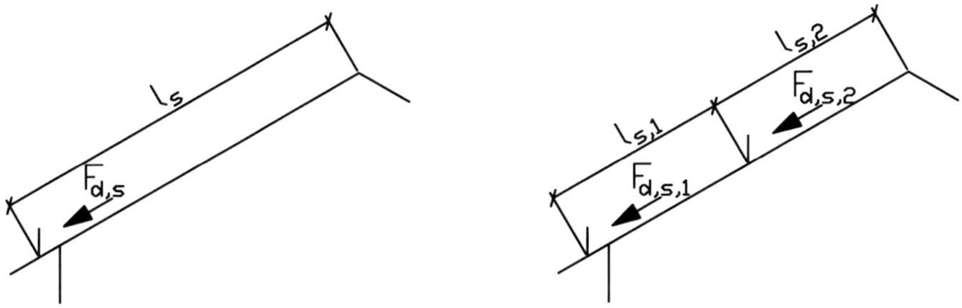

Abb. 2: Maßgebende Länge l_s des Schnees für die Beanspruchung des Schneefanggitters

Tabelle 3: Faktor $k_{s,\alpha}$ zur Berücksichtigung des Abrutschens des Schnees von der Dachfläche und Beanspruchung des Schneefanggitters (enthält $\gamma_Q = 1{,}5$)

	0°	1°	2°	3°	4°	5°	6°	7°	8°	9°
0°	0,00	0,03	0,05	0,07	0,09	0,11	0,13	0,15	0,17	0,19
10°	0,21	0,23	0,25	0,27	0,29	0,30	0,32	0,34	0,36	0,37
20°	0,39	0,41	0,42	0,44	0,45	0,46	0,48	0,49	0,50	0,51
30°	0,52	0,53	0,54	0,55	0,56	0,57	0,58	0,58	0,59	0,59
40°	0,60	0,60	0,60	0,60	0,60	0,60	0,60	0,60	0,60	0,60
50°	0,60	0,59	0,59	0,58	0,58	0,57	0,56	0,55	0,54	0,53
60°	0,52	0,51	0,50	0,49	0,48	0,46	0,45	0,44	0,42	0,41
70°	0,39	0,37	0,36	0,34	0,32	0,30	0,29	0,27	0,25	0,23
80°	0,21	0,19	0,17	0,15	0,13	0,11	0,09	0,07	0,05	0,03

3.2.3 Bemessung von Schneefangsystemen

Die Bemessung von Schneefangsystemen muss unter Berücksichtigung der systembezogenen Tragfähigkeiten nach Herstellerangabe erfolgen.

3.2.4 Beispiel: Schneelasten auf Schneefangsysteme

Schneelastzone 2

Geländehöhe des Gebäudestandortes über NN: 250 m

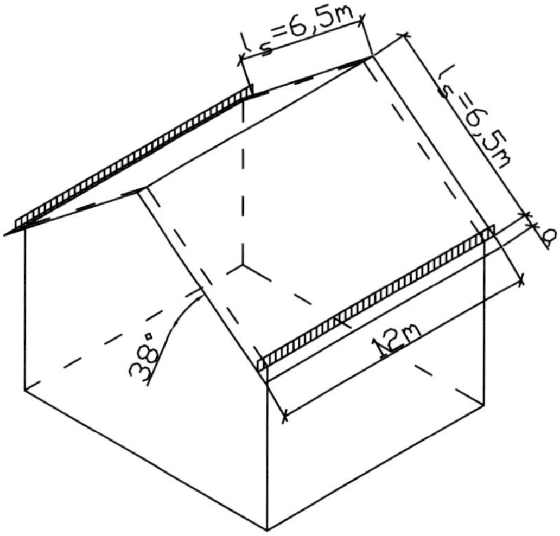

Abb. 3: Beispiel für Schneelasten auf Schneefangsysteme

a Sparrenlänge unterhalb des Schneefangsystems

Bemessungswert der Schneelast auf das Schneefangsystem je Meter in kN/m:

– charakteristische Schneelast s_k nach Tabelle 1:

$$s_k = \frac{0{,}85 + 0{,}90}{2} = 0{,}875 \left[\frac{\text{kN}}{\text{m}^2}\right]$$

– Faktor $k_{s,\alpha}$ zur Berücksichtigung des Abrutschens des Schnees von der Dachfläche und Beanspruchung des Schneefangsystems nach Tabelle 3:

$$k_{s,\alpha} = 0{,}59$$

$$F_{d,s} = s_k \times k_{s,\alpha} \times l_s = 0{,}875 \times 0{,}59 \times 6{,}5 = 3{,}36 \left[\frac{\text{kN}}{\text{m}}\right]$$

4 Windlasten

4.1 Allgemeines

(1) Windlasten sind Lasten, die sich durch Windanströmung auf ein Gebäude ergeben und somit auf Dächer und Außenwandflächen in unterschiedlichen Bereichen in unterschiedlicher Größe einwirken.

(2) Für Dachdeckungen, Außenwandbekleidungen und Dachabdichtungen verweist das Baurecht über die Bauordnungen in Form der Technischen Baubestimmungen und der Bauregelliste auf Normen und handwerkliche Regeln, die entweder die Größe der Windlasten oder eine gegen Windlasten sichernde Maßnahme beschreiben. Basis für die folgenden Regelungen sind die Technischen Baubestimmungen, hier insbesondere die DIN EN 1991-1-4[5] einschließlich DIN EN 1991-1-4/NA[6].

(3) Technische Baubestimmungen und handwerkliche Regeln gehen von Windgeschwindigkeiten aus, die auf Messungen des Deutschen Wetterdienstes und auf statischen Erhebungen beruhen. Trotz der Berücksichtigung von Sicherheiten können einzelne Windereignisse Belastungen von Bauteilen und Bauwerken zur Folge haben, die größer sind als jene, die in der Bemessung berücksichtigt werden. Daher kann eine absolute Sicherheit nicht gewährleistet werden.

---

5 DIN EN 1991-1-4 Eurocode 1: Einwirkungen auf Tragwerke: Allgemeine Einwirkungen, Windlasten

6 DIN EN 1991-1-4/NA Nationaler Anhang - National festgelegte Parameter - Eurocode 1: Einwirkungen auf Tragwerke - Teil 1-4: Allgemeine Einwirkungen – Windlasten

(4) Windlasten auf Dachdeckungen, Dachabdichtungen und Außenwandbekleidungen sind von den folgenden Parametern abhängig:
- Gebäudestandort
  - geographische Lage des Gebäudes
  - Geländerauigkeit (Bewuchs und Bebauung der Umgebung des zu betrachtenden Gebäudes)
  - topographische Einflüsse (z. B. Höhe des Gebäudestandortes über NN, Hügel-, Kamm- und Gipfellagen)
- Gebäudehöhe über Oberkante des Geländes
- Gebäudeform (z. B. Neigung der Flächen, Vorsprünge und Einbauteile)
- Steifigkeit der Dachdeckung oder Außenwandbekleidung (maßgebend für großformatige Platten, welche einer allgemeinen bauaufsichtlichen Zulassung bedürfen).

Die Lasten wirken senkrecht zu den jeweiligen Bezugsflächen. Einflüsse aus Reibung werden nicht berücksichtigt.

(5) Der Gebäudestandort wird u. a. über die Zuordnung zu einer Windzone berücksichtigt. DIN EN 1991-1-4/NA gliedern die BRD nach Abbildung 4 in die Windzonen 1 bis 4, für die unterschiedliche Referenzwindgeschwindigkeiten definiert sind.

Zur genaueren Zuordnung des jeweiligen Gebäudestandortes zu einer Windzone veröffentlicht das Deutsche Institut für Bautechnik unter www.dibt.de (Aktuelles/Technische Baubestimmungen) eine Zuordnung der Landkreise und kreisfreien Städte zu den jeweiligen Windzonen.

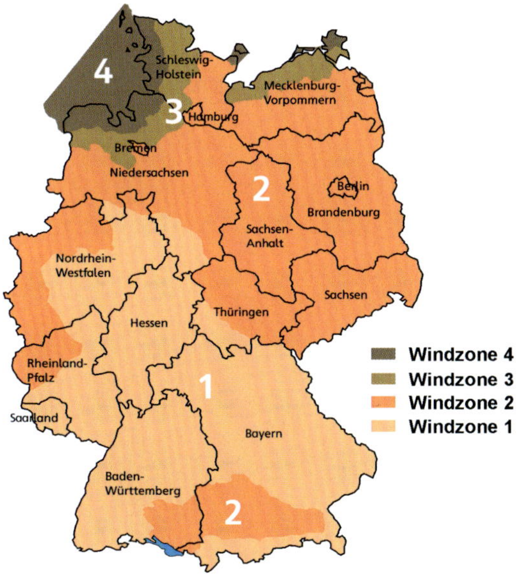

Abb. 4: Zuordnung der Windzonen nach DIN EN 1991-1-4/NA

(6) Bei Bauwerken mit einer Höhe von maximal 25 m über Grund darf nach DIN EN 1991-1-4 der Geschwindigkeitsdruck zur Vereinfachung konstant über die gesamte Gebäudehöhe angenommen werden. Die entsprechenden Geschwindigkeitsdrücke sind in Tabelle 4 angegeben. Alternativ kann der Geschwindigkeitsdruck im Einzelnachweis höhenabhängig nach DIN EN 1991-1-4/NA ermittelt werden.

Bei den vereinfachten wie auch bei den höhenabhängigen Geschwindigkeitsdrücken werden das Mischprofil Binnenland, das Mischprofil Küste, welches für küstennahe Gebiete in einem Streifen entlang der Küste mit 5 km Breite landeinwärts sowie auf den Inseln der Ostsee gilt, und die Inseln der Nordsee unterschieden. Das Mischprofil Küste ist auch um große Seen (mindestens 5 km freie Fläche in Windrichtung) bis 5 km landeinwärts anzuwenden.

Für Einzelnachweise sind die Geschwindigkeitsdrücke den Technischen Baubestimmungen (DIN EN 1991-1-4 einschließlich DIN EN 1991-1-4/NA) zu entnehmen.

Tabelle 4: Vereinfachte Geschwindigkeitsdrücke für Gebäude h ≤ 25 m nach DIN EN 1991-1-4/NA

Windzone und Mischprofil		Geschwindigkeitsdruck $q(z_e)$ in kN/m² bei einer Höhe h in den Grenzen von		
		h ≤ 10 m	10 m < h ≤ 18 m	18 m < h ≤ 25 m
1	Binnenland	0,50	0,65	0,75
2	Binnenland	0,65	0,80	0,90
	Küste und Inseln der Ostsee	0,85	1,00	1,10
3	Binnenland	0,80	0,95	1,10
	Küste und Inseln der Ostsee	1,05	1,20	1,30
4	Binnenland	0,95	1,15	1,30
	Küste und Inseln der Ostsee	1,25	1,40	1,55

(7) Einzelnachweise sind stets für Bauwerke bzw. Bauteile auf den Inseln der Nordsee zu führen.

(8) Der Geschwindigkeitsdruck nach (6) ist für Nachweise der Lagesicherung zu erhöhen, wenn der Bauwerksstandort oberhalb von 800 m über NN liegt. Der Erhöhungsfaktor beträgt (0,2 + H_S/1.000), wobei H_S die Meereshöhe in m ist.

(9) Für Kamm- und Gipfellagen, exponierte Lagen (z. B. Flughafennähe; Gebäude, bei denen die umgebende Bebauung eine „Schluchtenbildung" begünstigt) sowie oberhalb von H_S = 1.100 m sind die jeweiligen topographischen Einflüsse zu berücksichtigen. In diesen Fällen ist die Windeinwirkung durch einen Fachplaner (z. B. Statiker, Sonderfachmann) zu ermitteln.

(10) Die Gebäudehöhe ist für die Ermittlung des Geschwindigkeitsdruckes mit dem größten Wert über Grund nach Abbildung 5 anzunehmen.

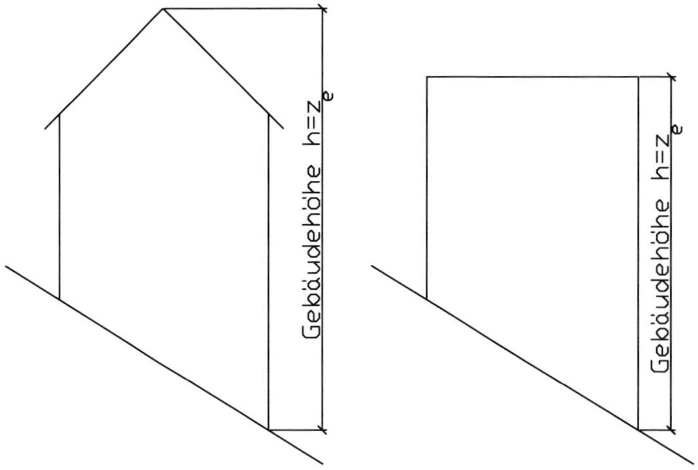

Abb. 5: Gebäudehöhe h (Bezugshöhe z_e) für die Windlastermittlung

(11) Hinsichtlich der Windlasten werden nach DIN EN 1991-1-4 Flächen mit einer Neigung gegenüber der Horizontalen von

- kleiner 5° als Flachdächer,
- größer gleich 5° und kleiner gleich 75° als Sattel-, Pult- oder Walmdächer,
- größer als 75° als vertikale Wände

betrachtet.

(12) Je nach Neigung der Flächen bzw. Ausrichtung unterschiedlicher Flächen zueinander ändern sich die Druckverhältnisse der Luft bei Windanströmung auf ein Bauwerk. DIN EN 1991-1-4 beschreibt diesen Einfluss mit einem aerodynamischen Beiwert c_p. In den für das Dachdeckerhandwerk relevanten Bereichen wird zwischen

Außendruck- (c_{pe}) sowie Innendruckbeiwerten (c_{pi}) für Dach- und Wandflächen unterschieden. Die Beiwerte c_{pe} sind abhängig von der Neigung des jeweiligen Bauteils und der Form des Gebäudes, die Beiwerte c_{pi} sind abhängig von der Anströmrichtung und dem Öffnungsanteil der Außenwände.

Bei den Beiwerten für den Außendruck wird zwischen $c_{pe,10}$ und $c_{pe,1}$ unterschieden. Die $c_{pe,10}$-Werte werden für Tragfähigkeits- und Gebrauchstauglichkeitsnachweise von Bauteilen mit einer Lasteinzugsfläche A > 10 m² sowie deren Verankerungen verwendet. Bauteile mit einer Lasteinzugsfläche A ≤ 1 m² sowie deren Verankerungen werden unter Berücksichtigung der $c_{pe,1}$-Werte bemessen. Für Bauteile und deren Verankerungen mit einer Lasteinzugsfläche zwischen 1 und 10 m² dürfen die entsprechenden Werte nach Gleichung [3] interpoliert werden.

$$c_{pe} = c_{pe,1} \times \left[\left(c_{pe,10} - c_{pe,1}\right) \times lg(A)\right] \qquad [3]$$

c_{pe} Interpolierter Außendruckbeiwert für Lasteinzugsflächen 1 m² < A ≤ 10 m²

$c_{pe,1}$ Außendruckbeiwert für Lasteinzugsflächen A ≤ 1 m²

$c_{pe,10}$ Außendruckbeiwert für Lasteinzugsflächen A > 10 m²

(13) Bei der Ermittlung der maßgebenden Windlasten ist zu berücksichtigen, dass die Dachdeckung, Dachabdichtung oder Außenwandbekleidung neben einem positiven oder negativen Winddruck (umgangssprachlich: Windsog) auf der Außenseite auch durch positiven oder negativen Druck auf der Innenseite beansprucht werden kann. Maßgebend sind die Kraftrichtungen von Außen- und Innendruck (vgl. Abbildung 6). Bei auftretendem Innendruck sind die Windlasten, mit Ausnahme der Fälle nach Abschnitte 4.1 (15), von einem Fachplaner (z. B. Statiker) zu ermitteln.

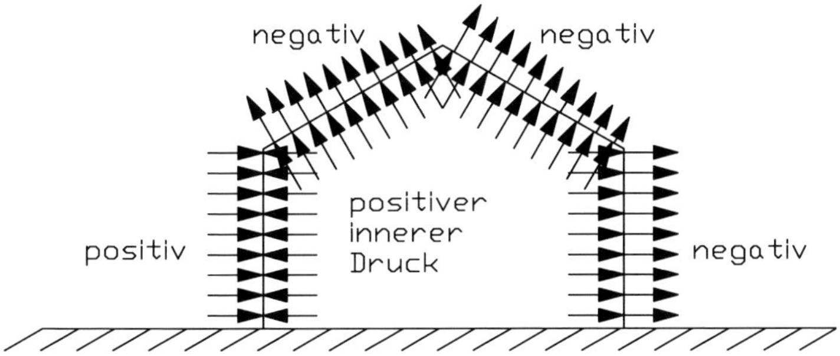

Abb. 6: Kombination von Windaußen- und Windinnendruck

(14) Ein gesonderter Nachweis der Windsogsicherung durch einen Fachplaner (z. B. Statiker) unter Berücksichtigung des Innendrucks ist in der Regel nur bei

- geschlossenen Gebäuden mit durchlässigen Außenbauteilen
- oder offenen Gebäuden

erforderlich.

Als durchlässig gelten hiernach Außenbauteile, deren Öffnungen maximal 30 % ihrer Gesamtfläche betragen und auch bei Sturm geöffnet sind. Als offen gelten Gebäude, wenn mindestens eine Außenwand Öffnungen von mehr als 30 % ihrer jeweiligen Gesamtfläche aufweist.

(15) Bei geschlossenen (Deck-)Unterlagen sowie durchströmungshemmenden Schichten unterhalb der Dachdeckung/-abdichtung oder Außenwandbekleidung darf beim Nachweis der Windsogsicherung für Dachdeckungen, Dachabdichtungen und Außenwandbekleidungen auch bei offenen Gebäuden und geschlossenen Gebäuden mit Innendruck der Windinnendruck vernachlässigt werden.

Geschlossene (Deck-)Unterlagen sind insbesondere:

- Ortbetondecken,
- Fertigteildecken mit Fugenverspachtelung oder vollflächigem Betonaufguss,
- Holzschalungen mit Unterdeckungen und Unterdächern,
- Schalungen aus Holzwerkstoffen,
- verfalzte Unterdeckplatten,
- Stahltrapezbleche mit dichtenden Maßnahmen im Stoß- und Überdeckungsbereich

Als durchströmungshemmende Schichten werden in diesem Sinne Bauteile mit luftdichten Schichten nach DIN 4108-7[7] (z. B. verputzte Flächen, verklebte Dampfsperren) verstanden.

Im Bereich von Dachüberständen ohne geschlossene (Deck-)Unterlagen oder durchströmungshemmende Schichten ist zusätzlich zur oberseitig auf die Dachdeckung wirkenden Windlast eine unterseitige Windbeanspruchung entsprechend der Windlast der angrenzenden Außenwand zu berücksichtigen.

Unterspannungen in Verbindung mit zwischen oder unterhalb der Sparren angeordneten Sichtschalungen sind im Bereich von Dachüberständen wie geschlossene (Deck-)Unterlagen zu betrachten.

(16) Der Bemessungswert der Windlast auf die Außenoberfläche von Dach- und Außenwandflächen $w_{d,e}$ für Nachweise der Windsogsicherung ergibt sich nach Gleichung [4].

$$w_{d,e} = \gamma_Q \times c_{pe} \times q(z_e) \qquad [4]$$

$w_{d,e}$ Bemessungswert der Windlast auf die Außenoberfläche in kN/m²

γ_Q Teilsicherheitsbeiwert für ungünstige veränderliche Einwirkungen nach DIN EN 1990

c_{pe} Außendruckbeiwert in Abhängigkeit von der Form und Neigung der Flächen und dem Bereich

z_e Bezugshöhe = maximale Höhe des Gebäudes über Grund

$q(z_e)$ Geschwindigkeitsdruck nach Tabelle 4 oder DIN EN 1991-1-4/NA in Abhängigkeit von der Bezugshöhe

(17) Der Bemessungswert der Windlast auf die Innenoberflächen von Dach- und Außenwandflächen $w_{d,i}$ für Nachweise der Windsogsicherung ergibt sich nach Gleichung [5].

$$w_{d,i} = \gamma_Q \times c_{pi} \times q(z_e) \qquad [5]$$

$w_{d,i}$ Bemessungswert der Windlast auf die Innenoberfläche in kN/m²

γ_Q Teilsicherheitsbeiwert für ungünstige veränderliche Einwirkungen nach DIN EN 1990

c_{pe} Innendruckbeiwert

z_e Bezugshöhe = maximale Höhe des Gebäudes über Grund

$q(z_e)$ Geschwindigkeitsdruck nach Tabelle 4 oder DIN EN 1991-1-4/NA in Abhängigkeit von der Bezugshöhe

(18) Für die Windsogsicherung gelten für folgende kleinformatige, überlappende und direkt befestigte Deckwerkstoffe die Angaben zur Befestigung der jeweiligen Fachregeln für

- Schiefer,
- Faserzementplatten,
- Bitumenschindeln,
- Holzschindeln.

Als kleinformatig gelten nach den Technischen Baubestimmungen Elemente für Dachdeckungen und Außenwandbekleidungen mit einer Fläche ≤ 0,4 m² und einer Eigenlast von ≤ 5 kg.

(19) Bei Deckmaterialien, für die eine bauaufsichtliche Zulassung erforderlich ist, ist der Nachweis der Windsogsicherung der jeweiligen Zulassung zu entnehmen bzw. auf deren Grundlage nach den Technischen Baubestimmungen zu führen.

(20) Als Durchdringungen gelten Unterbrechungen, die mindestens an einer Stelle mehr als 0,35 m aus der Dachfläche herausragen und die über mindestens eine waagerechte Abmessung von mehr als 0,5 m verfügen. Der Einfluss der durch die Durchdringung geänderten Druckverhältnisse erstreckt sich dabei in Abhängigkeit von den Abmessungen der Durchdringung auf einen Bereich von mindestens 1 m und maximal 2 m in der Ebene der Dachfläche gemessen.

[7] DIN 4108-7 Wärmeschutz und Energie-Einsparung in Gebäuden – Teil7: Luftdichtheit von Gebäuden – Anforderungen, Planungs- und Ausführungsempfehlungen

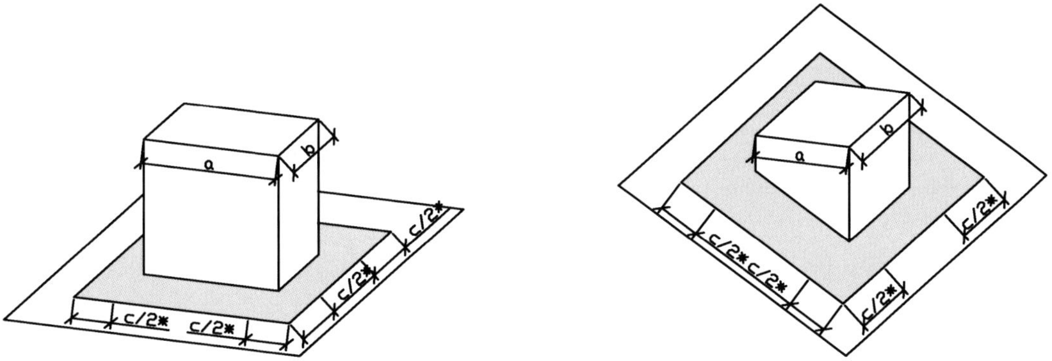

c = a oder b (der größere Wert ist maßgebend)

Abb. 7: Erhöhte Beanspruchung der Dachfläche infolge Durchdringungen

$* : 1\ \mathrm{m} \leq \frac{c}{2} \leq 2\ \mathrm{m}$

4.2 Dächer

4.2.1 Dächer mit Abdichtungen

4.2.1.1 Allgemeines

(1) Für Dächer mit Abdichtungen ist DIN EN 1991-1-4 einschließlich DIN EN 1991-1-4/NA maßgebend.

(2) Für die Ermittlung der maßgebenden Windlasten auf Abdichtungen sind die Außendruckbeiwerte für Lasteinzugsflächen $A \leq 1\ m^2$ zu verwenden.

(3) Die Windlasten sind nach den Gleichungen [4] und [5] zu ermitteln. Dabei sind der Teilsicherheitsbeiwert γ_Q mit 1,50 und die Außendruckbeiwerte $c_{pe,1}$ nach den Tabellen 5 bis 8 zu verwenden.

(4) Um Durchdringungen empfiehlt sich die Anordnung eines Bereiches G mit den Abmessungen nach Abschnitt 4.1 (20).

(5) Zur Einteilung der Bereiche von Dachflächen zeigen die Abschnitte 4.2.1.2 und 4.2.1.3 unterschiedliche Anströmrichtungen des Windes, die jeweils einen Winkel von ±45° berücksichtigen. Die maßgebende Windlast wird durch Überlagerung der einzelnen Anströmungen gebildet. Dabei ist grundsätzlich die ungünstigste Beanspruchung (größter Windsog) maßgebend.

(6) Die Abmessungen der einzelnen Bereiche werden in Abhängigkeit von der Abmessung des Gebäudes quer zur Anströmrichtung b bzw. der doppelten Gebäudehöhe h mit Bruchteilen der Hilfsgröße e bestimmt. Die Hilfsgröße e ergibt sich aus dem kleineren Wert entweder der Gebäudebreite b quer zur jeweiligen Anströmrichtung oder der zweifachen Gebäudehöhe h.

4.2.1.2 Windlasten auf Dächern mit Dachneigungen < 5°

(1) Dächer mit einer Neigung kleiner 5° werden je Anströmrichtung des Windes in die Bereiche F, G, H und I nach Abbildung 8 unterteilt.

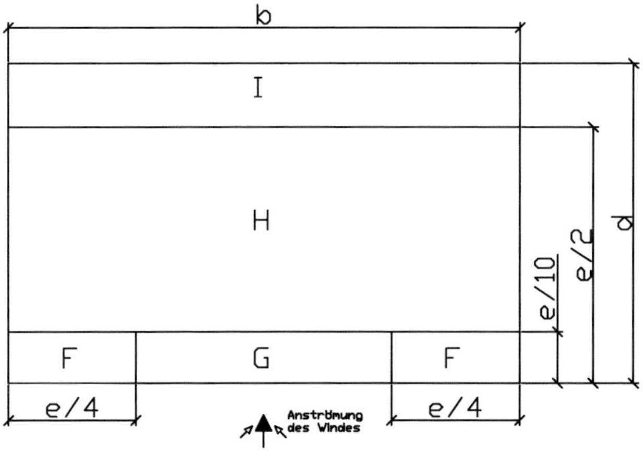

e = b oder 2h (der kleinere Wert ist maßgebend)

Abb. 8: Einteilung der Dachflächen bei Flachdächern bei Anströmung auf eine Gebäudeseite

(2) Die Größe der Beanspruchung in den jeweiligen Bereichen hängt davon ab, wie der Dachrand ausgebildet ist. Abbildung 9 zeigt die unterschiedlichen Dachränder nach DIN EN 1991-1-4 sowie die anzusetzende Bezugshöhe z_e für die Ermittlung des Geschwindigkeitsdrucks nach Abschnitt 4.1 (6). Bei Dachrändern mit Attika ist h_p die Höhe der Attika gegenüber der Dachabdichtung.

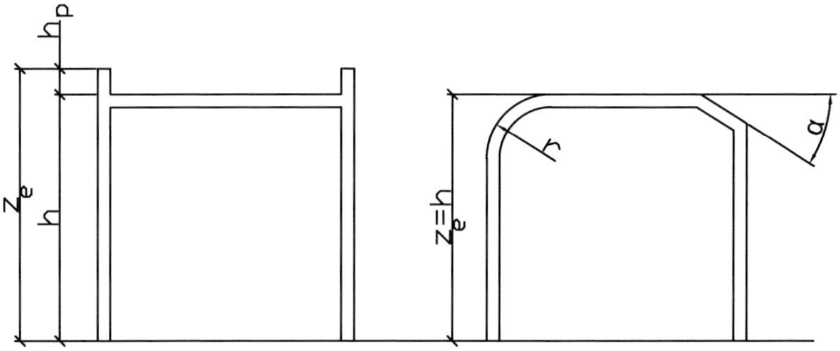

Abb. 9: Dachränder nach DIN EN 1991-1-4

(3) Tabelle 5 zeigt die Außendruckbeiwerte nach DIN EN 1991-1-4 für scharfkantige Dachränder und Dachränder mit Attika. Außendruckbeiwerte für abgerundete und abgeschrägte Dachränder sind DIN EN 1991-1-4 zu entnehmen. Vereinfachend können für abgerundete und abgeschrägte Dachränder die Außendruckbeiwerte von scharfkantigen Dachrändern angenommen werden.

Tabelle 5: Außendruckbeiwerte $c_{pe,1}$ von Flachdächern

		Außendruckbeiwerte $c_{pe,1}$			
		F	G	H	I
Scharfkantiger Dachrand		-2,5	-2,0	-1,2	-0,6
Dachrand mit Attika	$h_p/h = 0{,}025$	-2,2	-1,8	-1,2	-0,6
	$h_p/h = 0{,}05$	-2,0	-1,6	-1,2	-0,6
	$h_p/h = 0{,}10$	-1,8	-1,4	-1,2	-0,6
Bei Flachdächern mit Attika darf für Zwischenwerte h_p/h linear interpoliert werden.					

4.2.1.3 Windlasten auf Dächern mit Dachneigungen ≥ 5°

(1) Dächer mit einer Neigung größer gleich 5° werden unterschieden in

- Sattel- und Trogdächer,
- Pultdächer,
- Walmdächer.

Bei den einzelnen Dachformen werden unterschiedliche Anströmungen des Windes berücksichtigt, die jeweils untersucht werden müssen.

(2) Sattel- und Trogdächer werden in die Bereiche nach Abbildung 10 und 11 eingeteilt. Dabei werden die Anströmrichtungen senkrecht und parallel zur Firstlinie unterschieden.

Bei der Anströmung senkrecht zur Firstlinie werden

- die Bereiche F und G an der Traufe,
- der Bereich J auf der windabgewandten Dachfläche entlang des Firsts und
- die Bereiche H und I als verbleibende Flächen berücksichtigt.

Die Anströmung parallel zur Firstlinie führt zu

- den Bereichen F und G entlang des Ortganges sowie
- den dahinterliegenden Bereichen H und I.

Tabelle 6 zeigt die entsprechenden Außendruckbeiwerte $c_{pe,1}$ für Sattel- und Trogdächer nach DIN EN 1991-1-4/NA.

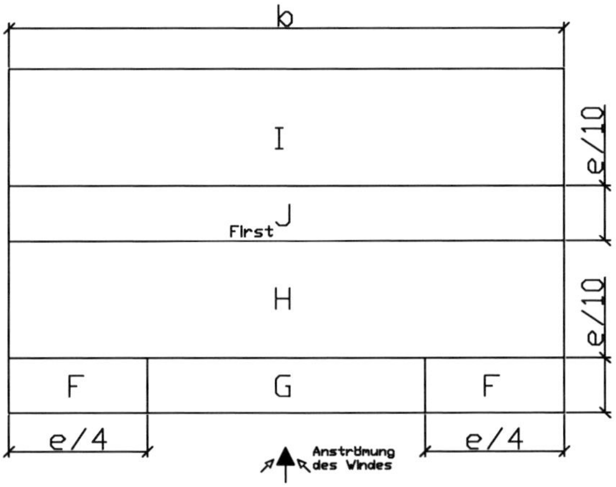

e = b oder 2h (der kleinere Wert ist maßgebend)

Abb. 10: Einteilung der Dachflächen von Satteldächern für die Anströmung senkrecht zur Firstlinie (Trogdächer sind analog zu behandeln)

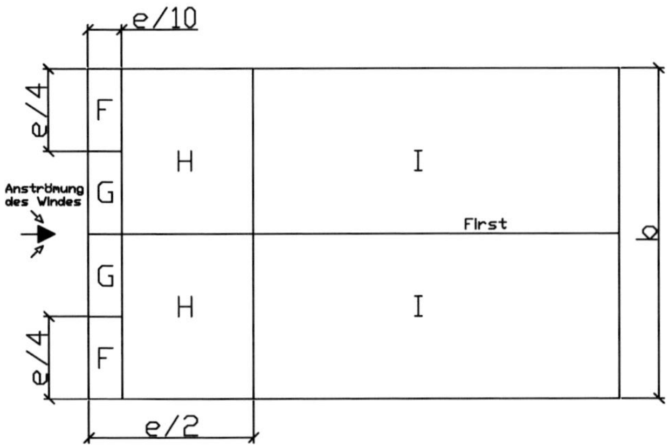

e = b oder 2h (der kleinere Wert ist maßgebend)

Abb. 11: Einteilung der Dachflächen von Satteldächern afür die Anströmung parallel zur Firstlinie (Trogdächer sind analog zu behandeln)

Tabelle 6: Außendruckbeiwerte $c_{pe,1}$ für Sattel- und Trogdächer

Dach-neigung	Außendruckbeiwerte $c_{pe,1}$ für die Anströmung								
	senkrecht zur Firstlinie					parallel zur Firstlinie			
	F	G	H	I	J	F	G	H	I
-45°	-0,6	-0,6	-0,8	-0,7	-1,5	-2,0	-2,0	-1,3	-1,2
-30°	-2,0	-1,5	-0,8	-0,6	-1,4	-2,1	-2,0	-1,3	-1,2
-15°	-2,8	-2,0	-1,2	-0,5	-1,2	-2,5	-2,0	-1,2	-1,2
-5°	-2,5	-2,0	-1,2	-0,6	-0,6	-2,5	-2,0	-1,2	-1,2
5°	-2,5	-2,0	-1,2	-0,6	-0,6	-2,2	-2,0	-1,2	-0,6
10°	-2,2	-1,7	-0,4	-0,5	-0,8	-2,1	-2,0	-1,2	-0,6
15°	-2,0	-1,5	-0,3	-0,4	-1,5	-2,0	-2,0	-1,2	-0,5
30°	-1,5	-1,5	-0,2	-0,4	-0,5	-1,5	-2,0	-1,2	-0,5
45°	0,7	0,7	0,6	-0,4	-0,5	-1,5	-2,0	-1,2	-0,5
60°	0,7	0,7	0,7	-0,4	-0,5	-1,5	-2,0	-1,0	-0,5
75°	0,8	0,8	0,8	-0,4	-0,5	-1,5	-2,0	-1,0	-0,5
Zwischenwerte dürfen, soweit das Vorzeichen nicht wechselt, linear interpoliert werden.									

(3) Walmdächer werden in die Bereiche nach Abbildung 12 und 13 eingeteilt. Dabei werden die Anströmrichtungen senkrecht und parallel zur Firstlinie unterschieden.

Bei der Anströmung senkrecht zur Firstlinie werden die

- Bereiche F und G an der Traufe mit dem dahinterliegenden Bereich H,
- die Bereiche I, J und K auf der windabgewandten Hauptdachfläche und
- die Bereiche L und M auf den Walmdachflächen berücksichtigt.

Die Anströmung parallel zur Firstlinie führt zu

- den Bereichen F und G an der Walmtraufe sowie dem dahinterliegenden Bereich H,
- den Bereichen L, M und N auf den Hauptdachflächen und
- den Bereichen I und J auf der windabgewandten Walmdachfläche.

Tabelle 7 zeigt die entsprechenden Außendruckbeiwerte $c_{pe,1}$ für Walmdächer nach DIN EN 1991-1-4/NA.

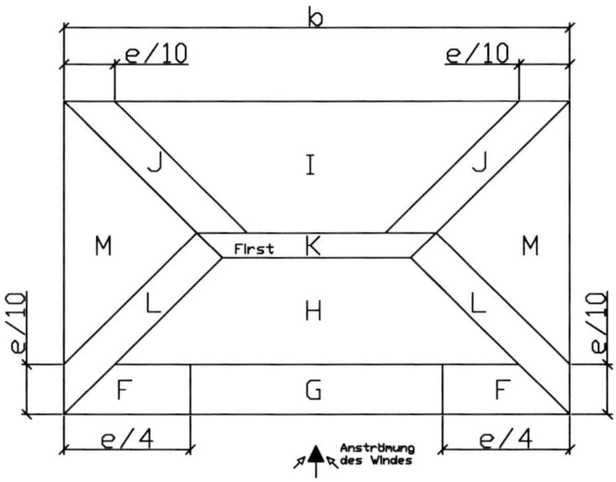

e = b oder 2h (der kleinere Wert ist maßgebend)

Abb. 12: Einteilung der Dachflächen von Walmdächern für die Anströmung senkrecht zur Firstlinie (Trogdächer sind analog zu behandeln)

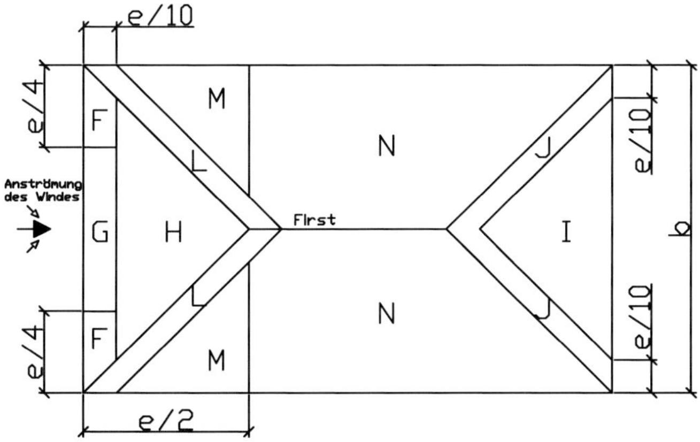

e = b oder 2h (der kleinere Wert ist maßgebend)

Abb. 13: Einteilung der Dachflächen von Walmdächern für die Anströmung parallel zur Firstlinie (Trogdächer sind analog zu behandeln)

Tabelle 7: Außendruckbeiwerte $c_{pe,1}$ für Walmdächer

Dach-neigung	Außendruckbeiwerte $c_{pe,1}$ für die Anströmung senkrecht und parallel zur Firstlinie								
	F	G	H	I	J	K	L	M	N
5°	-2,5	-2,0	-1,2	-0,3	-0,6	-0,6	-2,0	-1,2	-0,4
15°	-2,0	-1,5	-0,3	-0,5	-1,5	-2,0	-2,0	-1,2	-0,3
30°	-1,5	-1,5	-0,2	-0,4	-1,2	-0,5	-2,0	-1,2	-0,2
45°	0,7	0,7	0,6	-0,3	-0,6	-0,3	-2,0	-1,2	-0,2
60°	0,7	0,7	0,7	-0,3	-0,6	-0,3	-2,0	-0,4	-0,2
75°	0,8	0,8	0,8	-0,3	-0,6	-0,3	-2,0	-0,4	-0,2
Zwischenwerte dürfen, soweit das Vorzeichen nicht wechselt, linear interpoliert werden.									

(4) Pultdächer werden in die Bereiche nach Abbildung 14 bis 16 eingeteilt. Dabei werden die Anströmrichtungen senkrecht zur Trauflinie, senkrecht zum Giebel und senkrecht zur Pultabschlusslinie unterschieden.

Bei der Anströmung senkrecht zur Trauflinie werden die Bereiche F und G an der Traufe und der dahinterliegende Bereich H berücksichtigt.

Die Anströmung senkrecht zum Giebel führt zu den Bereichen F und G entlang des Ortganges sowie den dahinterliegenden Bereichen H und I.

Bei der Anströmung senkrecht zur Pultabschlusslinie werden die Bereiche F und G an der Traufe und der dahinterliegende Bereich H berücksichtigt.

Tabelle 8 zeigt die entsprechenden Außendruckbeiwerte $c_{pe,1}$ für Pultdächer nach DIN EN 1991-1-4/NA.

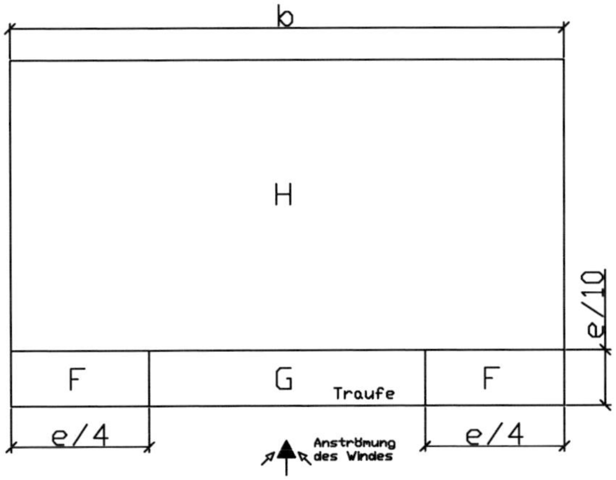

e = b oder 2h (der kleinere Wert ist maßgebend)

Abb. 14 Einteilung der Dachflächen von Pultdächern für die Anströmung senkrecht zur Trauflinie

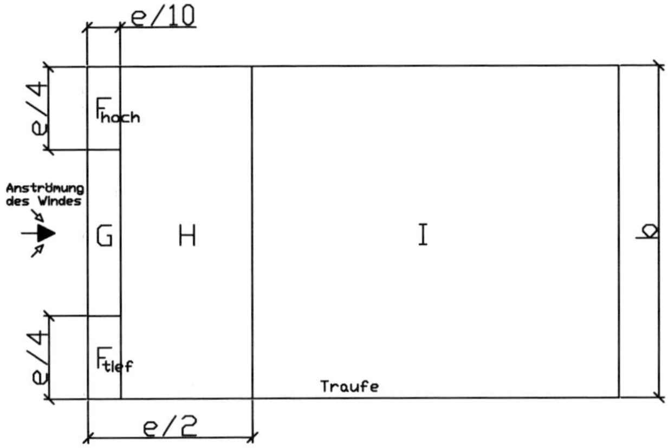

e = b oder 2h (der kleinere Wert ist maßgebend)

Abb. 15: Einteilung der Dachflächen von Pultdächern für die Anströmung senkrecht zum Giebel

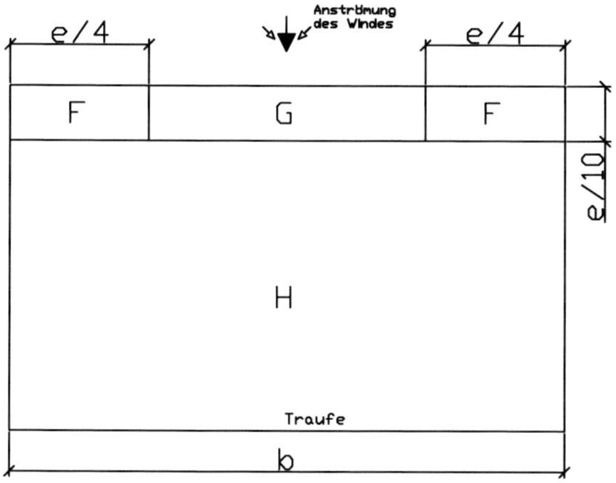

e = b oder 2h (der kleinere Wert ist maßgebend)

Abb. 16: Einteilung der Dachflächen von Pultdächern für die Anströmung senkrecht zur Pultabschlusslinie

Tabelle 8: Außendruckbeiwerte $c_{pe,1}$ für Pultdächer

Dach-neigung	Außendruckbeiwerte $c_{pe,1}$ für die Anströmung					
	senkrecht zur Trauflinie			senkrecht zur Pultabschlusslinie		
	F	G	H	F	G	H
5°	-2,5	-2,0	-1,2	-2,5	-2,0	-1,2
10°	-2,2	-1,7	-0,7	-2,6	-2,0	-1,2
15°	-2,0	-1,5	-0,3	-2,8	-2,0	-1,2
30°	-1,5	-1,5	-0,2	-2,3	-1,5	-0,8
45°	0,7	0,7	0,6	-1,3	-0,5	-0,7
60°	0,7	0,7	0,7	-1,0	-0,5	-0,5
75°	0,8	0,8	0,8	-1,0	-0,5	-0,5
Zwischenwerte dürfen, soweit das Vorzeichen nicht wechselt, linear interpoliert werden.						

Dach-neigung	Außendruckbeiwerte $c_{pe,1}$ für die Anströmung senkrecht zum Giebel				
	F_{hoch}	F_{tief}	G	H	I
5°	-2,6	-2,4	-1,8	-1,2	-0,6
10°	-2,7	-2,4	-1,8	-1,2	-0,6
15°	-2,9	-2,4	-1,9	-1,2	-1,2
30°	-2,9	-2,0	-1,5	-1,3	-1,2
45°	-2,4	-2,0	-1,4	-1,3	-1,2
60°	-2,0	-2,0	-1,2	-1,3	-1,2
75°	-2,0	-2,0	-1,2	-1,3	-0,5
Zwischenwerte dürfen, soweit das Vorzeichen nicht wechselt, linear interpoliert werden.					

4.2.1.4 Sicherungsmaßnahmen gegen Windlasten

(1) Sicherungsmaßnahmen gegen Windlasten (Windsog) können als
- Auflast (z. B. Kiesschüttung),
- Verklebung der Abdichtung auf der Unterkonstruktion,
- mechanische Befestigung (z. B. spezielle Befestiger, Stifte)

erfolgen.

(2) Bei Kombination der unter (1) aufgeführten Sicherungsmaßnahmen sind die Tragfähigkeit und Dauerhaftigkeit der Kombination von Sicherungsmaßnahmen, z. B. durch ein unabhängiges Prüfinstitut, nachzuweisen.

(3) Bei Nachweisen der Windsogsicherung muss die Tragfähigkeit der Sicherungsmaßnahme bzw. Kombination von Sicherungsmaßnahmen größer gleich dem Betrag der Windlast sein. Allgemein gelten die Gleichungen [6] und [7].

$$|w_{d,e}| \leq R_d \qquad [6]$$

$$|w_{d,e}| \leq g_d \qquad [7]$$

$|w_{d,e}|$ Betrag des Bemessungswertes der Windlast

R_d Bemessungswert der Tragfähigkeit der Sicherungsmaßnahme

g_d Bemessungswert der Eigengewichtskraft von Auflasten

(4) Die Bemessungswerte der Tragfähigkeit von Sicherungsmaßnahmen sind unter Berücksichtigung der Teilsicherheitsbeiwerte nach den Technischen Baubestimmungen zu ermitteln.

(5) Der Bemessungswert der Eigengewichtskraft von Auflasten zur Windsogsicherung ist nach Gleichung [8] mit dem Teilsicherheitsbeiwert $\gamma_G = 0{,}9$ nach DIN EN 1990 zu ermitteln.

$$g_d = g_k \times \gamma_G \times \cos(\alpha) \qquad [8]$$

g_d Bemessungswert der Eigengewichtskraft von Auflasten

g_k charakteristischer Wert der Eigengewichtskraft von Auflasten

γ_G Teilsicherheitsbeiwert für günstig wirkende Eigenlasten nach DIN EN 1990

(6) Bei Kiesschüttungen 16/32 als Auflast auf Dächern mit einer Neigung von < 5° darf je cm Dicke der Kiesschüttung ein Bemessungswert der Eigengewichtskraft von $g_d = 0{,}18$ [kN/(cm·m²)] angenommen werden. Die erforderliche Dicke der Kiesschicht ergibt sich nach Gleichung [9], mindestens beträgt sie jedoch 5 cm.

$$d = \frac{|w_{d,e}|}{g_d} \text{ [cm]} \qquad [9]$$

4.2.1.5 Beispiel: Windsogsicherung von Flachdachabdichtungen

Gebäudehöhe: 12 m

Gebäudelänge: 26 m

Gebäudebreite: 16 m

Gebäudestandort: München

Windzone 2, Geschwindigkeitsdruck: $q = 0{,}80$ kN/m²

Attikahöhe $h_p = 0{,}30$ m

Attikaeinfluss: $h_p/h = 0{,}30 \text{ m}/12 \text{ m} = 0{,}025$

geschlossene Deckunterlage

Dachneigung $\alpha < 5°$

Bemessungswerte der Windlast $c_{pe,1}$-Werte nach Tabelle 5:

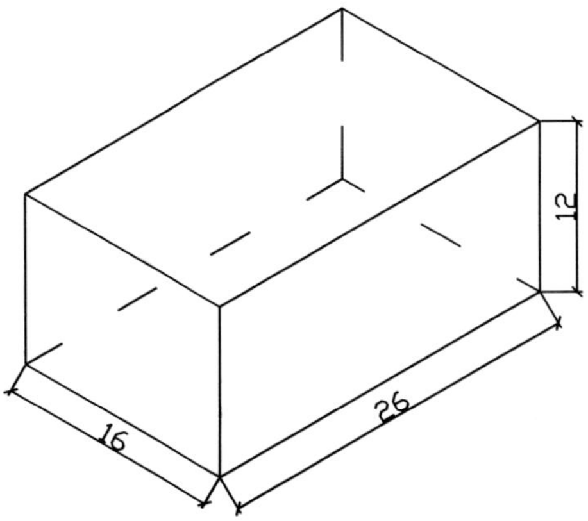

Maße in m

Abb. 17: Beispiel für die Windsogsicherung von Flachdachabdichtungen

$$\text{F: } c_{pe,1} = -2{,}2\,;\ w_{d,e} = 1{,}50 \times (-2{,}2) \times 0{,}80 = (-2{,}64)\left[\frac{\text{kN}}{\text{m}^2}\right]$$

$$\text{G: } c_{pe,1} = -1{,}8;\ w_{d,e} = 1{,}50 \times (-1{,}8) \times 0{,}80 = (-2{,}16)\left[\frac{\text{kN}}{\text{m}^2}\right]$$

$$\text{H: } c_{pe,1} = -1{,}2;\ w_{d,e} = 1{,}50 \times (-1{,}2) \times 0{,}80 = (-1{,}44)\left[\frac{\text{kN}}{\text{m}^2}\right]$$

$$\text{I: } c_{pe,1} = -0{,}6;\ w_{d,e} = 1{,}50 \times (-0{,}6) \times 0{,}80 = (-0{,}72)\left[\frac{\text{kN}}{\text{m}^2}\right]$$

Bereichseinteilung:

Durch Überlagerung der einzelnen Anströmrichtung verbleiben die Bereiche F, G und H. Die Abmessungen der Bereiche ergeben sich aus den Anströmungen auf die 16 m und 26 m breiten Gebäudeseiten.

Gebäudelänge a = 16 m

$$e = \min\begin{Bmatrix} a \\ 2 \times h \end{Bmatrix} = \min\begin{Bmatrix} 16\text{ m} \\ 2 \times 12\text{ m} = 24\text{ m} \end{Bmatrix} = 16\text{ m}$$

Gebäudelänge b = 26 m

$$e = \min\begin{Bmatrix} b \\ 2 \times h \end{Bmatrix} = \min\begin{Bmatrix} 26\text{ m} \\ 2 \times 12\text{ m} = 24\text{ m} \end{Bmatrix} = 24\text{ m}$$

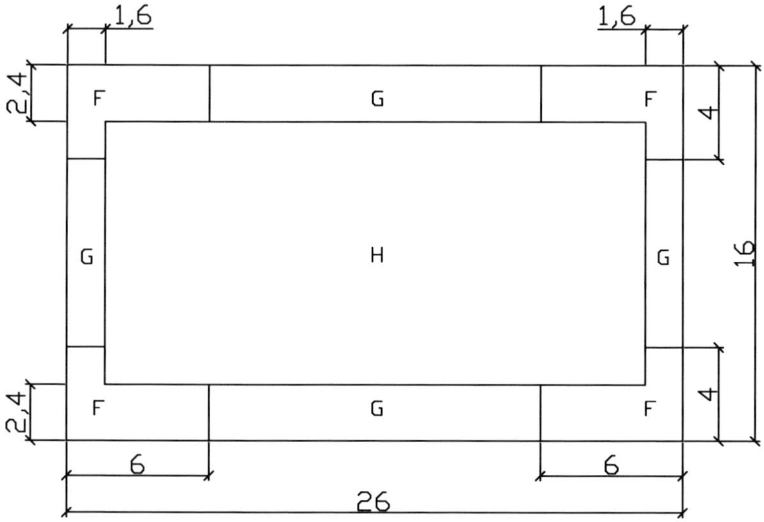

Maße in m

Abb. 18: Beispiel für die Windsogsicherung von Flachdachabdichtungen

Windsogsicherung durch Auflast:

Kies 16/32 g_k= 1,0 kN/m² bei 5 cm Dicke nach DIN EN 1991-1-1

$$g_d = \frac{1{,}0 \times 0{,}9}{5}\left[\frac{\text{kN}}{\text{m}^2 \times \text{cm}}\right] = 0{,}18\left[\frac{\text{kN}}{\text{m}^2 \times \text{cm}}\right]$$

$$d = \frac{|w_{d,e}|}{g_d} = \frac{|w_{d,e}|}{0{,}18}$$

$$\text{F}: d = \frac{2{,}64}{0{,}18} = 14{,}7 \text{ cm} \approx 15 \text{ cm}$$

$$\text{G}: d = \frac{2{,}16}{0{,}18} = 12 \text{ cm}$$

$$\text{H}: d = \frac{1{,}44}{0{,}18} = 8 \text{ cm}$$

Windsogsicherung durch Befestiger:

Bei der Ermittlung der erforderlichen Anzahl an Befestigern pro m² wird ein Bemessungswert der Tragfähigkeit von R_d= 0,5 kN angenommen!

$$\text{n} = \frac{|\text{w}_{\text{d,e}}|}{\text{R}_\text{d}} = \frac{|\text{w}_{\text{d,e}}|}{0{,}5}$$

$$\text{F}: n = \frac{2{,}64}{0{,}5} = 5{,}28\ \frac{\text{Befestiger}}{\text{m}^2}$$

$$\text{G}: n = \frac{2{,}16}{0{,}5} = 4{,}32\ \frac{\text{Befestiger}}{\text{m}^2}$$

$$\text{H}: n = \frac{1{,}44}{0{,}5} = 2{,}88\ \frac{\text{Befestiger}}{\text{m}^2}$$

4.2.2 Dächer mit Dachziegel- oder Dachsteindeckungen

4.2.2.1 Allgemeines

(1) Bei Ausführung und Planung von kleinformatigen, überlappend verlegten Dachdeckungen nach dem Regelwerk mit Dachziegeln nach DIN EN 1304[8] und Dachsteinen nach DIN EN 490[9] mit einer Fläche ≤ 0,4 m² und einer Eigenlast ≤ 7 kg und Formziegeln und -steinen mit einer Fläche ≤ 0,4 m² und einer Eigenlast ≤ 13 kg ist auf Grundlage von DIN EN 1991-1-4 einschließlich DIN EN 1991-1-4/NA das Regelwerk des Dachdeckerhandwerks maßgebend. Dieser Abschnitt regelt die Windsogsicherung von diesen kleinformatigen, überlappend verlegten Dachdeckungen aus Dachziegeln und Dachsteinen mit einer Dachneigung ≥ 10° auf Lattung.

(2) Der Abschnitt 4.2.2 regelt das Verfahren zur Ermittlung von Windsoglasten auf Dächern mit Dachziegel- und Dachsteindeckungen, des Widerstandes von unbefestigten und befestigten Dachdeckungen und die Nachweisführung der Lagesicherheit der Dachdeckung.

4.2.2.2 Ermittlung der Windlasten

(1) Das Verhalten von unverklammerten/unbefestigten und verklammerten/befestigten Dachziegel-/Dachsteindeckungen infolge Windsogbeanspruchung wird im Regelfall durch die belüftete Luftschicht unterhalb der Dachdeckung und oberhalb der geschlossenen Deckunterlage bzw. der durchströmungshemmenden Schicht beeinflusst:

Durch das Anheben der Dachziegel/-steine bei Windsogbeanspruchung am Dachziegel-/ Dachsteinfuß bzw. der Luftdurchlässigkeit der Dachdeckung findet ein Druckausgleich zwischen belüfteter Ebene (oberhalb der geschlossenen Deckunterlage) und der Umgebungsluft statt.

---

[8] DIN 1304 Dachziegel und Formziegel – Begriffe und Produktanforderungen

[9] DIN 490 Dach- und Formsteine aus Beton für Dächer und Wandbekleidungen – Produktanforderungen

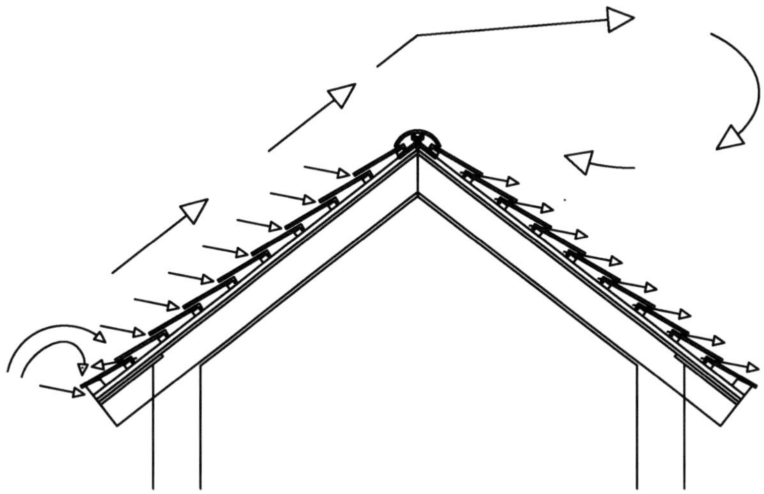

Abb. 19: Windbeanspruchung von Dachziegel/-steindeckungen

Die in der Praxis auftretenden abhebenden Beanspruchungen liegen durch dieses Tragverhalten betragsmäßig weit unter den in den Technischen Baubestimmungen festgelegten Werten. Zur annähernd einheitlichen Windlastermittlung im Regelwerk des Dachdeckerhandwerks werden den Technischen Baubestimmungen die Grundsätze der Lastenermittlung entnommen.

Die resultierende Windlast ergibt sich nach Gleichung [10] aus dem Produkt des Teilsicherheitsbeiwerts $\gamma_Q = 1{,}35$ nach DIN EN 1990, des Außendruckbeiwerts $c_{pe,1}$ je Bereich, eines Faktors für den Druckausgleich c_{eq} sowie des Geschwindigkeitsdrucks $q(z_e)$. In Fällen nach Abschnitt 4.1 (15) und Abschnitt 4.2.1.2 (1) ist $c_{eq} = 0{,}5$ zu setzen (Gleichung [11]).

$$w_{d,e} = \gamma_Q \times c_{pe,1} \times c_{eq} \times q(z_e) \quad [10]$$

$$w_{d,e} = 1{,}35 \times c_{pe,1} \times 0{,}5 \times q(z_e) \quad [11]$$

$w_{d,e}$ resultierender Bemessungswert der Windlast

γ_Q Teilsicherheitsbeiwert für ungünstige veränderliche Einwirkungen

$c_{pe,1}$ Außendruckbeiwert nach Tabelle 9 bzw. Tabelle 10

c_{eq} Faktor für den Druckausgleich

z_e Höhe des Gebäudes über Grund nach Abbildung 5

$q\ (z_e)$ Geschwindigkeitsdruck nach Tabelle 4 oder Technischen Baubestimmungen in Abhängigkeit von der Bezugshöhe

(2) Bei Dächern mit geschlossenen Deckunterlagen oder durchströmungshemmenden Schichten und Spitzböden mit Unterspannungen ist im Bereich des nicht ausgebauten Spitzbodens die Unterspannung als geschlossene Unterlage zu betrachten.

(3) Bei Dachdeckungen von geschlossenen Gebäuden mit Unterspannungen und ohne weitere durchströmungshemmende Schichten ist der Faktor für den Druckausgleich c_{eq} in Gleichung [11] um 25 % zu erhöhen ($c_{eq} = 0{,}625$).

(4) Die Bereichseinteilung von Dachflächen erfolgt für jede Anströmrichtung des Windes. Die unter Abschnitt 4.2.2.2 (5) bis (7) dargestellten Anströmungen berücksichtigen jeweils einen Winkelbereich von ±45°. Aus den einzelnen Anströmrichtungen ergibt sich die maßgebende Beanspruchung der Dachflächen durch Überlagerung. Dabei ist die ungünstigste Beanspruchung (c_{pe}-Werte nach Tabelle 9 und Tabelle 10) der Einzelanströmungen zu berücksichtigen.

(5) Bei der Bereichseinteilung von Sattel- und Trogdächern sind die Windanströmrichtungen senkrecht und parallel zur Firstlinie unabhängig voneinander zu betrachten.

Bei der Anströmung senkrecht zur Firstlinie werden nach Abbildung 20 die Bereiche Traufe auf der windzugewandten Dachfläche und First auf der windabgewandten Dachfläche sowie die verbleibenden Innenbereiche berücksichtigt. Die Abmessungen der Bereiche werden mit der Hilfsgröße ex bestimmt. Sie ergibt sich aus dem kleineren Wert entweder der Länge des Daches (Trauflänge einschließlich der Dachüberstände) oder der zweifachen Gebäudehöhe h.

Bei der Anströmung parallel zur Firstlinie werden nach Abbildung 21 die Bereiche Ortgang sowie der dahinterliegende Innenbereich berücksichtigt. Die Abmessungen der Bereiche werden mit der Hilfsgröße ey bestimmt. Sie ergibt sich aus dem kleineren Wert entweder der Breite des Daches (Giebellänge im Grundriss einschließlich der Dachüberstände) oder der zweifachen Gebäudehöhe h. Für die Breite des Ortgangstreifens wird der Wert ey/8 angesetzt, mindestens jedoch 1,5 m.

Die Abmessungen der Bereiche beziehen sich auf die Ebenen der Dachflächen.

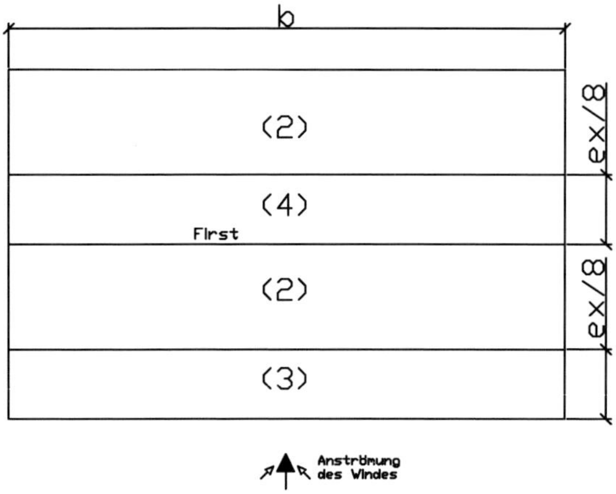

(2): Innenbereich

(3): Traufe

(4): First

ex = b oder 2h (der kleinere Wert ist maßgebend)

Abb. 20: Einteilung der Dachflächen von Satteldächern für die Anströmung senkrecht zur Firstlinie (Trogdächer sind analog zu behandeln)

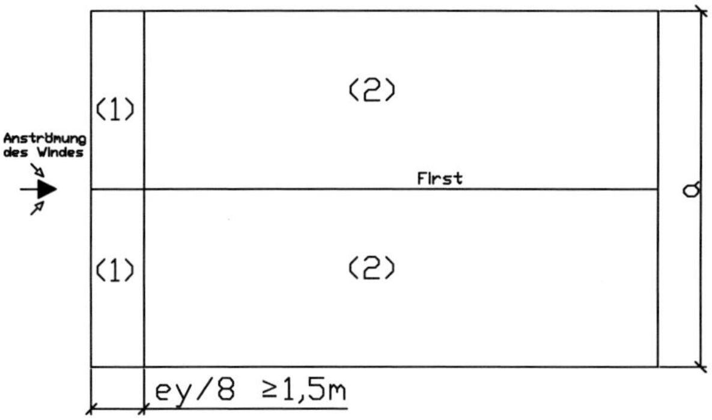

(1): Ortgang

(2): Innenbereich

ey = a oder 2h (der kleinere Wert ist maßgebend)

Abb. 21: Einteilung der Dachflächen von Satteldächern für die Anströmung parallel zur Firstlinie (Trogdächer sind analog zu behandeln)

Tabelle 9: Außendruckbeiwerte $c_{pe,1}$ von Sattel-, Walm- und Trogdächern in Abhängigkeit von der Dachneigung und des Bereiches

Dachneigung	Außendruckbeiwerte $c_{pe,1}$ für die Anströmung					
	senkrecht zur Firstlinie				parallel zur Firstlinie	
	(1)	(2)	(3)	(4)	(1)	(2)
-45°	-2,0	-0,8	-0,6	-1,5	-2,0	-1,2
-30°	-2,1	-0,8	-1,5	-1,4	-2,1	-1,2
-15°	-2,5	-1,2	-2,0	-1,2	-2,5	-1,2
-10°	-2,5	-1,2	-2,0	-0,9	-2,5	-1,2
10°	-2,1	-0,5	-1,7	-0,8	-2,1	-0,6
15°	-2,0	-0,4	-1,5	-1,5	-2,0	-0,5
30°	-2,0	-0,4	-1,5	-0,5	-2,0	-0,5
45°	-2,0	-0,4	0,7	-0,5	-2,0	-0,5
60°	-2,0	-0,4	0,7	-0,5	-2,0	-0,5
65°	-2,0	-0,4	0,74	-0,5	-2,0	-0,5
Zwischenwerte dürfen, soweit das Vorzeichen nicht wechselt, linear interpoliert werden.						

(6) Walmdächer sind hinsichtlich der Anströmung senkrecht zur Firstlinie wie Satteldächer zu betrachten. Ergänzend sind auf den windabgewandten Haupt- und Walmdachflächen entlang der Grate Streifen mit der Breite ex/8 anzuordnen. Durch die Anströmung parallel zur Firstlinie entstehen die Bereiche Walm, Grat und Innenbereich. Die Gratstreifen werden auf den windparallelen bzw. windabgewandten Haupt- und Walmdachflächen mit der Breite ey/8 parallel zur Gratlinie berücksichtigt. Die c_{pe}-Werte sind Tabelle 9 zu entnehmen.

Die Abmessungen der Bereiche beziehen sich auf die Ebenen der Dachflächen.

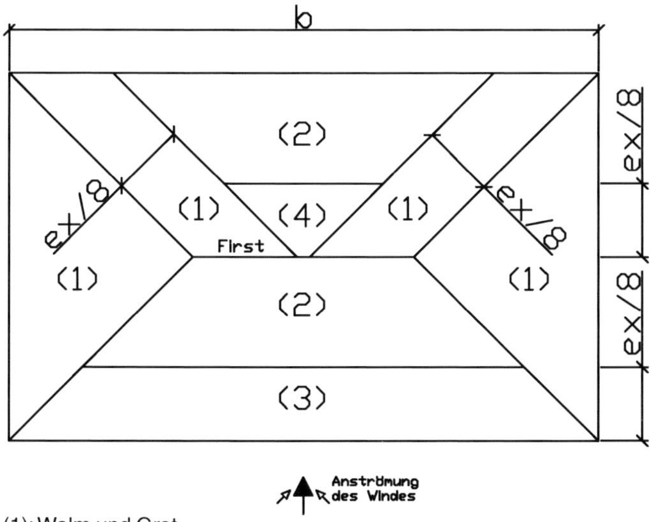

(1): Walm und Grat

(2): Innenbereich

(3): Traufe

(4): First

ex = b oder 2h (der kleinere Wert ist maßgebend)

Abb. 22: Einteilung der Dachflächen von Walmdächern für die Anströmung senkrecht zur Firstlinie

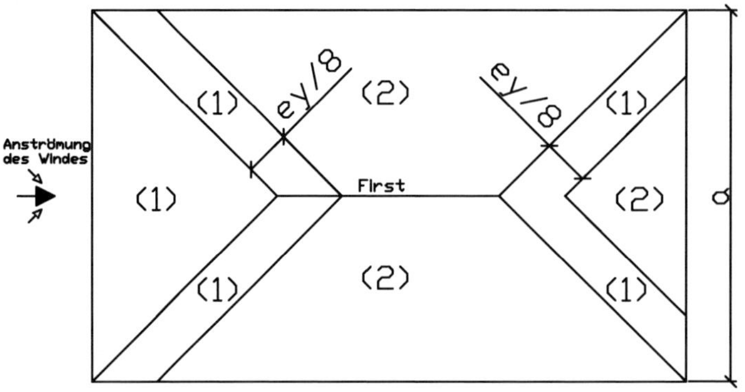

(1): Walm und Grat

(2): Innenbereich

ey = b oder 2h (der kleinere Wert ist maßgebend)

Abb. 23: Einteilung der Dachflächen von Walmdächern für die Anströmung parallel zur Firstlinie

(7) Für die Bereichseinteilung von Pultdächern müssen 3 Anströmrichtungen unterschieden werden, senkrecht zur Trauflinie, senkrecht zum Giebel und senkrecht zur Pultabschlusslinie. Bei der Anströmung senkrecht zur Trauflinie werden Traufe und Innenbereich, senkrecht zum Giebel der Ortgang und der Innenbereich unterschieden. Die Breite des Ortgangbereiches beträgt mindestens 1,5 m. Bei der Anströmung senkrecht zur Pultabschlusslinie werden der Pultabschluss und Innenbereich unterschieden.

Die Abmessungen der Bereiche beziehen sich auf die Ebene der Dachfläche.

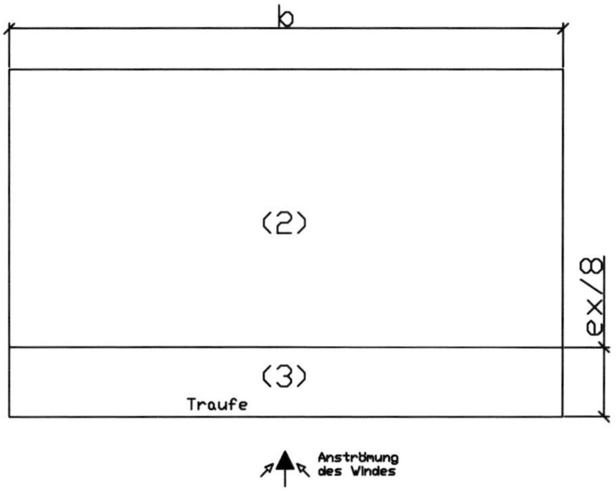

(2): Innenbereich

(3): Traufe

ex = b oder 2h (der kleinere Wert ist maßgebend)

Abb. 24: Einteilung der Dachflächen von Pultdächern für die Anströmung senkrecht zur Trauflinie

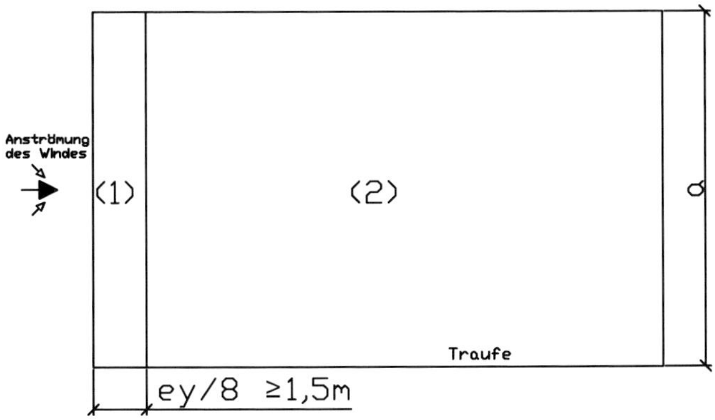

(1): Ortgang

(2): Innenbereich

ey = a oder 2h (der kleinere Wert ist maßgebend)

Abb. 25: Einteilung der Dachflächen von Pultdächern für die Anströmung senkrecht zum Giebel

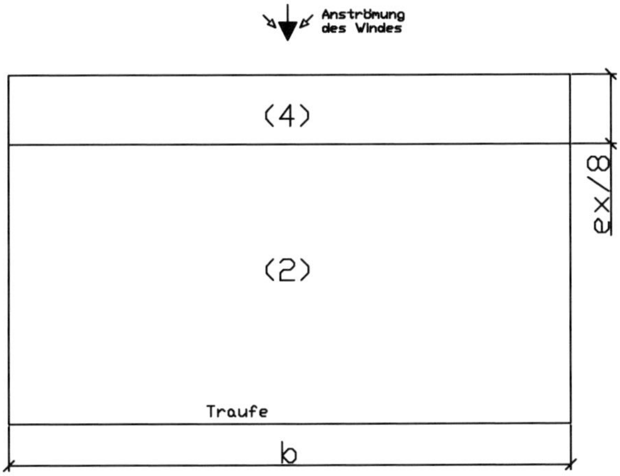

(2): Innenbereich

(4): Pultabschluss

ex = b oder 2h (der kleinere Wert ist maßgebend)

Abb. 26: Einteilung der Dachflächen von Pultdächern für die Anströmung senkrecht zur Pultabschlusslinie

Tabelle 10: Außendruckbeiwerte $c_{pe,1}$ von Pultdächern in Abhängigkeit von der Dachneigung und des Bereiches

Dachneigung	Außendruckbeiwerte $c_{pe,1}$ für die Anströmung					
	senkrecht zur Trauflinie		senkrecht zur Pultabschlusslinie		senkrecht zum Giebel	
	(2)	(3)	(2)	(4)	(1)	(2)
10°	-0,7	-1,7	-1,2	-2,0	-2,7	-0,6
15°	-0,3	-1,5	-1,2	-2,0	-2,9	-1,2
30°	-0,2	-1,5	-0,8	-1,5	-2,9	-1,2
45°	0,6	0,7	-0,7	-0,5	-2,4	-1,2
60°	0,7	0,7	-0,5	-0,5	-2,0	-1,2
65°	0,8	0,8	-0,5	-0,5	-2,0	-0,5
Zwischenwerte dürfen, soweit das Vorzeichen nicht wechselt, linear interpoliert werden.						

(8) Bei L-, T- und U-förmigen Gebäuden sowie Gebäuden, deren Geometrie Grate und Kehlen in den Dachflächen bilden, sind entlang der Grate und Kehlen Streifen mit der Beanspruchung des Grates oder Kehle anzuordnen. Entlang des Grates beträgt die Streifenbreite mindestens 1,0 m bzw. e/8, rechtwinklig zur Gratlinie in der jeweiligen Dachfläche gemessen. Entlang der Kehle sind Streifen mit der Breite von 1 m rechtwinklig zur Kehllinie, in der jeweiligen Dachfläche gemessen, anzuordnen. Die Beanspruchungen sind Tabelle 9 bzw. 10 zu entnehmen.

(9) Im Bereich von Durchdringungen und Aufbauten auf Dächern treten zusätzliche Verwirbelungen auf, die sich negativ auf die Lagesicherheit der Dachdeckung oder Dachabdichtung auswirken können. Daher ist um Durchdringungen ein Bereich nach Abschnitt 4.1 (20) mit der Beanspruchung des Ortgangbereiches anzuordnen. Die Abmessungen des Bereichs werden in der Ebene der Dachfläche gemessen.

(10) Seitlich und firstseitig von Loggien sowie um Gauben sind Bereiche mit den Abmessungen wie bei Durchdringungen (siehe Abschnitt 4.1 (20)) sowie der Beanspruchung des Ortganges anzuordnen. Die Dachdeckung auf den Gaubendachflächen kann vereinfachend wie der Ortgangbereich befestigt werden. Andernfalls sind die Bereiche nach Abschnitt 4.2.2.2 (5) bis (7) zu bestimmen.

(11) Bei Mansarddächern sind entlang des Mansardknickes auf den unteren und oberen Dachflächen Bereiche mit der Beanspruchung der Traufe der oberen Dachflächen mit den Abmessungen ex/8 bzw. ey/8 anzuordnen. Bei Dachneigungen von mehr als 65° gilt Abschnitt 4.2.2.3 (10) uneingeschränkt.

(12) Bei aneinandergebauten Gebäuden mit unterschiedlichen Höhen können die Gebäude vereinfachend als freistehend betrachtet werden.

4.2.2.3 Ermittlung der erforderlichen Windsogsicherung

(1) Die Sicherung der Dachdeckung gegen Windsog kann durch
- Eigengewicht der Dachdeckung und ggf. zusätzliche
- mechanische Befestigung, z. B.
  - Klammern,
  - Schrauben,
  - Schraubnägel,
  - Nägel,
  - Draht,
  - mechanische Befestigungssysteme,

erfolgen. Verklebungen oder Vermörtelungen der Dachziegel bzw. Dachsteine untereinander bzw. direkt auf der Unterkonstruktion sind keine mechanische Befestigung.

(2) Für den Nachweis der Windsogsicherung gilt, dass der Betrag der Windsoglast kleiner gleich dem Wert der günstig wirkenden Eigenlast (Eigengewicht der Dachziegel/-steine je m²; Gleichung [12]) oder dem Abhebewiderstand der verklammerten Dachdeckung (siehe Abschnitt 4.2.1.3 (4); Gleichung [13]) sein muss.

$$|w_{d,e}| \leq g_{d,\perp} \times \cos(\alpha) \quad [12]$$

$$|w_{d,e}| \leq R_{d,\alpha} \quad [13]$$

$|w_{d,e}|$ Betrag des Bemessungswertes der Windsoglast nach Gleichung [10] bzw. [11]

$g_{d,\perp}$ Bemessungswert der Flächengewichtskraft der Dachdeckung (lotrecht ohne Lattung) unter Berücksichtigung des Teilsicherheitsbeiwertes $\gamma_G = 1{,}0$

$R_{d,\alpha}$ Bemessungswert des Abhebewiderstandes der Dachdeckung

α Dachneigung

(3) In Abhängigkeit von der Größe der Windsoglast kann der Abhebewiderstand der unverklammerten Dachdeckung (Eigenlast ohne Lattung) die Lagesicherheit gewährleisten. Die entsprechenden Grundlagen für die Eigenlasten sind den Herstellerangaben zu entnehmen. Die Verwendung von Prüfergebnissen nach DIN EN 14437[10] für unverklammerte Dachdeckungen ist ebenfalls zulässig.

(4) Für verklammerte bzw. mechanisch befestigte Dachdeckungen ist die Bestimmung des Abhebewiderstandes nach DIN EN 14437 erforderlich.

Der Abhebewiderstand der Dachdeckungen setzt sich nach Gleichung [8] für jede Dachziegel-/-stein-Befestigung/Klammer-Kombination aus einem Anteil für den Widerstand der Befestigung/Klammer ($R_{d,f}$) sowie deren Anzahl je m² (m_{fixing}) und einem von der Dachneigung (α) abhängigen Anteil der Eigenlast der Dachdeckung ($W_{k,d}$) zusammen. $R_{d,\alpha}$, $R_{d,f}$ und $W_{k,d}$ werden nach Prüfungen gemäß DIN EN 14437 seitens der Hersteller der Dachziegel/-steine bzw. der Klammern angegeben und enthalten einen partiellen Teilsicherheitsbeiwert $\gamma \geq 1{,}0$ nach DIN EN 14437. Im Prüfzeugnis sind die Werte für $R_{d,\alpha}$ und $W_{k,d}$ in N/m² bzw. kN/m² und die Werte für $R_{d,f}$ in N bzw. kN anzugeben. Der zugrundeliegende Teilsicherheitsbeiwert und die Anzahl der Befestigungen und Klammern je m² (m_{fixing}) sind im Prüfzeugnis anzugeben.

$$R_{d,\alpha} = m_{fixing} \times R_{d,f} + W_{k,d} \times \frac{\cos(\alpha)}{\cos(45°)} \quad [14]$$

$R_{d,\alpha}$ Bemessungswert des Widerstandes von teilweise oder vollständig befestigten Dachziegeln/Dachsteinen in Abhängigkeit von der Dachneigung in kN/m²

m_{fixing} Anzahl der Befestigungen/Klammern je m²

$R_{d,f}$ charakteristischer Widerstand je Befestigung laut Herstellerangabe

$W_{k,d}$ Bemessungswert der theoretisch für das Abheben eines unbefestigten Dachziegels/Dachsteins von der Lattung bei einer Dachneigung von 45° erforderlichen Kraft laut Herstellerangabe in kN/m² (dieser Wert wird durch Prüfung nach DIN EN 14437 ermittelt, er stimmt nicht zwingend mit dem Eigengewicht überein)

α Dachneigung

Die Prüfungen nach DIN EN 14437 werden bei einer Dachneigung von 45° durchgeführt. Bei der Ermittlung des Abhebewiderstandes wird die jeweilige Dachneigung für den Eigenlastanteil der Dachdeckung berücksichtigt.

Abhebewiderstände von Dachdeckungen, bei denen jeder Dachziegel/Dachstein befestigt/verklammert (1:1) ist, dürfen über Prüfergebnisse von Dachdeckungen mit einer Befestigung/Klammer an jedem 2. Dachziegel/-stein (1:2) mit Gleichung [14] ermittelt werden. Widerstände für andere Befestigungs-/Klammerraster müssen durch separate Prüfungen nachgewiesen werden.

(5) Liegen keine Prüfergebnisse für die jeweilige Dachziegel-/-stein-Befestigung/Klammer-Kombination mit einer 1:3-Verklammerung vor, darf für den Nachweis der Windsogsicherung von 1:3 verklammerten Dachdeckungen das Eigengewicht der unverklammerten Dachdeckung in Gleichung [6] um 30 % erhöht werden.

$$|w_{d,e}| \leq g_{d,\perp} \times \cos(\alpha) \times 1{,}3 \quad [15]$$

(6) Befestigungen/Klammern sind durch die Hersteller der Dachziegel/-steine oder der Befestigungen/Klammern zu kennzeichnen.

(7) Ist eine Verklammerung der ersten Traufziegel-/-steinreihe nicht möglich, beginnt die Verklammerung des Traufbereichs in der zweiten Ziegelreihe.

(8) Ortgangziegel/-steine, Formziegel/-steine von First-, Pultabschluss- und Gratdeckungen sind gegen Windkräfte mechanisch zu befestigen. Die verwendeten Befestigungsmittel müssen eine Kraft von mindestens 0,60 kN/m rechtwinklig zur Lage des Ortgangs aufnehmen können.

---

[10] DIN EN 14437 Bestimmung des Abhebewiderstandes von Dachdeckungen mit Dachziegeln oder Dachsteinen (Dachpfannen) – Prüfverfahren für Dachsysteme

(9) First- und Gratlatten sind an der tragenden Unterkonstruktion so zu befestigen, dass eine Kraft von mindestens 0,60 kN/m rechtwinklig zur Lage von First oder Grat aufgenommen werden kann.

(10) Bei Dachneigungen von mehr als 65° ist gemäß „Fachregel für Dachdeckungen mit Dachziegeln und Dachsteinen“ jeder Dachziegel/-stein mechanisch zu befestigen.

4.2.2.4 Beispiel zur Ermittlung der erforderlichen Windsogsicherung

Windzone 2: Binnenland

Gebäudehöhe: 12 m

Dachneigung: 38°

Dachdeckung:

- Anzahl je m²: 12 DZ/DS
- Eigengewicht: $g_{d,\perp} = 0{,}45$ kN/m²

Klammer-Dachziegel/-stein-Kombination

- $R_{d,f} = 165$ N
- $W_{k,d} = 0{,}3$ kN/m²

geschlossene Deckunterlagen bzw. durchströmungshemmende Schicht nach Abschnitt 4.1 (15)

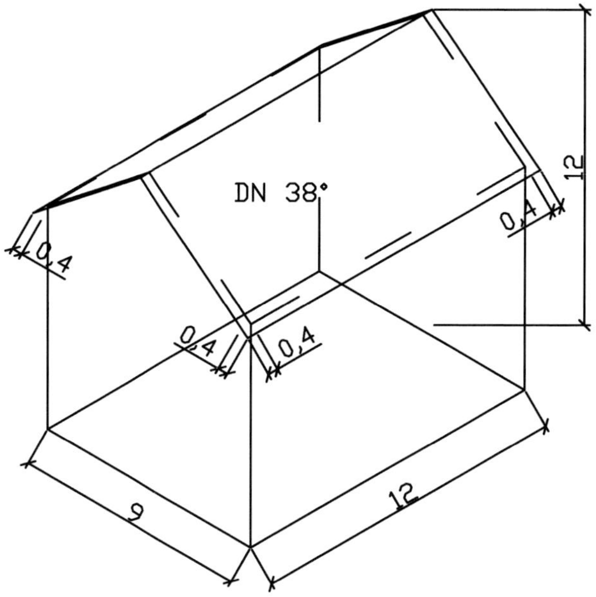

Maße in m

Abb. 27: Beispiel für die Windsogsicherung von Dachziegel- und Dachsteindeckungen

Bereichseinteilung:

Durch Vergleich der c_{pe}-Werte nach Tabelle 9 ergeben sich an den Ortgängen die Bereiche 1, an den Traufen die Bereiche 3, entlang des Firsts die Bereiche 4 sowie die verbleibenden Bereiche 2.

Trauflänge b: b = 12 m + 2 x 0,4 m = 12,8 m

Giebellänge a: a = 9 m + 2 x 0,4 m = 9,8 m

$$ex = \min\begin{Bmatrix}\text{Trauflänge } b \\ 2 \times h\end{Bmatrix} = \min\begin{Bmatrix}12{,}8 \\ 2 \times 12\text{ m} = 24\text{ m}\end{Bmatrix} = 12{,}8\text{ m}$$

$$ey = \min\begin{Bmatrix}\text{Giebellänge } a \\ 2 \times h\end{Bmatrix} = \min\begin{Bmatrix}9{,}8\text{ m} \\ 2 \times 12\text{ m} = 24\text{ m}\end{Bmatrix} = 9{,}8\text{ m}$$

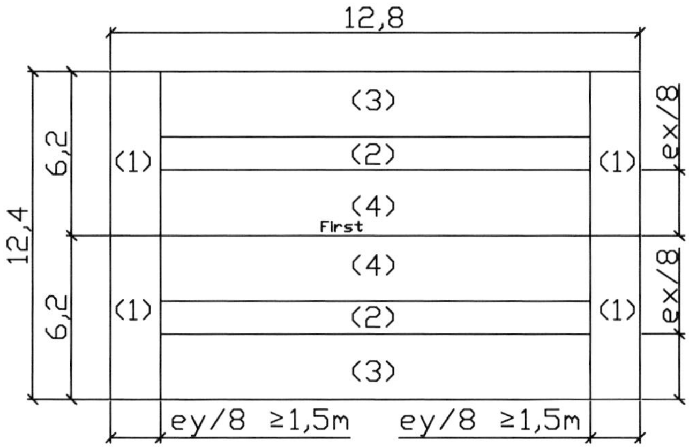

Maße in m in Ebene der Dachfläche gemessen!

Abb. 28: Beispiel für die Windsogsicherung von Dachziegel- und Dachsteindeckungen

$$\frac{ex}{8} = \frac{12{,}8}{8} = 1{,}6 \text{ m}$$

$$\frac{ey}{8} = \frac{9{,}8}{8} = 1{,}2 \text{ m} < 1{,}5 \text{ m}$$

$$\frac{ey}{8} = 1{,}5 \text{ m}$$

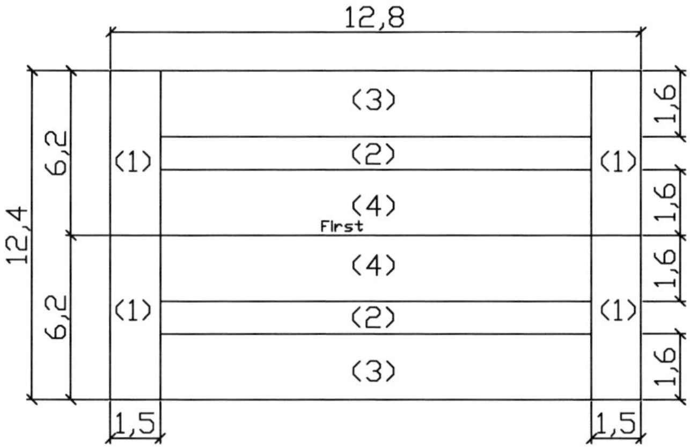

Maße in m in Ebene der Dachfläche gemessen!

Abb. 29: Beispiel für die Windsogsicherung von Dachziegel- und Dachsteindeckungen

Ermittlung der erforderlichen Windsogsicherung:

Bemessungswerte des Abhebewiderstandes der Dachdeckung:

ohne Verklammerung

$$g_{d,\alpha=38°} = 0{,}45 \times \cos(38°) = 0{,}35 \left[\frac{\text{kN}}{\text{m}^2}\right]$$

Jeder 3. Dachziegel/-stein ist verklammert (1:3)

$$g_{d,\alpha=38°,1:3} = 0{,}45 \times \cos(38°) \times 1{,}3 = 0{,}46 \left[\frac{\text{kN}}{\text{m}^2}\right]$$

Jeder 2. Dachziegel/-stein ist verklammert (1:2)

$$R_{d,\alpha=38°,1:2} = 6 \times 0{,}165 + 0{,}3 \times \frac{\cos(38°)}{\cos(45°)} = 1{,}32 \left[\frac{\text{kN}}{\text{m}^2}\right]$$

Jeder Dachziegel/-stein ist verklammert (1:1)

$$R_{d,\alpha=38°,1:1} = 12 \times 0{,}165 + 0{,}3 \times \frac{\cos(38°)}{\cos(45°)} = 2{,}31 \left[\frac{\text{kN}}{\text{m}^2}\right]$$

Nachweis der Windsogsicherung

Ortgang (1): $w_{d,e}$ = (–1,08) kN/m²

ohne Verklammerung

$$1{,}08 \frac{\text{kN}}{\text{m}^2} > 0{,}35 \frac{\text{kN}}{\text{m}^2}$$

1:3-Verklammerung

$$1{,}08 \frac{\text{kN}}{\text{m}^2} > 0{,}46 \frac{\text{kN}}{\text{m}^2}$$

1:2-Verklammerung

$$1{,}08 \frac{\text{kN}}{\text{m}^2} < 1{,}32 \frac{\text{kN}}{\text{m}^2}$$

Nachweis erbracht!

Innenbereich und First (2 + 4): $w_{d,e}$ = (–0,27) kN/m²

ohne Verklammerung

$$0{,}27 \frac{\text{kN}}{\text{m}^2} < 0{,}35 \frac{\text{kN}}{\text{m}^2}$$

Nachweis erbracht!

Traufe (3): $w_{d,e}$ = (-0,81) kN/m²

ohne Verklammerung

$$0{,}81 \frac{\text{kN}}{\text{m}^2} > 0{,}35 \frac{\text{kN}}{\text{m}^2}$$

1:3-Verklammerung

$$0{,}81 \frac{\text{kN}}{\text{m}^2} > 0{,}46 \frac{\text{kN}}{\text{m}^2}$$

1:2-Verklammerung

$$0{,}81 \frac{\text{kN}}{\text{m}^2} < 1{,}32 \frac{\text{kN}}{\text{m}^2}$$

Nachweis erbracht!

Im Bereich 1 (Ortgangbereich) ist jeder 2. Dachziegel/-stein zu verklammern.
Im Bereich 2 (Innenbereich) ist nicht zu verklammern.
Im Bereich 3 (Traufbereich) ist jeder 2. Dachziegel/-stein zu verklammern.
Im Bereich 4 (Firstbereich) ist nicht zu verklammern.
Befestigung der First-, Grat- und Ortgangdeckung nach Abschnitt 4.2.2.3 (8).

4.2.3 Dächer mit Metalldeckungen

4.2.3.1 Allgemeines

(1) Für die Ermittlung der erforderlichen Windsogsicherung von Metalldeckungselementen, mit Ausnahme der unter Abschnitt 4.1 (18), ist DIN EN 1991-1-4 einschließlich DIN EN 1991-1-4/NA in Verbindung mit den Technischen Baubestimmungen und ggf. allgemeinen bauaufsichtlichen Zulassungen maßgebend.

(2) Der Abschnitt 4.2.3.2 stellt eine Vereinfachung der unter (1) genannten technischen Regel für nichtselbsttragende Dachdeckungen und selbsttragende Dachdeckungselemente nach DIN EN 14782[11] dar.

(3) Für selbsttragende Metalldeckungen können die Bereichseinteilungen und die entsprechenden Windlasten zur Ermittlung der erforderlichen Windsogsicherung nach Abschnitt 4.2.3.2 aus Gründen der Vereinfachung verwendet werden.

4.2.3.2 Dächer mit nichtselbsttragenden Metalldeckungen

(1) Die Windlasten auf nichtselbsttragende Dachdeckungen aus Metall werden abweichend von Abschnitt 4.1 (6) und Tabelle 4 auf Grundlage des höhenabhängigen Geschwindigkeitsdrucks ermittelt.

(2) Für die Ermittlung der maßgebenden Windlasten auf Dachdeckungen aus Metall sind die Außendruckbeiwerte $c_{pe,1}$ für Lasteinzugsflächen $A \leq 1\ m^2$ zu verwenden.

(3) Der Teilsicherheitsbeiwert γ_Q ist mit 1,50 in Gleichung [4] und [5] anzusetzen.

(4) Hinsichtlich der Bereichseinteilung von Dächern stellen die Abbildungen 24 bis 26 Vereinfachungen nach Überlagerung der Einzelanströmungen der Abschnitte 4.2.1.2 und 4.2.1.3 dar. Abweichende Dachformen sind nach DIN EN 1991-1-4 einschließlich DIN EN 1991-1-4/NA nachzuweisen.

(5) Die Bereiche der Abbildungen 24 bis 26 werden mit der Hilfsgröße e bestimmt, welche sich aus dem kleineren Wert entweder der zweifachen Gebäudehöhe h oder der größten Gebäudelänge b ergibt. Die Abmessungen der Bereiche beziehen sich auf den Grundriss und müssen entsprechend der Dachneigung in die Ebene der Dachfläche umgerechnet werden. Tabelle 11 zeigt hierfür entsprechende Umrechnungsfaktoren.

(6) Abbildung 30 zeigt die Bereichseinteilung bei Flach-, Sattel- und Trogdächern. An den Ecken der Dachflächen werden die Bereiche F, bei Trogdächern mit Dachneigungen von kleiner gleich –5° F_{hoch}, und die Bereiche G an den verbleibenden Dachrändern angeordnet. Die verbleibenden Bereiche der Dachflächen sind bei Dachneigungen kleiner –15° und zwischen 13° und 19° Dachneigung als Bereiche J und bei allen anderen Dachneigungen als Bereiche H zu berücksichtigen.

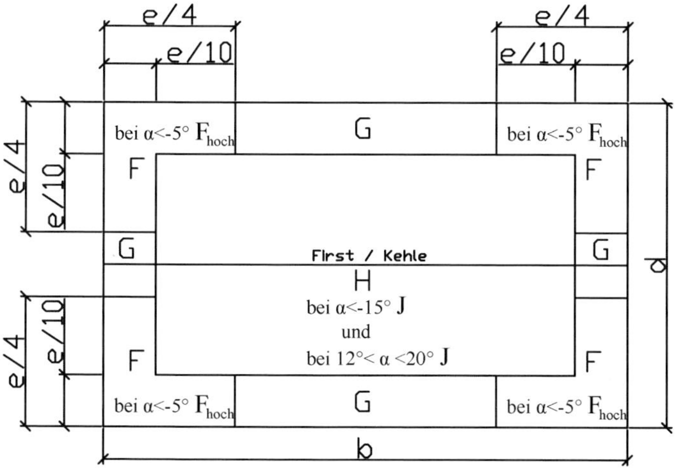

e = b oder 2h (der kleinere Wert ist maßgebend)

b = größte Gebäudelänge

Abb. 30: Einteilung der Dachflächen bei Sattel-, Trog- und Flachdächern

[11] DIN EN 14782 Selbsttragende Dachdeckungs- und Wandbekleidungselemente für die Innen- und Außenanwendung aus Metallblech - Produktspezifikation und Anforderungen

(7) Abbildung 31 zeigt die Bereichseinteilung bei Pultdächern. An den traufseitigen Ecken der Dachflächen werden die Bereiche F, an den Ecken des Pultabschlusses die Bereiche F_{hoch} berücksichtigt. An den verbleibenden Dachrändern der Traufe und des Pultabschlusses werden bei Dachneigungen kleiner gleich 30° die Bereiche G, bei Dachneigungen größer 30° die Bereiche F angeordnet. An den verbleibenden Dachrändern der Ortgänge werden bei Dachneigungen größer 30° die Bereiche G angeordnet, bei Dachneigungen kleiner gleich 30° die Bereiche F. Der verbleibende Bereich der Dachfläche wird bis einschließlich 15° Dachneigung als Bereich H und darüber als Bereich J angesetzt.

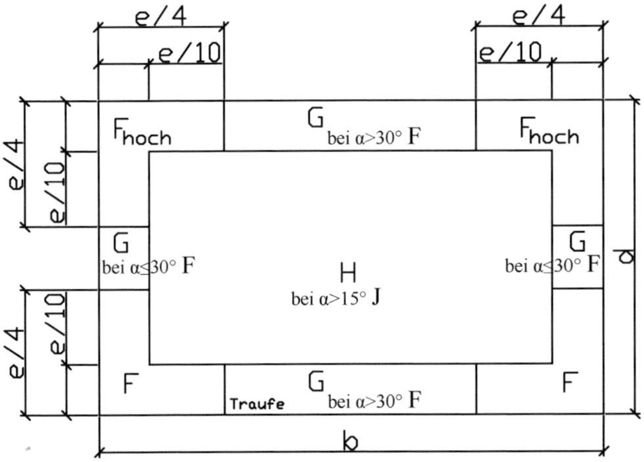

e = b oder 2h (der kleinere Wert ist maßgebend)

b = größte Gebäudelänge

Abb. 31: Einteilung der Dachflächen bei Pultdächern

(8) Abbildung 32 zeigt die Bereichseinteilung bei Walmdächern. An den Traufen der Haupt- und Walmdachflächen werden an den Graten die Bereiche F angeordnet. Die verbleibenden Bereiche auf den Walmdachflächen werden als Bereiche G berücksichtigt. Auf den Hauptdachflächen werden entlang der Grate und des Firsts sowie entlang der Traufe die Bereiche G angeordnet. Die verbleibenden Bereiche auf den Hauptdachflächen werden als Bereiche H betrachtet.

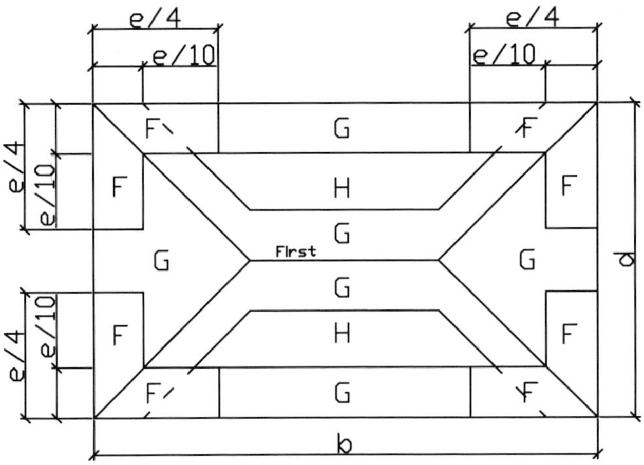

e = b oder 2h (der kleinere Wert ist maßgebend)

b = größte Gebäudelänge

Abb. 32: Einteilung der Dachflächen bei Walmdächern

Tabelle 11: Faktor zur Umrechnung der Grundfläche in die Dachfläche

Dachneigung α	**Umrechnungsfaktor**
70°	2,92
65°	2,37
60°	2,00
55°	1,74
50°	1,56
45°	1,41
40°	1,31
35°	1,22
30°	1,15
25°	1,10
20°	1,06
15°	1,04
10°	1,02
Zwischenwerte dürfen interpoliert werden oder der größere Wert ist zu wählen.	

(9) Tabelle 12 zeigt die resultierenden Windsoglasten für die Bereiche nach den Abbildungen 24 bis 26 unter Verwendung des höhenabhängigen Geschwindigkeitsdruckes nach DIN EN 1991-1-4.

4.2.3.3 Ermittlung der erforderlichen Windsogsicherung

(1) Sicherungsmaßnahmen gegen Windsog können als

- Auflast,
- Verklebung,
- mechanische Befestigung

erfolgen.

(2) Bei Nachweisen der Windsogsicherung muss nach Gleichungen [6] und[7] die Tragfähigkeit bzw. Eigengewichtskraft der Sicherungsmaßnahme größer gleich dem Bemessungswert der Windsoglast sein.

(3) Die Bemessungswerte der Tragfähigkeit von Sicherungsmaßnahmen sind unter Berücksichtigung der Teilsicherheitsbeiwerte nach den Technischen Baubestimmungen zu ermitteln.

(4) Bei Verwendung von mechanischen Befestigungsmitteln als Maßnahme zur Windsogsicherung ergibt sich die erforderliche Anzahl je m² in den einzelnen Bereichen nach Gleichung [16]. Produkt- oder bauartspezifische Anforderungen können eine höhere Anzahl an Befestigungsmitteln erforderlich machen.

$$n = \frac{|w_d|}{R_d} \qquad [16]$$

n Anzahl der Befestigungsmittel je Bereich und m²

$|w_d|$ Betrag des Bemessungswertes der Windsoglast je Bereich in kN/m²

R_d Bemessungswert der Tragfähigkeit des Befestigungsmittels in kN

4.3 Außenwandbekleidungen

4.3.1 Allgemeines

(1) Windlasten auf Außenwandbekleidungen werden nach DIN EN 1991-1-4 in

- Windlasten auf Wände

und

- Windlasten auf mehrschalige Wandflächen

unterschieden.

Tabelle 12: Bemessungswerte der Windsoglasten auf Dächern mit nichtselbsttragenden Metalldeckungen

Dach-neigung	Gebäude-höhe h [m]	Bemessungswerte der Windsoglasten in kN/m²																			
		WZ 1					WZ 2 Binnenland					WZ 3 Binnenland					WZ 4 Binnenland				
		F_{hoch}	F	G	H	J	F_{hoch}	F	G	H	J	F_{hoch}	F	G	H	J	F_{hoch}	F	G	H	J
α ≤ 30°	≤ 10	2,35	2,03	1,62	0,97	1,22	2,87	2,48	1,98	1,19	1,49	3,48	3,00	2,40	1,44	1,80	4,15	3,58	2,86	1,72	2,15
	10 < h ≤ 20	3,05	2,63	2,10	1,26	1,58	3,74	3,23	2,58	1,55	1,94	4,50	3,88	3,10	1,86	2,33	5,37	4,63	3,70	2,22	2,78
	20 < h ≤ 50	4,26	3,68	2,94	1,76	2,21	5,22	4,50	3,60	2,16	2,70	6,32	5,45	4,36	2,62	3,27	7,51	6,48	5,18	3,11	3,89
α > 30°	≤ 10	1,94	1,22	1,62	0,97	1,05	2,38	1,49	1,98	1,19	1,29	2,88	1,80	2,40	1,44	1,56	3,43	2,15	2,86	1,72	1,86
	10 < h ≤ 20	2,52	1,58	2,10	1,26	1,37	3,10	1,94	2,58	1,55	1,68	3,72	2,33	3,10	1,86	2,02	4,44	2,78	3,70	2,22	2,41
	20 < h ≤ 50	3,53	2,21	2,94	1,76	1,91	4,32	2,70	3,60	2,16	2,34	5,23	3,27	4,36	2,62	2,83	6,22	3,89	5,18	3,11	3,37

Dach-neigung	Gebäude-höhe h [m]	WZ 2 Küste					WZ 3 Küste					WZ 4 Küste				
		F_{hoch}	F	G	H	J	F_{hoch}	F	G	H	J	F_{hoch}	F	G	H	J
α ≤ 30°	≤ 10	3,92	3,38	2,70	1,62	2,03	4,70	4,05	3,24	1,94	2,43	5,60	4,83	3,86	2,32	2,90
	10 < h ≤ 20	4,70	4,05	3,24	1,94	2,43	5,68	4,90	3,92	2,35	2,94	6,76	5,83	4,66	2,80	3,50
	20 < h ≤ 50	6,03	5,20	4,16	2,50	3,12	7,25	6,25	5,00	3,00	3,75	8,64	7,45	5,96	3,58	4,47
α > 30°	≤ 10	3,24	2,03	2,70	1,62	1,76	3,89	2,43	3,24	1,94	2,11	4,63	2,90	3,86	2,32	2,51
	10 < h ≤ 20	3,89	2,43	3,24	1,94	2,11	4,70	2,94	3,92	2,35	2,55	5,59	3,50	4,66	2,80	3,03
	20 < h ≤ 50	4,99	3,12	4,16	2,50	2,70	6,00	3,75	5,00	3,00	3,25	7,15	4,47	5,96	3,58	3,87

(2) Für Bekleidungen, die
- auf flächiger Unterlage gedeckt werden,
- aus kleinformatig, überlappend oder verfalzt gedeckten Elementen,
- aus großformatig, ungelochten überlappenden gedeckten Elementen (z. B. Trapez- und Wellprofile) bestehen,

ist der Abschnitt 4.3.2 maßgebend.

(3) Als mehrschalige Wandflächen im Sinne der Windbeanspruchung dürfen Außenwände nur dann betrachtet werden, wenn
- die Außenwandbekleidung über die gesamte Fläche gleichmäßig verteilte Öffnungen ≥ 0,75 % der gesamten Fläche der Außenwandbekleidung aufweist (z. B. Außenwandbekleidung mit offenen Fugen),

und
- die lichte Dicke der Luftschicht im Hinterlüftungsraum kleiner als 100 mm ist,

und
- entlang der vertikalen Gebäudekanten eine dauerhaft wirksame, vertikale Luftsperre angeordnet ist (vgl. Abbildung 33).

Für die Ermittlung der Windlasten ist der Abschnitt 4.3.3 maßgebend.

Die Luftdurchlässigkeit einer Außenwandbekleidung wirkt sich dahingehend auf die Windlasten aus, dass mit zunehmender Luftdurchlässigkeit der Bekleidung eine Luftströmung zwischen dem Hinterlüftungsraum und der Außenumgebung möglich ist. Die resultierenden Windlasten auf die Außenwandbekleidung sind dadurch deutlich niedriger.

(4) Für Außenwandbekleidungen, die zusätzlich zum Windaußendruck durch einen Gebäudeinnendruck beansprucht werden, ist ein Einzelnachweis der Windsogsicherung erforderlich.

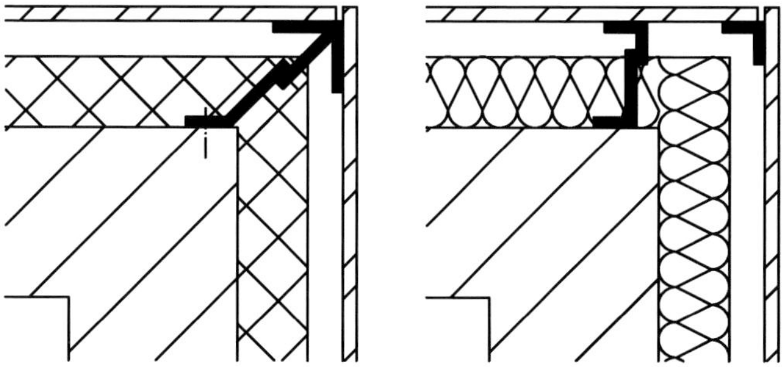

Abb. 33: Beispiel einer Luftsperre (Prinzipskizze)

(5) Für die Ermittlung der maßgebenden Windlasten auf Außenwandbekleidungen sind bei kleinformatigen und nicht selbsttragenden Bekleidungselementen die Außendruckbeiwerte $c_{pe,1}$ für Lasteinzugsflächen $A \leq 1\ m^2$ zu verwenden. Für großformatige Bekleidungselemente sind die Abschnitte 4.1 (12) und (19) zu berücksichtigen. Der Teilsicherheitsbeiwert γ_Q ist mit 1,50 in Gleichung [4] und [5] anzusetzen.

(6) Der Bemessungswert der Windlast auf die Außenwandbekleidung nach Abschnitt 4.1 (16) wird je Bereich als konstant über die Gebäudehöhe angenommen. Bei Berücksichtigung eines höhenabhängigen Geschwindigkeitsdruckes kann eine Staffelung innerhalb der jeweiligen Bereiche über die Gebäudehöhe nach DIN EN 1991-1-4 erfolgen.

4.3.2 Windlasten auf Außenwandbekleidungen

(1) Für die Ermittlung der Windlasten auf die einzelnen Flächen der Außenwandbekleidung wird jede Anströmrichtung des Windes separat betrachtet und zur Ermittlung der erforderlichen Windsogsicherung überlagert. Dabei werden die Bereiche A bis E unterschieden. Die Abbildungen 34 bis 36 zeigen die Bereichseinteilung auf den Gebäudeaußenoberflächen für eine Anströmrichtung des Windes.

Auf der windzu- und windabgewandten Seite werden die Bereiche D und E über die gesamte Gebäudebreite b berücksichtigt. Auf den windparallelen Gebäudeseiten werden die Bereiche A, B und C unterschieden. Dabei können in Abhängigkeit von der Gebäudelänge d in Windrichtung die Bereiche B und C entfallen. Die Abmessungen der einzelnen Bereiche werden mit Bruchteilen der Hilfsgröße e bestimmt. Die Hilfsgröße e ergibt sich aus dem kleineren Wert entweder der Gebäudebreite b quer zur jeweiligen Anströmrichtung oder der zweifachen Gebäudehöhe h.

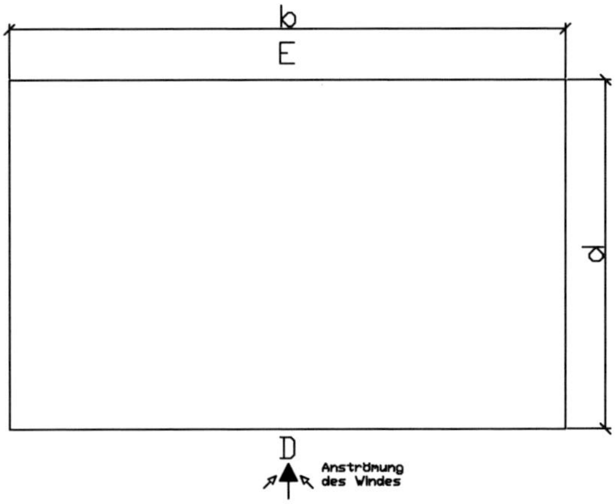

Abb. 34: Einteilung der Bereiche von Außenwandbekleidungen auf den windzugewandten und windabgewandten Gebäudeseiten

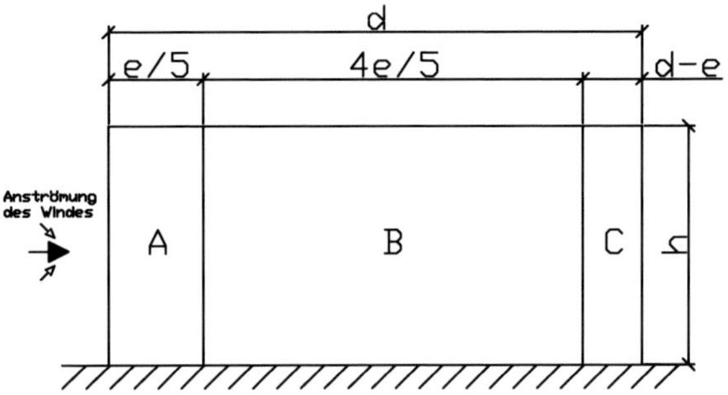

e = b oder 2h (der kleinere Wert ist maßgebend)

Abb. 35: Einteilung der Bereiche von Außenwandbekleidungen auf den windparallelen Gebäudeseiten (Flachdächer)

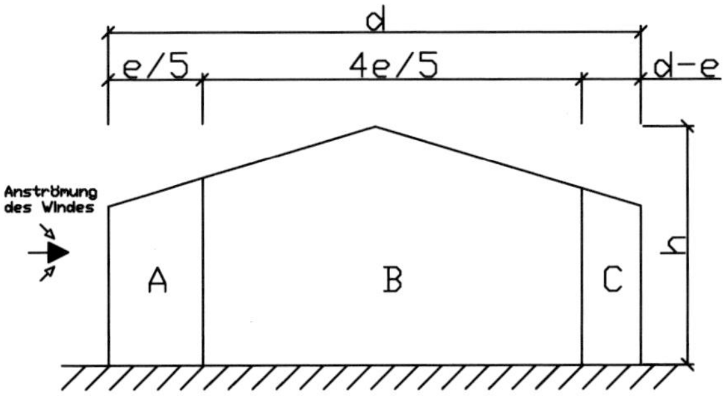

e = b oder 2h (der kleinere Wert ist maßgebend)

Abb. 36: Einteilung der Bereiche von Außenwandbekleidungen auf den windparallelen Gebäudeseiten (geneigte Dächer)

(2) Die Beanspruchung in den jeweiligen Bereichen A bis E ist dabei z. T. abhängig von dem Verhältnis der Gebäudehöhe h zur Gebäudelänge d in Anströmrichtung des Windes. Tabelle 13 zeigt die Außendruckbeiwerte c_{pe} für die Lasteinzugsflächen kleiner gleich 1 m² und größer 10 m² in Abhängigkeit von der Schlankheit des Gebäudes h/d in Anströmrichtung des Windes.

Auf der sicheren Seite liegend, können die Werte für h/d ≥ 5 für alle Baukörperabmessungen verwendet werden.

Tabelle 13: Außendruckbeiwerte c_{pe} für Außenwandbekleidungen

	Bereich	A		B		C		D		E	
		$c_{pe,1}$	$c_{pe,10}$	$c_{pe,1}$	$c_{pe,10}$	$c_{pe,1}$	$c_{pe,10}$	$c_{pe,1}$	$c_{pe,10}$	$c_{pe,1}$	$c_{pe,10}$
h/d	≥ 5	-1,7	-1,4	-1,1	-0,8	-0,7	-0,5	1,0	0,8	-0,7	-0,5
	1	-1,4	-1,2	-1,1	-0,8	-0,5		1,0	0,8	-0,5	
	≤ 0,25	-1,4	-1,2	-1,1	-0,8	-0,5		1,0	0,7	-0,5	-0,3
Zwischenwerte dürfen interpoliert werden.											

(3) Abbildung 37 zeigt die Überlagerung der einzelnen Anströmrichtungen eines rechteckigen Gebäudes zur Ermittlung der erforderlichen Windsogsicherung. Als resultierende Bereiche des Winddruckes auf der Außenfläche ergeben sich mit Ausnahme des Falles, dass Außenwandflächen komplett mit dem Bereich A abgedeckt werden, die Bereiche A und B als einzige zu berücksichtigende Bereiche.

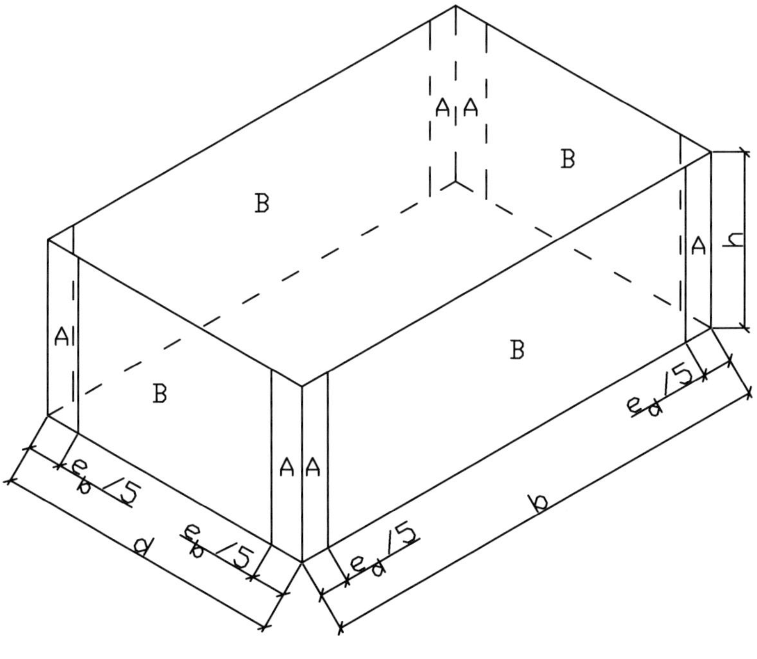

e_b = b oder 2h (der kleinere Wert ist maßgebend)

e_d = d oder 2h (der kleinere Wert ist maßgebend)

Abb. 37: Einteilung der Bereiche von Außenwandbekleidungen

(4) Tabelle 14 zeigt die Bemessungswerte der Windlasten auf Außenwandbekleidungen mit Bekleidungselementen, deren Lasteinzugsflächen kleiner gleich 1 m² sind.

Tabelle 14: Bemessungswerte der Windlasten nach Abbildung 37 für Lasteinzugsflächen ≤ 1 m² auf Außenwandbekleidungen

Gebäudehöhe h [m]	Bemessungswerte der Windlasten für Lasteinzugsflächen ≤ 1 m² in kN/m²											
	WZ 1			WZ 2 Binnenland			WZ 3 Binnenland			WZ 4 Binnenland		
	A		B	A		B	A		B	A		B
	h/d ≤ 1; h/b ≤ 1	h/d ≥ 5; h/b ≥ 5		h/d ≤ 1; h/b ≤ 1	h/d ≥ 5; h/b ≥ 5		h/d ≤ 1; h/b ≤ 1	h/d ≥ 5; h/b ≥ 5		h/d ≤ 1; h/b ≤ 1	h/d ≥ 5; h/b ≥ 5	
≤ 10	-1,05	-1,28	-0,83	-1,37	-1,67	-1,08	-1,68	-2,04	-1,32	-2,00	-2,43	-1,57
10 < h ≤ 18	-1,37	-1,67	-1,08	-1,68	-2,04	-1,32	-2,00	-2,43	-1,57	-2,42	-2,94	-1,90
18 < h ≤ 25	-1,58	-1,92	-1,24	-1,89	-2,30	-1,49	-2,31	-2,81	-1,82	-2,73	-3,32	-2,15
Gebäudehöhe h [m]	WZ 2 Küste			WZ 3 Küste			WZ 4 Küste					
	A		B	A		B	A		B			
	h/d ≤ 1; h/b ≤ 1	h/d ≥ 5; h/b ≥ 5		h/d ≤ 1; h/b ≤ 1	h/d ≥ 5; h/b ≥ 5		h/d ≤ 1; h/b ≤ 1	h/d ≥ 5; h/b ≥ 5				
≤ 10	-1,79	-2,18	-1,41	-2,21	-2,69	-1,74	-2,31	-2,81	-1,82			
10 < h ≤ 18	-2,10	-2,55	-1,65	-2,52	-3,06	-1,98	-2,73	-3,32	-2,15			
18 < h ≤ 25	-2,31	-2,81	-1,82	-2,94	-3,57	-2,31	-3,26	-3,96	-2,56			

(5) Tabelle 15 zeigt die resultierenden Bemessungswerte der Windlasten auf Außenwandflächen mit nichtselbsttragenden Metallbekleidungen nach Abbildung 37 unter Verwendung des höhenabhängigen Geschwindigkeitsdruckes nach DIN EN 1991-1-4.

Tabelle 15: Bemessungswerte der Windlasten auf nichtselbsttragende Metallaußenwandbekleidungen

Gebäudehöhe h [m]	Bemessungswerte der Windlasten in kN/m²											
	WZ 1			WZ 2 Binnenland			WZ 3 Binnenland			WZ 4 Binnenland		
	A		B	A		B	A		B	A		B
	h/d ≤ 1; h/b ≤ 1	h/d ≥ 5; h/b ≥ 5		h/d ≤ 1; h/b ≤ 1	h/d ≥ 5; h/b ≥ 5		h/d ≤ 1; h/b ≤ 1	h/d ≥ 5; h/b ≥ 5		h/d ≤ 1; h/b ≤ 1	h/d ≥ 5; h/b ≥ 5	
≤ 10	-1,13	-1,38	-0,89	-1,39	-1,68	-1,09	-1,68	-2,04	-1,32	-2,00	-2,43	-1,57
10 < h ≤ 20	-1,47	-1,79	-1,16	-1,81	-2,19	-1,42	-2,17	-2,64	-1,71	-2,59	-3,15	-2,04
20 < h ≤ 50	-2,06	-2,50	-1,62	-2,52	-3,06	-1,98	-3,05	-3,71	-2,40	-3,63	-4,40	-2,85
Gebäudehöhe h [m]	WZ 2 Küste			WZ 3 Küste			WZ 4 Küste					
	A		B	A		B	A		B			
	h/d ≤ 1; h/b ≤ 1	h/d ≥ 5; h/b ≥ 5		h/d ≤ 1; h/b ≤ 1	h/d ≥ 5; h/b ≥ 5		h/d ≤ 1; h/b ≤ 1	h/d ≥ 5; h/b ≥ 5				
≤ 10	-1,89	-2,30	-1,49	-2,27	-2,75	-1,78	-2,70	-3,28	-2,12			
10 < h ≤ 20	-2,27	-2,75	-1,78	-2,74	-3,33	-2,16	-3,26	-3,96	-2,56			
20 < h ≤ 50	-2,91	-3,54	-2,29	-3,50	-4,25	-2,75	-4,17	-5,07	-3,28			

4.3.3 Windlasten auf Außenwandbekleidungen von mehrschaligen Wandflächen

Bei Einhaltung der unter Abschnitt 4.3.1 (3) aufgeführten Bedingungen darf nach DIN EN 1991-1-4/NA resultierend aus dem Druck im Hinterlüftungsraum und dem Außendruck ein Druckbeiwert von $c_{p,net} = \pm 0{,}5$ für die Ermittlung der maßgebenden Windlasten auf die Außenwandbekleidung angesetzt werden.

4.3.4 Ermittlung der erforderlichen Windsogsicherung

(1) Die Ermittlung der erforderlichen Windsogsicherung kann nur unter Berücksichtigung der Außenwandbekleidung, ihrer Befestigung, der Unterkonstruktion, der Verankerung und der tragenden Außenwand erfolgen.

(2) Beim rechnerischen Nachweis der Tragfähigkeit und ggf. der Gebrauchstauglichkeit von Befestigungen, Verbindungen und Verankerungen sind die Technischen Baubestimmungen (z. B. Bemessungsnormen) und ggf. allgemeine bauaufsichtliche Zulassungen bzw. europäisch technische Zulassungen zu berücksichtigen.

5 Verkehrslasten

(1) Verkehrslasten sind Lasten, mit denen in Abhängigkeit von der Nutzung gerechnet werden muss. Berechnungsgrundlage der Verkehrslasten ist die DIN EN 1991-1-1

(2) Bei genutzten Dachflächen ergeben sich die Anforderungen aus der geplanten Nutzung nach DIN EN 1991-1-1. Diese sind bereits bei Planung und Ausschreibung zu berücksichtigen.

(3) Bei nicht genutzten Dächern sind die einzelnen Tragglieder (z. B. Sparren, Pfetten), die unmittelbar von der Dachhaut belastet sind, mindestens mit einer lotrechten Einzelverkehrslast von 1,0 kN nach DIN EN 1991-1-1 unter Vernachlässigung der Schneelasten nachzuweisen. Die Belastung resultiert aus Begehung bei Wartung und Inspektion bzw. Arbeitsbetrieb bei der Herstellung.

(4) Die unter (3) genannte Verkehrslast ist ebenfalls beim Nachweis der Tragfähigkeit und Gebrauchstauglichkeit von Dachlatten mit einem Auflagerabstand von mehr als 1 m anzusetzen. Für Dachlatten und -schalungen nach den „Hinweisen Holz und Holzwerkstoffe“ mit einem Auflagerabstand von kleiner gleich 1 m sind nach DIN EN 1991-1-1 und DIN EN 1995-1-1[12] keine rechnerischen Nachweise erforderlich.

Beim rechnerischen Nachweis von Dachlatten sind die Verkehrslasten mit zwei Einzellasten von jeweils 0,5 kN in den äußeren Viertelspunkten unter Vernachlässigung der Schneelasten anzusetzen.

(5) Nutzungsänderungen, z. B. nachträgliche Herstellung einer Dachterrasse auf einem bestehenden Flachdach, bewirken in der Regel auch eine Änderung der Verkehrslasten.

[12] DIN EN 1995-1-1 Eurocode 5: Bemessung und Konstruktion von Holzbauten - Teil 1-1: Allgemeines – Allgemeine Regeln und Regeln für den Hochbau

Anhang I: Tabellen zur Ermittlung der Eigengewichtslasten

Tabelle I.1: Dachdeckungen aus Dachziegeln und Dachsteinen

Die Flächenlasten gelten für 1 m² Dachfläche ohne Sparren, Pfetten und Dachbinder.

Zeile	Gegenstand	Flächenlasten[a] in kN/m²
1	Dachsteine aus Beton mit mehrfacher Fußverrippung und hoch liegendem Längsfalz	
1.1	bis 10 Stück/m²	0,50
1.2	über 10 Stück/m²	0,55
2	Dachsteine aus Beton mit mehrfacher Fußverrippung und tief liegendem Längsfalz	
2.1	bis 10 Stück/m²	0,60
2.2	über 10 Stück/m²	0,65
3	Biberschwanzziegel 155 mm x 375 mm und 180 mm x 380 mm und ebene Dachsteine aus Beton im Biberformat	
3.1	Spließdeckung (einschließlich Schindeln)	0,60
3.2	Doppel- und Kronendeckung	0,75
4	Falzziegel, Reformpfannen, Falzpfannen, Flachdachpfannen	0,55
5	Glasdeckstoffe	bei gleicher Deckungsart wie in Zeilen 1 bis 4
6	Großformatige Pfannen bis 10 Stück/m²	0,50
7	Kleinformatige Biberschwanzziegel und Sonderformate (Kirchen-, Turmbiber usw.)	0,95
8	Krempziegel, Hohlpfannen	0,45
9	Krempziegel, Hohlpfannen in Pappdocken verlegt	0,55
10	Mönch- und Nonnenziegel (mit Vermörtelung)	0,90
11	Strangfalzziegel	0,60

[a] Die Flächenlasten gelten, soweit nicht anders angegeben, ohne Vermörtelung, aber einschließlich der Lattung. Bei einer Vermörtelung sind 0,1 kN/m² zuzuschlagen.

Tabelle I.2: Schieferdachdeckung

Zeile	Gegenstand	Flächenlasten in kN/m²
1	Altdeutsche Schieferdachdeckung und Schablonendeckung auf 24 mm Schalung, einschließlich Vordeckung und Schalung	
1.1	Einfachdeckung	0,50
1.2	Doppeldeckung	0,60
1.3	Schablonendeckung auf Lattung, einschließlich Lattung	0,45

Tabelle I.3: Metalldeckungen

Zeile	Gegenstand	Flächenlasten in kN/m²
1	Aluminiumdachdeckung (Aluminium 0,7 mm dick, einschließlich 24 mm Schalung)	0,25
2	Aluminiumdachdeckung aus Well-, Trapez- und Klemmrippenprofilen	0,05
3	Doppelstehfalzdachdeckung aus Titanzink oder Kupfer, 0,7 mm dick, einschließlich Vordeckung und 24 mm Schalung	0,35
4	Stahlpfannen (verzinkte Pfannenbleche)	
4.1	einschließlich Lattung	0,15
4.2	einschließlich Vordeckung und 24 mm Schalung	0,30
5	Stahltrapezprofile	nach Herstellerangabe
6	Wellblechprofile (verzinkte Stahlbleche, einschließlich Befestigungsmaterial)	0,25

Tabelle I.4: Faserzement-Dachplatten nach DIN EN 494

Zeile	Gegenstand	Flächenlasten in kN/m²
1	Deutsche Deckung auf 24 mm Schalung, einschließlich Vordeckung und Schalung	0,40
2	Doppeldeckung auf Lattung, einschließlich Lattung	0,38*
3	Waagerechte Deckung auf Lattung, einschließlich Lattung	0,25*
* Bei Verlegung auf Schalung sind 0,1 kN/m² zu addieren.		

Tabelle I.5: Faserzement-Wellplatten nach DIN EN 494

Zeile	Gegenstand	Flächenlasten in kN/m²
1	Faserzement-Kurzwellplatten	0,24*
2	Faserzement-Wellplatten	0,20*
* Ohne Pfetten, jedoch einschließlich Befestigungsmaterial.		

Tabelle I.6: Dach- und Bauwerksabdichtungen mit Bitumen- und Kunststoffbahnen sowie Elastomerbahnen

Zeile	Gegenstand	Flächenlasten in kN/m²
Bahnen im Lieferzustand		
1	Bitumen- und Polymerbitumen-Dachdichtungsbahn nach DIN 52130 und DIN 52132	0,04
2	Bitumen- und Polymerbitumen-Schweißbahn nach DIN 52131 und DIN 52133	0,07
3	Bitumen-Dichtungsbahn mit Metallbandeinlage nach DIN 18190-4	0,03
4	Nackte Bitumenbahn nach DIN 52129	0,01
5	Glasvlies-Bitumen-Dachbahn nach DIN 52143	0,03
6	Kunststoffbahnen, 1,5 mm Dicke	0,02
Bahnen in verlegtem Zustand		
7	Bitumen- und Polymerbitumen-Dachdichtungsbahn nach DIN 52130 und DIN 52132, einschließlich Klebemasse bzw. Bitumen- und Polymerbitumen-Schweißbahn nach DIN 52131 und DIN 52133, je Lage	0,07
8	Bitumen-Dichtungsbahn nach DIN 18190-4, einschließlich Klebemasse, je Lage	0,06
9	Nackte Bitumenbahn nach DIN 52129, einschließlich Klebemasse, je Lage	0,04
10	Glasvlies-Bitumen-Dachbahn nach DIN 52143, einschließlich Klebemasse, je Lage	0,05
11	Dampfsperre, einschließlich Klebemasse bzw. Schweißbahn, je Lage	0,07
12	Ausgleichsschicht, lose verlegt	0,03
13	Dachabdichtungen und Bauwerksabdichtungen aus Kunststoffbahnen, lose verlegt, je Lage	0,02
Schwerer Oberflächenschutz auf Dachabdichtungen		
14	Kiesschüttung, Dicke 5 cm	1,0

Tabelle I.7: Schalungen aus Holz und Holzwerkstoffen

Diese Tabelle wurde anhand der Rechenwerte der Eigenlasten von Baustoffen für Holz und Holzwerkstoffe nach DIN EN 1991-1-1 anhand der Dicke ermittelt und ist in der Norm nicht abgedruckt.

Zeile	Gegenstand	Rechenwert in kN/m²
1		
2	Holzschalungen aus Bauholz, Nadelholz S10 oder MS10 nach Dicke	
	– 18 mm	0,09
	– 24 mm	0,12
	– 28 mm	0,14
	– 40 mm	0,20
3	Schalungen aus Holzwerkstoffen	
	a) Spanplatten nach DIN 68763	
	– 14 mm	0,08
	– 19 mm	0,11
	– 22 mm	0,13
	– 25 mm	0,15
	b) Baufurniersperrholz nach DIN 68705-5	
	– 14 mm	0,11
	– 19 mm	0,15
	– 25 mm	0,20
4	Unterdeckplatten aus Holzwerkstoffen	nach Herstellerangabe

Deutsches Dachdeckerhandwerk
– Regelwerk –

Merkblatt Wärmeschutz bei Dach und Wand

Aufgestellt und herausgegeben vom

Zentralverband
des Deutschen Dachdeckerhandwerks
– Fachverband Dach-, Wand- und Abdichtungstechnik – e.V.

Ausgabe April 2024

RM Rudolf Müller

Vorgänger

Merkblatt Wärmeschutz bei Dächern	September 1997
Merkblatt Wärmeschutz bei Dach und Wand	September 2004
Merkblatt Wärmeschutz bei Dach und Wand	April 2015
Merkblatt Wärmeschutz bei Dach und Wand	Mai 2018

Verlag: Verlagsgesellschaft Rudolf Müller GmbH & Co. KG, Stolberger Str. 84, 50933 Köln

Satz: Reemers Publishing Services GmbH, Krefeld

Druck: Medienhaus Plump, Rheinbreitbach

03/24

Inhaltsverzeichnis

1 Allgemeine Hinweise

1.1 Geltungsbereich

(1) Dieses Merkblatt gilt für die Planung und Ausführung des Wärmeschutzes von Dächern, obersten Geschossdecken und Außenwänden, die Wohn- oder wohnähnlich genutzte Räume mit Temperaturen ≥ 12 °C gegenüber der Außenumgebung oder Räumen mit abweichenden Temperaturen (Klimabedingungen) abgrenzen.

(2) Dieses Merkblatt gilt für die Planung und Ausführung des klimabedingten Feuchteschutzes von Dächern, obersten Geschossdecken und Außenwänden, die nicht klimatisierte Wohn- oder wohnähnlich genutzte Räume gegenüber der Außenumgebung oder Räumen mit abweichenden Temperaturen (Klimabedingungen) abgrenzen. Gebäude bzw. Räume mit mechanischer Lüftung und ohne anlagentechnische Regelung der Luftfeuchtigkeit gelten als nicht klimatisiert.

(3) Hierbei werden auch die Anforderungen an den konstruktiven Holzschutz zur Begrenzung der Holzfeuchte berücksichtigt.

(4) Dieses Merkblatt gibt Hinweise zum sommerlichen Wärmeschutz von Wohnräumen oder wohnähnlich genutzten Räumen.

1.2 Begriffe

(1) Der Wärmedurchlasswiderstand R [m²K/W] beschreibt den Widerstand, den eine oder mehrere Schichten dem Wärmestrom entgegenstellt. Er wird berechnet, indem die Dicke der jeweiligen Schicht d [m] durch den Bemessungswert der Wärmeleitfähigkeit der jeweiligen Schicht λ in [W/mK] dividiert wird. Bei Bauteilen mit einzelnen Schichten werden die jeweiligen Wärmedurchlasswiderstände addiert.

$$R = \frac{d}{\lambda}\left[\frac{m^2K}{W}\right] \qquad [1]$$

$$R = \frac{d_1}{\lambda_1} + \frac{d_2}{\lambda_2} + \frac{d_3}{\lambda_3} \ldots \left[\frac{m^2K}{W}\right] \qquad [2]$$

Bei Bauteilen mit Abdichtungen werden mit Ausnahme von Umkehrdächern und Bauteilen mit Perimeterdämmung nur die raumseitig der Abdichtung angeordneten Schichten berücksichtigt.

Abb. 1: Maßgebende Dicken zur Ermittlung des Wärmedurchlasswiderstandes eines Bauteils mit homogenen Schichten

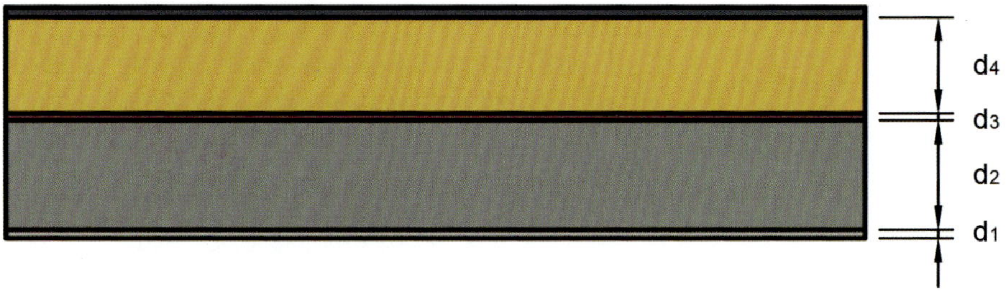

(2) Die Wärmeübergangswiderstände $R_{si/se}$ [m²K/W] beschreiben den Widerstand, der beim Übergang der Wärme vom Rauminneren auf das abgrenzende Bauteil bzw. vom abgrenzenden Bauteil auf die Außenumgebung auftritt. Der Wärmeübergangswiderstand für die Bauteilinnenseite wird mit R_{si} und für die Bauteilaußenseite mit R_{se} abgekürzt.

(3) Der Wärmedurchgangswiderstand R_T [m²K/W] ist der Wärmedurchlasswiderstand eines Bauteils (vgl. Gleichung 3) einschließlich der Wärmeübergangswiderstände auf der Bauteilinnen- (R_{si}) und -außenseite (R_{se}).

$$R_T = R_{si} + \frac{d_1}{\lambda_1} + \frac{d_2}{\lambda_2} + \frac{d_3}{\lambda_3} \ldots + R_{se} \left[\frac{m^2K}{W}\right] \qquad [3]$$

(4) Der Wärmedurchgangskoeffizient U [W/m²K] beschreibt die Wärmemenge, die in einer Sekunde durch 1 m² eines Bauteils bei einem Temperaturunterschied zwischen den beiden Oberflächen von 1 K durch Wärmeleitung transportiert wird. Er ist der Kehrwert des Wärmedurchgangswiderstandes.

$$U = \frac{1}{R_T} \left[\frac{W}{m^2K}\right] \qquad [4]$$

(5) Bauteile mit inhomogenen Schichten besitzen in mindestens einer Schicht mehr als einen Baustoff bzw. Material, z. B. Sparren mit Zwischensparrendämmung (siehe Abb. 2).

Abb. 2: Bauteil mit einer inhomogenen Schicht

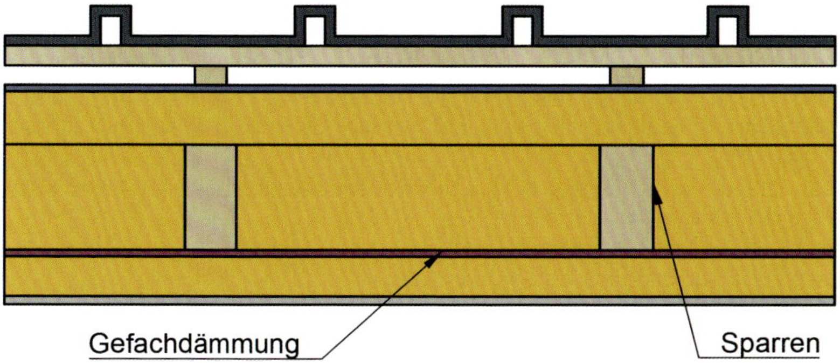

(6) Konvektion ist das Mitführen von Wärme und Feuchte durch eine Luftströmung.

(7) Die Wasserdampfdiffusion ist die Bewegung von Wasserdampfmolekülen durch einen Baustoff und entsteht durch unterschiedliche Wasserdampfkonzentrationen.

(8) Die wärmeübertragende Umfassungsfläche besteht aus sämtlichen Bauteilen, die den Innenraum gegenüber der Außenumgebung oder gegenüber Räumen mit niedrigeren Temperaturen abgrenzen.

(9) Belüftete Dächer weisen direkt oberhalb der Wärmedämmung eine Luftschicht auf, die mit der Außenluft in Verbindung steht.

(10) Bei nicht belüfteten Dächern ist direkt über der äußersten Wärmedämmung keine Luftschicht angeordnet. Zu nicht belüfteten Dächern gehören auch solche, die außenseitig im weiteren Dachaufbau zusätzliche belüftete Luftschichten haben.

(11) Nicht belüftete Dachdeckungen sind Dachdeckungen auf flächiger Unterlage, z. B. Schalung.

(12) Belüftete Dachdeckungen sind Dachdeckungen auf linienförmiger Unterlage, z. B. Lattung und Konterlattung.

(13) Hinterlüftete Außenwandbekleidungen weisen raumseitig der Bekleidung und ihrer Unterlage eine belüftete Luftschicht auf, die am oberen und unteren Abschluss über Öffnungen mit der Außenluft in Verbindung steht.

(14) Belüftete Außenwandbekleidungen weisen raumseitig der Bekleidung und ihrer Unterlage eine belüftete Luftschicht auf, die am unteren Abschluss über Öffnungen mit der Außenluft in Verbindung steht.

(15) Luftdurchlässige Außenwandbekleidungen sind klein- oder brettformatige Bekleidungselemente (z. B. Schiefer), die überlappend auf linienförmiger Unterlage (z. B. Latten oder Metallprofile) gedeckt werden.

(16) Der s_d-Wert (wasserdampfdiffusionsäquivalente Luftschichtdicke) [m] beschreibt die Dicke einer ruhenden Luftschicht, die den gleichen Widerstand gegenüber der Wasserdampfdiffusion hat wie die betrachtete Bauteilschicht. Er ergibt sich aus der Multiplikation von Schichtdicke und Wasserdampfdiffusionswiderstandszahl μ.

$$s_d = d \cdot \mu \text{ [m]} \qquad [5]$$

(17) Dampfsperren und Dampfbremsen sind umgangssprachliche Beschreibungen für Bauteilschichten, die den Wasserdampfdiffusionsstrom begrenzen bzw. verhindern. Diese Begriffe dienen in der Praxis der allgemeinen Beschreibung dieser Funktion.

(18) Diffusionsoffene Schichten sind Bauteilschichten mit $s_d \leq 0{,}5$ m.

(19) Diffusionsbremsende Schichten sind Bauteilschichten mit 0,5 m < $s_d \leq 10$ m.

(20) Diffusionshemmende Schichten sind Bauteilschichten mit 10 m < $s_d \leq 100$ m.

(21) Diffusionssperrende Schichten sind Bauteilschichten mit 100 m < s_d < 1.500 m.

(22) Diffusionsdichte Schichten sind Bauteilschichten mit $s_d \geq 1.500$.

(23) Feuchtevariable Schichten sind Schichten, deren s_d-Wert sich in Abhängigkeit von der Umgebungsluftfeuchtigkeit ändert.

(24) Die Luftdichtheit ist die Eigenschaft eines Baustoffs, eines Bauteils oder der Hülle des Gebäudes, nicht oder nur in geringem Maße von Luft durchströmt zu werden. Die Luftdichtheit wird in der Regel mit einer definierten Schicht, der Luftdichtheitsschicht, geplant und ausgeführt.

(25) Die Winddichtheit ist die Eigenschaft einer Dach- und Wandkonstruktion, nicht oder nur in geringerem Maße mit Außenluft durchströmt zu werden. Anforderungen an die Winddichtheit werden seitens dieses Merkblatts und normativ nicht gestellt.

(26) Wärmebrücken sind Bereiche der Außenbauteile, in denen gegenüber der sonstigen Fläche ein erhöhter Wärmestrom stattfindet. Infolge der daraus resultierenden niedrigeren Temperaturen der Bauteilinnenoberflächen und der ansteigenden relativen Luftfeuchtigkeit kann die Gefahr von Schimmelpilzbildung und Feuchteschäden gegeben sein.

(27) Tauwasser tritt auf/aus, wenn die vorhandene Wasserdampfkonzentration höher als die maximal von der Luft aufnehmbare Wasserdampfmenge ist.

(28) Sekundärtauwasser ist Tauwasser, das sich durch einströmende oder vorhandene Luft unter der äußersten Bauteilschicht in Verbindung mit deren Abkühlung ergeben kann.

1.3 Planungshinweise

(1) Der Wärme- und Feuchteschutz sowie die Luftdichtheit müssen einschließlich aller Bauteilschichten, Details, Anschlüsse und Werkstoffe bei der Planung festgelegt werden. Dies beinhaltet auch die Koordinierung der Ausführung der einzelnen Bauteilschichten.

Bei Bauteilen, deren tragende Teile aus Holz oder Holzwerkstoffen bestehen, muss mit dem Feuchteschutz nach DIN 4108-3[1] auch der Holzschutz nach DIN 68800-1[2] und DIN 68800-2[3] berücksichtigt werden. Der Abschnitt 6 dieses Merkblatts berücksichtigt diese Anforderungen. Für davon abweichende Bauteile müssen Berechnungen nach DIN 4108-3 und DIN 68800 geführt werden.

(2) Die Klimarandbedingungen für Berechnungen des Wärme- und Feuchteschutzes von Bauteilen sind den Technischen Baubestimmungen zu entnehmen. Die in den Technischen Baubestimmungen festgeschriebenen Klimarandbedingungen gelten für die Wohnnutzung bzw. wohnähnliche Nutzung. Davon abweichende Nutzungen, z. B. Schwimmbadbetrieb, sind zu berücksichtigen.

(3) Öffentlich-rechtliche Anforderungen, z. B. Technische Baubestimmungen und GEG, sind stets zu beachten.

(4) Nachträglich aufgebrachte Beschichtungen, Farbänderungen und Verschattungen können das bauphysikalische Verhalten eines Bauteils beeinflussen.

(5) Bei Verbesserung des Wärmeschutzes können sich aufgrund der bereits vorhandenen Schichten Einschränkungen oder Sonderlösungen ergeben.

(6) Bei ausgebauten Dachräumen mit Abseitenwänden sollte die Wärmedämmung in der Dachschräge zum Dachfußpunkt hinabgeführt werden.

(7) Spitzböden, die außerhalb der thermischen Hüllfläche/wärmeübertragenden Umfassungsfläche liegen, sind zu belüften. Regelungen zu den Lüftungsöffnungen sind in Abschnitt 6 enthalten.

(8) Die thermische Hüllfläche/wärmeübertragende Umfassungsfläche ist nach allgemein anerkannten Regeln der Technik luftdicht auszubilden. Eine dauerhafte Ausbildung der Luftdichtheit erfolgt nach DIN 4108-7[4]. In der Planungsphase sind Bauwerksfugen zu berücksichtigen; die Anzahl der Durchdringungen sollte auf das notwendige Maß reduziert werden, z. B. durch Installationsebenen.

(9) Ein ausreichender Luftwechsel ist aus Gründen der Hygiene, der Begrenzung der Raumluftfeuchte sowie ggf. der Zuführung von Verbrennungsluft nach bauaufsichtlichen Vorschriften (z. B. Feueranlagenverordnungen der Bundesländer) zu beachten. Bei der Veränderung von bestehenden Gebäuden, insbesondere

---

1 DIN 4108-3 Wärmeschutz und Energie-Einsparung in Gebäuden; Klimabedingter Feuchteschutz; Anforderungen, Berechnungsverfahren und Hinweise für Planung und Ausführung

2 DIN 68800-1 Holzschutz – Teil 1: Allgemeines

3 DIN 68800-2 Holzschutz Teil 2: Vorbeugende bauliche Maßnahmen im Hochbau

4 DIN 4108-7 Wärmeschutz und Energie-Einsparung in Gebäuden; Teil 4: Luftdichtheit von Gebäuden – Anforderungen, Planungs- und Ausführungsempfehlungen sowie -beispiele

beim Einbau von luftdichten Schichten und Fenstern, sollte ein Hinweis auf die Überprüfung des Lüftungskonzepts erfolgen. Hinweise zur Planung von Lüftungsmaßnahmen gibt DIN 1946-6[5].

(10) Die Klassen der Fugendurchlässigkeit zwischen Flügelrahmen und Blendrahmen bei Fenstern und Fenstertüren werden nach DIN EN 1026[6] bestimmt und nach DIN EN 12207[7] klassifiziert.

(11) Der sommerliche Wärmeschutz ist u. a. abhängig vom Gesamtenergiedurchlassgrad der Fenster, ihrem Anteil an der Fläche des Außenbauteils, ihrer Neigung und der Orientierung nach der Himmelsrichtung. Bei Fassaden und Dachflächenfenstern ist bei Ost-, Süd- und Westorientierung ein wirksamer Sonnenschutz wichtig. Ein wirksamer Sonnenschutz kann besonders mit außenliegenden Maßnahmen wie z. B. Rollläden etc., in geringerem Umfang auch mit innenliegenden Maßnahmen wie z. B. Jalousien etc. erreicht werden.

(12) Das sommerliche Raumklima wird durch eine intensive Lüftung der Räume insbesondere während der Nacht- oder frühen Morgenstunden verbessert. Entsprechende Voraussetzungen (z. B. zu öffnende Fenster) sind daher vorteilhafter als nicht zu öffnende Belichtungsflächen.

(13) Während der Rohbauphase bzw. der Bauphase können insbesondere bei Putz- und Estricharbeiten erhöhte Luftfeuchten im Gebäudeinneren auftreten. Diese können sich negativ auf die Bauteilinnenoberfläche und den Bauteilquerschnitt auswirken.

(14) Bei feuchtevariablen Bahnen sind insbesondere Feuchteeinträge in die Bauteile infolge hoher relativer Luftfeuchten im Gebäudeinneren, z. B. durch Putz- und Estricharbeiten, zu berücksichtigen. Herstellerhinweise sind zu berücksichtigen.

(15) Die Planung und Ausführung von Bauteilen mit Schichtenfolgen, deren s_d-Werte der einzelnen Schichten von der Bauteilinnenseite zur Bauteilaußenseite abnehmen, sind empfehlenswert.

(16) Bei belüfteten Dächern sind tragende Holzbauteile vor einem Befall durch Holz zerstörende Insekten nach DIN 68800-1 zu schützen (siehe „Hinweise Holz und Holzwerkstoffe").

2 Werkstoffe

2.1 Luftdichtheitsschichten und Dampfsperren/-bremsen

(1) Für die Herstellung von luftdichten Schichten und/oder Dampfsperren/-bremsen sind u. a.

- Trockenbauplatten,
- Holzwerkstoffplatten,
- Kunststoffbahnen,
- Bitumenbahnen,
- Spezialpapiere,
- massive Betonbauteile,
- Putzschichten

geeignet.

(2) Für Durchdringungen, Anschlüsse, Überlappungen, Bauteilfugen und Stöße sind unter Berücksichtigung der materialspezifischen Eigenschaften geeignete Produkte wie z. B.

- Klebebänder,
- Klebe-Dichtmassen,
- Dichtschnüre/-streifen/-bänder,
- vorkomprimierte Dichtbänder mit Anpressleisten,
- Fugendichtstoffe,
- Flüssigdichtstoffe,
- Dichtmanschetten

zu verwenden.

---

[5] DIN 1946-6 Raumlufttechnik – Teil 6: Lüftung von Wohnungen; Allgemeine Anforderungen, Anforderungen an die Auslegung, Ausführung, Inbetriebnahme und Übergabe sowie Instandhaltung

[6] DIN EN 1026 Fenster und Türen – Luftdurchlässigkeit – Prüfverfahren

[7] DIN EN 12207 Fenster und Türen – Luftdurchlässigkeit – Klassifizierung

(3) Die Wasserdampfdiffusionswiderstandszahlen μ bzw. s_d-Werte sind den CE-Kennzeichnungen/Leistungserklärungen, allgemeinen bauaufsichtlichen Prüfzeugnissen, bauaufsichtlichen Verwendungsnachweisen, Produktinformationen des Herstellers oder DIN 4108-4[8] zu entnehmen.

(4) Insbesondere bei Bahnen werden Produkte mit nahezu konstantem s_d-Wert (z. B. Polyethylen/PE) und solche mit feuchtevariablem s_d-Wert (z. B. Polyamid/PA) unterschieden. Feuchtevariable s_d-Werte ergeben sich bei Materialien, die durch einen entsprechenden Molekularaufbau in Abhängigkeit von der umgebenden Feuchtigkeit ihre Wasserdampfdiffusionswiderstandszahl μ verändern und daraus resultierend diffusionshemmend bis diffusionsoffen sein können.

(5) Trapezprofile als Tragschale für Dachdeckungen, Dachabdichtungen und Außenwandbekleidungen ohne dichtende Maßnahmen im Überdeckungsbereich der Bleche stellen keine Luftdichtheitsschicht dar.

2.2 Wärmedämmstoffe

(1) Wärmedämmstoffe müssen den öffentlich-rechtlichen Anforderungen sowie werkseitig hergestellte Wärmedämmstoffe dem „Produktdatenblatt für Wärmedämmstoffe“ entsprechen.

(2) Wärmedämmungen können auch als Verbundwerkstoff eingebaut werden. In wärmetechnische Berechnungen fließen alle Schichten des Verbundwerkstoffs mit den jeweiligen Bemessungswerten der Wärmeleitfähigkeit ein.

(3) Wärmedämmungen in Dach- und Wandkonstruktionen müssen dauerhaft sein.

Maßabweichungen auf der Grundlage bauaufsichtlicher Regelungen oder temperaturbedingte Längenänderungen sind nicht auszuschließen. Kreuzstöße sind zu vermeiden.

(4) Die Nenndicke von Wärmedämmstoffen darf bei Gefachdämmungen höchstens der Nennhöhe der Sparren bzw. der tragenden Elemente entsprechen. Ein Bombieren von Unterdeckbahnen durch Zwischensparrendämmungen ist bei Mineralwolledämmungen nicht auszuschließen.

Mögliche Maßnahmen, um die

- Verringerung der erforderlichen Lüftungsquerschnitte und/oder
- übermäßige Erhöhung der Holzfeuchte der Konterlatte

infolge der Bombierung von Unterdeckbahnen durch Mineralwolledämmungen zu vermeiden bzw. zu begrenzen, sind z. B.

- Strecklatten,
- Erhöhung der Konterlattendicke,
- Unterdeckungen mit Unterdeckplatten,
- Schalungen als Unterlage für Unterdeckungen.

(5) Sind die Bemessungswerte der Wärmeleitfähigkeit bei vorhandenen Wärmedämmungen und Bauteilschichten im Gebäudebestand nicht bekannt und sollen diese für bauphysikalische Berechnungen verwendet werden, sind sie durch eine anerkannte Materialprüfstelle ermitteln zu lassen.

(6) Für Berechnungen des Wärmeschutzes können, auf der sicheren Seite liegend, bei der Ermittlung des Wärmedurchgangskoeffizienten (U-Wert) vorhandene Schichten vernachlässigt und ausschließlich die neuen Schichten in der Berechnung angesetzt werden.

3 Luftdichtheit

(1) Die wärmeübertragende Umfassungsfläche muss zur Vermeidung von Konvektion durchgehend nach DIN 4108-2[9] luftdicht ausgebildet werden. Beispiele hierfür können DIN 4108-7 entnommen werden.

(2) Die Luftdichtheitsschicht sollte auf der Raumseite der Wärmedämmung angeordnet sein. Außenliegende Luftdichtheitsschichten sollten überdämmt werden. Für die Herstellung dieser luftdichten Schichten sind ihren Eigenschaften entsprechend Werkstoffe nach Abschnitt 2.1 geeignet.

(3) Ein Wechsel der Lage der Luftdichtheitsebene (z. B. Dach mit gedämmter Sparrenlage und gedämmter Kehlbalkenlage) ist problematisch und sollte vermieden werden.

---

[8] DIN 4108-4 Wärmeschutz und Energie-Einsparung in Gebäuden – Teil 4: Wärme- und feuchteschutztechnische Bemessungswerte

[9] DIN 4108-2 Wärmeschutz und Energie-Einsparung in Gebäuden; Mindestanforderungen an den Wärmeschutz

(4) Bei von außen schlaufenförmig verlegten Dampfsperrbahnen kann infolge von Wasserdampfkonvektion ein Tauwasserausfall auf der kalten Seite des Sparrens auftreten, der einen Befall durch holzzerstörende Pilze nach sich ziehen kann. Dies kann durch eine durchgehende linienförmige Anpressung an den Sparren der Bahnen im unteren Bereich des Sparrens verhindert werden. Unabhängig von der Luftdichtheit ist der Feuchteschutz nach Abschnitt 6 zu berücksichtigen. Im Gefachbereich können Nagelspitzen durch eine Dämmschicht ausgeglichen und darauf die Bahnen verlegt werden.

Abb. 3: Erforderliche Anpressung von schlaufenförmig verlegten Luftdichtheitsschichten im unteren Bereich des Sparrens

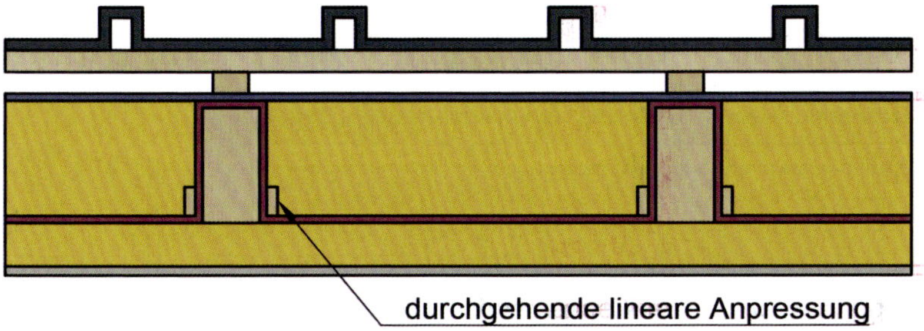

(5) Bekleidungen aus kleinformatigen Platten, Schalungen, Paneelen oder Profilblechen sind ohne zusätzliche Maßnahmen als luftdichte Schicht nicht geeignet.

(6) Bei der luftdichten Ausbildung von Bauwerksfugen sind die Herstellervorschriften für die jeweiligen Fugendichtstoffe zu beachten. Für Bauwerksfugen in massiven Bauteilen gelten DIN 18540[10] und DIN 18542[11].

(7) Luftdichte Schichten müssen an allen Durchdringungen, Anschlüssen, Überlappungen und Stößen luftdicht und werkstoffgerecht angeschlossen werden. Selbst bei insgesamt ausreichender Luftdichtheit des Gebäudes bzw. der Gebäudeteile können einzelne Fehlstellen zu Feuchteschäden führen.

(8) Befestigungen für die Montage der Bahnen oder Platten selbst sind unvermeidbar und müssen nicht zusätzlich abgedichtet werden. Fehlstellen der Luftdichtheitsebene durch ausgerissene Befestigungsmittel sind durch Überkleben, Abdecken oder Verspachteln abzudichten. Zum Beispiel gelten Latten mit mindestens drei Befestigungen je Meter als Abdeckungen.

(9) Dauernde Zugkräfte auf Klebeverbindungen und Luftdichtheitsbahnen sind zu verhindern. Dazu sind an Anschlüssen Schlaufenbildungen und im Gefachbereich mechanische Sicherungen (z. B. Latten, Schalungen oder andere Maßnahmen) einzubauen.

(10) Um Durchdringungen zu reduzieren, können Installationsebenen für die Aufnahme von Installationen aller Art raumseitig der Luftdichtheitsschicht vorgesehen werden.

(11) Die Luftdichtheitsschicht kann gleichzeitig als Dampfsperre/-bremse verwendet werden.

4 Wärmeschutz

4.1 Allgemeines

(1) Die Anforderungen an den energieeinsparenden und hygienischen Wärmeschutz sind in dem GEG und der DIN 4108-2 enthalten.

(2) Für den Wärmeschutz sind erforderliche Berechnungen von Wärmedurchlasswiderständen (R), Wärmedurchgangswiderständen (R_T) und Wärmedurchgangskoeffizienten (U) nach DIN EN ISO 6946[12] durchzuführen (z. B. Gleichungen 1 bis 4 in Abschnitt 1.2).

Bemessungswerte der Wärmeleitfähigkeit sind DIN 4108-4 bzw. DIN EN ISO 10456[13] oder den Produktinformationen der Hersteller (z. B. CE-Kennzeichnungen) zu entnehmen. Für werkmäßig hergestellte Wärmedämmstoffe nach europäisch harmonisierten Normen enthält das „Produktdatenblatt für Wärme-

[10] DIN 18540 Abdichten von Außenwandfugen im Hochbau mit Fugendichtstoffen
[11] DIN 18542 Imprägnierte Fugendichtungsbänder aus Schaumkunststoff zur Abdichtung von Außenwandfugen – Anforderungen und Prüfung
[12] DIN EN ISO 6946 Bauteile-Wärmedurchlasswiderstand und Wärmedurchgangskoeffizient – Berechnungsverfahren
[13] DIN EN ISO 10456 Baustoffe und -produkte – Wärme- und feuchtetechnische Eigenschaften; Tabellierte Bemessungswerte und Verfahren zur Bestimmung der wärmeschutztechnischen Nenn- und Bemessungswerte

dämmstoffe“ die entsprechenden Vorgaben der DIN 4108-4 zur Ermittlung des Bemessungswerts der Wärmeleitfähigkeit. Bei außenseitig angeordneten belüfteten Luftschichten werden die Luftschicht und außenseitig befindliche Schichten vernachlässigt.

Bei Bauteilen mit inhomogenen Schichten ist der Wärmedurchgangswiderstand als Mittelwert der oberen und unteren Grenzwerte des Wärmedurchgangswiderstandes nach DIN EN ISO 6946 zu ermitteln. Hierbei werden die Wärmedurchlasswiderstände hinsichtlich ihres prozentualen Flächenanteils sowie der Wärmeströme senkrecht und parallel zur Schicht berücksichtigt.

Bei Bauteilen mit Abdichtungen werden nur Schichten raumseitig der Abdichtung berücksichtigt (Ausnahme: Umkehrdächer und Wände mit Perimeterdämmungen).

Abb. 4: Unterschiedliche Bereiche der Schichtenfolge bei Bauteilen mit inhomogenen Schichten

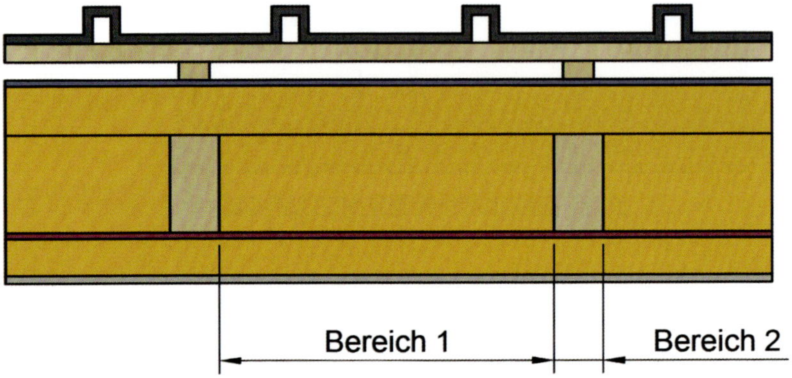

(3) Wärmeübergangswiderstände nach DIN EN ISO 6946 zeigt Tabelle 1.

Tabelle 1: Wärmeübergangswiderstände nach DIN EN ISO 6946

Wärmeübergangswiderstand [m²K/W]	Richtung des Wärmestroms		
	aufwärts[a]	horizontal[b]	abwärts
R_{si}	0,10	0,13	0,17
R_{se}	0,04		
[a] anzuwenden bei Dachneigungen zwischen 0 und < 60°			
[b] anzuwenden bei Dachneigungen ab 60° und bei Außenwänden			

(4) Wärmedämmungen müssen dicht gestoßen und lagesicher ausgeführt werden. Bei Aufsparrendämmungen von geneigten Dächern ist insbesondere die Befestigung nachzuweisen, z. B. durch Typenstatik des Herstellers.

(5) Bei Umkehrdachkonstruktionen sind die Wärmedämmungen einlagig mit Stufenfalz oder nach bauaufsichtlichem Verwendbarkeitsnachweis (allgemeine bauaufsichtliche Zulassung, Europäische Technische Bewertung oder Bauartgenehmigung) auszuführen.

Oberseitig der Wärmedämmung sollen nur diffusionsoffene Schichten angeordnet werden. Filtervliese oberhalb der Wärmedämmung sind empfehlenswert.

4.2 Wärmedurchgangskoeffizient von Bauteilen mit keilförmigen Schichten

(1) Der Wärmedurchgangskoeffizient eines Bauteils mit keilförmigen Schichten ist nach DIN EN ISO 6946 zu ermitteln. Danach wird das jeweilige Bauteil in rechteckige und dreieckige Keile unterteilt, für die jeweils ein spezifischer Wärmedurchgangskoeffizient ermittelt wird. Anschließend wird die flächengewichtete Summe der einzelnen Wärmedurchgangskoeffizienten über das Bauteil gebildet.

(2) Der Wärmedurchgangskoeffizient eines Bauteils mit keilförmigen Schichten kann nicht über die mittlere Dämmschichtdicke ermittelt werden.

4.3 Korrekturwerte des Wärmedurchgangskoeffizienten

(1) Nach DIN 4108-2 und DIN EN ISO 6946 sind bei der Ermittlung des Wärmedurchgangskoeffizienten (U-Wert) infolge von mechanischen Befestigungsmitteln in Wärmedämmungen, Luftspalten in Wärmedämmungen und Umkehrdächern Korrekturwerte zu berücksichtigen.

(2) Bei mechanischen Befestigungsmitteln und Luftspalten in Wärmedämmungen werden die einzelnen Korrekturwerte nach Gleichung 6 auf den Wärmedurchgangskoeffizienten aufgeschlagen, wenn die Summe der Korrekturwerte ≥ 3% des Wärmedurchgangskoeffizienten beträgt.

$$U_c = U + \Delta U_f + \Delta U_g \qquad [6]$$

- U_c: korrigierter Wärmedurchgangskoeffizient
- U: Wärmedurchgangskoeffizient der Konstruktion
- ΔU_f: Korrekturwert für mechanische Befestigungsmittel in Wärmedämmungen nach Abschnitt 4.3.1
- ΔU_g: Korrekturwert für Luftspalten in Wärmedämmungen nach Abschnitt 4.3.2

Der korrigierte Wärmedurchgangskoeffizient für Umkehrdächer ist nach Gleichung 7 zu ermitteln.

$$U_c = U + \Delta U \qquad [7]$$

- U_c: korrigierter Wärmedurchgangskoeffizient
- U: Wärmedurchgangskoeffizient der Konstruktion
- ΔU: Zuschlagswert nach Tabelle 3

(3) Bei Metallunterkonstruktionen ist der U-Wert durch einen vom Systemhersteller anzugebenden Korrekturwert zu erhöhen.

4.3.1 Korrekturwerte für mechanische Befestigungsmittel

(1) Bei Befestigungsmitteln in Wärmedämmungen, die an beiden Enden mit Metallplatten verbunden sind, z. B. einer mechanisch befestigten Dachabdichtung mit Teller- oder Schienenbefestigung in einer Tragschale aus Trapezblech, ist eine Berechnung nach DIN EN ISO 10211[14] erforderlich. In diesen Fällen sind die punktbezogenen Wärmebrückenzuschläge vom Hersteller anzugeben.

(2) Der Korrekturwert ΔU_f wird nach Gleichung 8 ermittelt. Der Korrekturwert braucht nicht berücksichtigt zu werden, wenn die Wärmeleitfähigkeit (λ_f) des Befestigungsmittels oder ein Teil davon geringer als 1 W/(mK) ist. Stahl verfügt allgemein über ein $\lambda_f = 50$ W/(mK), legierter Stahl allgemein über ein $\lambda_f = 15$ W/(mK).

$$\Delta U_f = \alpha \cdot \frac{\lambda_f \cdot A_f \cdot n_f}{d_0} \cdot \left(\frac{R_1}{R_{T,h}}\right)^2 \qquad [8]$$

- $\alpha = 0{,}8$: wenn das Befestigungsmittel die Dämmschicht vollständig durchdringt.
- $\alpha = 0{,}8 \cdot d_1/d_0$: bei einem in eine Aussparung eingebauten Befestigungsmittel
- d_0 [m]: Dicke der Schicht, die das Befestigungsmittel enthält
- d_1 [m] als Länge des Befestigungsmittels in der Wärmedämmung
- λ_f [W/(mK)]: Bemessungswert der Wärmeleitfähigkeit des Befestigungsmittels
- n_f [1/m²]: Anzahl der Befestigungsmittel je m²
- A_f [m²]: Querschnittsfläche des Befestigungsmittels
- R_1 [m²K/W]: Wärmedurchlasswiderstand der Schicht, die von dem Befestigungsmittel durchdrungen wird
- $R_{T,h}$ [m²K/W]: Wärmedurchlasswiderstand des gesamten Bauteils ohne Berücksichtigung von Wärmebrücken

(3) Vereinfachend, auf der sicheren Seite liegend, darf in Gleichung 8

- der Quotient $\frac{R_1}{R_{T,h}} = 1$ angenommen werden;
- d_0 mit der Dicke der Dämmschicht angenommen werden, in der sich das Befestigungsmittel befindet.

---

[14] DIN EN ISO 10211 Wärmebrücken im Hochbau – Wärmeströme und Oberflächentemperaturen – Detaillierte Berechnungen

Daraus resultierend ergibt sich der Korrekturwert für mechanische Befestigungsmittel in Wärmedämmungen nach Gleichung 9.

$$U_f = 0{,}8 \cdot \frac{\lambda_f \cdot A_f \cdot n_f}{d_0} \qquad [9]$$

(4) Bei Flächen mit einer unterschiedlichen Anzahl der Befestigungsmittel pro m² ist ein Mittelwert $\Delta U_{f,m}$ anhand der einzelnen Teilflächen im Verhältnis zur Gesamtfläche zu ermitteln.

4.3.2 Korrekturwerte für Luftspalten in Wärmedämmungen

(1) Der Korrekturwert für Luftspalten in Wärmedämmungen muss berücksichtigt werden, wenn
- die Wärmedämmung einlagig ausgeführt und durch andere Materialien unterbrochen wird (z. B. Steildach, ausschließlich mit Zwischensparrendämmung) oder
- die einlagige Wärmedämmschicht aus stumpf gestoßenen Materialien mit Fugen von mehr als 5 mm ausgeführt wird oder
- bei Konstruktionen die Möglichkeit einer Luftzirkulation von der warmen zur kalten Seite der Dämmung infolge unzureichender Befestigung oder Abdichtung oben oder unten besteht (z. B. nicht ausreichende Befestigung der Wärmedämmung bei Außenwandbekleidungen).

(2) Der Korrekturwert für Luftspalten ergibt sich nach Gleichung 10.

$$\Delta U_g = \Delta U'' \cdot \left(\frac{R_1}{R_{T,h}}\right)^2 \qquad [10]$$

- $\Delta U''$: Korrekturfaktor nach Tabelle 2
- R_1: Wärmedurchlasswiderstand der Schicht, die Luftspalten und Hohlräume enthält
- $R_{T,h}$: Wärmedurchlasswiderstand des gesamten Bauteils ohne Berücksichtigung von Wärmebrücken

(3) Vereinfachend, auf der sicheren Seite liegend, darf in Gleichung 10 der Quotient $\frac{R_1}{R_{T,h}} = 1$ angenommen werden.

Tabelle 2: Korrekturfaktor ΔU" nach DIN EN ISO 6946

ΔU" [W/m²K]	Beschreibung der Luftspalte
0,01	Wärmedämmung einlagig ausgeführt und durch andere Materialien unterbrochen (z. B. Steildach, ausschließlich mit Zwischensparrendämmung) einlagige Wärmedämmschicht aus stumpf gestoßenen Materialien mit Fugen von mehr als 5 mm
0,04	Konstruktionen mit der Möglichkeit einer Luftzirkulation von der warmen zur kalten Seite der Dämmung infolge unzureichender Befestigung oder Abdichtung oben oder unten (z. B. nicht ausreichende Befestigung der Wärmedämmung bei Außenwandbekleidungen)

4.3.3 Wärmedämmung über der Abdichtung (Umkehrdach)

(1) Bei leichten Unterkonstruktionen mit einer flächenbezogenen Masse < 250 kg/m² muss der Wärmedurchlasswiderstand unterhalb der Abdichtung ≥ 0,15 m²K/W betragen.

(2) Der Zuschlagswert für Umkehrdächer bestimmt sich nach DIN 4108-2 in Abhängigkeit vom Anteil des Wärmedurchlasswiderstandes raumseitig der Abdichtung am Gesamtwärmedurchlasswiderstand (siehe Tabelle 3). Bei Wärmedämmstoffen mit einem bauaufsichtlichen Verwendbarkeitsnachweis (allgemeine bauaufsichtliche Zulassung, Europäische Technische Bewertung oder Bauartgenehmigung) für die Verwendung als Umkehrdachdämmung wird der Bemessungswert der Wärmleitfähigkeit durch den bauaufsichtlichen Verwendbarkeitsnachweis festgelegt.

Tabelle 3: Zuschlagswert ΔU nach DIN 4108-2

Anteil des Wärmedurchlasswiderstandes raumseitig der Abdichtung am Gesamtwärmedurchlasswiderstand [%]	Zuschlagswert, ΔU [$W/(m^2K)$]
unter 10	0,05
von 10 bis 50	0,03
über 50	0

(3) Die Dachentwässerung ist so zu planen und auszuführen, dass ein langfristiges Überstauen der Wärmedämmplatten ausgeschlossen ist. Ein kurzfristiges Überstauen (z. B. während intensiver Niederschläge) kann als unbedenklich angesehen werden.

4.4 Mindestwärmeschutz

(1) Die Anforderungen an den Mindestwärmeschutz sind in DIN 4108-2 enthalten. Sie sind unabhängig von weitergehenden Forderungen etwa des GEG einzuhalten. Der Mindestwärmeschutz hat die Aufgabe, dass sich an den Innenoberflächen der wärmeübertragenden Umfassungsfläche ausreichend hohe Temperaturen einstellen, sodass eine Schimmelpilzbildung verhindert wird. Voraussetzung dafür sind eine übliche Nutzung sowie eine ausreichende Beheizung und Belüftung.

(2) Tabelle 4 zeigt die mindestens erforderlichen Wärmedurchlasswiderstände (ohne Übergangswiderstände) für Bauteile mit einer flächenbezogenen Gesamtmasse ≥ 100 kg/m², die Räume mit einer Innentemperatur ≥ 19 °C gegenüber Räumen mit einer niedrigeren Innentemperatur oder der Außenumgebung abgrenzen. Bei Bauteilen mit Schichten nicht konstanter Dicke (z. B. Bauteile mit Gefälledämmungen) sind die Anforderungen nach Tabelle 4 an der Stelle mit dem niedrigsten Wärmedurchlasswiderstand einzuhalten.

(3) Für Außenwände, Decken unter nicht ausgebauten Dachräumen und Dächer mit einer flächenbezogenen Gesamtmasse < 100 kg/m² gelten erhöhte Anforderungen mit einem Mindestwert des Wärmedurchlasswiderstandes $R \geq 1{,}75$ m²K/W (ohne Übergangswiderstände). Bei Rahmen- und Skelettbauarten gelten sie nur für den Gefachbereich. In diesen Fällen ist für das gesamte Bauteil im Mittel $R = 1{,}0$ m²K/W einzuhalten.

Tabelle 4: Mindestwerte für Wärmedurchlasswiderstände R von Bauteilen nach DIN 4108-2

<table>
<tr><th>Zeile</th><th>Bauteile</th><th>R[b] [m²K/W]</th></tr>
<tr><td>1</td><td>Wände beheizter Räume gegen Außenluft, Erdreich, Tiefgaragen, nicht beheizte Räume (auch nicht beheizte Dachräume oder Kellerräume außerhalb der wärmeübertragenden Umfassungsfläche)</td><td>1,2[c]</td></tr>
<tr><td>2</td><td>Dachschrägen beheizter Räume gegen Außenluft</td><td>1,2</td></tr>
<tr><td>3</td><td colspan="2">Decken beheizter Räume nach oben und Flachdächer</td></tr>
<tr><td>3.1</td><td>gegen Außenluft</td><td>1,2</td></tr>
<tr><td>3.2</td><td>zu belüfteten Räumen zwischen Dachschrägen und Abseitenwänden bei ausgebauten Dachräumen</td><td>0,90</td></tr>
<tr><td>3.3</td><td>zu nicht beheizten Räumen, zu bekriechbaren oder niedrigen Räumen</td><td>0,90</td></tr>
<tr><td>3.4</td><td>zu Räumen zwischen gedämmten Dachschrägen und Abseitenwänden bei ausgebauten Dachräumen</td><td>0,35</td></tr>
<tr><td>4</td><td colspan="2">Decken beheizter Räume nach unten[a]</td></tr>
<tr><td>4.1</td><td>gegen Außenluft, gegen Tiefgarage, gegen Garagen (auch beheizte), Durchfahrten (auch verschließbare) und belüftete Kriechkeller</td><td>1,75</td></tr>
<tr><td>4.2</td><td>gegen nicht beheizten Kellerraum</td><td rowspan="3">0,90</td></tr>
<tr><td>4.3</td><td>Sohlplatten, unmittelbar an das Erdreich grenzend bis zu einer Raumtiefe von 5 m</td></tr>
<tr><td>4.4</td><td>über einen nicht belüfteten Hohlraum, z. B. Kriechkeller, an das Erdreich grenzend</td></tr>
<tr><td>5</td><td colspan="2">Bauteile an Treppenräumen</td></tr>
</table>

Zeile	Bauteile	R[b] [m²K/W]
5.1	Wände zwischen beheiztem Raum und direkt beheiztem Treppenraum. Wände zwischen beheiztem Raum und indirekt beheiztem Treppenraum, sofern die anderen Bauteile des Treppenraums die Anforderungen der Tabelle 4 erfüllen	0,07
5.2	Wände zwischen beheiztem Raum und indirekt beheiztem Treppenraum, wenn nicht alle anderen Bauteile des Treppenraums die Anforderungen dieser Tabelle erfüllen	0,25
5.3	Oberer und unterer Abschluss eines beheizten oder indirekt beheizten Treppenraums	wie Bauteile nach Zeilen 2 bis 4
6	Bauteile zwischen beheizten Räumen	
6.1	Wohnungs- und Gebäudetrennwände zwischen beheizten Räumen	0,07
6.2	Wohnungstrenndecken, Decken zwischen Räumen unterschiedlicher Nutzung	0,35

[a] Vermeidung von Fußkälte
[b] Bei erdberührten Bauteilen: konstruktiver Wärmedurchlasswiderstand durch Berechnung nach DIN EN ISO 6946
[c] Bei niedrig beheizten Räumen 0,55 m²K/W

4.5 Wärmebrücken

(1) Wärmebrücken ergeben sich durch die geometrische Ausbildung von Bauteilen (z. B. Gebäudeecken) oder konstruktive Maßnahmen (z. B. Verankerungen, Durchdringungen). Wärmebrücken weisen im Vergleich zum angrenzenden Bauteilbereich einen erhöhten Wärmestrom auf und können zu niedrigen Oberflächentemperaturen, erhöhten Luftfeuchten und Abzeichnungen (z. B. Schimmelpilzbildung, Algenbildung) an den Oberflächen führen. Wärmebrücken sind nicht immer vermeidbar, ihre Auswirkungen können gemindert werden. Eine schädliche Tauwasserbildung an der Bauteilinnenoberfläche muss jedoch verhindert werden.

(2) Der Mindestwärmeschutz nach DIN 4108-2 ist im Bereich von Wärmebrücken einzuhalten.

Diese Anforderungen gelten als eingehalten, wenn die jeweiligen Bauteile den Mindestwärmeschutz nach Abschnitt 4.4 einhalten und

- die Dämmschicht durchgängig oder
- das Detail nach DIN 4108, Beiblatt 2[15]

ausgeführt wird. Bei Abweichungen von den Regeldetails nach DIN 4108, Beiblatt 2 soll eine Wärmebrückenberechnung erfolgen.

(3) Vereinfachend können durch den Einsatz von mindestens 60 mm Wärmedämmung, im Anschlussbereich von Dachflächenfenstern mindestens 25 mm Wärmedämmung, mit $\lambda \leq 0{,}040$ W/(mK) die negativen Auswirkungen von Wärmebrücken reduziert werden. Die Dämmstoffdicke kann reduziert werden, wenn ein Wärmedämmstoff mit einem geringeren Bemessungswert der Wärmeleitfähigkeit verwendet wird. Die benötigte Dämmstoffdicke kann über das Verhältnis der Wärmeleitfähigkeiten bestimmt werden.

(4) Bei Einbauteilen, die in Dämmschichten eingelassen werden, gilt dies entsprechend. Bei Abläufen/Gullys und in den Innenraum führenden Entwässerungselementen sollten umfassende oder unterhalb angeordnete Wärmedämmelemente verwendet werden.

(5) Bei auskragenden, nicht thermisch getrennten Bauteilen, z. B. Balkonplatten, können diese vereinfachend ober-, unter- und stirnseitig mit einer mindestens 60 mm dicken Wärmedämmung mit einer Wärmeleitfähigkeit von 0,040 W/(mK) gedämmt werden. Die Dämmstoffdicke kann entsprechend reduziert werden, wenn ein Wärmedämmstoff mit einem geringeren Bemessungswert der Wärmeleitfähigkeit verwendet wird.

(6) Abbildung 5 zeigt schematisch die Ausbildung von Wärmebrücken.

(7) Für übliche Verbindungsmittel, z. B. Nägel, Schrauben, Drahtanker, sowie bei Anschluss von Fenstern an angrenzende Bauteile und für Mörtelfugen in Mauerwerk nach DIN 1053-1[16] braucht für den Mindestwärmeschutz keine Berechnung der Wärmebrückenwirkung durchgeführt zu werden (vgl. DIN 4108 Beiblatt 2).

[15] DIN 4108, Beiblatt 2 Wärmeschutz und Energie-Einsparung in Gebäuden; Beiblatt 2: Wärmebrücken – Planungs- und Ausführungsbeispiele, mit CD-ROM
[16] DIN 1053-1 Mauerwerk – Teil 1: Berechnung und Ausführung

Abb. 5: Schematische Darstellung der Wärmedämmung im Bereich von Wärmebrücken

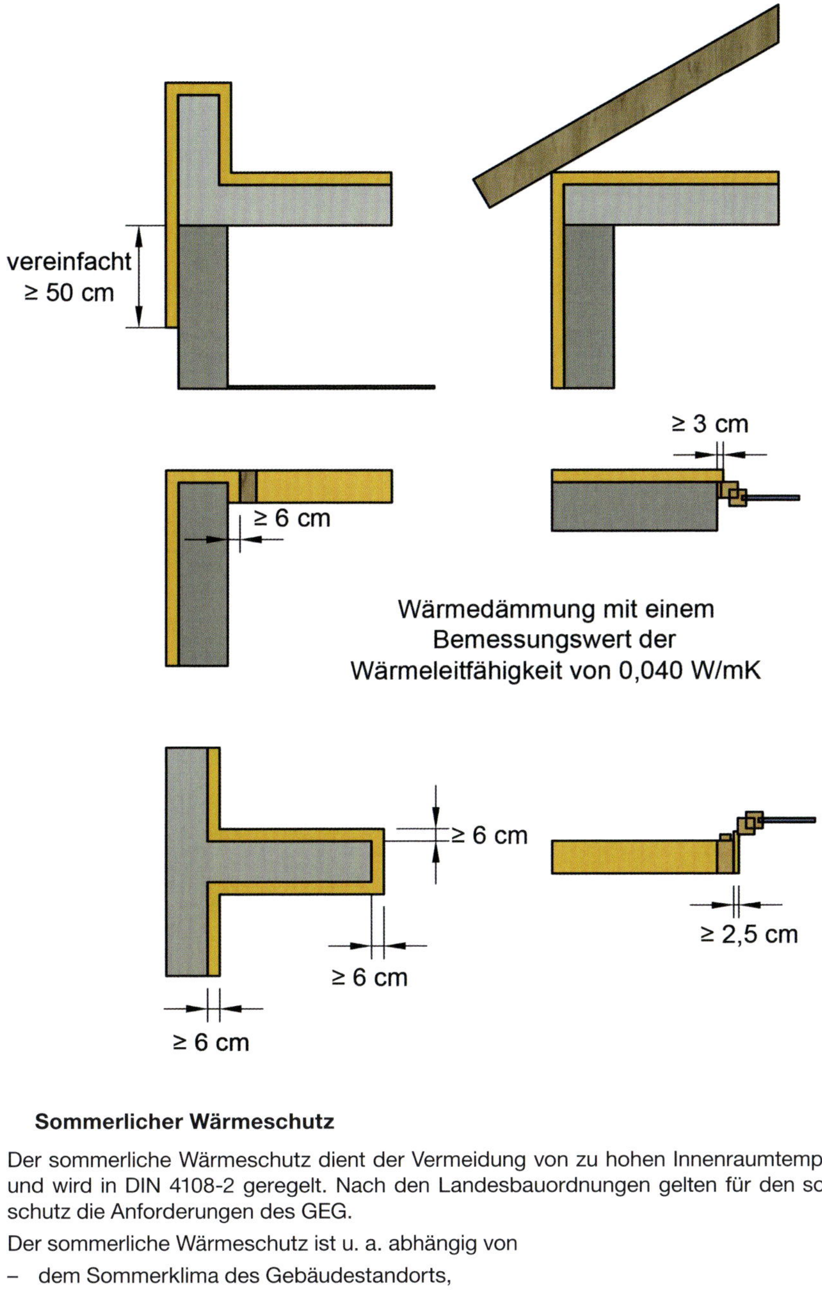

4.6 Sommerlicher Wärmeschutz

(1) Der sommerliche Wärmeschutz dient der Vermeidung von zu hohen Innenraumtemperaturen im Sommer und wird in DIN 4108-2 geregelt. Nach den Landesbauordnungen gelten für den sommerlichen Wärmeschutz die Anforderungen des GEG.

(2) Der sommerliche Wärmeschutz ist u. a. abhängig von

- dem Sommerklima des Gebäudestandorts,
- der Orientierung, der Neigung, dem Sonnenschutz und dem Energiedurchlassgrad der Fensterflächen,
- dem Fensterflächenanteil bezogen auf die Grundfläche des betrachteten Raums,
- der Nutzung des betrachteten Raums,
- der Bauart des Gebäudes,
- der Nachtlüftung.

(3) Bei der Berechnung des Fensterflächenanteils ist die Summe aller Fensterflächen (Rohbaumaß bzw. Blendrahmenaußenmaß bei Dachflächenfenstern A_W nach Abb. 6) durch die Nettogrundrissfläche des jeweiligen zu betrachteten Aufenthaltsraums zu dividieren.

Abb. 6: Ermittlung der Fensterfläche A_W

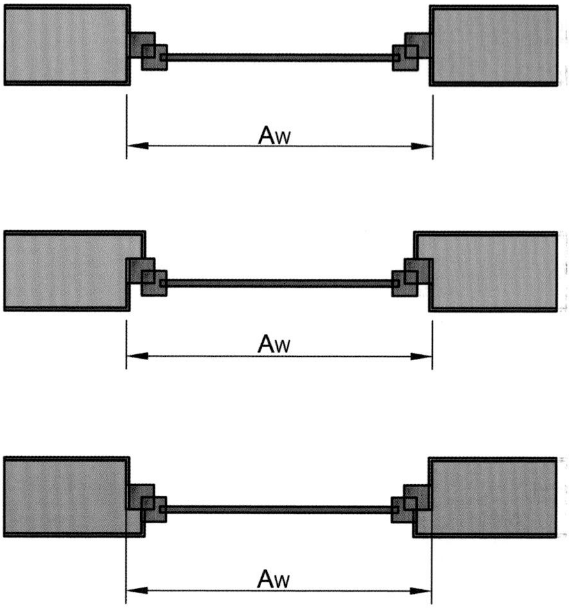

(4) Bei Wohngebäuden sowie bei Gebäudeteilen zur Wohnnutzung, bei denen der grundflächenbezogene Fensterflächenanteil der betrachteten Räume 35 % nicht überschreitet, kann auf eine Berechnung des sommerlichen Wärmeschutzes verzichtet werden, wenn die Fenster mit außenliegenden Rollläden ausgestattet sind. In abweichenden Fällen (z. B. innenliegender Sonnenschutz oder Markisen) ist eine Berechnung nach DIN 4108-2 erforderlich.

5 Feuchteschutz – Vermeidung von kritischen Luftfeuchten und Schimmelpilzbildung an Bauteilinnenoberflächen

(1) Niedrige Temperaturen an Bauteilinnenoberflächen führen zu erhöhten relativen Luftfeuchten. Treten diese über einen längeren Zeitraum auf, können sich auch ohne Tauwasserausfall Schimmelpilze an der Oberfläche bilden oder metallische Werkstoffe korrodieren. Anforderungen an den Wärmeschutz und Planungs- und Nutzungshinweise zur Vermeidung von Schimmelpilzbildung an Bauteilinnenoberflächen sind in DIN 4108-2, DIN 4108-3 und DIN Fachbericht 4108-8 enthalten.

(2) Im Bereich der Bauteilfläche kann eine Schimmelpilzbildung an der Bauteilinnenoberfläche bei gleichmäßiger Beheizung und ausreichender Belüftung der Räume sowie einer weitgehend ungehinderten Luftzirkulation an den Innenoberflächen verhindert werden, wenn der Mindestwärmeschutz nach Abschnitt 4.5 eingehalten wird.

(3) Durch erhöhte Wärmeströme an Kanten und Ecken sinkt die Temperatur in diesen Bereichen im Vergleich zu den Bauteilflächen stark ab. Ursache für den erhöhten Wärmestrom in diesen Bereichen ist das Verhältnis der Innenoberfläche zur Außenoberfläche. Im Normalfall kann eine Schimmelpilzbildung an der Bauteilinnenoberfläche vermieden werden, wenn

- Bauteile, die Kanten und Ecken bilden, den Mindestwärmeschutz nach Abschnitt 4.4 erfüllen und die Dämmebene durchgängig geführt wird oder
- Kanten und Ecken nach Abschnitt 4.5 bzw. DIN 4108, Beiblatt 2 ausgeführt werden.

Alternativ ist eine Berechnung nach DIN 4108-2 möglich.

6 Feuchteschutz – allgemeine Regeln zur Vermeidung schädlicher Tauwasserbildung im Inneren von Bauteilen

(1) Die Beurteilung, dass infolge von Wasserdampfdiffusion kein schädliches Tauwasser im Inneren von Bauteilen auftritt, erfolgt nach DIN 4108-3. Voraussetzung dafür ist die Planung und Ausführung einer luftdichten Ebene nach Kapitel 3. Wenn keine luftdichte Schicht vorhanden ist, tritt zusätzlich zur Wasserdampfdiffusion eine nicht berechenbare Tauwassermenge infolge von Wasserdampfkonvektion auf.

(2) Tauwasserbildung im Inneren von Bauteilen darf zu keiner Erhöhung der Stofffeuchten von Bau- und Wärmedämmstoffen führen, in deren Folge Materialschädigungen (z. B. durch Pilzbefall) auftreten oder die Funktionen bzw. Eigenschaften des Bauteils (z. B. Standsicherheit, Wärmeschutz) beeinträchtigt werden.

(3) Der Tauwasserschutz kann nach DIN 4108-3 durch

- nachweisfreie Bauteile (siehe Kapitel 7 bis 9) oder
- Berechnung der Tauwasser- und Verdunstungsmassen mit dem Perioden-Bilanzverfahren (Glaser-Verfahren) oder
- hygrothermische Simulation

sichergestellt werden.

Für Bauteile von

- klimatisierten (ausgenommen sind Bauteile von Wohn- oder wohnähnlich genutzten Gebäuden, die weder befeuchtet noch unter 20 °C gekühlt werden) oder
- unbeheizten oder
- gekühlten oder
- mit hoher Feuchtelast (z. B. Schwimmbäder) beaufschlagten

Räumen ist immer eine hygrothermische Simulation erforderlich.

Das Perioden-Bilanzverfahren (Glaser-Verfahren) ist nach DIN 4108-3 für folgende Konstruktionen nicht anwendbar:

- bei Gebäuden, die in einer Höhe von über 700 m NN liegen
- erdberührte Bauteile
- Bauteile zu unbeheizten Nebenräumen sowie Kellern
- begrünten und bekiesten Dachkonstruktionen sowie solchen mit Plattenbelägen und Holzrosten
- Innendämmung mit $R > 1{,}0\ m^2K/W$ auf einschaligen Außenwänden mit ausgeprägten sorptiven und kapillaren Eigenschaften
- zur Berechnung des natürlichen Austrocknungsverhaltens, z. B. im Fall der Abgabe von Rohbaufeuchte oder der Aufnahme von Niederschlagswasser,
- gedämmte, nicht belüftete Holzdachkonstruktionen mit Metalldachdeckung oder mit Abdichtung auf Schalung oder Beplankung ohne Hinterlüftung der Abdichtungs-/Deckunterlage,
- nachweisfreie Bauteile nach Kapitel 7 bis 9.

(4) Bei Bauteilen, die im Bereich der Bauteilaußenseite Schichten mit einem sd-Wert > 2,0 m aufweisen, ist die Austrocknung von Tauwasser, Baufeuchte und ggf. später eingedrungener Feuchte stark begrenzt (siehe Abb. 7 und Abb. 8).

Abb. 7: Nicht belüftetes Dach mit regensichernder Zusatzmaßnahme auf Holzwerkstoffplatte und Dachdeckung oder Abdichtung

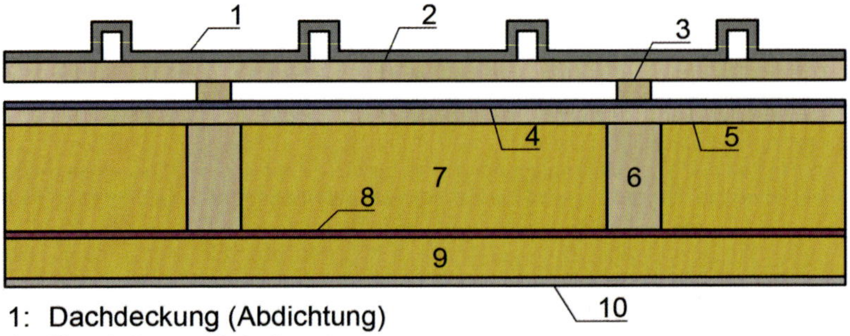

1: Dachdeckung (Abdichtung)
2: Traglattung (Schalung)
3: Konterlattenebene als belüftete Luftschicht
4: Unterdeckbahn
5: Holzwerkstoffplatte mit **s_d ≥ 2,0 m**
6: Sparren
7: Gefachdämmung
8: Luftdichtheitsschicht
9: Installationsebene
10: innenseitige Bekleidung

Abb. 8: Flachdach in Holzbauweise ohne Hinterlüftung der Abdichtungsunterlage

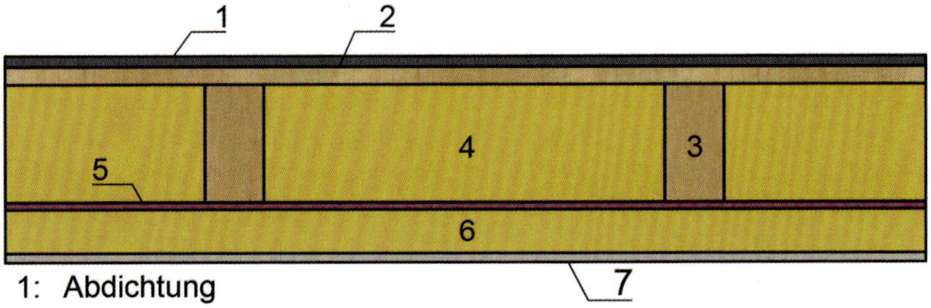

1: Abdichtung
2: Schalung
3: Sparren
4: Gefachdämmung
5: Luftdichtheitsschicht
6: Installationsebene
7: innenseitige Bekleidung

Daher ist es empfehlenswert, Bau- und Wärmedämmstoffe, die nicht dauerhaft gegenüber langfristiger Feuchteeinwirkung sind (z. B. Holz, OSB, Spanplatten, organische Dämmungen), innen- und außenseitig nicht mit Schichten mit einem sd-Wert > 2,0 m abzudecken. Alternativ können die Materialfeuchten mittels hygrothermischer Simulation nach DIN 4108-3 berechnet und beurteilt werden.

Als besonders schadensträchtig haben sich

- Flachdächer in Holzbauweise mit Wärmedämmung zwischen den Sparren/Balken und ohne Hinterlüftung der Abdichtungsunterlage oder ohne Aufsparrendämmung,

- Dächer mit Metalldeckungen mit Wärmedämmungen zwischen den Sparren/Balken und ohne Hinterlüftung der Deckunterlagen oder ohne Aufsparrendämmung

erwiesen.

(5) Dampfsperren/-bremsen, die gleichzeitig die Funktion einer Luftdichtheitsschicht übernehmen, sind wie Luftdichtheitsschichten nach Kapitel 3 zu planen und auszuführen. Werden Dampfsperren/-bremsen als Luftdichtheitsschichten verwendet, müssen diese an Nähten, Stößen, Durchdringungen und Anschlüssen verklebt bzw. luftdicht angeschlossen werden. Nähte und Stöße bleiben bei korrekter werkstoffabhängiger Nahtfügetechnik bei der Bewertung des s_d-Werts unberücksichtigt.

(6) Als Dampfsperre/-bremsen können sowohl Bahnen als auch andere Bau- und Dämmstoffe mit entsprechendem Diffusionswiderstand (z. B. Schaumglas, OSB-Platten) verwendet werden. Dabei ist die dauerhafte Verbindung dieser Bau- und Dämmstoffe untereinander sowie an Anschlüssen und Durchdringungen sicherzustellen (z. B. Einschwemmen und Vergießen der Fugen und Hohlräume von Schaumglasplatten auf einer Stahlbetondecke mit Heißbitumen in der Fläche sowie mit Bahnen an Anschlüssen und Durchdringungen).

(7) Bei Luftschichten auf der kalten Seite ohne Verbindung zur Außenumgebung oder Luftschichten mit Öffnungen, die nicht die Anforderungen nach (9) und (10) einhalten, kann ein zusätzlicher Tauwasserausfall auftreten. Infolgedessen kann es zur Überschreitung der zulässigen Feuchtigkeitsmengen kommen. Wärmedämmungen zwischen den Sparren sollen zusammen mit den Sparren, den darunter- und den darüberliegenden Schichten, mit Ausnahme eventuell geplanter Luftschichten, auf der kalten Seite hohlraumfrei sein.

(8) Bauteile, die in die Dämmebene der Dachkonstruktion einbinden, können durch Baufeuchte zu einer Feuchteerhöhung der Dachkonstruktion führen, z. B. Wände im Dachgeschoss. Dies kann durch den Einbau von Dampfsperren/-bremsen im Bereich dieser Bauteile verhindert werden, die den Kapillarstrom unterbrechen.

(9) Belüftete Luftschichten von Dächern und belüftete Dachdeckungen müssen bei Dachneigungen ≥ 5° (ca. 9 %) mindestens folgende Eigenschaften aufweisen:

- Die Höhe des freien Lüftungsquerschnitts innerhalb des Dachbereichs muss mindestens 2 cm betragen und muss sich über die ganze Fläche erstrecken (siehe Abb. 9). Eine punktuelle Unterschreitung ist möglich, der Lüftungsquerschnitt darf jedoch an keiner Stelle weniger als 5 mm betragen.
- Der freie Lüftungsquerschnitt an den Traufen bzw. an Traufe und Pultdachabschluss muss mindestens 2 ‰ der zugehörigen geneigten Dachfläche (siehe Abb. 10), mindestens jedoch 200 cm²/m betragen.
- An First und Grat sind Mindestlüftungsquerschnitte von 0,5 ‰ der zugehörigen geneigten Dachflächen (siehe Abb. 10) erforderlich, mindestens jedoch 50 cm²/m.

Der Einbau von zusätzlichen Lüftern kann erforderlich sein.

Tabelle 5 zeigt die Anforderungen und Empfehlungen an die Lüftungsquerschnitte zusammengefasst für die praktische Anwendung.

Abb. 9: Höhe des freien Lüftungsquerschnitts von belüfteten Dachdeckungen und belüfteten Luftschichten bei Dachneigungen ≥ 5° (ca. 9 %)

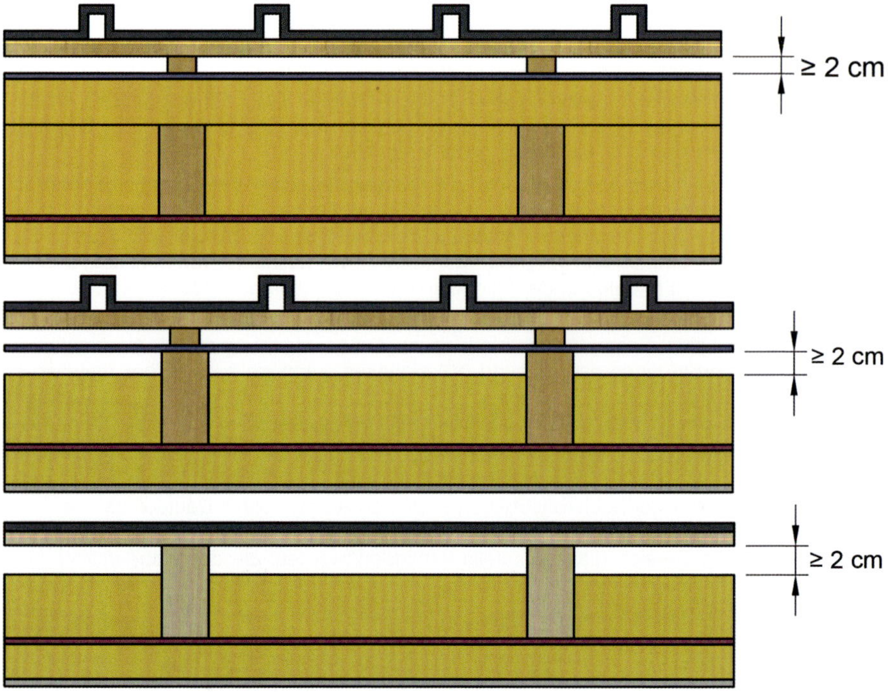

Abb. 10: Zugehörige Dachfläche je Meter Grat, Traufe und First

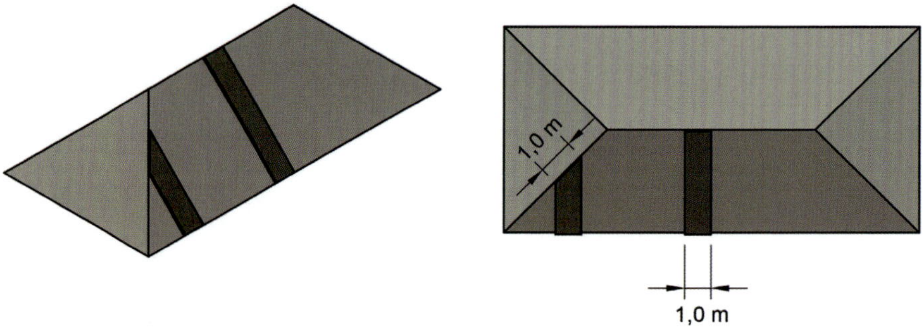

Tabelle 5: Anforderungen an und Empfehlungen für belüftete Dächer und belüftete Luftschichten bei Dachneigungen ≥ 5° (ca. 9 %)

Sparren-/Luftraumlänge in m	Mindestlüftungsquerschnitte			
	Traufe und Pultabschluss: ≥ 2 ‰ bzw. mindestens 200 cm^2/m		First und Grat: ≥ 0,5 ‰ bzw. mindestens 50 cm^2/m	Dachfläche [cm^2/m]: ≥ 2 cm freie Höhe[c]
	Mindestfläche [cm^2/m]	empfohlene Spalthöhe [cm][a]	Mindestfläche [cm^2/m][b]	
≤ 5	200	3	50	200
≤ 6			60	
≤ 7,5			70	
≤ 8		4	80	
≤ 9			90	
≤ 10			100	
≤ 11	220	6	110	
≤ 12	240		120	
≤ 13	260		130	
≤ 14	280		140	
≤ 15	300		150	
usw.				

[a] An Traufen sollten Lüftungsgitter angeordnet werden.
[b] Angabe bezieht sich auf die Gesamtfläche bei symmetrischen Dächern. Bei unsymmetrischen Dächern kann der Mindestlüftungsquerschnitt aus 0,5 ‰ der vorhandenen Dachfläche ermittelt werden.
[c] Eine punktuelle Unterschreitung ist möglich, der Lüftungsquerschnitt darf jedoch an keiner Stelle weniger als 5 mm betragen.

(10) Belüftete Luftschichten von Dächern müssen bei Dachneigungen < 5° (ca. 9 %) und Sparren-/Luftraumlängen (Entfernung von Zu- und Abluftöffnung) ≤ 10 m mindestens folgende Eigenschaften aufweisen:

- Die Höhe des freien Lüftungsquerschnitts innerhalb des Dachbereichs über der Wärmedämmschicht muss mindestens 2 ‰ der zugehörigen geneigten Dachfläche betragen, mindestens jedoch 5 cm (siehe Abb. 11). Die Belüftung dieser flach geneigten Luftschichten ist nur möglich, wenn die Luftschicht durchgehend ist und die Mindestdicke eingehalten wird. Daher ist es erforderlich, die Materialtoleranzen der Wärmedämmung zu berücksichtigen, d. h., bei Mineralwolle-Zwischensparrendämmungen sollte wegen der zulässigen Materialtoleranzen die Luftschichtdicke mit mindestens 7 cm geplant werden.
- Die Mindestlüftungsquerschnitte an mindestens zwei gegenüberliegenden Dachrändern müssen mindestens 2 ‰ der zugehörigen geneigten Dachfläche betragen, mindestens jedoch 200 cm^2/m. Die Lüftungsöffnungen müssen frei anströmbar sein.

Bei Sparren-/Luftraumlängen (Entfernung von Zu- und Abluftöffnung) > 10 m können besondere Maßnahmen (z. B. Einbau von Lüftern) zur Aufrechterhaltung der Belüftungsfunktion erforderlich sein.

Abb. 11: Höhe des freien Lüftungsquerschnitts von belüfteten Luftschichten bei Dachneigungen < 5° (ca. 9 %)

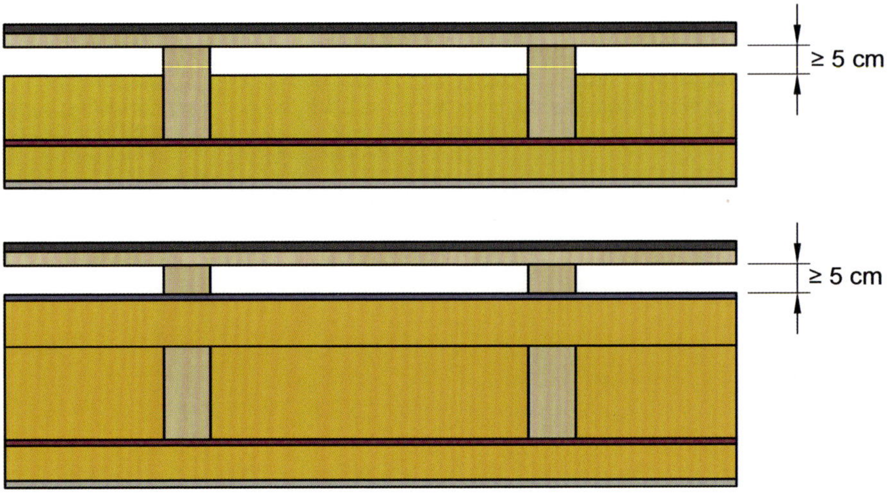

(11) Bei Dächern mit Innengefälle oder in enger Bebauung ist es empfehlenswert, diese als unbelüftete Konstruktionen und/oder ohne zusätzliche belüftete Luftschichten zu planen und auszuführen.

(12) Bei Kehlen von belüfteten Dächern mit nicht belüfteter Dachdeckung oder Abdichtung sind Lüftungsöffnungen im Allgemeinen nicht möglich. Solche Dachkonstruktionen sind daher zweckmäßiger als nicht belüftete Dächer mit belüfteter Luftschicht (Konterlattenebene) auszuführen.

(13) Die Be- und Entlüftung muss an Durchdringungen (z. B. Lichtkuppeln, Dachaufbauten, Dachflächenfenstern) und stark gegliederten Dachflächen mit daraus resultierenden häufigen Unterbrechungen der Belüftungsebenen gewährleistet sein. Andernfalls sind Konstruktionen ohne belüftete Luftschicht zu planen und auszuführen.

(14) Die Funktion von Lüftungsöffnungen kann durch Schnee unterbunden bzw. beeinträchtigt werden.

(15) Luftschichten zur Hinterlüftung oder Belüftung von Außenwandbekleidungen müssen eine Dicke von mindestens 2 cm aufweisen und dürfen an einzelnen Stellen auf 5 mm reduziert werden. Öffnungen sind bei

- hinterlüfteten Außenwandbekleidungen am oberen und unteren Abschluss der Luftschicht mit einer Fläche von mindestens 50 cm^2 je Meter Wandlänge,
- belüfteten Außenwandbekleidungen am unteren Abschluss der Luftschicht mit einer Fläche von mindestens 100 cm^2 je Meter Wandlänge

erforderlich.

Kleinere, aus konstruktiven Gründen nicht hinterlüftete oder nicht belüftete Flächen, z. B. Fensterbrüstungen und Fensterstürze, sind jedoch zulässig.

(16) Bei luftdurchlässigen Außenwandbekleidungen ist eine durchgehende Luftschicht raumseitig der Deckunterlage nicht erforderlich, wenn durch die linienförmige Deckunterlage (z. B. Traglatte oder Metallprofil) ein Hohlraum mit einer Dicke von mindestens 2 cm vorhanden ist.

7 Feuchteschutz – Konstruktionsprinzipien für nachweisfreie Dächer

7.1 Allgemeines

(1) Bei den folgenden Bauteilen kann nach DIN 4108-3 auf eine Berechnung des Tauwasserschutzes verzichtet werden. Diese Bauteile erfüllen die Anforderungen nach DIN 68800-2 an den Holzschutz.

Das nachfolgende Schaubild dient der Orientierung und zeigt, welche Konstruktionen in welchem Abschnitt dargestellt sind.

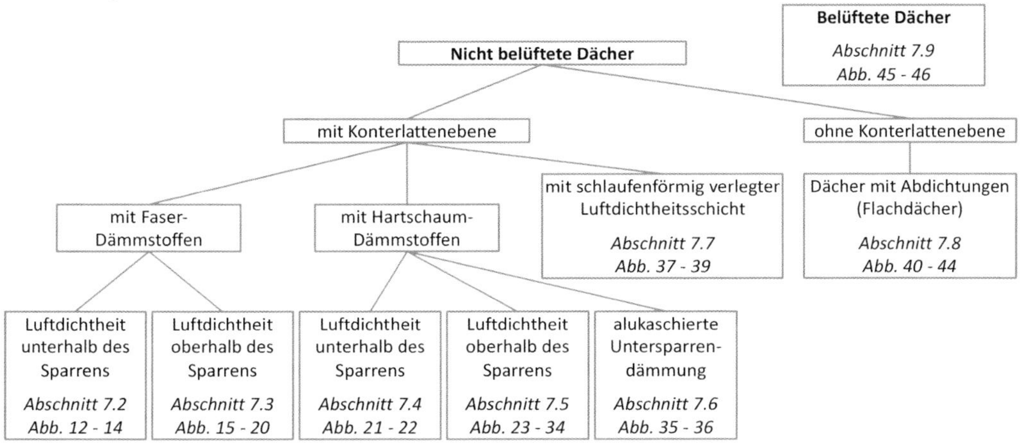

DIN 4108-3 enthält weitere nachweisfreie Konstruktionen.

(2) DIN 68800-2 bietet in Abschnitt 6.1 drei gleichwertige Möglichkeiten für die Einstufung der Holzbauteile in die Gebrauchsklasse GK 0 an. Dies sind

- rechnerische und sonstige Nachweise zur Sicherstellung eines ausreichenden Holzschutzes entsprechend der Gefährdung und Gebrauchssituation oder
- Nutzung der Konstruktionsprinzipien aus den Abschnitten 7, 8, 9 der DIN 68800-2, erforderlichenfalls mit zusätzlicher Berechnung des Tauwasserschutzes oder
- Anwendung der in Anhang A der DIN 68800-2 dargestellten Konstruktionen.

Nach Anhang A der DIN 68800-2 wird die Gebrauchsklasse GK 0 bei nicht belüfteten Dächern mit Dachabdichtung und Konterlattenebene (Luftraumlänge) bei einer Dachneigung von 3° (ca. 5%) $\leq \alpha <$ 5° (ca. 9%) erreicht, wenn die Anforderungen an die Höhe des Luftraums nach Tabelle 6 eingehalten werden.

Der Anhang A der DIN 68800-2 ist nicht zwingend anzuwenden.

Tabelle 6: Anforderungen an die Höhe des Luftraums für Dachneigungen 3° $\leq \alpha <$ 5° nach DIN 68800-2 Anhang A

Luftraumlänge (l)	Höhe des Luftraums
10 m < l ≤ 11m	≥ 5 cm
11 m < l ≤ 12m	≥ 7 cm
12 m < l ≤ 13m	≥ 9 cm
13 m < l ≤ 14m	≥ 11 cm
14 m < l ≤ 15m	≥ 13 cm
15 m < l ≤ 16m	≥ 15 cm

7.2 Nachweisfreie nicht belüftete Dächer mit Konterlattenebene und Faserdämmstoffen – Luftdichtheitsschicht unterhalb des Sparrens – Abbildungen 12 bis 14

Abb. 12: Nachweisfreie Dächer mit Gefachdämmung – Luftdichtheitsschicht unterhalb des Sparrens (auch für helle Dachoberflächen)

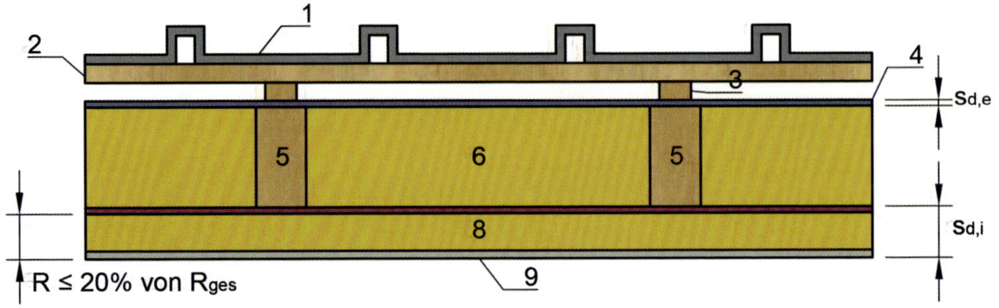

1: Dachdeckung (Abdichtung)
  - auch helle Dachoberflächen -
2: Traglattung (Schalung)
3: Konterlattenebene als belüftete Luftschicht
4: Unterdeckbahn
5: Sparren
6: Gefachdämmung
7: Luftdichtheitsschicht
8: Installationsebene mit oder ohne Dämmung
9: innenseitige Bekleidung

$s_{d,e}$ in m	$s_{d,i}$ in m
≤ 0,1	≥ 1,0
0,1 < $s_{d,e}$ ≤ 0,3	≥ 2,0
0,3 < $s_{d,e}$ ≤ 2,0	≥ 6 x $s_{d,e}$

Abb. 13: Nachweisfreie Dächer mit Gefachdämmung und Holzschalung – Luftdichtheitsschicht unterhalb des Sparrens (auch für helle Dachoberflächen)

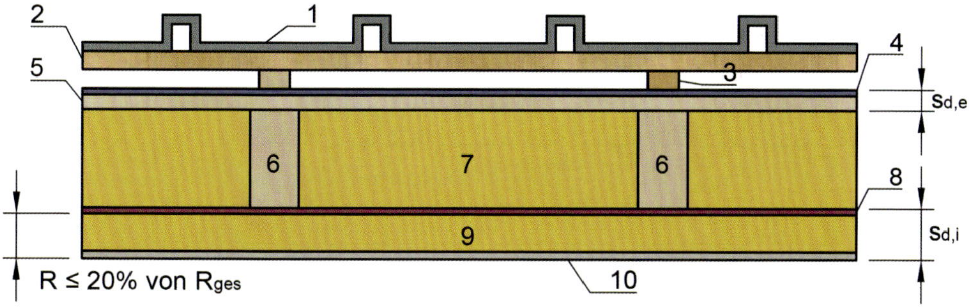

1: Dachdeckung (Abdichtung)
   - auch helle Dachoberflächen -
2: Traglattung (Schalung)
3: Konterlattenebene als belüftete Luftschicht
4: Unterdeckbahn
5: Schalung
6: Sparren
7: Gefachdämmung
8: Luftdichtheitsschicht
9: Installationsebene mit oder ohne Dämmung
10: innenseitige Bekleidung

$s_{d,e}$ in m	$s_{d,i}$ in m
≤ 0,1	≥ 1,0
0,1 < $s_{d,e}$ ≤ 0,3	≥ 2,0
0,3 < $s_{d,e}$ ≤ 2,0	≥ 6 x $s_{d,e}$

nachweisfrei
nach ZVDH + DIN 4108-3

Abb. 14: Nachweisfreie Dächer mit Gefachdämmung und Aufsparrendämmung aus Faserdämmstoffen – Luftdichtheitsschicht unterhalb des Sparrens (auch für helle Dachoberflächen)

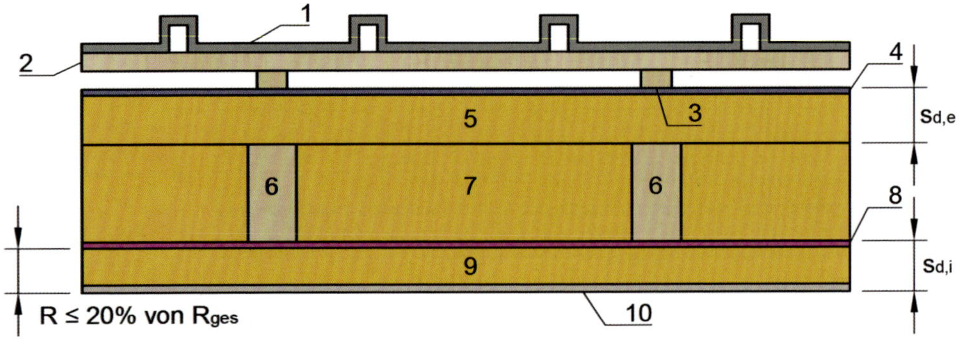

1: Dachdeckung (Abdichtung)
   - auch helle Dachoberflächen -
2: Traglattung (Schalung)
3: Konterlattenebene als belüftete Luftschicht
4: Unterdeckbahn
5: Holzfaser- oder Mineralwolle-Aufsparrendämmung
6: Sparren
7: Gefachdämmung
8: Luftdichtheitsschicht
9: Installationsebene mit oder ohne Dämmung
10: innenseitige Bekleidung

$s_{d,e}$ in m	$s_{d,i}$ in m
≤ 0,1	≥ 1,0
0,1 < $s_{d,e}$ ≤ 0,3	≥ 2,0
0,3 < $s_{d,e}$ ≤ 2,0	≥ 6 x $s_{d,e}$

nachweisfrei
nach ZVDH + DIN 4108-3

7.3 Nachweisfreie nicht belüftete Dächer mit Konterlattenebene und Faserdämmstoffen – Luftdichtheitsschicht oberhalb des Sparrens – Abbildungen 15 bis 20

Abb. 15: Nachweisfreie Dächer mit Aufsparrendämmung aus Faserdämmstoffen mit raumseitiger Bekleidung – Luftdichtheitsschicht oberhalb des Sparrens (auch für helle Dachoberflächen)

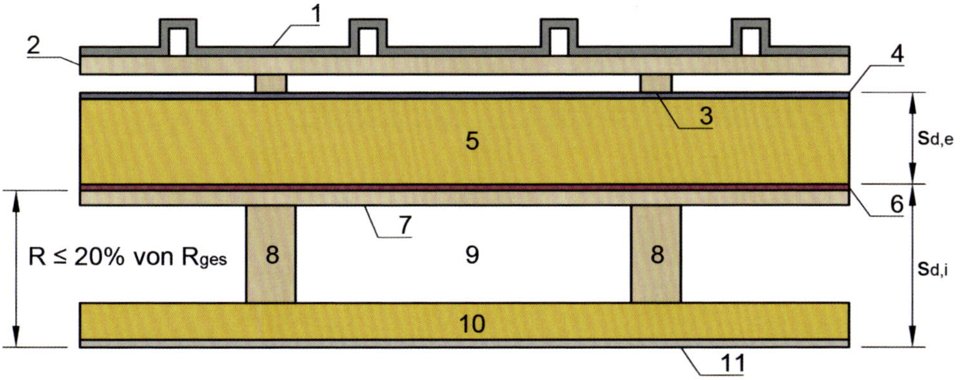

1: Dachdeckung (Abdichtung)
   - auch helle Dachoberflächen -
2: Traglattung (Schalung)
3: Konterlattenebene als belüftete Luftschicht
4: Unterdeckbahn
5: Holzfaser- oder Mineralwolle-Aufsparrendämmung
6: Luftdichtheitsschicht
7: ggf. Schalung
8: Sparren
9: ruhende Luftschicht
10: Installationsebene mit oder ohne Dämmung
11: innenseitige Bekleidung

$s_{d,e}$ in m	$s_{d,i}$ in m
≤ 0,1	≥ 1,0
0,1 < $s_{d,e}$ ≤ 0,3	≥ 2,0
0,3 < $s_{d,e}$ ≤ 2,0	≥ 6 x $s_{d,e}$

Abb. 16: Nachweisfreie Dächer mit Aufsparrendämmung aus Faserdämmstoffen mit sichtbaren Sparren – Luftdichtheitsschicht oberhalb des Sparrens (auch für helle Dachoberflächen)

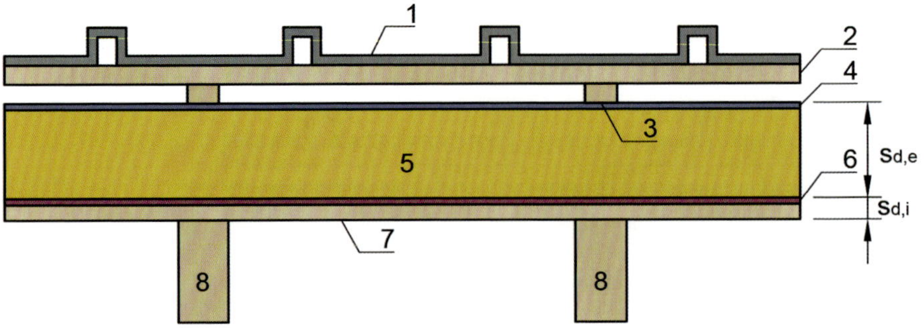

1: Dachdeckung (Abdichtung)
- auch helle Dachoberflächen -
2: Traglattung (Schalung)
3: Konterlattenebene als belüftete Luftschicht
4: Unterdeckbahn
5: Holzfaser- oder Mineralwolle-Aufsparrendämmung
6: Luftdichtheitsschicht
7: Schalung und innenseitige Bekleidung
8: Sparren

$s_{d,e}$ in m	$s_{d,i}$ in m
≤ 0,1	≥ 1,0
0,1 < $s_{d,e}$ ≤ 0,3	≥ 2,0
0,3 < $s_{d,e}$ ≤ 2,0	≥ 6 x $s_{d,e}$

Abb. 17: Nachweisfreie Dächer mit Gefachdämmung und Aufsparrendämmung aus Faserdämmstoffen – Luftdichtheitsschicht oberhalb des Sparrens

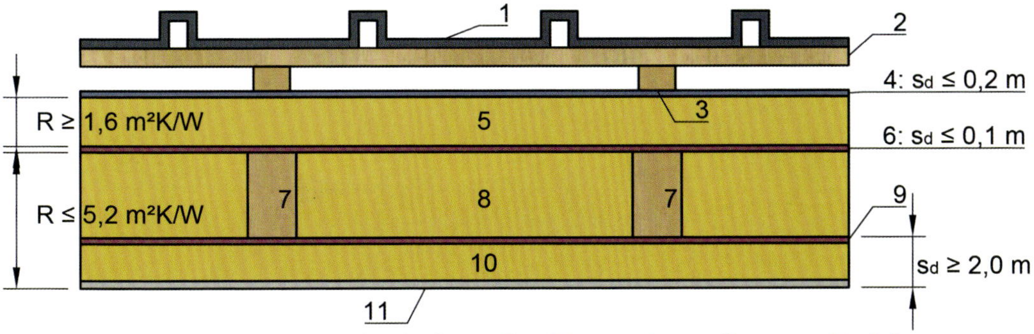

1: Dachdeckung (Abdichtung) mit einem **Strahlungsabsorptionsgrad ≥ 0,6**
2: Traglattung (Schalung)
3: Konterlattenebene als belüftete Luftschicht
4: ggf. Unterdeckbahn mit $s_d \leq 0{,}2$ m
5: Aufsparrendämmung mit R ≥ 1,6 m²K/W aus
 - Holzfasern (≥ 8 cm bei λ = 0,045 W/mK)
 - Mineralwolle (≥ 6 cm bei λ = 0,036 W/mK)
6: Luftdichtheitsschicht mit $s_d \leq 0{,}1$ m
7: Sparren
8: Gefachdämmung - Vollsparrendämmung in Verbindung mit den Schichten 9 bis 11 mit R ≤ 5,2 m²K/W, z.B. aus
 - Holzfasern (≤ 20 cm bei λ = 0,038 W/mK)
 - Mineralwolle (≤ 18 cm bei λ = 0,035 W/mK)
9: vorhandene Dampfsperre/-bremse
10: Installationsebene mit oder ohne Dämmung
11: innenseitige Bekleidung

nachweisfrei nach ZVDH + DIN 4108-3

Beispiele für Materialien mit Strahlungsabsorptionsgraden ≥ 0,6

- Materialien mit schwarzen Oberflächen
- Materialien mit mittelgrauen, roten oder dunkleren Oberflächen
- oxidierte Kupfer- und Zinkbleche

Beispiele für Materialien mit Strahlungsabsorptionsgraden < 0,6

- Materialien mit weißen oder hellen Oberflächen
- nicht oxidierte Kupfer- und Zinkbleche
- unbeschichtete Bleche

Abb. 18: Nachweisfreie Dächer mit Gefachdämmung, ruhender Luftschicht und Aufsparrendämmung aus Faserdämmstoffen – Luftdichtheitsschicht oberhalb des Sparrens

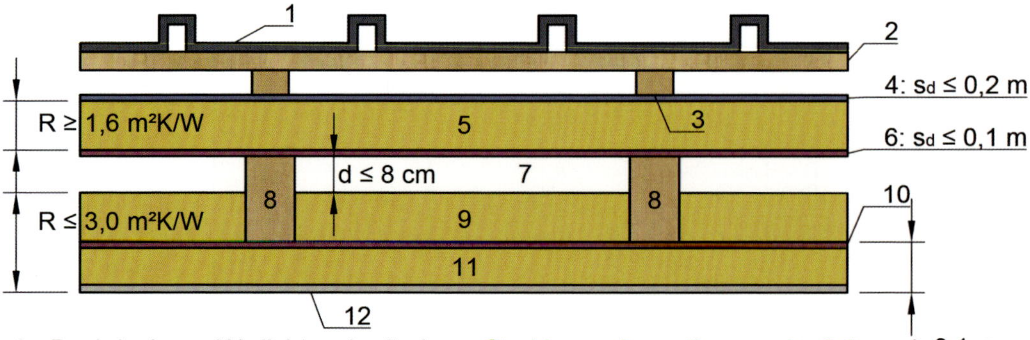

1: Dachdeckung (Abdichtung) mit einem Strahlungsabsorptionsgrad ≥ 0,6
2: Traglattung (Schalung)
3: Konterlattenebene als belüftete Luftschicht
4: ggf. Unterdeckbahn mit s_d ≤ 0,2 m
5: Aufsparrendämmung mit R ≥ 1,6 m²K/W aus
- Holzfasern (≥ 8 cm bei λ = 0,045 W/mK)
- Mineralwolle (≥ 6 cm bei λ = 0,036 W/mK)

6: Luftdichtheitsschicht mit s_d ≤ 0,1 m
7: ruhende Luftschicht mit d ≤ 8 cm
8: Sparren
9: Gefachdämmung
in Verbindung mit den Schichten 10 bis 12 mit R ≤ 3,0 m²K/W, z.B. aus
- Holzfasern (≤ 11 cm bei λ = 0,038 W/mK)
- Mineralwolle (≤ 10 cm bei λ = 0,035 W/mK)

10: vorhandene Dampfsperre/-bremse
11: Installationsebene mit oder ohne Dämmung
12: innenseitige Bekleidung

nachweisfrei nach ZVDH + DIN 4108-3

Die Anschlüsse der Dachränder und Durchdringungen sind insbesondere hinsichtlich der Ausbildung der Luftdichtheitsschicht und der ruhenden Luftschicht zu planen.

Beispiele für Materialien mit Strahlungsabsorptionsgraden ≥ 0,6
- Materialien mit schwarzen Oberflächen
- Materialien mit mittelgrauen, roten oder dunkleren Oberflächen
- oxidierte Kupfer- und Zinkbleche

Beispiele für Materialien mit Strahlungsabsorptionsgraden < 0,6
- Materialien mit weißen oder hellen Oberflächen
- nicht oxidierte Kupfer- und Zinkbleche
- unbeschichtete Bleche

Abb. 19: Nachweisfreie Dächer mit Gefachdämmung, Schalung und Aufsparrendämmung aus Faserdämmstoffen – Luftdichtheitsschicht oberhalb des Sparrens

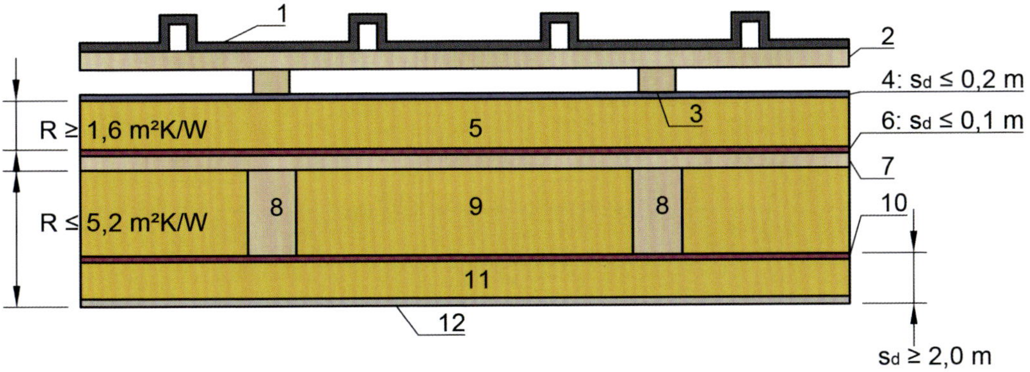

1: Dachdeckung (Abdichtung) mit einem Strahlungsabsorptionsgrad ≥ 0,6
2: Traglattung (Schalung)
3: Konterlattenebene als belüftete Luftschicht
4: ggf. Unterdeckbahn mit s_d ≤ 0,2 m
5: Aufsparrendämmung mit R ≥ 1,6 m²K/W aus
 - Holzfasern (≥ 8 cm bei λ = 0,045 W/mK)
 - Mineralwolle (≥ 6 cm bei λ = 0,036 W/mK)
6: Luftdichtheitsschicht mit s_d ≤ 0,1 m
7: Vollholz-Schalung
8: Sparren
9: Gefachdämmung - Vollsparrendämmung
 in Verbindung mit den Schichten 10 bis 12 mit R ≤ 5,2 m²K/W, z.B. aus
 - Holzfasern (≤ 20 cm bei λ = 0,038 W/mK)
 - Mineralwolle (≤ 18 cm bei λ = 0,035 W/mK)
10: vorhandene Dampfsperre/-bremse
11: Installationsebene mit oder ohne Dämmung
12: innenseitige Bekleidung

Beispiele für Materialien mit Strahlungsabsorptionsgraden ≥ 0,6

- Materialien mit schwarzen Oberflächen
- Materialien mit mittelgrauen, roten oder dunkleren Oberflächen
- oxidierte Kupfer- und Zinkbleche

Beispiele für Materialien mit Strahlungsabsorptionsgraden < 0,6

- Materialien mit weißen oder hellen Oberflächen
- nicht oxidierte Kupfer- und Zinkbleche
- unbeschichtete Bleche

Abb. 20: Nachweisfreie Dächer mit Gefachdämmung, ruhender Luftschicht, Schalung und Aufsparrendämmung aus Faserdämmstoffen – Luftdichtheitsschicht oberhalb des Sparrens

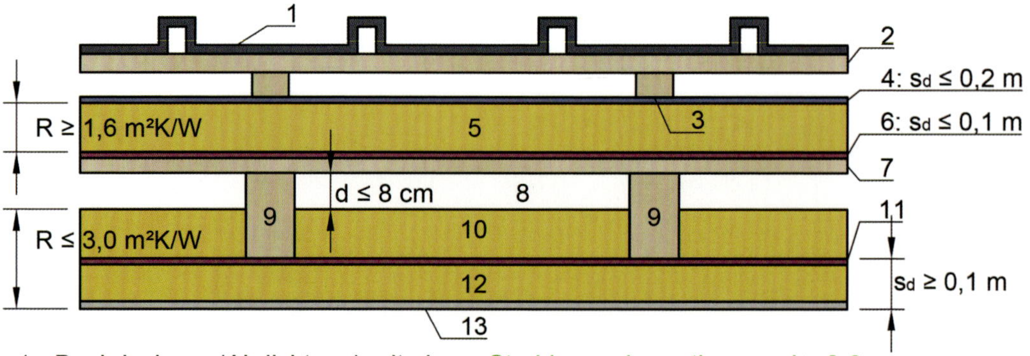

1: Dachdeckung (Abdichtung) mit einem Strahlungsabsorptionsgrad ≥ 0,6
2: Traglattung (Schalung)
3: Konterlattenebene als belüftete Luftschicht
4: ggf. Unterdeckbahn mit $s_d \leq 0{,}2$ m
5: Aufsparrendämmung mit R ≥ 1,6 m²K/W aus
  - Holzfasern (≥ 8 cm bei λ = 0,045 W/mK)
  - Mineralwolle (≥ 6 cm bei λ = 0,036 W/mK)
6: Luftdichtheitsschicht mit $s_d \leq 0{,}1$ m
7: Vollholz-Schalung
8: ruhende Luftschicht d ≤ 8 cm
9: Sparren
10: Gefachdämmung
  in Verbindung mit den Schichten 11 bis 13 mit R ≤ 3,0 m²K/W, z.B. aus
  - Holzfasern (≤ 11 cm bei λ = 0,038 W/mK)
  - Mineralwolle (≤ 10 cm bei λ = 0,035 W/mK)
11: vorhandene Dampfsperre/-bremse
12: Installationsebene mit oder ohne Dämmung
13: innenseitige Bekleidung

Die Anschlüsse der Dachränder und Durchdringungen sind insbesondere hinsichtlich der Ausbildung der Luftdichtheitsschicht und der ruhenden Luftschicht zu planen.

Beispiele für Materialien mit Strahlungsabsorptionsgraden ≥ 0,6

- Materialien mit schwarzen Oberflächen
- Materialien mit mittelgrauen, roten oder dunkleren Oberflächen
- oxidierte Kupfer- und Zinkbleche

Beispiele für Materialien mit Strahlungsabsorptionsgraden < 0,6

- Materialien mit weißen oder hellen Oberflächen
- nicht oxidierte Kupfer- und Zinkbleche
- unbeschichtete Bleche

7.4 Nachweisfreie nicht belüftete Dächer mit Konterlattenebene und Hartschaum-Dämmstoffen – Luftdichtheitsschicht unterhalb des Sparrens – Abbildungen 21 bis 22

Abb. 21: Nachweisfreie Dächer mit Gefachdämmung und Aufsparrendämmung aus Hartschaum – Luftdichtheitsschicht unterhalb des Sparrens

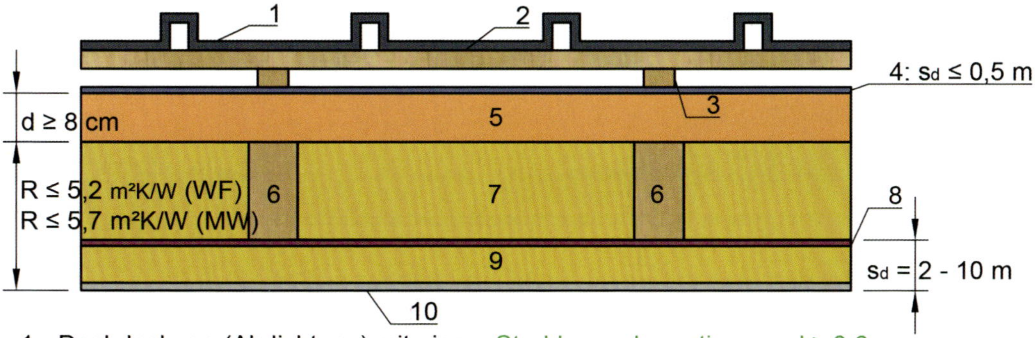

1: Dachdeckung (Abdichtung) mit einem Strahlungsabsorptionsgrad ≥ 0,6
2: Traglattung (Schalung)
3: Konterlattenebene als belüftete Luftschicht
4: Unterdeckbahn mit $s_d \leq 0{,}5$ m
   bei alukaschierter PU-Aufsparrendämmung: $s_d \leq 25$m
5: Aufsparrendämmung aus PU- oder
   Phenolharz-Hartschaum mit d ≥ 8cm
6: Sparren
7: Gefachdämmung ausschließlich aus
   - Holzfasern mit R ≤ 5,2 m²K/W (≤ 20 cm bei λ = 0,038 W/mK)
   - Mineralwolle mit R ≤ 5,7 m²K/W (≤ 20 cm bei λ = 0,035 W/mK)
   in Verbindung mit den Schichten 8 bis 10
8: Luftdichtheitsschicht mit s_d = 2 - 10 m (auch in Vebindung mit Schichten 9 & 10)
   oder mit variablem s_d-Wert
   $s_{d,feucht} \leq 1{,}0$ m
   $s_{d,trocken} \geq 4{,}0$ m
   $s_{d,feucht}$ wird bei einer mittleren Umgebungsluftfeuchte von 90% +/- 2% gemessen
   $s_{d,trocken}$ wird bei einer mittleren Umgebungsluftfeuchte von 25% +/- 2% gemessen
9: Installationsebene mit oder ohne Dämmung
10: innenseitige Bekleidung

Beispiele für Materialien mit Strahlungsabsorptionsgraden ≥ 0,6
- Materialien mit schwarzen Oberflächen
- Materialien mit mittelgrauen, roten oder dunkleren Oberflächen
- oxidierte Kupfer- und Zinkbleche

Beispiele für Materialien mit Strahlungsabsorptionsgraden < 0,6
- Materialien mit weißen oder hellen Oberflächen
- nicht oxidierte Kupfer- und Zinkbleche
- unbeschichtete Bleche

Abb. 22: Nachweisfreie Dächer mit Gefachdämmung, Schalung und Aufsparrendämmung aus Hartschaum – Luftdichtheitsschicht unterhalb des Sparrens

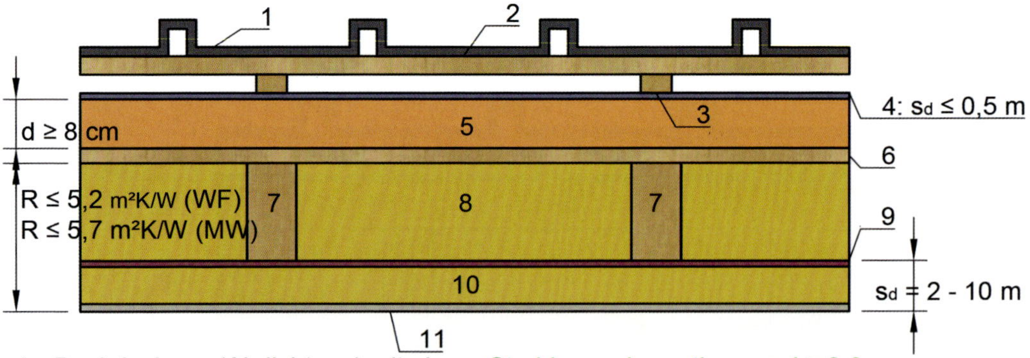

1: Dachdeckung (Abdichtung) mit einem Strahlungsabsorptionsgrad ≥ 0,6
2: Traglattung (Schalung)
3: Konterlattenebene als belüftete Luftschicht
4: Unterdeckbahn mit $s_d \leq 0{,}5$ m
bei alukaschierter PU-Aufsparrendämmung: $s_d \leq 25$m
5: Aufsparrendämmung aus PU- oder
Phenolharz-Hartschaum mit d ≥ 8cm
6: Vollholzschalung
7: Sparren
8: Gefachdämmung ausschließlich aus
- Holzfasern mit R ≤ 5,2 m²K/W (≤ 20 cm bei $\lambda = 0{,}038$ W/mK)
- Mineralwolle mit R ≤ 5,7 m²K/W (≤ 20 cm bei $\lambda = 0{,}035$ W/mK
in Verbindung mit den Schichten 9 bis 11
9: Luftdichtheitsschicht mit s_d = 2 - 10 m (auch in Vebindung mit Schichten 10 & 11)
oder mit variablem sd-Wert
$s_{d,feucht} \leq 1{,}0$ m
$s_{d,trocken} \geq 4{,}0$ m
$s_{d,feucht}$ wird bei einer mittleren Umgebungsluftfeuchte von 90% +/- 2% gemessen
$s_{d,trocken}$ wird bei einer mittleren Umgebungsluftfeuchte von 25% +/- 2% gemessen
10: Installationsebene mit oder ohne Dämmung
11: innenseitige Bekleidung

Beispiele für Materialien mit Strahlungsabsorptionsgraden ≥ 0,6
- Materialien mit schwarzen Oberflächen
- Materialien mit mittelgrauen, roten oder dunkleren Oberflächen
- oxidierte Kupfer- und Zinkbleche

Beispiele für Materialien mit Strahlungsabsorptionsgraden < 0,6
- Materialien mit weißen oder hellen Oberflächen
- nicht oxidierte Kupfer- und Zinkbleche
- unbeschichtete Bleche

7.5 Nachweisfreie nicht belüftete Dächer mit Konterlattenebene und Hartschaum-Dämmstoffen – Luftdichtheitsschicht oberhalb des Sparrens – Abbildungen 23 bis 34

Abb. 23: Nachweisfreie Dächer mit Gefachdämmung und Aufsparrendämmung aus Hartschaum – Luftdichtheitsschicht oberhalb des Sparrens

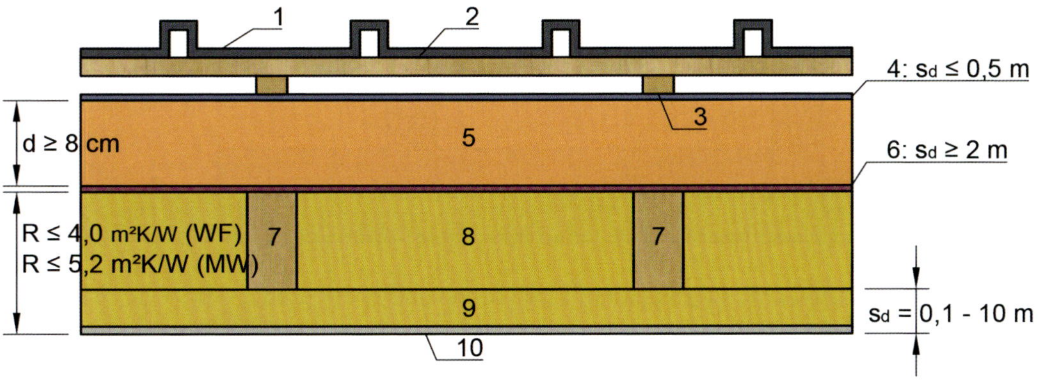

1: Dachdeckung (Abdichtung) mit einem Strahlungsabsorptionsgrad ≥ 0,6
2: Traglattung (Schalung)
3: Konterlattenebene als belüftete Luftschicht
4: Unterdeckbahn mit s_d ≤ 0,5 m
bei alukaschierter PU-Aufsparrendämmung: s_d ≤ 25m
5: Aufsparrendämmung aus PU- oder Phenolharz-Hartschaum mit d ≥ 8cm
6: Luftdichtheitsschicht mit s_d ≥ 2 m
7: Sparren
8: Gefachdämmung ausschließlich aus
- Holzfasern mit R ≤ 4,0 m²K/W (≤ 15 cm bei λ = 0,038 W/mK)
- Mineralwolle mit R ≤ 5,2 m²K/W (≤ 18 cm bei λ = 0,035 W/mK
in Verbindung mit den Schichten 9 & 10
9: Installationsebene mit oder ohne Dämmung
10: innenseitige Bekleidung

nachweisfrei nach ZVDH + DIN 4108-3

Beispiele für Materialien mit Strahlungsabsorptionsgraden ≥ 0,6
- Materialien mit schwarzen Oberflächen
- Materialien mit mittelgrauen, roten oder dunkleren Oberflächen
- oxidierte Kupfer- und Zinkbleche

Beispiele für Materialien mit Strahlungsabsorptionsgraden < 0,6
- Materialien mit weißen oder hellen Oberflächen
- nicht oxidierte Kupfer- und Zinkbleche
- unbeschichtete Bleche

Abb. 24: Nachweisfreie Dächer mit Gefachdämmung, ruhender Luftschicht und Aufsparrendämmung aus Hartschaum – Luftdichtheitsschicht oberhalb des Sparrens – Variante 1

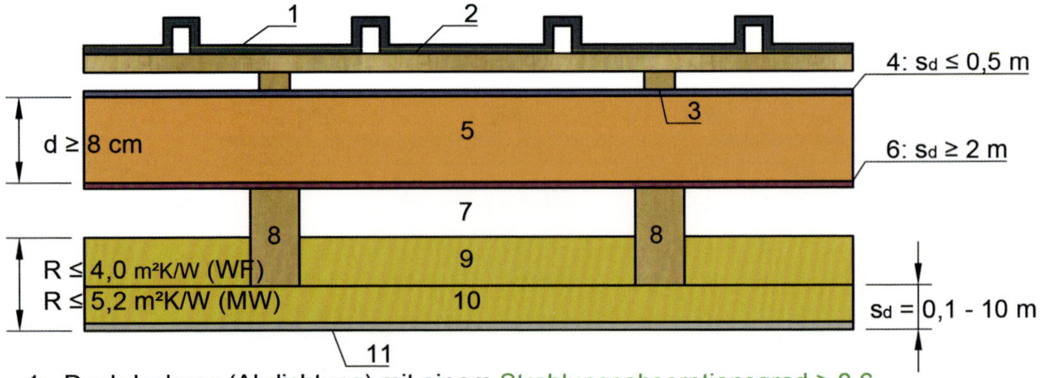

1: Dachdeckung (Abdichtung) mit einem Strahlungsabsorptionsgrad ≥ 0,6
2: Traglattung (Schalung)
3: Konterlattenebene als belüftete Luftschicht
4: Unterdeckbahn mit $s_d \leq 0{,}5$ m
bei alukaschierter PU-Aufsparrendämmung: $s_d \leq 25$m
5: Aufsparrendämmung aus PU- oder Phenolharz-Hartschaum mit d ≥ 8cm
6: Luftdichtheitsschicht mit $s_d \geq 2$ m
7: ruhende Luftschicht
8: Sparren
9: Gefachdämmung ausschließlich aus
- Holzfasern mit R ≤ 4,0 m²K/W (≤ 15 cm bei λ = 0,038 W/mK)
- Mineralwolle mit R ≤ 5,2 m²K/W (≤ 18 cm bei λ = 0,035 W/mK
- in Verbindung mit den Schichten 10 & 11

10: Installationsebene mit oder ohne Dämmung
11: innenseitige Bekleidung

Die Anschlüsse der Dachränder und Durchdringungen sind insbesondere hinsichtlich der Ausbildung der Luftdichtheitsschicht und der ruhenden Luftschicht zu planen.

Beispiele für Materialien mit Strahlungsabsorptionsgraden ≥ 0,6
- Materialien mit schwarzen Oberflächen
- Materialien mit mittelgrauen, roten oder dunkleren Oberflächen
- oxidierte Kupfer- und Zinkbleche

Beispiele für Materialien mit Strahlungsabsorptionsgraden < 0,6
- Materialien mit weißen oder hellen Oberflächen
- nicht oxidierte Kupfer- und Zinkbleche
- unbeschichtete Bleche

Abb. 25: Nachweisfreie Dächer mit Gefachdämmung, ruhender Luftschicht und Aufsparrendämmung aus Hartschaum – Luftdichtheitsschicht oberhalb des Sparrens – Variante 2 (auch für helle Dachoberflächen)

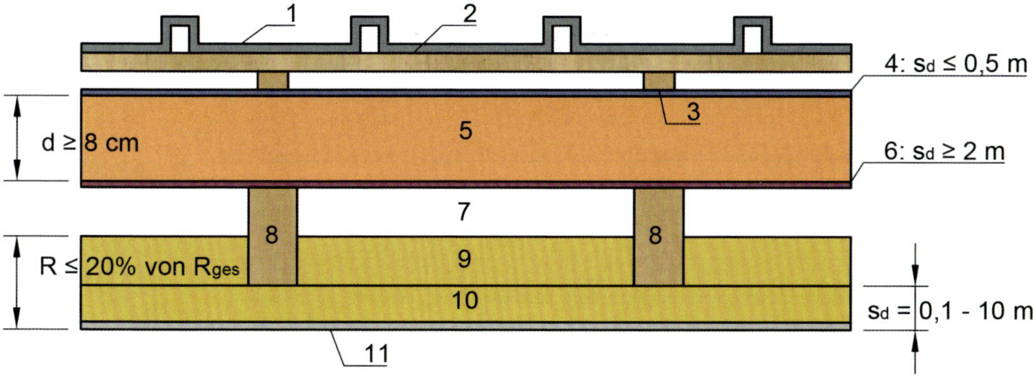

1: Dachdeckung (Abdichtung) - auch helle Dachoberflächen -
2: Traglattung (Schalung)
3: Konterlattenebene als belüftete Luftschicht
4: Unterdeckbahn mit $s_d \leq 0,5$ m
bei alukaschierter PU-Aufsparrendämmung: $s_d \leq 25$m
5: Aufsparrendämmung aus PU- oder Phenolharz-Hartschaum mit d ≥ 8cm
6: Luftdichtheitsschicht mit $s_d \geq 2$ m
7: ruhende Luftschicht
8: Sparren
9: Gefachdämmung mit R ≤ 20% von R_{ges}
in Verbindung mit den Schichten 10 & 11
10: Installationsebene mit oder ohne Dämmung
11: innenseitige Bekleidung

nachweisfrei nach ZVDH + DIN 4108-3

Die Anschlüsse der Dachränder und Durchdringungen sind insbesondere hinsichtlich der Ausbildung der Luftdichtheitsschicht und der ruhenden Luftschicht zu planen.

Abb. 26: Nachweisfreie Dächer mit Untersparrendämmung, ruhender Luftschicht und Aufsparrendämmung aus Hartschaum – Luftdichtheitsschicht oberhalb des Sparrens – Variante 1

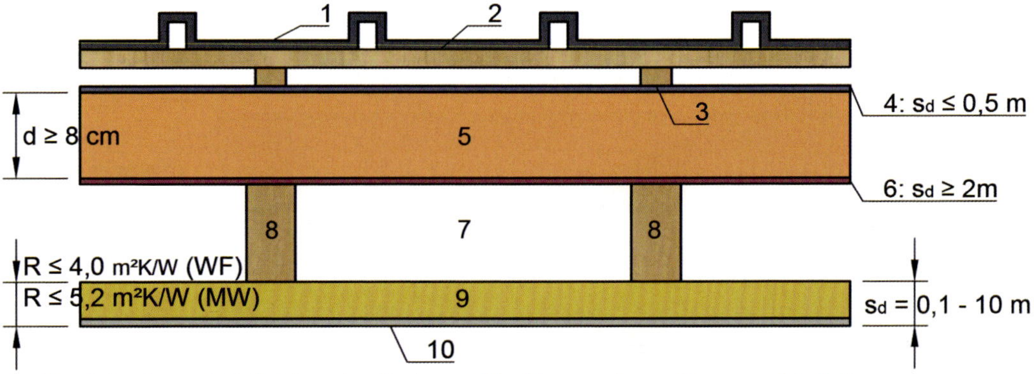

1: Dachdeckung (Abdichtung) mit einem Strahlungsabsorptionsgrad ≥ 0,6
2: Traglattung (Schalung)
3: Konterlattenebene als belüftete Luftschicht
4: Unterdeckbahn mit $s_d \leq 0{,}5$ m
   bei alukaschierter PU-Aufsparrendämmung: $s_d \leq 25$m
5: Aufsparrendämmung aus PU- oder
   Phenolharz-Hartschaum mit d ≥ 8cm
6: Luftdichtheitsschicht mit $s_d \geq 2$ m
7: ruhende Luftschicht
8: Sparren
9: Installationsebene mit oder ohne Dämmung;
   Dämmung ausschließlich aus
   - Holzfasern mit R ≤ 4,0 m²W/K (≤ 15 cm bei = 0,038 W/mK)
   - Mineralwolle mit R ≤ 5,2 m²W/K (≤ 18 cm bei = 0,035 W/mK)
10: innenseitige Bekleidung

Die Anschlüsse der Dachränder und Durchdringungen sind insbesondere hinsichtlich der Ausbildung der Luftdichtheitsschicht und der ruhenden Luftschicht zu planen.

Beispiele für Materialien mit Strahlungsabsorptionsgraden ≥ 0,6

- Materialien mit schwarzen Oberflächen
- Materialien mit mittelgrauen, roten oder dunkleren Oberflächen
- oxidierte Kupfer- und Zinkbleche

Beispiele für Materialien mit Strahlungsabsorptionsgraden < 0,6

- Materialien mit weißen oder hellen Oberflächen
- nicht oxidierte Kupfer- und Zinkbleche
- unbeschichtete Bleche

Abb. 27: Nachweisfreie Dächer mit Untersparrendämmung, ruhender Luftschicht und Aufsparrendämmung aus Hartschaum – Luftdichtheitsschicht oberhalb des Sparrens – Variante 2 (auch für helle Dachoberflächen)

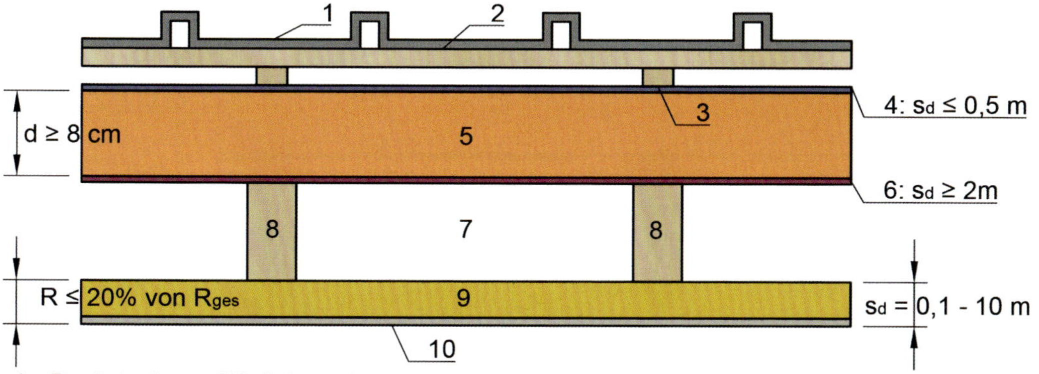

1: Dachdeckung (Abdichtung) - auch helle Dachoberflächen -
2: Traglattung (Schalung)
3: Konterlattenebene als belüftete Luftschicht
4: Unterdeckbahn mit s_d ≤ 0,5 m
bei alukaschierter PU-Aufsparrendämmung: s_d ≤ 25m
5: Aufsparrendämmung aus PU- oder
Phenolharz-Hartschaum mit d ≥ 8cm
6: Luftdichtheitsschicht mit s_d ≥ 2 m
7: ruhende Luftschicht
8: Sparren
9: Installationsebene mit oder ohne Dämmung
10: innenseitige Bekleidung

nachweisfrei nach ZVDH + DIN 4108-3

Die Anschlüsse der Dachränder und Durchdringungen sind insbesondere hinsichtlich der Ausbildung der Luftdichtheitsschicht und der ruhenden Luftschicht zu planen.

Abb. 28: Nachweisfreie Dächer mit Gefachdämmung, Schalung und Aufsparrendämmung aus Hartschaum – Luftdichtheitsschicht oberhalb des Sparrens

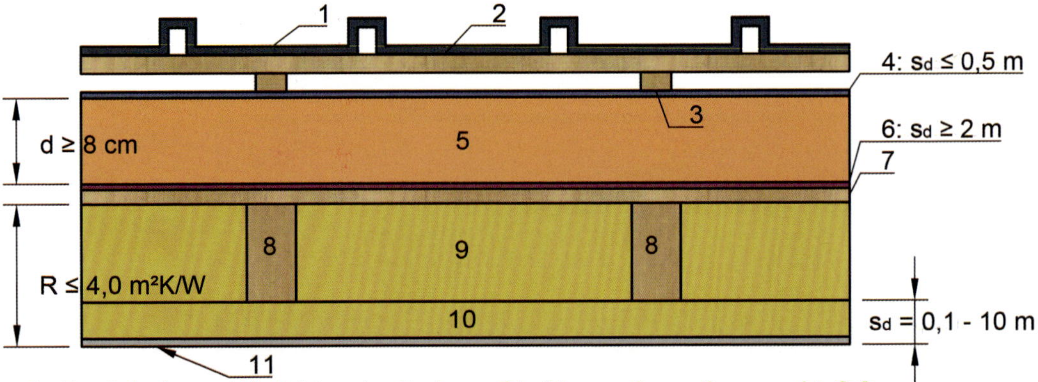

1: Dachdeckung (Abdichtung) mit einem Strahlungsabsorptionsgrad ≥ 0,6
2: Traglattung (Schalung)
3: Konterlattenebene als belüftete Luftschicht
4: Unterdeckbahn mit $s_d \leq 0{,}5$ m
bei alukaschierter PU-Aufsparrendämmung: $s_d \leq 25$m
5: Aufsparrendämmung aus PU- oder Phenolharz-Hartschaum mit d ≥ 8cm
6: Luftdichtheitsschicht mit $s_d \geq 2$ m
7: Schalung aus Vollholz oder Holzwerkstoff
8: Sparren
9: Gefachdämmung mit R ≤ 4,0 m²K/W ausschließlich aus
- Holzfasern (≤ 15 cm bei λ = 0,038 W/mK)
- Mineralwolle (≤ 14 cm bei λ = 0,035 W/mK
in Verbindung mit den Schichten 10 & 11
10: Installationsebene mit oder ohne Dämmung
11: innenseitige Bekleidung

nachweisfrei nach ZVDH + DIN 4108-3

Beispiele für Materialien mit Strahlungsabsorptionsgraden ≥ 0,6
- Materialien mit schwarzen Oberflächen
- Materialien mit mittelgrauen, roten oder dunkleren Oberflächen
- oxidierte Kupfer- und Zinkbleche

Beispiele für Materialien mit Strahlungsabsorptionsgraden < 0,6
- Materialien mit weißen oder hellen Oberflächen
- nicht oxidierte Kupfer- und Zinkbleche
- unbeschichtete Bleche

Abb. 29: Nachweisfreie Dächer mit Gefachdämmung, ruhender Luftschicht, Schalung und Aufsparrendämmung aus Hartschaum – Luftdichtheitsschicht oberhalb des Sparrens

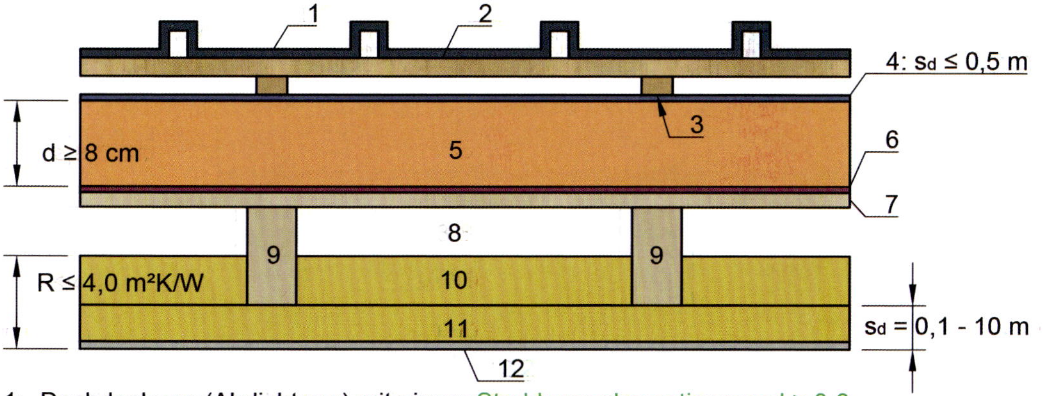

1: Dachdeckung (Abdichtung) mit einem Strahlungsabsorptionsgrad ≥ 0,6
2: Traglattung (Schalung)
3: Konterlattenebene als belüftete Luftschicht
4: Unterdeckbahn mit $s_d \leq 0{,}5$ m
bei alukaschierter PU-Aufsparrendämmung: $s_d \leq 25$m
5: Aufsparrendämmung aus PU- oder Phenolharz-Hartschaum mit d ≥ 8cm
6: Luftdichtheitsschicht mit $s_d \geq 2$ m
7: Schalung aus Vollholz oder Holzwerkstoff
8: ruhende Luftschicht
9: Sparren
10: Gefachdämmung mit R ≤ 4,0 m²K/W ausschließlich aus
- Holzfasern (≤ 15 cm bei λ = 0,038 W/mK)
- Mineralwolle (≤ 14 cm bei λ = 0,035 W/mK
in Verbindung mit den Schichten 11 & 12
11: Installationsebene mit oder ohne Dämmung
12: innenseitige Bekleidung

Die Anschlüsse der Dachränder und Durchdringungen sind insbesondere hinsichtlich der Ausbildung der Luftdichtheitsschicht und der ruhenden Luftschicht zu planen.

Beispiele für Materialien mit Strahlungsabsorptionsgraden ≥ 0,6
- Materialien mit schwarzen Oberflächen
- Materialien mit mittelgrauen, roten oder dunkleren Oberflächen
- oxidierte Kupfer- und Zinkbleche

Beispiele für Materialien mit Strahlungsabsorptionsgraden < 0,6
- Materialien mit weißen oder hellen Oberflächen
- nicht oxidierte Kupfer- und Zinkbleche
- unbeschichtete Bleche

Abb. 30: Nachweisfreie Dächer mit teilweiser Gefachdämmung, Schalung und Aufsparrendämmung aus Hartschaum – Luftdichtheitsschicht oberhalb des Sparrens – Variante 1

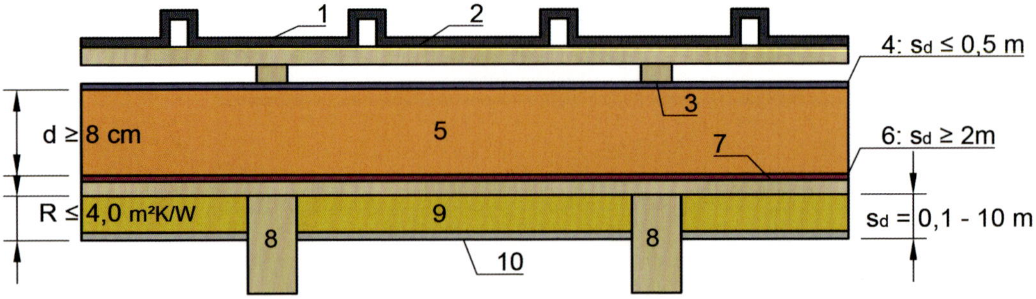

1: Dachdeckung (Abdichtung) mit einem Strahlungsabsorptionsgrad ≥ 0,6
2: Traglattung (Schalung)
3: Konterlattenebene als belüftete Luftschicht
4: Unterdeckbahn mit s_d ≤ 0,5 m
bei alukaschierter PU-Aufsparrendämmung: s_d ≤ 25m
5: Aufsparrendämmung aus PU- oder Phenolharz-Hartschaum mit d ≥ 8cm
6: Luftdichtheitsschicht mit s_d ≥ 2 m
7: Schalung aus Vollholz oder Holzwerkstoff
8: Sparren
9: Dämmung mit R ≤ 4,0 m²K/W ausschließlich aus
- Holzfasern (≤ 15 cm bei λ = 0,038 W/mK)
- Mineralwolle (≤ 14 cm bei λ = 0,035 W/mK
in Verbindung mit der Schicht 10
10: innenseitige Bekleidung

Beispiele für Materialien mit Strahlungsabsorptionsgraden ≥ 0,6

- Materialien mit schwarzen Oberflächen
- Materialien mit mittelgrauen, roten oder dunkleren Oberflächen
- oxidierte Kupfer- und Zinkbleche

Beispiele für Materialien mit Strahlungsabsorptionsgraden < 0,6

- Materialien mit weißen oder hellen Oberflächen
- nicht oxidierte Kupfer- und Zinkbleche
- unbeschichtete Bleche

Abb. 31: Nachweisfreie Dächer mit teilweiser Gefachdämmung, Schalung und Aufsparrendämmung aus Hartschaum – Luftdichtheitsschicht oberhalb des Sparrens – Variante 2 (auch für helle Dachoberflächen)

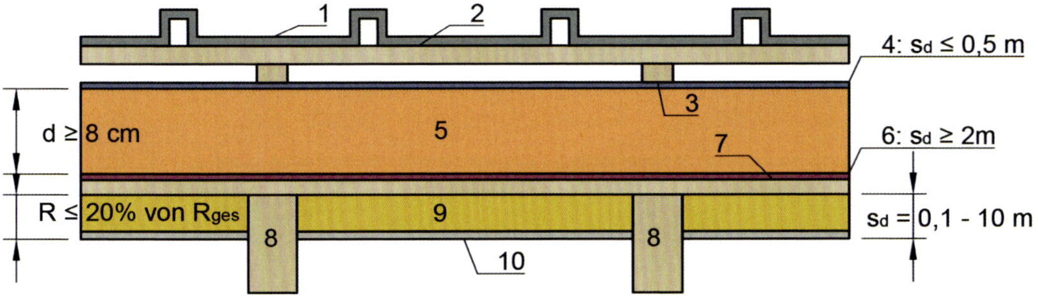

1: Dachdeckung (Abdichtung) - auch helle Dachoberflächen -
2: Traglattung (Schalung)
3: Konterlattenebene als belüftete Luftschicht
4: Unterdeckbahn mit $s_d \leq 0{,}5$ m
bei alukaschierter PU-Aufsparrendämmung: $s_d \leq 25$m
5: Aufsparrendämmung aus PU- oder
Phenolharz-Hartschaum mit d ≥ 8cm
6: Luftdichtheitsschicht mit $s_d \geq 2$ m
7: Schalung aus Vollholz oder Holzwerkstoff
8: Sparren
9: Dämmung mit R ≤ 20% von R_{ges}
10: innenseitige Bekleidung

nachweisfrei nach ZVDH + DIN 4108-3

Abb. 32: Nachweisfreie Dächer mit teilweiser Gefachdämmung, ruhender Luftschicht, Schalung und Aufsparrendämmung aus Hartschaum – Luftdichtheitsschicht oberhalb des Sparrens – Variante 1

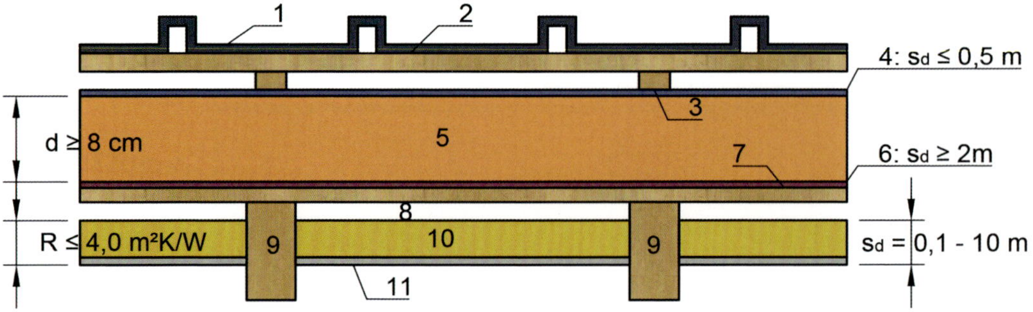

1: Dachdeckung (Abdichtung) mit einem Strahlungsabsorptionsgrad ≥ 0,6
2: Traglattung (Schalung)
3: Konterlattenebene als belüftete Luftschicht
4: Unterdeckbahn mit s_d ≤ 0,5 m
bei alukaschierter PU-Aufsparrendämmung: s_d ≤ 25m
5: Aufsparrendämmung aus PU- oder
Phenolharz-Hartschaum mit d ≥ 8cm
6: Luftdichtheitsschicht mit s_d ≥ 2 m
7: Schalung aus Vollholz oder Holzwerkstoff
8: ruhende Luftschicht
9: Sparren
10: Dämmung mit R ≤ 4,0 m²K/W ausschließlich aus
- Holzfasern (≤ 15 cm bei λ = 0,038 W/mK)
- Mineralwolle (≤ 14 cm bei λ = 0,035 W/mK
in Verbindung mit Schicht 11
11: innenseitige Bekleidung

Die Anschlüsse der Dachränder und Durchdringungen sind insbesondere hinsichtlich der Ausbildung der Luftdichtheitsschicht und der ruhenden Luftschicht zu planen.

Beispiele für Materialien mit Strahlungsabsorptionsgraden ≥ 0,6

- Materialien mit schwarzen Oberflächen
- Materialien mit mittelgrauen, roten oder dunkleren Oberflächen
- oxidierte Kupfer- und Zinkbleche

Beispiele für Materialien mit Strahlungsabsorptionsgraden < 0,6

- Materialien mit weißen oder hellen Oberflächen
- nicht oxidierte Kupfer- und Zinkbleche
- unbeschichtete Bleche

Abb. 33: Nachweisfreie Dächer mit teilweiser Gefachdämmung, ruhender Luftschicht, Schalung und Aufsparrendämmung aus Hartschaum – Luftdichtheitsschicht oberhalb des Sparrens – Variante 2 (auch für helle Dachoberflächen)

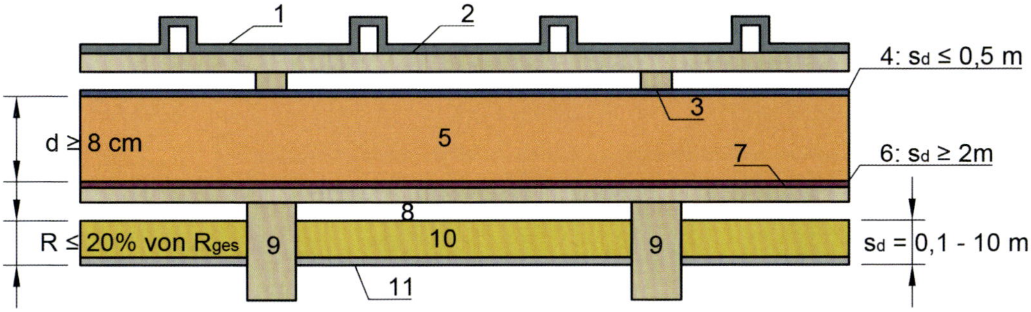

1: Dachdeckung (Abdichtung) - auch helle Dachoberflächen -
2: Traglattung (Schalung)
3: Konterlattenebene als belüftete Luftschicht
4: Unterdeckbahn mit $s_d \leq 0{,}5$ m
bei alukaschierter PU-Aufsparrendämmung: $s_d \leq 25$m
5: Aufsparrendämmung aus PU- oder Phenolharz-Hartschaum mit d ≥ 8cm
6: Luftdichtheitsschicht mit $s_d \geq 2$ m
7: Schalung aus Vollholz oder Holzwerkstoff
8: ruhende Luftschicht
9: Sparren
10: Dämmung mit R ≤ 20% von R_{ges}
11: innenseitige Bekleidung

Die Anschlüsse der Dachränder und Durchdringungen sind insbesondere hinsichtlich der Ausbildung der Luftdichtheitsschicht und der ruhenden Luftschicht zu planen.

Abb. 34: Nachweisfreie Dächer mit Aufsparrendämmung aus Hartschaum – Luftdichtheitsschicht oberhalb des Sparrens (auch für helle Dachoberflächen)

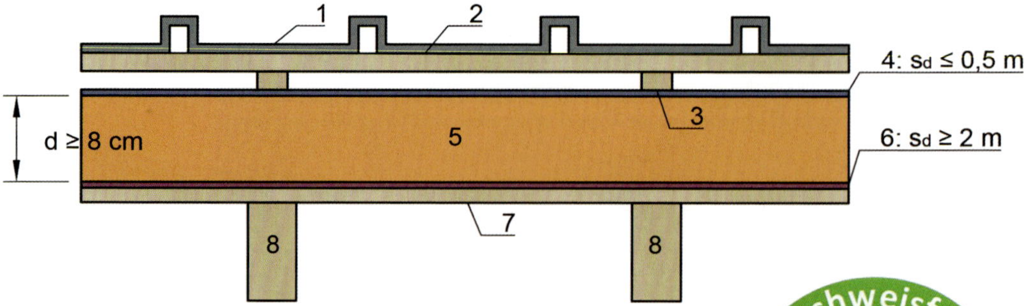

1: Dachdeckung (Abdichtung) - auch helle Dachoberflächen -
2: Traglattung (Schalung)
3: Konterlattenebene als belüftete Luftschicht
4: Unterdeckbahn mit $s_d \leq 0{,}5$ m
bei alukaschierter PU-Aufsparrendämmung: $s_d \leq 25$ m
5: Aufsparrendämmung aus PU- oder Phenolharz-Hartschaum mit d ≥ 8 cm
6: Luftdichtheitsschicht mit $s_d \geq 2$ m
7: Schalung aus Vollholz oder Holzwerkstoffen und/oder innenseitige Bekleidung
8: Sparren

7.6 Nachweisfreie nicht belüftete Dächer mit Konterlattenebene und alukaschierter Untersparrendämmung – Abbildungen 35 bis 36

Abb. 35: Nachweisfreie Dächer mit alukaschierter Untersparrendämmung und ohne Gefachdämmung (auch für helle Dachoberflächen)

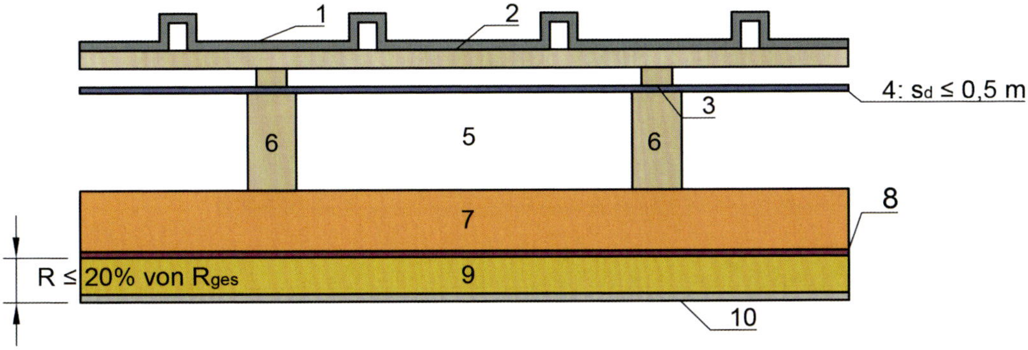

1: Dachdeckung (Abdichtung) - auch helle Dachoberflächen -
2: Traglattung (Schalung)
3: Konterlattenebene als belüftete Luftschicht
4: Unterdeckbahn mit $s_d \leq 0{,}5$ m
5: Luftschicht
6: Sparren
7: alukaschierte PU-Untersparrendämmung oder Phenolharz-Hartschaum mit $s_d \geq 1.500$ m
8: Luftdichtheitsschicht
9: Installationsebene mit R ≤ 20% von R_{ges}
10: innenseitige Bekleidung

nachweisfrei nach ZVDH + DIN 4108-3

Abb. 36: Nachweisfreie Dächer mit alukaschierter Untersparrendämmung und Gefachdämmung (auch für helle Dachoberflächen)

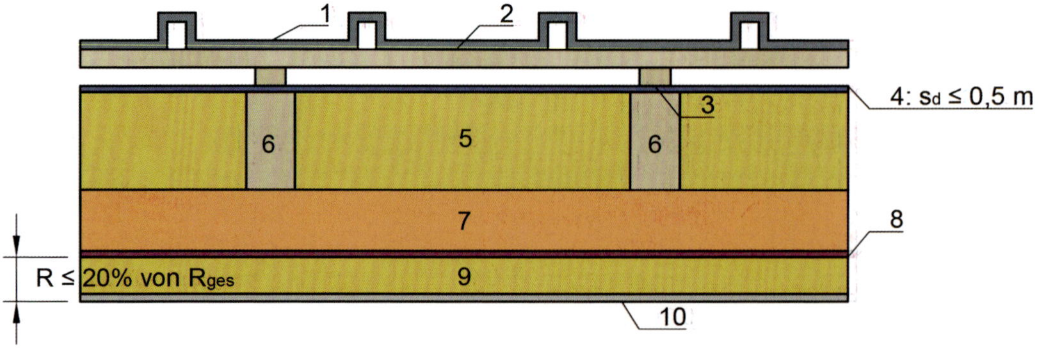

1: Dachdeckung (Abdichtung) - auch helle Dachoberflächen -
2: Traglattung (Schalung)
3: Konterlattenebene als belüftete Luftschicht
4: Unterdeckbahn mit s_d ≤ 0,5 m
5: Gefachdämmung
6: Sparren
7: alukaschierte PU-Untersparrendämmung oder Phenolharz-Hartschaum mit s_d ≥ 1.500 m
8: Luftdichtheitsschicht
9: Installationsebene ohne oder mit Dämmung mit R ≤ 20% von R_{ges}
10: innenseitige Bekleidung

nachweisfrei
nach ZVDH + DIN 4108-3

7.7 Nachweisfreie nicht belüftete Dächer mit Konterlattenebene und schlaufenförmig verlegter Luftdichtheitsschicht – Abbildungen 37 bis 39

Abb. 37: Nachweisfreie Dächer mit Gefachdämmung – schlaufenförmig verlegte Luftdichtheitsschicht

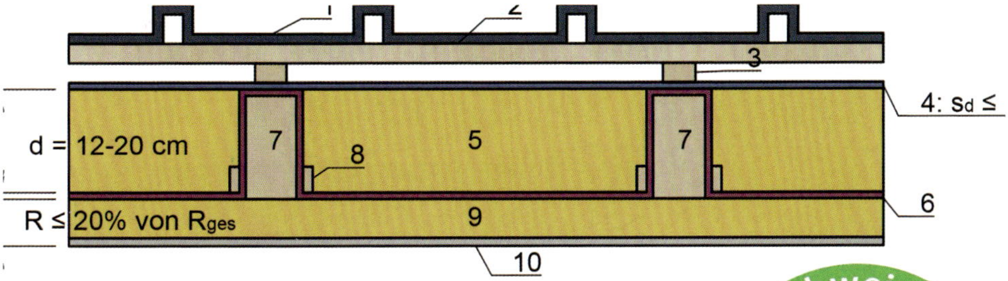

1: Dachdeckung (Abdichtung)
mit einem Strahlungsabsorptionsgrad ≥ 0,6
2: Traglattung (Schalung)
3: Konterlattenebene als belüftete Luftschicht
4: Unterdeckbahn mit $s_d \leq 0{,}5$ m
5: Mineralwolle-Gefachdämmung mit d = 12 - 20 cm
6: feuchtevariable Luftdichtheitsschicht
$s_{d,feucht} \leq 0{,}5$ m
$2{,}0 \text{ m} \leq s_{d,trocken} \leq 10{,}0$ m
$s_{d,feucht}$ wird bei einer mittleren Umgebungsluftfeuchte von 90% +/- 2% gemessen
$s_{d,trocken}$ wird bei einer mittleren Umgebungsluftfeuchte von 25% +/- 2% gemessen
7: Sparren
8: durchgehende Anpressleisten
9: Installationsebene ohne oder mit Dämmung mit $R \leq 20\%$ von R_{ges}
10: innenseitige Bekleidung

Die Anschlüsse der Dachränder und Durchdringungen sind insbesondere hinsichtlic der Ausbildung der Luftdichtheitsschicht zu planen.

Beispiele für Materialien mit Strahlungsabsorptionsgraden ≥ 0,6
- Materialien mit schwarzen Oberflächen
- Materialien mit mittelgrauen, roten oder dunkleren Oberflächen
- oxidierte Kupfer- und Zinkbleche

Beispiele für Materialien mit Strahlungsabsorptionsgraden < 0,6
- Materialien mit weißen oder hellen Oberflächen
- nicht oxidierte Kupfer- und Zinkbleche
- unbeschichtete Bleche

Abb. 38: Nachweisfreie Dächer mit Gefachdämmung und Schalung – schlaufenförmig verlegte Luftdichtheitsschicht

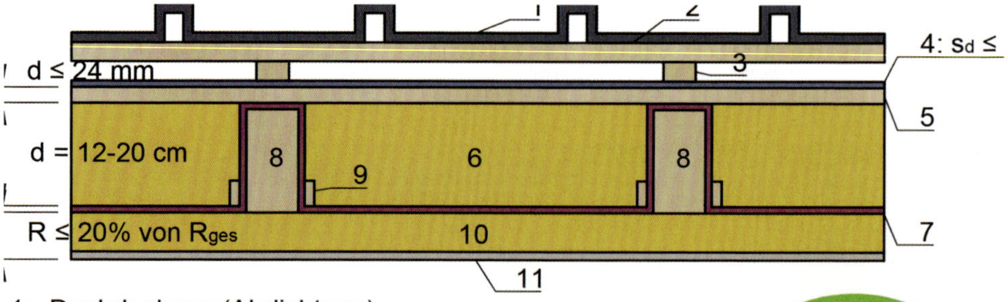

1: Dachdeckung (Abdichtung)
mit einem Strahlungsabsorptionsgrad ≥ 0,6
2: Traglattung (Schalung)
3: Konterlattenebene als belüftete Luftschicht
4: Unterdeckbahn mit $s_d \leq 0{,}5$ m
5: Vollholz-Schalung mit d ≤ 24 mm
6: Mineralwolle-Gefachdämmung mit d = 12 - 20 cm
7: feuchtevariable Luftdichtheitsschicht
$s_{d,feucht} \leq 0{,}5$ m
$2{,}0 \text{ m} \leq s_{d,trocken} \leq 10{,}0$ m
$s_{d,feucht}$ wird bei einer mittleren Umgebungsluftfeuchte von 90% +/- 2% gemessen
$s_{d,trocken}$ wird bei einer mittleren Umgebungsluftfeuchte von 25% +/- 2% gemessen
8: Sparren
9: durchgehende Anpressleisten
10: Installationsebene ohne oder mit Dämmung mit R ≤ 20% von R_{ges}
11: innenseitige Bekleidung

nachweisfrei nach ZVDH + DIN 4108-3

Die Anschlüsse der Dachränder und Durchdringungen sind insbesondere hinsichtli der Ausbildung der Luftdichtheitsschicht zu planen.

Beispiele für Materialien mit Strahlungsabsorptionsgraden ≥ 0,6
- Materialien mit schwarzen Oberflächen
- Materialien mit mittelgrauen, roten oder dunkleren Oberflächen
- oxidierte Kupfer- und Zinkbleche

Beispiele für Materialien mit Strahlungsabsorptionsgraden < 0,6
- Materialien mit weißen oder hellen Oberflächen
- nicht oxidierte Kupfer- und Zinkbleche
- unbeschichtete Bleche

Abb. 39: Nachweisfreie Dächer mit Gefachdämmung und Aufsparrendämmung – schlaufenförmig verlegte Luftdichtheitsschicht

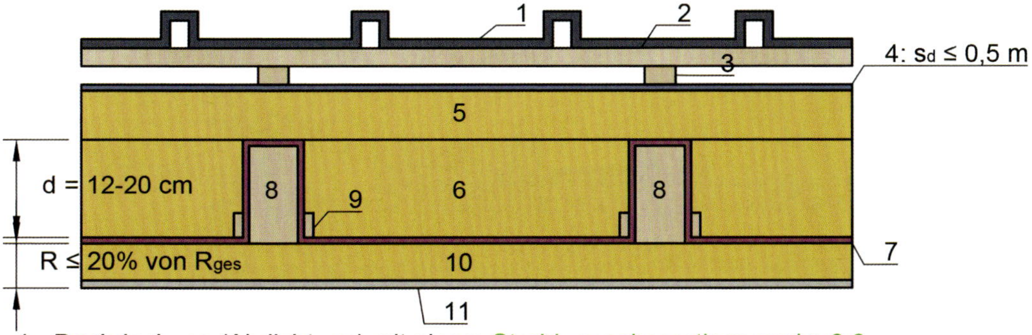

1: Dachdeckung (Abdichtung) mit einem Strahlungsabsorptionsgrad ≥ 0,6
2: Traglattung (Schalung)
3: Konterlattenebene als belüftete Luftschicht
4: Unterdeckbahn mit $s_d \leq 0{,}5$ m
5: Aufsparrendämmung aus
- Holzfasern oder Minerlawolle
- PU-Hartschaum mineralvlieskaschiert mit d ≥ 5 cm
- Phenolharz-Hartschaum mit d ≥ 5 cm

6: Mineralwolle-Gefachdämmung mit d = 12 - 20 cm
7: feuchtevariable Luftdichtheitsschicht
$s_{d,feucht} \leq 0{,}5$ m
$2{,}0 \text{ m} \leq s_{d,trocken} \leq 10{,}0$ m
$s_{d,feucht}$ wird bei einer mittleren Umgebungsluftfeuchte von 90% +/- 2% gemessen
$s_{d,trocken}$ wird bei einer mittleren Umgebungsluftfeuchte von 25% +/- 2% gemessen
8: Sparren
9: durchgehende Anpressleisten
10: Installationsebene ohne oder mit Dämmung mit $R \leq 20\%$ von R_{ges}
11: innenseitige Bekleidung

Die Anschlüsse der Dachränder und Durchdringungen sind insbesondere hinsichtlich der Ausbildung der Luftdichtheitsschicht zu planen.

Beispiele für Materialien mit Strahlungsabsorptionsgraden ≥ 0,6
- Materialien mit schwarzen Oberflächen
- Materialien mit mittelgrauen, roten oder dunkleren Oberflächen
- oxidierte Kupfer- und Zinkbleche

Beispiele für Materialien mit Strahlungsabsorptionsgraden < 0,6
- Materialien mit weißen oder hellen Oberflächen
- nicht oxidierte Kupfer- und Zinkbleche
- unbeschichtete Bleche

7.8 Nachweisfreie nicht belüftete Dächer mit Abdichtungen (ohne Konterlattenebene) – Abbildungen 40 bis 44

Abb. 40: Nachweisfreie Dächer mit Abdichtungen (ohne Konterlattenebene) – Luftdichtheitsschicht oberhalb der Tragkonstruktion

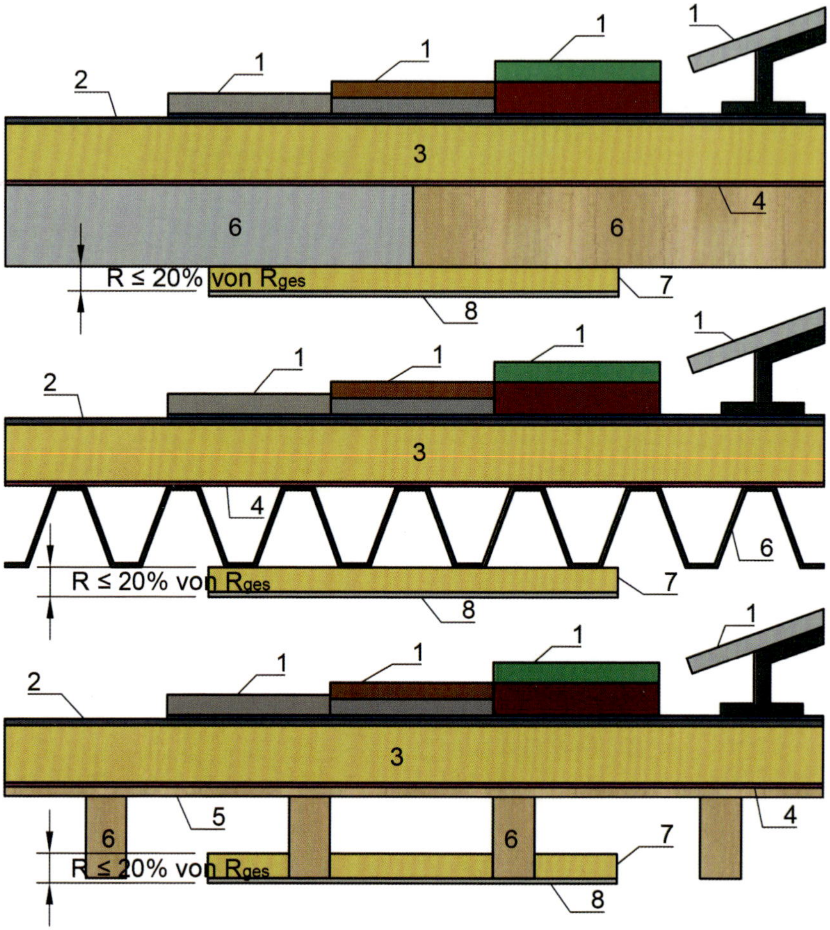

1: Kies, Nutzbelag, Begrünung, Solaranlagen etc.
2: Abdichtung
bei Dachbegrünungen und massiven Nutzbelägen auf Bettungsschicht:
- Abdichtung mit $s_d \geq 100$m, oder
- Schaumglas-Dämmung oder alukaschierte PU-Dämmung in Schicht 3

3: Aufsparren-/Aufdachdämmung
4: Dampfsperre und Luftdichtheitsschicht mit $s_d \geq 100$ m
5: Schalung aus Vollholz oder Holzwerkstoff
6: Tragkonstruktion (materialunabhängig)
7: Dämmung mit $R \leq 20\%$ von R_{ges}
8: innenseitige Bekleidung

nachweisfrei nach ZVDH + DIN 4108-3

Abb. 41: Nachweisfreie Dächer mit Abdichtungen (ohne Konterlattenebene) – Dächer in Holzbauweise mit Gefach- und Aufdachdämmung – Luftdichtheitsschicht unterhalb der Tragkonstruktion – Gebäudehöhe ≤ 10 m

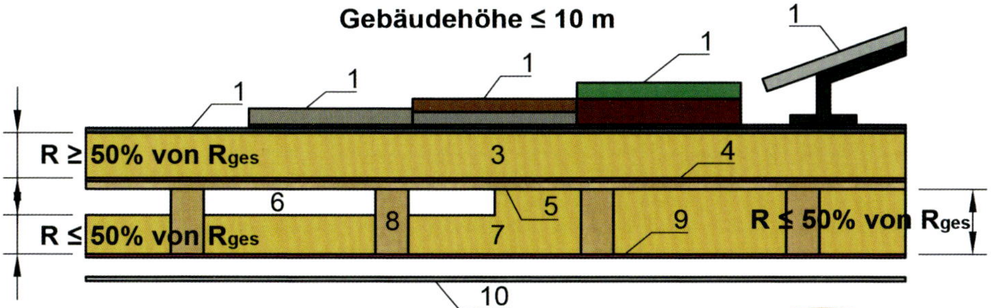

1: Kies, Nutzbelag, Begrünung, Solaranlagen etc.
2: Abdichtung mit $s_d \geq 100$ m
bei Schaumglas-Dämmung oder
alukaschierter PU-Dämmung darf $s_d < 100$ m
3: Aufdachdämmung mit $R \geq 50\%$ von R_{ges}
4: Dampfsperre mit $s_d \geq 100$ m
bei Schaumglas-Dämmung oder
alukaschierter PU-Dämmung darf $s_d < 100$ m
5: Schalung aus Vollholz oder Holzwerkstoff
6: ruhende Luftschicht
7: Gefachdämmung mit $R \leq 50\%$ von R_{ges}
(bezogen auf die Stelle der geringsten Dicke der Aufdachdämmung)
8: Holzbalken
9: flächig durchgehende, feuchtevariable Luftdichheitsschicht
$s_{d,feucht} \leq 1{,}0$ m
$s_{d,trocken} \geq 4{,}0$ m
$s_{d,feucht}$ wird bei einer mittleren Umgebungsluftfeuchte von 90% +/- 2% gemessen
$s_{d,trocken}$ wird bei einer mittleren Umgebungsluftfeuchte von 25% +/- 2% gemessen
10: innenseitige Bekleidung mit Unterkonstruktion

Diese Konstruktion sollte nur in Fällen gewählt werden, wenn eine Ausführung nach Abbildung 40 aus konstruktiven und/oder baurechtlichen Gründen nicht möglich ist.

Abb. 42: Nachweisfreie Dächer mit Abdichtungen (ohne Konterlattenebene) – Dächer in Holzbauweise mit Gefach- und Aufdachdämmung – Luftdichtheitsschicht unterhalb der Tragkonstruktion – Gebäudehöhe ≤ 8 m

Gebäudehöhe ≤ 8 m

Nutzung der Dachfläche stark eingeschränkt!
Kies, Beläge, Solaranlagen etc. sind nicht zulässig!

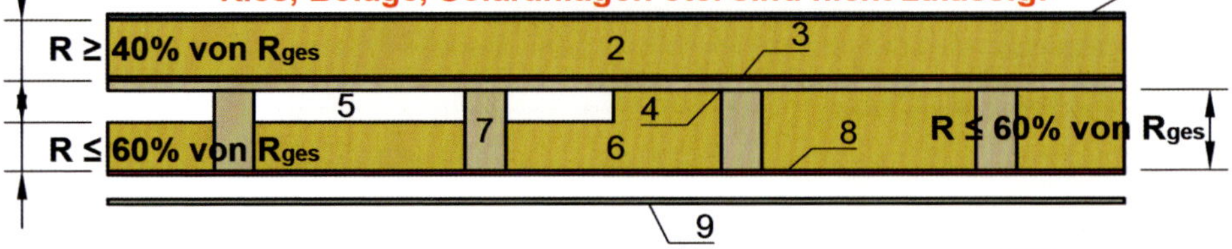

1: Abdichtung (**frei bewittert**) mit $s_d \geq 100$ m
Strahlungsabsorptionsgrad > 0,9
(schwarze Abdichtung)
bei Schaumglas-Dämmung oder
alukaschierter PU-Dämmung darf $s_d < 100$ m
2: Aufdachdämmung mit $R \geq 40\%$ von R_{ges}
3: Dampfsperre mit $s_d \geq 100$ m
bei Schaumglas-Dämmung oder
alukaschierter PU-Dämmung darf $s_d < 100$ m
4: Schalung aus Vollholz oder Holzwerkstoff
5: ruhende Luftschicht
6: Gefachdämmung mit $R \leq 60\%$ von R_{ges} (bezogen auf die Stelle der geringsten Dicke der Aufdachdämmung)
7: Holzbalken
8: flächig durchgehende, feuchtevariable Luftdichheitsschicht
$s_{d,feucht} \leq 1{,}0$ m
$s_{d,trocken} \geq 4{,}0$ m
$s_{d,feucht}$ wird bei einer mittleren Umgebungsluftfeuchte von 90% +/- 2% gemessen
$s_{d,trocken}$ wird bei einer mittleren Umgebungsluftfeuchte von 25% +/- 2% gemessen
9: innenseitige Bekleidung mit Unterkonstruktion

Diese Konstruktion sollte nur in Fällen gewählt werden, wenn eine Ausführung nach Abbildung 40 aus konstruktiven und/oder baurechtlichen Gründen nicht möglich ist.

Abb. 43: Nachweisfreie Umkehrdächer

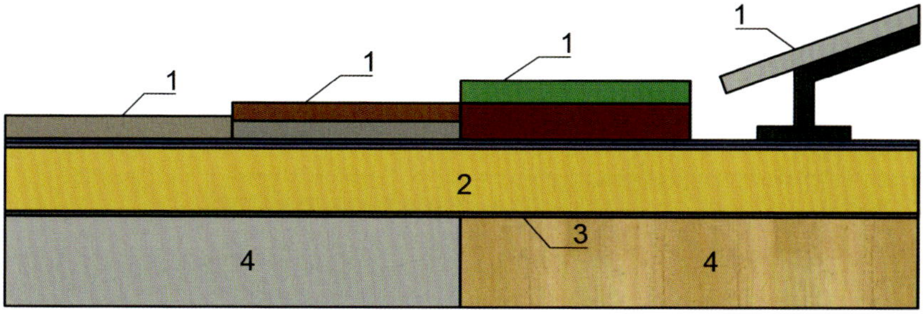

1: Kies, Nutzbelag, Begrünung, Solaranlagen etc. (entsprechend des bauaufsichtlichen Verwendbarkeitsnachweises der Umkehrdachdämmung)
2: Umkehrdachdämmung Anwendungstyp DUK nach DIN 4108-10 einschließlich aller Funktionsschichten (z.B. Schutzvliese etc.) entsprechend des bauaufsichtlichen Verwendbarkeitsnachweises
3: Abdichtung
4: Tragkonstruktion (materialunabhängig) bei einer flächenbezogenen Masse $< 250 kg/m^2$ muss der Wärmedurchlasswiderstand unterhalb der Abdichtung mindestens $0,15 m^2K/W$ betragen

Abb. 44: Nachweisfreie Porenbetondächer ohne diffusionshemmende Schicht an der Unterseite und ohne zusätzliche Wärmedämmung

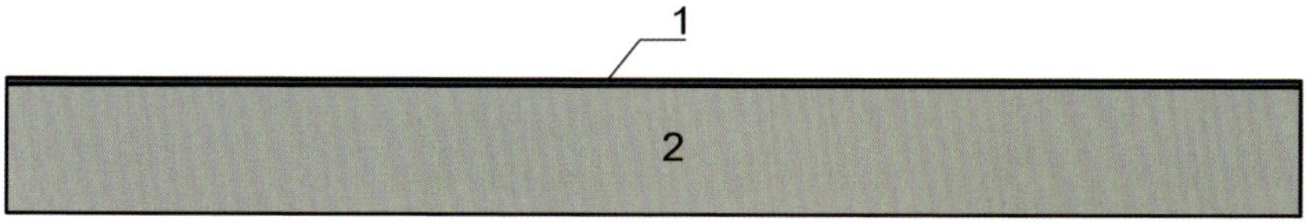

1: Abdichtung
2: Porenbeton nach DIN EN 12602 ohne diffusionshemmende Schicht an der Unterseite und ohne zusätzliche Wärmedämmung

7.9 Nachweisfreie belüftete Dächer – Abbildungen 45 bis 46

Abb. 45: Belüftete Dächer mit einer Neigung < 5° (ca. 9 %) (auch für helle Dachoberflächen)

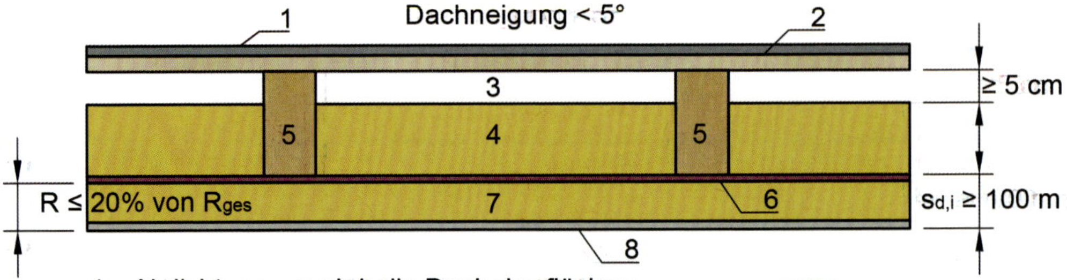

1: Abdichtung - auch helle Dachoberflächen -
2: Schalung
3: belüftete Luftschicht mit d ≥ 5 cm
4: Gefachdämmung
5: Sparren
6: Luftdichtheitsschicht
7: Installationsebene mit R ≤ 20% von x R_{ges}
8: innenseitige Bekleidung

Abb. 46: Belüftete Dächer mit einer Neigung ≥ 5° (ca. 9 %) (auch für helle Dachoberflächen)

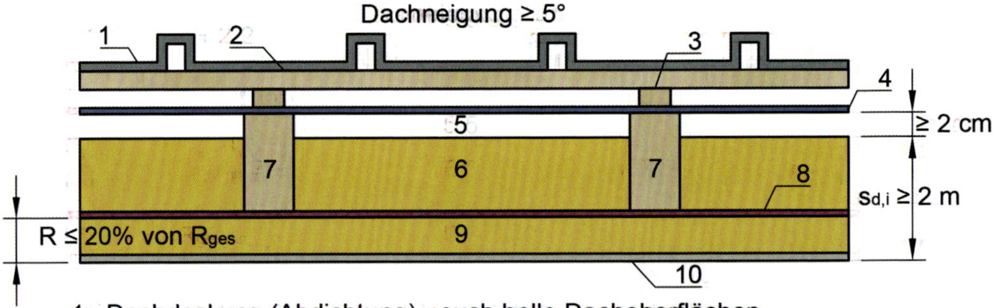

1: Dachdeckung (Abdichtung) - auch helle Dachoberflächen-
2: Traglattung (Schalung)
3: Konterlattenebene als belüftete Luftschicht
4: Unterspannung
5: belüftete Luftschicht mit d ≥ 2 cm
6: Gefachdämmung
7: Sparren
8: Luftdichtheitsschicht
9: Installationsebene mit R ≤ 20% von R_{ges}
10: innenseitige Bekleidung

8 Feuchteschutz – Konstruktionsprinzipien für nachweisfreie oberste Geschossdecken

Die Abbildung 47 zeigt nachweisfreie oberste Geschossdecken nach DIN 4108-3, die die alleinige thermische Gebäudehülle mit Luftdichtheitsschicht bilden. Damit diese Bauteile nachweisfrei sind, muss der darüberliegende Dachraum belüftet sein. Die Lüftungsöffnungen müssen mindestens 20 cm^2 pro m^2 Grundfläche des Dachraums aufweisen und können z. B.

- an Traufe und First,
- an Traufe und Pultabschluss,
- am First bzw. im Firstbereich,
- in gegenüberliegenden Außenwänden

angeordnet sein. Die Lüftungsöffnungen für belüftete Luftschichten und belüftete Dachdeckungen können dabei angerechnet werden.

Abb. 47: Oberste Geschossdecken

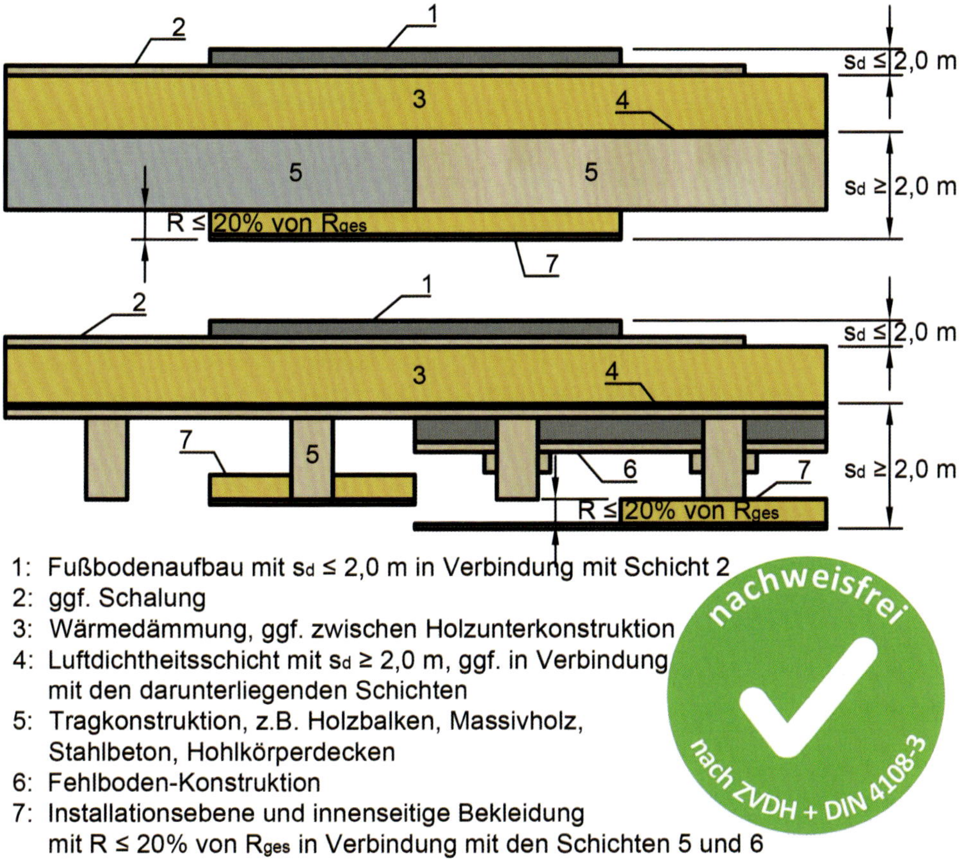

9 Feuchteschutz – Konstruktionsprinzipien für nachweisfreie Außenwände

(1) Nachweisfrei sind Wände aus

- ein- und zweischaligem Mauerwerk (nach DIN 1053-1) oder
- Normalbeton (nach DIN EN 206[17], DIN1045-2) oder
- Leichtbeton (nach DIN 1045-1, DIN 1045-2[18], DIN EN 206-1, DIN 4213[19], DIN EN 992[20], DIN EN 1520[21])

jeweils mit Innenputz und Außenwandbekleidung nach dem Regelwerk des ZVDH oder DIN 18516-1[22] mit oder ohne Wärmedämmung. Für diese Außenwände ist kein rechnerischer Nachweis erforderlich.

(2) Grundsätzlich gelten für Außenwände und Gaubenkonstruktionen in Holzbauweise dieselben Bedingungen wie für Dächer, wenn die Außenwand mit Außenwandbekleidung nach dem Regelwerk des ZVDH oder DIN 18516-1 mit oder ohne Wärmedämmung bekleidet wird.

Bei luftdurchlässigen Außenwandbekleidungen ohne Be- oder Hinterlüftung ist nach DIN 68800-2 zum Schutz der Wärmedämmung eine Wasser ableitende Schicht, z. B. aus Unterdeckbahnen oder Unterdeckplatten, auf der Wärmedämmung anzuordnen.

Für die Ausbildung des Sockels bei Wänden in Holzbauweise ist die DIN 68800-2 zu berücksichtigen.

(3) Nachweisfrei sind Holzfachwerkwände mit Außendämmung und hinterlüfteter Außenwandbekleidung nach DIN 4108-3.

(4) Nachweisfrei sind Kelleraußenwände aus einschaligem Mauerwerk oder Beton mit außenliegender Wärmedämmung (Perimeterdämmung nach DIN 4108-10[23] oder Zulassung), für diese Außenwände ist kein rechnerischer Nachweis erforderlich. Ggf. muss der bauaufsichtliche Verwendbarkeitsnachweis (allgemeine bauaufsichtliche Zulassung, Europäische Technische Bewertung oder Bauartgenehmigung) für die Perimeterdämmung berücksichtigt werden.

(5) Weitere nachweisfreie Bauteile sind in

- DIN 4108-3 für den klimabedingten Feuchteschutz,
- DIN 68800-2 für den Holzschutz

aufgeführt.

10 Schlagregenbeanspruchung von Außenwänden

(1) Der Schlagregenschutz von Außenwänden wird in DIN 4108-3 geregelt.

(2) Wände mit Außenwandbekleidungen nach dem Regelwerk des ZVDH oder DIN 18516-1 erfüllen den Schlagregenschutz nach DIN 4108-3.

---

[17] DIN EN 206 Beton – Festlegung, Eingenschaften, Herstellung und Konformität
[18] DIN 1045-2 Tragwerke aus Beton, Stahlbeton und Spannbeton – Teil 2: Beton
[19] DIN 4213 Anwendung von vorgefertigten Bauteilen aus haufwerksporigem Leichtbeton mit statisch anrechenbarer oder nicht anrechenbarer Bewehrung in Bauwerken
[20] DIN EN 992 Bestimmung der Trockenrohdichte von haufwerksporigem Leichtbeton
[21] DIN EN 1520 Vorgefertigte Bauteile aus haufwerksporigem Leichtbeton mit statisch anrechenbarer oder nicht anrechenbarer Bewehrung
[22] DIN 18516-1 Außenwandbekleidungen, hinterlüftet; Anforderungen, Prüfgrundsätze
[23] DIN 4108-10 Wärmeschutz und Energie-Einsparung in Gebäuden – Teil 10: Anwendungsbezogene Anforderungen an Wärmedämmstoffe

Deutsches Dachdeckerhandwerk
– Regelwerk –

Merkblatt
Äußerer Blitzschutz
auf Dach und Wand

Aufgestellt und herausgegeben vom

Zentralverband des Deutschen Dachdeckerhandwerks –
Fachverband Dach-, Wand- und Abdichtungstechnik – e.V.

in Zusammenarbeit mit dem

VDE Verband der Elektrotechnik Elektronik Informationstechnik e.V.
Ausschuss für Blitzschutz und Blitzforschung (ABB)

Ausgabe 01. Dezember 2018

RM Rudolf Müller

Vorgänger

Merkblatt „Blitzschutz auf und an Dächern"	Ausgabe September 1999
Merkblatt „Äußerer Blitzschutz auf Dach und Wand"	Ausgabe März 2003
Merkblatt „Äußerer Blitzschutz auf Dach und Wand"	Ausgabe November 2010

Verlag: Verlagsgesellschaft Rudolf Müller GmbH & Co. KG, Stolberger Str. 84, 50933 Köln

Satz: QuartNet GmbH & Co. KG, Erftstadt

Druck: Medienhaus Plump, Rheinbreitbach

12/18

Inhaltsverzeichnis

1 Allgemeines

1.1 Geltungsbereich

Dieses Merkblatt gilt für die Planung und Montage des Äußeren Blitzschutzes an und auf Dächern und an Wänden. Es ist eine Ergänzung zu den grundsätzlichen Anforderungen an den Blitzschutz in Normen und VDE-Vorschriften (siehe Anhang III). Blitzschutzsysteme müssen durch eine Blitzschutz-Fachkraft errichtet werden.

1.1.1 Notwendigkeit

Die Notwendigkeit von Blitzschutzsystemen ergibt sich aus

- den gesetzlichen Auflagen und Verordnungen (z.B. Landesbauordnungen),
- der Risikoanalyse aus der DIN EN 62305-2 (VDE 0185-305-2),
- den Auflagen der Sachversicherer.

1.1.2 Blitzschutz-Fachkraft

Eine Blitzschutz-Fachkraft (z.B. „VDE-geprüfte Blitzschutzfachkraft“) ist, wer aufgrund seiner fachlichen Ausbildung, Kenntnisse und Erfahrungen sowie Kenntnis der einschlägigen Normen Blitzschutzsysteme planen, errichten oder prüfen kann. Sie verfügt über mehrjährige Berufserfahrung und zeitnahe berufliche Tätigkeiten im Bereich des Blitzschutzes.

1.2 Begriffe

1.2.1 Blitzschutzsystem

Ein Blitzschutzsystem ist das gesamte System für den Schutz einer baulichen Anlage gegen Auswirkungen des Blitzes. Es besteht sowohl aus dem Äußeren als auch aus dem Inneren Blitzschutz.

1.2.2 Blitzschutzklassen/Gefährdungspegel

Blitzschutzklassen/Gefährdungspegel dienen zur Klassifizierung von Blitzschutzsystemen entsprechend deren Wirksamkeit. Die Blitzschutzklasse/Gefährdungspegel drückt die Wahrscheinlichkeit aus, mit der ein Blitzschutzsystem eine bauliche Anlage gegen Blitzeinwirkungen schützt.

1.2.3 Äußerer Blitzschutz

Äußerer Blitzschutz besteht aus der Fangeinrichtung, der Ableitungseinrichtung und der Erdungsanlage.

1.2.4 Innerer Blitzschutz

Alle zusätzlichen Maßnahmen zu den in Abschnitt 1.2.3 aufgeführten notwendigen Maßnahmen einschließlich Schutzpotenzialausgleich, Einhaltung des Trennungsabstandes und der Verminderung der elektromagnetischen Auswirkungen des Blitzstroms innerhalb der zu schützenden baulichen Anlage.

1.2.4.1 Blitzschutzpotenzialausgleich

Der Blitzschutzpotenzialausgleich ist die Verbindung aller getrennten leitenden Anlagenteile direkt durch Leitungen oder Überspannungsschutzgeräte als Teil des Inneren Blitzschutzes, um die vom Blitzstrom hervorgehobenen Potenzialunterschiede zwischen diesen Teilen zu reduzieren.

1.2.4.2 Potenzialausgleichsschiene

Die Potenzialausgleichsschiene ist eine Sammelschiene, an der metallene Installationen wie z.B. metallene Rohrleitungen und metallene Lüftungskanäle, äußere leitende Teile und Leitungen der Energie- und Informationstechnik mit dem Blitzschutzsystem verbunden werden.

1.2.5 Fangeinrichtung

Die Fangeinrichtung ist der Teil des Äußeren Blitzschutzes, der zum Auffangen der Blitze bestimmt ist.

1.2.6 Schutzwinkel

Der Schutzwinkel (Schutzraum) beschreibt den Schutzbereich um Teile der Fangeinrichtung.

1.2.7 Trennungsabstand (Vermeidung einer Näherung)

Der Trennungsabstand ist der Mindestabstand zwischen 2 leitenden Teilen der zu schützenden baulichen Anlage, über den keine gefährliche Funkenbildung stattfindet.

1.2.8 Ableitungseinrichtung

Die Ableitungseinrichtung ist der Teil des Äußeren Blitzschutzes, der dazu bestimmt ist, den Blitzstrom von der Fangeinrichtung zur Erdungsanlage abzuleiten.

1.2.9 Erdungsanlage

Die Erdungsanlage ist der Teil des Äußeren Blitzschutzes, der den Blitzstrom in die Erde leitet und verteilt.

1.2.10 Natürlicher Bestandteil

Ein „natürlicher Bestandteil" ist ein Bestandteil der baulichen Anlage, der eine Blitzschutzfunktion erfüllt, aber nicht speziell zu diesem Zwecke installiert wurde.

Beispiele für die Anwendung dieser Bezeichnung:

- „natürliche" Fangeinrichtung, z.B. Mauerabdeckung, Regenrinnen usw.
- „natürliche" Ableitungseinrichtung, z.B. durchgehende elektrisch leitfähige Fassadenteile
- „natürliche" Erdungsanlagenteile, z.B. Fundamentarmierungen

1.2.11 Verbindung

Verbindungen sind Klemmen oder Anschlussbauteile, die Leitungen untereinander oder mit anderen leitfähigen Bauteilen verbinden.

Verbindungen sind auf ein Minimum zu beschränken. Verbindungen sind durch Hartlöten, Schweißen, Klemmen, Quetschen, Falzen, Schrauben oder Nieten sicher auszuführen.

Anmerkung: Sie müssen nach DIN EN 62561-1 (VDE 0185-561-1):2017-12 geprüft sein.

1.2.12 Befestigung

Eine Befestigung ist ein Bauteil, das die Leitung in der vorgegebenen Lage fixiert.

1.2.13 Schutzlage

Eine Schutzlage schützt die vorhandene Dachabdichtung vor mechanischen und chemischen Einflüssen (z.B. Bautenschutzmatte).

1.2.14 Einrichtungen zum Befestigen von persönlicher Schutzausrüstung gegen Absturz (PSAgA)

Eine Einrichtung zum Befestigen von persönlicher Schutzausrüstung gegen Absturz (PSAgA) kann aus einzelnen Anschlagpunkten oder aus Seil- bzw. Schienensystemen bestehen.

1.2.15 Metallener Schornstein bzw. –einsatz

Bauteil, welches der Abführung von Rauch und/oder Abgasen dient.

1.2.16 Photovoltaik- und solarthermische Anlagen

Bauteile zur solaren Energiegewinnung.

2 Werkstoffe und Anforderungen

2.1 Werkstoffe

2.1.1 Verträglichkeit von Werkstoffen

Nur untereinander verträgliche Werkstoffe dürfen verwendet werden. Die am Bauwerk befindlichen Materialien sind hierbei zu berücksichtigen (siehe „Fachregel für Metallarbeiten im Dachdeckerhandwerk").

2.1.2 Abmessungen

Die erforderlichen Mindestmaße der Einbauteile sind in DIN EN 62305-3 (VDE 0185-305-3):2011-10, Tabelle 3, 6 und 7, Werkstoffe (Anhang I, Tabelle I.1 und Tabelle I.2) beschrieben.

2.1.3 Konstruktiver Korrosionsschutz

Das Blitzschutzsystem sollte aus korrosionsbeständigem Werkstoff wie Kupfer, Aluminium, rostfreiem und verz. Stahl ausgeführt werden.

Aluminiumleiter sollten nicht direkt an Gebäude mit kalkhaltiger Oberfläche wie Kalkstein oder Kalksteinputz oder in Beton und niemals im Erdboden verlegt werden.

Innerhalb und unmittelbar auf Mauerwerk oder Beton müssen Leitungen aus Aluminium mit einer Umhüllung gegen Korrosion geschützt werden.

Bei der Verbindung von verschiedenen Materialien sind spezielle Bauelemente zu verwenden, damit die Korrosion bei Feuchtigkeit unterbunden wird. Verbindungen mit Blei-Zwischenlagen sind nicht zulässig.

2.2 Anforderungen

2.2.1 Planung eines Blitzschutzsystems

(1) Ein technisch und wirtschaftlich optimierter Entwurf eines Blitzschutzsystems ist nur möglich, wenn die Schritte der Planung des Blitzschutzsystems und die der Planung und Errichtung der zu schützenden baulichen Anlage aufeinander abgestimmt sind. Die notwendige Planung erstreckt sich auf das gesamte Blitzschutzsystem unter Berücksichtigung der Nutzung der einzelnen Komponenten in Verbindung mit der notwendigen Abstimmung zur vorhandenen Dachdeckung, Dachabdichtung, Außenwand und der statischen Berechnung.

(2) Die temperaturbedingte Längenänderung sowie Schnee- und Windlast sind zu berücksichtigen.

3 Ausführung

3.1 Planungsvorgaben

(1) Bei der Planung sind die gewerküberschreitenden technischen Berührungspunkte zu berücksichtigen und abzustimmen.

(2) Die Ermittlung der Blitzschutzklasse erfolgt durch den Planer des Blitzschutzsystems. Abhängig von der Blitzschutzklasse ergeben sich die Anordnung der Fangeinrichtung und die Anzahl der Ableitungen.

3.2 Fangeinrichtung

(1) Die Abmessungen und Werkstoffe für Fangeinrichtungen müssen der Tabelle I.1 Anhang I entsprechen.

(2) Natürliche Bestandteile, wie Bekleidungen und Abdeckungen aus Metall an der zu schützenden baulichen Anlage, können als Fangeinrichtung verwendet werden. Voraussetzung ist die dauerhafte, blitzstromtragfähige Verbindung zwischen den verschiedenen Teilen.

(3) Bei Blitzeinschlag kann es am Einschlagpunkt zum Durchschmelzen oder zu unzulässiger Erhitzung kommen. Dies kann weitestgehend vermieden werden, wenn die Mindestdicken t aus der Tabelle I.2 Anhang I eingehalten werden.

(4) Soll dies aufgrund einer Vereinbarung mit dem Auftraggeber nicht ausgeschlossen werden, müssen die Mindestdicken t' aus der Tabelle I.2 Anhang I eingehalten werden. Die Regensicherheit der Dacheindeckung kann dann nach Blitzeinschlag nicht mehr gegeben sein.

(5) Eine Beschichtung mit Farbe, ≤ 1 mm Bitumen oder ≤ 0,5 mm PVC ist nicht als Isolierung zu betrachten.

(6) Leitfähige Dachaufbauten ohne leitende Verbindung in das Innere der baulichen Anlage müssen mit der Fangeinrichtung verbunden werden, wenn eine ihrer Abmessungen folgende Werte übersteigen:
- Höhe über das Dachniveau 0,3 m
- Gesamtfläche des Aufbaus 1,0 m^2
- Länge des Aufbaus 2,0 m

(7) Nicht leitende Dachaufbauten erfordern keinen zusätzlichen Schutz, wenn sie im Schutzbereich von Fangeinrichtungen liegen oder nicht mehr als 0,5 m über die Fangebene hinausragen.

3.3 Ableitungen

(1) Natürliche Bestandteile, wie Metallkonstruktionen, Bleche, metallene Unterkonstruktionen und Metallfassaden an der zu schützenden baulichen Anlage, können als Ableitung verwendet werden, wenn ihre Abmessungen den Anforderungen an Ableitungen entsprechen (siehe Anhang I), ihre Dicke ≥ 0,5 mm beträgt und eine elektrisch leitende, blitzstromtragfähige Verbindung gewährleistet ist. Überlappende Verbindungen gelten nicht als elektrisch leitende Verbindung.

(2) Enge Biegungen der Ableitung sind zu vermeiden.

(3) Erforderliche Isolierungen der Leitungen nach Abschnitt 3.6 (2) sind zu beachten.

(4) Sofern erforderlich, sind Wasserabweiser einzubauen.

3.4 Befestigungen

(1) Die Bauteile müssen so befestigt werden, dass elektrodynamische oder andere mechanische Kräfte (z.B. Schwingungen, Ausdehnungen), Schneeabrutschungen usw. nicht zu Unterbrechungen der Leitungen führen.

(2) Auf Dachabdichtungen, z.B. mit Bitumen- oder Kunststoffdachdichtungsbahnen, dürfen keine starren Verbindungen der Leitungshalter angebracht werden. Die Einbauanweisungen der Hersteller müssen eingehalten werden.

(3) Damit Dachleitungshalter auf der ungeschützten Oberfläche von Dachabdichtungen mit Kunststoffbahnen durch Wind und Wasser nicht verschoben werden, ist eine Lagesicherung der Dachleitungshalter zu empfehlen. Für diese Anwendungsfälle eignen sich z.B. Dachleitungshalter mit Schnapptechnik. Hierzu wird ein Streifen der Kunststoffdachbahn in üblicher Fügetechnik mit einer Länge von ca. 200 mm und einer Breite von ca. 100 mm zwischen dem Dachleitungshalter und der darauf aufzuschnappenden Grundplatte rechtwinklig zur Fangleitung befestigt. Dadurch wird ein Verschieben der Fangleitungen auf den Kunststoffbahnen verhindert. Bei einer Dachneigung von > 5° ist jeder Dachleitungshalter und bei einer Dachneigung von ≤ 5° jeder zweite Dachleitungshalter mit einem Streifen der Kunststoffdachbahn zu versehen. Die Anordnung der Dachleitungshalter sollte bei mechanisch befestigten Kunststoffbahnen im unmittelbaren Bereich der mechanischen Befestigung erfolgen (siehe Anhang II Abb. II.10). Diese Arbeiten müssen von einem Dachdeckerfachbetrieb ausgeführt werden.

(4) Leitungshalter müssen nach den jeweiligen Herstellerangaben befestigt werden.

3.5 Erdung

(1) Die Erdungsanlage hat die Aufgabe, einen gut leitenden Kontakt mit dem Erdreich herzustellen. Hierdurch soll ein Einleiten des Blitzstroms in die Erde ungehindert stattfinden.

(2) Form und Abmessung der Erdungsanlage sind wichtiger als ein bestimmter Erdungswiderstand. Empfohlen wird jedoch ein niedriger Wert. Eine Erdungsanlage als geschlossener Ring um das zu schützende Gebäude ist einem Erdungssystem aus Einzelerdern immer vorzuziehen. Sind Einzelerder nicht zu vermeiden, dann muss pro erforderliche Ableitung eine Mindestlänge von 5 m für Horizontalerder und 2,5 m für Vertikalerder bei Blitzschutzklasse III und IV verlegt werden. Bei Blitzschutzklasse I und II bestimmt die Leitfähigkeit des Erdreichs die Erderlänge. Die Einzelerder müssen auf Höhe des Erdniveaus alle miteinander verbunden werden. Diese Verbindung kann auch durch Leitungen oder Rohrleitungen, die durch das Gebäude geführt sind, hergestellt werden. Vertikalerder mit einer Länge von 9 m Länge haben sich bewährt. Es wird empfohlen, den ersten Meter eines Vertikalerders unter Frostbedingungen als unwirksam zu betrachten. Die Verlegetiefe von Horizontalerdern ist größer 0,5 m und der Abstand zum Gebäude etwa 1 m.

(3) Die Erdungsanlage soll für alle Zwecke der baulichen Anlage geeignet sein (Blitzschutz, Niederspannungsanlage u.a.).

(4) Man unterscheidet grundsätzlich zwischen 2 Arten der Erderanordnung: Erder Typ A (Einzelerder) und Erder Typ B (Fundament- oder Ringerder).

(5) Nach den anerkannten technischen Richtlinien müssen Erdungsanlagen ohne Verwendung von vorhandenen metallenen Wasserleitungen für sich alleine funktionsfähig sein. Diese Forderung stützt sich auf die zunehmende Verwendung von Kunststoffrohren für Wasserleitungen.

(6) Die Erdungsanlage muss mit der Potenzialausgleichsschiene verbunden werden.

(7) Bei der Errichtung eines Fudamenterders ist DIN 18014:2014-03 zu beachten.

3.6 Messstellen

(1) Die Messstellen sollen an jedem Anschluss zur Erdungsanlage angebracht sein. Bei der Verwendung von natürlichen Ableitungen kann diese auch auf dem Dach angeordnet werden.

(2) Um eine Messung des Äußeren Blitzschutzes durchführen zu können, ist, falls notwendig, die Ableitung bzw. die Verbindungsleitung isoliert auszuführen (siehe Abb. II.2 und Abb. II.3).

(3) Messstellen müssen jederzeit zugänglich und sollen witterungsbeständig fortlaufend nummeriert sein.

3.7 Dachdurchführungen bei Dächern mit Abdichtungen

(1) Dachdurchführungen sollen möglichst vermieden werden. Falls sie erforderlich sind, muss zum Randbereich ein Abstand von ≥ 1 m (Rohbaumaß) und zu allen anderen Anschlüssen ein Abstand von ≥ 0,5 m eingehalten werden.

(2) Nach oben muss sie von Oberkante Belag eine Höhe von ≥ 150 mm haben. Der verbleibende Hohlraum muss ausgeschäumt werden.

(3) Enge Biegungen müssen vermieden werden. Der Anschluss der Fangeinrichtung muss so erfolgen, dass keine Kräfte auf die Durchführung wirken (siehe Abb. II.4).

(4) Die Abdichtungsarbeiten müssen von einem Dachdeckerfachbetrieb ausgeführt werden.

3.8 Dachaufbauten mit leitfähigen Verbindungen

(1) Dachaufbauten mit leitfähigen Verbindungen ins Gebäudeinnere müssen in das Blitzschutzsystem integriert werden. Um ein Verschleppen von Blitzteilströmen in das Innere des Objektes zu verhindern, ist der Schutz dieser Einrichtungen durch Fangstangen oder durch getrennte Fangeinrichtungen zu realisieren. Die zu schützende Einrichtung darf nicht mit der Fangeinrichtung verbunden werden. Der Trennungsabstand muss beachtet werden (siehe Abb. II.6, 7 und 8).

(2) Die Höhe der Fangstange ist entsprechend der Blitzschutzklasse zu bemessen (siehe Abb. II.6, 7 und 8 und Anhang I, Tabelle I.3).

(3) Bei Dächern mit Abdichtungen ist als mechanischer Schutz der Dachbahn unterhalb des Betonsockels der Fangstange eine Schutzlage aus einem geeigneten Werkstoff zu legen. Die Werkstoffverträglichkeit der Schutzlage mit der Dachbahn muss gegeben sein (siehe Abb. II.6, 7 und 8).

3.9 Außenwandbekleidung

3.9.1 Metallene Unterkonstruktionen

(1) Die Mindestanzahl von Ableitungen, die für das Gebäude erforderlich ist, kann durch eine entsprechende Anzahl elektrisch leitend verbundener senkrechter Teile der Unterkonstruktion erreicht werden. Die notwendigen Verbindungen zur Fangeinrichtung und zur Erdungsanlage müssen hergestellt werden.

(2) Der erforderliche Trennungsabstand der Unterkonstruktion zu anderen leitfähigen Teilen kann verringert werden, wenn die Unterkonstruktion horizontal verbunden wird. Eine wesentliche Verbesserung ergibt sich bei engmaschigerer Verbindung der Unterkonstruktionen (waagerecht und senkrecht).

3.9.2 Metallene Außenwandbekleidungen

(1) Metallene Außenwandbekleidungen können als Ableitung verwendet werden, wenn ihre Abmessungen den Anforderungen an Ableitungen entsprechen (siehe Anhang I), ihre Dicke ≥ 0,5 mm beträgt und eine elektrisch leitende Verbindung gewährleistet ist. Die notwendigen Verbindungen zur Fangeinrichtung und zur Erdungsanlage müssen hergestellt werden. Überlappende Verbindungen gelten nicht als elektrisch leitende Verbindung.

(2) Eine Gebäudeschirmung ergibt sich bei einer engmaschigen und großflächigen elektrisch leitenden Verbindung. Die Verbindung der großflächigen Elemente kann auch über die Unterkonstruktion erfolgen.

3.10 Einrichtungen zum Befestigen von persönlicher Schutzausrüstung gegen Absturz (PSAgA)

(1) Eine Einrichtung zum Befestigen von persönlicher Schutzausrüstung gegen Absturz (PSAgA) kann aus einzelnen Anschlagpunkten oder aus Seil- bzw. Schienensystemen bestehen.

(2) Einrichtungen zum Befestigen von persönlicher Schutzausrüstung gegen Absturz (PSgA) dürfen nicht als natürliche Fangeinrichtung verwendet werden, weil sie eine Personenschutzeinrichtung ist. Sie sind durch eine Fangeinrichtung vor direktem Blitzschlag zu schützen und müssen, wenn ihre Abmessung einen der Werte von Abschnitt 3.2 (6) übersteigt, mit der Fangeinrichtung verbunden werden. Eine Seil- bzw. Schienenanlage ist an allen Kreuzungspunkten zum Zwecke des Potenzialausgleiches elektrisch sicher zu verbinden. Diese flexiblen Verbindungen zur Seil- bzw. Schienenanlage müssen für den Mitläufer/Seilgleiter überfahrbar und nach DIN EN 62561-1 (VDE 0185-561-1):2017-02 geprüft sein.

(3) Der Trennungsabstand zu metallenen und elektrischen Einrichtungen ist zu beachten.

(4) Bei Dächern mit metallener Eindeckung ist die Seilanlage mindestens am Anfang und am Ende mit dem Metalldach zu verbinden.

(5) Die Fangeinrichtung für die Seilanlage ist mindestens nach Blitzschutzklasse III nach DIN EN 62305-3 (VDE 0185-305-3):2011-10 zu dimensionieren.

3.11 Metallene Schornsteine bzw. –einsätze

(1) Metallene Schornsteine bzw. –einsätze sind durch eine getrennte Fangeinrichtung vor direktem Blitzschlag zu schützen.

(2) Sie müssen am Fußpunkt in den Schutzpotenzialausgleich einbezogen werden.

(3) Siehe auch Merkblatt - Blitzschutz an Abgasanlagen - des Bundesindustrieverband Deutschland Haus-, Energie- und Umwelttechnik e.V. und des ABB.

3.12 Photovoltaik- und solarthermische Anlagen

(1) Photovoltaik- und solarthermische Anlagen werden durch getrennte Fangeinrichtungen vor direkten Blitzeinschlägen geschützt.

(2) Ist der Trennungsabstand mit konventionellen Bauteilen nicht einzuhalten, kann eine hochspannungsisolierte Ableitung verwendet werden.

(3) Ein direkter Anschluss muss vermieden werden. Die Trennungsabstände sind einzuhalten. Bei nicht zu vermeidenden Näherungen aufgrund metallener Konstruktionen ist die Auswirkung des in das Innere der baulichen Anlage eingekoppelten Blitzteilstroms zu beachten. Ein Anschluss an den Potenzialausgleich ist vorzunehmen.

(4) Erforderliche Maßnahmen des inneren Blitzschutzes müssen beachtet werden.

(5) Siehe auch VDE 0185-305-3, Beiblatt 5:2014-02, Blitz- und Überspannungsschutz für PV-Stromversorgungssysteme.

4 Prüfung und Wartung

(1) Prüfungen sind eine der Grundbedingungen für die bestimmungsgemäße Wirksamkeit und die zuverlässige Instandhaltung eines Blitzschutzsystems.

(2) Grundlage der Prüfung sind die jeweils zum Errichtungszeitpunkt des Blitzschutzsystems geltenden Normen sowie die Maßgaben sonstiger zutreffender Vorschriften, Bauverordnungen und dergleichen. Werden bei Überprüfungen Abweichungen von den Anforderungen der aktuellen Normen festgestellt, muss der Bauherr darauf hingewiesen werden.

(3) Bestehen keine behördlichen Auflagen oder Verordnungen mit Prüffristen, so werden die Zeitabstände zwischen den Prüfungen des Blitzschutzsystems der Blitzschutzklasse III und IV empfohlen. Darüber hinaus wird empfohlen, zur Funktionserhaltung der Blitzschutzsystems, eine regelmäßige Wartung durchführen zu lassen.

(4) Prüffristen sind in den Verordnungen über bautechnische Prüfungen (BauPrüfVO) der Länder und in der DIN EN 62305-3 (VDE 0185-305-3):2011-10, Tabelle E.2, festgelegt.

Anhang I: Tabellen

Tabelle I.1: Werkstoff, Form und Mindestquerschnitt von Fangleitungen, Fangstangen und Ableitungen (nach DIN EN 62305-3 (VDE 0185-305-3):2011-10, Tabelle 6)

Werkstoff	Form	Mindestquerschnitt mm^2
Kupfer, verzinntes Kupfer	massives Flachmaterial	50
	massives Rundmaterial[1)]	50
	Seil[2)]	50
	massives Rundmaterial[3)]	176
Aluminium	massives Flachmaterial	70
	massives Rundmaterial	50
	Seil	50
Aluminiumlegierung	massives Flachmaterial	50
	massives Rundmaterial	50
	Seil	50
	massives Rundmaterial[3)]	176
kupferüberzogene Aluminiumlegierung	massives Rundmaterial	50
feuerverzinkter Stahl	massives Flachmaterial	50
	massives Rundmaterial	50
	Seil	50
	massives Rundmaterial[3)]	176
kupferüberzogener Stahl	massives Rundmaterial	50
	massives Flachmaterial	50
rostfreier Stahl	massives Flachmaterial[4)]	50
	massives Rundmaterial[4)]	50
	Seil	50
	massives Rundmaterial[3)]	176

1) Mechanische und elektrische Eigenschaften sowie das Verhalten des Korrosionswiderstands müssen den Anforderungen der Reihe DIN EN 50164 entsprechen.
2) In bestimmten Anwendungen, bei denen mechanische Festigkeit nicht von Bedeutung ist, darf 50 mm^2 (8 mm Durchmesser) auf 25 mm^2 verringert werden. Dabei sollte die Verringerung des Abstandes der Befestigungselemente beachtet werden.
3) Anwendbar für Fangstangen und Erdeinführungsstangen. Für Anwendungen, wo mechanische Beanspruchungen wie Windlast nicht kritisch sind, kann eine höchstens 1 m lange Fangstange mit einem Durchmesser von 9,5 mm verwendet werden.
4) Wenn thermische und mechanische Anforderungen von Bedeutung sind, können diese Maße auf 75 mm^2 erhöht werden.

Tabelle I.2: Mindestdicke von Metallblechen oder Metallrohren in Fangeinrichtungen (nach DIN EN 62305-3 (VDE 0185-305-3):2011-10, Tabelle 3)

LPS-Schutzklasse	Werkstoff	Dicke[1)] t (mm)	Dicke[2)] t' (mm)
I bis IV	Blei	-	2,0
	Stahl (rostfrei, verzinkt)	4	0,5
	Titan	4	0,5
	Kupfer	5	0,5
	Aluminium	7	0,65
	Zink	-	0,7

1) t verhindert Durchlöchern
2) t' nur für Metallbleche, wenn die Verhinderung von Durchlöchern, Überhitzung und Entzündung nicht wichtig ist.

Die folgenden Teile einer baulichen Anlage können als natürliche Fangeinrichtung und Teil eines Blitzschutzsystems betrachtet werden:

- Metallene Bestandteile der Dachkonstruktion (Träger, durchverbundene Bewehrung usw.) unter einer nicht metallenen Dachdeckung, vorausgesetzt, dass Beschädigungen dieser nicht metallenen Dacheindeckung akzeptabel sind.
- Metallteile wie Verzierungen, Geländer, Regenrinnen, Abdeckungen von Brüstungen usw., deren Querschnitt nicht geringer als der für Normbauteile der Fangeinrichtung festgelegte Querschnitt ist.
- Metallrohre und -behälter auf dem Dach, sofern sie aus Werkstoff hergestellt sind, dessen Dicke und Querschnitt Tabelle 6 entsprechen.
- Metallrohre und -behälter, die leicht entflammbare oder explosive Stoffe enthalten, sofern sie aus Werkstoff hergestellt sind, dessen Dicke nicht kleiner als der Wert t in Tabelle 3 ist und sofern die Temperaturerhöhung an der inneren Wandfläche am Einschlagpunkt keine Gefahr darstellt (genaue Informationen siehe DIN EN 62305-3 (VDE 0185-305-3):2011-10 Anhang D).

Wird die Bedingung für die Dicke nicht erfüllt, müssen die Rohre und Behälter in die zu schützenden bauliche Anlage einbezogen werden.

Tabelle I.3: Berechnung der Eindringtiefe zur Anordnung von 2 Fangstangen auf der Basis des Blitzkugelverfahrens (nach DIN EN 62305-3 (VDE 0185-305-3):2011-10, Abschnitt E.5.2.2.2)

Schutzklasse	**I**	**II**	**III**	**IV**
Radius der Blitzkugel r(m) in Abhängigkeit von der Schutzklasse	20	30	45	60
Abstand zwischen den Fangstangen d (m)	Eindringtiefe p (m)	Eindringtiefe p (m)	Eindringtiefe p (m)	Eindringtiefe p (m)
2,00	0,03	0,02	0,01	0,01
3,00	0,06	0,04	0,03	0,02
4,00	0,10	0,07	0,04	0,03
5,00	0,16	0,10	0,07	0,05
6,00	0,23	0,15	0,10	0,08
7,00	0,31	0,20	0,14	0,10
8,00	0,40	0,27	0,18	0,13
9,00	0,51	0,34	0,23	0,17
10,00	0,64	0,42	0,28	0,21
15,00	1,46	0,95	0,63	0,47
20,00	2,68	1,72	1,13	0,84

Berechnungsformel:

$$p = r - \sqrt{r^2 - \frac{d^2}{4}}\,[m]$$

Hinweis: Bei mehreren Fangstangen muss immer die größte Entfernung zwischen den Fangstangen beachtet werden. Der Umfang der Blitzkugel muss einen Abstand von ≥ 0,1 m von dem zu schützenden Objekt einhalten.

Anhang II: Detailskizzen

Verzeichnis der Abbildungen

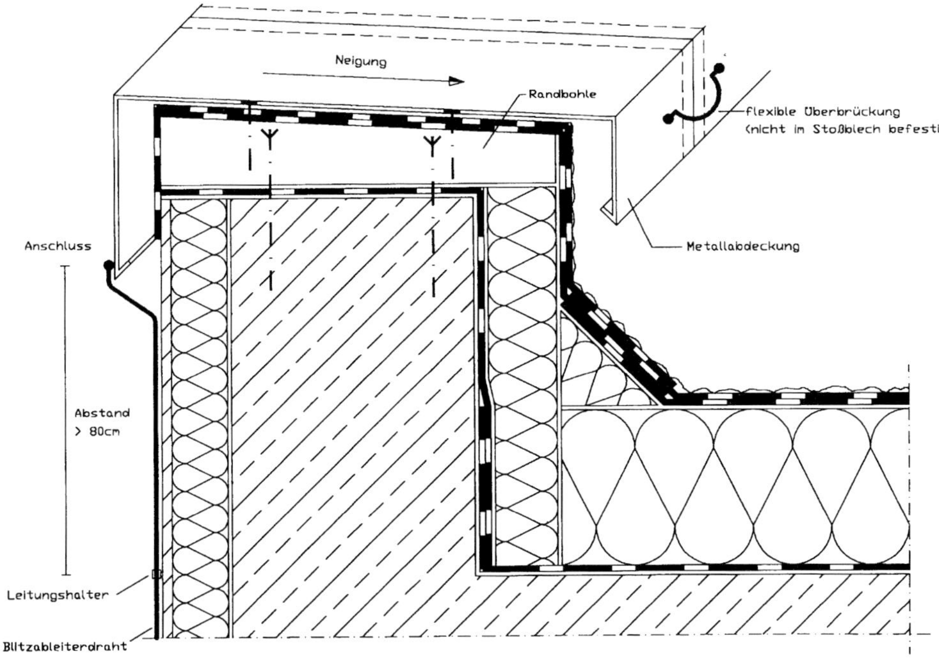

Abb. II.1: Ableitung auf der Wand mit Attika als Fangeinrichtung

Bei der Installation der flexiblen Überbrückung ist darauf zu achten, dass das Stoßblech nicht befestigt wird, um Längenausdehnungen zu gewährleisten.

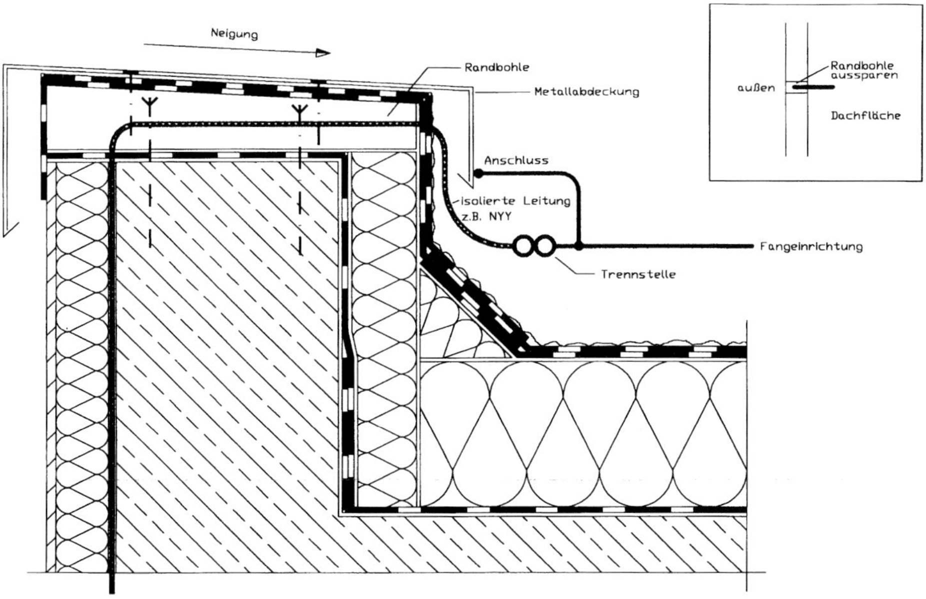

Abb. II.2: Ableitung unter der Wärmedämmung mit Attika als Fangeinrichtung und Trennstelle

Bei dieser Ausführungsform ist die Ableitung zwischen Gebäudewand und Wärmedämmung verlegt. Um eine Messung des Äußeren Blitzschutzes durchführen zu können, ist die Ableitung als isolierte Leitung auszuführen. Die Randbohle muss für die Durchführung der Leitung ausgespart werden. Enge Biegungen sind zu vermeiden.

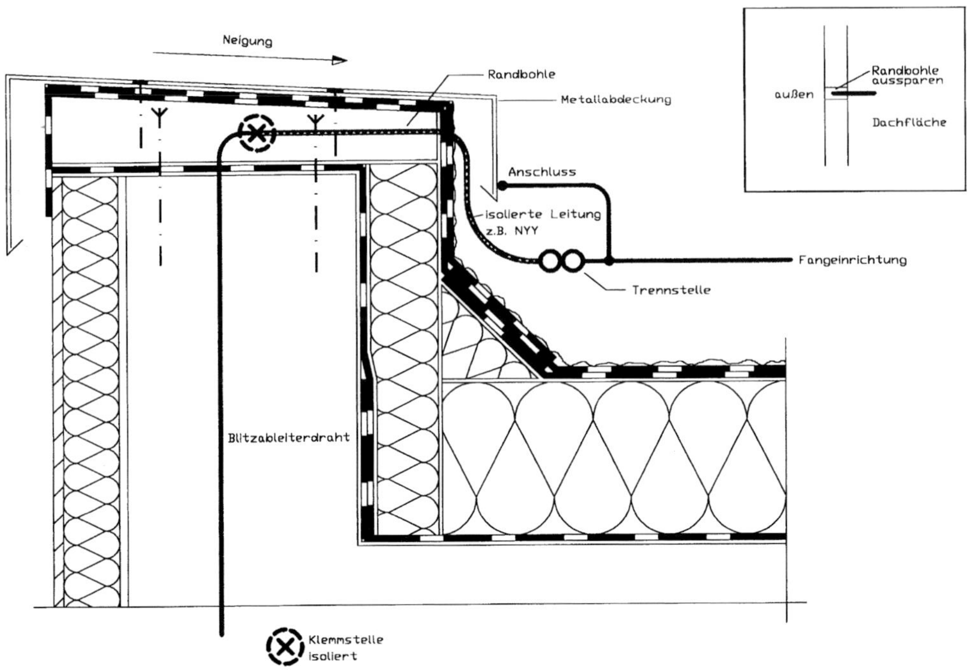

Abb. II.3: Ableitung im Beton/Mauerwerk mit Attika als Fangeinrichtung und Trennstelle

Bei dieser Ausführungsform ist die Ableitung im Beton/Mauerwerk hochgeführt. Um eine Messung des Äußeren Blitzschutzes durchführen zu können, ist die Verbindungsleitung zur Messstelle isoliert auszuführen.

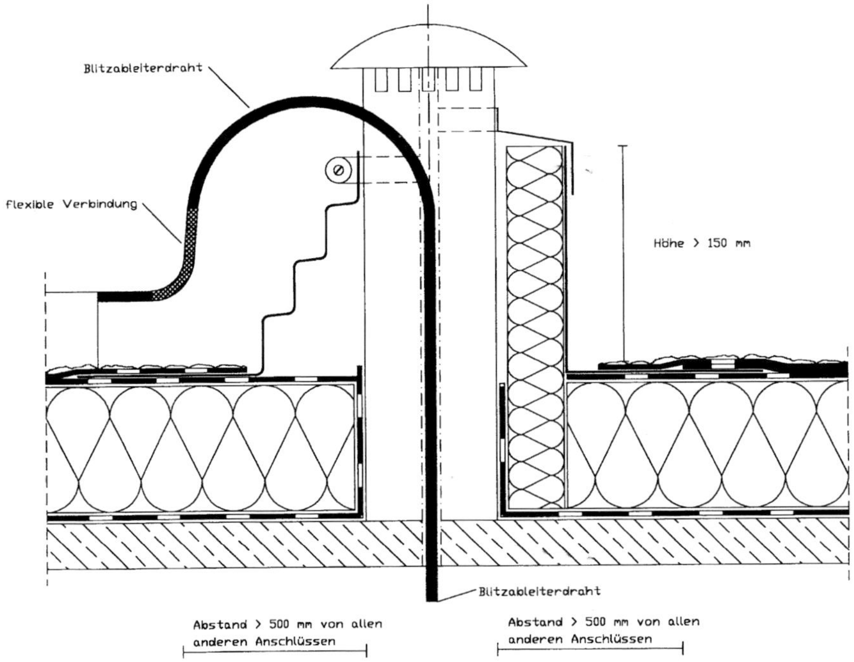

Abb. II. 4: Dachdurchführung

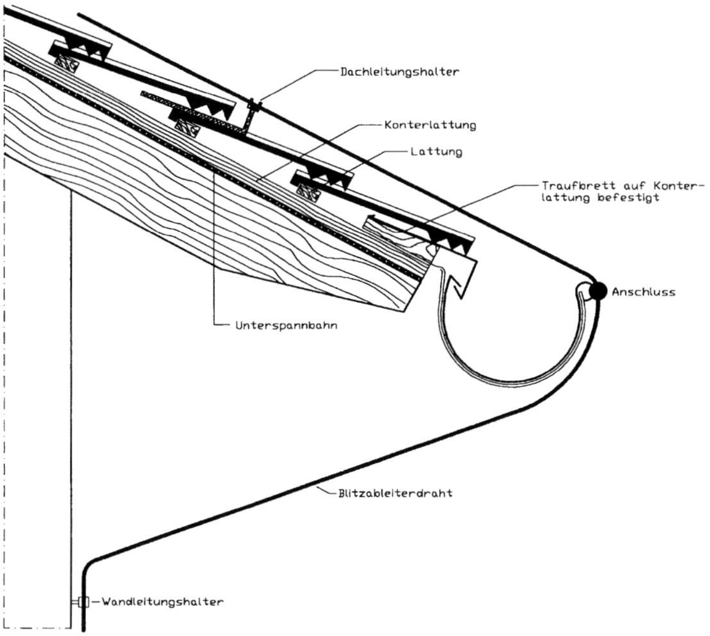

Abb. II.5: Fangleitung auf Dachziegeln/-steinen

Aufgrund der verschiedenartigsten Dacheindeckungen wird in diesem Bild exemplarisch eine Installationsvariante dargestellt. Der Dachleitungshalter wird entsprechend seiner Konstruktion eingebaut.

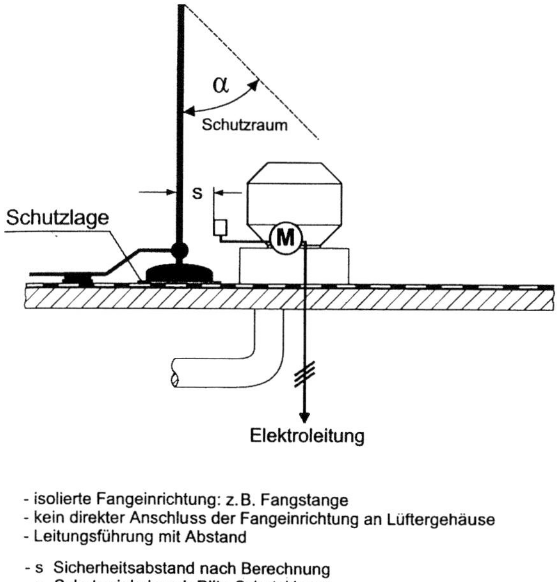

- isolierte Fangeinrichtung: z.B. Fangstange
- kein direkter Anschluss der Fangeinrichtung an Lüftergehäuse
- Leitungsführung mit Abstand

- s Sicherheitsabstand nach Berechnung
- α Schutzwinkel nach Blitz-Schutzklasse

Abb. II.6: Fangeinrichtung für einen Motorlüfter

Bei dieser Ausführungsform ist zu beachten, dass auch bei seitlich angeordneten Steuerungselementen der notwendige Sicherheitsabstand eingehalten wird.

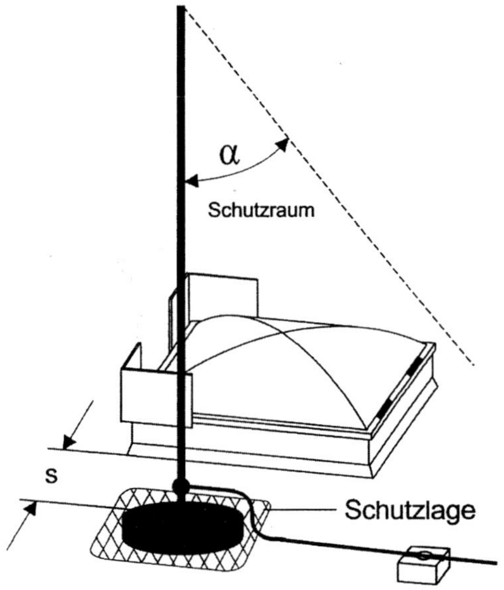

- s Sicherheitsabstand nach Berechnung
- α Schutzwinkel nach Blitz-Schutzklasse

Abb. II.7: Fangeinrichtung für eine Lichtkuppel/RWA

Die Fangstangen sind seitlich so anzuordnen, dass durch das Öffnen einer Lichtkuppel oder einer Rauch-Wärme-Abzugsklappe die Fangstangen nicht berührt werden. Die Höhe der Fangstangen ergibt sich aus der Blitzschutzklasse; sie wird ermittelt bei geschlossener Anlage.

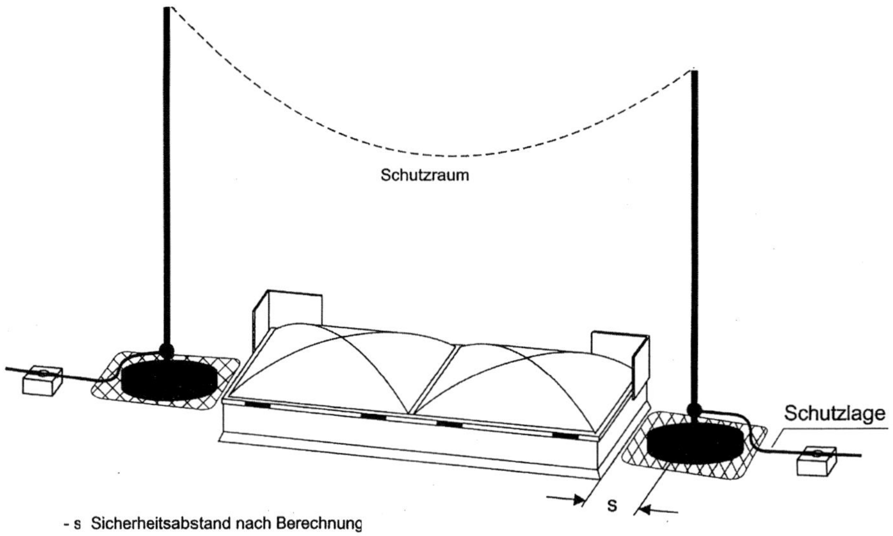

- s Sicherheitsabstand nach Berechnung

Abb. II.8: Fangeinrichtung für eine Lichtkuppel/RWA mit 2 Fangstangen

Die Fangstangen sind seitlich so anzuordnen, dass durch das Öffnen einer Lichtkuppel oder einer Rauch-Wärme-Abzugsklappe die Fangstangen nicht berührt werden. Die Höhe der Fangstangen ergibt sich aus der Blitzschutzklasse; sie wird ermittelt bei geschlossener Anlage.

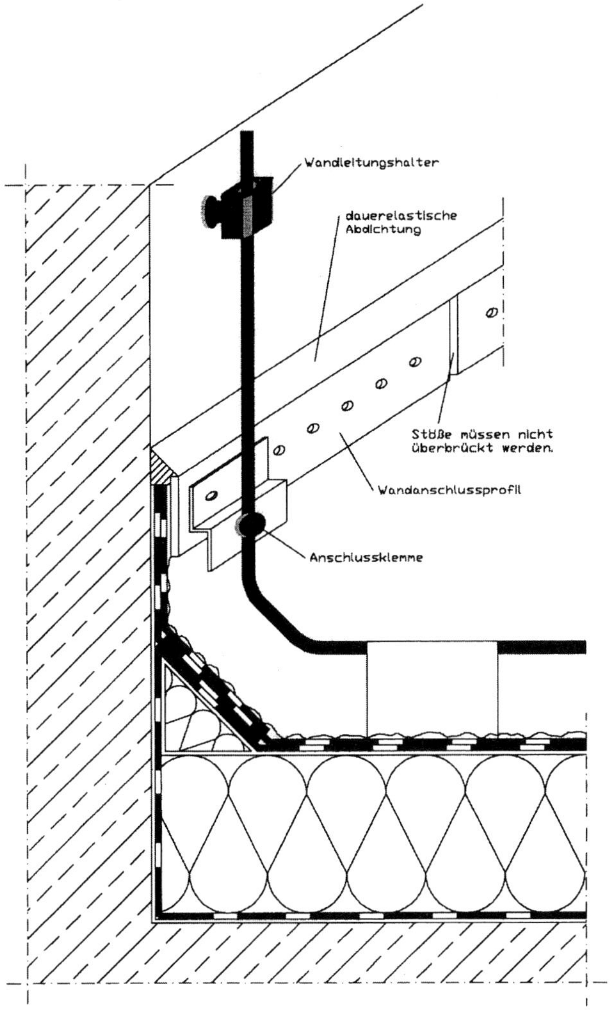

Abb. II.9: Verbindung zwischen Wandanschlussprofil und einer Blitzschutzleitung

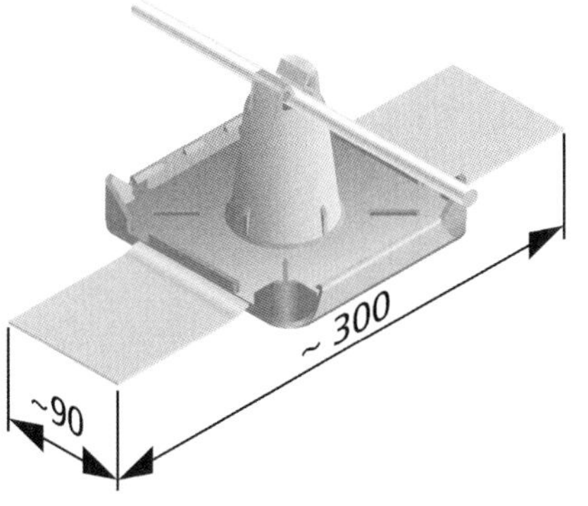

Abb. II.10: Dachleitungshalter auf Dächern mit Kunststoffbahnen

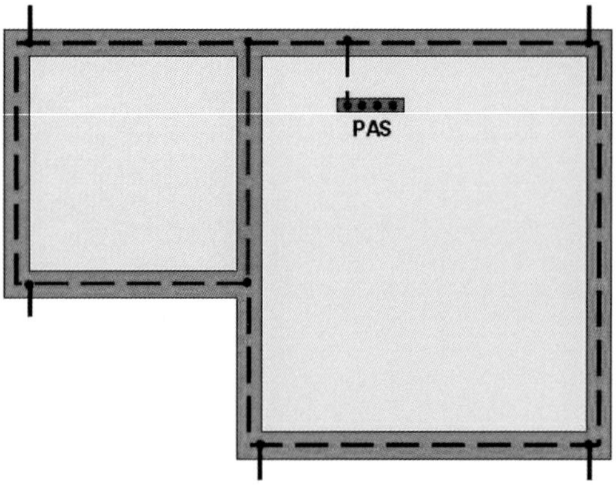

Abb. II.11: Erder Typ B, Fundamenterder

Werkstoff Erder im Beton, z.B. verzinkter Stahl

Werkstoff Anschlussfahnen, z.B. hochlegierter Edelstahl, Werkstoff Nr. 1.4571

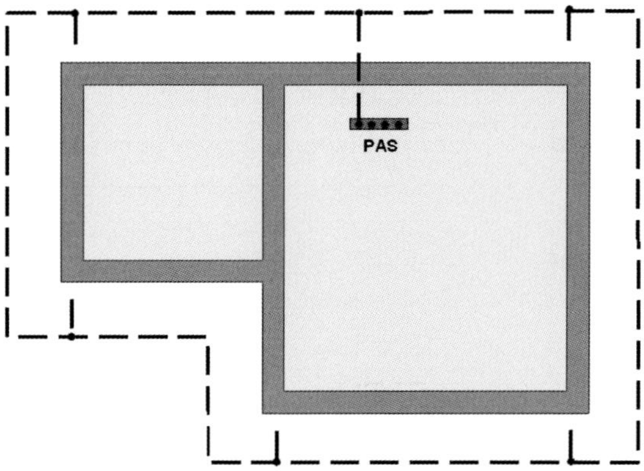

Abb. II.12: Erder Typ B, Ringerder

Werkstoff Erder im Erdreich, z.B. hochlegierter Edelstahl, Werkstoff Nr. 1.4571

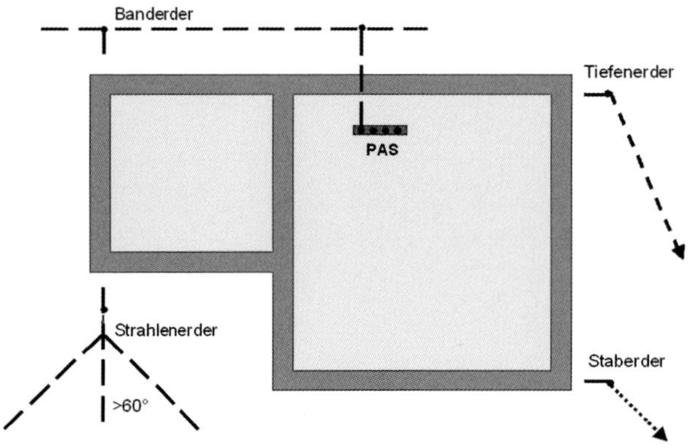

Abb. II.13: Erder Typ A, Einzelerder

Werkstoff Erder im Erdreich, z.B. hochlegierter Edelstahl, Werkstoff Nr. 1.4571

1 Metallabdeckung der Attika
2 Verbindung zwischen Außenwandbekleidung und Fangeinrichtung
3 Horizontale Fangeinrichtung
4 Metallene Außenwandbekleidung
5 Potenzialausgleichsschiene
6 Verbindung zwischen den Platten der Außenwandbekleidung
7 Prüfklemme
8 Erder im Beton

typische Maße:
a = 5 m, ***b*** = 3 m, ***c*** = 1 m

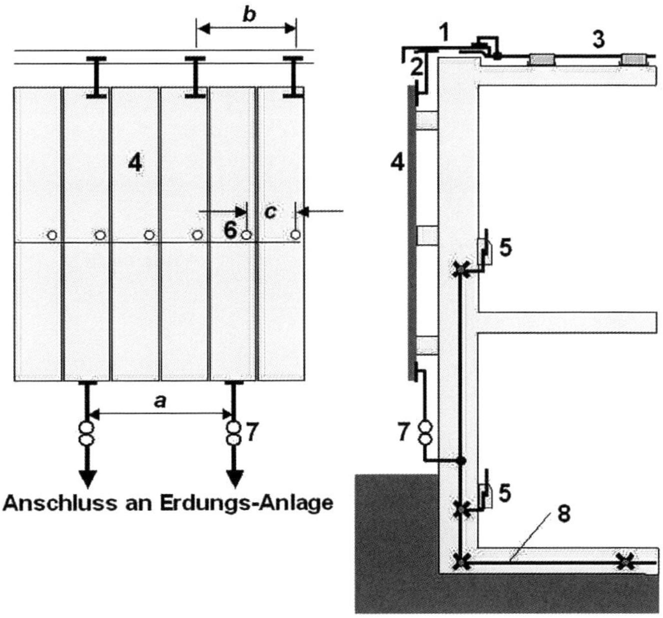

Abb. II.14: Nutzung der leitenden Außenwandbekleidung als natürliche Ableitung

1 Metallabdeckung der Attika
2 Verbindung zwischen Unterkonstruktion und Fangeinrichtung
3 Horizontale Fangeinrichtung
4 Potenzialausgleichsschiene
5 Erder im Beton
6 leitfähige Unterkonstruktion

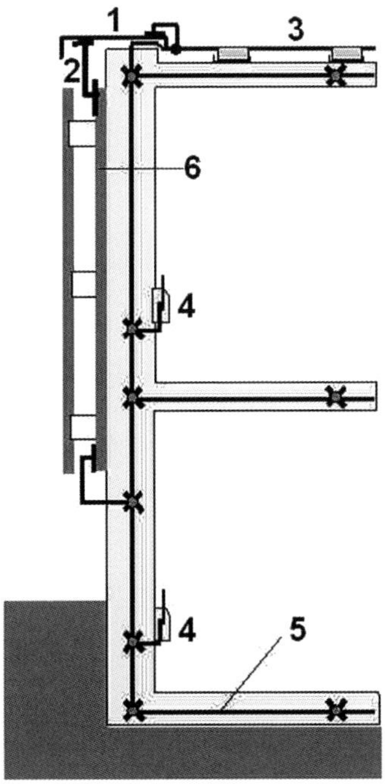

Abb. II. 15: Nutzung der leitenden Unterkonstruktion als natürliche Ableitung

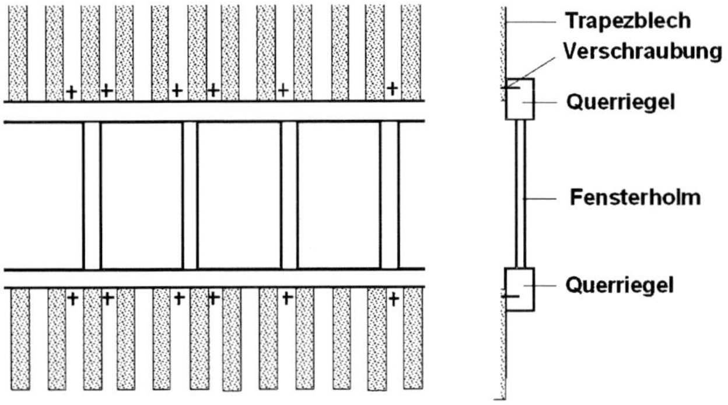

Abb. II.16: Verbindung metallener Fenster mit der metallenen Außenwandbekleidung

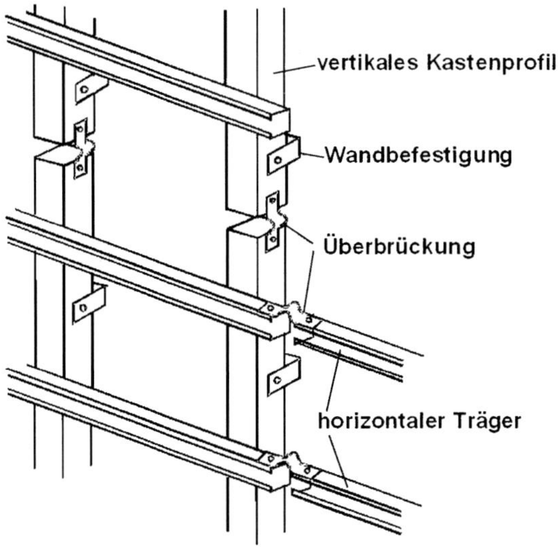

Abb. II. 17: Typische Unterkonstruktion für eine Außenwandbekleidung

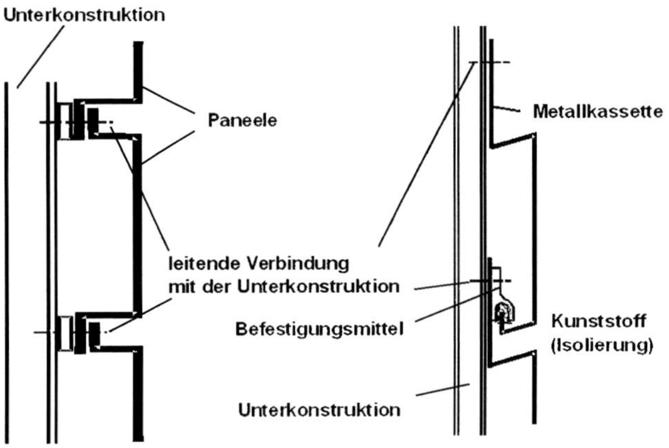

Abb. II. 18: Typische Befestigung von Metallkassetten und Paneelen auf leitender Unterkonstruktion

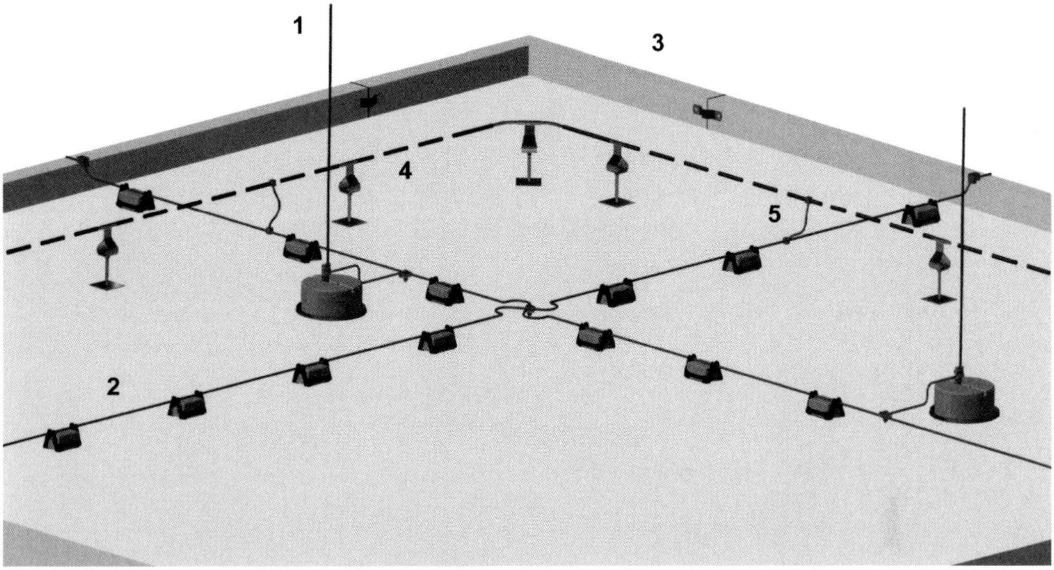

Abb. II.19: Einbindung einer Einrichtung zum Befestigen von persönlicher Schutzausrüstung gegen Absturz in das Blitzschutzsystem

Die Attika (3) stellt eine natürliche Fangeinrichtung dar und bildet mit den Fangleitungen (2) das Fangmaschennetz. Die Seilanlage (4) der Einrichtung zum Befestigen von persönlicher Schutzausrüstung wird durch Fangstangen (1) vor direktem Blitzschlag geschützt und mit den Fangleitungen an allen Kreuzungspunkten (5) flexibel verbunden (Überrollbarkeit gewährleisten!).

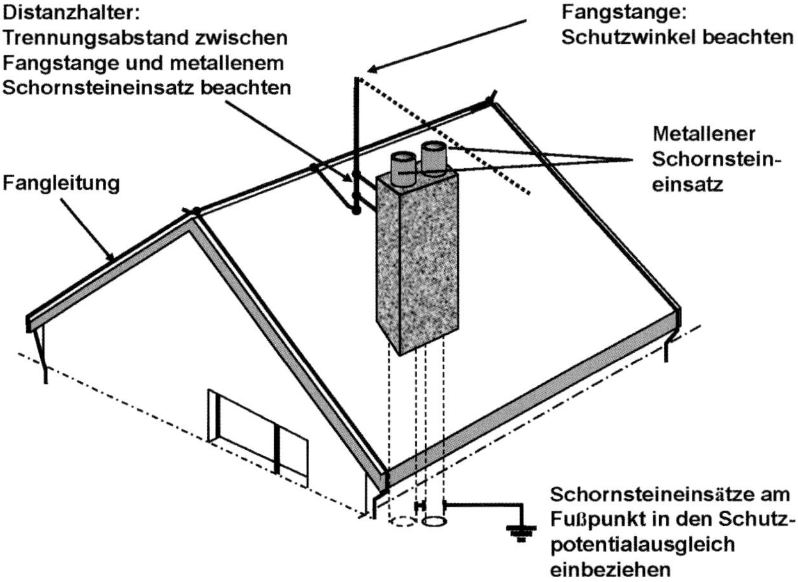

Abb. II.20: Wohnhaus, Schornstein mit Metallinnenrohr

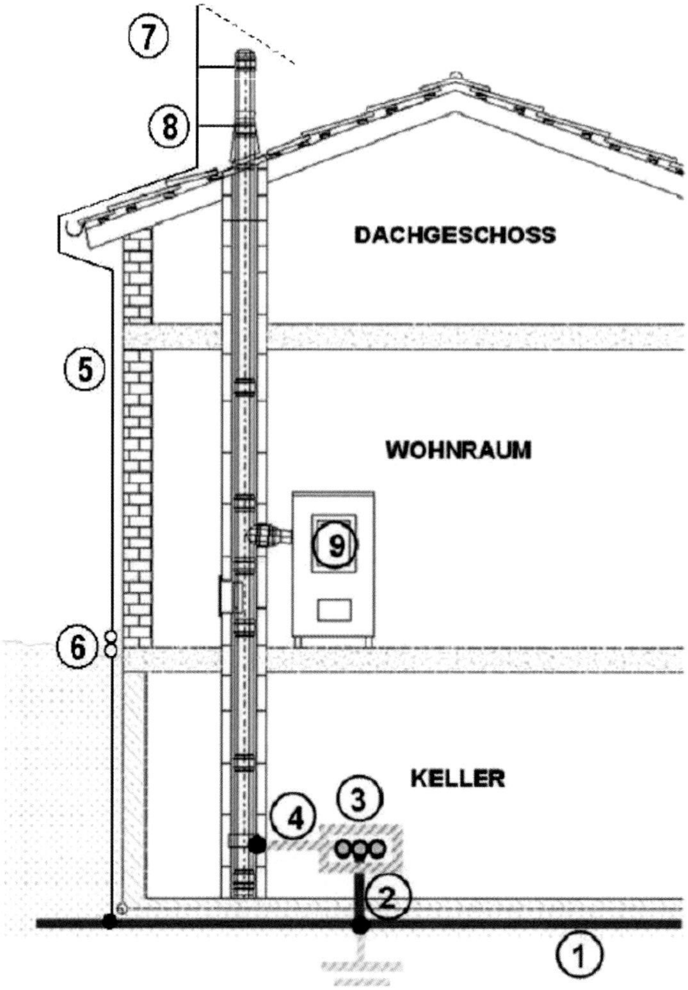

Abb. II.21: Wohnhaus mit Metallschornstein

Legende:

1 Erdungsanlage
2 Erdungsleiter
3 Potenzialausgleichsschiene
4 Potenzialausgleichsleiter
5 Fangleitung
6 Trennstelle
7 Fangstange mit Schutzwinkel
8 Distanzhalter, Trennungsabstand beachten
9 Feuerstätte
Gilt auch bei gemauertem Schornstein und Metallinnenrohr

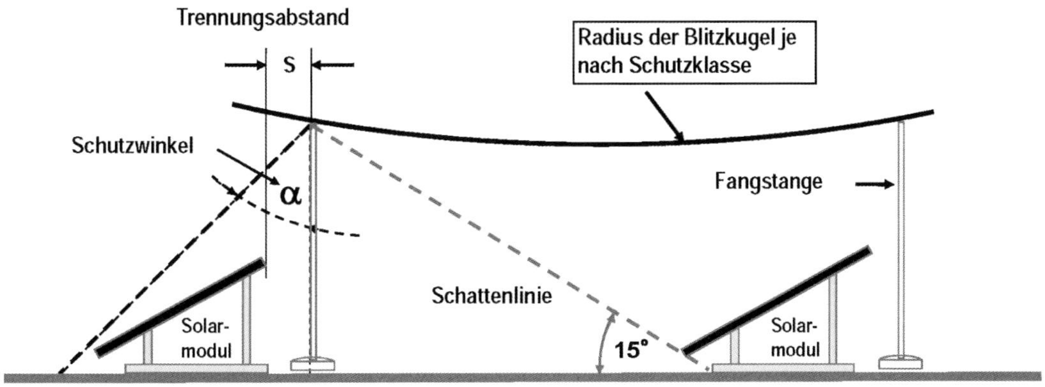

Abb. II.22: Blitzschutz Solaranlage

Solaranlage in den Schutzbereich der Blitzschutzanlage einbeziehen durch Einsatz von Fangstangen gemäß Schutzwinkelverfahren und/oder Maschenverfahren. Trennungsabstand „s" beachten.

Auf Schattenbildung achten (Schattenwinkel: z.B. 15°)!

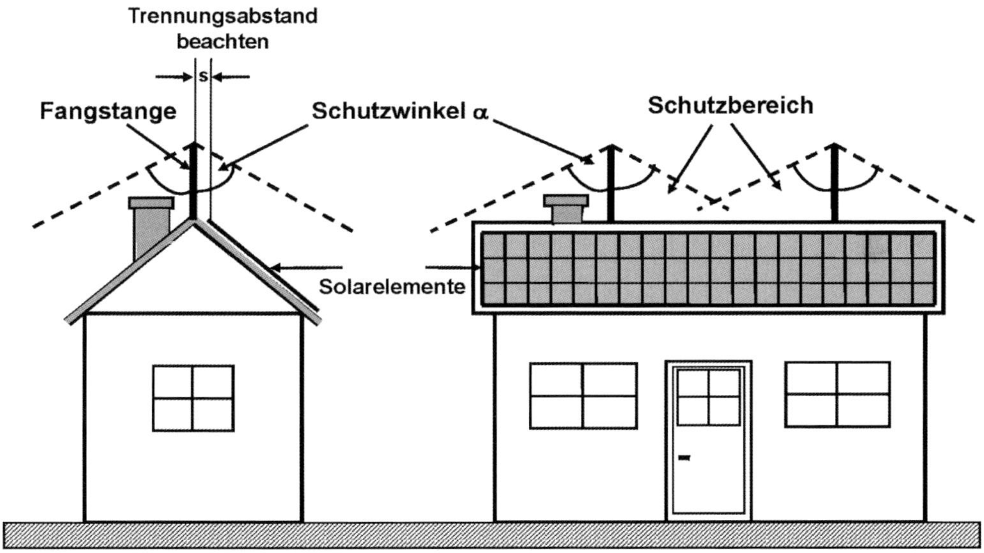

Abb. II.23: Fangeinrichtung mit Fangstangen (Beispiel mit Solaranlage)

Die gesamte bauliche Anlage (einschließlich Solaranlage) muss innerhalb des Schutzbereichs liegen. Leitende Verbindungen zwischen Solaranlage und Fangeinrichtung müssen vermieden werden!

Anhang III: Normen

Übersicht der DIN/VDE-Normen Blitzschutz:

Die Norm „DIN EN 62305-3 (VDE 0185-305):2011-10 Blitzschutz" gliedert sich in 4 Teile:

Teil 1: Allgemeine Grundsätze

Teil 2: Risiko-Management

Teil 3: Schutz von baulichen Anlagen und Personen

Teil 4: Elektrische und elektronische Systeme in baulichen Anlagen

Die Teile 2, 3 und 4 wurden durch nationale Beiblätter ergänzt, die Berechnungshilfen und Ausführungshinweise enthalten.

Literaturhinweis:

Merkblatt „Blitzschutz an Abgasanlagen" (Merkblatt ABB, ZVH und VSE)

„Merkblatt Solartechnik für Dach und Wand" (ZVDH-Regelwerk)

Merkblatt „Blitzschutz von Photovoltaik-Anlagen" (ABB-Merkblatt)

Merkblatt „Potentialausgleich und Blitzschutz von Vorhangfassaden" (VFF Merkblatt FA.01)

Deutsches Dachdeckerhandwerk
– Regelwerk –

Merkblatt Solartechnik für Dach und Wand

Aufgestellt und herausgegeben vom

Zentralverband des Deutschen Dachdeckerhandwerks – Fachverband Dach-, Wand- und Abdichtungstechnik – e.V.

Ausgabe April 2011 (mit Änderungen Dezember 2016)

Rudolf Müller

Vorgänger:

Merkblatt Solartechnik für Dach und Wand Juni 2001

Verlag: Verlagsgesellschaft Rudolf Müller GmbH & Co. KG, Stolberger Str. 84, 50933 Köln

Druck: medienHaus Plump, Rheinbreitbach

04/11

Inhaltsverzeichnis

1 Allgemeines

1.1 Geltungsbereich

(1) Dieses Merkblatt gilt für die Planung und die Ausführung von Solaranlagen in und über Dachdeckungen, Dachabdichtungen und Außenwandbekleidungen.

(2) Dieses Merkblatt enthält im Anhang I Grundsätze für die Dimensionierung und die Planung der Solaranlage.

(3) Das Merkblatt wird durch die technischen Herstellerangaben zur Leistung von Solaranlagen ergänzt.

1.2 Begriffe

(1) Solaranlagen gliedern sich in Solarthermie- und Photovoltaikanlagen.

(2) Unter Solarthermie versteht man die Umwandlung der Sonnenenergie in nutzbare Wärmeenergie.

Energiegewinnungsflächen können aus Absorbern (Kollektoren) bestehen (siehe Abb. AII.1).

(3) Photovoltaik ist die direkte Umwandlung von Licht- und/oder Sonnenenergie in Elektrizität. Energiegewinnungsflächen können aus Solarzellen (Modulen) bestehen (siehe Abb. AII.2).

(4) Ein Solardach ist ein Dach, bei dem die Energiegewinnungsfläche den Deckwerkstoff komplett ersetzt (Dachabschlüsse können aus anderen Werkstoffen bestehen).

(5) Eine Solaraußenwand ist eine Außenwand mit einer Energiegewinnungsfläche als gesamte Außenwandbekleidung.

(6) Transparente Solarsysteme: Transparente Solaranlagen erfüllen neben der Energiegewinnung aus Sonnenergie noch weitere Aufgaben, wie z.B. Belichtung, Blendschutz, Wärmeschutz.

(7) Wirkungsgrad: ist der Quotient aus der abgegebenen Energie zur aufgenommenen Sonnenenergie der Energiegewinnungsflächeneinheit in Prozent.

1.3 Konstruktionsarten

1.3.1 Solarthermieanlagen

(1) Die Solarthermieanlage besteht üblicherweise aus:

- Kollektor, Flachkollektor, Vakuumkollektor (Absorber)
- Kreislauf zur Abführung der Wärme (Rohrleitungen)
- Wärmetauscher
- Regeltechnik
- Speicherung

(2) Ein Kollektor nimmt die Wärme aus der Sonnenenergie auf und überträgt diese auf einen Wärmeträger.

(3) Der Wärmetransport erfolgt über die Wärmeträgerflüssigkeit vom Kollektor zum Solarspeicher und wird durch eine Regelung gesteuert.

1.3.2 Photovoltaikanlagen

(1) Die Photovoltaikanlage besteht üblicherweise aus:

- Solarzelle (Modul)
- Ableitungen
- DC-Trennschalter (Gleichstrom-Trennschalter)
- Speicheranlagen (bei netzunabhängigen Anlagen)
- Wechselrichter
- Sicherheitseinrichtungen
- Messeinrichtungen
- Netzeinspeisezähler

(2) Die Energiegewinnungsfläche einer Photovoltaikanlage besteht aus Solarmodulen, die sich aus einzelnen Solarzellen zusammensetzen. Solarzellen können z.B. aus monokristallinem Silizium, polykristallinem Silizium, amorphem Silizium, Gallium-Arsenid, Kadmium-Tellurid, Kupfer-Indium-Diselenid bestehen.

(3) Der gewonnene Gleichstrom (DC) wird mit systembezogenen Solarkabeln zur Schnittstelle (Wechselrichter) der elektrotechnischen Anlage geführt.

(4) Gleichspannung (DC – Direct Current), Wechselspannung (AC – Alternating Current)

(5) kWp = Kilowatt peak, (Nennleistung unter Standardbedingungen, d.h. Zellentemperatur = 25 °C, Bestrahlungsstärke=1000 W/m^2, Sonnenlichtspektrum AM = 1,5)

1.4 Planungshinweise

(1) Solaranlagen und Montagesysteme sowie deren Einbindung in Dachdeckungen, Dachabdichtungen und Fassaden sollten aufeinander abgestimmt sein.

(2) Im Rahmen der Gewährleistung für die Funktionsfähigkeit des Daches und aller seiner Funktionsschichten sollten die Montagearbeiten von einem für Dacharbeiten im Sinne der Handwerksordnung zugelassenen Fachbetrieb ausgeführt werden.

(3) Die Anschlüsse an die hauseigene Installation müssen von entsprechend zugelassenen Fachbetrieben ausgeführt werden.

(4) Die Montagevorschriften des Solaranlagenherstellers müssen beachtet werden.

(5) Um den maximalen Energieertrag zu erhalten, sollten die Energiegewinnungsflächen sowohl von der Himmelsrichtung als auch vom Neigungswinkel optimal zur Sonne stehen (siehe Abb. AI.2).

(6) Im Neubaubereich sind die erforderlichen Energiegewinnungsflächen bei Dach und Wand in Bezug auf die gesamte Planung zu berücksichtigen.

(7) Bei nachträglichem Ein- bzw. Aufbau einer Solaranlage in, über oder vor die bestehende Dach- bzw. Wandfläche sind die Anforderungen der Dachdeckung, Dachabdichtung oder Außenwandbekleidung nach dem Regelwerk des Deutschen Dachdeckerhandwerks zu beachten. Insbesondere müssen der Wärmeschutz und die Tragfähigkeit geprüft werden.

Der Zustand der vorhandenen Dachdeckung, Dachabdichtung oder Außenwandbekleidung soll berücksichtigt werden.

(8) Die Lüftungsebene unterhalb der Dachdeckung und hinter der Wandbekleidung darf durch den Einbau einer Energiegewinnungsfläche nicht auf ein unzulässiges Maß eingeschränkt werden.

(9) Bei der Integration von Solaranlagen in die Dachdeckung, Dachabdichtung oder Außenwandbekleidung ist eine Hinterlüftung nach Angaben des Herstellers einzuhalten.

(10) Da an der Unterseite von Indachsolaranlagen erhöhte Temperaturen entstehen, muss mit einer erhöhten thermischen Belastung der Unterkonstruktion gerechnet werden.

Die Herstellerangaben sind zu beachten.

(11) Energiegewinnungsflächen müssen windsogsicher befestigt bzw. verankert werden.

(12) Bei Photovoltaikanlagen sollten Verschattungen durch Bäume, Häuser, Schornsteine, Dachaufbauten, Freileitungen, Blitzschutzfangstangen usw. vermieden werden, da sie zu Leistungsverlusten führen und Störungen hervorrufen können. Bei Solarthermieanlagen führen die oben genannten Situationen zu Leistungseinschränkungen.

(13) TRGS 519: In und auf Dächern und Außenwandbekleidungen aus Asbestzement dürfen keine Solaranlagen eingebaut werden.

(14) Bewegungsfugen in Gebäuden sind bei der Anordnung von Solaranlagen zu beachten.

2 Werkstoffe und Anforderungen

2.1 Allgemeines

(1) Alle Teile einer Solaranlage müssen aufeinander abgestimmt und die Werkstoffe untereinander verträglich sein.

(2) Auf- oder Indachsysteme stellen eine erhöhte Anforderung dar und erfordern auch bei Einhaltung der Regeldachneigung geeignete Zusatzmaßnahmen zur Regensicherheit („Merkblatt Unterdächer, Unterdeckungen und Unterspannungen“, Abschnitt 1.3(4),(12)).

(3) Zusatzmaßnahmen werden in Abhängigkeit von der Gebäudeart zugeordnet. Untergeordnete Gebäude wie z.B. Carport, Scheunen, Lagerschuppen u.a. haben einen geringeren Schutzbedarf bezogen auf die Regensicherheit. Die Zusatzmaßnahme ist für den Einzelfall zu vereinbaren.

2.2 Beanspruchung von Dächern und Fassaden mit Solaranlagen

Bei aufgeständerten und integrierten Energiegewinnungsflächen werden Anlagenteile verwendet, die eine ausreichende Trag- und Zugfestigkeit haben müssen. Die Trag- und Zugfestigkeit der Energiegewinnungsanlagen muss unter Berücksichtigung der DIN 1055 nachgewiesen werden (z.B. Befestigung, Auflast).

2.2.1 Windlasten

(1) Für die Bemessung der Montagesysteme von Solaranlagen ist die DIN 1055-4 zugrunde zu legen.

(2) Die Randbereiche eines Daches, wie Traufe, Ortgang, Grat und First sind besonders gefährdet.

(3) Der statische Nachweis ist vom Hersteller der Solaranlage zu führen.

Dieser muss den Nachweis für die Tragfähigkeit des Kollektors, bzw. Moduls, des Montagesystems bis zur Befestigung im bzw. am Gebäude unter Berücksichtigung des vorhandenen Untergrundes (z.B. Holz, Holzwerkstoffe, Stahlkonstruktion, Stahltrapezblech, Stahlbeton, Falzdach) nach den gültigen Vorschriften erbringen.

(4) Für den Nachweis der Tragfähigkeit der Gebäudekonstruktion ist der Bauherr bzw. Auftraggeber verantwortlich.

Gegebenenfalls muss ein Einzelnachweis geführt werden.

2.2.2 Schneelasten

(1) Für die Bemessung der Montagesysteme von Solaranlagen ist die DIN 1055-5 zugrunde zu legen.

(2) Der statische Nachweis ist vom Hersteller der Solaranlage zu führen.

(3) Dieser muss den Nachweis für die Tragfähigkeit des Kollektors, bzw. Moduls, des Montagesystems bis zur Befestigung im bzw. am Gebäude unter Berücksichtigung des vorhandenen Untergrundes (z.B. Holz, Holzwerkstoffe, Stahlkonstruktion, Stahltrapezblech, Stahlbeton, Falzdach) nach den gültigen Vorschriften erbringen.

(4) Für den Nachweis der Tragfähigkeit der Gebäudekonstruktion ist der Bauherr bzw. Auftraggeber verantwortlich.

Gegebenenfalls muss ein Einzelnachweis geführt werden.

(5) Die durch den Einbau von Solaranlagen bestehende erhöhte Gefahr des Abrutschens von Schnee und Eis sollte beim Planen bzw. Einbau von Schneerückhaltesystemen berücksichtigt werden.

2.3 Wasserdichte Unterkonstruktion

(1) Unter Solaranlagen, welche die Deckwerkstoffe flächig ersetzen und deren fachregelkonforme Regensicherheit herstellerseitig nicht gegeben ist, sind wasserdichte Unterdächer anzuordnen.

(2) Der traufseitige Bereich ist mindestens als regensicheres Unterdach auszubilden („Merkblatt Unterdächer, Unterdeckungen und Unterspannungen“, Abschnitt 1.3 (12)).

2.4 Bestehende Deckung

Bestehende Dachdeckungen, Dachabdichtungen und Außenwandbekleidungen sind auf Funktionalität, Beständigkeit und Eignung bzgl. der zu erwartenden Lebensdauer bei aufgeständerten Solaranlagen zu überprüfen.

2.5 Befestigung

Zu empfehlen sind korrosionsbeständige Materialien.

Bei verzinktem Stahl sollte ein dauerhafter Korrosionsschutz sichergestellt werden.

Schrauben und andere Kleinmaterialien sollen aus Edelstahl bestehen, mindestens muss ein dauerhafter Korrosionsschutz sichergestellt sein.

Befestigungen, die der freien Bewitterung ausgesetzt sind, müssen korrosionsbeständig sein.

2.6 Leitungssysteme für Solarthermie

Geeignete Rohrleitungssysteme und Verbindungen zu Regel- und Messeinrichtungen müssen im Außenbereich UV- und witterungsbeständig sein.

2.7 Leitungssysteme für Photovoltaikanlagen

Geeignete systembezogene Gleichstromkabel für PV-Anlagen müssen

- kurzschluss- und erdschlusssicher,
- UV- und witterungsbeständig,
- temperaturbeständig (ca. -40 °C bis +120 °C)

sein.

3 Ausführung

3.1 Allgemeines

(1) Die Montage von Solaranlagen, einschließlich Anschluss von Durchdringungen, z.B. Verkabelung, Verrohrung, müssen entsprechend den jeweiligen Regelwerksteilen des Deutschen Dachdeckerhandwerks ausgeführt werden.

(2) Bei Lichteinwirkung auf PV-Module liegt sofort eine Spannung an, die je nach Größe und Schaltung der Module bis zu 1000 Volt betragen kann (Achtung: Lebensgefahr).

(3) Die Befestigung von Solaranlagen auf Dächern und an Außenwänden muss statisch geprüft und der Kraftverlauf bis in die Tragkonstruktion nachgewiesen werden.

3.2 Solaranlagen bei Dachdeckungen

3.2.1 Dachaufständerung bei Dachdeckungen (Aufdachsystem)

(1) Die Aufständerung dient der Aufnahme der Energiegewinnungsfläche. Sie besteht aus vorgefertigten Elementen, die auftretende Kräfte (Eigengewicht, Wind, Schnee etc.) auf die Unterkonstruktion übertragen.

(2) Für die Aufständerung einer Energiegewinnungsfläche sind verschiedene Systeme möglich, z.B. Schienen- und Trägerelemente aus verschiedenen Werkstoffen, die mindestens feuerverzinkt sind. Die Befestigungen müssen mindestens korrosionsgeschützt, bei freier Bewitterung korrosionsbeständig sein.

(3) Die Aufständerungselemente sind auf die jeweilige Dachdeckung, die Dachneigung und auf die örtlichen Gegebenheiten abzustimmen.

(4) Bei aufgeständerten Energiegewinnungsflächen muss die Funktionsfähigkeit der darunter liegenden Deckung gewährleistet sein.

(5) Der Mindestabstand zwischen Oberkante Dachdeckung und Unterseite Energiegewinnungsfläche darf 60 mm bzw. die Herstellerangaben nicht unterschreiten.

Der Mindestabstand begründet sich durch die anlagenspezifisch erforderliche Hinterlüftung.

3.2.2 Dachintegrierte Solaranlagen (Indachsystem)

(1) Integrierte Energiegewinnungsflächen werden wie Einbauteile in die Dachdeckung eingebaut und sind regensicher an diese anzuschließen. Sie bestehen aus:

- Solarelementen
- Eindeckrahmen
- Abdeckungen.

(2) Bei der Wahl der Eindeckrahmen ist die Verträglichkeit der Werkstoffe untereinander zu beachten (siehe „Fachregel für Metallarbeiten im Dachdeckerhandwerk").

(3) Anschluss an ein Unterdach

Das „Merkblatt für Unterdächer, Unterdeckungen und Unterspannungen" ist zu beachten.

(4) Anschluss an die Dachdeckung

Indachsysteme von Solaranlagen haben einen allseitigen zur Deckung passenden Anschlussrahmen. Bei industriell hergestellten Anschlussrahmen kann von den Mindestmaßen der „Fachregeln für Metallarbeiten im Dachdeckerhandwerk" abgewichen werden, wenn die Funktionsfähigkeit der Anschlussrahmen durch praxisnahe Versuche nachgewiesen und durch Langfristerfahrung bewährt sind.

3.2.3 Solardach

Die Energiegewinnungsfläche ersetzt die Dachdeckung vollständig. An- und Abschlüsse können mit anderen Materialien hergestellt werden.

3.2.4 Transparente Solarsysteme bei Dachdeckungen

Transparente Solarsysteme bei Dachdeckungen erfüllen neben der Energiegewinnung noch weitere Aufgaben, z.B.: Belichtung, Blendschutz, Wärmeschutz.

3.3 Solaranlagen bei Dachabdichtungen

3.3.1 Dachaufständerung bei Dachabdichtungen (Aufdachsystem)

(1) Die Energiegewinnungsflächen können auf bauseits vorhandenen und in die Dachabdichtung eingebundenen Sockel oder Stützen angebracht werden.

(2) Außerdem können sie auch freistehend auf lastverteilende Unterlagen aufgestellt werden. Diese Unterlagen können z.B. Wannen sein, die mit Auflast (z.B. Kies oder Plattenbelag) beschwert werden. Generell sind erforderliche Schutzlagen für Dachabdichtungen (siehe „Fachregel für Abdichtungen") unter den Solaranlagen vorzusehen. Die statische Belastbarkeit der Tragkonstruktion und des Dachaufbaus (Druckfestigkeit der Wärmedämmung u.a.) ist zu beachten.

(3) Die Aufständerung dient der Aufnahme, Ausrichtung und Neigungsgebung der Solaranlage. Somit können diese auch optimiert nachgeführt werden.

(4) Bei aufgeständerten Energiegewinnungsflächen muss die Funktionsfähigkeit der darunter liegenden Dachabdichtung gewährleistet sein. Ein Anstauen von Niederschlagswasser ist zu vermeiden.

3.3.2 In die Dachabdichtung integrierte Solaranlage (Indachsystem)

(1) Integrierte Energiegewinnungsflächen werden wie Einbauteile in die Dachabdichtung eingebaut.

(2) Integrierte Energiegewinnungsflächen können auch auf die Dachabdichtungswerkstoffe abgestimmte und/oder integrierte Solarelemente sein, die als System mit den Dachabdichtungswerkstoffen verlegt werden.

3.4 Solaranlagen bei Außenwandbekleidungen

3.4.1 Allgemeines

Solaranlagen bei Außenwandbekleidungen werden nach statischem Nachweis mit systembedingten, korrosionsbeständigen Befestigungen an der tragenden Unterkonstruktion befestigt bzw. verankert und eingebaut.

3.4.2 Solaranlagen vor der Außenwandbekleidung

(1) Die Energiegewinnungsflächen werden vor der Außenwandbekleidung an Halterungen oder Konsolen befestigt, die die Bekleidung durchdringen.

(2) Die Ausrichtung der Energiegewinnungsflächen kann durch neigungsgerechte Halterungen oder Konsolen optimiert werden.

(3) Bei Solaranlagen vor der Außenwandbekleidung muss die Funktionsfähigkeit der darunter liegenden Bekleidung gewährleistet sein. Der Mindestabstand zwischen Oberkante Bekleidung und Unterseite Element von 60 mm bzw. gemäß Herstellerangaben darf nicht unterschritten werden.

Der Mindestabstand begründet sich durch die anlagenspezifisch erforderliche Hinterlüftung.

3.4.3 In die Außenwandbekleidung integrierte Solaranlage

(1) Integrierte Energiegewinnungsflächen werden wie Einbauteile systemgerecht in die Außenwandbekleidung eingebaut.

(2) In die Außenwandbekleidung integrierte Solaranlagen bestehen aus:

- Solarelementen
- Anschlussrahmen
- Abdeckungen.

(3) Bei der Wahl der Anschlussrahmen ist die Verträglichkeit der Werkstoffe untereinander zu beachten (siehe „Fachregel für Metallarbeiten im Dachdeckerhandwerk").

3.4.4 Solaraußenwand

Die Energiegewinnungsfläche ersetzt die Außenwandbekleidung vollständig. An- und Abschlüsse können mit anderen Materialien hergestellt werden.

3.4.5 Transparente Solarsysteme in Außenwänden

Transparente Solarsysteme bei Außenwänden erfüllen neben der Energiegewinnung noch weitere Aufgaben, z.B. Belichtung, Blendschutz, Wärmeschutz.

3.5 Solaranlagen auf Metalldächern

(1) Die berechnete Anzahl Hafte pro m² berücksichtigt die bei Metalldeckungen auftretenden Lasten ohne die durch Solaranlagen zusätzlich auftretenden Lasten. Sind weitere einwirkende Kräfte zu berücksichtigen, z.B. nachträglicher Einbau von Solaranlagen, ist ein Nachweis zu führen.

(2) Die Befestigung von Solaranlagen an Metalldeckungen muss statisch geprüft und der Kraftverlauf bis in die Tragkonstruktion nachgewiesen werden.

(3) Der Mindestabstand zwischen Oberkante Bekleidung und Unterseite Element von 60 mm bzw. gemäß Herstellerangaben darf nicht unterschritten werden.

Der Mindestabstand begründet sich durch die anlagenspezifisch erforderliche Hinterlüftung.

(4) Bei Metalldeckungen in Stehfalztechnik ist als Bezugsebene die Wasser führende Ebene anzusehen.

Zu unterscheiden sind:

- Selbsttragende Metalldeckungen
- Nicht selbsttragende Metalldeckungen

4 Brandschutz

(1) Bauliche Anlagen sind so anzuordnen, zu errichten, zu ändern und instand zu halten, dass der Entstehung eines Brandes und der Ausbreitung von Feuer und Rauch vorgebeugt wird und bei einem Brand die Rettung von Menschen und Tieren sowie wirksame Löscharbeiten möglich sind (Musterbauordnung, §14).

Baustoffe, die nicht mindestens normalentflammbar sind (leichtentflammbare Baustoffe) dürfen nicht verwendet werden (Musterbauordnung, §26).

Die Landesbauordnungen und die DIN 4102 „Brandverhalten von Baustoffen und Bauteilen" sind einzuhalten.

(2) Brandabschnitte von Gebäuden sind bei der Anordnung von Solaranlagen zu beachten.

(3) Äußerer Brandschutz: gegen Flugfeuer und strahlende Wärme widerstandsfähige Bedachung (harte Bedachung) nach DIN 4102-4 oder Prüfzeugnis nach DIN 4102-7.

(4) Für die rechtliche Absicherung der am Bau Beteiligten hinsichtlich einer einwandfreien Planung und Ausführung sind die Herstellervorschriften einzuhalten. In diesem Zusammenhang wird auf die DIN EN 10204 „Metallische Erzeugnisse - Arten von Prüfbescheinigungen" hingewiesen (siehe auch DIN 18234).

(5) DIN VDE 0126-21 „Photovoltaik im Bauwesen" (VDE 0126-21:2007-07) gilt für gebäudeintegrierte Photovoltaikanlagen.

Sie ist nicht für additive Photovoltaik anwendbar.

Additive Photovoltaik: PV-Module sind an oder auf einem Bauteil der Gebäudehülle montiert und übernehmen neben der Funktion der Stromerzeugung keine zusätzliche Funktion des Bauteils.

(6) Für die Brandbekämpfung ist es vorteilhaft, durch ein Hinweisschild an gut sichtbarer Stelle darauf hinzuweisen, dass sich auf dem Gebäude eine Solaranlage (PV–Anlage) befindet. Die Position der Wechselrichter und ein Kabelverlegeplan sollten vermerkt sein.

5 Blitzschutz

(1) Für öffentliche Gebäude ist in den Bauordnungen ein Blitzschutz vielfach vorgeschrieben.

(2) Der Verband der Sachversicherer verlangt in der Richtlinie zur Schadensverhütung (VdS 2010) einen Blitz- und Überspannungsschutz für Photovoltaikanlagen mit einer Größe von mehr als 10 kWp.

5.1 Gebäude ohne bestehende Blitzschutzanlage

Durch die Installation einer Solaranlage wird i.d.R. das Gefährdungspotenzial für direkte Blitzeinschläge nicht erhöht, solange nicht Teile der Anlage wesentlich über das Gebäude herausragen.

5.2 Gebäude mit bestehender Blitzschutzanlage

(1) Gebäude mit Äußerem Blitzschutz und Einhaltung des Trennungsabstands (siehe Abb. AII.5.1 und AII.5.2)

Solaranlagen sind durch getrennte Fangeinrichtungen (d.h. neben der zu schützenden Anlage aufgestellte Fangstangen) vor direkten Blitzschlägen zu schützen. Dabei ist der notwendige Trennungsabstand zwischen Solaranlage und äußerem Blitzschutz zu beachten.

(2) Kann der Trennungsabstand nicht eingehalten werden, muss eine direkte leitfähige Verbindung zwischen dem Äußeren Blitzschutz und den metallenen PV-Komponenten hergestellt werden. Die Auswirkungen der in das Innere der baulichen Anlage eingekoppelten Ströme sind zu beachten und der Blitzschutz-Potenzialausgleich ist durchzuführen.

(3) Bei einem Gebäude mit bestehendem Blitzschutz muss geprüft werden, welche Umbau- bzw. Anpassungsmaßnahmen durch die Solaranlage verursacht werden.

(4) Verschattungen durch Blitzfangeinrichtungen können Ertragsverluste bewirken und sollten vermieden werden.

(5) Der Anschluss einer Solaranlage an Blitzschutzanlagen muss grundsätzlich mit dem Hersteller abgestimmt werden, da ansonsten die Gefahr des Verlustes der Herstellergarantie besteht. Installationen an der Blitzschutzanlage dürfen nur von einer Blitzschutz-Fachkraft ausgeführt werden.

(6) Die VDE Bestimmungen müssen beachtet werden.

(7) Das „Merkblatt Äußerer Blitzschutz auf Dach und Wand" ist zu berücksichtigen.

6 Versicherung

Dem Auftraggeber einer Solaranlage wird empfohlen, diese gegen eventuelle Ausfälle, Schäden und Haftung zu versichern.

7 Pflege, Wartung, Inspektion, Reparaturen

(1) Der Abschluss eines Wartungsvertrags sowie Reparaturen sollten von einem Fachbetrieb ausgeführt werden.

Überprüft werden sollte:

- Verschmutzung
- Verschattung
- Schneelage und Eisbildung
- Rahmen
- Befestigungen
- Beschädigungen
- Verbindungen
- elektrische Bauteile und Anlagen

(2) Dach- und Wandflächen mit Solaranlagen sollten regelmäßig inspiziert werden. Hierfür wird der Abschluss eines Inspektions- oder Wartungsvertrags empfohlen. Regelmäßige Kontrolle kann die Energiegewinnung erhalten, die Nutzungsdauer verlängern.

(3) Die Unfallverhütungsvorschriften der Bauberufsgenossenschaften sind zu beachten.

(4) PV- und Solarthermieanlagen sind i.d.R. nicht begehbar.

(5) Bei Lichteinwirkung auf PV-Module liegt sofort eine Spannung an, die je nach Größe und Schaltung der Module bis zu 1000 Volt betragen kann.

8 Entsorgung

Im Entsorgungsfall sind Herstellerangaben und Umweltbestimmungen zu beachten.

9 Baurechtliche Vorschriften, Normen, Genehmigungen

(1) Solaranlagen unterliegen als Bauprodukte den Anforderungen der Landesbauordnungen.

(2) PV-Anlagen und Solarthermieanlagen, die nicht nach der Liste der technischen Baubestimmungen nachgewiesen werden können, bedürfen

- einer allgemeinen bauaufsichtlichen Zulassung,
- eines allgemeinen bauaufsichtlichen Prüfzeugnisses
- oder einer Zustimmung im Einzelfall.

(3) Alle öffentlich rechtlichen Vorschriften sind einzuhalten, z.B.:

- Bauproduktengesetz
- EEG-Gesetz
- LBO
- Örtliche Bestimmungen
- Denkmalschutzrecht
- EnEV
- Bebauungsplan

(4) Wichtige Normen und Vorschriften für Photovoltaikanlagen, z.B.:

- DIN VDE 0100 „Errichten von Starkstromanlagen mit Nennspannungen bis 1000 V" - alle relevanten Teile
- DIN VDE 0105 Teil 100 „Betrieb von elektrischen Anlagen"
- DIN EN 62305 (VDE 0185-305) „Blitzschutz" - alle relevanten Teile
- VDE 0298 Teil 4 „Gummiisolierte Leitungen mit Nennspannungen bis 450/750 V"
- E DIN VDE 0126-21 „Photovoltaik im Bauwesen"
- VDI 6012 Blatt 2 „Dezentrale Energiesysteme im Gebäude - Photovoltaik"

Unfallverhütungsvorschriften

- BGV A2 „Elektrische Anlagen und Betriebsmittel"
- BGV C22 „Bauarbeiten"

Richtlinien des Verbandes der Sachversicherer

Anhang I

Grundsätze für die Dimensionierung und Planung einer Solaranlage

Checklisten

In die Dimensionierung und die Planung einer Solaranlage fließen folgende Einflüsse ein:

- Lage des Objektes (siehe Abb. AI.1)
- Dachneigung und Ausrichtung (siehe Abb. AI.2 und Abb. AI.3)
- Verbrauch (siehe Abb. AI.4)
- Bemessungsfläche von Kollektoren (siehe Abb. AI.5)

Für die Einflussgrößen sind in den folgenden Abbildungen Abhängigkeiten beispielhaft angegeben. Eine Solaranlage muss immer objektbezogen dimensioniert und geplant werden.

Sonnenscheinzone	Durchschnittliche jährliche Sonnenscheindauer in h	Durchschnittliche jährliche Globalstrahlung in kWh/m²
I	< 1500	ca. 920
II	1500 - 1700	ca. 1030
III	1700 - 1900	ca. 1150

Abb. AI.1: Durchschnittliche Sonnenstunden pro Jahr

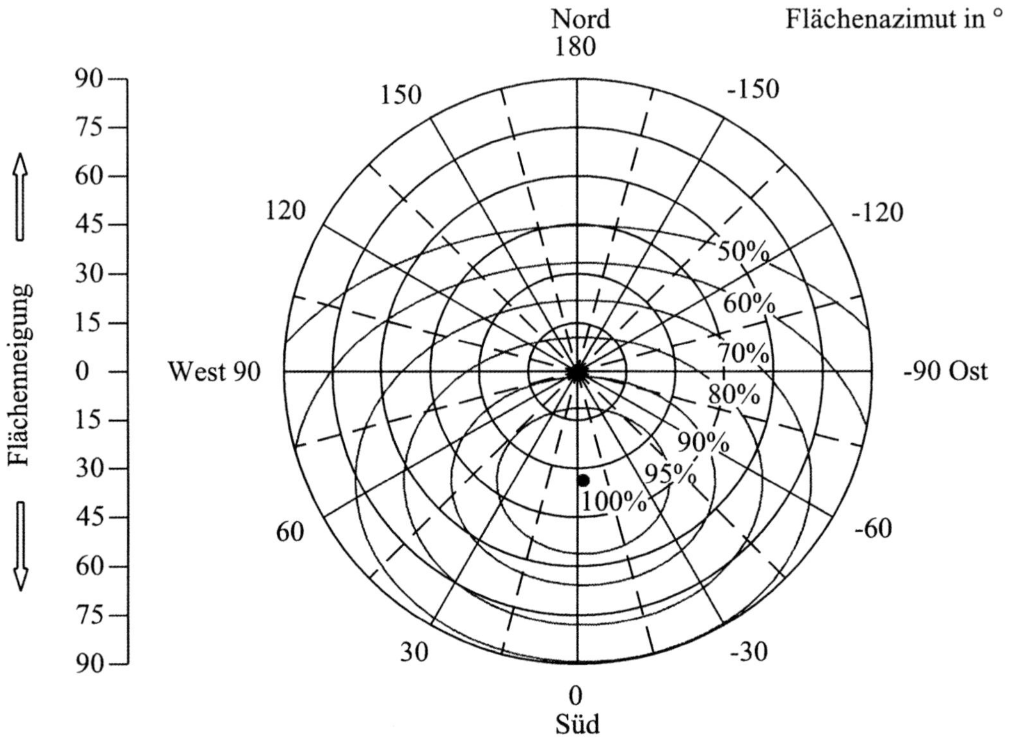

Abb. AI.2: Einfluss der Dachneigung und der Himmelsrichtung auf die Ausnutzung der eingestrahlten Sonnenenergie im Sommer

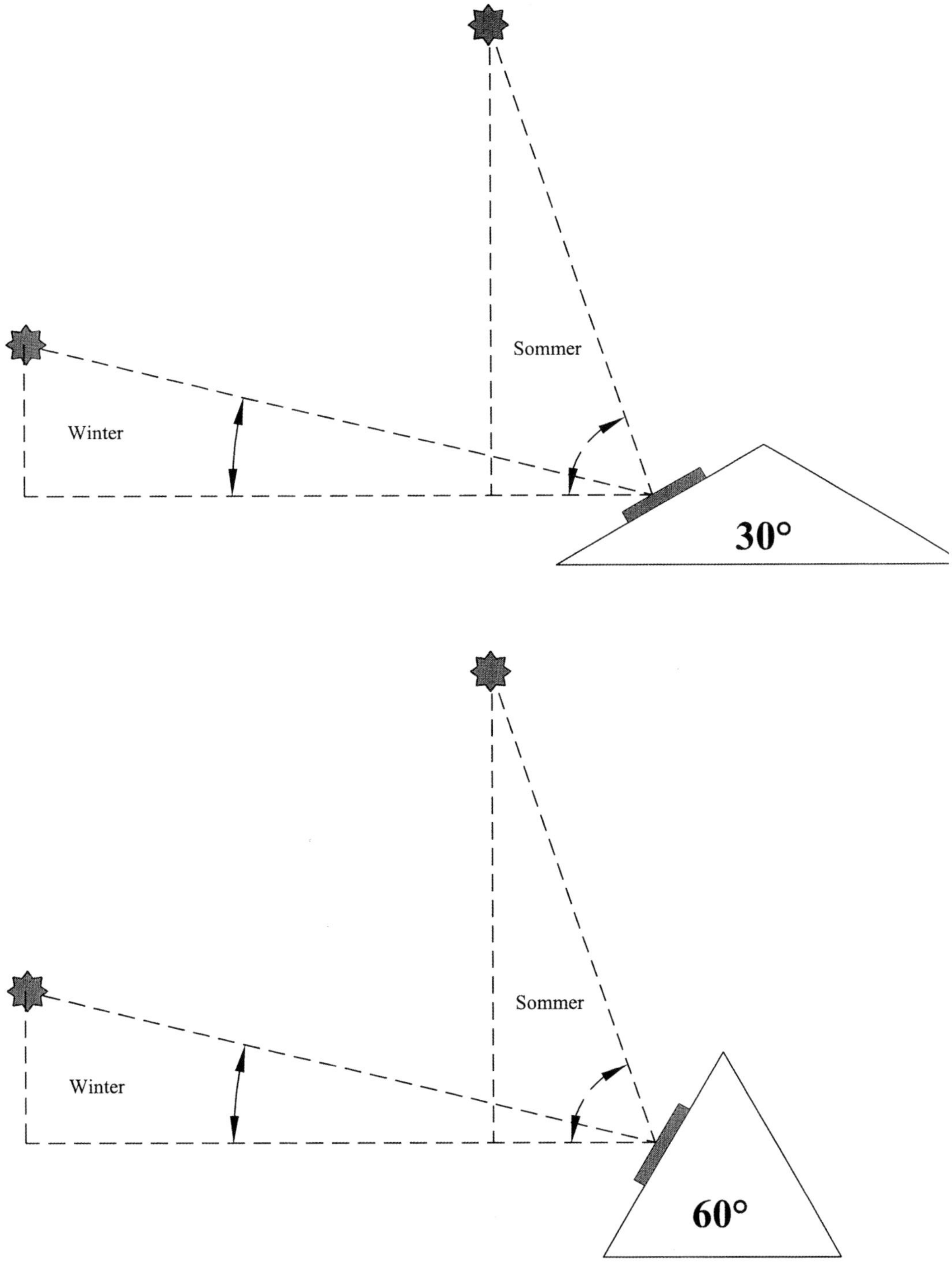

Abb. AI.3: Optimale Dachneigung abhängig vom Sonnenstand

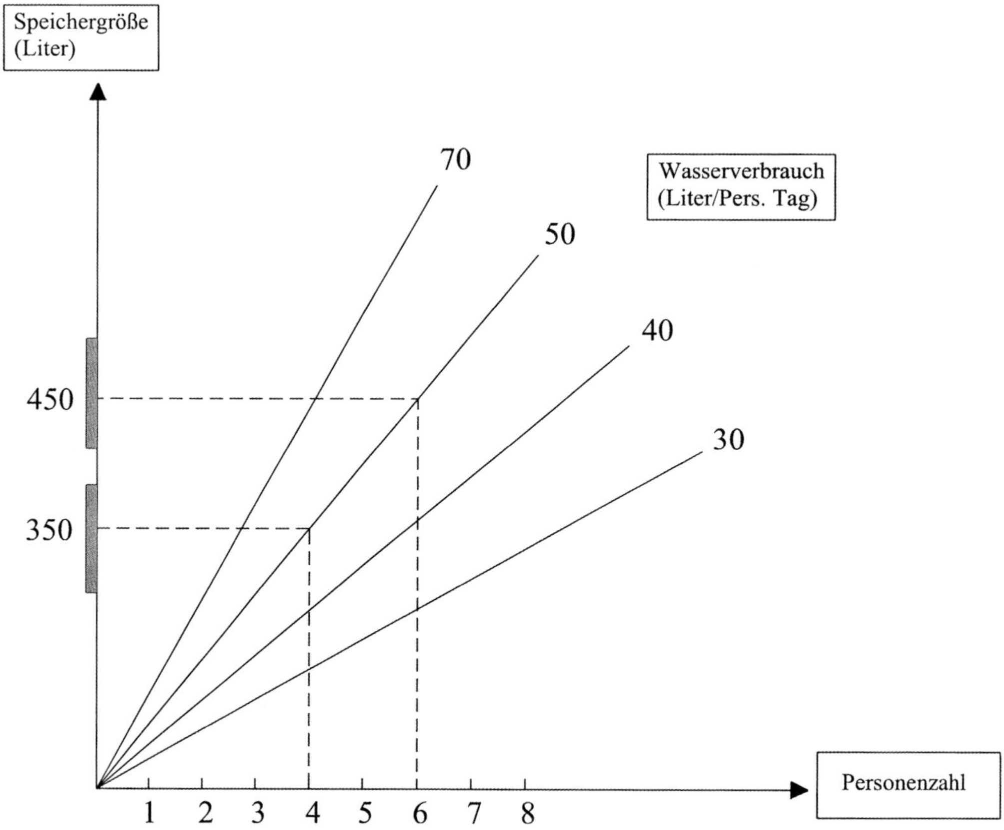

Abb. AI.4: Abhängigkeit der Warmwasserspeichergröße von Personenzahl und Verbrauch bei Warmwassererzeugungsanlagen

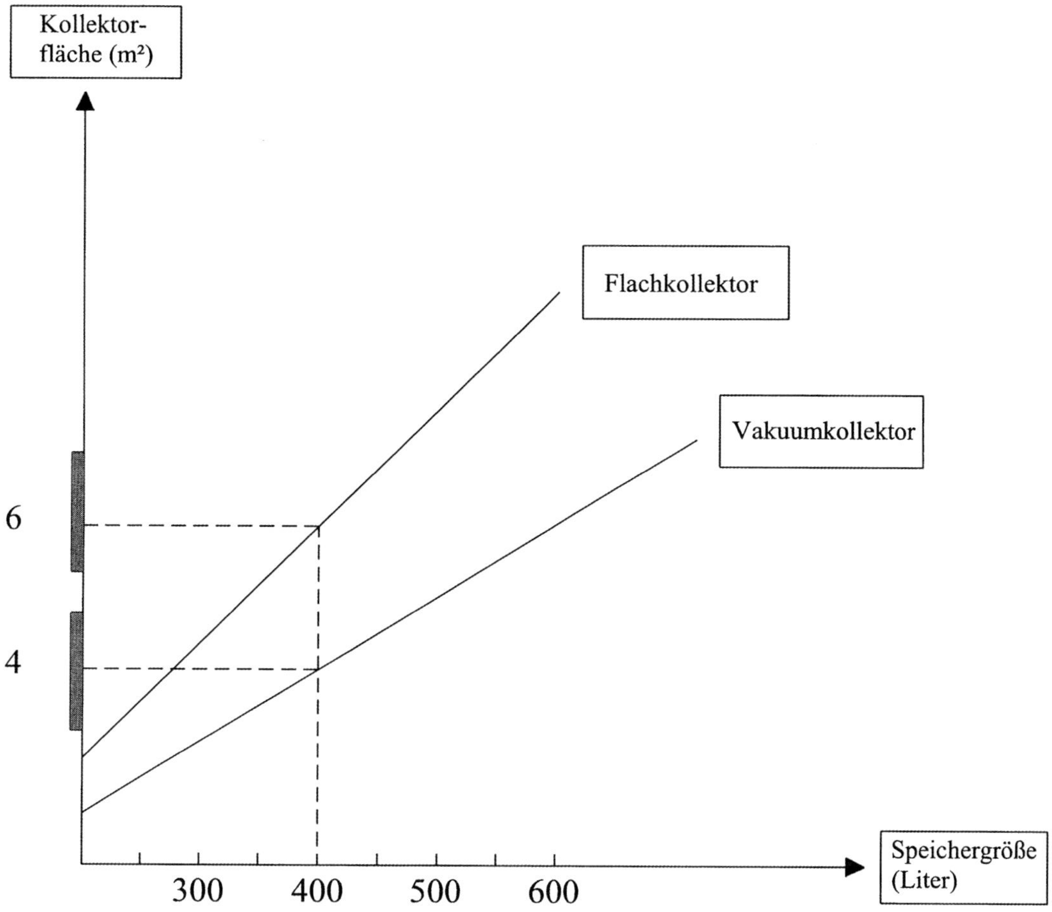

Abb. AI.5: Notwendige Kollektorfläche in Abhängigkeit von der vorhandenen Speichergröße (Beispiel)

Anhang II: Abbildungen

Detailskizzen

Die folgenden Skizzen von Dachdetails sind Beispiele für die Arbeitsausführung. Sie sind nicht maßstabsgetreue bildliche Darstellungen der einzelnen Techniken und dienen der Veranschaulichung der textlichen Beschreibung.

Verzeichnis der Abbildungen

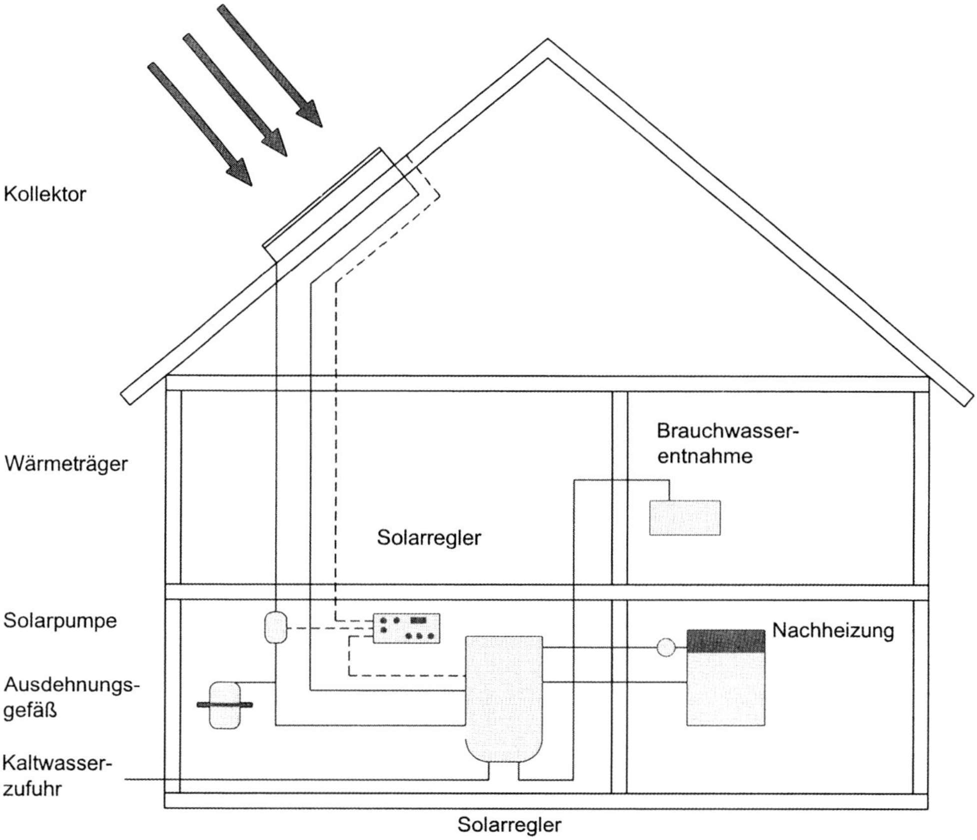

Abb. AII.1: Solarthermie-System

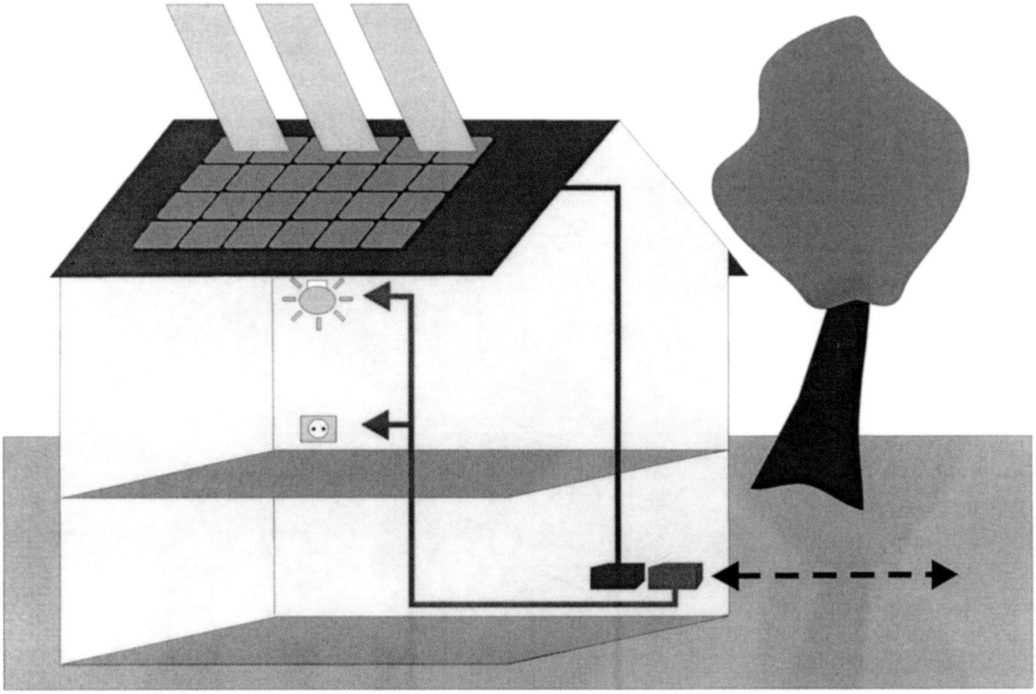

Solargenerator

Gleichstrom-Hauptrichtung

Wechselrichter

Stromkreisverteiler und Zähler

Verbraucherstromkreis (Wechselstrom)

Einspeisung in das öffentliche Netz/Bezug aus dem öffentlichen Netz

Vom Solargenerator fließt der Strom über den Wechselrichter, der aus Gleichstrom Wechselstrom macht, in den Stromkreis des Hauses.

Abb. AII.2: Photovoltaik-System

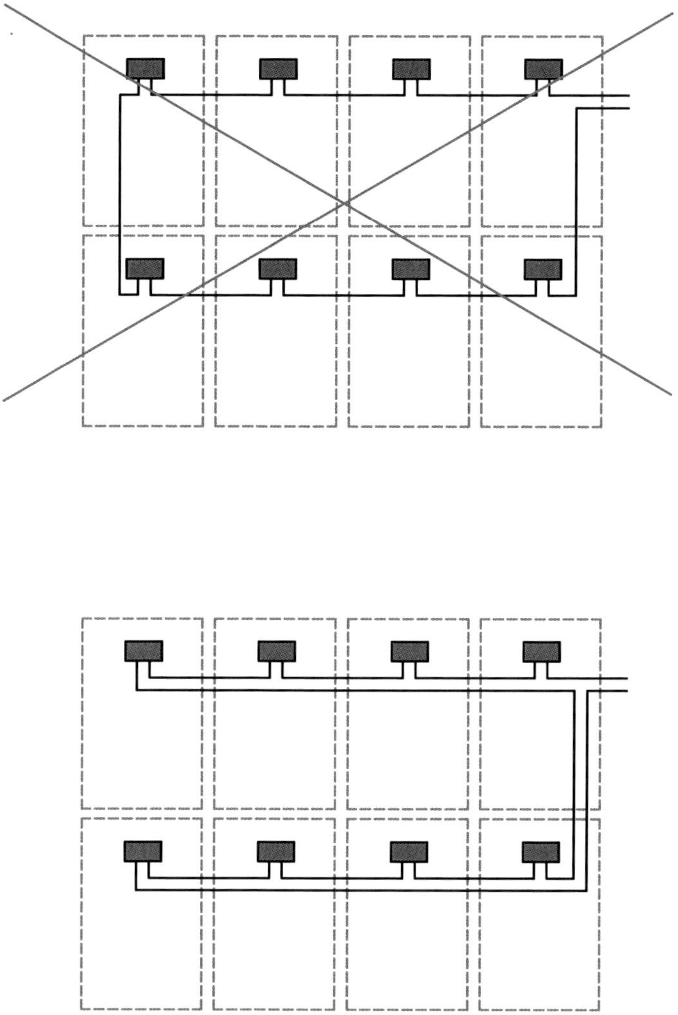

Abb. AII.2.1: Schaltung von PV-Modulen zur Verringerung der induktiven Einwirkung eines Blitzes

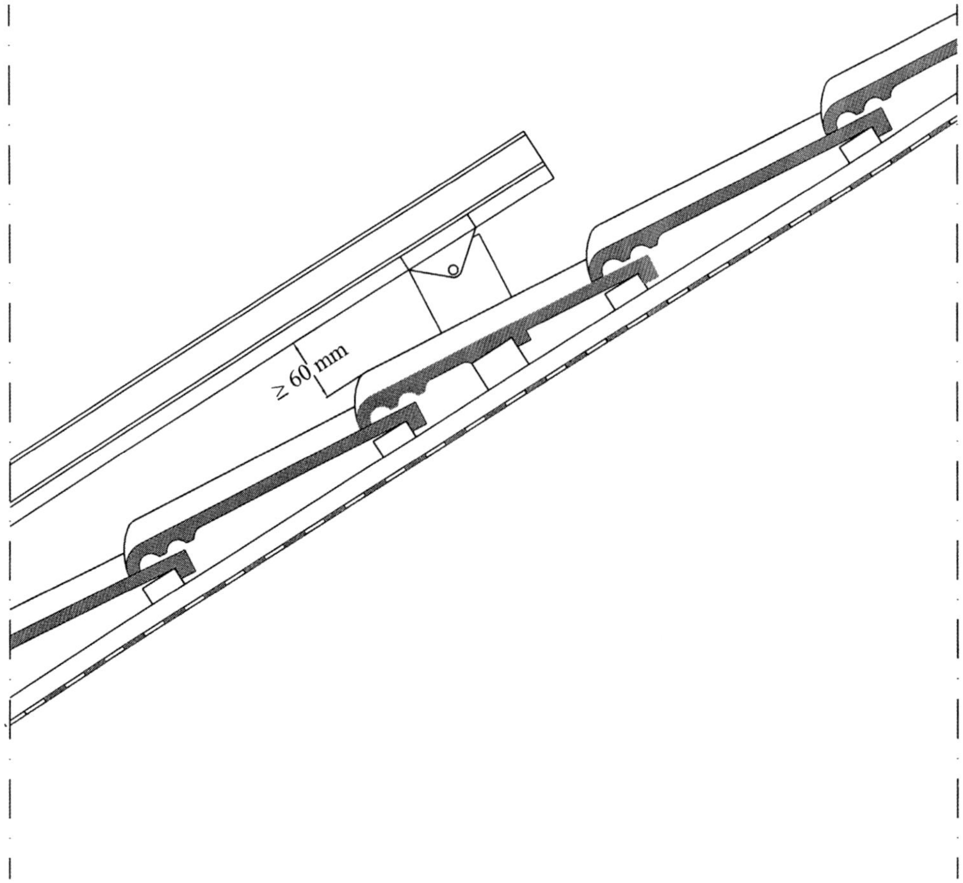

Mindestabstand zwischen Oberkante Dachdeckung und Unterseite Energiegewinnungsfläche ≥ 60 mm bzw. gemäß Herstellerangaben

Abb. AII.3: Dachaufständerung bei Dachdeckungen

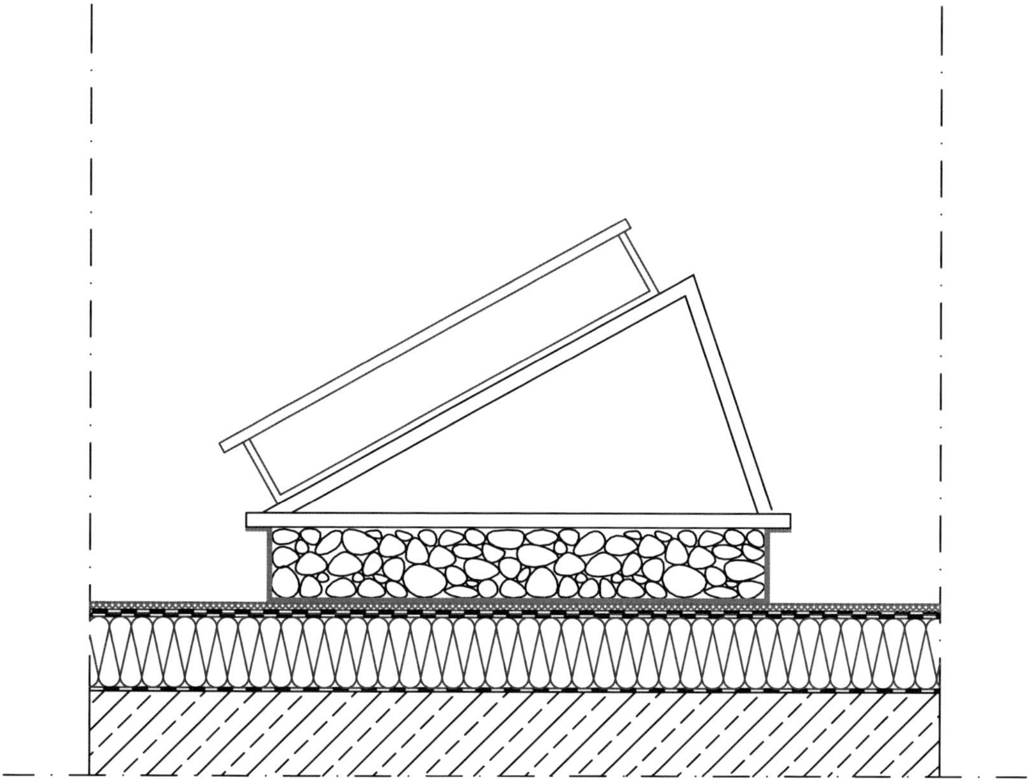

Abb. AII.4: Dachaufständerung bei Dachabdichtungen

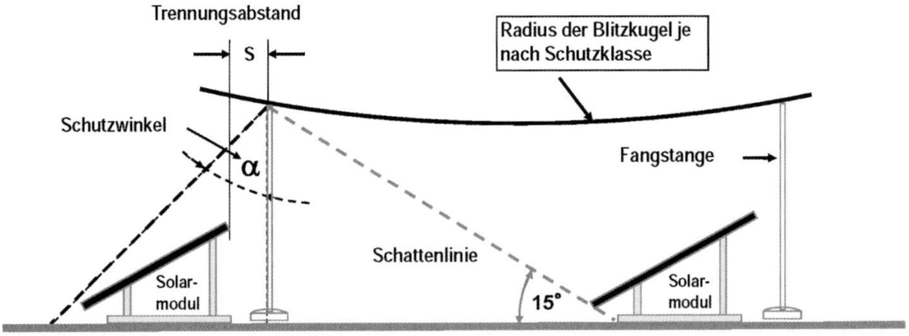

Abb. AII.5.1: Fangeinrichtung mit Fangstangen (Beispiel mit Solaranlage)

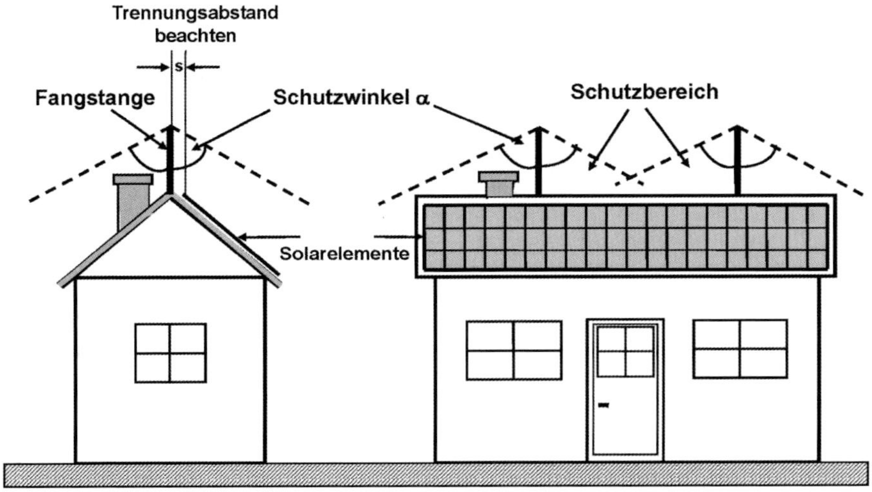

Abb. AII.5.2: Blitzschutz Solaranlage

Deutsches Dachdeckerhandwerk
– Regelwerk –

Merkblatt zur Bemessung von Entwässerungen

Aufgestellt und herausgegeben vom

Zentralverband des Deutschen Dachdeckerhandwerks – Fachverband Dach-, Wand- und Abdichtungstechnik – e.V.

Ausgabe April 2023

RM Rudolf Müller

Vorgänger

Merkblatt zur Bemessung von Entwässerungen	März 2007
Merkblatt zur Bemessung von Entwässerungen	März 2011

Verlag: Verlagsgesellschaft Rudolf Müller GmbH & Co. KG, Stolberger Str. 84, 50933 Köln

Satz: Reemers Publishing Services GmbH, Krefeld

Druck: Medienhaus Plump, Rheinbreitbach

Inhaltsverzeichnis

Einleitung

Dieses Merkblatt dient dazu, dem Dachdecker als Anwender des Regelwerks des Deutschen Dachdeckerhandwerks das nötige Basswissen zum Thema Bemessung von Entwässerungen zu vermitteln. Da die Planung und die Ausführung von Entwässerungen je nach Objekt komplex sein können, sollen neben der Bemessung in diesem Merkblatt auch klare Grenzen bzgl. der Planung und Zuständigkeit des Dachdeckers aufgezeigt werden. Die Gewerkegrenze (Abb. 1) soll dabei als visuelle Hilfe dienen und diese Grenzen klar aufzeigen, um die Zuständigkeiten „greifbar" zu machen. So kann der Anwender erkennen, wann er seinen Zuständigkeitsbereich verlässt und auf die Hilfe von Fachplanern oder dem Bauherrn angewiesen ist, um die Entwässerung erfolgreich zu bemessen. Weiter soll dieses Merkblatt genügend Freiraum lassen, um objektspezifische und handwerkliche Lösungen zu ermöglichen.

Mit diesem Ansatz soll die Kommunikation der am Bau Beteiligten verbessert werden. Bereits in der Planungsphase können somit Fehler oder neuralgische Punkte im Vorfeld, also vor der Ausführung, entdeckt und ausgeräumt werden.

Die Bemessung der Entwässerungsanlage beinhaltet folgende Schritte:

(1) Objektdaten bereithalten
- Dachabmessungen
- Am Standort des Gebäudes zu erwartende Regenspenden (Abschnitt 1.2.2)
  - für den Bemessungsregen
  - für den Jahrhundertregen
- Abflussbeiwerte der zu entwässernden Flächen (Abschnitt 1.2.1)
- Wirksame Fläche(n), also die Grundfläche(n) (Abschnitt 1.2.19)
- Gewerkegrenze (siehe Abb. 1) beachten (Abschnitt 1.3) und gegebenenfalls notwendige Unterlagen beim Bauherrn/Planer anfordern

(2) Regenwasserabfluss Q der wirksamen Dachfläche(n) berechnen (Abschnitt 1.2.11)

(3) Regenwasserabfluss Q_{NOT} für den Jahrhundertregen bemessen (Abschnitt 3.2 (1))

(4) Bemessung der Entwässerungsanlage (Rinnen, Rohre, Abläufe, Überläufe etc.)
- Bei außenliegenden Entwässerungen (z.B. vorgehängte Rinne, innenliegende Rinne mit Ablauf außerhalb des Gebäudes) anhand Kapitel 2 unter Beachtung der allgemeinen Hinweise in Abschnitt 1.3
- Bei innenliegenden Entwässerungen (Flachdachabläufe, Flachdachrinnen, Sheddachrinnen, Entwässerungsgräben, innenliegende Rinnen mit Abläufen innerhalb des Gebäudes, etc.) nach Kapitel 3 unter Beachtung der allgemeinen Hinweise in Abschnitt 1.3
- Dabei muss die Ablaufleistung der gewählten Komponenten der Entwässerungsanlage (Rinnen, Rohre Abläufe etc.) immer größer sein als der unter (2) und (3) errechnete Wert.

(5) Ist die Bemessung anhand dieses Merkblattes nicht möglich, sollte zur Sicherheit ein Fachplaner eingeschaltet werden.

1 Bemessung von Rinnen, Fallrohren und Zubehörgrößen

1.1 Geltungsbereich

(1) Das Merkblatt gilt für die Bemessung von:

- vorgehängten und innenliegenden Rinnen
- Regenfallrohren und Regenfallleitungen
- Flachdachentwässerungen

zur Ableitung von Niederschlagswasser und von Regenwasserfallleitungen bis zum oberirdischen Anschluss an die Grund- oder Sammelleitung außerhalb von Gebäuden und innerhalb von Gebäuden bis Unterkante des Dachablaufs.

Des Weiteren gilt dieses Merkblatt für die Bemessung von Notentwässerungen.

(2) Grundlage für das Merkblatt sind die zum Zeitpunkt der Ausgabe des „Merkblatts zur Bemessung von Entwässerungen" gültigen Normen.

(3) Das Merkblatt gilt nicht für die Bemessung von Grund- und Sammelleitungen bzw. im Gebäude liegende Entwässerungsanlagen.

(4) Das Merkblatt gilt nicht für die Versickerung von Niederschlagswasser (siehe Abb. 1).

(5) Das Merkblatt gilt nicht für planmäßig vollgefüllt betriebene Dachentwässerungsanlagen (Druckströmung).

Abb. 1: Schematische Darstellung der Gewerkegrenze in Anlehnung an die DIN 1986-100

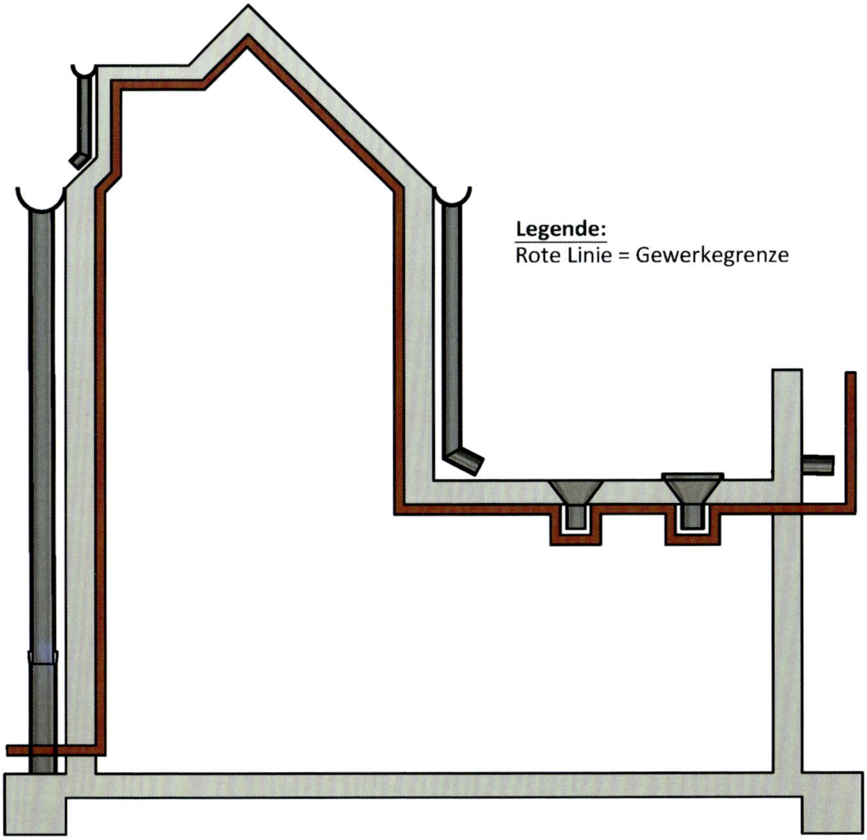

1.2 Begriffe

1.2.1 Abflussbeiwert

Der Abflussbeiwert C ist ein dimensionsloser Wert und beschreibt das Verhältnis von Regenwasserabfluss zu Berechnungsregenspende. Sein Wert (für Dachentwässerungen der Spitzenabflussbeiwert C_s nach DIN 1986-100[1]) ist Tabelle II.17 zu entnehmen.

1.2.2 Berechnungsregenspende

Die Berechnungsregenspende $r_{(D,T)}$ in [l/(s · ha)] ist die Regenwassermenge, die für eine Dauer pro Sekunde auf einen Hektar fällt. Für Dächer beträgt die Dauer 5 Minuten. T ist die durchschnittliche Wiederkehrperiode der Berechnungsregenspende. Für Dächer beträgt T 5 bzw. 100 Jahre. Die Werte sind bei den zuständigen örtlichen Behörden zu erfragen oder aus KOSTRA-DWD des Deutschen Wetterdienstes einzuholen oder den Berechnungshilfen des aktuellen ZVDH-Regelwerks zu entnehmen.

Sollte für einen Ort kein auf statistischen Erhebungen beruhender Wert für den Berechnungsregen verfügbar sein, wird für Deutschland eine pauschale Bemessungsregenspende von r = 300 l/(s · ha) angesetzt. Diese ist dann aber zusätzlich mit einem Sicherheitsfaktor entsprechend Tabelle II.16 zu multiplizieren.

1.2.3 Entwässerung

Außenliegende Entwässerung:

Ist eine Entwässerungsanlage, bei der das Niederschlagswasser außerhalb des Gebäudes abgeführt wird. Bei einer außenliegenden Entwässerung gelangt im Versagensfall von der Rinne/dem Fallrohr/der Ableitung oder der Notentwässerung das Niederschlagswasser in der Regel nicht unmittelbar in das Gebäude.

Innenliegende Entwässerung:

Ist eine Entwässerungsanlage, bei der das Niederschlagswasser innerhalb des Gebäudes abgeführt wird. Bei einer innenliegenden Entwässerung gelangt im Versagensfall der Rinne/des Ablaufs/Fallrohrs das Niederschlagswasser in der Regel unmittelbar in das Gebäude.

1.2.4 Freibord

Der Freibord F ist die Rinnenhöhe (Z) abzüglich der Wassertiefe (W) und dient zum Ausgleich von Wasserbewegungen in der Rinne.

1.2.5 Kaskadenentwässerung

Als Kaskadenentwässerung bezeichnet man im Sinne dieses Merkblattes die Entwässerung höher liegender Dachflächen eines Gebäudes auf tiefer liegende Dachflächen.

1.2.6 Niederschlagswasser

Niederschlag, der nicht im Boden versickert ist und von Bodenoberflächen oder von Gebäudeaußenflächen in die Entwässerungsanlage eingeleitet ist (DIN 1986-100).

1.2.7 Notentwässerung

Zusätzliche Regenentwässerung über Notab- oder Notüberläufe mit freiem Auslauf auf das Grundstück.

1.2.8 Notablauf

Zusätzlicher Dach-, Attika- oder Ablauf einer innenliegenden Rinne mit Anstauelement oder erhöhtem Einbau (siehe Abb. 2).

---

[1] DIN 1986-100 Entwässerungsanlagen für Gebäude und Grundstücke - Teil 100: Bestimmungen in Verbindung mit DIN EN 752 und DIN EN 12056

1.2.9 Notüberlauf

Natürlicher Überlauf einer außenliegenden Regenrinne oder Aussparung in einer Attika oder Brüstung (Speier) mit Anstauelement oder erhöhtem Einbau (siehe Abb. 2).

1.2.10 Regenwasserfallleitung

Innenliegende oder außenliegende lotrechte Leitung, gegebenenfalls mit Verziehung, zum Ableiten des Niederschlagswassers von Dachflächen, Balkonen und Loggien.

1.2.11 Regenwasserabfluss

Der Regenwasserabfluss Q ist die Regenwassermenge, die sich aus dem Produkt der Regenspende, des Abflussbeiwerts und der wirksamen Fläche ergibt.

Ermittelt wird nach der Gleichung:

$Q = r_{(D,T)} \cdot C \cdot A \cdot 1/10.000$ [in l/s]

1.2.12 Rinnenbreite

Die Rinnenbreite S ist die lichte Breite der Rinne an der Rinnensohle und wird von Innenkante zu Innenkante gemessen.

1.2.13 Rinnenhöhe

Die Rinnenhöhe Z entspricht der Gesamttiefe der Dachrinne von der Sohle bis zur Überlaufhöhe einschließlich Freibord.

1.2.14 Sicherheitsfaktor

Der Sicherheitsfaktor findet zusätzlich Anwendung, wenn im Einzelfall statt der statistischen Berechnungsregenspende die für Deutschland angesetzte pauschale Bemessungsregenspende (r = 300 l/(s · ha)) zur Berechnung benutzt wird. Dann ist:

$Q = 300$ l/(s · ha) · Sicherheitsfaktor · $C \cdot A \cdot 1/10.000$ [in l/s]

Der Sicherheitsfaktor ist dimensionslos, sein Wert ist Tabelle II.16 zu entnehmen.

1.2.15 Stauhöhe am Ablauf

Die erforderliche Stauhöhe h, auch Druckhöhe oder Anstauhöhe genannt, gibt die für eine wirksame Funktion des Ablaufs erforderliche Höhe des Niederschlags [mm] am Ablauf an.

1.2.16 Teildachfläche

Mit Teildachfläche bezeichnet man den Teil einer Gesamtdachfläche, der durch Gefälleausbildung einer Entwässerung zugeordnet werden kann.

1.2.17 Überflutungshöhe

Die Überflutungshöhe beschreibt den maximal möglichen Wasserstand auf der Dachfläche, ohne die Standsicherheit des Gebäudes zu gefährden. Die Überflutungshöhe ist eine Vorgabe des Statikers.

Abb. 2: Schematische Darstellung der erforderlichen Stauhöhen

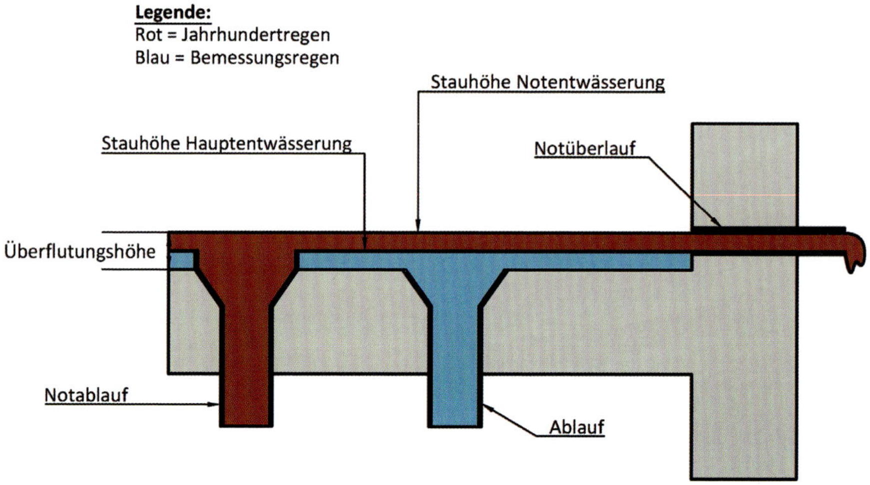

1.2.18 Wassertiefe

Bei vorgehängten Rinnen entspricht die Wassertiefe W der Höhe von Rinnenunterkante bis Oberkante Rinnenwulst. Bei innenliegenden Rinnen entspricht die Wassertiefe W der Rinnenhöhe Z abzüglich des Freibords F.

1.2.19 Wirksame Fläche

Die wirksame Fläche A ist die Dachgrundfläche und setzt sich aus der Summe aller horizontalen Grundflächen eines Daches zusammen. Durch objektspezifische Besonderheiten können auch aufgehende Fassaden zur wirksamen Fläche zählen (siehe Abschnitt 1.3 (10)).

1.3 Allgemeine Hinweise

(1) Starkregenereignisse (Jahrhundertregen) sind zu erwarten und können zur Überlastung der Entwässerungsanlagen führen. Daher ist seitens des Planers ein Entwässerungskonzept zu erstellen. Insbesondere die Art und Anzahl der Abläufe, Rinnenquerschnitte, Fallrohre, Lage und Größe von Notüberläufen der Dachentwässerung sind zu berücksichtigen.

(2) Regenwasserfall-, Regensammel- und Grundleitungen sind mindestens für die örtliche 5-Minuten-Regenspende zu bemessen, die einmal in 5 Jahren ($r_{5,5}$) erwartet werden kann (Berechnungsregen).

(3) Bemessungsgrundlagen für die Entwässerung durch Rinnen und Abläufe sind folgende Normen:
- DIN EN 12056-3[2] „Schwerkraftentwässerungsanlagen innerhalb von Gebäuden",
- DIN EN 1253-2[3] „Abläufe für Gebäude" Teil 2: Dachabläufe und Bodenabläufe ohne Geruchverschluss,
- DIN 1986-100„Entwässerungsanlagen für Gebäude und Grundstücke".

(4) Zur Berechnung sind folgende Arbeitsschritte erforderlich:
- Ermittlung der örtlich zu erwartenden Regenereignisse, Berechnung auf der Basis der genauen Regenspende nach DIN 1986-100 oder den aktuellen KOSTRA-DWD-Werten. Alternativ können die auf der

[2] DIN EN 12056-3 Schwerkraftentwässerungsanlagen innerhalb von Gebäuden; Dachentwässerung; Planung und Berechnung;
[3] DIN EN 1253-2 Abläufe für Gebäude – Teil 2: Dachabläufe und Bodenabläufe ohne Geruchsverschluss

DIN 1986-100 basierenden Werte aus Tabelle II.6 dieses Merkblatts herangezogen werden. Daraus können sich jedoch andere Abflusswerte ergeben.

- Ermittlung der wirksamen Fläche,
- Verteilung der Abflüsse,
- Ermittlung des Regenwasserabflusses Q.

(5) Um die Funktionsfähigkeit der Entwässerung zu gewährleisten, sollen, bei innenliegenden Entwässerungen müssen, diese mindestens alle 6 Monate überprüft werden. Aus der Überprüfung können sich Wartungs- und Reinigungsarbeiten ergeben. Bei erhöhter Verschmutzungsneigung der Entwässerungseinrichtung können sich zudem kürzere Reinigungsintervalle ergeben. Diese sollten insbesondere im Frühling und im Herbst durchgeführt werden. Es wird hierzu empfohlen, den Kunden auf den Abschluss eines Wartungsvertrages schriftlich hinzuweisen.

Die Verwendung von Laubfangkörben im Fallrohr und die damit erleichterte Kontroll- und Reinigungsmöglichkeit vermeidet die Reduktion der Ablaufleistungen von Rinnen. Die verringerte Ablaufleistung des Fallrohres ist dementsprechend zu berücksichtigen und bedarf einer dem Verschmutzungsgrad angepassten, regelmäßigen Kontrolle und Reinigung.

(6) Sanierung von Dachflächen

Wenn die Dachfläche eines Gebäudes saniert wird, muss das Abflussvermögen der vorhandenen Entwässerungsanlage **bauseitig** überprüft werden.

Die Mitwirkung des Bauherrn liegt in der Bereitstellung der Informationen zur Funktionstauglichkeit des Systems, Entwässerungsleistung und Entwässerungskonzeption der im Gebäude liegenden Leitungen etc. Gleichfalls ist zu kontrollieren, ob Notentwässerungen vorhanden, ausreichend bemessen und richtig angeordnet sind. Siehe dazu Abb. 1.

(7) Auslauf auf tiefer liegende Dachflächen (Kaskadenentwässerung)

Besteht aus technischen oder ortsspezifischen Gegebenheiten keine andere Möglichkeit, kann eine Dachfläche auf eine tiefer liegende Dachfläche entwässert werden. Dabei muss die Entwässerungsanlage der tiefer liegenden Dachfläche um die zusätzlichen Abflussmengen der oberen Dachfläche(n) erweitert werden. Die Überflutungshöhe der tiefer liegenden Dachfläche ist einzuhalten. Um die tiefer liegende Dachfläche nur möglichst kurz durch das zusätzliche Niederschlagswasser zu belasten, sollen die Fließwege gering gehalten werden und/oder durch unmittelbare Anschlüsse an die untere Entwässerungsanlage erfolgen.

Wird die Entwässerung auf niedrigere Dachfläche(n) geleitet, muss das Regenwasser von aufgehenden Gebäudeteilen weggeleitet werden. In Bereichen, in denen das Regenwasser auftrifft, soll die Abdichtung gegebenenfalls geschützt werden.

Eine Kaskadenentwässerung ist nicht geeignet für:

- Dächer in Leichtbauweise (z.B. Trapezprofile und Balkendächer) mit innenliegenden Entwässerungen,
- Balkone und Terrassen mit umlaufend geschlossener Attika und barrierefreien Übergängen,
- Notentwässerung; außer die zusätzlichen Abflussmengen sind in einem fachplanerischen Gesamtkonzept berücksichtigt.

(8) Es wird empfohlen, Reinigungsöffnungen im Übergangsbereich der lotrechten Fallleitung in die liegende Grundleitung oder im Standrohr vorzusehen. Sie sind auszuführen als Reinigungsrohre mit runder/ovaler Öffnung oder als Schiebestücke.

(9) Auf Länder-, Kreis-, Stadt- oder Gemeindeebene können Vorschriften bzgl. des Umgangs mit dem Regenwasserabfluss bestehen. Dies kann u.a. auch dazu führen, dass im Fall von Versickerung des Regenwasserabflusses oder Einleitung in die Kanalisation bestimmte Richtwerte einzuhalten sind, die im Entwässerungskonzept berücksichtigt werden müssen. Diese Informationen sind vom Bauherrn bereitzustellen. Auskünfte hierzu erteilt die zuständige Verwaltungsbehörde.

(10) Einflüsse auf die Entwässerungsleistung aufgrund objektspezifischer Besonderheiten

Bedingt durch den Standort des Bauvorhabens können sich objektspezifische Besonderheiten ergeben, die besondere Maßnahmen wie z.B.:

- die Berücksichtigung von aufgehenden Fassaden als wirksame Fläche

  Bei größeren aufgehenden Fassaden sollte der Einfluss von Schlagregen auf die Dimensionierung der Entwässerungsanlage und der kontrollierte Regenwasserabfluss von der Fassade über Ablaufrinnen zur Entwässerungsanlage geprüft werden. Die zu berücksichtigende Fläche beträgt 50 % der lotrechten

Fassadenfläche. Zu empfehlen ist die Berücksichtigung von Fassadenflächen mit lotrechter Höhe über 3 m (Geschosshöhe),

- Begleitheizungen,
- häufigere Wartungs-, Instandhaltungs- und Reinigungsintervalle

erforderlich machen. Die Notwendigkeit ist objektspezifisch zu prüfen und gegebenenfalls in der Entwässerungsplanung zu berücksichtigen.

2 Dachrinnen

2.1 Abflussverhalten einer Rinne

2.1.1 Allgemeines

Das Abflussverhalten einer Rinne hängt von der Form, dem Querschnitt und der Länge bis zum Ablauf ab (Abflussverhalten siehe Tabelle II.1 und Tabelle II.2).

2.1.2 Reduktion des Abflussvermögens einer Rinne

(1) Das Abflussvermögen einer Dachrinne wird durch Rinnenwinkel negativ beeinflusst. Erhält die Dachrinne eine Richtungsänderung über 10°, so muss ihr Abflussvermögen um 15 % reduziert werden.

(2) Beim Einsatz von Laubfangkörben/Sieben in Ablaufstutzen verringert sich die Ablaufleistung von Rinnen mit nicht flacher Sohle um 50 % (DIN EN 12056-3– Abschnitt 5.3.3).

2.2 Abflussverhalten von Ablaufstutzen und Fallleitung

2.2.1 Allgemeines

(1) Das Abflussverhalten von Ablaufstutzen und Fallleitung hängt ab:
- von der Stauhöhe am Ablauf und
- von der Stutzenform (zylindrischer oder trichterförmiger Einhangstutzen).

(2) Bei Verwendung des Einhangstutzens als Bewegungsausgleicher ist die Öffnung zur Wasserableitung oberhalb des Fallrohres so herzustellen, dass das Ablaufverhalten nicht beeinflusst wird.

(3) Die Bemessung von Entwässerungsleitungen erfolgt
- bei geneigten Leitungen < 10° gemäß Tabelle II.18,
- bei geneigten Leitungen ≥ 10° gemäß Tabelle II.15.

Abb. 3: Bildliche Darstellung von Fallleitungsverziehungen

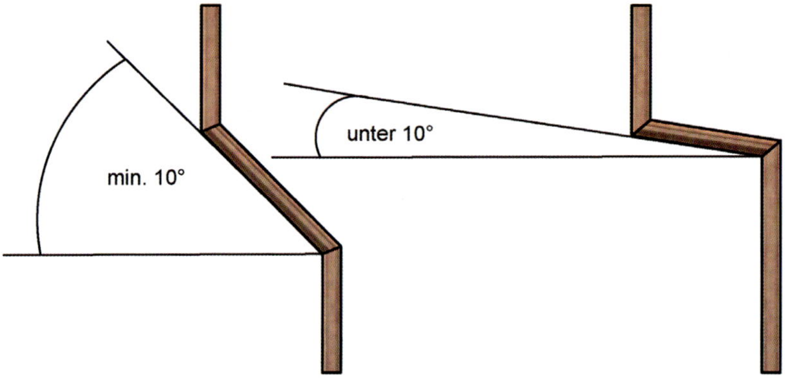

2.2.2 *Reduktion des Abflussvermögens von Ablaufstutzen und Fallleitungen*

(1) Ist das Gefälle einer Fallleitung auch nur teilweise unter 10°, so muss sie wie eine liegende Leitung mit einem Füllungsgrad f von h/d = 0,7 dimensioniert werden (Ablaufleistungen siehe Tabelle II.18). Füllungsgrad f ist der dimensionslose Quotient aus der Wasserstandshöhe (h) des Rohrstücks, das mit Wasser gefüllt ist, und dem Rohrinnendurchmesser (di).

(2) Bei Einbau von Laubfangkörben muss das Ablaufvermögen des Rinnenablaufes um 50 % reduziert werden.

(3) Zylindrische Ablaufstutzen verringern die Ablaufleistung um ca. 30 %.

2.2.3 *Wasserfangkästen mit rückwärtiger Rohrdurchführung*

(1) Bei Wasserfangkästen mit rückwärtiger Rohrdurchführung ist die Verbindung zwischen Wasserfangkasten und durchdringendem Rohr so auszuführen, dass das Wasser nicht am Rohr zurücklaufen und zu Schäden am dahinterliegenden Bauteil führen kann.

(2) Die Kombination aus durchdringendem Rohr und Wasserfangkasten ist rückstausicher auszuführen, damit die Entwässerung der angeschlossenen Dachfläche zu jeder Zeit gewährleistet ist (Beispiel in Abb. 4).

Abb. 4: Rückstausichere rückwärtige Rohrdurchführung links (siehe (3)) und Bauweise mit Zulauf oberhalb der Oberkante des Wasserfangkastens rechts

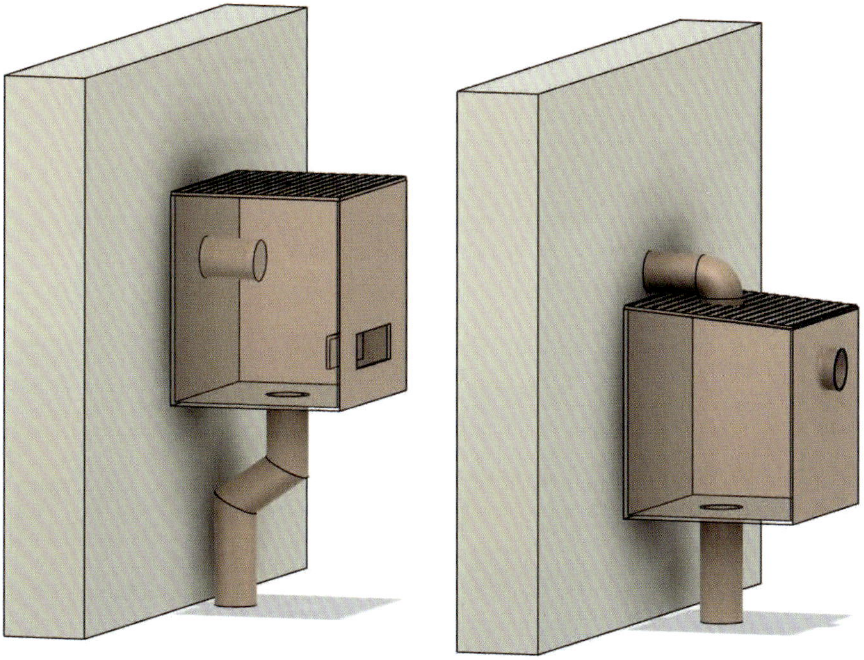

(3) Ist eine rückstausichere Ausführung wie in (2) beschrieben nicht möglich, sollte auf die rückwärtige Rohrdurchführung verzichtet werden und der Zulauf in den Wasserfangkasten von oben erfolgen (siehe Abb. 4). Dabei ist darauf zu achten, dass

- im Falle des Rückstaus ein Überlauf über die Oberkante möglich ist, ohne dass der Zulauf beeinträchtigt wird, und/oder
- ein gezielter und ausreichend dimensionierter Überlauf in der Vorderseite des Wasserfangkastens vorhanden ist, der ein kontrolliertes Überlaufen ermöglicht.

(4) Ein Wasserfangkasten kann nicht gleichzeitig für die Hauptentwässerung und für die Notentwässerung genutzt werden.

2.3 Notentwässerung

(1) Bei Vollfüllung der vorgehängten Rinne erfolgt die Notentwässerung über die Vorderkante der Rinnenlängsseite.

(2) Die Notentwässerung innenliegender Rinnen erfolgt grundsätzlich über Notüberläufe oder Notabläufe mit zusätzlichen Regenfallleitungen, die einen freien Abfluss außerhalb des Gebäudes haben.

(3) An jedem Hochpunkt einer innenliegenden Dachrinne sind die in unten stehender Übersicht (siehe Abb. 5) angegebenen Mindestmaße für den Freibord einzuhalten.

(4) Wird die Notentwässerung von vorgehängten oder innenliegenden Rinnen auf eine darunterliegende Dachfläche geleitet, müssen die zusätzlichen Abflussmengen in einem fachplanerischen Gesamtkonzept berücksichtigt werden (Kaskadenentwässerung, siehe Abschnitt 1.3 (7)).

Gesamtwassertiefe einschließlich Freibord, Z in mm	**Freibord-Mindestmaß mm**
< 85	25
85–250	$0{,}3 \cdot Z$
> 250	75

Abb. 5: Bezeichnungen an innenliegenden Rinnen

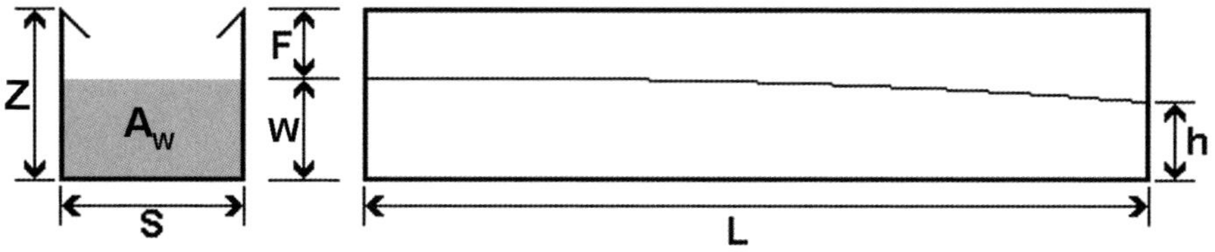

W-Not in W-Kopf

3 Innenliegende Entwässerungen

3.1 Allgemeines

(1) Um die Funktionsfähigkeit der Entwässerung zu gewährleisten, muss diese mindestens alle 6 Monate überprüft werden. Aus der Überprüfung können sich Wartungs- und Reinigungsarbeiten ergeben. Bei erhöhter Verschmutzungsneigung der Entwässerungseinrichtung können sich zudem kürzere Reinigungsintervalle ergeben. Diese sollten insbesondere im Frühling und im Herbst durchgeführt werden. Es wird hierzu empfohlen, den Kunden auf den Abschluss eines Wartungsvertrages schriftlich hinzuweisen.

(2) Bereits bei der Planung innenliegender Entwässerungen bei Balkonen und Loggien mit geschlossener Brüstung oder Attika sind zusätzliche Entwässerungsöffnungen vorzusehen.

Balkone und Loggien sollten für die gezielte Wasserführung einen Ablauf oder eine vorgehängte Rinne erhalten. Haben Balkone und Loggien eine geschlossene Brüstung, so muss zusätzlich zum Ablauf ein Notablauf oder Notüberlauf in der Brüstung vorhanden sein. Die Bemessung der Entwässerung erfolgt nach diesem Merkblatt. Bei überdachten, aber offenen Balkonen/Loggien sollte aus Sicherheitsgründen eine Entwässerung der Balkon-/Loggia-Grundfläche nach diesem Merkblatt erfolgen.

(3) An Regenwasserfallleitungen von Dachentwässerungen dürfen zur Vermeidung von Überflutungen keine Balkon-, Loggien- oder Terrassenabläufe auf gleichen oder tiefer liegenden Etagen angeschlossen werden, auch dann nicht, wenn Notentwässerungen in der Brüstung vorhanden sind.

(4) Nur wenn Balkone und Loggien keine geschlossene Brüstung (min. 50 % freier Ablauf) haben oder ein an das Entwässerungskonzept angepasster, ausreichend freier Ablauf verfügbar ist, kann auf getrennte Fallleitungen für die Dach- und Balkonentwässerung verzichtet werden.

Abläufe von Balkonen und Loggien im Erdgeschoss sollten getrennt an die Grundleitung angeschlossen werden, da das Risiko eines möglichen Rückstaus durch Überlastung der Regenwasserleitung besteht.

Alternativ kann der Anschluss an die Fallleitung auch über einen Entspannungspunkt hergestellt werden. Das kann z.B. durch:

- Zusatzteile des Standrohres oder
- handwerklich hergestellte Tascheneinführung

ermöglicht werden.

Wenn Dritte nicht beeinträchtigt werden, ist eine Ableitung des Niederschlagswassers über Speier oder Tropfleisten auf das Grundstück zulässig.

(5) Dachflächen mit nach innen abgeführter Entwässerung müssen, unabhängig von der Größe der Dachfläche, für jede Teildachfläche einen Dachablauf und einen Notablauf bzw. Notüberlauf erhalten.

(6) Wenn sich die Dachabläufe in einer Ebene ohne nennenswerte Höhendifferenzen befinden, sollte der maximale Abstand der Dachabläufe 20 m nicht überschreiten. Bei Gefälledächern erhält man unterschiedlich große Einzugsgebiete pro Entwässerungselement. Dies erfordert einen gesonderten Nachweis pro Teilfläche. Die Durchbiegung der Unterkonstruktion muss hierbei berücksichtigt werden.

(7) Bei innenliegenden Dachrinnen rechteckiger, trapezförmiger oder ähnlicher Form (siehe Abb. 6), ohne Gefälle geplant und mit einem Ablauf versehen, der einen freien Auslauf garantiert, wird das Abflussvermögen nach DIN EN 12056-3 – Abschnitt 5.2.3 berechnet.

Zur Vereinfachung und zur Veranschaulichung ist das Abflussvermögen einer gleichwertigen rechteckigen innenliegenden oder eingebauten Dachrinne in Abb. 7 graphisch dargestellt.

Abb. 6: Verschiedene Varianten innenliegender Rinnen/Kehlen (nach DIN EN 12056-03)

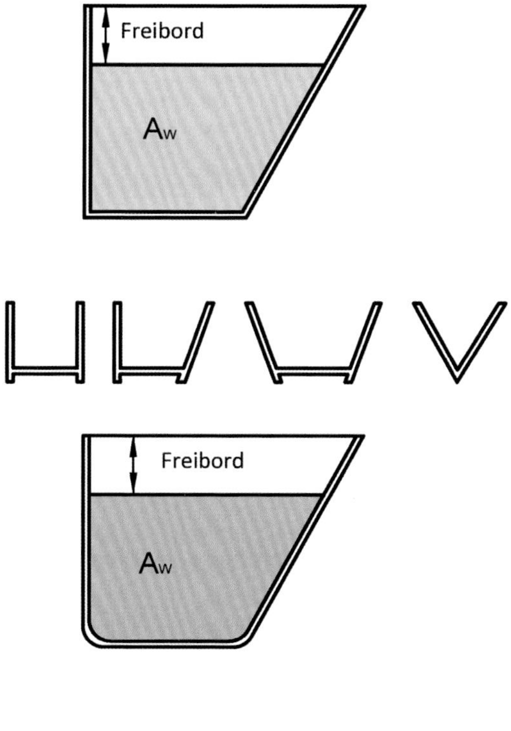

Abb. 7: Abflussvermögen von rechteckigen innenliegenden oder eingebauten Dachrinnen, kurze Ausführung und ohne Gefälle verlegt (kurze Ausführung: Länge einer Dachrinne, die nicht größer als das 50-Fache der Sollwassertiefe W ist) (Quelle: DIN EN 12056-3)

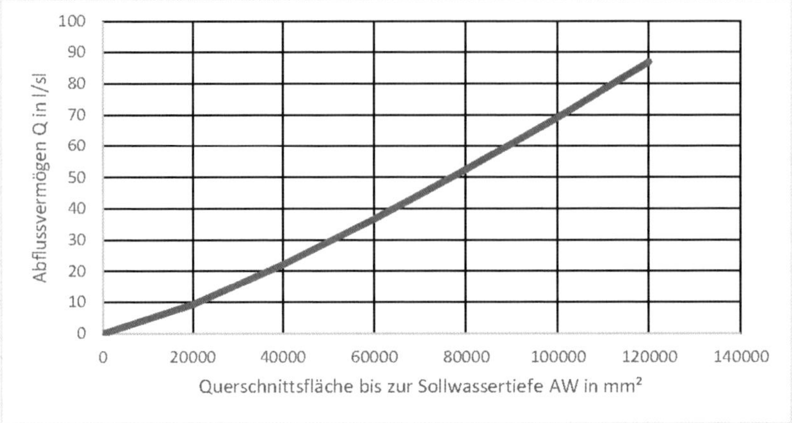

(8) Entwässerungsanlagen (anhand der Gewerkegrenze, Abb. 1) können nach DIN 1986-100 und DIN EN 12056-3 geplant und sollen nach DIN EN 12056-3 bemessen werden. Die Ablaufleistungen der vorgesehenen Entwässerungselemente werden nach DIN EN 1253-2 bestimmt. Dachflächen ohne Gefälle oder in Leichtbauweise können besondere Maßnahmen erfordern.

(9) Ein Kiesfang/Laubfang vermindert die Ablaufleistung um 50 %. Wenn der Ablauf mit Kiesfang vom Hersteller als System werkseitig mit der Ablaufleistung angegeben wurde, ist eine Reduzierung nicht mehr notwendig.

3.2 Bemessung von Abläufen und Notentwässerungen

(1) Das erforderliche Mindestabflussvermögen der Notabläufe/-überläufe ergibt sich aus der Differenz zwischen dem Jahrhundertregen und dem Abflussvermögen der Dachentwässerungsanlage bezogen auf den Berechnungsregen $r_{(5,5)}$:

- $Q_{Not} = (r_{(5,100)} - r_{(5,5)} \cdot C) \cdot A \cdot 1/10.000$
- Eine zusätzliche Sicherheit bietet ein Notüberlauf, der allein durch seinen Querschnitt die Jahrhundertregenspende entwässern kann.

(2) Für die Entwässerung bzw. Notentwässerung stehen 2 Schwerkraftentwässerungsprinzipien zur Verfügung:

- Freispiegelentwässerungssystem (mehrere Fallleitungen in einem Grundleitungssystem, Rohrleitungen teilgefüllt, kein Unterdruck),
- Druckentwässerungssystem (Sammeln des Wassers in Anschlussleitungen unter der Dachkonstruktion sowie Weiterführung in die Fallleitung und die Grundleitung, Rohrleitungen vollgefüllt, Unterdruck).

Abb. 8: Darstellung von Freispiegel- und Druckentwässerungssystem

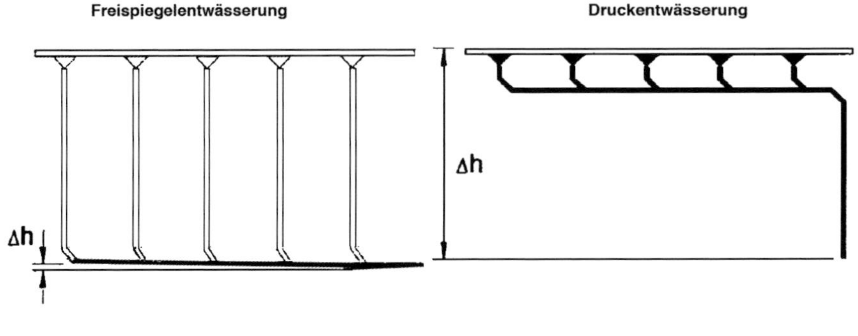

(3) Die Höhe der Notentwässerung muss oberhalb der erforderlichen Stauhöhe für den gewählten Dachablauf liegen. Zur Vermeidung von Überlastungen, insbesondere der Tragkonstruktion, sollte die Höhe der Notentwässerung auf der normativ oder im Entwässerungskonzept berücksichtigten Stauhöhe des Dachablaufs liegen.

(4) Um das optimale Ablaufvermögen der Fallleitung zu erreichen, sollten konische Ablauftrichter (Einlaufquerschnitt ca. doppelt so groß wie Fallleitungsquerschnitt) verwendet werden, die industriell oder handwerklich hergestellt sein können.

(5) Notentwässerungen dürfen nicht ins Grundleitungssystem geführt werden, sondern müssen frei über schadlos überflutbare Grundstücksflächen entwässert werden.

(6) Horizontal durch die Attika geführte Notentwässerungen sind entweder handwerklich herzustellen oder in Größe und Anzahl entsprechend der Ablaufleistung nach Herstellerangabe einzubauen.

(7) Bei handwerklicher Herstellung muss nach vorher ermittelter Notüberlaufleistung Q_{Not}eine maximale Stauhöhe h (in mm) über der Ablaufkante festgelegt werden. Bei der Wahl der Stauhöhe ist die Tragfähigkeit der Unterkonstruktion zu berücksichtigen. Dann kann die Länge L_w(in mm) der rechteckigen Notüberlauföffnung nach folgender Formel ermittelt werden:

Rechteckiger Notüberlauf

$L_w = Q_{Not} \cdot 24.000 / h^{1,5}$

Dabei ist

L_w: Länge des Überlaufs in mm

h: Stauhöhe am Notüberlauf in mm

Q_{Not}: Abflussvermögen des Notüberlaufs je Meter Überlauflänge in l/s

Ablaufleistungen rechteckiger Standardöffnungsgrößen siehe Tabelle II.19.

Für runde Notüberlauföffnungen, die durch die Attika geführt werden, muss die Ablaufleistung durch den Hersteller angegeben werden, da eine einfache Berechnung nicht möglich ist.

Beispiel:

$Q_{Not} = 10,4 l/s$

h = 100 mm

$L_w = Q_{Not} \cdot 24.000/h^{1,5}$

$L_w = 10,4\ l/s \cdot 24.000/(100mm)^{1,5}$

L_w = 249,6 mm (Breite des Notüberlaufs)

Anmerkung:

Bei einem Jahrhundertregen tritt eine Überflutungshöhe von 35 mm + 100 mm = 135 mm auf. Als Folge ist mit einer Wasserlast von 135 kg/m² zu rechnen! Diese ist bei der Dimensionierung der Tragkonstruktion zu berücksichtigen.

*Hinweis:*Bei Vorgabe der Breite des Notüberlaufes kann die Höhe der Rechtecköffnung h wie folgt berechnet werden: h [mm] = 3.Wurzel aus $(Q_{Not} \cdot 24.000 / L_w)^2$

Abb. 9: Dimensionierung eines rechteckigen Notüberlaufs

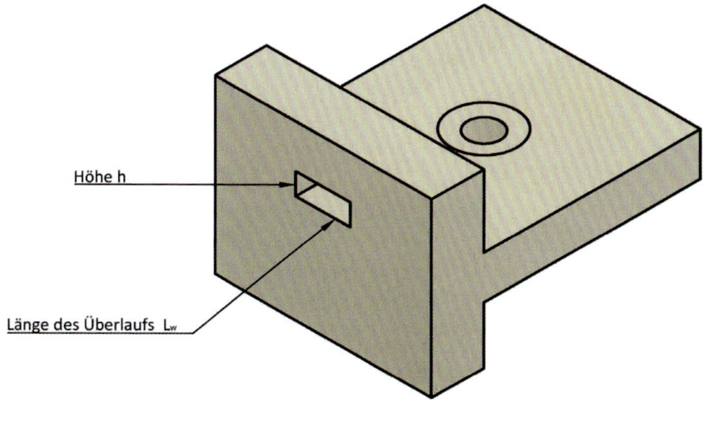

(8) Im Ausnahmefall kann bei Dachunterkonstruktionen mit umlaufender Attika oder aufgehenden Bauteilen und planmäßig vorgesehener Regenrückhaltung (z.B. Retention), die den auftretenden Lasten, durch einen Fachingenieur statisch nachgewiesen, standhalten, ohne Notentwässerung geplant werden. Die Abdichtungshöhe ist dementsprechend zu planen.

(9) Bei Dachkonstruktionen in Leichtbauweise muss von jedem Dachablauf aus ein freier Abfluss auf der Dachabdichtung zu einem Notüberlauf mit ausreichendem Abflussvermögen vorhanden sein. Lässt die Dachgeometrie einen freien Notüberlauf über die Fassade nicht zu, muss zur Sicherstellung der Notüberlauffunktion ein zusätzliches Leitungssystem mit freiem Auslauf auf schadlos überflutbare Grundstücksflächen diese Aufgabe übernehmen.

(10) Ist ein außergewöhnliches Maß an Schutz für ein Gebäude z.B.:

- mit barrierefreien Übergängen (z.B. Türanschlüsse),
- Krankenhäuser/Theater,
- sensible Kommunikationseinrichtungen,
- Lagerräume für Substanzen, die durch Nässe toxische oder entflammbare Gase abgeben,
- Gebäude, in denen besondere Kunstwerke aufbewahrt werden,

notwendig, soll die Notentwässerung allein den gesamten Jahrhundertregen entwässern können.

(11) Ist im Sanierungsfall die Möglichkeit einer nachträglich angeordneten Notentwässerung über die Gebäudeaußenkanten nicht gegeben, ist dies als Sonderfall zu werten, der eine detaillierte Vorgabe durch den Fachplaner verlangt.

(12) Bei Sanierungen sollten neue Gullys mit höheren Ablaufleistungen nur dann eingebaut werden, wenn die Fall- und Grundleitungen für die erhöhte Belastung ausreichend bemessen sind (siehe Abschnitt 1.3 (6)).

(13) Liegen Notabläufe/Notüberläufe weiter als 20 m auseinander, ist die Wassertiefe wie in Abb. 10dargestellt in der Mitte zu verdoppeln (siehe DIN 1986-100– Abschnitt 14.2.6).

Abb. 10: Abstand L zwischen Notüberlauf/Notablauf

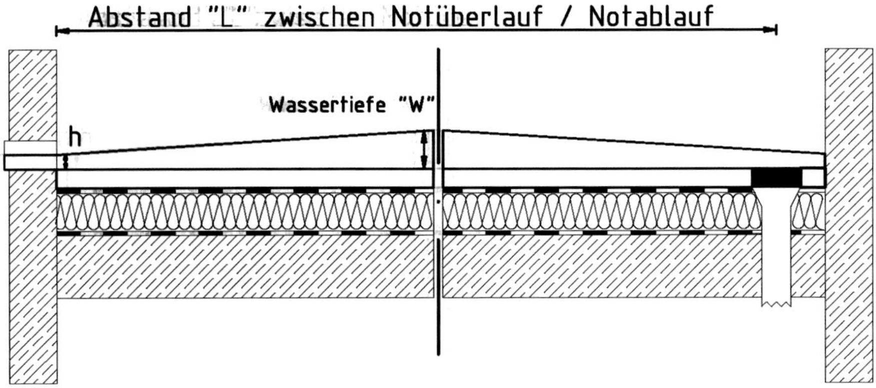

W = 2 x h

W = Wassertiefe in mm

h = Stauhöhe am Notüberlauf in mm

4 Lüftung der Entwässerungsanlage (Belüftung der Abwasserfallleitung)

(1) Grundsätzlich muss jede Fallleitung als Lüftungsleitung bis über Dach geführt werden.

(2) Endrohre von Lüftungsleitungen über Dach sind nach oben offen mindestens mit dem Querschnitt der Lüftungsleitung auszuführen. Abdeckungen dürfen nicht eingesetzt werden.

(3) Flexible Verbindungen zwischen Endrohr und weiterführenden Lüftungsleitungen dürfen maximal 1 m lang sein, wobei ausreichend eigensteife und knickfeste Bauteile zu verwenden sind.

(4) Lüftungsleitungen sind möglichst geradlinig und lotrecht zu führen. Verziehungen müssen mit Gefälle verlegt werden. Umlenkungen sind mit 45°-Bögen auszuführen. Längere Verziehungen von Lüftungsleitungen sollten vermieden werden.

Mündet eine Lüftungsleitung in der Nähe von Aufenthaltsräumen, so ist sie mindestens 1,0 m über den Fenstersturz hochzuführen oder so zu verlegen, dass sie mindestens 2,0 m seitlich der Fensteröffnung liegt.

(5) Die Mündung der Lüftungsleitungen muss rechtwinklig bis lotrecht zur Dachfläche aus dem Dach herausgeführt werden. Der Abstand Oberkante Mündung der Lüftungsleitung muss rechtwinklig zur Dachdeckung gemessen mindestens 15 cm betragen.

(6) Als Endrohre von Lüftungsleitungen sind nur Bauteile zu verwenden, die einen fach- und funktionsgerechten Anschluss an die Funktionsschichten des Dachaufbaus ermöglichen.

Anhang I Berechnungsbeispiele

I.1 Berechnungsbeispiele a) und b) für vorgehängte Dachrinnen

I.2 Berechnungsbeispiel für ein gefälleloses Flachdach mit Freispiegelentwässerung und entsprechender Notentwässerung

I.3 Berechnungsbeispiel eines Gefälledaches

I.4 Berechnungsbeispiel für innenliegende Rinnen mit Notentwässerung am Sammelkasten

Die hier aufgeführten Berechnungsbeispiele sind auf Basis von gerundeten Werten gemäß Tabelle II.6berechnet. Sie dienen als Orientierungshilfe zur überschlägigen Berechnung. Daraus können sich andere Abflusswerte als durch die Berechnung nach DIN 1986-100 oder KOSTRA-DWD ergeben. Eine präzise Berechnung der Abflusswerte kann mit den Werten aus DIN 1986-100 Anhang A oder KOSTRA-DWD erfolgen.

Anhang I.1 Berechnungsbeispiele für vorgehängte Dachrinnen

Berechnungsbeispiel a)

Dieses Berechnungsbeispiel beinhaltet die Bemessung der Entwässerung eines Satteldaches mit Ziegeleindeckung, welches sich im Stadtgebiet von Bonn befindet. Die Trauflänge beträgt 14,00 m und die Gebäudebreite 10,00 m. Die Dachhälften werden geplanterweise über ein Fallrohr am Ende der 14,00-m-Traufe entwässert.

Abb. I.1: Objektansicht mit Kenntlichmachung der wirksamen Fläche nach Abschnitt 1.2.19

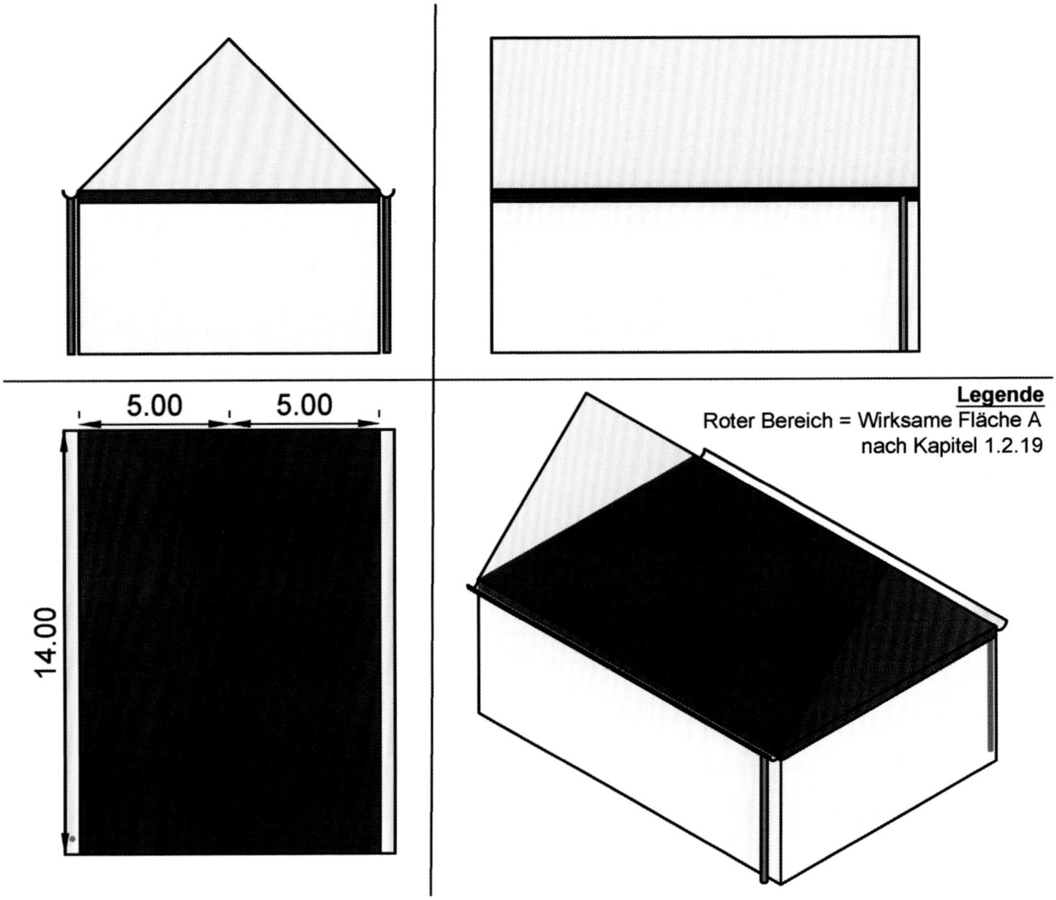

Objektdaten:

- Berechnungsregen ($r_{5,5}$) für die Stadt Bonn (siehe Tabelle II.6) = 300 l/(s · ha)
- Jahrhundertregen ($r_{5,100}$) für die Stadt Bonn (siehe Tabelle II.6) = 600 l/(s · ha)
- Anzahl der Fallrohre pro Rinne = 1, Einleitung über einen trichterförmigen Stutzen
- Länge der halbrunden Rinne 14,00 m
- Abflussbeiwert C einer Dacheindeckung aus Ziegeln = 1,0 (siehe Tabelle II.17)
- Der Niederschlag fällt senkrecht, weswegen nicht die Dachfläche als „wirksame Fläche" bezeichnet wird, sondern die Grundfläche der Teildachfläche. In diesem Beispiel ist die wirksame Fläche je Dachseite (Teildachfläche) = 5,00 m · 14,00 m = 70,00 m²

Berechnung des Regenwasserabflusses Q:

Q = Berechnungsregen ($r_{5,5}$) · Abflussbeiwert · wirksame Fläche · Umrechnungsfaktor ha auf m²

$Q = r_{(5,5)}[l/s \cdot ha] \cdot C\,[-] \cdot A\,[m^2] \cdot 1/10.000\,[-]$

$Q = 300 \cdot 1 \cdot 70 \cdot 1/10.000 = 2{,}1$ l/s

Es fließen im Falle eines 5-minütigen Berechnungsregens, welcher alle 5 Jahre statistisch gesehen einmal vorkommt, von jeder Teildachfläche 2,1 l/s in die Dachrinne.

Berechnung des Regenwasserabflusses eines Jahrhundertregens Q_{Not}:

Die Berechnung des Regenwasserabflusses eines Jahrhundertregenereignisses (Notentwässerung) muss in diesem Beispiel nicht durchgeführt werden, da das Niederschlagswasser, welches über den Bemessungsregen hinaus anfällt, über die Rinnenvorderkante entwässert (siehe Abschnitt 2.3).

Bemessung der Entwässerungsanlage:

Rinnengröße nach Tabelle II.1*:*

Über die Spalte „Rinnenlänge 14,00 m" kann ein ausreichender Rinnenquerschnitt bestimmt werden. Durch Vergleichen der Abflusswerte Q der Rinnengrößen kann die erforderliche Rinnengröße der Nennweite von 333 abgelesen werden. Die dort angegebene Abflussleistung der 333er-Rinne wird mit 2,33 l/s angegeben und ist somit größer als die erforderlichen 2,1 l/s aus der Berechnung des Regenwasserabflusses Q.

Ermittlung des Einhangstutzens nach Tabelle II.3 *und* Tabelle II.4*:*

Nach Tabelle II.3 (für halbrunde Rinnen) hat ein ovaler/trichterförmiger Einhangstutzen einer 333er-Rinne eine Abflussleistung von 7,4 l/s, wenn der Ausschnitt der Rinne nach Herstellerangaben gemacht wird.

Die 7,4 l/s Abflussleistung sind größer als der berechnete Regenwasserabfluss von 2,1 l/s der Teildachfläche und damit ausreichend.

Ermittlung der Fallleitung nach Tabelle II.3 *und* Tabelle II.5*:*

Anhand der Tabelle II.3 wird der 333er-Rinne mit einem ovalen Ausschnitt ein Mindestrohrdurchmesser von 75 mm zugeordnet. Nach Tabelle II.5 kann ein Fallrohr mit Ø 75 mm 5,0 l/s entwässern und reicht somit ebenfalls aus, da 5,0 l größer sind als die erforderlichen 2,1 l/s Regenwasserabfluss der Teildachfläche. Aus optischen Gründen kann natürlich auch ein größerer Fallrohrquerschnitt gewählt werden, nach Tabelle II.3 bis zu 100 mm.

Zusammenfassung:

Die Entwässerungsanlage setzt sich für jede Dachfläche somit aus folgenden Elementen zusammen:

- 333er-Rinne
- Rinneneinlaufstutzen 333/80
- Fallrohrinnendurchmesser ≥ 75 mm

Berechnungsbeispiel b)

Dieses Berechnungsbeispiel beinhaltet die Bemessung der Entwässerung eines L-förmigen Satteldaches mit Ziegeleindeckung, welches sich im Stadtgebiet von Leipzig befindet. Durch die unsymmetrische Bauweise ergeben sich unterschiedliche Trauflängen und unterschiedliche Dachflächen. Die beiden großen Dachflächen sollen separat voneinander entwässert werden und die beiden Kehldachflächen gemeinsam. Darüber hinaus gibt es einen in der Bemessung der Entwässerung zu berücksichtigenden Rinnenwinkel im Kehlbereich.

Anhang I.2 Berechnungsbeispiel für ein gefälleloses Flachdach mit Freispiegelentwässerung und entsprechender Notentwässerung

Dieses Berechnungsbeispiel beinhaltet die Bemessung der Entwässerung eines gefällelosen Flachdaches. Das Beispielobjekt befindet sich im Stadtgebiet von Bad Kissingen. Die Entwässerung soll über Dachabläufe und eine passende Notentwässerung in der Attika umgesetzt werden. Die Dachfläche beträgt 200,00 m². Es sind kein Oberflächenschutz oder etwaige andere abflussreduzierende Maßnahmen vorgesehen und das Gebäude ist entwässerungstechnisch nicht besonders schützenswert.

Abb. I.3: Objektansicht des gefällelosen Flachdaches von oben

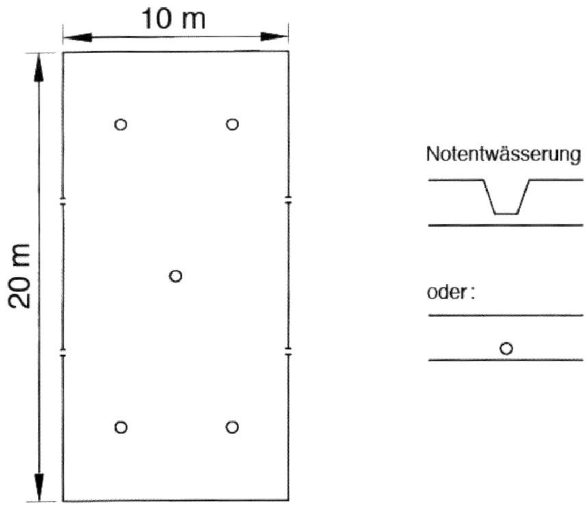

Objektdaten:

- Berechnungsregen ($r_{5,5}$) für die Stadt Bad Kissingen (siehe Tabelle II.6) = 400 l/(s · ha)
- Jahrhundertregen ($r_{5,100}$) für die Stadt Bad Kissingen (siehe Tabelle II.6) = 800 l/(s · ha)
- Gesamtfläche = 200,00 m²
- Abflussbeiwert C eines Flachdaches = 1,0 (siehe Tabelle II.17)
- Wirksame Fläche ist bei diesem Beispiel aufgrund der gefällelosen Ausführung = Dachfläche.
  Durch die gefällelose Ausführung ist auch keine Unterteilung in Teildachflächen nötig.

Wirksame Fläche = 10,00 m · 20,00 m = 200,00 m²

- maximal Überflutungshöhe: 75 mm (festgelegt nach Angabe des Statikers)
- Nennweite der Abläufe: 100 mm (Annahme des Planers)
- Stauhöhe Dachablauf: 35 mm (abhängig vom Ablauf, hier gewählt: NW 100 mm)

Berechnung des Regenwasserabflusses Q:

$Q = r_{(5,5)} \cdot C \cdot A \cdot 1/10.000$

$Q = 400 \cdot 1 \cdot 20,00\ m \cdot 10,00\ m \cdot 1/10.000$

$Q = 8\ l/s$

Berechnung des Regenwasserabflusses eines Jahrhundertregens Q_{Not}:

$Q_{100} = 800\ l/(s \cdot ha) \cdot 1 \cdot 20,00\ m \cdot 10,00\ m \cdot 1/10.000 = 16\ l/s$

Da entwässerungstechnisch keine besonderen Anforderungen an den Schutz des Gebäudes bestehen, berechnet sich der Regenwasserabfluss eines Jahrhundertregens wie folgt:

$Q_{Not} = Q_{100} - Q$

$Q_{Not} = 16 - 8$

$Q_{Not} = 8\ l/s$

Bemessung der Entwässerungsanlage (Bemessungsregen):

Nach Tabelle II.20 kann ein Ablauf NW 100 bei einer Stauhöhe von 35 mm mindestens 4,5 l/s entwässern (bei industriell hergestellten Abläufen kann die – zumeist deutlich höhere – Ablaufleistung nach Herstellerangabe angesetzt werden).

Daraus ergibt sich die notwendige Anzahl der Abläufe von 8 l/s: 4,5 l/s (pro Ablauf) = 1,78 Stück. Die Anzahl muss immer auf ganze Zahlen aufgerundet werden. Somit ergibt sich hier ein Bedarf von 2 Abläufen für die gesamte Dachfläche.

Bemessung der Entwässerungsanlage (Jahrhundertregen):

Die Notentwässerung muss mindestens die Differenz zwischen Jahrhundertregen und Berechnungsregen (hier: 16 – 8 = 8 l/s) entwässern können. Und nach Abschnitt 3.1.(5) muss für jeden Dachablauf auch ein Notab- bzw. Notüberlauf vorhanden sein. Für die geplante Notentwässerung über die Attika müssen somit 2 Notüberläufe vorgesehen werden, die zusammen die 8 l/s entwässern können (Abschnitt 3.2 (7)). Als Stauhöhe der Notentwässerungsströmung ist die angegebene Überflutungshöhe des Statikers ausschlaggebend. Diese hat der Planer mit 75 mm festgelegt. Wird nun die Stauhöhe des Dachablaufes von 35 mm davon abgezogen, bleibt eine maximal mögliche Höhe der Attikaöffnung von 40 mm übrig.

Damit kann der erforderliche Querschnitt des Notüberlaufs bestimmt werden:

$L_w = Q_{Not} \cdot 24.000 / h^{1,5}$

$L_w = 4 \text{ l/s} \cdot 24.000 / (40 \text{ mm})^{1,5}$

$L_w = 379{,}47$ mm, gerundet 380 mm

Es sind also 2 Notüberläufe in der Attika mit den Querschnittsmaßen von 380 mm Breite und 40 mm Höhe vorzusehen. Alternativ sind auch folgende Möglichkeiten denkbar:

- zusätzliche Dachabläufe mit Anstauelement und freier Entwässerung auf das Grundstück,
- Entwässerung mit Attikagullys,
- partielles Absenken der Attika auf die Mindeststauhöhe (hier: 35 mm) oder
- Herstellung eines durch die Attika geführten Notüberlaufs nach Abschnitt 3.2 (7).

Für Notentwässerungen, die als zusätzliche Sicherheit den ganzen Jahrhundertregen allein entwässern sollen, muss entsprechend die Bemessung der Entwässerungsanlage für eine Jahrhundertregenspende (hier: 16 l/s) erneut nach diesem Beispiel gerechnet werden:

$L_w = Q_{Not} \cdot 24.000 / h^{1,5}$

$L_w = 8 \text{ l/s} * 24.000 / (40 \text{ mm})^{1,5}$

$L_w = 758{,}95$ mm, gerundet 760 mm

Es sind also 2 Notüberläufe in der Attika mit den Querschnittsmaßen von 760 mm Breite und 40 mm Höhe vorzusehen.

Zusammenfassung:

Die Entwässerungsanlage setzt sich für die Dachfläche somit aus folgenden Elementen zusammen:

- 2 Abläufe mit NW 100
- 2 Notüberläufe mit den Abmessungen:
  - 380/40 mm für die normale Situation oder
  - 760/40 mm für ein außergewöhnliches Maß an Schutz (Abschnitt 3.2 (10))

Anhang I.3 Berechnungsbeispiel eines Gefälledaches

Dieses Berechnungsbeispiel beinhaltet die Bemessung der Entwässerung eines Flachdaches mit ausgeführtem Gefälle von 2 %. Das Beispielobjekt befindet sich im Stadtgebiet von Bad Kissingen. Die Entwässerung soll über im Dachgraben liegende Dachabläufe und eine passende Notentwässerung umgesetzt werden. Die Dachfläche beträgt 200,00 m². Es sind kein Oberflächenschutz oder etwaige andere abflussreduzierende Maßnahmen vorgesehen und das Gebäude ist entwässerungstechnisch nicht besonders schützenswert.

Abb. I.4: Draufsicht des Gefälledaches mit geplanten Entwässerungsleitungen

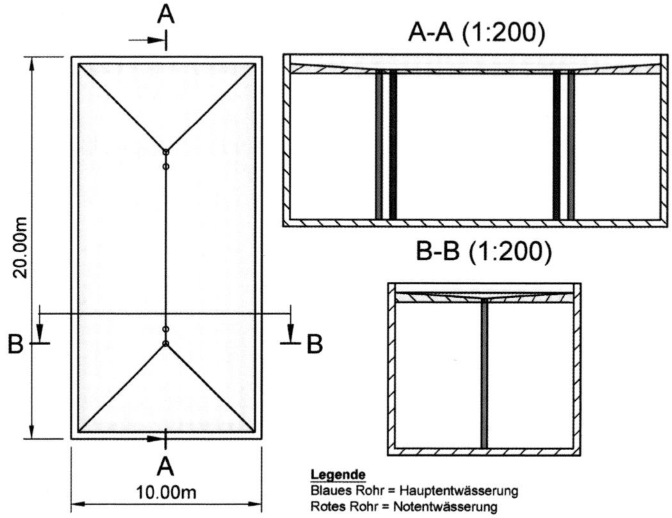

Objektdaten:

- Berechnungsregen ($r_{5,5}$) für die Stadt Bad Kissingen (siehe Tabelle II.6) = 400 l/(s · ha)
- Jahrhundertregen ($r_{5,100}$) für die Stadt Bad Kissingen (siehe Tabelle II.6) = 800 l/(s · ha)
- Gesamtfläche = 200,00 m²
- Abflussbeiwert C eines Flachdaches = 1,0 (siehe Tabelle II.17)
- Die wirksame Fläche ist bei diesem Beispiel gleich der Grundfläche des Daches, da die Teilflächen in den mittig liegenden Dachgraben entwässern und dieser damit die Niederschlagssumme der Teilflächen führt. Aufgrund dieser Ausführung ist keine Unterteilung in Teilflächen notwendig.
  Wirksame Fläche = 10,00 m · 20,00 m = 200,00 m²
- maximal Überflutungshöhe: 75 mm (festgelegt nach Angabe des Statikers)
- Nennweite der Abläufe: 100 mm (Annahme des Planers)
- Stauhöhe Dachablauf: 35 mm (abhängig vom Ablauf, hier gewählt: NW 100 mm)

Berechnung des Regenwasserabflusses Q:

$Q = r_{(5,5)} \cdot C \cdot A \cdot 1/10.000$

$Q = 400 \cdot 1 \cdot 20,00\ m \cdot 10,00\ m \cdot 1/10.000$

$Q = 8\ l/s$

Berechnung des Regenwasserabflusses eines Jahrhundertregens Q_{Not}:

$Q_{100} = 800\ l/(s \cdot ha) \cdot 1 \cdot 20,00\ m \cdot 10,00\ m \cdot 1/10.000 = 16\ l/s$

Da entwässerungstechnisch keine besonderen Anforderungen an den Schutz des Gebäudes bestehen, berechnet sich der Regenwasserabfluss eines Jahrhundertregens wie folgt:

$Q_{Not} = Q_{100} - Q$

$Q_{Not} = 16 - 8$

$Q_{Not} = 8\ l/s$

Bemessung der Entwässerungsanlage (Bemessungsregen):

Nach Tabelle II.20 kann ein Ablauf NW 100 bei einer Stauhöhe von 35 mm mindestens 4,5 l/s entwässern (bei industriell hergestellten Abläufen kann die – zumeist deutlich höhere – Ablaufleistung nach Herstellerangabe angesetzt werden).

Daraus ergibt sich die notwendige Anzahl der Abläufe von 8 l/s: 4,5 l/s (je Ablauf) = 1,78 Stück. Die Anzahl muss immer auf ganze Zahlen aufgerundet werden. Somit ergibt sich hier ein Bedarf von 2 Abläufen für die gesamte Dachfläche.

Bemessung der Entwässerungsanlage (Jahrhundertregen):

Die Notentwässerung muss mindestens die Differenz zwischen Jahrhundertregen und Berechnungsregen (hier: 16 – 8 = 8 l/s) entwässern können. Und nach Abschnitt 3.1 (5) muss für jeden Dachablauf auch ein Notab- bzw. Notüberlauf vorhanden sein. Für die geplante Notentwässerung über Notabläufe müssen somit 2 Notabläufe vorgesehen werden, die zusammen die 8 l/s entwässern können (Abschnitt 3.2 (7)). Als Stauhöhe der Notentwässerungsströmung ist die angegebene Überflutungshöhe des Statikers auschlaggebend. Diese hat der Planer mit 75 mm festgelegt. Wird nun die Stauhöhe des Dachablaufes von 35 mm davon abgezogen, bleibt eine maximal mögliche Stauhöhe der Notabläufe von 40 mm übrig. Diese muss bei der Wahl der Notabläufe berücksichtigt werden (siehe Abschnitt 3.2 (3)) und darf keinesfalls die 40 mm überschreiten, da sonst die Statik des Gebäudes gefährdet wird. Die Notabläufe können mit Anstauelement oder als erhöhter Einbau in direkter Nähe der normalen Dachabläufe eingebaut werden. Mit Hilfe von Tabelle II.20 kann der Notablauf ausgewählt werden. Da für dieses Beispiel $Q = Q_{Not}$ ist, können z.B. die gleichen Abläufe wie für die Hauptentwässerung, in Kombination mit einem 35-mm-Anstauring, gewählt werden. Bei 35 mm Anstauhöhe werden dabei ebenfalls die 4,5 l/s pro Ablauf erreicht.

Prüfung der Notentwässerungsleistung:

2 Notabläufe mit 4,5 l/s ergeben ein Abflussvermögen von 9,0 l/s. Damit ist das Abflussvermögen der bemessenen Notentwässerung größer als Q_{Not}(8 l/s) und damit ausreichend.

Prüfung der Überflutungshöhe:

Die Abläufe für die Hauptentwässerung haben eine Stauhöhe von 35 mm, um die angegebenen 4,5 l/s Ablaufleistung aus Tabelle II.20 zu erreichen. Die Notabläufe werden nach Abschnitt 3.2 (3) auf der Stauhöhe der Hauptentwässerung eingebaut und haben ebenfalls eine Stauhöhe von 35 mm. Addiert man diese beiden Stauhöhen,

Überflutungshöhe = Stauhöhe Hauptentwässerung + Stauhöhe Notentwässerung

Überflutungshöhe = 35 mm + 35 mm,

erhält man eine Überflutungshöhe von 70 mm. Vergleicht man diese mit der maximal möglichen Überflutungshöhe, also der Angabe des Statikers/Tragwerkplaners/Fachplaners, muss die Überflutungshöhe in jedem Fall ≤ der maximal möglichen Überflutungshöhe sein.

Da in diesem Beispiel 70 mm ≤ 75 mm sind, ist die Vorgabe erreicht und die Bemessung der Notentwässerung ausreichend.

Für Notentwässerungen, die als zusätzliche Sicherheit den ganzen Jahrhundertregen allein entwässern sollen, muss entsprechend die Bemessung der Entwässerungsanlage für eine Jahrhundertregenspende (hier: 16 l/s) erneut nach diesem Beispiel gerechnet werden:

In dieser Situation, also wenn das Gebäude bspw. besonders schützenswert ist (Abschnitt 3.2 (10)), muss die Notentwässerung 16 l/s aufnehmen können. Die Tabelle II.20 gibt für eine Stauhöhe von 35 mm einen Abflusswert von 4,5 l/s je 100er-Ablauf an. Die Abläufe mit 45 mm Stauhöhe aus der Tabelle können nicht gewählt werden, da sonst die maximal mögliche Überflutungshöhe von 75 mm überschritten würde (35 mm + 45 mm = 80 mm). Demnach muss für die nötige Anzahl an Notabläufen Q_{Not} durch die 4,5 l/s pro 100er-Ablauf geteilt werden: 16 l/s / 4,5 l/s (pro Ablauf) = 3,55 Notabläufe, aufgerundet 4 Notabläufe.

Zusammenfassung:

Die Entwässerungsanlage setzt sich für die Dachfläche somit aus folgenden Elementen zusammen:

- 2 Abläufe mit NW 100,
- 2 Notabläufe mit den Abmessungen NW 100 mit 35 mm Anstauring

  oder

  erhöhtem Einbau auf 35 mm Höhe.

Anhang I.4 Berechnungsbeispiel für innenliegende Rinne mit Notentwässerung am Sammelkasten

Dieses Berechnungsbeispiel beinhaltet die Bemessung der Entwässerung eines Flachdaches mit innenliegender Rinne, welches sich im Stadtgebiet von Hamburg befindet. Die Rinnenlänge beträgt 50,00 m und soll an der Stirnseite über einen Ablauf entwässert werden. Es sind kein Oberflächenschutz oder etwaige andere abflussreduzierende Maßnahmen vorgesehen. Das Gebäude ist entwässerungstechnisch nicht besonders schützenswert.

Abb. I.5: Draufsicht und Schnittansicht des Flachdaches mit innenliegender Rinne

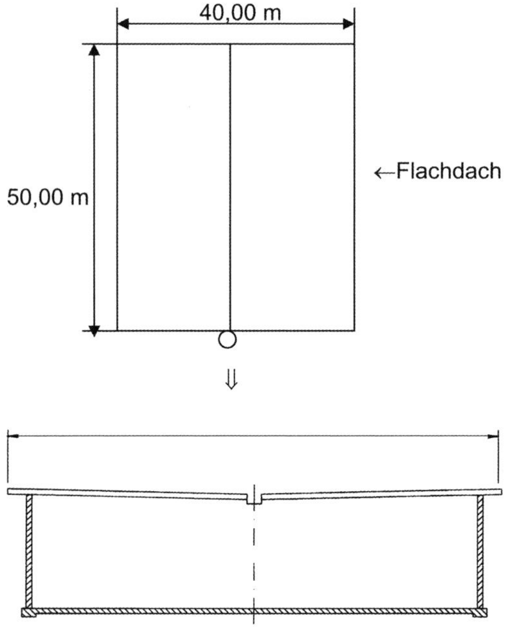

Objektdaten:

- Berechnungsregen ($r_{5,5}$) für die Stadt Hamburg (siehe Tabelle II.6) = 300 l/(s · ha)
- Jahrhundertregen ($r_{5,100}$) für die Stadt Hamburg (siehe Tabelle II.6) = 500 l/(s · ha)
- Anzahl der Fallrohre pro Rinne = 1, Einleitung über einem trichterförmigen Stutzen
- Länge der kastenförmigen Rinne 50,00 m
- Abflussbeiwert C eines Flachdaches = 1,0 (siehe Tabelle II.17)
- Der Niederschlag fällt senkrecht, weswegen nicht die Dachfläche als „wirksame Fläche" bezeichnet wird, sondern die Grundfläche der Teildachfläche. In diesem Beispiel ist die wirksame Fläche je Dachseite (Teildachfläche) = 50,00 m · 20,00 m = 1.000,00 m².

Berechnung des Regenwasserabflusses Q:

$Q = r_{(5,5)} \cdot C \cdot A \cdot 1/10.000$

$Q = 300 \cdot 1{,}0 \cdot 50{,}00\ m \cdot 40{,}00\ m \cdot 1/10.000$

$Q = 60\ l/s$

Berechnung des Regenwasserabflusses eines Jahrhundertregens Q_{Not}:

Q_{100} = Jahrhundertregen ($r_{5,100}$) · Abflussbeiwert · wirksame Fläche · Umrechnungsfaktor ha auf m²

Hinweis: Bei der Berechnung des Regenwasserabflusses des Jahrhundertregens wird der Abflussbeiwert mit 1,0 angesetzt. Grund dafür ist die Annahme, dass der Abflussbeiwert außer Kraft gesetzt wird, da so viel Niederschlag auf der Fläche vorhanden ist, dass keine Abminderung durch Reibung oder Ähnliches erfolgt.

Q_{100}= 500 · 1,0 · 50,00 m · 40,00 m · 1/10.000

Q_{100}= 100 l/s

Da das Gebäude kein Krankenhaus oder Ähnliches ist, ist es im Sinne der Entwässerung nicht besonders schützenswert. Das bedeutet, dass der Regenwasserabfluss, der von der Notentwässerung abgeführt werden muss, nicht in Gänze angesetzt wird, sondern nur der Anteil, der über den Bemessungsregen hinausgeht:

Q_{Not}= Q_{100}– Q

Q_{Not}= 100 – 60

Q_{Not}= 40 l/s

Bemessung der Entwässerungsanlage (Bemessungsregen):

Bei einer innenliegenden Rinne muss darauf geachtet werden, dass diese den gesamten Jahrhundertregen (Q_{100}) fassen kann, da diese sonst überläuft und je nach Bauweise das Niederschlagswasser ins Gebäudeinnere gelangt.

Rinnengröße nach Tabelle II.7 *bis* Tabelle II.14*:*

Über die Tabelle II.10 „Rinnenlänge 50,00 m" kann ein ausreichender Rinnenquerschnitt bestimmt werden. Durch Vergleichen der Abflusswerte Q der Rinnengrößen kann die erforderliche Rinnengröße abgelesen werden. Bei 50,00 m Länge und einer benötigten Entwässerungsleistung bzw. Abflussvermögen der Rinne von 100 l/s muss die Rinne mindestens folgende Abmessungen haben:

Abb. I.6: Darstellung der Maße aus dem Beispiel anhand der Abb. 5

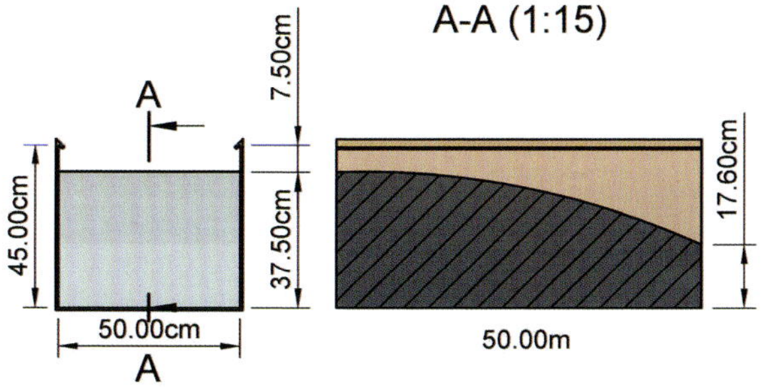

Die Ablaufleistung beträgt dann 112,2 l/s und ist größer als die von den Dachflächen kommenden 100 l/s.

Damit würde die Entwässerungssituation wie Abb. I.7 bildlich dargestellt aussehen:

Abb. I.7: Bildliche Darstellung der Entwässerungssituation am Ablauf der Rinne

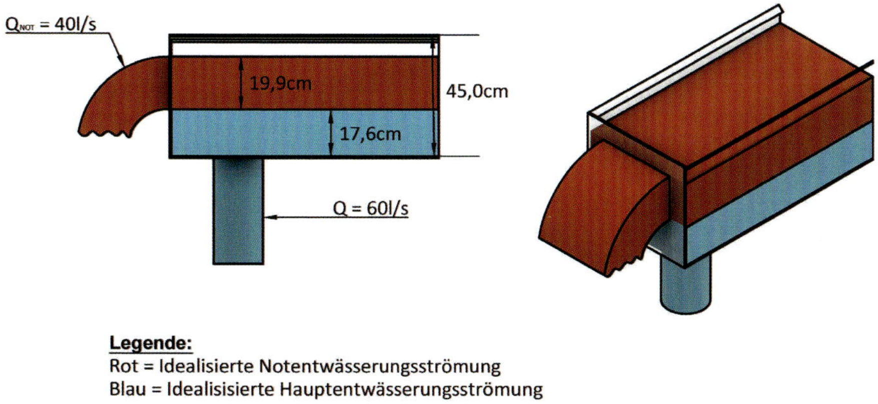

Ermittlung des Einhang-/Ablaufstutzens nach Tabelle II.3, Tabelle II.4 *oder* Tabelle II.15:

Nach keiner Tabelle in diesem Merkblatt kann ein Einhangstutzen/Ablauf für diese Wassermengen bestimmt werden.

Ermittlung der Fallleitung nach Tabelle II.3 *und* Tabelle II.5:

Wie beim Ablaufstutzen ist auch für das Fallrohr kein passender Querschnitt auswählbar.

Achtung: Da hier weder ein passender Ablaufstutzen noch ein geeignetes Fallrohr nach diesem Merkblatt gewählt werden kann, ist das ein Signal, dass die geplante Entwässerung nicht funktioniert. Hier müsste nun mit dem Bauherrn/Planer das Gespräch gesucht und eine mögliche Lösung diskutiert werden. Lösungen könnten z.B. sein:

- von Freispiegelentwässerung auf Druckentwässerung zu wechseln (Fachplaner einschalten! Siehe Kapitel 1 „Geltungsbereich“),
- von außenliegender Entwässerung zu innenliegender Entwässerung wechseln, um auch im Fließbereich der Rinne Abläufe planen zu können.

Die möglichen Lösungen sind jedoch von den objektspezifischen Gegebenheiten abhängig. Um das ganze Entwässerungskonzept in dem Gespräch mit dem Kunden/Planer abzubilden, ist es sinnvoll, die Notentwässerung ebenfalls zu bemessen und die evtl. dort auftretenden Probleme direkt mit anzusprechen.

Bemessung der Entwässerungsanlage (Jahrhundertregen):

Bei diesem Objekt soll die Notentwässerung ebenfalls über die Stirnseite ausgeführt werden. Dabei sind über das „Kopfstück“ der innenliegenden Rinne allein die 40 l/s zu entwässern. Die Dimensionierung des notwendigen Schlitzes kann nach Abschnitt 3.2 (7)) erfolgen:

Länge der Notüberlauföffnung = $Q_{Not} \cdot 24.000$ / Stauhöhe der Notüberlaufströmung^{1,5}

Bei einer Wasserstandshöhe W von 375 mm (siehe Abb. I.7) und einer geplanten Stauhöhe am Ablauf von 176 mm bleibt eine mögliche Stauhöhe von 375 – 176 = 199 mm übrig, ohne das geforderte Freibord von 75 mm einzuschränken. Damit ist eine maximale Stauhöhe der Notüberlaufströmung von 199 mm übrig:

$L_w = 40 \cdot 24.000/199^{1,5}$

$L_w = 341{,}97$, also rund 345 mm

Bei einer verfügbaren Breite des Kopfstückes der innenliegenden Rinne von 500 mm wäre dieser Schlitz möglich und die Notentwässerung gewährleistet. Anhand der Tabelle II.19 können auch andere Öffnungsquerschnitte gewählt werden.

Achtung: Die Notentwässerung wäre von der Abflussmenge her realisierbar. Aber, wenn der Hochpunkt einer Notüberlaufströmung weiter als 10,00 m vom Ablauf entfernt ist, muss der Hochpunkt mit der doppelten Stauhöhe des Ablaufs angenommen werden (Abschnitt 3.2 (13), zur Veranschaulichung siehe Abb. 10). Damit müsste auf die geplante Wasserstandshöhe in Rinnenmitte von 345 mm die Stauhöhe des Ablaufs von 176 mm addiert werden. Da aber nur noch das Freibord von 75 mm als Reserve vorhanden ist, würde die Rinne in der Theorie überlaufen. Zusätzlich müsste ein Statiker diese theoretische Mehrbelastung in Feldmitte statisch freigeben. An dieser Stelle ist die Grenze des Merkblattes erreicht und eine Bemessung nach Fachregel nicht mehr möglich. In diesem Beispiel müsste spätestens jetzt ein Fachplaner eingeschaltet werden, um ein Entwässerungskonzept zu erstellen!

Zusammenfassung:

Die geplante Entwässerungsanlage kann mit Hilfe dieses Merkblattes nicht bemessen werden! Vorher ist ein Fachplaner für das Erstellen eines Entwässerungskonzeptes zu beauftragen, da hier durch die weiten Fließwege eine nicht geplante Belastung der Tragkonstruktion entsteht. Diese Einschätzung liegt außerhalb des Zuständigkeitsbereiches des Dachdeckers!

Anhang II Tabellen

Tabelle II.1: Abflussverhalten von halbrunden Rinnen und daran anschließbare Niederschlagsflächen in m² bei unterschiedlichen Regenspenden r in l/(s · ha) und C = 1,0

Nennmaß			**Rinnenlänge (= Länge vom Rinnenanfang bis zum Ablauf) in m**															
in mm			5	6	7	8	9	10	11	12	13	14	15	16	17	18	19	20
250	r in l/(s · ha)	Q(l/s)	1,07	1,05	1,02	1,00	0,98	0,96	0,94	0,92	0,90	0,88	0,86	0,85	0,83	0,81	0,80	0,78
		250	43	42	41	40	39	38	38	37	36	35	34	34	33	32	32	31
		300	36	35	34	33	33	32	31	31	30	29	29	28	28	27	27	26
		350	31	30	29	29	28	27	27	26	26	25	25	24	24	23	23	22
		400	27	26	26	25	25	24	24	23	23	22	22	21	21	20	20	20
		450	24	23	23	22	22	21	21	20	20	20	19	19	18	18	18	17
280	r in l/(s · ha)	Q(l/s)	1,68	1,65	1,62	1,59	1,56	1,53	1,50	1,48	1,45	1,42	1,4	1,37	1,35	1,33	1,30	1,28
		250	67	66	65	64	62	61	60	59	58	57	56	55	54	53	52	51
		300	56	55	54	53	52	51	50	49	48	47	47	46	45	44	43	43
		350	48	47	46	45	45	44	43	42	41	41	40	39	39	38	37	37
		400	42	41	41	40	39	38	38	37	36	36	35	34	34	33	33	32
		450	37	37	36	35	35	34	33	33	32	32	31	30	30	30	29	28
333	r in l/(s · ha)	Q(l/s)	2,68	2,64	2,59	2,55	2,51	2,48	2,44	2,40	2,36	2,33	2,29	2,26	2,22	2,19	2,16	2,13
		250	107	106	104	102	100	99	98	96	94	93	92	90	89	88	86	85
		300	89	88	86	85	84	83	81	80	79	78	76	75	74	73	72	71
		350	77	75	74	73	72	71	70	69	67	67	65	65	63	63	62	61
		400	67	66	65	64	63	62	61	60	59	58	57	57	56	55	54	53
		450	60	59	58	57	56	55	54	53	52	52	51	50	49	49	48	47
400	r in l/(s · ha)	Q(l/s)	4,71	4,63	4,57	4,51	4,46	4,40	4,35	4,29	4,24	4,18	4,13	4,08	4,03	3,98	3,93	3,89
		250	188	185	183	180	178	176	174	172	170	167	165	163	161	159	157	156
		300	157	154	152	150	149	147	145	143	141	139	138	136	134	133	131	130
		350	135	132	131	129	127	126	124	123	121	119	118	116	115	114	112	111
		400	118	116	114	113	112	110	109	107	106	105	103	102	101	100	98	97
		450	105	103	102	100	99	98	97	95	94	93	92	91	90	88	87	86
500	r in l/(s · ha)	Q(l/s)	8,78	8,78	8,68	8,60	8,51	8,42	8,34	8,26	8,18	8,10	8,02	7,94	7,86	7,78	7,71	7,63
		250	351	351	347	344	340	337	334	330	327	324	321	318	314	311	308	305
		300	293	293	289	287	284	281	278	275	273	270	267	265	262	259	257	254
		350	251	251	248	246	243	241	238	236	234	231	229	227	225	222	220	218
		400	220	220	217	215	213	211	209	207	205	203	201	199	197	195	193	191
		450	195	195	193	191	189	187	185	184	182	180	178	176	175	173	171	170

Tabelle II.2: Abflussverhalten von kastenförmigen Rinnen und daran anschließbare Niederschlagsflächen in m^2 bei unterschiedlichen Regenspenden r in l/(s · ha) und C = 1,0

Nennmaß in mm			Rinnenlänge (= Länge vom Rinnenanfang bis zum Ablauf) in m															
			5	6	7	8	9	10	11	12	13	14	15	16	17	18	19	20
250	r in l/(s · ha)	Q(l/s)	1,02	0,99	0,97	0,95	0,92	0,90	0,88	0,86	0,84	0,82	0,80	0,79	0,77	0,75	0,74	0,72
		250	41	40	39	38	37	36	35	34	34	33	32	32	31	30	30	29
		300	34	33	32	32	31	30	29	29	28	27	27	26	26	25	25	24
		350	29	28	28	27	26	26	25	25	24	23	23	23	22	21	21	21
		400	26	25	24	24	23	23	22	22	21	21	20	20	19	19	19	18
		450	23	22	22	21	20	20	20	19	19	18	18	18	17	17	16	16
333	r in l/(s · ha)	Q(l/s)	2,37	2,32	2,28	2,24	2,20	2,16	2,12	2,09	2,05	2,01	1,98	1,95	1,91	1,88	1,85	1,82
		250	95	93	91	90	88	86	85	84	82	80	79	78	76	75	74	73
		300	79	77	76	75	73	72	71	70	68	67	66	65	64	63	62	61
		350	68	66	65	64	63	62	61	60	59	57	57	56	55	54	53	52
		400	59	58	57	56	55	54	53	52	51	50	50	49	48	47	46	46
		450	53	52	51	50	49	48	47	46	46	45	44	43	42	42	41	40
400	r in l/(s · ha)	Q(l/s)	3,95	3,89	3,83	3,77	3,71	3,66	3,61	3,55	3,50	3,45	3,40	3,35	3,30	3,25	3,21	3,16
		250	158	156	153	151	148	146	144	142	140	138	136	134	132	130	128	126
		300	132	130	128	126	124	122	120	118	117	115	113	112	110	108	107	105
		350	113	111	109	108	106	105	103	101	100	99	97	96	94	93	92	90
		400	99	97	96	94	93	92	90	89	88	86	85	84	83	81	80	79
		450	88	86	85	84	82	81	80	79	78	77	76	74	73	72	71	70
500	r in l/(s · ha)	Q(l/s)	7,23	7,12	7,03	6,94	6,86	6,78	6,69	6,61	6,53	6,45	6,37	6,30	6,22	6,15	6,07	6,00
		250	289	285	281	278	274	271	268	264	261	258	255	252	249	246	243	240
		300	241	237	234	231	229	226	223	220	218	215	212	210	207	205	202	200
		350	207	203	201	198	196	194	191	189	187	184	182	180	178	176	173	171
		400	181	178	176	174	172	170	167	165	163	161	159	158	156	154	152	150
		450	161	158	156	154	152	151	149	147	145	143	142	140	138	137	135	133

Tabelle II.3: Ablaufleistung Q ovaler Einhangstutzen an halbrunden Rinnen[1]

Rinnennennmaß in mm	250	280	333	400	500
Fallrohrnenndurchmesser in mm	60–80	75–100	75–100	100–120	150
Abflussverhalten Q in l/s:	2,9	4,1	7,4	14,5	21,1

[1]Gilt bei Verwendung werkseitig hergestellter Abläufe in Verbindung mit einem Rinnenausschnitt nach den vom Hersteller entwickelten Schablonen.
Abweichungen bei anderen Produkten und Abläufen aus handwerklicher Herstellung sind möglich (mit C = 1,0).
Quelle: GRÖMO

Tabelle II.4: Ablaufleistung Q trichterförmiger Einhangstutzen an kastenförmigen Rinnen[1]

Rinnennennmaß in mm	250	280	333	400
Fallrohrnenndurchmesser in mm	75–80	80–87	100	120
Abflussverhalten Q in l/s:	2,4	3,3	6,0	10,8

[1]Gilt bei Verwendung werkseitig hergestellter Abläufe in Verbindung mit einem Rinnenausschnitt nach den vom Hersteller entwickelten Schablonen.
Abweichungen bei anderen Produkten und Abläufen aus handwerklicher Herstellung sind möglich (mit C = 1,0).
Quelle: GRÖMO

Anmerkung zu Tabelle II.3 und Tabelle II.4:

- Zylindrische Ablaufstutzen verringern die Ablaufleistung um ca. 30 %.
- Der Einbau von Laubfangkörben reduziert das Ablaufvermögen von Ablaufstutzen um 50 %.

Beim Einsatz von Laubfangkörben in Ablaufstutzen verringert sich die Ablaufleistung von Rinnen mit nicht flacher Sohle um 50 % (DIN EN 12056-3– Abschnitt 5.3.3). Die Verwendung von Laubfangkörben im Fallrohr und die damit erleichterte Kontroll- und Reinigungsmöglichkeit vermeidet die Reduktion der Ablaufleistungen oben genannter Rinnen. Die verringerte Ablaufleistung des Fallrohres ist dementsprechend zu berücksichtigen und bedarf einer dem Verschmutzungsgrad angepassten regelmäßigen Kontrolle und Reinigung (siehe Abschnitt 1.3 (5)).

Tabelle II.5: Abflussvermögen senkrechter Regenwasserfallleitungen

Innendurchmesser di in mm	**Abflussvermögen Q in l/s bei einem Füllungsgrad f = 0,33**
60	2,7
70	4,1
75	5,0
80	5,9
85	6,9
100	10,7
120	17,4
150	31,6

Tabelle II.6: 5-Minuten-Regenspenden in Deutschland [in l/(s · ha)] (nach DIN 1986-100:2016-12)

Ort (Werte sind zur Erstellung der im Anhang aufgeführten Tabellen gegenüber der Norm gerundet)	**Berechnungsregen $r_{(5,5)}$**					**Jahrhundertregen $r_{(5,100)}$**			
	250	300	350	400	450	500	600	700	800
Aachen		x				x			
Aschaffenburg		x					x		
Augsburg				x				x	
Aurich		x					x		
Bad Kissingen				x					x
Bad Salzuflen			x					x	
Bad Tölz					x				x
Bamberg			x				x		
Bayreuth			x					x	
Berlin			x				x		
Bielefeld		x					x		
Bocholt		x				x			
Bonn		x					x		
Braunschweig			x					x	
Bremen	x					x			
Bremerhaven			x				x		
Chemnitz			x				x		
Cottbus			x					x	
Cuxhaven		x					x		
Dessau		x					x		

Ort (Werte sind zur Erstellung der im Anhang aufgeführten Tabellen gegenüber der Norm gerundet)	**Berechnungsregen $r_{(5,5)}$**					**Jahrhundertregen $r_{(5,100)}$**			
	250	300	350	400	450	500	600	700	800
Dortmund			x					x	
Dresden			x					x	
Duisburg		x					x		
Düsseldorf			x					x	
Eisenach		x				x			
Emden		x					x		
Erfurt		x				x			
Erlangen			x					x	
Essen			x				x		
Frankfurt/Main			x					x	
Garmisch-Partenkirchen			x				x		
Gera			x					x	
Göppingen		x				x			
Görlitz			x					x	
Göttingen			x					x	
Halle/Saale		x					x		
Hamburg		x				x			
Hamm		x					x		
Hanau			x					x	
Hannover		x				x			
Heidelberg			x				x		
Heilbronn		x				x			
Helmstedt			x					x	
Hildesheim		x				x			
Ingolstadt			x				x		
Kaiserslautern			x					x	
Karlsruhe			x					x	
Kassel			x				x		
Kiel	x					x			
Koblenz			x					x	
Köln			x					x	
Konstanz			x					x	
Leipzig				x				x	
Lindau				x				x	
Lingen				x				x	
Lübeck		x				x			
Lüdenscheid			x					x	
Magdeburg			x				x		
Mainz			x					x	
Mannheim			x				x		
Minden		x					x		

Ort (Werte sind zur Erstellung der im Anhang aufgeführten Tabellen gegenüber der Norm gerundet)	**Berechnungsregen $r_{(5,5)}$**					**Jahrhundertregen $r_{(5,100)}$**			
	250	300	350	400	450	500	600	700	800
Mönchengladbach		x				x			
München				x				x	
Münster		x					x		
Neubrandenburg				x				x	
Neustadt/Weinstraße			x					x	
Nürnberg			x					x	
Oberstdorf				x					x
Osnabrück			x					x	
Paderborn			x					x	
Passau			x					x	
Pforzheim			x					x	
Pirmasens			x					x	
Regensburg			x					x	
Rosenheim					x				x
Rostock		x				x			
Rüsselsheim			x					x	
Saarbrücken		x				x			
Schweinfurt			x					x	
Schwerin		x				x			
Siegen			x					x	
Solingen				x					x
Speyer			x				x		
Stuttgart					x				x
Trier				x				x	
Ulm		x					x		
Villingen-Schwenningen				x					x
Willingen/Upland				x					x
Wittenberge		x				x			
Wuppertal				x				x	
Würzburg				x					x
Zwickau			x				x		

Aufgerundete Werte auf Grundlage der DIN 1986-100, Anhang A, „Regenspenden in Deutschland".

Hinweis: Ortsgenaue Daten sind den KOSTRA-Tabellen oder den Regenspendentabellen der jeweiligen Bundesländer zu entnehmen (siehe auch Abschnitt 1.2.2).

Tabelle II.7: Abflussvermögen von rechteckigen, innenliegenden Rinnen, Rinnenbreite = 200 mm

rechteckig						Abflussvermögen QL in l/s				
Z	S	Frei-bord	W	h	Aw	Länge der Rinne in m				
						10	20	30	40	50
mm	mm	mm	mm	mm	cm²	l/s	l/s	l/s	l/s	l/s
200	200	60	140	66	280	11,2	10,1	9,2	8,5	7,8
190	200	57	133	63	266	10,3	9,3	8,4	7,7	7,1
180	200	54	126	59	252	9,4	8,5	7,7	6,9	6,4
170	200	51	119	56	238	8,6	7,7	6,9	6,2	5,7
160	200	48	112	53	224	7,8	6,9	6,2	5,6	5,1
150	200	45	105	49	210	7,0	6,2	5,5	4,9	4,5
140	200	42	98	46	196	6,3	5,4	4,8	4,3	4,0
130	200	39	91	43	182	5,6	4,8	4,2	3,8	3,5
120	200	36	84	39	168	4,8	4,2	3,6	3,2	3,0

Tabelle II.8: Abflussvermögen von rechteckigen, innenliegenden Rinnen, Rinnenbreite = 300 mm

rechteckig						Abflussvermögen QL in l/s				
Z	S	Frei-bord	W	h	Aw	Länge der Rinne in m				
						10	20	30	40	50
mm	mm	mm	mm	mm	cm²	l/s	l/s	l/s	l/s	l/s
300	300	75	225	106	675	35,5	33,4	31,4	29,5	27,9
280	300	75	205	96	615	30,9	28,7	26,8	25,1	23,6
260	300	75	185	87	555	26,1	24,3	22,5	20,9	19,5
240	300	72	168	79	504	22,4	20,7	19,0	17,7	16,4
220	300	66	154	72	462	19,5	17,8	16,4	15,1	13,9
200	300	60	140	66	420	16,7	15,2	13,9	12,7	11,7
180	300	54	126	59	378	15,4	13,9	12,6	11,5	10,6
170	300	51	119	56	357	14,2	12,7	11,5	10,4	9,5
160	300	48	112	53	336	12,9	11,5	10,4	9,4	8,6

Tabelle II.9: Abflussvermögen von rechteckigen, innenliegenden Rinnen, Rinnenbreite = 400 mm

rechteckig						Abflussvermögen QL in l/s				
Z	S	Frei-bord	W	h	Aw	Länge der Rinne in m				
						10	20	30	40	50
mm	mm	mm	mm	mm	cm²	l/s	l/s	l/s	l/s	l/s
400	400	75	325	153	1.300	82,2	80,0	76,6	73,5	70,6
375	400	75	300	141	1.200	72,9	70,5	67,2	64,3	61,5
350	400	75	275	129	1.100	63,7	61,3	58,3	55,5	53,0
325	400	75	250	118	1.000	55,3	52,7	49,8	47,2	44,9
300	400	75	225	106	900	47,3	44,4	41,7	39,4	37,2
275	400	75	200	94	800	39,3	36,7	34,2	32,0	30,1
250	400	75	175	82	700	31,8	29,5	27,2	25,3	23,7
225	400	68	158	74	630	26,9	24,7	22,7	20,9	19,4
200	400	60	140	66	560	22,4	20,3	18,4	16,9	15,6

Tabelle II.10: Abflussvermögen von rechteckigen, innenliegenden Rinnen, Rinnenbreite = 500 mm

rechteckig						Abflussvermögen QL in l/s				
Z	S	Frei-bord	W	h	Aw	Länge der Rinne in m				
						20	30	40	50	60
mm	mm	mm	mm	mm	cm²	l/s	l/s	l/s	l/s	l/s
500	500	75	425	20	2.125	153,5	147,6	142,9	138,8	134,2
450	500	75	375	176	1.875	125,2	120,8	116,4	112,2	108,5
400	500	75	325	153	1.625	100,0	95,7	91,9	88,1	84,8
350	500	75	275	129	1.375	76,6	72,8	69,4	66,1	63,3
300	500	75	225	106	1.125	55,5	52,1	49,2	46,4	44,1
275	500	75	200	94	1.000	45,8	42,7	40,2	37,6	35,5
250	500	75	175	82	875	36,8	34,0	31,6	29,4	27,7
225	500	68	158	74	788	30,9	28,3	26,2	24,1	22,7
200	500	60	140	66	700	25,4	23,0	21,1	19,4	18,1

Tabelle II.11: Abflussvermögen von rechteckigen, innenliegenden Rinnen, Rinnenbreite = 600 mm

rechteckig						Abflussvermögen QL in l/s				
Z	S	Frei-bord	W	h	Aw	Länge der Rinne in m				
						20	30	40	50	60
mm	mm	mm	mm	mm	cm²	l/s	l/s	l/s	l/s	l/s
600	600	75	525	247	3.150	253,1	247,7	241,2	235,0	229,5
550	600	75	475	223	2.850	217,5	211,6	205,3	199,7	194,0
500	600	75	425	200	2.550	184,3	177,5	171,7	166,4	161,1
450	600	75	375	176	2.250	150,6	145,0	140,0	141,0	130,6
400	600	75	325	153	1.950	120,0	114,9	110,3	106,0	101,6
350	600	75	275	129	1.650	92,0	87,5	83,4	79,5	75,7
300	600	75	225	106	1.350	66,5	65,5	59,3	55,8	52,7
250	600	75	175	82	1.050	44,1	40,8	38,1	35,3	33,3
200	600	60	140	66	840	30,3	27,5	25,3	23,2	21,6

Tabelle II.12: Abflussvermögen von rechteckigen, innenliegenden Rinnen, Rinnenbreite = 700 mm

rechteckig						Abflussvermögen QL in l/s				
Z	S	Frei-bord	W	h	Aw	Länge der Rinne in m				
						20	30	40	50	60
mm	mm	mm	mm	mm	cm²	l/s	l/s	l/s	l/s	l/s
700	700	75	62	294	4.375	383,3	383,3	372,9	364,5	357,0
600	700	75	525	247	3.675	294,5	289,1	282,0	275,0	268,1
500	700	75	425	200	2.975	215,3	206,8	201,0	194,3	188,3
450	700	75	375	176	2.625	175,5	169,2	163,3	157,6	152,3
400	700	75	325	153	2.275	140,2	134,2	129,2	124,0	119,0
350	700	75	275	129	1.925	107,5	102,1	97,7	93,0	88,8
300	700	75	225	106	1.575	77,9	73,2	69,2	65,1	61,7
250	700	75	175	82	1.225	51,7	47,8	44,5	41,4	38,8
200	700	60	140	66	980	35,7	32,5	29,8	27,3	25,4

Tabelle II.13: Abflussvermögen von rechteckigen, innenliegenden Rinnen, Rinnenbreite = 800 mm

rechteckig						**Abflussvermögen QL in l/s**				
Z	S	Frei-bord	W	h	Aw	Länge der Rinne in m				
						20	30	40	50	60
mm	mm	mm	mm	mm	cm²	l/s	l/s	l/s	l/s	l/s
800	800	75	725	341	5.800	547,0	547,2	537,9	527,9	518,5
700	800	75	625	294	5.000	438,3	438,2	425,3	416,0	407,2
600	800	75	525	247	4.200	337,6	330,5	322,2	314,1	306,1
500	800	75	425	200	3.400	246,0	236,6	228,5	222,3	215,1
400	800	75	325	153	2.600	160,2	153,4	147,4	141,6	135,9
350	800	75	275	129	2.200	122,8	116,8	111,0	106,4	101,4
300	800	75	225	106	1.800	89,3	83,8	78,7	74,5	70,5
250	800	75	175	82	1.400	59,1	54,7	50,7	47,2	44,1
200	800	60	140	66	1.120	40,8	37,1	33,7	31,1	28,7

Tabelle II.14: Abflussvermögen von rechteckigen, innenliegenden Rinnen, Rinnenbreite = 1.000 mm

rechteckig						**Abflussvermögen QL in l/s**				
Z	S	Frei-bord	W	h	Aw	Länge der Rinne in m				
						20	30	40	50	60
mm	mm	mm	mm	mm	cm²	l/s	l/s	l/s	l/s	l/s
600	1.000	75	525	247	5.250	421,6	413,5	403,3	392,2	382,1
550	1.000	75	475	223	4.750	363,0	352,9	342,9	333,1	323,5
500	1.000	75	425	200	4.250	307,2	295,9	286,2	277,0	268,8
450	1.000	75	375	176	3.750	250,9	242,3	234,0	225,0	217,0
400	1.000	75	325	153	3.250	200,9	192,1	183,9	176,9	169,5
350	1.000	75	275	129	2.750	153,8	146,1	139,3	132,7	126,5
300	1.000	75	225	106	2.250	111,1	105,0	98,8	92,8	88,1
250	1.000	75	175	82	1.750	73,7	68,7	63,3	59,0	55,2
200	1.000	60	140	66	1.400	51,0	46,2	42,3	38,9	36,2

Tabelle II.15: Abflussvermögen/Regenwasserabfluss von senkrechten Regenwasserfallleitungen nach DIN EN 12056-3

DN Regenwasserfallleitung	**Abflussvermögen/ Regenwasserabfluss Füllungsgrad f = 0,33**	**DN Regenwasserfallleitung**	**Abflussvermögen/ Regenwasserabfluss Füllungsgrad f = 0,33**
70	4,1	110	13,8
75	5,0	120	17,4
80	5,9	130	21,6
85	6,9	140	26,3
90	8,1	150	31,6
95	9,3	160	37,5
100	10,7	170	44,1

Tabelle II.16: Sicherheitsfaktor in Abhängigkeit vom Gebäude nach DIN EN 12056-3

Situation	Sicherheitsfaktor
vorgehängte Dachrinnen	1,0
vorgehängte Dachrinnen, bei denen überfließendes Wasser unangenehme Folgen hat, z.B. über Eingängen von öffentlichen Gebäuden	1,5
innenliegende Dachrinnen und überall dort, wo ungewöhnlich starker Regen oder Verstopfungen in der Dachentwässerungsanlage Wasser in das Gebäude eindringen lässt	2,0
innenliegende Dachrinnen in Gebäuden, für die ein außergewöhnliches Maß an Schutz notwendig ist, z.B.: – Krankenhäuser/Theater – sensible Kommunikationseinrichtungen – Lagerräume für Substanzen, die durch Nässe toxische oder entflammbare Gase abgeben – Gebäude, in denen besondere Kunstwerke aufbewahrt werden	3,0

Tabelle II.17: Spitzenabflussbeiwerte C_s zur Ermittlung des Regenwasserabflusses nach DIN 1986-100

Art der Flächen	**Material bzw. Flächentyp**	**C_s**
Steildach/Schrägdach	Metall, Glas, Schiefer, Faserzement, Ziegel, Abdichtungsbahnen	1,0
Flachdach ≤ 3° bzw. ca. 5 %	Abdichtungsbahnen, Metall, Glas, Faserzement	1,0
	Kiesschüttung	0,8
Begrünte Dachflächen	Extensivbegrünung (> 5°)	0,7
	Intensivbegrünung, ab 30 cm Aufbaudicke (≤ 5°)	0,2
	Extensivbegrünung, ab 10 cm Aufbaudicke (≤ 5°)	0,4
	Extensivbegrünung, unter 10 cm Aufbaudicke (≤ 5°)	0,5
Verkehrsflächen (Straßen, Plätze, Zufahrten, Wege)	Betonflächen, Schwarzdecken (Asphalt)	1,0
	Befestigte Flächen mit Fugendichtung, z.B. Pflaster mit Fugenverguss	1,0
Rampen mit Neigung zum Gebäude	Ausführung unerheblich	1,0
Teildurchlässige und schwach ableitende Flächen, z.B. Verkehrsflächen (Straßen, Plätze, Zufahrten, Wege)	Betonsteinpflaster, in Sand oder Schlacke verlegt, Flächen mit Platten	0,9
	Pflasterflächen, mit Fugenanteil > 15 %, z.B. 10 cm × 10 cm und kleiner oder fester Kiesbelag	0,7
	wassergebundene Flächen	0,9
	lockerer Kiesbelag, Schotterrasen, z.B. Kinderspielplätze	0,3
	Verbundsteine mit Sickerfugen, Sicker-/Drainsteine	0,4
	Rasengittersteine (mit häufigen Verkehrsbelastungen, z.B. Parkplatz)	0,4
	Rasengittersteine (ohne häufige Verkehrsbelastungen, z.B. Feuerwehrzufahrt)	0,2
Sportflächen mit Dränung	Kunststoff-Flächen, Kunststoffrasen	0,6
	Tennenflächen	0,3
	Rasenflächen	0,2

Spitzenabflussbeiwert C_s für die Berechnung der abflusswirksamen Fläche zur Bemessung der Dachentwässerung und Grundleitungen.

Bei Änderung der Art der Fläche ist der Spitzenabflussbeiwert C_s zu bewerten (z.B. Entfernen einer Kiesschicht oder Dachbegrünung).

Tabelle II.18: Abflussvermögen von Entwässerungsleitungen bei einem Füllungsgrad f = h/di = 0,7 nach DIN 1986-100

Gefälle (in %)	**DN 80 di 75 mm**	**DN 100 di 96 mm**	**DN 125 di 113 mm**	**DN 150 di 146 mm**
J	**Q**	**Q**	**Q**	**Q**
cm/m	l/s	l/s	l/s	l/s
0,2	-	-	-	5,7
0,3	-	-	3,5	7,0
0,4	-	2,6	4,1	8,1
0,5	1,5	2,9	4,6	9,0
0,6	1,7	3,2	5,0	9,9
0,7	1,8	3,5	5,4	10,7
0,8	1,9	3,7	5,8	11,5
0,9	2,1	4,0	6,1	12,2
1,0	2,2	4,2	6,5	12,8
1,1	2,3	4,4	6,8	13,5
1,2	2,4	4,6	7,1	14,1
1,3	2,5	4,8	7,4	14,6
1,4	2,6	5,0	7,7	15,2
1,5	2,7	5,1	7,9	15,7
2,0	3,1	5,9	9,2	18,2
2,5	3,4	6,7	10,3	20,3
3,0	3,8	7,3	11,3	22,3
3,5	4,1	7,9	12,2	24,1
4,0	4,4	8,4	13,0	25,8
4,5	4,6	8,9	13,8	27,3
5,0	4,9	9,4	14,6	28,8

Tabelle II.19: Abflussvermögen rechteckiger Notüberläufe

Breite	**Abflussvermögen Q_{Not} in l/s**											
	Überlaufhöhe h in mm											
	40	50	60	70	80	90	100	110	120	130	140	150
mm	l/s	l/s	l/s	l/s	l/s	l/s	l/s	l/s	l/s	l/s	l/s	l/s
50	0,5	0,7	1,0	1,2	1,5	1,8	2,1	2,4	2,7	3,1	3,5	3,8
100	1,1	1,5	1,9	2,4	3,0	3,6	4,2	4,8	5,5	6,2	6,9	7,7
150	1,6	2,2	2,9	3,7	4,5	5,3	6,3	7,2	8,2	9,3	10,4	11,5
200	2,1	2,9	3,9	4,9	6,0	7,1	8,3	9,6	11,0	12,4	13,8	15,3
250	2,6	3,7	4,8	6,1	7,5	8,9	10,4	12,0	13,7	15,4	17,3	19,1
300	3,2	4,4	5,8	7,3	8,9	10,7	12,5	14,4	16,4	18,5	20,7	23,0
350	3,7	5,2	6,8	8,5	10,4	12,5	14,6	16,8	19,2	21,6	24,2	26,8
400	4,2	5,9	7,7	9,8	11,9	14,2	16,7	19,2	21,9	24,7	27,6	30,6
450	4,7	6,6	8,7	11,0	13,4	16,0	18,8	21,6	24,6	27,8	31,1	34,4
500	5,3	7,4	9,7	12,2	14,9	17,8	20,8	24,0	27,4	30,9	34,5	38,3

Die Ablaufleistung wird maßgeblich durch die Höhe der Öffnung, weniger durch deren Breite beeinflusst.

Tabelle II.20: Mindestabflusswerte für Dachabläufe nach DIN EN 1253-2

DN des Einsteckendes am Dach	Mindestabflusswert in l/s	Erforderliche Stauhöhe h in mm
70	1,7	35
75	2,6	
80	2,6	
90	3,0	
100	4,5	
110	4,5	
125	7,0	45
150	8,1	

Deutsches Dachdeckerhandwerk
– Regelwerk –

Produktdatenblatt für Dampfsperrbahnen

Aufgestellt und herausgegeben vom

Zentralverband des Deutschen Dachdeckerhandwerks – Fachverband Dach-, Wand- und Abdichtungstechnik – e.V.

Ausgabe Dezember 2011

Rudolf Müller

Vorgänger:

Produktdatenblatt für Dampfsperrbahnen September 2001

Verlag: Verlagsgesellschaft Rudolf Müller GmbH & Co. KG, Stolberger Str. 84, 50933 Köln

Druck: medienHaus Plump, Rheinbreitbach

12/11

(1) Dampfsperrbahnen sind industriell hergestellte, flexible Bahnen, die in Rollen gebrauchsfertig geliefert und zur Verminderung oder Verhinderung von Wasserdampfdiffusion eingesetzt werden.

(2) Als Dampfsperrbahnen sind z. B. geeignet:

- Bitumen-Dampfsperrbahnen nach DIN EN 13970; z.B.
  - Bitumenbahn mit Metallbandeinlage (z.B. Aluminium, Kupfer),
  - Bitumenbahn mit Träger- und Metallbandeinlage (z.B. Aluminium, Kupfer)
- Kunststoff- und Elastomer-Dampfsperrbahnen nach DIN EN 13984, z.B.
  - auf Basis von Polyethylen (PE-Bahnen);
  - auf Basis von Polyethylen (PE- Bahnen) als brandlastarme Dampfsperre nach DIN 18234 mit einem Heizwert: ≤11.600 kJ/m²;
  - auf Basis von Polyamid (PA- Bahnen) mit feuchtevariablem Diffusionswiderstand;
  - Aluminiumverbundwerkstoffe;
  - Aluminiumverbundwerkstoffe als brandlastarme Dampfsperre nach DIN 18234 mit einem Heizwert: ≤11.600 kJ/m
- Bitumenbahnen, nach dem Produktdatenblatt Bitumenbahnen;
- Kunststoff- und Elastomerbahnen nach dem Produktdatenblatt für Kunststoff- und Elastomerbahnen;

(3) Dampfsperrbahnen müssen mindestens normal entflammbar (Klasse B2 nach DIN 4102-1 bzw. Klasse E nach DIN EN 13501-1) sein.

(4) Die wasserdampfdiffusionsäquivalente Luftschichtdicke (kurz: s_d-Wert) der Bahnen muss vom Hersteller angegeben sein bzw. aus allgemeinen Bemessungsnormen; z.B. DIN V 4108-4; über die Wasserdampf-Diffusionswiderstandszahl μ mit $s_d = d \bullet \mu$ zu ermitteln sein. Die Angabe seitens des Herstellers erfolgt über die CE-Kennzeichnung, das zugehörige Produktdatenblatt oder durch ein Prüfzeugnis einer anerkannten Prüfstelle und erfolgt aufgrund anerkannter Prüfverfahren.

(5) Tabelle 1 zeigt beispielhaft welchem Diffusionsverhalten die unterschiedlichen Bahnen zugeordnet werden können.

Tabelle 1: Beispielhafte Zuordnung der unterschiedlichen Produkte hinsichtlich des Diffusionsverhaltens

Dampfsperrbahnen	**diffusionsdicht** [1]	**diffusionshemmend** [2]		**feuchte-variabel** [3]
	$s_d > 1500$ m	**$s_d > 0{,}5$ m $s_d \leq 100$ m**	**$s_d > 100$ m $s_d \leq 1500$ m**	
Bitumenbahnen mit Metallbandeinlage nach DIN EN13970	X			
Bitumenbahnen nach Produktdatenblatt			X	
Bahnen aus Aluminiumverbundstoffen nach DIN EN13984	X			
PE-Bahnen nach DIN EN 13984		X	X	
Kunststoff-und Elastomerbahnen nach Produktdatenblatt		X	X	
PA-Bahnen nach DIN EN 13984				X

[1] Diffusionsdichte Schichten sind nach DIN 4108-3 Bauteilschichten mit $s_d > 1.500$ m.

[2] Diffusionshemmende Schichten sind nach DIN 4108-3 Bauteilschichten mit $0{,}5 \text{ m} < s_d \leq 1.500$ m.

[3] Feuchtevariable Bahnen ändern ihren s_d-Wert in Abhängigkeit von der vorherrschenden Luftfeuchtigkeit

Deutsches Dachdeckerhandwerk
– Regelwerk –

Produktdatenblatt für Wärmedämmstoffe

Aufgestellt und herausgegeben vom

Zentralverband des Deutschen Dachdeckerhandwerks – Fachverband Dach-, Wand- und Abdichtungstechnik – e.V.

Ausgabe November 2017

Rudolf Müller

Vorgänger:

Produktdatenblatt für Wärmedämmstoffe	September 2001
Produktdatenblatt für Wärmedämmstoffe	März 2004

Verlag: Verlagsgesellschaft Rudolf Müller GmbH & Co. KG, Stolberger Str. 84, 50933 Köln

Druck: medienHaus Plump, Rheinbreitbach

11/17

(1) Wärmedämmstoffe im Sinne dieses Produktdatenblattes sind werkmäßig hergestellte, kaschierte oder unkaschierte, beschichtete oder unbeschichtete Produkte für die Wärmedämmung von Gebäuden nach europäisch harmonisierten Normen entsprechend Tabelle 1. Die Produkte werden in Form von Platten, Rollen (Mineralwolle, expandiertes Polystyrol, Holzfasern), Bahnen (Mineralwolle) oder Matten (Holzfasern) hergestellt. Für Ortschäume, Schüttdämmstoffe oder lose Dämmstoffe gilt dieses Produktdatenblatt nicht.

(2) Wärmedämmstoffe müssen eine Leistungserklärung nach Bauproduktverordnung besitzen und mit einer CE-Kennzeichnung gekennzeichnet sein. Die CE-Kennzeichnung ist entweder auf

- dem Produkt selbst

oder

- einem am Produkt befestigten Etikett

oder

- der Verpackung

anzubringen.

Abbildung 1 ist die beispielhafte Darstellung einer CE-Kennzeichnung, die die erforderlichen Angaben beinhaltet.

(3) Im Rahmen der Leistungserklärung und der CE-Kennzeichnung wird durch den Hersteller des Wärmedämmstoffs der Nennwert der Wärmleitfähigkeit λ_D angegeben. Dieser Nennwert repräsentiert 90 % der Produktion mit einer Annahmewahrscheinlichkeit von 90 %.

Tabelle 1: Europäisch harmonisiert genormte Wärmedämmstoffe

Norm	Material	Kurzzeichen
DIN EN 13162[1)]	Mineralwolle	MW
DIN EN 13163[2)]	expandiertes Polystyrol	EPS
DIN EN 13164[3)]	extrudiertes Polystyrol	XPS
DIN EN 13165[4)]	Polyurethan-Hartschaum	PU
DIN EN 13166[5)]	Phenolharzschaum	PF
DIN EN 13167[6)]	Schaumglas	CG
DIN EN 13168[7)]	Holzwolle-Leichtbauplatten	WW
DIN EN 13168	Holzwolle-Mehrschichtplatten	WWC
DIN EN 13169[8)]	Blähperlit	EPB
DIN EN 13170[9)]	expandierter Kork	ICB
DIN EN 13171[10)]	Holzfaser	WF

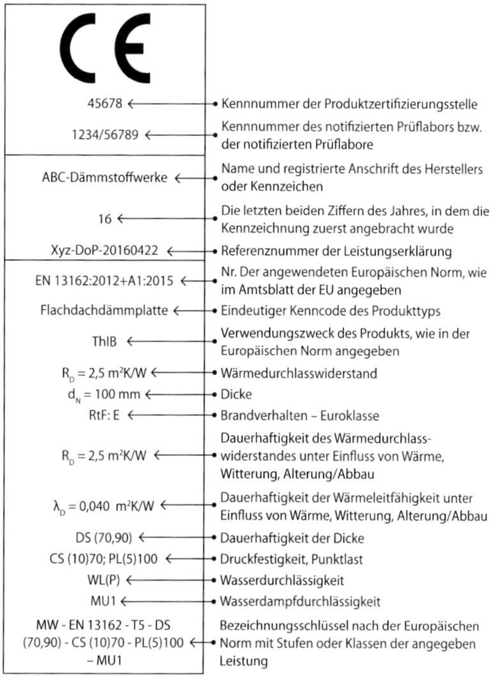

Abbildung 1: Beispielhafte Darstellung einer CE-Kennzeichnung

(4) Der Bemessungswert der Wärmeleitfähigkeit $\lambda_{Bemessung}$ für wärme- und/oder feuchtetechnische Berechnungen und Nachweise ergibt sich nach DIN 4108-4[11)] aus dem Nennwert der Wärmeleitfähigkeit und einem Zuschlag nach Tabelle 2.

---

1) DIN EN 13162 Wärmedämmstoffe für Gebäude - Werkmäßig hergestellte Produkte aus Mineralwolle (MW) - Spezifikation
2) DIN EN 13163 Wärmedämmstoffe für Gebäude - Werkmäßig hergestellte Produkte aus expandiertem Polystyrol (EPS) - Spezifikation
3) DIN EN 13164 Wärmedämmstoffe für Gebäude - Werkmäßig hergestellte Produkte aus extrudiertem Polystyrolschaum (XPS) - Spezifikation
4) DIN EN 13165 Wärmedämmstoffe für Gebäude - Werkmäßig hergestellte Produkte aus Polyurethan-Hartschaum (PU) - Spezifikation
5) DIN EN 13166 Wärmedämmstoffe für Gebäude - Werkmäßig hergestellte Produkte aus Phenolharzschaum (PF) - Spezifikation
6) DIN EN 13167 Wärmedämmstoffe für Gebäude - Werkmäßig hergestellte Produkte aus Schaumglas (CG) - Spezifikation
7) DIN EN 13168 Wärmedämmstoffe für Gebäude - Werkmäßig hergestellte Produkte aus Holzwolle (WW) - Spezifikation
8) DIN EN 13169 Wärmedämmstoffe für Gebäude - Werkmäßig hergestellte Produkte aus Blähperlit (EPB) - Spezifikation
9) DIN EN 13170 Wärmedämmstoffe für Gebäude - Werkmäßig hergestellte Produkte aus expandiertem Kork (ICB) - Spezifikation
10) DIN EN 13171 Wärmedämmstoffe für Gebäude - Werkmäßig hergestellte Produkte aus Holzfasern (WF) - Spezifikation
11) DIN 4108-4 Wärmeschutz und Energie-Einsparung in Gebäuden - Teil 4: Wärme- und feuchteschutztechnische Bemessungswerte

Tabelle 3 zeigt beispielhaft Nenn- und Bemessungswerte der Wärmeleitfähigkeit auf Grundlage von Tabelle 2.

Tabelle 2: Ermittlung des Bemessungswerts der Wärmeleitfähigkeit nach DIN 4108-4

Zeile	Wärmedämmstoff	Bemessungswert der Wärmeleitfähigkeit
1	MW	$\lambda_{Bemessung} = 1{,}03 \times \lambda_D$ bzw. $\lambda_{Bemessung} = \lambda_D + 0{,}001$ (der größere Wert ist maßgebend)
2	EPS	
3	XPS	
4	PU	
5	PF	
6	CG	
7	EPB	
8	WF	$\lambda_{Bemessung} = 1{,}05 \times \lambda_D$ bzw. $\lambda_{Bemessung} = \lambda_D + 0{,}002$ (der größere Wert ist maßgebend)
9	WW	
10	ICB	$\lambda_{Bemessung} = 1{,}23 \times \lambda_D$
11	WWC	Für die einzelnen Schichten sind die Bemessungswerte separat zu berechnen.
		für Schichten aus MW gilt Zeile 1
		für Schichten aus EPS gilt Zeile 2
		für Deckschichten aus Holzwolle (WW) gilt $\lambda_{Bemessung} = 1{,}20 \times \lambda_D$

Tabelle 3: Bemessungswerte der Wärmeleitfähigkeit für Wärmedämmstoffe

Nennwert der Wärmeleitfähigkeit in W/(m K)	Bemessungswert der Wärmeleitfähigkeit in W/(m K) [a]	Bemessungswert der Wärmeleitfähigkeit in W/(m K) [b]	Bemessungswert der Wärmeleitfähigkeit in W/(m K) [c]
0,020	0,021	0,022,	0,025
...	...	...	..
0,025	0,026	0,027	0,031
...	...	...	..
0,030	0,031	0,032	0,037
...	...	...	..
0,035	0,036	0,037	0,043
...	...	...	..
0,040	0,041	0,042	0,049
...	...	...	..
0,045	0,046	0,047	0,055
...	...	...	..
0,050	0,052	0,053	0,062
...	...	...	..
0,060	0,062	0,063	0,074
...	...	...	..

[a] MW, EPS, XPS,PU, PF, CG, EPB
[b] WF, WW
[c] ICB

(5) Wärmedämmstoffe müssen den anwendungsbezogenen Anforderungen nach DIN 4108-10[12] entsprechen. DIN 4108-10 definiert für die Wärmedämmstoffe nach Tabelle 1

- Anwendungstypen für Wärmedämmstoffe nach Tabelle 4

sowie

- Produkteigenschaften nach Tabelle 5

und ordnet diese einander zu. Weiterhin stellt sie Anforderungen an bestimmte Produkteigenschaften, die nach den jeweiligen harmonisierten Produktnormen herstellerseitig ermittelt und angegeben werden.

Tabelle 6 zeigt, welche Anwendung der Wärmedämmstoffe mit welchen Produkteigenschaften genormt ist. Die Kurzzeichen für den Anwendungstyp und die Produkteigenschaft werden üblicherweise durch den Hersteller des Wärmedämmstoffs angegeben.

Tabelle 4: Anwendungsgebiete, ihre Kurzzeichen und Anwendungsbeispiele nach DIN 4108-10

Anwendungsgebiete	Kurzzeichen	Anwendungsbeispiele
Dach, Decke	DAD	Außendämmung von Dach oder Decke unter Deckungen
	DAA	Außendämmung von Dach oder Decke unter Abdichtungen
	DUK	Außendämmung des Daches oberhalb der Abdichtung (Umkehrdach)
	DZ	Zwischensparrendämmung; Dämmung von Kehlbalkenlage zwischen den Balken
	DI	Innendämmung von Dach oder Decke raumseitig der Tragkonstruktion
	DEO	Innendämmung oberhalb der Decke oder Bodenplatte unter Estrich ohne Schallschutzanforderungen
	DES	Innendämmung oberhalb der Decke oder Bodenplatte unter Estrich mit Schallschutzanforderungen
Wand	WAB[a]	Außendämmung der Wand hinter Bekleidung
	WAA	Außendämmung der Wand hinter Abdichtung
	WAP[a, b]	Außendämmung der Wand unter Putz[b]
	WZ	Dämmung von zweischaligen Wänden, Kerndämmung
	WH	Dämmung von Holzrahmen- und Holztafelbauweise
	WI	Innendämmung der Wand
	WTH	Dämmung zwischen Haustrennwänden
	WTR	Dämmung von Raumtrennwänden
Perimeter	PW	außenliegende Wärmedämmung von Wänden gegen Erdreich (außerhalb der Abdichtung)[c]
	PB	außenliegende Wärmedämmung unter der Bodenplatte gegen Erdreich (außerhalb der Abdichtung)[c]

[a] auch für den Anwendungsfall von unten gegen Außenluft
[b] gilt nicht für Dämmstoffplatten in Wärmedämm-Verbundsystemen (WDVS); WDVS ist keine genormte Anwendung
[c] Es gelten die Festlegungen nach DIN 4108-2[13].

[12] DIN 4108-10 Wärmeschutz und Energie-Einsparung in Gebäuden - Teil 10: Anwendungsbezogene Anforderungen an Wärmedämmstoffe - Werkmäßig hergestellte Wärmedämmstoffe

[13] DIN 4108-2 Wärmeschutz und Energie-Einsparung in Gebäuden - Teil 2: Mindestanforderungen an den Wärmeschutz

Tabelle 5: Produkteigenschaften und ihre Kurzzeichen nach DIN 4108-10

Produkteigenschaft	Kurz-zeichen	Beschreibung	Beispiele
Druckbelastbarkeit	dk	keine Druckbelastbarkeit	Hohlraumdämmung, Zwischensparrendämmung
	dg	geringe Druckbelastbarkeit	Wohn- und Bürobereich unter Estrich (außer Gussasphaltestrich) [a]
	dm	mittlere Druckbelastbarkeit	nicht genutztes Dach mit Abdichtung
	dh	hohe Druckbelastbarkeit	genutzte Dachflächen, Terrassen
	ds	sehr hohe Druckbelastbarkeit	Industrieböden, Parkdeck
	dx	extrem hohe Druckbelastbarkeit	hoch belastete Industrieböden, Parkdeck
Wasseraufnahme	wk	keine Anforderungen an die Wasseraufnahme	Innendämmung im Wohn- und Bürobereich
	wf	Wasseraufnahme durch flüssiges Wasser	Außendämmung von Außenwänden und Dächern
	wd	Wasseraufnahme durch flüssiges Wasser und/oder Diffusion	Perimeterdämmung, Umkehrdach
Zugfestigkeit	zk	keine Anforderungen	Hohlraumdämmung, Zwischensparrendämmung
	zg	geringe Zugfestigkeit	Außendämmung der Wand hinter Bekleidung
	zh	hohe Zugfestigkeit	Außendämmung der Wand unter Putz, Dach mit verklebter Abdichtung
Schalltechnische Eigenschaften	sk	keine Anforderung an schalltechnische Eigenschaften	alle Anwendungen ohne schalltechnische Anforderungen
	sh	Trittschalldämmung, erhöhte Zusammendrückbarkeit	schwimmender Estrich, Haustrennwände
	sm	mittlere Zusammendrückbarkeit	
	sg	Trittschalldämmung, geringe Zusammendrückbarkeit	
Verformung	tk	keine Anforderung an die Verformung	Innendämmung
	tf	Dimensionsstabilität unter Feuchte und Temperatur	Außendämmung der Wand unter Putz, Dach mit Abdichtung
	tl	Verformung unter Last und Temperatur	Dach mit Abdichtung

[a] Dämmschichten direkt unterhalb des Gussasphaltes müssen temperaturbeständig sein und der Druckbelastbarkeit ds oder dx entsprechen.

Tabelle 6: Anwendungsgebiete und Differenzierungen der Produkteigenschaften der Wärmedämmstoffe nach DIN 4108-10

Dämmstoff Anwendung		MW	EPS	XPS	PUR	PF
Dach, Decke	DAD	dka, dh	+	+	+	+
	DAA	+	dm, dh	dm, dh, ds, dx	dh, ds	+
	DUK	-	-	dh, ds, dx	-	-
	DZ	+[a]	+	-	+	+
	DI	+	+	+	+	+
	DEO	+	+	dm, dh, ds, dx	dh, ds	dh, ds
	DES	sh, sg	sh, sm, sg	-	-	-
Wand	WAB	+	+	+	+	+
	WAA	-	dm dh	-	+	+
	WAP	zg, zh	+	+	+	+
	WZ	+	+	+	+	+
	WH	+	-	-	+	+
	WI	zk, zg, zh	+	+	+	+
	WTH	sh, sg	-	-	-	-
	WTR	+	-	-	-	+
Perimeter	PW	-	-	dh, ds, dx	-	-
	PB	-	-	dh, ds, dx	-	-
Dämmstoff Anwendung		**CG**	**EPB**	**ICB**	**WF**	**WW**
Dach, Decke	DAD	+	+	wk, wf	dg, dm, ds	Dk,dh
	DAA	dh, ds, dx	ds, M.S.D.[b, c]	+	dh, ds	+
	DUK	-	-	-	-	-
	DZ	-	+	+	+	+
	DI	+	+	dk, dh	dk, dm	dk, dm
	DEO	+	+	+	dg, dm, ds	+
	DES	-	M.S.D.[b, c]: sh M.S.D. [b, c]: sg	-	sh, sg	-
Wand	WAB	+	+	dk, dh	dg, dm, ds	dk, dh
	WAA	+	-	-	-	dk, dh
	WAP	+	+	+	+	dk, dh
	WZ	+	+	+	+	+
	WH	-	+	+	+	dk, dm, dh
	WI	+	+	dk, dh	dk, dm	dk, dm
	WTH	-	M.S.D.[b, c]: sh M.S.D. [b, c]: sg	-	-	-
	WTR	+	+	+	+	+
Perimeter	PW	dh, ds, dx	-	-	-	-
	PB	dh, ds, dx	-	-	-	-

Legende:
+: Anwendung möglich, keine weiteren Differenzierungen der Produkteigenschaften des Wärmedämmstoffes
-: keine genormte Anwendung
M.S.D.: Mehrschichtdämmung

[a] Für diese Anwendung muss der λ_D nach DIN EN 13162 $\leq$ 0,040 W/(m*K) betragen.

[b] Bei Mehrschichtplatten müssen die einzelnen Schichten die Mindestanforderungen nach DIN 4108-10 für die vorgesehene Anwendung erfüllen. Sie müssen zusätzliche Mindestanforderungen an die Punktlast (für DAA), an die Grenzabmaße für die Dicke (für DES), an die Zusammendrückbarkeit (für DES, WTH) und an die dynamische Steifigkeit (für DES, WTH) erfüllen. Im Bezeichnungsschlüssel für Mehrschichtdämmungen sind die Bezeichnungsschlüssel für die einzelnen Schichten und für die anwendungsbezogenen zusätzlichen Mindestanforderungen auszuweisen.

[c] Dämmplatten aus Schichten von Blähperlit und nach DIN EN 13162

(6) Abbildung 2 zeigt die grafische Darstellung der Anwendungstypen nach Tabelle 3.

(7) Wärmedämmstoffe müssen nach DIN 4108-10 in ihrem Brandverhalten mindestens der Klasse E nach DIN EN 13501-1[14] entsprechen.

[14] DIN EN 13501-1 Klassifizierung von Bauprodukten und Bauarten zu ihrem Brandverhalten - Teil 1: Klassifizierung mit den Ergebnissen aus den Prüfungen zum Brandverhalten von Bauprodukten

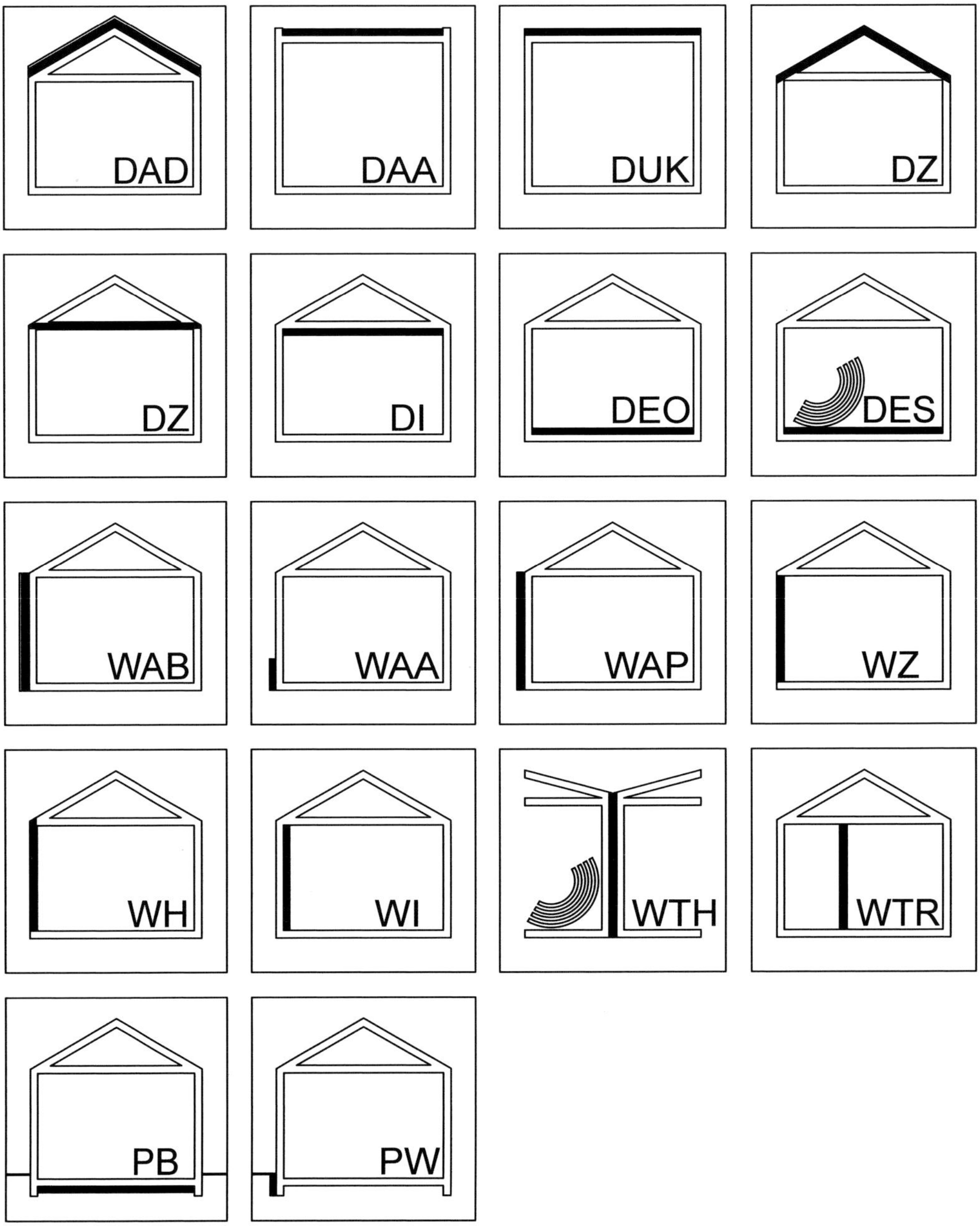

Abbildung 2: Piktogramme für Anwendungstypen nach DIN V 4108-10

Deutsches Dachdeckerhandwerk
– Regelwerk –

Produktdatenblatt für Bitumenbahnen

Aufgestellt und herausgegeben vom

Zentralverband des Deutschen Dachdeckerhandwerks – Fachverband Dach-, Wand- und Abdichtungstechnik – e.V.

Ausgabe Dezember 2016

Rudolf Müller

Vorgänger:

Produktdatenblatt für Bitumenbahnen	September 2001
Produktdatenblatt für Bitumenbahnen	März 2007

Verlag: Verlagsgesellschaft Rudolf Müller GmbH & Co. KG, Stolberger Str. 84, 50933 Köln

Druck: medienHaus Plump, Rheinbreitbach

12/16

(1) Dieses Produktdatenblatt legt für Bitumen- und Polymerbitumenbahnen anwendungsbezogene Anforderungen und Eigenschaften für die Verwendung in Abdichtungen nach der „Fachregel für Abdichtungen – Flachdachrichtlinie –“ fest.

(2) Bitumenbahnen im Sinne dieses Produktdatenblattes sind Bahnen, die eine oder mehrere Trägereinlage(n) enthalten und Deckschichten aus oxydiertem Bitumen, Polymerbitumen modifiziert mit thermoplastischen Elastomeren oder thermoplastischen Kunststoffen aufweisen.

(3) Werkseitig hergestellte Bitumenbahnen müssen eine Leistungserklärung nach Bauproduktverordnung besitzen und mit einer CE-Kennzeichnung versehen sein. Werkseitig hergestellte Bitumenbahnen müssen den harmonisierten europäischen Produktnormen DIN EN 13707[1] oder DIN EN 13969[2] entsprechen.

(4) Die herstellerseitigen Dickenangaben dürfen nach bauaufsichtlichen Regelungen Toleranzen von –5 % und +10 % aufweisen.

(5) In Tabelle 1 sind die Kurzzeichen für Stoffe und Produktmerkmale von Bitumenbahnen aufgeführt.

(6) Trägereinlagen aus Glasgewebe oder Polyestervlies müssen ein Flächengewicht von mindestens 200 g/m² nach DIN 52123[3] besitzen.

(7) Kombinationsträgereinlagen müssen ein Flächengewicht von mindestens 120 g/m² nach DIN 52123 besitzen.

(8) Kupferverbundträgereinlagen müssen aus einem Glasvlies mit einem Flächengewicht von mindestens 60 g/m² nach DIN 52123 sowie einem Polyester-Kupferfolienverbund mit einer Dicke von mindestens 0,03 mm bestehen.

(9) Kupferbandeinlagen müssen eine Dicke von mindestens 0,1 mm besitzen.

(10) Üblicherweise werden die Abdichtungsbahnen herstellerseitig mit den Kurzzeichen nach Tabelle 1 gekennzeichnet. Diese Kennzeichnung sieht beispielsweise wie folgt aus:

- PYE – PV 200 S5
  - Polymerbitumenbahn (PYE) mit Polyestervlieseinlage 200 g/m², Schweißbahn, 5 mm dick

(11) Das Brandverhalten der Produkte und der Widerstand der damit hergestellten Bedachung gegen Flugfeuer und strahlende Wärme (harte Bedachung) sind nach den Anforderungen der Landesbauordnungen gesondert nachzuweisen.

(12) Wenn die Abdichtungsbahn durchwurzelungsfest sein muss, ist der Widerstand gegen Durchwurzelung durch Prüfung nach dem FLL-Verfahren[4] oder DIN EN 13948[5] nachzuweisen.

(13) Tabelle 2 zeigt die Kurzzeichen der Anwendungstypen von Abdichtungsbahnen.

(14) Bitumenbahnen müssen mindestens den Anforderungen nach den Tabellen 3 bis 7 entsprechen.

Tabelle 1: Kurzzeichen für Stoffe und Produktmerkmale von Bitumenbahnen

Kurzzeichen	Beschreibung
PYE	Elastomerbitumen (Bitumen modifiziert mit thermoplastischen Elastomeren)
PYP	Plastomerbitumen (Bitumen modifiziert mit thermoplastischen Kunststoffen)
KSP	Kaltselbstklebende Polymerbitumenbahn mit Trägereinlage
PV (Zahl)	Polyestervlies (Flächengewicht in g/m²)
G (Zahl)	Glasgewebe (Flächengewicht in g/m²)
KTG	Kombinationsträgereinlage mit überwiegendem Glasanteil
KTP	Kombinationsträgereinlage mit überwiegendem Polyesteranteil
VCu	Verbundträger aus Glasvlies mit Polyester-Kupferfolienverbund
Cu01	Kupferbandträgereinlage aus Kupferband 0,1 mm
S (Zahl)	Schweißbahn (Dicke der Bahn in mm)
DD	Dachdichtungsbahn
Zahl	Dicke der Bahn in mm

Tabelle 2: Anwendungstypen von Abdichtungsbahnen

Typkurzzeichen	Anwendung in Abdichtungen
DE	Bahnen und Flüssigkunststoffe für einlagige Abdichtungen
DO	Bahnen für die Oberlage einer mehrlagigen Abdichtung
DU	Bahnen für die untere Lage einer mehrlagigen Abdichtung

[1] DIN EN 13707 Abdichtungsbahnen – Bitumenbahnen mit Trägereinlage für Dachabdichtung – Definition und Eigenschaften

[2] DIN EN 13969 Abdichtungsbahnen – Bitumenbahnen für die Bauwerksabdichtung gegen Bodenfeuchte und Wasser – Definitionen und Eigenschaften

[3] DIN 52123 Prüfung von Bitumen- und Polymerbitumenbahnen

[4] FLL-Verfahren – Verfahren zur Untersuchung der Wurzelfestigkeit von Bahnen und Beschichtungen für Dachbegrünungen

[5] DIN EN 13948 Abdichtungsbahnen – Bitumen-, Kunststoff- und Elastomerbahnen für Dachabdichtungen – Bestimmung des Widerstandes gegen Wurzelpenetration

Tabelle 3: Mindestanforderungen an die Wasserdichtheit

	Anforderung	Anwendungstyp
Wasserdichtheit[6)]	200 kPa/72 h	DU DO
	400 kPa/72 h	DE

Tabelle 4: Mindestanforderungen an die mechanischen Eigenschaften

	Anforderung	Art der Trägereinlage/ Anwendungstyp
maximale Zugkraft[7)]	≥ 500 N/50 mm	VCu Cu
	≥ 800 N/50 mm	PV KTP
	≥ 1000 N/ 50 mm	G KTG
Dehnung[7)]	≥ 1,5 %	KTG
	≥ 2,0 %	G
	≥ 3,0 %	VCu Cu
	≥ 15 %	KTP
	≥ 35 %	PV
Widerstand gegen statische Belastung[8)]	≥ 15 kg	DE
Widerstand gegen Weiterreißen[9)]	≥ 200 N	DE (bei mechanischer Befestigung)

Tabelle 5: Mindestanforderungen an das Kaltbiegeverhalten

	Anforderung	Art der Trägereinlage/Art des Bitumens (mit Anwendungstyp)
Kaltbiegeverhalten[10)]	≤ 0 °C	Oxidationsbitumen
	≤ –15 °C	PYP (DO oder DU)
	≤ –20 °C	VCu Cu PYP (DE)
	≤ –25 °C	PYE (DO oder DU)
	≤ –30 °C	PYE (DE)

Tabelle 6: Mindestanforderungen an die Wärmestandfestigkeit

	Anforderung	Art der Trägereinlage/ Art des Bitumens (mit Anwendungstyp)
Wärmestandfestigkeit[11)]	≥ 70 °C	Oxidationsbitumen
	≥ 80 °C	Vcu Cu
	≥100 °C	PYE
	≥ 110 °C	PYE (DE)
	≥ 130 °C	PYP

Tabelle 7: Mindestanforderungen an die Geradheit, Maßhaltigkeit und Brandverhalten

	Anforderung	Anwendungstyp
Geradheit[12)]	≤ 20 mm/10 m	DU DO DE
Maßhaltigkeit[13)]	≤ 0,3 %	DE
Brandverhalten[14)]	E	DU DO DE

6) DIN EN 1928 Abdichtungsbahnen – Bitumen-, Kunststoff- und Elastomerbahnen für Dachabdichtungen – Bestimmung der Wasserdichtheit

7) DIN EN 12311-1 Abdichtungsbahnen – Teil 1: Bitumenbahnen für Dachabdichtungen; Bestimmung des Zug-Dehnungsverhaltens

8) DIN EN 12730 Abdichtungsbahnen – Bitumen-, Kunststoff- und Elastomerbahnen für Dachabdichtungen – Bestimmung des Widerstandes gegen statische Belastung

9) DIN EN 12310-1 Abdichtungsbahnen – Teil 1: Bitumenbahnen für Dachabdichtungen; Bestimmung des Weiterreißwiderstandes (Nagelschaft)

10) DIN EN 1109 Abdichtungsbahnen – Bitumenbahnen für Dachabdichtungen – Bestimmung des Kaltbiegeverhaltens

11) DIN EN 1110 Abdichtungsbahnen – Bitumenbahnen für Dachabdichtungen – Bestimmung der Wärmestandfestigkeit bei erhöhter Temperatur

12) DIN EN 1848-1 Abdichtungsbahnen – Bestimmung der Länge, Breite und Geradheit – Teil 1: Bitumenbahnen für Dachabdichtungen

13) DIN EN 1107-1 Abdichtungsbahnen – Bestimmung der Maßhaltigkeit – Teil 1: Bitumenbahnen für Dachabdichtungen

14) DIN EN 13501-1 Klassifizierung von Bauprodukten und Bauarten zu ihrem Brandverhalten – Teil 1: Klassifizierung mit den Ergebnissen aus den Prüfungen zum Brandverhalten von Bauprodukten

Deutsches Dachdeckerhandwerk
– Regelwerk –

Produktdatenblatt für Kunststoff- und Elastomerbahnen

Aufgestellt und herausgegeben vom

Zentralverband des Deutschen Dachdeckerhandwerks – Fachverband Dach-, Wand- und Abdichtungstechnik – e.V.

Ausgabe Dezember 2016

Rudolf Müller

Vorgänger:

Produktdatenblatt für Kunststoff- und Elastomerbahnen	September 2001
Produktdatenblatt für Kunststoff- und Elastomerbahnen	März 2007

Verlag: Verlagsgesellschaft Rudolf Müller GmbH & Co. KG, Stolberger Str. 84, 50933 Köln

Druck: medienHaus Plump, Rheinbreitbach

12/16

(1) Dieses Produktdatenblatt legt für Kunststoff- und Elastomerbahnen anwendungsbezogene Anforderungen und Eigenschaften für die Verwendung in Abdichtungen nach der „Fachregel für Abdichtungen – Flachdachrichtlinie –“ fest.

(2) Kunststoff- und Elastomerbahnen sind industriell hergestellte, flexible Bahnen auf Basis eines Kunststoffs oder Elastomers, die in Rollen gebrauchsfertig geliefert werden. Es werden

- homogene Bahnen,
- Bahnen mit Kaschierung,
- Bahnen mit Einlage,
- Bahnen mit innen liegender Verstärkung

unterschieden.

(3) Kunststoff- und Elastomerbahnen müssen eine Leistungserklärung nach Bauproduktverordnung besitzen und mit einer CE-Kennzeichnung versehen sein. Die Bahnen müssen den harmonisierten europäischen Produktnormen DIN EN 13956[1)] oder DIN EN 13967[2)] entsprechen.

(4) Die Dickenangaben seitens der Hersteller dürfen nach bauaufsichtlichen Regelungen Toleranzen von –5 % und +10 % aufweisen. Kaschierungen, Polymerbitumenbeschichtungen und Selbstklebeschichten dürfen bei Ermittlung der Bahnendicke nicht berücksichtigt werden.

(5) In Tabelle 1 sind die Kurzzeichen der Stoffe von Kunststoff- und Elastomerbahnen aufgeführt. In Tabelle 2 sind die Kurzzeichen der Produktmerkmale von Kunststoff- und Elastomerbahnen aufgeführt.

Tabelle 1: Kurzzeichen für Stoffe von Kunststoff- und Elastomerbahnen

Kurzzeichen	Stoff
Kunststoffbahnen auf Basis von Polyvinylchlorid	
PVC-P	Polyvinylchlorid
EVA/EVAC	Ethylen-Vinylacetat-Terpolymer/ -Copolymer
Kunststoffbahnen auf Basis von flexiblen Polyolefinen	
FPO	Flexibles Polyolefin (auf Basis PE oder PP)
ECB	Ethylencopolymerisat-Bitumen
Kunststoffbahnen auf Basis von Polyisobuten	
PIB	Polyisobuten (Polyisobutylen)
Elastomerbahnen	
EPDM	Ethylen-Propylen-Dien-Terpolymer

Tabelle 2 : Kurzzeichen für Produktmerkmale

Kurzzeichen	Beschreibung	Kurzzeichen	Beschreibung
K	kaschiert	GV	Glasvlies
V	verstärkt	PV	Polyestervlies
E	Einlage	PPV	Polypropylenvlies
BV	bitumenverträglich	GG	Glasgittergelege/-gewebe
NB	nicht bitumenverträglich	PG	Polyestergelege/-gewebe
SK	Selbstklebeschicht		

(6) Einlagen bestehen aus Glasvlies und weisen ein Flächengewicht von maximal 80 g/m² auf.

(7) Verstärkungen sind innen liegende Gewebe, Gelege, Vliese oder deren Kombinationen mit einem Flächengewicht von mindestens 80 g/m².

(8) Kaschierungen sind Gewebe, Gelege, Vliese oder deren Kombinationen mit einem Flächengewicht von mindestens 80 g/m², die werkseitig auf der Unterseite der Bahn aufgebracht sind.

(9) Üblicherweise werden die Abdichtungsbahnen herstellerseitig mit den Kurzzeichen nach den Tabellen 1 und 2 sowie der Mindestnenndicke gekennzeichnet. Diese Kennzeichnung sieht beispielsweise wie folgt aus:

- PVC-P-NB-E-GV-1,5
  - Abdichtungsbahn aus Polyvinylchlorid weich, nicht bitumenverträglich, mit Einlage aus Glasvlies, Dicke 1,5 mm

(10) Das Brandverhalten der Produkte und der Widerstand der damit hergestellten Bedachung gegen Flugfeuer und strahlende Wärme (harte Bedachung) sind nach den Anforderungen der Landesbauordnungen gesondert nachzuweisen.

1) DIN EN 13956 Abdichtungsbahnen – Kunststoff- und Elastomerbahnen für Dachabdichtungen – Definitionen und Eigenschaften

2) DIN EN 13967 Abdichtungsbahnen – Kunststoff- und Elastomerbahnen für die Bauwerksabdichtung gegen Bodenfeuchte und Wasser – Definitionen und Eigenschaften

(11) Wenn die Abdichtungsbahn durchwurzelungsfest sein muss, ist der Widerstand gegen Durchwurzelung durch Prüfung nach dem FLL-Verfahren[3)] oder DIN EN 13948[4)] nachzuweisen.

(12) Elastomerbahnen müssen mindestens den Anforderungen nach Tabelle 3 entsprechen. Kunststoffbahnen müssen mindestens den Anforderungen nach Tabelle 4 entsprechen.

Bahnen, die sowohl eine Verstärkung als auch eine Kaschierung aufweisen, werden nach Tabelle 4 wie Bahnen mit Verstärkung behandelt.

Bahnen, die sowohl eine Einlage als auch eine Kaschierung aufweisen, werden nach Tabelle 4 wie Bahnen mit Kaschierung behandelt.

Tabelle 3: Mindestanforderungen an Elastomerbahnen

	homogene Bahnen	**Bahnen mit Kaschierung**	**Bahnen mit Verstärkung**
Brandverhalten[5)]	E		
Wasserdichtheit[6)]	400 kPa/72 h		
Reißfestigkeit/Höchstzugkraft[7)]	≥ 4 N/mm²	≥ 500 N/50 mm	
Reißdehnung/ Höchstzugkraftdehnung[7)]	≥ 250 %	≥ 2 %	
Scherwiderstand der Fügenaht[8)]	≥ 175 N/50 mm		
Schälwiderstand der Fügenaht[9)] **(bei mechanischer Befestigung)**	≥ 50 N/50 mm		
Weiterreißkraft[10)a]	≥ 25 N		
Falzen in der Kälte[11)]	≤ –25 °C	≤ –20 °C	≤ –25 °C
Künstliche Alterung (1.000 h)[12)]	Klasse 1		
Ozonbeständigkeit[13)]	keine Risse		
Bitumenverträglichkeit[14)b]	bestanden		
Maßhaltigkeit[15)]	≤ 1 %		
Planlage[16)]	≤ 10 mm		
Geradheit[16)]	≤ 50 mm		
[a] bei mechanischer Befestigung [b] bei bitumenverträglichen Bahnen			

3) FLL-Verfahren - Verfahren zur Untersuchung der Wurzelfestigkeit von Bahnen und Beschichtungen für Dachbegrünungen

4) DIN EN 13948 Abdichtungsbahnen – Bitumen-, Kunststoff- und Elastomerbahnen für Dachabdichtungen – Bestimmung des Widerstandes gegen Wurzelpenetration

Tabelle 4: Mindestanforderungen an Kunststoffbahnen

	homogene Bahnen	Bahnen mit Kaschierung
Brandverhalten[5)]	E	
Wasserdichtheit[6)]	400 kPa/72 h	
Reißfestigkeit/Höchstzugkraft[7)]	≥ 12 N/mm²	≥ 500 N/50 mm PIB: ≥ 400 N/50 mm
Reißdehnung/ Höchstzugkraftdehnung[7)]	≥ 250 %	≥ 2 %
Scherwiderstand der Fügenaht[8)]	Abriss außerhalb der Fügenaht	Abriss außerhalb der Fügenaht PIB: ≥ 150 N/50 mm
Weiterreißkraft[10)a]	-	
Stoßartige Belastung[17)]	≥ 300 mm	≥ 300 mm PIB: ≥ 700 mm
Falzen in der Kälte[11)]	≤ –20 °C	≤ –20 °C PIB: ≤ –40 °C
Hagelschlag[18)]	-	PIB[c]: ≥ 25 m/s
Künstliche Alterung (1.000 h)[12)]	Klasse 1	
Bitumenverträglichkeit[14)b]	bestanden	
Maßhaltigkeit[15)]	≤ 2 %	≤ 1 %
Planlage[16)]	≤ 10 mm	
Geradheit[16)]	≤ 50 mm	
	Bahnen mit Einlage	**Bahnen mit innen liegender Verstärkung**
Brandverhalten[5)]	E	
Wasserdichtheit[6)]	400 kPa/72 h	
Reißfestigkeit/Höchstzugkraft[7)]	PVC-P: ≥ 8 N/mm² FPO: ≥ 5 N/mm² ECB: ≥ 4 N/mm²	≥ 500 N/50 mm
Reißdehnung/ Höchstzugkraftdehnung[7)]	≥ 150 % ECB: ≥ 400 %	≥ 2 %
Scherwiderstand der Fügenaht[8)]	Abriss außerhalb der Fügenaht	
Weiterreißkraft[10)a]	-	≥ 100 N
Stoßartige Belastung[17)]	≥ 300 mm	
Falzen in der Kälte[11)]	≤ –20 °C	
Hagelschlag[18)]	-	
Künstliche Alterung (1.000 h)[12)]	Klasse 1	
Bitumenverträglichkeit[14)b]	bestanden	
Maßhaltigkeit[15)]	≤ 1 % PVC-P ≤ 0,5 %	≤ 1 %
Planlage[16)]	≤ 10 mm	
Geradheit[16)]	≤ 50 mm	

[a] bei mechanischer Befestigung
[b] bei bitumenverträglichen Bahnen
[c] Prüfung auf harter Unterlage

5) DIN EN 13501-1 Klassifizierung von Bauprodukten und Bauarten zu ihrem Brandverhalten - Teil 1: Klassifizierung mit den Ergebnissen aus den Prüfungen zum Brandverhalten von Bauprodukten
6) DIN EN 1928 Abdichtungsbahnen - Bitumen-, Kunststoff- und Elastomerbahnen für Dachabdichtungen - Bestimmung der Wasserdichtheit
7) DIN EN 12311-2 Abdichtungsbahnen - Bestimmung des Zug-Dehnungsverhaltens - Teil 2: Kunststoff- und Elastomerbahnen für Dachabdichtungen
8) DIN EN 12317-2 Abdichtungsbahnen - Bestimmung des Scherwiderstandes der Fügenähte - Teil 2: Kunststoff- und Elastomerbahnen für Dachabdichtungen
9) DIN EN 12316-2 Abdichtungsbahnen - Bestimmung des Schälwiderstandes der Fügenähte - Teil 2: Kunststoff- und Elastomerbahnen für Dachabdichtungen
10) DIN EN 12310-2 Abdichtungsbahnen - Bestimmung des Widerstandes gegen Weiterreißen - Teil 2: Kunststoff- und Elastomerbahnen für Dachabdichtungen
11) DIN EN 495-5 Abdichtungsbahnen - Bestimmung des Verhaltens beim Falzen bei tiefen Temperaturen - Teil 5: Kunststoff- und Elastomerbahnen für Dachabdichtungen
12) DIN EN 1297 Abdichtungsbahnen - Bitumen-, Kunststoff- und Elastomerbahnen für Dachabdichtungen - Verfahren zur künstlichen Alterung bei kombinierter Dauerbeanspruchung durch UV-Strahlung, erhöhte Temperatur und Wasser
13) DIN EN 1844 Abdichtungsbahnen - Verhalten bei Ozonbeanspruchung - Kunststoff- und Elastomerbahnen für Dachabdichtungen
14) DIN EN 1548 Abdichtungsbahnen - Kunststoff- und Elastomerbahnen für Dachabdichtungen - Verhalten nach Lagerung auf Bitumen
15) DIN EN 1107-2 Abdichtungsbahnen - Bestimmung der Maßhaltigkeit - Teil 2: Kunststoff- und Elastomerbahnen für Dachabdichtungen
16) DIN EN 1848-2 Abdichtungsbahnen - Bestimmung der Länge, Breite, Geradheit und Planlage - Teil 2: Kunststoff- und Elastomerbahnen für Dachabdichtungen
17) DIN EN 12691 Abdichtungsbahnen - Bitumen-, Kunststoff- und Elastomerbahnen für Dachabdichtungen - Bestimmung des Widerstandes gegen stoßartige Belastung
18) DIN EN 13583 Abdichtungsbahnen - Bitumen-, Kunststoff- und Elastomerbahnen für Dachabdichtungen - Bestimmung des Widerstandes gegen Hagelschlag

Deutsches Dachdeckerhandwerk
– Regelwerk –

Produktdatenblatt für Flüssigkunststoffe

Aufgestellt und herausgegeben vom

Zentralverband des Deutschen Dachdeckerhandwerks – Fachverband Dach-, Wand- und Abdichtungstechnik – e.V.

Ausgabe Dezember 2016

Rudolf Müller

Vorgänger:

Produktdatenblatt für Flüssigabdichtungen	September 2001
Produktdatenblatt für Flüssigabdichtungen	Oktober 2007

Verlag: Verlagsgesellschaft Rudolf Müller GmbH & Co. KG, Stolberger Str. 84, 50933 Köln

Druck: medienHaus Plump, Rheinbreitbach

12/16

(1) Dieses Produktdatenblatt legt für Flüssigkunststoffe anwendungsbezogene Anforderungen und Eigenschaften für die Verwendung in Abdichtungen nach der „Fachregel für Abdichtungen – Flachdachrichtlinie –" fest.

(2) Flüssigkunststoffe müssen eine Leistungserklärung nach Bauproduktverordnung besitzen und mit einer CE-Kennzeichnung versehen sein.

(3) Die Eignung der Flüssigkunststoffe muss vom Hersteller durch eine Europäische Technische Zulassung/Bewertung (ETA) auf Basis der Zulassungsleitlinie ETAG 005[1)] nachgewiesen werden.

(4) Flüssigkunststoffe sind ein- oder mehrkomponentige, flüssig zu verarbeitende Abdichtungssysteme auf Basis von Reaktionsharzen. Je nach Beanspruchung der Oberfläche können zusätzliche Oberflächenschutzmaterialien erforderlich werden. Die Basisharze werden z.B. in Eimergebinden bzw. Containern angeliefert. Zur Verbesserung der Haftung kann eine Grundierung erforderlich sein.

Flüssig aufzubringende Dachabdichtungen können bestehen aus:

- Polymethylmethacrylatharzen (PMMA)
  - PMMA-Flüssigkunststoffe sind zweikomponentig und bestehen aus Methacrylsäureresten und härten durch Polymerisation aus.
  - Flexiblen ungesättigten Polyesterharzen (UP)
  - Flexible UP-Systeme sind zweikomponentig und bestehen aus Polykondensaten, die in Styrol gelöst sind. Die Aushärtung erfolgt durch Vernetzung der ungesättigten Anteile und Copolymerisation mit Styrol.
- Polyurethanharzen (PUR)
  - Bei dieser Stoffgruppe wird zwischen einkomponentigen Polyurethanharzen (PUR-1K) und zweikomponentigen Polyurethanharzen (PUR-2K) unterschieden.
  - Einkomponentige PUR-Harze sind Flüssigkunststoffe aus Polyurethanprepolymeren, die durch Reaktion mit der Luftfeuchte erhärten.
  - Zweikomponentige PUR-Harze sind Flüssigkunststoffe, die durch Polyaddition von Polyisocyanaten und Polyalkoholen entstehen.

(5) Abdichtungen mit Flüssigkunststoffen müssen eine Mindestdicke von 2,1 mm aufweisen. Der Hersteller hat die hierfür erforderlichen Mengen an Flüssigkunststoff in kg/m^2 je Arbeitsgang anzugeben.

(6) Abdichtungen mit Flüssigkunststoffen müssen eine Einlage aus Kunststofffaservlies mit einem Flächengewicht von mindestens 110 g/m^2 besitzen. Die Einlage hat auch die Aufgabe der Sicherstellung einer gleichmäßigen Mindestschichtdicke.

(7) Das Brandverhalten der Produkte und der Widerstand der damit hergestellten Bedachung gegen Flugfeuer und strahlende Wärme (harte Bedachung) sind nach den Anforderungen der Landesbauordnungen gesondert nachzuweisen.

(8) Wenn die Abdichtung aus Flüssigkunststoff durchwurzelungsfest sein muss, ist der Widerstand gegen Durchwurzelung durch Prüfung nach dem FLL-Verfahren[2)] oder DIN EN 13948[3)] nachzuweisen.

(9) In der ETAG 005 werden die Leistungsstufen nach Tabelle 1 festgelegt. Die jeweiligen Kurzzeichen der Leistungsstufen müssen auf den Gebinden im Rahmen der CE-Kennzeichnung angegeben werden.

(10) Flüssigkunststoffe müssen die Leistungsstufen gemäß ETAG 005 nach Tabelle 2 aufweisen. Weiterhin müssen Abdichtungen mit Flüssigkunststoffen mindestens der Baustoffklasse E nach DIN EN 13501[4)] entsprechen.

---

1) ETAG 005 Leitlinie für die europäische technische Zulassung für „Flüssig aufzubringende Dachabdichtungen"

2) FLL-Verfahren – Verfahren zur Untersuchung der Wurzelfestigkeit von Bahnen und Beschichtungen für Dachbegrünungen

3) DIN EN 13948 Abdichtungsbahnen – Bitumen-, Kunststoff- und Elastomerbahnen für Dachabdichtungen – Bestimmung des Widerstandes gegen Wurzelpenetration

4) DIN EN 13501-1 Klassifizierung von Bauprodukten und Bauarten zu ihrem Brandverhalten – Teil 1: Klassifizierung mit den Ergebnissen aus den Prüfungen zum Brandverhalten von bauprodukten

Tabelle 1: Leistungsstufen von Flüssigkunststoffe nach ETAG 005

Klassen	Kurzzeichen	Leistungsstufen
Klimazone	M	Gemäßigtes Klima
	S	Extremes Klima
Erwartete Nutzungsdauer [a)]	W1	5 Jahre
	W2	10 Jahre
	W3	25 Jahre
Nutzlasten	P1	geringe Beanspruchung, nicht begehbar
	P2	mäßige Beanspruchung, begrenzt begehbar z.B. für Instandhaltung
	P3	normale Beanspruchung, begehbar für Instandhaltung und für privaten Fußgängerverkehr
	P4	besondere Beanspruchung, z.B. für Dachterrassen, begrünte Dächer
Dachneigung	S1	< 5 %
	S2	5–10 %
	S3	10–30 %
	S4	> 30 %
Niedrigste Oberflächen-temperaturen	TL1	+5 °C
	TL2	–10 °C
	TL3	–20 °C
	TL4	–30 °C
Höchste Oberflächen-temperaturen	TH1	+30 °C
	TH2	+60 °C
	TH3	+80 °C
	TH4	+90 °C

[a)] Die erwartete Nutzungsdauer ist eine Abschätzung auf Basis der Ergebnisse von Alterungsprüfungen nach ETAG 005.

Tabelle 2: Erforderliche Leistungsstufen für Abdichtungen mit Flüssigkunststoffen

Klassen	Kurzzeichen der Leistungsstufen
Klimazone	S
Erwartete Nutzungsdauer	W3
Nutzlasten	P4
Dachneigung	S1 bis S4
Niedrigste Oberflächentemperaturen	TL4
Höchste Oberflächentemperaturen	TH4

Übersicht der Normen im Arbeitsgebiet des Dachdeckerhandwerks Redaktionsstand: Oktober 2025

Norm	Ausgabedatum	Titel
DIN 00096-00	01.12.2016	Halbrund-Holzschrauben mit Schlitz
DIN 00097-00	01.12.2016	Senk-Holzschrauben mit Schlitz
DIN 00105-04	01.01.2019	Mauerziegel – Teil 4: Keramikklinker
DIN 00105-04_A1	01.04.2021	Mauerziegel – Teil 4: Keramikklinker; Änderung A1
DIN 00105-05	01.06.2013	Mauerziegel – Teil 5: Leichtlanglochziegel und Leichtlanglochziegelplatten
DIN 00105-41	01.01.2019	Mauerziegel – Teil 41: Konformitätsnachweis für Keramikklinker nach DIN 105-4
DIN 00529-00	01.09.2010	Steinschrauben
DIN 00571-00	01.12.2016	Sechskant-Holzschrauben
DIN 00603-00	01.05.2017	Flachrundschrauben mit Vierkantansatz
DIN 01045-01	01.08.2023	Tragwerke aus Beton, Stahlbeton und Spannbeton – Teil 1: Planung, Bemessung und Konstruktion
DIN 01045-02	01.08.2023	Tragwerke aus Beton, Stahlbeton und Spannbeton – Teil 2: Beton
DIN 01052-10	01.12.2024	Herstellung und Ausführung von Holzbauwerken – Teil 10: Ergänzende Bestimmungen zu Verbindungsmitteln und nicht europäisch geregelten geklebten Produkten und Bauarten
DIN 01055-02	01.11.2010	Einwirkungen auf Tragwerke – Teil 2: Bodenkenngrößen
DIN 01164-10	01.02.2023	Zement mit besonderen Eigenschaften – Teil 10: Zement mit niedrigem wirksamen Alkaligehalt – Zusammensetzung und Anforderungen
DIN 01946-06	01.12.2019	Raumlufttechnik – Teil 6: Lüftung von Wohnungen; Allgemeine Anforderungen, Anforderungen an die Auslegung, Ausführung, Inbetriebnahme und Übergabe sowie Instandhaltung
DIN 01946-06_Bbl.1	01.06.2025	Raumlufttechnik – Lüftung von Wohnungen; Allgemeine Anforderungen, Anforderungen zur Bemessung, Ausführung und Kennzeichnung, Übergabe/Übernahme (Abnahme) und Instandhaltung – Beiblatt 1: Beispielberechnungen für ausgewählte Lüftungssysteme
DIN 01946-06_Bbl.3	01.06.2017 (E04.2024)	Raumlufttechnik – Teil 6: Lüftung von Wohnungen – Allgemeine Anforderungen, Anforderungen zur Bemessung, Ausführung und Kennzeichnung, Übergabe/Übernahme (Abnahme) und Instandhaltung – Beiblatt 3: Gemeinsamer und nicht gemeinsamer Betrieb von Lüftungsgeräten und Einzelraumfeuerstätten für feste Brennstoffe – Installationsregel
DIN 01946-06_Bbl.4	01.06.2017	Raumlufttechnik – Teil 6: Lüftung von Wohnungen – Allgemeine Anforderungen, Anforderungen zur Bemessung, Ausführung und Kennzeichnung, Übergabe/Übernahme (Abnahme) und Instandhaltung – Beiblatt 4: Gemeinsamer Betrieb von Lüftungsgeräten und Einzelraumfeuerstätten für feste Brennstoffe – Installationsbeispiele
DIN 01960-00	01.09.2019	VOB Vergabe- und Vertragsordnung für Bauleistungen – Teil A: Allgemeine Bestimmungen für die Vergabe von Bauleistungen

DIN 01961-00	01.09.2016	VOB Vergabe- und Vertragsordnung für Bauleistungen – Teil B: Allgemeine Vertragsbedingungen für die Ausführung von Bauleistungen
DIN 01986-100	01.12.2016 (E06.2025)	Entwässerungsanlagen für Gebäude und Grundstücke - Teil 100: Bestimmungen in Verbindung mit DIN EN 752 und DIN EN 12056
DIN 04072-00	01.04.2019	Gespundete Bretter aus Nadelholz
DIN 04074-01	01.06.2012 (E07.2025)	Sortierung von Holz nach der Tragfähigkeit – Teil 1: Nadelschnittholz
DIN 04074-02	01.01.2021	Sortierung von Holz nach der Tragfähigkeit – Teil 2: Baurundholz (Nadelholz)
DIN 04102-01	01.05.1998	Brandverhalten von Baustoffen und Bauteilen – Teil 1: Baustoffe; Begriffe, Anforderungen und Prüfungen
DIN 04102-02	01.09.1977	Brandverhalten von Baustoffen und Bauteilen – Teil 2: Bauteile, Begriffe, Anforderungen und Prüfungen
DIN 04102-03	01.09.1977	Brandverhalten von Baustoffen und Bauteilen – Teil 3: Brandwände und nicht tragende Außenwände, Begriffe, Anforderungen und Prüfungen
DIN 04102-04	01.06.2025	Brandverhalten von Baustoffen und Bauteilen – Teil 4: Zusammenstellung und Anwendung klassifizierter Baustoffe, Bauteile und Sonderbauteile
DIN 04102-05	01.09.1977	Brandverhalten von Baustoffen und Bauteilen; Feuerschutzabschlüsse, Abschlüsse in Fahrschachtwänden und gegen Feuer widerstandsfähige Verglasungen, Begriffe, Anforderungen und Prüfungen
DIN 04102-07	01.11.2018	Brandverhalten von Baustoffen und Bauteilen – Teil 7: Bedachungen – Anforderungen und Prüfungen
DIN 04102-08	01.10.2003	Brandverhalten von Baustoffen und Bauteilen – Teil 8: Kleinprüfstand
DIN 04102-09	01.05.1990	Brandverhalten von Baustoffen und Bauteilen – Teil 9: Kabelabschottungen; Begriffe, Anforderungen und Prüfungen
DIN 04102-11	01.12.1985	Brandverhalten von Baustoffen und Bauteilen; Rohrummantelungen, Rohrabschottungen, Installationschächte und -kanäle sowie Abschlüsse ihrer Revisionsöffnungen; Begriffe, Anforderungen und Prüfungen
DIN 04102-12	01.11.1998	Brandverhalten von Baustoffen und Bauteilen; Funktionserhalt von elektrischen Kabelanlagen; Anforderungen und Prüfungen
DIN 04102-13	01.05.1990	Brandverhalten von Baustoffen und Bauteilen; Brandschutzverglasungen – Begriffe, Anforderungen und Prüfungen
DIN 04102-14	01.05.1990	Brandverhalten von Baustoffen und Bauteilen; Bodenbeläge und Bodenbeschichtungen; Bestimmung der Flammenausbreitung bei Beanspruchung mit einem Wärmestrahler
DIN 04102-15	01.05.1990	Brandverhalten von Baustoffen und Bauteilen; Brandschacht
DIN 04102-16	01.01.2021	Brandverhalten von Baustoffen und Bauteilen Teil 16: Durchführung von Brandschachtprüfungen

DIN 04102-17	01.12.2017	Brandverhalten von Baustoffen und Bauteilen; Schmelzpunkt von Mineralfaser-Dämmstoffen – Begriffe, Anforderungen, Prüfung
DIN 04102-18	01.03.1991	Brandverhalten von Baustoffen und Bauteilen; Feuerschutzabschlüsse; Nachweis der Eigenschaft "selbstschließend" (Dauerfunktionsprüfung)
DIN 04108_bbl. 2	01.06.2019	Wärmeschutz und Energie-Einsparung in Gebäuden; Beiblatt 2: Wärmebrücken – Planungs- und Ausführungsbeispiele, mit CD-ROM
DIN 04108_bbl. 2_ber. 1	01.02.2025	Wärmeschutz und Energie-Einsparung in Gebäuden; Beiblatt 2: Wärmebrücken – Planungs- und Ausführungsbeispiele, mit CD-ROM
DIN 04108-02	01.02.2013 (E12.2024)	Wärmeschutz und Energie-Einsparung in Gebäuden – Teil 2: Mindestanforderungen an den Wärmeschutz
DIN 04108-03	01.03.2024	Wärmeschutz und Energie-Einsparung in Gebäuden – Teil 3: Klimabedingter Feuchteschutz; Anforderungen, Berechnungsverfahren und Hinweise für Planung und Ausführung
DIN 04108-04	01.11.2020	Wärmeschutz und Energie-Einsparung in Gebäuden – Teil 4: Wärme- und feuchteschutztechnische Bemessungswerte
DIN 04108-07	01.01.2011	Wärmeschutz und Energie-Einsparung in Gebäuden; Teil 7: Luftdichtheit von Gebäuden – Anforderungen, Planungs- und Ausführungsempfehlungen sowie -beispiele
DIN 04108-10	01.11.2021	Wärmeschutz und Energie-Einsparung in Gebäuden – Teil 10: Anwendungsbezogene Anforderungen an Wärmedämmstoffe
DIN 04109-01	01.01.2018	Schallschutz im Hochbau – Teil 1: Mindestanforderungen
DIN 04109-02	01.01.2018	Schallschutz im Hochbau – Teil 2: Rechnerische Nachweise der Erfüllung der Anforderungen
DIN 04109-04	01.11.2025	Schallschutz im Hochbau – Teil 4: Bauakustische Prüfungen
DIN 04109-05	01.08.2020	Schallschutz im Hochbau – Teil 5: Erhöhte Anforderungen
DIN 04109-31	01.07.2016	Schallschutz im Hochbau – Teil 31: Daten für die rechnerischen Nachweise des Schallschutzes (Bauteilkatalog) – Rahmendokument
DIN 04109-32	01.07.2016	Schallschutz im Hochbau – Teil 32: Daten für die rechnerischen Nachweise des Schallschutzes (Bauteilekatalog) – Massivbau
DIN 04109-33	01.07.2016	Schallschutz im Hochbau – Teil 33: Daten für die rechnerischen Nachweise des Schallschutzes (Bauteilekatalog) -Holz-, Leicht- und Trockenbau
DIN 04109-34	01.07.2016	Schallschutz im Hochbau – Teil 34: Daten für die rechnerischen Nachweise des Schallschutzes (Bauteilekatalog) – Vorsatzkonstruktionen von massiven Bauteilen
DIN 04109-34_A1	01.12.2019	Schallschutz im Hochbau – Teil 34: Daten für die rechnerischen Nachweise des Schallschutzes (Bauteilkatalog) – Vorsatzkonstruktionen vor massiven Bauteilen, Änderung A1
DIN 04109-35	01.07.2016	Schallschutz im Hochbau – Teil 35: Daten für die rechnerischen Nachweise des Schallschutzes (Bauteilekatalog) – Elemente, Fenster, Türen, Vorhangfassaden

DIN 04109-35_A1	01.12.2019	Schallschutz im Hochbau – Teil 35: Daten für die rechnerischen Nachweise des Schallschutzes (Bauteilekatalog) – Elemente, Fenster, Türen, Vorhangfassaden; Änderung A1
DIN 04109-36	01.07.2016	Schallschutz im Hochbau – Teil 36: Daten für die rechnerischen Nachweise des Schallschutzes (Bauteilekatalog) – Gebäudetechnische Anlagen
DIN 04213-00	01.10.2015	Anwendung von vorgefertigten Bauteilen aus haufwerksporigem Leichtbeton mit statisch anrechenbarer oder nicht anrechenbarer Bewehrung in Bauwerken
DIN 04213-00_A1	01.08.2022	Anwendung von vorgefertigten Bauteilen aus haufwerksporigem Leichtbeton mit statisch anrechenbarer oder nicht anrechenbarer Bewehrung in Bauwerken; Änderung 1
DIN 04420-01	01.03.2004	Arbeits- und Schutzgerüste – Teil 1: Schutzgerüste; Leistungsanforderungen, Entwurf, Konstruktion und Bemessung
DIN 04420-03	01.01.2006	Arbeits- und Schutzgerüste – Teil 3: Ausgewählte Gerüstbauarten und ihre Regelausführungen
DIN 04426-00	01.01.2017	Einrichtungen zur Instandhaltung baulicher Anlagen – Sicherheitstechnische Anforderungen an Arbeitsplätze und Verkehrswege – Planung und Ausführung
DIN 14094-02	01.04.2017	Feuerwehrwesen – Notleiteranlagen – Teil 2: Rettungswege auf flachen und geneigten Dächern
DIN 16726-00	01.08.2017	Kunststoffbahnen – Prüfungen
DIN 17611-00	01.08.2022	Anodisch oxidierte Erzeugnisse aus Aluminium und Aluminium-Knetlegierungen; Technische Lieferbedingungen
DIN 17640-01	01.02.2004	Bleilegierungen für allgemeine Verwendung
DIN 18014-00	01.06.2023	Erdungsanlagen für Gebäude – Planung, Ausführung und Dokumentation
DIN 18160-01	01.02.2023	Abgasanlagen – Teil 1: Planung und Ausführung
DIN 18160-05	01.04.2016	Abgasanlagen – Teil 5: Einrichtungen für Schornsteinfegerarbeiten; Anforderungen, Planung und Ausführung
DIN 18195-00	01.07.2017 (E03.2024)	Abdichtung von Bauwerken – Begriffe
DIN 18195-00_Bbl.2	01.07.2017	Abdichtung von Bauwerken – Beiblatt 2: Hinweise zur Kontrolle und Prüfung der Schichtdicken von flüssig verarbeiteten Abdichtungsstoffen
DIN 18202-00	01.07.2019 (E09.2025)	Toleranzen im Hochbau – Bauwerke
DIN 18203-03	01.08.2008	Toleranzen im Hochbau – Teil 3: Bauteile aus Holz und Holzwerkstoffen
DIN 18234-01	01.05.2018 (E12.2022)	Baulicher Brandschutz großflächiger Dächer – Brandbeanspruchung von unten; Geschlossene Dachflächen – Anforderungen und Prüfung
DIN 18234-02	01.05.2018 (E12.2022)	Baulicher Brandschutz großflächiger Dächer – Brandbeanspruchung von unten – Teil 2: Verzeichnis von Dächern, welche die Anforderungen nach DIN 18234-1 erfüllen; Geschlossene Dachflächen
DIN 18234-03	01.05.2018 (E12.2022)	Baulicher Brandschutz großflächiger Dächer – Brandbeanspruchung von unten – Teil 3: Durchdringungen, Anschlüsse und Abschlüsse von Dachflächen – Anforderungen und Prüfung

DIN 18234-04	01.05.2018 (E12.2022)	Baulicher Brandschutz großflächiger Dächer – Brandbeanspruchung von unten – Teil 4: Verzeichnis von Durchdringungen, Anschlüssen und Abschlüssen von Dachflächen, welche ohne weiteren Nachweis die Anforderungen nach DIN 18234-3 erfüllen
DIN 18299-00	01.09.2023	VOB-Vergabe- und Vertragsordnung für Bauleistungen – VOB Vergabe- und Vertragsordnung für Bauleistungen – Teil C: Allgemeine Technische Vertragsbedingungen für Bauleistungen (ATV) – Allgemeine Regelungen für Bauarbeiten jeder Art
DIN 18300-00	01.09.2019	VOB Vergabe- und Vertragsordnung für Bauleistungen – Teil C: Allgemeine Technische Vertragsbedingungen für Bauleistungen (ATV) – Erdarbeiten
DIN 18301-00	01.09.2023	VOB Vergabe- und Vertragsordnung für Bauleistungen – Teil C: Allgemeine Technische Vertragsbedingungen für Bauleistungen (ATV) – Bohrarbeiten
DIN 18302-00	01.09.2023	VOB Vergabe- und Vertragsordnung für Bauleistungen- Teil C: Allgemeine Technische Vertragsbedingungen für Bauleistungen (ATV) – Arbeiten zum Ausbau von Bohrungen
DIN 18303-00	01.09.2016	VOB Vergabe- und Vertragsordnung für Bauleistungen- Teil C: Allgemeine Technische Vertragsbedingungen für Bauleistungen (ATV) – Verbauarbeiten
DIN 18304-00	01.09.2019	VOB Vergabe- und Vertragsordnung für Bauleistungen – Teil C: Allgemeine Technische Vertragsbedingungen für Bauleistungen (ATV) – Ramm-, Rüttel- und Pressarbeiten
DIN 18305-00	01.09.2019	VOB Vergabe- und Vertragsordnung für Bauleistungen – Teil C: Allgemeine Technische Vertragsbedingungen für Bauleistungen (ATV) – Wasserhaltungsarbeiten
DIN 18306-00	01.09.2016	VOB Vergabe- und Vertragsordnung für Bauleistungen – Teil C: Allgemeine Technische Vertragsbedingungen für Bauleistungen (ATV) – Entwässerungskanalarbeiten
DIN 18307-00	01.09.2016	VOB Vergabe- und Vertragsordnung für Bauleistungen- Teil C: Allgemeine Technische Vertragsbedingungen für Bauleistungen (ATV) – Druckrohrleitungsarbeiten außerhalb von Gebäuden
DIN 18308-00	01.09.2019	VOB Vergabe- und Vertragsordnung für Bauleistungen – Teil C: Allgemeine Technische Vertragsbedingungen für Bauleistungen (ATV) – Drän- und Versickerarbeiten
DIN 18309-00	01.09.2019	VOB Vergabe- und Vertragsordnung für Bauleistungen – Teil C: Allgemeine Technische Vertragsbedingungen für Bauleistungen (ATV) – Einpressarbeiten
DIN 18311-00	01.09.2019	VOB Vergabe- und Vertragsordnung für Bauleistungen – Teil C: Allgemeine Technische Vertragsbedingungen für Bauleistungen (ATV) – Nassbaggerarbeiten
DIN 18312-00	01.09.2019	VOB Vergabe- und Vertragsordnung für Bauleistungen – Teil C: Allgemeine Technische Vertragsbedingungen für Bauleistungen (ATV) – Untertagebauarbeiten
DIN 18313-00	01.09.2019	VOB Vergabe- und Vertragsordnung für Bauleistungen – Teil C: Allgemeine Technische Vertragsbedingungen für Bauleistungen (ATV) – Schlitzwandarbeiten mit stützenden Flüssigkeiten

DIN 18314-00	01.09.2016	VOB Vergabe- und Vertragsordnung für Bauleistungen – Teil C: Allgemeine Technische Vertragsbedingungen für Bauleistungen (ATV) – Spritzbetonarbeiten
DIN 18315-00	01.09.2023	VOB Vergabe- und Vertragsordnung für Bauleistungen – Teil C: Allgemeine Technische Vertragsbedingungen für Bauleistungen (ATV) – Verkehrswegebauarbeiten – Oberbauschichten ohne Bindemittel
DIN 18316-00	01.09.2019	VOB Vergabe- und Vertragsordnung für Bauleistungen – Teil C: Allgemeine Technische Vertragsbedingungen für Bauleistungen (ATV) – Verkehrswegebauarbeiten – Oberbauschichten mit hydraulischen Bindemitteln
DIN 18317-00	01.09.2019	VOB Vergabe- und Vertragsordnung für Bauleistungen – Teil C: Allgemeine Technische Vertragsbedingungen für Bauleistungen (ATV) – Verkehrswegebauarbeiten – Oberbauschichten aus Asphalt
DIN 18318-00	01.09.2019	VOB Vergabe- und Vertragsordnung für Bauleistungen – Teil C: Allgemeine Technische Vertragsbedingungen für Bauleistungen (ATV) – Verkehrswegebauarbeiten – Pflasterdecken und Plattenbeläge in ungebundener Ausführung, Einfassungen
DIN 18319-00	01.09.2019	VOB Vergabe- und Vertragsordnung für Bauleistungen – Teil C: Allgemeine Technische Vertragsbedingungen für Bauleistungen (ATV) – Rohrvortriebsarbeiten
DIN 18320-00	01.09.2019	VOB Vergabe- und Vertragsordnung für Bauleistungen – Teil C: Allgemeine Technische Vertragsbedingungen für Bauleistungen (ATV) – Landschaftsbauarbeiten
DIN 18321-00	01.09.2019	VOB Vergabe- und Vertragsordnung für Bauleistungen – Teil C: Allgemeine Technische Vertragsbedingungen für Bauleistungen (ATV) – Düsenstrahlarbeiten
DIN 18325-00	01.09.2019	VOB Vergabe- und Vertragsordnung für Bauleistungen – Teil C: Allgemeine Technische Vertragsbedingungen für Bauleistungen (ATV) – Gleisbauarbeiten
DIN 18330-00	01.09.2019	VOB Vergabe- und Vertragsordnung für Bauleistungen – Teil C: Allgemeine Technische Vertragsbedingungen für Bauleistungen (ATV) – Mauerarbeiten
DIN 18331-00	01.09.2019	VOB Vergabe- und Vertragsordnung für Bauleistungen – Teil C: Allgemeine Technische Vertragsbedingungen für Bauleistungen (ATV) – Betonarbeiten
DIN 18332-00	01.09.2023	VOB Vergabe- und Vertragsordnung für Bauleistungen – Teil C: Allgemeine Technische Vertragsbedingungen für Bauleistungen (ATV) – Naturwerksteinarbeiten
DIN 18333-00	01.09.2019	VOB Vergabe- und Vertragsordnung für Bauleistungen – Teil C: Allgemeine Technische Vertragsbedingungen für Bauleistungen (ATV) – Betonwerksteinarbeiten
DIN 18334-00	01.09.2023	VOB Vergabe- und Vertragsordnung für Bauleistungen – Teil C: Allgemeine Technische Vertragsbedingungen für Bauleistungen (ATV) – Zimmer- und Holzbauarbeiten
DIN 18335-00	01.09.2016	VOB Vergabe- und Vertragsordnung für Bauleistungen – Teil C: Allgemeine Technische Vertragsbedingungen für Bauleistungen (ATV) – Stahlbauarbeiten
DIN 18336-00	01.09.2023	VOB Vergabe- und Vertragsordnung für Bauleistungen – Teil C: Allgemeine Technische Vertragsbedingungen für Bauleistungen (ATV) – Abdichtungsarbeiten

DIN 18338-00	01.09.2019	VOB Vergabe- und Vertragsordnung für Bauleistungen – Teil C: Allgemeine Technische Vertragsbedingungen für Bauleistungen (ATV) – Dachdeckungs- und Dachabdichtungsarbeiten
DIN 18339-00	01.09.2019	VOB Vergabe- und Vertragsordnung für Bauleistungen – Teil C: Allgemeine Technische Vertragsbedingungen für Bauleistungen (ATV) – Klempnerarbeiten
DIN 18340-00	01.09.2023	VOB Vergabe- und Vertragsordnung für Bauleistungen – Teil C: Allgemeine Technische Vertragsbedingungen für Bauleistungen (ATV) – Trockenbauarbeiten
DIN 18349-00	01.09.2023	VOB Vergabe- und Vertragsordnung für Bauleistungen – Teil C: Allgemeine Technische Vertragsbedingungen für Bauleistungen (ATV) – Betonerhaltungsarbeiten
DIN 18350-00	01.09.2019	VOB Vergabe- und Vertragsordnung für Bauleistungen – Teil C: Allgemeine Technische Vertragsbedingungen für Bauleistungen (ATV) – Putz- und Stuckarbeiten
DIN 18351-00	01.09.2023	VOB Vergabe- und Vertragsordnung für Bauleistungen – Teil C: Allgemeine Technische Vertragsbedingungen für Bauleistungen (ATV) – Vorgehängte Hinterlüftete Fassaden
DIN 18352-00	01.09.2019	VOB Vergabe- und Vertragsordnung für Bauleistungen – Teil C: Allgemeine Technische Vertragsbedingungen für Bauleistungen (ATV) – Fliesen- und Plattenarbeiten
DIN 18353-00	01.09.2023	VOB Vergabe- und Vertragsordnung für Bauleistungen – Teil C: Allgemeine Technische Vertragsbedingungen für Bauleistungen (ATV) – Estricharbeiten
DIN 18354-00	01.09.2019	VOB Vergabe- und Vertragsordnung für Bauleistungen – Teil C: Allgemeine Technische Vertragsbedingungen für Bauleistungen (ATV) – Gussasphaltarbeiten
DIN 18355-00	01.09.2019	VOB Vergabe- und Vertragsordnung für Bauleistungen – Teil C: Allgemeine Technische Vertragsbedingungen für Bauleistungen (ATV) – Tischlerarbeiten
DIN 18356-00	01.09.2019	VOB Vergabe- und Vertragsordnung für Bauleistungen – Teil C: Allgemeine Technische Vertragsbedingungen für Bauleistungen (ATV) – Parkettarbeiten
DIN 18357-00	01.09.2019	VOB Vergabe- und Vertragsordnung für Bauleistungen – Teil C: Allgemeine Technische Vertragsbedingungen für Bauleistungen (ATV) – Beschlagarbeiten
DIN 18358-00	01.09.2019	VOB Vergabe- und Vertragsordnung für Bauleistungen – Teil C: Allgemeine Technische Vertragsbedingungen für Bauleistungen (ATV) – Rollladenarbeiten
DIN 18360-00	01.09.2019	VOB Vergabe- und Vertragsordnung für Bauleistungen – Teil C: Allgemeine Technische Vertragsbedingungen für Bauleistungen (ATV) – Metallbauarbeiten
DIN 18361-00	01.09.2023	VOB Vergabe- und Vertragsordnung für Bauleistungen – Teil C: Allgemeine Technische Vertragsbedingungen für Bauleistungen (ATV) – Verglasungsarbeiten
DIN 18363-00	01.09.2019	VOB Vergabe- und Vertragsordnung für Bauleistungen – Teil C: Allgemeine Technische Vertragsbedingungen für Bauleistungen (ATV) – Maler- und Lackierarbeiten – Beschichtungen

DIN 18364-00	01.09.2023	VOB Vergabe- und Vertragsordnung für Bauleistungen – Teil C: Allgemeine Technische Vertragsbedingungen für Bauleistungen (ATV) – Korrosionsschutzarbeiten an Stahlbauten
DIN 18365-00	01.09.2019	VOB Vergabe- und Vertragsordnung für Bauleistungen – Teil C: Allgemeine Technische Vertragsbedingungen für Bauleistungen (ATV) – Bodenbelagarbeiten
DIN 18366-00	01.09.2019	VOB Vergabe- und Vertragsordnung für Bauleistungen – Teil C: Allgemeine Technische Vertragsbedingungen für Bauleistungen (ATV) – Tapezierarbeiten
DIN 18379-00	01.09.2019	VOB Vergabe- und Vertragsordnung für Bauleistungen – Teil C: Allgemeine Technische Vertragsbedingungen für Bauleistungen (ATV) – Raumlufttechnische Anlagen
DIN 18380-00	01.09.2019	VOB Vergabe- und Vertragsordnung für Bauleistungen – Teil C: Allgemeine Technische Vertragsbedingungen für Bauleistungen (ATV) – Heizanlagen und zentrale Wassererwärmungsanlagen
DIN 18381-00	01.09.2019	VOB Vergabe- und Vertragsordnung für Bauleistungen – Teil C: Allgemeine Technische Vertragsbedingungen für Bauleistungen (ATV) – Gas-, Wasser- und Entwässerungsanlagen innerhalb von Gebäuden
DIN 18382-00	01.09.2023	VOB Vergabe- und Vertragsordnung für Bauleistungen – Teil C: Allgemeine Technische Vertragsbedingungen für Bauleistungen (ATV) – Nieder- und Mittelspannungsanlagen mit Nennspannungen bis 36 kV
DIN 18384-00	01.09.2019	VOB Vergabe- und Vertragsordnung für Bauleistungen – Teil C: Allgemeine Technische Vertragsbedingungen für Bauleistungen (ATV) – Blitzschutzanlagen
DIN 18385-00	01.09.2016	VOB Vergabe- und Vertragsordnung für Bauleistungen – Teil C: Allgemeine Technische Vertragsbedingungen für Bauleistungen (ATV) – Förderanlagen, Aufzugsanlagen, Fahrtreppen und Fahrsteige
DIN 18386-00	01.09.2019	VOB Vergabe- und Vertragsordnung für Bauleistungen – Teil C: Allgemeine Technische Vertragsbedingungen für Bauleistungen (ATV) – Gebäudeautomation
DIN 18421-00	01.09.2016	VOB Vergabe- und Vertragsordnung für Bauleistungen – Teil C: Allgemeine Technische Vertragsbedingungen für Bauleistungen (ATV) – Dämm- und Brandschutzarbeiten an technischen Anlagen
DIN 18448-00	01.09.2023	VOB Vergabe- und Vertragsordnung für Bauleistungen – Teil C: Allgemeine Technische Vertragsbedingungen für Bauleistungen (ATV) – Arbeiten an schadstoffbelasteten baulichen und technischen Anlagen
DIN 18451-00	01.09.2023	VOB Vergabe- und Vertragsordnung für Bauleistungen – Teil C: Allgemeine Technische Vertragsbedingungen für Bauleistungen (ATV) – Gerüstarbeiten
DIN 18462-00	01.07.1991	Rohrbögen für kreisförmige Regenfallrohre; Prüfung
DIN 18515-01	01.06.2023	Außenwandbekleidungen- Grundsätze für Planung und Ausführung – Teil 1: Angemörtelte Fliesen oder Platten
DIN 18516-01	01.10.2024	Außenwandbekleidungen, hinterlüftet – Teil 1: Anforderungen, Prüfgrundsätze
DIN 18516-03	01.05.2021	Außenwandbekleidungen, hinterlüftet – Teil 3: Naturwerkstein; Anforderungen, Bemessung

DIN 18516-05	01.05.2021	Außenwandbekleidungen, hinterlüftet – Teil 5: Betonwerkstein; Anforderungen, Bemessung
DIN 18531-01	01.08.2025	Abdichtung von Dächern sowie von Balkonen, Loggien und Laubengängen – Teil 1: Nicht genutzte und genutzte Dächer – Anforderungen, Planungs- und Ausführungsgrundsätze
DIN 18531-02	01.08.2025	Abdichtung von Dächern sowie von Balkonen, Loggien und Laubengängen – Teil 2: Nicht genutzte und genutzte Dächer – Stoffe
DIN 18531-03	01.08.2025	Abdichtung von Dächern sowie von Balkonen, Loggien und Laubengängen – Teil 3: Nicht genutzte und genutzte Dächer – Auswahl, Ausführung und Details
DIN 18531-04	01.08.2025	Abdichtung von Dächern sowie von Balkonen, Loggien und Laubengängen – Teil 4: Nicht genutzte und genutzte Dächer – Instandhaltung
DIN 18531-05	01.08.2025	Abdichtung von Dächern sowie von Balkonen, Loggien und Laubengängen – Teil 5: Balkone, Loggien und Laubengänge
DIN 18532-01	01.06.2025	Abdichtung von befahrbaren Verkehrsflächen aus Beton – Teil 1: Anforderungen, Planungs- und Ausführungsgrundsätze
DIN 18532-02	01.06.2025	Abdichtung von befahrbaren Verkehrsflächen aus Beton – Teil 2: Abdichtung mit einer Lage Polymerbitumen-Schweißbahn und einer Lage Gussasphalt
DIN 18532-03	01.06.2025	Abdichtung von befahrbaren Verkehrsflächen aus Beton – Teil 3: Abdichtung mit zwei Lagen Polymerbitumenbahnen
DIN 18532-04	01.06.2025	Abdichtung von befahrbaren Verkehrsflächen aus Beton – Teil 4: Abdichtung mit einer Lage Kunststoff- oder Elastomerbahn
DIN 18532-05	01.06.2025	Abdichtung von befahrbaren Verkehrsflächen aus Beton – Teil 5: Abdichtung mit einer Lage Polymerbitumenbahn und einer Lage Kunststoff- oder Elastomerbahn
DIN 18532-06	01.06.2025	Abdichtung von befahrbaren Verkehrsflächen aus Beton – Teil 6: Abdichtung mit flüssig zu verarbeitenden Abdichtungsstoffen
DIN 18533-01	01.07.2017 (E10.2023)	Abdichtung von erdberührten Bauteilen – Teil 1: Anforderungen, Planungs- und Ausführungsgrundsätze
DIN 18533-01_A1	01.09.2018	Abdichtung von erdberührten Bauteilen – Teil 1: Anforderungen, Planungs- und Ausführungsgrundsätze; Änderung A1
DIN 18533-02	01.07.2017 (E10.2023)	Abdichtung von erdberührten Bauteilen – Teil 2: Abdichtung mit bahnenförmigen Abdichtungsstoffen
DIN 18533-02_A1	01.11.2020	Abdichtung von erdberührten Bauteilen – Teil 2: Abdichtung mit bahnenförmigen Abdichtungsstoffen; Änderung 1
DIN 18533-03	01.07.2017 (E10.2023)	Abdichtung von erdberührten Bauteilen – Teil 3: Abdichtung mit flüssig zu verarbeitenden Abdichtungsstoffen
DIN 18533-03_A1	01.09.2018	Abdichtung von erdberührten Bauteilen – Teil 3: Abdichtung mit flüssig zu verarbeitenden Abdichtungsstoffen; Änderung A1
DIN 18534-01	01.10.2025	Abdichtung von Innenräumen - Teil 1: Anforderungen, Planungs- und Ausführungsgrundsätze

DIN 18534-02	01.10.2025	Abdichtung von Innenräumen - Teil 2: Abdichtung mit bahnenförmigen Abdichtungsstoffen
DIN 18534-03	01.10.2025	Abdichtung von Innenräumen - Teil 3: Abdichtung mit flüssig zu verarbeitenden Abdichtungsstoffen im Verbund mit Fliesen und Platten (AIV-F)
DIN 18534-04	01.10.2025	Abdichtung von Innenräumen - Teil 4: Abdichtung mit Gussasphalt oder Asphaltmix
DIN 18534-05	01.10.2025	Abdichtung von Innenräumen - Teil 5: Abdichtung mit bahnenförmigen Abdichtungsstoffen im Verbund mit Fliesen und Platten (AIV-P)
DIN 18534-06	01.10.2025	Abdichtung von Innenräumen - Teil 6: Abdichtung mit plattenförmigen Abdichtungsstoffen im Verbund mit Fliesen und Platten (AIV-P)
DIN 18535-01	01.07.2017	Abdichtung von Behältern und Becken - Teil 1: Anforderungen, Planungs- und Ausführungsgrundsätze
DIN 18535-02	01.07.2017	Abdichtung von Behältern und Becken - Teil 2: Abdichtung mit bahnenförmigen Abdichtungsstoffen
DIN 18535-02_A1	01.09.2019	Abdichtung von Behältern und Becken - Teil 2: Abdichtung mit bahnenförmigen Abdichtungsstoffen, Änderung 1
DIN 18535-03	01.07.2017	Abdichtung von Behältern und Becken - Teil 3: Abdichtung mit flüssig zu verarbeitenden Abdichtungsstoffen
DIN 18540-00	01.09.2014	Abdichten von Außenwandfugen im Hochbau mit Fugendichtstoffen
DIN 18542-00	01.04.2020	Imprägnierte Fugendichtungsbänder aus Schaumkunststoff zur Abdichtung von Außenwandfugen – Anforderungen und Prüfung
DIN 18550-01	01.01.2018	Planung, Zubereitung und Ausführung von Innen- und Außenputzen – Teil 1: Ergänzende Festlegungen zu DIN EN 13914-1 : 2016-09 für Außenputze
DIN 20000-01	01.04.2025	Anwendung von Bauprodukten in Bauwerken, Teil 1: Holzwerkstoffe nach DIN EN 13986:2015-06
DIN 20000-05	01.01.2024	Anwendung von Bauprodukten in Bauwerken – Teil 5: Nach Festigkeit sortiertes Bauholz für tragende Zwecke mit rechteckigem Querschnitt
DIN 20000-06	01.02.2015	Anwendung von Bauprodukten in Bauwerken – Teil 6: Stiftförmige und nicht stiftförmige Verbindungsmittel nach DIN EN 14592 und DIN EN 14545
DIN 20000-403	01.11.2019	Anwendung von Bauprodukten in Bauwerken – Teil 403: Regeln für die Verwendung von Mauersteinen aus Beton (mit dichten und porigen Zuschlägen) nach DIN EN 771-3:2015-11
DIN 52102-00	01.10.2013	Prüfverfahren für Gesteinskörnungen; Bestimmung der Trockenrohdichte mit dem Messzylinderverfahren und Berechnung des Dichtigkeitsgrades
DIN 52117-00	01.11.2014	Rohfilzpappe – Begriff, Bezeichnung, Anforderungen
DIN 52123-00	01.06.2014	Prüfung von Bitumen- und Polymerbitumenbahnen
DIN 52129-00	01.11.2014	Nackte Bitumenbahnen – Begriff, Bezeichnung, Anforderungen
DIN 52144-00	01.11.2014	Abdichtungsbahnen – Nackte Bitumenbahnen – Werkseigene Produktionskontrolle

DIN 55634-01	01.08.2025	Beschichtungsstoffe und Überzüge – Korrosionsschutz von tragenden dünnwandigen Bauteilen aus Stahl – Teil 1: Anforderungen und Prüfverfahren
DIN 55634-02	01.08.2025	Beschichtungsstoffe und Überzüge – Korrosionsschutz von tragenden dünnwandigen Bauteilen aus Stahl – Teil 2: Überwachung und Zertifizierungsanforderungen
DIN 59231-00	01.11.2003	Wellbleche und Pfannenbleche, oberflächenveredelt – Maße, Masse und statische Werte
DIN 68119-00	01.04.2019	Holzschindeln
DIN 68364-00	01.05.2003	Kennwerte von Holzarten – Rohdichte, Elastizitätsmodul und Festigkeiten
DIN 68365-00	01.12.2008	Schnittholz für Zimmererarbeiten – Sortierung nach dem Ausehen – Nadelholz
DIN 68800-01	01.06.2019	Holzschutz – Teil 1: Allgemeines
DIN 68800-02	01.02.2022	Holzschutz Teil 2: Vorbeugende bauliche Maßnahmen im Hochbau
DIN 68800-03	01.03.2020	Holzschutz- Teil 3: Vorbeugender Schutz von Holz mit Holzschutzmitteln
DIN 68800-04	01.12.2020	Holzschutz – Teil 4: Bekämpfungsmaßnahmen gegen Holz zerstörende Pilze und Insekten und Sanierungsmaßnahmen
DIN EN 00196-01	01.11.2016	Prüfverfahren für Zement – Teil 1: Bestimmung der Festigkeit
DIN EN 00197-01	01.11.2011	Zement – Teil 1: Zusammensetzung, Anforderungen und Konformitätskriterien von Normalzement
DIN EN 00197-02	01.10.2020	Zement – Teil 2: Bewertung und Überprüfung der Leistungsbeständigkeit
DIN EN 00206	01.06.2021	Beton – Festlegung, Eingenschaften, Herstellung und Konformität
DIN EN 00300-00	01.09.2006	Platten aus langen, flachen, ausgerichteten Spänen (OSB) – Definitionen, Klassifizierung und Anforderungen
DIN EN 00312-00	01.12.2010	Spanplatten – Anforderungen
DIN EN 00315-00	01.10.2000	Sperrholz – Maßtoleranzen
DIN EN 00335-03	01.06.2013	Dauerhaftigkeit von Holz und Holzprodukten – Gebrauchsklassen: Definitionen, Anwendung bei Vollholz und Holzprodukten
DIN EN 00336-00	01.12.2013	Bauholz für tragende Zwecke – Maße, zulässige Abweichungen
DIN EN 00338-00	01.07.2016	Bauholz für tragende Zwecke – Festigkeitsklassen
DIN EN 00350-00	01.12.2016	Dauerhaftigkeit von Holz und Holzprodukten – Prüfung und Klassifizierung der Dauerhaftigkeit von Holz und Holzprodukten gegen biologischen Angriff
DIN EN 00350-00_Ber.1	01.05.2017	Dauerhaftigkeit von Holz und Holzprodukten – Prüfung und Klassifizierung der Dauerhaftigkeit von Holz und Holzprodukten gegen biologischen Angriff; Berichtigung
DIN EN 00354-00	01.11.2010	Persönliche Schutzausrüstung gegen Absturz – Verbindungsmittel
DIN EN 00355-00	01.09.2002	Persönliche Schutzausrüstung gegen Absturz – Falldämpfer

DIN EN 00358-00	01.02.2019	Persönliche Schutzausrüstung zur Arbeitsplatzpositionierung und zur Verhinderung von Abstürzen– Gurte und Verbindungsmittel zur Arbeitsplatzpositionierung oder zum Rückhalten
DIN EN 00459-01	01.07.2015	Baukalk – Teil 1: Begriffe, Anforderungen und Konformitätskriterien
DIN EN 00459-03	01.07.2015	Baukalk – Teil 3: Konformitätsbewertung
DIN EN 00460-00	01.07.2023	Dauerhaftigkeit von Holz und Holzprodukten – Leitfaden zur Bestimmung der Leistungsfähigkeit
DIN EN 00485-01	01.10.2016	Aluminium und Aluminiumlegierungen – Bänder, Bleche und Platten: Technische Lieferbedingungen
DIN EN 00485-02	01.12.2018	Aluminium und Aluminiumlegierungen – Bänder, Bleche und Platten – Teil 2: Mechanische Eigenschaften
DIN EN 00485-02_Bbl.1	01.11.1996	Aluminium und Aluminiumlegierungen – Bänder, Bleche und Platten – Teil 2: Mechanische Eigenschaften; Vergleich der Werkstoffzustands-Bezeichnungen
DIN EN 00490-00	01.04.2017	Dach- und Formsteine aus Beton für Dächer und Wandbekleidungen – Produktspezifikationen
DIN EN 00491-00	01.11.2011	Dach- und Formsteine aus Beton für Dächer und Wandbekleidungen – Prüfverfahren
DIN EN 00492-00	01.07.2018	Faserzement-Dachplatten und dazugehörige Formteile – Produktspezifikation und Prüfverfahren
DIN EN 00494-00	01.12.2015	Faserzement-Wellplatten und dazugehörige Formteile – Produktspezifikation und Prüfverfahren
DIN EN 00495-05	01.08.2013	Abdichtungsbahnen – Bestimmung des Verhaltens beim Falzen bei tiefen Temperaturen – Teil 5: Kunststoff- und Elastomerbahnen für Dachabdichtungen;
DIN EN 00501-00	01.11.1994	Dacheindeckungsprodukte aus Metallblech – Festlegung für vollflächig unterstützte Bedachungselemente aus Zinkblech
DIN EN 00502-00	01.06.2013	Dachdeckungsprodukte aus Metallblech – Festlegungen für vollflächig unterstützte Bedachungselemente aus nichtrostendem Stahlblech
DIN EN 00504-00	01.01.2000	Dachdeckungsprodukte aus Metallblech – Festlegungen für vollflächig unterstützte Bedachungselemente aus Kupferblech
DIN EN 00505-00	01.06.2013	Dachdeckungsprodukte aus Metallblech – Festlegungen für vollflächig unterstützte Bedachungselemente aus Stahlblech
DIN EN 00506-00	01.07.2009	Dachdeckungsprodukte aus Metallblech – Festlegungen für selbsttragende Bedachungselemente aus Kupfer- oder Zinkblech
DIN EN 00507-00	01.10.2019 (E06.2025)	Dachdeckungs- und Wandbekleidungselemente aus Metallblech – Festlegungen für vollflächig unterstützte Bedachungselemente aus Aluminiumblech;
DIN EN 00508-01	01.01.2022	Dachdeckungs- und Wandbekleidungsprodukte aus Metallblech – Spezifikation für selbsttragende Dachdeckungsprodukte aus Stahlblech, Aluminiumblech oder nichtrostendem Stahlblech – Teil 1: Stahl

DIN EN 00508-02	01.10.2019 (E07.2025)	Dachdeckungs- und Wandbekleidungselemente aus Metallblech – Spezifikation für selbsttragende Bedachungselemente aus Stahlblech, Aluminiumblech oder nichtrostendem Stahlblech – Teil 2: Aluminium
DIN EN 00508-03	01.12.2023	Dachdeckungs- und Wandbekleidungsprodukte aus Metallblech - Spezifikation für selbsttragende Dachdeckungsprodukte aus Stahlblech, Aluminiumblech oder nichtrostendem Stahlblech - Teil 3: Nichtrostendes Stahlblech
DIN EN 00516-00	01.04.2006	Vorgefertigte Zubehörteile für Dacheindeckungen – Einrichtungen zum Betreten des Daches – Laufstege, Trittflächen und Einzeltritte
DIN EN 00517-00	01.05.2006	Vorgefertigte Zubehörteile für Dacheindeckungen – Sicherheitsdachhaken
DIN EN 00534-00	01.07.2010 (E05.2020)	Bitumen-Wellplatten – Produktfestlegungen und Prüfverfahren
DIN EN 00538-00	01.11.1994	Tondachziegel für überlappende Verlegung – Prüfung der Biegetragfähigkeit
DIN EN 00539-01	01.12.2005	Dachziegel für überlappende Verlegung – Bestimmung der physikalischen Eigenschaften – Teil 1: Prüfung der Wasserundurchlässigkeit
DIN EN 00539-02	01.08.2013	Dachziegel für überdeckende Verlegung – Bestimmung der physikalischen Eigenschaften – Teil 2: Prüfung der Frostwiderstandsfähigkeit
DIN EN 00544-00	01.09.2011 (E08.2020)	Bitumenschindeln mit mineralhaltiger Einlage und/oder Kunststoffeinlage – Produktspezifikation und Prüfverfahren
DIN EN 00573-01	01.02.2005	Aluminium und Aluminiumlegierungen – Chemische Zusammensetzung und Form von Halbzeug; Numerisches Bezeichnungssystem
DIN EN 00573-03	01.03.2024 (E04.2025)	Aluminium und Aluminiumlegierungen – Chemische Zusammensetzung und Form von Halbzeug – Teil 3: Chemische Zusammensetzung und Erzeugnisformen
DIN EN 00607-00	01.04.2024	Hängedachrinnen und Zubehörteile aus PVC-U – Begriffe, Anforderungen und Prüfung
DIN EN 00612-00	01.04.2005	Hängedachrinnen mit Aussteifung der Rinnenvorderseite und Regenrohre aus Metallblech mit Nahtverbindungen
DIN EN 00622-01	01.09.2003	Faserplatten – Anforderungen Teil 1: Allgemeine Anforderungen
DIN EN 00622-02	01.07.2004	Faserplatten – Anforderungen – Teile 2: Anforderungen an harte Platten
DIN EN 00622-02_Ber.1	01.06.2006	Faserplatten – Anforderungen – Teil 2: Anforderungen an harte Platten, Berichtigung 1
DIN EN 00622-03	01.07.2004	Faserplatten – Anforderungen – Teil 3: Anforderungen an mittelharte Platten
DIN EN 00622-04	01.05.2024	Faserplatten-Anforderungen Teil 4: Anforderungen an poröse Platten
DIN EN 00634-01	01.04.1995	Zementgebundene Spanplatten. Allgemeine Anforderungen

DIN EN 00634-02	01.05.2007	Zementgebundene Spanplatten – Anforderungen – Teil 2: Anforderungen an Portlandzement (PZ) gebundene Spanplatten zur Verwendung im Trocken-, Feucht- und Außenbereich
DIN EN 00636-00	01.05.2015	Sperrholz – Anforderungen
DIN EN 00752-00	01.07.2017	Entwässerungssysteme außerhalb von Gebäuden – Kanalmanagement
DIN EN 00771-01	01.11.2015	Festlegungen für Mauersteine – Teil 1: Mauerziegel
DIN EN 00771-03	01.11.2015	Festlegungen für Mauersteine – Teil 3: Mauersteine aus Beton (mit dichten und porigen Zuschlägen)
DIN EN 00795-00	01.10.2012 (E06.2025)	Persönliche Absturzschutzausrüstung – Anschlageinrichtungen
DIN EN 00820-02	01.07.2003	Hochleistungskeramik – Prüfverfahren für monolithische Keramik – Thermomechanische Eigenschaften – Teil 2: Bestimmung der Verformung unter Eigengewicht
DIN EN 00932-01	01.11.1996	Prüfverfahren für allgemeine Eigenschaften von Gesteinskörnungen – Teil 1: Probenahmeverfahren
DIN EN 00988-00	01.08.1996	Zink und Zinklegierungen – Anforderungen an gewalzte Flacherzeugnisse für das Bauwesen
DIN EN 00992-00	01.09.1995	Bestimmung der Trockenrohdichte von haufwerksporigem Leichtbeton
DIN EN 00998-01	01.02.2017	Festlegungen für Mörtel im Mauerwerksbau – Teil 1: Putzmörtel
DIN EN 00998-02	01.02.2017	Festlegungen für Mörtel im Mauerwerksbau – Teil 2: Mauermörtel
DINEN 01004-01	01.02.2021	Fahrbare Arbeitsbühnen aus vorgefertigten Bauteilen – Teil 1: Werkstoffe, Maße, Lastannahmen und sicherheitstechnische Anforderungen
DINEN 01004-02	01.03.2022	Fahrbare Arbeitsbühnen - Teil 2: Regeln und Festlegungen für die Aufstellung einer Aufbau- und Verwendungsanleitung
DIN EN 01013-00	01.03.2015	Lichtdurchlässige, einschalige, profilierte Platten aus Kunststoff für Innen- und Außenanwendungen an Dächern, Wänden und Decken – Anforderungen und Prüfverfahren
DIN EN 01024-00	01.06.2012	Tondachziegel für überlappende Verlegung – Bestimmung der geometrischen Kennwerte
DIN EN 01026-00	01.09.2016	Fenster und Türen – Luftdurchlässigkeit – Prüfverfahren
DIN EN 01052-02	01.12.2018	Prüfverfahren für Mauerwerk – Teil 2: Bestimmung der Biegezugfestigkeit
DIN EN 01090-02	01.09.2024	Ausführung von Stahltragwerken und Aluminiumtragwerken - Teil 2: Technische Regeln für die Ausführung von Stahltragwerken
DIN EN 01090-03	01.07.2019	Ausführung von Stahltragwerken und Aluminiumtragwerken – Teil 3: Technische Regeln für die Ausführung von Aluminiumtragwerken
DIN EN 01090-04	01.06.2020 (E12.2024)	Ausführung von Stahltragwerken und Aluminiumtragwerken – Teil 4: Technische Anforderungen an tragende, kaltgeformte Bauelemente aus Stahl und tragende, kaltgeformte Bauteile für Dach-, Decken-, Boden- und Wandanwendungen

DIN EN 01090-05	01.06.2020 (E12.2024)	Ausführung von Stahltragwerken und Aluminiumtragwerken – Teil 5: Technische Anforderungen an tragende, kaltgeformte Bauelemente aus Aluminium und tragende, kaltgeformte Bauteile für Dach-, Decken-, Boden- und Wandanwendungen
DIN EN 01097-06	01.05.2022	Prüfverfahren für mechanische und physikalische Eigenschaften von Gesteinskörnungen – Teil 6: Bestimmung der Rohdichte und der Wasseraufnahme
DIN EN 01107-01	01.10.1999	Abdichtungsbahnen – Bestimmung der Maßhaltigkeit – Teil 1: Bitumenbahnen für Dachabdichtungen
DIN EN 01107-02	01.04.2001	Abdichtungsbahnen – Bestimmung der Maßhaltigkeit – Teil 2: Kunststoff-und Elastomerbahnen für Dachabdichtungen
DIN EN 01108-00	01.10.1999	Abdichtungsbahnen – Bitumenbahnen für Dachabdichtungen – Bestimmung der Formstabilität bei zyklischer Temperaturänderung
DIN EN 01109-00	01.07.2013	Abdichtungsbahnen – Bitumenbahnen für Dachabdichtungen – Bestimmung des Kaltbiegeverhaltens
DIN EN 01110-00	01.03.2011	Abdichtungsbahnen – Bitumenbahnen für Dachabdichtungen – Bestimmung der Wärmestandfestigkeit bei erhöhter Temperatur
DIN EN 01172-00	01.02.2012	Kupfer und Kupferlegierungen – Bleche und Bänder für das Bauwesen
DIN EN 01179-00	01.09.2003	Zink und Zinklegierungen – Primärzink
DIN EN 01253-01	01.03.2015	Abläufe für Gebäude - Teil 1: Bodenabläufe mit Geruchverschluss mit einer Geruchverschlusshöhe von mindestens 50 mm
DIN EN 01253-02	01.03.2015	Abläufe für Gebäude – Teil 2: Dachabläufe und Bodenabläufe ohne Geruchsverschluss
DIN EN 01253-03	01.09.2016	Abläufe für Gebäude - Teil 3: Bewertung der Konformität
DIN EN 01253-04	01.07.2016	Abläufe für Gebäude- Teil 4: Abdeckungen
DIN EN 01296-00	01.03.2001	Abdichtungsbahnen – Bitumen-, Kunststoff- und Elastomerbahnen für Dachabdichtungen- Verfahren zur künstlichen Alterung bei Dauerbeanspruchung durch erhöhte Temperatur
DIN EN 01297-00	01.12.2004	Abdichtungsbahnen – Bitumen-, Kunststoff- und Elastomerbahnen für Dachabdichtungen – Verfahren zur künstlichen Alterung bei kombinierter Dauerbeanspruchung durch UV-Strahlung, erhöhte Temperatur und Wasser
DIN EN 01304-00	01.08.2013	Dach- und Formziegel – Begriffe und Produktanforderungen
DIN EN 01339-00	01.08.2003	Platten aus Beton – Anforderungen und Prüfverfahren
DIN EN 01339-00_Ber.1	01.11.2006	Platten aus Beton – Anforderungen und Prüfverfahren, Berichtigungen
DIN EN 01367-01	01.06.2007	Prüfverfahren für thermische Eigenschaften und Verwitterungsbeständigkeit von Gesteinskörnungen –Teil 1: Bestimmung des Widerstandes gegen Frost-Tau-Wechsel
DIN EN 01462-00	01.12.2004	Rinnenhalter für Hängedachrinnen – Anforderungen und Prüfung
DIN EN 01520-00	01.06.2011 (E08.2025)	Vorgefertigte Bauteile aus haufwerksporigem Leichtbeton und mit statisch anrechenbarer oder nicht anrechenbarer Bewehrung

DIN EN 01542-00	01.07.1999	Produkte und Systeme für den Schutz und die Instandsetzung von Betontragwerken – Prüfverfahren – Messung der Haftfestigkeit im Abreißversuch
DIN EN 01548-00	01.11.2007	Abdichtungsbahnen – Kunststoff- und Elastomerbahnen für Dachabdichtungen – Verhalten nach Lagerung auf Bitumen
DIN EN 01610-00	01.12.2015	Einbau und Prüfung von Abwasserleitungen und -kanälen
DIN EN 01610_Ber.1	01.09.2016	Einbau und Prüfung von Abwasserleitungen und -kanälen; Berichtigung
DIN EN 01652-00	01.03.1998	Kupfer- und Kupferlegierungen – Platten, Bleche, Bänder, Streifen und Ronden zur allgemeinen Verwendung
DIN EN 01844-00	01.08.2013	Abdichtungsbahnen – Verhalten bei Ozonbeanspruchung – Kunststoff- und Elastomerbahnen für Dachabdichtungen
DIN EN 01847-00	01.04.2010	Abdichtungsbahnen – Kunststoff- und Elastomerbahnen für Dachabdichtungen – Bestimmung der Einwirkung von Flüssigchemikalien einschließlich Wasser
DIN EN 01848-01	01.09.2025	Abdichtungsbahnen – Bestimnung der Länge, Breite und Geradheit – Teil 1: Bitumenbahnen für Dachabdichtungen
DIN EN 01848-02	01.09.2001	Abdichtungsbahnen – Bestimmung der Länge, Breite, Geradheit und Planlage – Teil 2: Kunststoff- und Elastomerbahnen für Dachabdichtungen
DIN EN 01849-01	01.01.2000	Abdichtungsbahnen – Bestimmung der Dicke und der flächenbezogenen Masse – Teil 1: Bitumenbahnen für Dachabdichtungen
DIN EN 01849-02	01.09.2019	Abdichtungsbahnen – Bestimmung der Dicke und der flächenbezogenen Masse – Teil 2: Kunststoff- und Elastomerbahnen für Dachabdichtungen
DIN EN 01850-01	01.12.1999	Abdichtungsbahnen – Bestimmung sichtbarer Mängel – Teil 1: Bitumenbahnen für Dachabdichtungen
DIN EN 01850-02	01.09.2001	Abdichtungsbahnen – Bestimmung sichtbarer Mängel – Teil 2: Kunststoff- und Elastomerbahnen für Dachabdichtungen
DIN EN 01873-00	01.07.2016	Vorgefertigte Zubehörteile für Dacheindeckungen – Lichtkuppeln aus Kunststoff – Produktspezifikation und Prüfverfahren
DIN EN 01912-00	01.07.2024	Bauholz für tragende Zwecke – Festigkeitsklassen – Zuordnung von visuellen Sortierklassen und Holzarten
DIN EN 01928-00	01.07.2000	Abdichtungsbahnen – Bitumen-, Kunststoff- und Elastomerbahnen für Dachabdichtungen – Bestimmung der Wasserdichtheit
DIN EN 01931-00	01.03.2001	Abdichtungsbahnen – Bitumen-, Kunststoff- und Elastomerbahnen für Dachabdichtungen – Bestimmung der Wasserdampfdurchlässigkeit
DIN EN 01990-00	01.10.2021	Eurocode: Grundlagen der Tragwerksplanung
DIN EN 01990-00_NA	01.12.2010	Nationaler Anhang – National festgelegte Parameter – Eurocode: Grundlagen der Tragwerksplanung
DIN EN 01990-00_NA_A1	01.05.2024	Nationaler Anhang – National festgelegte Parameter – Eurocode: Grundlagen der Tragwerksplanung; Änderung 1

DIN EN 01991-01-1	01.12.2010 (E04.2023)	Eurocode 1: Einwirkungen auf Tragwerke – Teil 1-1: Allgemeine Einwirkungen – Wichte von Baustoffen und Lagergütern, Eigengewicht von Bauwerken und Nutzlasten im Hochbau
DIN EN 01991-01-1/NA	01.12.2010	Nationaler Anhang – National festgelegte Parameter – Eurocode 1: Einwirkungen auf Tragwerke – Teil 1-1: Allgemeine Einwirkungen auf Tragwerke – Wichten, Eigengewicht und Nutzlasten im Hochbau
DIN EN 01991-01-1_NA_A1	01.05.2015	Nationaler Anhang – National festgelegte Parameter – Eurocode 1: Einwirkungen auf Tragwerke – Teil 1-1: Allgemeine Einwirkungen auf Tragwerke – Wichten, Eigengewicht und Nutzlasten im Hochbau; Änderung A1
DIN EN 01991-01-2	01.12.2010 (E10.2021)	Eurocode 1: Einwirkungen auf Tragwerke – Teil 1-2: Allgemeine Einwirkungen – Brandeinwirkungen auf Tragwerke
DIN EN 01991-01-2_ber.1	01.08.2013	Eurocode 1: Einwirkungen auf Tragwerke – Teil 1-2: Allgemeine Einwirkungen – Brandeinwirkungen auf Tragwerke; Berichtigung
DIN EN 01991-01-2_NA	01.09.2015	Nationaler Anhang – National festgelegte Parameter – Eurocode 1: Einwirkungen auf Tragwerke – Teil 1-2: Allgemeine Einwirkungen – Brandeinwirkungen auf Tragwerke
DIN EN 01991-01-3	01.12.2010 (E03.2023)	Eurocode 1: Einwirkungen auf Tragwerke – Teil 1-3: Allgemeine Einwirkungen, Schneelasten
DIN EN 01991-1-3_A1	01.12.2015	Eurocode 1: Einwirkungen auf Tragwerke – Teil 1-3: Allgemeine Einwirkungen, Schneelasten
DIN EN 01991-1-3_NA	01.04.2019	Nationaler Anhang - National festgelegte Parameter - Eurocode 1: Einwirkungen auf Tragwerke - Teil 1-3: Allgemeine Einwirkungen - Schneelasten
DIN EN 01991 -1-4	01.12.2010 (E03.2024)	Eurocode 1: Einwirkungen auf Tragwerke – Teil 1-4: Allgemeine Einwirkungen – Windlasten
DIN EN 01991 -1-4_NA	01.08.2024	Nationaler Anhang – National festgelegte Parameter – Eurocode 1: Einwirkungen auf Tragwerke – Teil 1-4: Allgemeine Einwirkungen – Windlasten
DIN EN 01992-1-1	01.09.2025	Eurocode 2: Bemessung und Konstruktion von Stahlbeton- und Spannbetontragwerken – Teil 1-1: Allgemeine Regeln für Hochbauten, Brücken und Ingenieurbauwerke
DIN EN 01992-1-1_NA	01.04.2013	Nationaler Anhang - National festgelegte Parameter - Eurocode 2: Bemessung und Konstruktion von Stahlbeton- und Spannbetontragwerken - Teil 1-1: Allgemeine Bemessungsregeln und Regeln für den Hochbau
DIN EN 01992-1-1_NA_A1	01.12.2015 (E08.2025)	Nationaler Anhang – National festgelegte Parameter – Eurocode 2: Bemessung und Konstruktion von Stahlbeton- und Spannbetontragwerken – Teil 1-1: Allgemeine Regeln und Regeln für Hochbauten, Brücken und Ingenieurbauwerke
DIN EN 01993-1-3	01.04.2025	Eurocode 3: Bemessung und Konstruktion von Stahlbauten- Teil 1-3: Allgemeine Regeln – Ergänzende Regeln für kaltgeformte Bauteile und Bleche
DIN EN 01993-1-3_NA	01.05.2017 (E04.2025)	Nationaler Anhang – National festgelegte Parameter – Eurocode 3: Bemessung und Konstruktion von Stahlbauten- Teil 1-3: Allgemeine Regeln – Ergänzende Regeln für kaltgeformte Bauteile und Bleche

DIN EN 01993-1-4	01.10.2015 (E03.2023)	Eurocode 3: Bemessung und Konstruktion von Stahlbauten – Teil 1-4: Allgemeine Bemessungsregeln – Ergänzende Regeln zur Anwendung von nichtrostenden Stählen
DIN EN 01993-1-4_A2	01.02.2021	Eurocode 3: Bemessung und Konstruktion von Stahlbauten – Teil 1-4: Allgemeine Bemessungsregeln – Ergänzende Regeln zur Anwendung von nichtrostenden Stählen
DIN EN 01993-1-4_NA	01.11.2020	Nationaler Anhang – National festgelegt Parameter – Eurocode 3: Bemessung und Konstruktion von Stahlbauten – Teil 1-4: Allgemeine Bemessungsregeln – Ergänzende Regeln zur Anwendung von nichtrostenden Stählen
DIN EN 01995-1-1	01.12.2010 (E10.2023)	"Eurocode 5: Bemessung und Konstruktion von Holzbauten – Teil 1-1: Allgemeine Regeln und Regeln für den Hochbau "
DIN EN 01995-1-1/A2	01.07.2014	Eurocode 5: Bemessung und Konstruktion von Holzbauten – Teil 1-1: Allgemeines – Allgemeine Regeln und Regeln für den Hochbau
DIN EN 01995-1-0_NA	01.08.2013	Nationaler Anhang – National festgelegte Parameter – Eurocode 5: Bemessung und Konstruktion von Holzbauten – Teil 1-1: Allgemeines – Allgemeine Regeln und Regeln für den Hochbau
DIN EN 01996-01-1	01.02.2013 (E09.2019)	Eurocode 6: Bemessung und Konstruktion von Mauerwerksbauten; Teil 1-1: Allgemeine Regeln für bewehrte und unbewehrtes Mauerwerk
DIN EN 01996-01-1/NA	01.12.2019	Nationaler Anhang – national festgelegte Paramenter-Teil 1-1: Eurocode 6: Bemessung und Konstruktion von Mauerwerksbauten – Teil 1-1: allgemeine Regeln für bewehrtes und unbewehrtes Mauerwerk
DIN EN 01999-01-1	01.11.2024	Eurocode 9: Bemessung und Konstruktion von Aluminiumtragwerken – Teil 1-1: Allgemeine Bemessungsregeln
DIN EN 01999-01-1_NA	01.10.2025	Nationaler Anhang – National festgelegte Parameter – Eurocode 9: Bemessung und Konstruktion von Aluminiumtragwerken – Teil 1-1: Allgemeine Bemessungsregeln
DIN EN 01999-01-4	01.11.2024	Eurocode 9 – Bemessung und Konstruktion von Aluminiumtragwerken – Teil 1-4: Kaltgeformte Profiltafeln
DIN EN 01999-01-4_NA	01.10.2025	Nationaler Anhang - National festgelegte Parameter - Eurocode 9: Bemessung und Konstruktion von Aluminiumtragwerken - Teil 1-4: Kaltgeformte Profiltafeln
DIN EN 10025-01	01.02.2005 (E04.2011)	Warmgewalzte Erzeugnisse aus Baustählen – Teil 1: Allgemeine technische Lieferbedingungen
DIN EN 10025-02	01.10.2019	Warmgewalzte Erzeugnisse aus Baustählen – Teil 2: Technische Lieferbedingungen für unlegierte Baustähle
DIN EN 10027-02	01.07.2015	Bezeichnungssysteme für Stähle – Teil 2: Nummernsystem
DIN EN 10088-01	01.04.2024	Nichtrostende Stähle – Teil 1: Verzeichnis der nichtrostenden Stähle
DIN EN 10088-02	01.01.2025	Nichtrostende Stähle – Teil 2: Technische Lieferbedingungen für Blech und Band aus korrosionsbeständigen Stählen für allgemeine Verwendung
DIN EN 10088-03	01.04.2024	Nichtrostende Stähle – Teil 3: Technische Lieferbedingungen für Halbzeug, Stäbe, Walzdraht, gezogenen Draht, Profile und Blankstahlerzeugnisse aus korrosionsbeständigen Stählen für allgemeine Verwendung

DIN EN 10130-00	01.02.2007	Kaltgewalzte Flacherzeugnisse aus weichen Stählen zum Kaltumformen – Technische Lieferbedingungen
DIN EN 10130-00_Ber.1	01.04.2007	Kaltgewalzte Flacherzeugnisse aus weichen Stählen zum Kaltumformen – Technische Lieferbedingungen; Berichtigung
DIN EN 10204-00	01.01.2005	Metallische Erzeugnisse – Arten von Prüfbescheinigungen
DIN EN 10230-01	01.01.2000	Nägel aus Stahldraht- Teil 1: Lose Nägel für allgemeine Verwendungszwecke
DIN EN 10297-01	01.06.2003	Nahtlose kreisförmige Stahlrohre für den Maschinenbau und allgemeine technische Anwendungen – Technische Lieferbedingungen – Teil 1: Rohre aus unlegierten und legierten Stählen
DIN EN 10297-02	01.02.2006	Nahtlose kreisförmige Stahlrohre für den Maschinenbau und allgemeine technische Anwendungen – Technische Lieferbedingungen – Teil 2: Rohre aus nichtrostenden Stählen
DIN EN 10297-02_Ber.1	01.06.2007	Nahtlose kreisförmige Stahlrohre für den Maschinenbau und allgemeine technische Anwendungen – Technische Lieferbedingungen – Teil 2: Rohre aus nichtrostenden Stählen; Berichtigungen
DIN EN 10312-00	01.12.2005	Geschweißte Rohre aus nichtrostendem Stahl für den Transport von Wasser und anderen wässrigen Flüssigkeiten – Technische Lieferbedingungen
DIN EN 10346-00	01.10.2015 (E06.2025)	Kaltgewalzte kontinuierlich schmelztauchveredelte Flacherzeugnisse aus Stahl – Technische Lieferbedingungen
DIN EN 12039-00	01.05.2017	Abdichtungsbahnen – Bitumenbahnen für Dachabdichtungen — Bestimmung der Bestreuungshaftung
DIN EN 12056-01	01.01.2001	Schwerkraftentwässerungsanlagen innerhalb von Gebäuden – Teil 1: Allgemeine und Ausführungsanforderungen
DIN EN 12056-02	01.01.2001	Schwerkraftentwässerungsanlagen innerhalb von Gebäuden – Teil 2: Schmutzwasseranlagen, Planung und Berechnung
DIN EN 12056-03	01.01.2001	Schwerkraftentwässerungsanlagen innerhalb von Gebäuden – Teil 3: Dachentwässerung, Planung und Berechnung
DIN EN 12056-04	01.01.2001	Schwerkraftentwässerungsanlagen innerhalb von Gebäuden- Teil 4: Abwasserhebeanlagen; Planung und Bemessung
DIN EN 12056-05	01.01.2001	Schwerkraftentwässerungsanlagen innerhalb von Gebäuden – Teil 5: Installation und Prüfung, Anleitung für Betrieb, Wartung und Gebrauch
DIN EN 12158-01	01.04.2022	Bauaufzüge für den Materialtransport – Teil 1: Aufzüge mit betretbarer Plattform
DIN EN 12158-02	01.04.2011	Bauaufzüge für den Materialtransport – Teil 2: Schrägaufzüge mit nicht betretbaren Lastaufnahmemitteln
DIN EN 12159-00	01.11.2024	Bauaufzüge zur Personen- und Materialbeförderung mit senkrecht geführten Fahrkörben
DIN EN 12163-00	01.12.2024	Kupfer und Kupferlegierungen – Stangen zur allgemeinen Verwendung
DIN EN 12164-00	01.12.2024	Kupfer und Kupferlegierungen – Stangen für die spanende Bearbeitung
DIN EN 12165-00	01.12.2024	Kupfer und Kupferlegierungen – Vormaterial für Schmiedestücke

DIN EN 12166-00	01.12.2024	Kupfer und Kupferlegierungen – Drähte zur allgemeinen Verwendung
DIN EN 12167-00	01.12.2024	Kupfer und Kupferlegierungen – Profile und Rechteckstangen zur allgemeinen Verwendung
DIN EN 12168-00	01.12.2024	Kupfer und Kupferlegierungen – Hohlstangen für die spanende Bearbeitung
DIN EN 12207-00	01.03.2017	Fenster und Türen – Luftdurchlässigkeit – Klassifizierung
DIN EN 12310-01	01.09.2025	Abdichtungsbahnen – Bestimmung des Weiterreißwiderstandes (Nagelschaft) – Teil 1: Bitumenbahnen für Dachabdichtungen
DIN EN 12310-02	01.02.2019	Abdichtungsbahnen – Bestimmung des Widerstandes gegen Weiterreißen – Teil 2: Kunststoff- und Elastomerbahnen für Dachabdichtungen
DIN EN 12311-01	01.11.1999	Abdichtungsbahnen – Teil 1: Bitumenbahnen für Dachabdichtungen; Bestimmung des Zug-Dehnungsverhaltens
DIN EN 12311-02	01.11.2013	Abdichtungsbahnen – Bestimmung des Zug-Dehnungsverhaltens – Teil 2: Kunststoff- und Elastomerbahnen für Dachabdichtungen
DIN EN 12316-01	01.11.1999	Abdichtungsbahnen – Bitumenbahnen für Dachabdichtungen – Bestimmung des Schälwiderstandes der Fügenähte
DIN EN 12316-02	01.08.2013	Abdichtungsbahnen – Bestimmung des Schälwiderstandes der Fügenähte – Teil 2: Kunststoff- und Elastomerbahnen für Dachabdichtungen
DIN EN 12317-01	01.11.1999	Abdichtungsbahnen – Teil 1: Bitumenbahnen für Dachabdichtungen – Bestimmung des Scherwiderstandes der Fügenähte
DIN EN 12317-02	01.12.2010	Abdichtungsbahnen – Bestimmung des Scherwiderstandes der Fügenähte – Teil 2: Kunststoff- und Elastomerbahnen für Dachabdichtungen
DIN EN 12326-01	01.11.2014	Schiefer und Naturstein für überlappende Dachdeckungen und Außenwandbekleidungen - Teil 1: Spezifikationen für Schiefer und carbonathaltige Schiefer
DIN EN 12326-02	01.09.2011 (E04.2024)	Schiefer und Naturstein für überlappende Dachdeckungen und Außenwandbekleidungen - Teil 2: Prüfverfahren für Schiefer und carbonathaltige Schiefer
DIN EN 12371-00	01.07.2010	Prüfverfahren für Naturstein – Bestimmung des Frostwiderstandees
DIN EN 12372-00	01.05.2022	Prüfverfahren für Naturstein – Bestimmung der Biegefestigkeit unter Mittellinienlast
DIN EN 12467-00	01.07.2018	Faserzement-Tafeln – Produktspezifikation und Prüfverfahren
DIN EN 12588-00	01.03.2007	Blei- und Bleilegierungen – Gewalzte Bleche aus Blei für das Bauwesen
DIN EN 12602-00	01.12.2016 (E08.2025)	Vorgefertigte bewehrte Bauteile aus dampfgehärtetem Porenbeton
DIN EN 12620-00	01.07.2008	Gesteinskörnungen für Beton
DIN EN 12664-00	01.05.2001 (E11.2025)	Wärmetechnisches Verhalten von Baustoffen und Bauprodukten – Bestimmung des Wärmedurchlasswiderstandes nach dem Verfahren mit dem Plattengerät und dem Wärmestrommessplatten-Gerät – Trockene und feuchte Produkte mit mittlerem und niedrigem Wärmedurchlasswiderstand

DIN EN 12667-00	01.05.2001 (E11.2025)	Wärmetechnisches Verhalten von Baustoffen und Bauprodukten – Bestimmung des Wärmedurchlasswiderstandes nach dem Verfahren mit dem Plattengerät und dem Wärmestrommessplatten-Gerät – Produkte mit hohem und mittleren Wärmedurchlasswiderstand
DIN EN 12691-00	01.05.2018	Abdichtungsbahnen – Bitumen-, Kunststoff- und Elastomerbahnen für Dachabdichtungen – Bestimmung des Widerstandes gegen stoßartige Belastung
DIN EN 12730-00	01.06.2015	Abdichtungsbahnen – Bitumen-, Kunststoff- und Elastomerbahnen für Dachabdichtungen – Bestimmung des Widerstandes gegen statische Belastung
DIN EN 12810-01	01.03.2004	Fassadengerüste aus vorgefertigten Bauteilen – Teil 1: Produktfestlegungen
DIN EN 12810-02	01.03.2004	Fassadengerüste aus vorgefertigten Bauteilen – Teil 2: Besondere Bemessungsverfahren und Nachweise
DIN EN 12811-01	01.03.2004	Temporäre Konstruktionen für Bauwerke – Teil 1: Arbeitsgerüste; Leistungsanforderungen, Entwurf, Konstruktion und Bemessung
DIN EN 12811-02	01.04.2004	Temporäre Konstruktionen für Bauwerke – Teil 2: Informationen zu den Werkstoffen
DIN EN 12812-00	01.12.2008	Traggerüste – Anforderungen, Bemessung und Entwurf
DIN EN 12939-00	01.02.2001 (E11.2025)	Wärmetechnisches Verhalten von Baustoffen und Bauprodukten – Bestimmung des Wärmedurchlasswiderstandes nach dem Verfahren mit dem Plattengerät und dem Wärmestrommessplatten-Gerät – Dicke Produkte mit hohem und mittleren Wärmedurchlasswiderstand
DIN EN 12970-00	01.02.2001	Gussasphalt und Asphaltmastix für Abdichtungen Definitionen, Anforderungen und Prüfverfahren
DIN EN 13036-01	01.10.2010	Oberflächeneingenschaften von Straßen und Flugplätzen – Prüfverfahren – Teil 1: Messung der Makrotexturtiefe der Fahrbahnoberfläche mit Hilfe eines volumetrischen Verfahrens
DIN EN 13111-00	01.11.2010	Abdichtungsbahnen – Unterdeck- und Unterspannbahnen für Dachdeckungen und Wände – Bestimmung des Widerstandes gegen Wasserdurchgang
DIN EN 13161-00	01.08.2008	Prüfverfahren für Naturstein – Bestimmung der Biegefestigkeit unter Drittellinienlast
DIN EN 13162-00	01.04.2015	Wärmedämmstoffe für Gebäude – Werkmäßig hergestellte Produkte aus Mineralwolle (MW) – Spezifikation
DIN EN 13163-00	01.02.2017	Wärmedämmstoffe für Gebäude - Werkmäßig hergestellte Produkte aus expandiertem Polystyrol (EPS) - Spezifikation
DIN EN 13164-00	01.04.2015	Wärmedämmstoffe für Gebäude – Werkmäßig hergestellte Produkte aus extrudiertem Polystyrolschaum (XPS) – Spezifikation
DIN EN 13165-00	01.09.2016	Wärmedämmstoffe für Gebäude – Werkmäßig hergestellte Produkte aus Polyurethan-Hartschaum (PU) – Spezifikation
DIN EN 13166-00	01.09.2016	Wärmedämmstoffe für Gebäude – Werkmäßig hergestellte Produkte aus Phenolharzschaum (PF) – Spezifikation
DIN EN 13167-00	01.04.2015	Wärmedämmstoffe für Gebäude – Werkmäßig hergestellte Produkte aus Schaumglas (CG) – Spezifikation

DIN EN 13168-00	01.04.2015	Wärmedämmstoffe für Gebäude – Werkmäßig hergestellte Produkte aus Holzwolle (WW)– Spezifikation
DIN EN 13169-00	01.04.2015	Wärmedämmstoffe für Gebäude – Werkmäßig hergestellte Produkte aus Blähperlit (EPB) – Spezifikation
DIN EN 13170-00	01.04.2015	Wärmedämmstoffe für Gebäude – Werkmäßig hergestellte Produkte aus expandiertem Kork (ICB) – Spezifikation
DIN EN 13171-00	01.04.2015	Wärmedämmstoffe für Gebäude – Werkmäßig hergestellte Produkte aus Holzfasern (WF) – Spezifikation
DIN EN 13172-00	01.07.2025	Wärmedämmstoffe – Gemeinsame Bewertungsregeln
DIN EN 13183-02	01.07.2002	Feuchtegehalt eines Stückes Schnittholz – Teil 2: Schätzung durch elektrisches Widerstands-Messverfahren
DIN EN 13183-02_Ber._1	01.12.2003	Berichtigungen zu DIN EN 13183-2:2002-07
DIN EN 13353-00	01.09.2022	Massivholzplatten (SWP) – Anforderungen
DIN EN 13416-00	01.12.2023	Abdichtungsbahnen – Bitumen-, Kunststoff- und Elastomerbahnen für Dachabdichtungen – Regeln für die Probenentnahme
DIN EN 13494-00	01.11.2019	Wärmedämmstoffe für das Bauwesen – Bestimmung der Haftzugfestigkeit zwischen Klebemasse/Klebemörtel und Wärmedämmstoff sowie zwischen Unterputz und Wärmedämmstoff
DIN EN 13495-00	01.11.2019	Wärmedämmstoffe für das Bauwesen – Bestimmung der Abreißfestigkeit von außenseitigen Wärmedämmverbundsystemem (WDVS) (Schaumblock-Verfahren)
DIN EN 13496-00	01.06.2025	Wärmedämmstoffe für das Bauwesen – Bestimmung der mechanischen Eigenschaften von Glasfasergewebe als Armierung für außenseitige Wärmedämm-Verbundsysteme mit Putz (WDVS)
DIN EN 13497-00	01.03.2021	Wärmedämmstoffe für das Bauwesen – Bestimmung der Schlagfestigkeit von außenseitigen Wärmedämm-Verbundsystemen (WDVS)
DIN EN 13498-00	01.02.2003	Wärmedämmstoffe für das Bauwesen – Bestimmung des Eindringwiderstandes von außenseitigen Wärmedämm-Verbundsystemen (WDVS)
DIN EN 13501-01	01.05.2019	Klassifizierung von Bauprodukten und Bauarten zu ihrem Brandverhalten – Teil 1: Klassifizierung mit den Ergebnissen aus den Prüfungen zum Brandverhalten von Bauprodukten
DIN EN 13501-02	01.12.2023	Klassifizierung von Bauprodukten und Bauarten zu ihrem Brandverhalten – Teil 2: : Klassifizierung mit den Ergebnissen aus den Feuerwiderstandsprüfungen und/oder Rauchschutzprüfungen, mit Ausnahme von Lüftungsanlagen
DIN EN 13501-02_A1	01.11.2025	Klassifizierung von Bauprodukten und Bauarten zu ihrem Brandverhalten – Teil 2: : Klassifizierung mit den Ergebnissen aus den Feuerwiderstandsprüfungen und/oder Rauchschutzprüfungen, mit Ausnahme von Lüftungsanlagen
DIN EN 13501-03	01.10.2025	Klassifizierung von Bauprodukten und Bauarten zu ihrem Brandverhalten - Teil 3: Klassifizierung mit den Ergebnissen aus den Feuerwiderstandsprüfungen an Bauteilen von haustechnischen Anlagen: Feuerwiderstandsfähige Leitungen, Brandschutzklappen und/oder Strom-, Steuer- und Kommunikationskabel

DIN EN 13501-05	01.12.2016	Klassifizierung von Bauprodukten und Bauarten zu ihrem Brandverhalten; Klassifizierung mit den Ergebnissen aus Prüfungen von Bedachungen bei Beanspruchung durch Feuer von außen
DIN EN 13583-00	01.10.2012	Abdichtungsbahnen – Bitumen-, Kunststoff- und Elastomerbahnen – Bestimmung des Widerstandes gegen Hagelschlag
DIN EN 13707-00	01.12.2013	Abdichtungsbahnen – Bitumenbahnen mit Trägereinlage für Dachabdichtungen – Definitionen und Eigenschaften
DIN EN 13755-00	01.08.2008	Prüfverfahren für Naturstein – Bestimmung der Wasseraufnahme unter atmosphärischem Druck
DIN EN 13793-00	01.12.2003	Wärmedämmstoffe für das Bauwesen – Bestimmungen des Verhaltens unter zyklischer Belastung
DIN EN 13820-00	01.12.2003	Wärmedämmstoffe für das Bauwesen – Bestimmung des Gehalts an organischen Bestandteilen
DIN EN 13823-00	01.04.2023	Prüfungen zum Brandverhalten von Bauprodukten – Thermische Beanspruchung durch einen einzelnen brennenden Gegenstand für Bauprodukte mit Ausnahme von Bodenbelägen
DIN EN 13859-01	01.07.2014	Abdichtungsbahnen – Definitionen und Eigenschaften von Unterdeck- und Unterspannbahnen; Unterdeck- und Unterspannbahnen für Dachdeckungen
DIN EN 13859-02	01.07.2014	Abdichtungsbahnen – Definitionen und Eigenschaften von Unterdeck- und Unterspannbahnen; Unterdeck-und Unterspannbahnen für Wände
DIN EN 13897-00	01.02.2005	Abdichtungsbahnen – Bitumen-, Kunststoff- und Elastomerbahnen für Dachabdichtungen – Bestimmung der Wasserdichtheit nach Dehnung bei niedriger Temperatur
DIN EN 13948-00	01.01.2008	Abdichtungsbahnen – Bitumen-, Kunststoff- und Elastomerbahnen für Dachabdichtungen; Bestimmung des Widerstandes gegen Wurzelpenetration
DIN EN 13956-00	01.03.2013	Abdichtungsbahnen – Kunststoff und Elastomerbahnen für Dachabdichtungen – Definitionen und Eigenschaften
DIN EN 13967-00	01.08.2017	Abdichtungsbahnen – Kunststoff- und Elastomerbahnen für die Bauwerksabdichtung gegen Bodenfeuchte und Wasser – Definitionen und Eigenschaften
DIN EN 13969-00	01.03.2007	Abdichtungsbahnen – Bitumenbahnen für die Bauwerksabdichtung gegen Bodenfeuchte und Wasser; Definitionen und Eigenschaften
DIN EN 13970-00	01.02.2005	Abdichtungsbahnen – Bitumen-Dampfsperrbahnen – Definitionen und Eigenschaften
DIN EN 13970-00_A1	01.02.2007	Abdichtungsbahnen – Bitumen-Dampfsperrbahnen – Definitionen und Eigenschaften
DIN EN 13984-00	01.05.2013	Abdichtungsbahnen – Kunststoff- und Elastomer-Dampfsperrbahnen; Definitionen und Eigenschaften
DIN EN 13986-00	01.06.2015	Holzwerkstoffe zur Verwendung im Bauwesen – Eigenschaften; Bewertung der Konformität und Kennzeichnung
DIN EN 14063-01	01.11.2004	Wärmedämmstoffe für Gebäude – An der Verwendungsstelle hergestellte Wärmedämmung aus Blähton-Leichtzuschlagstoffen; Spezifikation für die Schüttdämmstoffe vor dem Einbau

DIN EN 14064-01	01.04.2019	Wärmedämmstoffe für Gebäude – An der Verwendungsstelle hergestellte Wärmedämmung aus Mineralwolle (MW) – Teil 1: Spezifikation für Schüttdämmstoffe vor dem Einbau
DIN EN 14080-00	01.09.2013	Holzbauwerke – Brettschichtholz und Balkenschichtholz – Anforderungen
DIN EN 14081-01	01.10.2019	Holzbauwerke – Nach Festigkeit sortiertes Bauholz für tragende Zwecke mit rechteckigem Querschnitt- Teil 1: Allgemeine Anforderungen
DIN EN 14315-01	01.04.2013	Wärmedämmstoffe für das Bauwesen – An der Verwendungsstelle hergestellter Wärmedämmsroff aus Polyurethan (PUR) und Polyisocyanurat (PIR) Spritzschaum – Teil 1: Spezifikation für das Schaumsystem vor dem Einbau
DIN EN 14315-02	01.04.2013	Wärmedämmstoffe für das Bauwesen – An der Verwendungsstelle hergestellter Wärmedämmstoff aus Polyurethan (PUR)- und Polyisocyanurat (PIR)-Spritzschaum – Teil 2: Spezifikation für die eingebauten Produkte
DIN EN 14318-01	01.04.2013	Wärmedämmstoffe für das Bauwesen – An der Verwendungsstelle hergestellter Wärmedämmstoff aus dispensiertem Polyurethan (PUR)- und Polyisocyanurat (PIR)-Hartschaum – Teil 1: Spezifikation für das Schaumsystem vor dem Einbau;
DIN EN 14318-02	01.04.2013	Wärmedämmstoffe für das Bauwesen – An der Verwendungsstelle hergestellter Wärmedämmstoff aus dispensiertem Polyurethan (PUR)- und Polyisocyanurat (PIR)-Hartschaum – Teil 2: Spezifikation für die eingebauten Produkte
DIN EN 14319-01	01.04.2013	Wärmedämmstoffe für die technische Gebäudeausrüstung und für betriebstechnische Anlagen in der Industrie – An der Verwendungsstelle hergestellter Wärmedämmstoff aus Polyurethan (PUR)- und Polyisocyanurat (PIR)-Gießschaum – Teil 1: Spezifikation für das Schaumsystem vor dem Einbau
DIN EN 14319-02	01.04.2013	Wärmedämmstoffe für die technische Gebäudeausrüstung und für betriebstechnische Anlagen in der Industrie – An der Verwendungsstelle hergestellter Wärmedämmstoff aus Polyurethan (PUR)- und Polyisocyanurat (PIR)-Gießschaum – Teil 2: Spezifikation für die eingebauten Produkte
DIN EN 14320-01	01.04.2013	Wärmedämmstoffe für die technische Gebäudeausrüstung und für betriebstechnische Anlagen in der Industrie – An der Verwendungsstelle hergestellter Wärmedämmstoff aus Polyurethan (PUR)- und Polyisocyanurat (PIR)-Spritzschaum – Teil 1: Spezifikation für das Schaumsystem vor dem Einbau
DIN EN 14320-02	01.04.2013	Wärmedämmstoffe für die technische Gebäudeausrüstung und für betriebstechnische Anlagen in der Industrie – An der Verwendungsstelle hergestellter Wärmedämmstoff aus Polyurethan (PUR)- und Polyisocyanurat (PIR)-Spritzschaum – Teil 2: Spezifikation für die eingebauten Produkte
DIN EN 14390-00	01.04.2007	Brandverhalten von Bauprodukten – Referenzversuch im Realmaßstab an Oberflächenprodukten in einem Raum

DIN EN 14399-04	01.04.2015	Hochfeste vorspannbare Garnituren für Schraubverbindungen im Metallbau – Teil 4: System HV – Garnituren aus Sechskantschrauben und -muttern
DIN EN 14399-06	01.04.2015	Hochfeste vorspannbare Garnituren für Schraubverbindungen im Metallbau – Teil 6: Flache Scheiben mit Fase
DIN EN 14437-00	01.08.2023	Bestimmung des Abhebewiderstandes von verlegten Dachziegeln oder Dachsteinen – Prüfverfahren für Dachsysteme
DIN EN 14509-00	01.12.2013	Selbsttragende Sandwich-Elemente mit beidseitigen Metalldeckschichten – Werkmäßig hergestellte Produkte – Spezifikationen
DIN EN 14592-00	01.08.2022	Holzbauwerke – Stiftförmige Verbindungsmittel – Anforderungen
DIN EN 14691-00	01.07.2017	Abdichtungsbahnen – Abdichtungen von Betonbrücken und anderen Verkehrsflächen aus Beton – Bestimmung der Verträglichkeit bei Wärmelagerung
DIN EN 14692-00	01.07.2017	Abdichtungsbahnen – Abdichtung von Betonbrücken und anderen Verkehrsflächen aus Beton – Bestimmung des Widerstandes gegenüber Verdichtung der Asphaltschicht
DIN EN 14693-00	01.07.2017	Abdichtungsbahnen – Abdichtung von Betonbrücken und anderen Verkehrsflächen auf Beton – Bestimmung des Verhaltens von Bitumenbahnen bei Anwendung von Gussasphalt
DIN EN 14694-00	01.07.2017	Abdichtungsbahnen – Abdichtung von Betonbrücken und anderen Verkehrsflächen auf Beton – Bestimmung des Widerstandes gegenüber dynamischem Wasserdruck nach Schäden infolge Vorbeanspruchung
DIN EN 14695-00	01.05.2010	Abdichtungsbahnen – Bitumenbahnen mit Trägeereinlage für Abdichtung von Betonbrücken und anderen Verkehrsflächen aus Beton – Definitionen und Eigenschaften
DIN EN 14782-00	01.03.2006 (E09.2015)	Selbsttragende Dachdeckungs- und Wandbekleidungselemente für die Innen- und Außenanwendung aus Metallblech - Produktspezifikation und Anforderungen
DIN EN 14783-00	01.07.2013	Vollflächig unterstützte Dachdeckungs- und Wandbekleidungselemente für die Innen- und Außenanwendung aus Metallblech – Produktspezifikation und Anforderungen
DIN EN 14963-00	01.12.2006	Dacheindeckungen – Dachlichtbänder aus Kunststoff mit und ohne Aufsetzkränzen – Klassifizierung, Anforderungen und Prüfverfahren
DIN EN 14963-00_Ber.1	01.06.2007	Dacheindeckungen – Dachlichtbänder aus Kunststoff mit und ohne Aufsetzkränzen – Klassifizierung, Anforderungen und Prüfverfahren, Berichtigungen
DIN EN 14964-00	01.01.2007	Unterdeckplatten für Dachdeckungen – Definitionen und Eigenschaften
DIN EN 14967-00	01.08.2006	Abdichtungsbahnen – Bitumen-Mauersperrbahnen – Definitionen und Eigenschaften
DIN EN 15026-00	01.12.2023	Wärme- und feuchtetechnisches Verhalten von Bauteilen und Bauelementen – Bewertung der Feuchteübertragung durch numerische Simulation
DIN EN 15101-01	01.07.2019	Wärmedämmstoffe für Gebäude - An der Verwendungsstelle hergestellter Wärmedämmstoff aus Zellulosefüllstoff (LFCI) - Teil 1: Spezifikation für die Produkte vor dem Einbau

DIN EN 15101-02	01.12.2013	Wärmedämmstoffe für Gebäude - An der Verwendungsstelle hergestellter Wärmedämmstoff aus Zellulosefüllstoff (LFCI) - Teil 2: Spezifikation für die eingebauten Produkte
DIN EN 16798-03	01.11.2017 (E12.2022)	Energetische Bewertung von Gebäuden – Lüftung von Gebäuden – Teil 3: Lüftung von Nichtwohngebäuden – Leistungsanforderungen an Lüftungs- und Klimaanlagen und Raumkühlsysteme (Module M5-1, M5-4)
DIN EN 62305-01	01.10.2011	Blitzschutz – Teil 1: Allgemeine Grundsätze
DIN EN 62305-01_Ber.1	01.03.2012	Blitzschutz – Teil 1: Allgemeine Grundsätze, Berichtigung zu DIN EN 62305:2011-10
DIN EN 62305-02	01.02.2013 (E04.2022)	Blitzschutz – Teil 2: Risiko-Management
DIN EN 62305-02_Bbl.1	01.02.2013	Blitzschutz – Teil 2: Risiko-Management; Beiblatt 1: Blitzgefährdung in Deutschland
DIN EN 62305-02_Bbl.2	01.02.2013	Blitzschutz – Teil 2: Risiko-Management; Beiblatt 2: Berechnungshilfe zur Abschätzung des Schadensrisikos für bauliche Anlagen, mit CD-ROM
DIN EN 62305-02_Bbl.3	01.12.2013	Blitzschutz – Teil 2: Risiko-Management; Beiblatt 3: Zusätzliche Informationen zur Anwendung der DIN EN 62305-2
DIN EN 62305-03	01.10.2011 (E04.2022)	Blitzschutz – Teil 3: Schutz von baulichen Anlagen und Personen
DIN EN 62305-03_Bbl.1	01.10.2012	Blitzschutz – Teil 3: Schutz von baulichen Anlagen und Personen – Beiblatt 1: Zusätzliche Informationen zur Anwendung der DIN EN 62305-3 (VDE 0185-305-3)
DIN EN 62305-03_Bbl.2	01.10.2012	Blitzschutz – Teil 3: Schutz von baulichen Anlagen und Personen – Beiblatt 2: Zusätzliche Informationen für besondere bauliche Anlagen
DIN EN 62305-03_Bbl.3	01.10.2012	Blitzschutz – Teil 3: Schutz von baulichen Anlagen und Personen – Beiblatt 3: Zusätzliche Informationen für die Prüfung und Wartung von Blitzschutzsystemen
DIN EN 62305-03_Bbl.4	01.01.2008	Blitzschutz – Teil 3: Schutz von baulichen Anlagen und Personen – Beiblatt 4: Verwendung von Metalldächern in Blitzschutzsystemen
DIN EN 62305-03_Bbl.5	01.02.2014	Blitzschutz – Teil 3: Schutz von baulichen Anlagen und Personen – Beiblatt 5: Blitz- und Überspannungsschutz für PV-Stromversorgungssysteme
DIN EN 62305-03_Bbl.6	01.06.2022	Blitzschutz - Teil 3: Schutz von baulichen Anlagen und Personen – Beiblatt 6: Zusätzliche Informationen über das Erfordernis von Blitzschutzmaßnahmen nach DIN EN 62305-3 (VDE 0185-305-3)
DIN EN 62305-03_Bbl.6_Ber. 1	01.05.2023	Blitzschutz - Teil 3: Schutz von baulichen Anlagen und Personen – Beiblatt 6: Zusätzliche Informationen über das Erfordernis von Blitzschutzmaßnahmen nach DIN EN 62305-3 (VDE 0185-305-3); Berichtigung 1
DIN EN 62561-01	01.05.2024	Blitzschutzsystembauteile (LPSC) - Teil 1: Anforderungen an Verbindungsbauteile
DIN EN 62561-02	01.12.2019 (E06.2025)	Blitzschutzsystembauteile (LPSC) – Teil 2: Anforderungen an Leiter und Erder
DIN EN ISO 00811-00	01.08.2018	Textilien – Bestimmung des Widerstandes gegen das Durchdringen von Wasser – Hydrostatischer Druckversuch

DIN EN ISO 01182-00	01.11.2020	Prüfungen zum Brandverhalten von Produkten – Nichtbrennbarkeitsprüfung
DIN EN ISO 01461-00	01.12.2022	Durch Feuerverzinken auf Stahl angebrachte Zinküberzüge (Stückverzinken)- Anforderungen und Prüfungen
DIN EN ISO 01716-00	01.10.2018	Prüfung zum Brandverhalten von Bauprodukten, Bestimmung der Verbrennungswärme (des Brennwerts)
DIN EN ISO 03506-01	01.08.2020	Mechanische Verbindungselemente – Mechanische Eigenschaften von Verbindungselementen aus korrosionsbeständigen nichtrostenden Stählen – Teil 1: Schrauben mit festgelegten Stahlsorten und Festigkeitsklassen
DIN EN ISO 03506-02	01.08.2020	Mechanische Verbindungselemente – Mechanische Eigenschaften von Verbindungselementen aus korrosionsbeständigen nichtrostenden Stählen – Teil 2: Muttern mit festgelegten Stahlsorten und Festigkeitsklassen
DIN EN ISO 06781-01	01.11.2023	Verhalten von Gebäuden – Feststellung von wärme-, luft- und feuchtebezogenen Unregelmäßigkeiten in Gebäuden durch Infrarotverfahren – Teil 1: Allgemeine Verfahren
DIN EN ISO 06946-00	01.03.2018	Bauteile-Wärmedurchlasswiderstand und Wärmedurchgangskoeffizient – Berechnungsverfahren
DIN EN ISO 07345-00	01.07.2018	Wärmeverhalten von Gebäuden und Baustoffen – Physikalische Größen und Definitionen
DIN EN ISO 07500-01	01.06.2018	Metallische Werkstoffe - Kalibrierung und Überprüfung von statischen einachsigen Prüfmaschinen - Teil 1: Zug- und Druckprüfmaschinen - Kalibrierung und Überprüfung der Kraftmesseinrichtung
DIN EN ISO 07500-01_Bbl. 1	01.06.2022	Metallische Werkstoffe - Kalibrierung und Überprüfung von statischen einachsigen Prüfmaschinen - Teil 1: Zug- und Druckprüfmaschinen - Kalibrierung und Überprüfung der Kraftmesseinrichtung – Beiblatt 1: Allgemeines zu Anforderungen und zur Kalibrierung und Überprüfung von Zug-. Druck- und biegemaschinen
DIN EN ISO 07500-01_Bbl. 2	01.06.2022	Metallische Werkstoffe - Kalibrierung und Überprüfung von statischen einachsigen Prüfmaschinen - Teil 1: Zug- und Druckprüfmaschinen - Kalibrierung und Überprüfung der Kraftmesseinrichtung – Beiblatt 2: Allgemeines zu Anforderungen und zur Kalibrierung und Überprüfung von Federprüfmaschinen
DIN EN ISO 07500-01_Bbl. 3	01.11.1999 (E03.2023)	Metallische Werkstoffe – Prüfung von Prüfmaschinen für statische einachsige Beanspruchung – Teil 1: Zug- und Druckprüfmaschinen; Prüfung und Kalibrierung der Kraftmeßeinrichtung; Allgemeines zu Anforderungen und zur Prüfung und Kalibrierung von Schwingprüfmaschinen
DIN EN ISO 07500-01_Bbl. 4	01.03.2013	Metallische Werkstoffe - Prüfung von statischen einachsigen Prüfmaschinen - Teil 1: Zug- und Druckprüfmaschinen - Prüfung und Kalibrierung der Kraftmesseinrichtung – Beiblatt 4: Informationen zur Berücksichtigung der Messunsicherheit bei der Klassifizierung von Werkstoffprüfmaschinen
DIN EN ISO 09000-00	01.11.2015 (E05.2025)	Qualitätsmanagementsysteme – Grundlagen und Begriffe
DIN EN ISO 09001-00	01.11.2015 (E09.2025)	Qualitätsmanagementsysteme – Anforderungen
DIN EN ISO 09346-00	01.02.2008	Wärme- und feuchtetechnisches Verhalten von Gebäuden und Baustoffen – Stofftransport- physikalische Größen und Begriffe

DIN EN ISO 9453-00	01.01.2021	Weichlote – Chemische Zusammensetzung und Lieferformen
DIN EN ISO 9454-01	01.07.2016	Flussmittel zum Weichlöten – Einteilung und Anforderungen – Teil 1: Einteilung, Kennzeichnung und Verpackung
DIN EN ISO 09513-00	01.05.2013	Metallische Werkstoffe; Kalibrierung von Längenänderungs-Messeinrichtungen für die Prüfung einachsiger Beanspruchung
DIN EN ISO 09972-00	01.12.2018	Wärmetechnisches Verhalten von Gebäuden – Bestimmung der Luftdurchlässigkeit von Gebäuden – Differenzdruckverfahren
DIN EN ISO 10077-01	01.10.2020	Wärmetechnisches Verhalten von Fenstern, Türen und Abschlüssen – Berechnung des Wärmedurchgangskoeffizienten: Allgemeines
DIBN EN ISO 10211-00	01.03.2018	Wärmebrücken im Hochbau – Wärmeströme und Oberflächentemperaturen – Detaillierte Berechnungen
DIN EN ISO 10456-00	01.05.2010	Baustoffe und –produkte – Wärme- und feuchtetechnische Eigenschaften; Tabellierte Bemessungswerte und Verfahren zur Bestimmung der wärmeschutztechnischen Nenn- und Bemessungswerte
DIN EN ISO 10684-00	01.09.2011	Verbindungselemente – Feuerverzinkung
DIN EN ISO 11925-02	01.07.2020 (E09.2024)	Prüfungen zum Brandverhalten von Bauprodukten – Entzündbarkeit von Produkten bei direkter Flammeneinwirkung – Teil 2: Einzelflammentest
DIN EN ISO 12567-01	01.12.2010	Wärmetechnisches Verhalten von Fenstern und Türen – Bestimmung des Wärmedurchgangskoeffizienten mittels des Heizkastenverfahrens – Komplette Fenster und Türen
DIN EN ISO 12567-02	01.03.2006	Wärmetechnisches Verhalten von Fenstern und Türen – Bestimmung des Wärmedurchgangskoeffizienten mittels Heizkastenverfahrens – Teil 2: Dachflächenfenster und andere auskragende Fenster
DIN EN ISO 12572-00	01.03.2025	Wärme- und feuchtetechnisches Verhalten von Baustoffen und Bauprodukten – Bestimmung der Wasserdampfdurchlässigkeit – Verfahren mit einem Prüfgefäß
DIN EN ISO 12631	01.01.2018	Wärmetechnisches Verhalten von Vorhangfassaden – Berechnung des Wärmedurchgangskoeffizienten
DIN EN ISO 12944-02	01.04.2018	Beschichtungsstoffe – Korrosionsschutz von Stahlbauten durch Beschichtungssysteme – Teil 2: Einteilung der Umgebungsbedingungen
DIN EN ISO 12944-05	01.03.2020	Beschichtungsstoffe – Korrosionsschutz von Stahlbauten durch Beschichtungssysteme – Teil 5: Beschichtungssysteme
DIN EN ISO 13385-01	01.03.2020	Geometrische Produktspezifikation (GPS) – Längenmessgeräte – Teil 1: Konstruktionsmerkmale und messtechnische Merkmale von Messschiebern (ISO 13385-1:2019)
DIN EN ISO 13788-00	01.05.2013	Wärme- und feuchtetechnisches Verhalten von Bauteilen und Bauelementen – Raumseitige Oberflächentemperatur zur Vermeidung kritischer Oberflächenfeuchte und Tauwasserbildung im Bauteilinneren – Berechnungsverfahren (ISO 13788:2000)
DIN EN ISO 13789-00	01.04.2018	Wärmetechnisches Verhalten von Gebäuden – Transmissions- und Lüftungswärmetransferkoeffizient – Berechnungsverfahren

DIN EN ISO 14040-00	01.02.2021	Umweltmanagement – Ökobilanz:Grundsätze und Rahmenbedingungen
DIN EN ISO 14683-00	01.03.2018	Wärmebrücken im Hochbau – Längenbezogener Wärmedurchgangskoeffizient – Vereinfachte Verfahren und Standardwerte
DIN EN ISO 15927-04	01.10.2005	Wärme- und feuchtetechnisches Verhalten von Gebäuden – Berechnung und Darstellung von Klimadaten – Stündliche Daten zur Abschätzung des Jahresenergiebedarfs für Kühl- und Heizsysteme
DIN EN ISO 17672-00	01.08.2024	Hartlöten – Lote
DIN EN ISO 18496-00	01.12.2021	Hartlöten – Flussmittel zum Hartlöten – Einteilung und technische Lieferbedingungen
DIN EN ISO 52016-01	01.04.2018	Energetische Bewertung von Gebäuden – Energiebedarf für Heizung und Kühlung, Innentemperaturen sowie fühlbare und latente Heizlasten – Teil 1: Berechnungsverfahren (ISO 52016-1:2017)
DIN ISO 00857-02	01.03.2007	Schweißen und verwandte Prozesse – Begriffe – Teil 2: Weichlöten, Hartlöten und verwandte Begriffe
DIN SPEC 20000-201	01.02.2025	Anwendung von Bauprodukten in Bauwerken – Teil 201: Anwendungsnorm für Abdichtungsbahnen nach Europäischen Produktnormen zur Verwendung in Dachabdichtungen
DIN_TS_20000-202	01.11.2020	Anwendung von Bauprodukten in Bauwerken – Teil 202: Anwendungsdokument für Abdichtungsbahnen nach Europäischen Produktnormen zur Verwendung als Abdichtung von erdberührten Bauteilen, von Innenräumen und von Behältern und Becken
DIN CEN_TS_01187	01.03.2012	Prüfverfahren zur Beanspruchung von Bedachungen durch Feuer von außen
DIN TS 18599-01	01.10.2025	Energetische Bewertung von Gebäuden – Berechnung des Nutz-, End- und Primärenergiebedarfs für Heizung, Kühlung, Lüftung, Trinkwarmwasser und Beleuchtung – Teil 1: Allgemeine Bilanzierungsverfahren, Begriffe, Zonierung und Bewertung der Energieträger
DIN TS 18599-02	01.10.2025	Energetische Bewertung von Gebäuden – Berechnung des Nutz-, End- und Primärenergiebedarfs für Heizung, Kühlung, Lüftung, Trinkwarmwasser und Beleuchtung – Teil 2: Nutzenergiebedarf für Heizen und Kühlen von Gebäudezonen
DIN TS 18599-03	01.10.2025	Energetische Bewertung von Gebäuden – Berechnung des Nutz-, End- und Primärenergiebedarfs für Heizung, Kühlung, Lüftung, Trinkwarmwasser und Beleuchtung – Teil 3: Nutzenergiebedarf für die energetische Luftaufbereitung
DIN TS 18599-04	01.10.2025	Energetische Bewertung von Gebäuden – Berechnung des Nutz-, End- und Primärenergiebedarfs für Heizung, Kühlung, Lüftung, Trinkwarmwasser und Beleuchtung – Teil 4: Nutz- und Endenergiebedarf für Beleuchtung
DIN TS 18599-05	01.10.2025	Energetische Bewertung von Gebäuden – Berechnung des Nutz-, End- und Primärenergiebedarfs für Heizung, Kühlung, Lüftung, Trinkwarmwasser und Beleuchtung – Teil 5: Endenergiebedarf von Heizsystemen

DIN TS 18599-06	01.10.2025	Energetische Bewertung von Gebäuden – Berechnung des Nutz-, End- und Primärenergiebedarfs für Heizung, Kühlung, Lüftung, Trinkwarmwasser und Beleuchtung – Teil 6: Endenergiebedarf von Wohnungslüftungsanlagen und Luftheizungsanlagen für den Wohnungsbau
DIN TS 18599-07	01.10.2025	Energetische Bewertung von Gebäuden – Berechnung des Nutz-, End- und Primärenergiebedarfs für Heizung, Kühlung, Lüftung, Trinkwarmwasser und Beleuchtung – Teil 7: Endenergiebedarf von Raumlufttechnik- und Klimakältesystemen für den Nichtwohnungsbau
DIN TS 18599-08	01.10.2025	Energetische Bewertung von Gebäuden – Berechnung des Nutz-, End- und Primärenergiebedarfs für Heizung, Kühlung, Lüftung, Trinkwarmwasser und Beleuchtung – Teil 8: Nutz- und Endenergiebedarf von Warmwasserbereitungssystemen
DIN TS 18599-09	01.10.2025	Energetische Bewertung von Gebäuden – Berechnung des Nutz-, End- und Primärenergiebedarfs für Heizung, Kühlung, Lüftung, Trinkwarmwasser und Beleuchtung – Teil 9: End- und Primärenergiebedarf von stromproduzierenden Anlagen
DIN TS 18599-10	01.10.2025	Energetische Bewertung von Gebäuden – Berechnung des Nutz-, End- und Primärenergiebedarfs für Heizung, Kühlung, Lüftung, Trinkwarmwasser und Beleuchtung – Teil 10: Nutzungsrandbedingungen, Klimadaten
DIN VDE 00105-100	01.10.2015	Betrieb von elektrischen Anlagen – Teil 100: Allgemeine Festlegungen
DIN VDE 00105-100_A1	01.06.2017	Betrieb von elektrischen Anlagen – Teil 100: Allgemeine Festlegungen; Änderung A1
DIN VDE 00151-00	01.06.1986	Werkstoffe und Mindestmaße von Erdern bezüglich der Korrosion
DIN VDE 0298-04	01.06.2023	Verwendung von Kabeln und isolierten Leitungen für Starkstromanlagen – Teil 4: Empfohlene Werte für die Strombelastbarkeit von Kabeln und Leitungen für feste Verlegung in und an Gebäuden und von flexiblen Leitungen
DIN VDE 0298-04_ber.01	01.10.2023	Verwendung von Kabeln und isolierten Leitungen für Starkstromanlagen – Teil 4: Empfohlene Werte für die Strombelastbarkeit von Kabeln und Leitungen für feste Verlegung in und an Gebäuden und von flexiblen Leitungen; Berichtigung 1
NEN 06707-00	01.12.2019	Fixing of roof coverings – Requirements and determination methods
NPR 06708-00	01.12.2019	Fixing of roof coverings – Guidelines (Befestigung von Dachbedeckungen – Richtlinien)
VDI 6012-00-Blatt_1.1	01.04.2014	Regenerative und dezentrale Energiesysteme für Gebäude – Grundlagen – Projektplanung und -durchführung

Besondere Richtlinien und Vorschriften

Allgemeine bauaufsichtliche Zulassung Nr. Z-30.3-6	20.04.2022	Allgemeine bauaufsichtliche Zulassung Nr. Z-30.3-6 "Erzeugnisse, Bauteile und Verbindungsmittel aus nichtrostenden Stählen"

DASt-Richtlinie 022	01.06.2016	DASt-Richtlinie 022 – Feuerverzinken von tragenden Stahlbauteilen
FLL-Dachbegrünungsrichtlinie	01.02.2018	Dachbegrünungsrichtlinien – Richtlinien für die Planung, Bau und Instandhaltungen von Dachbegrünungen 2018
DAfStb-Richtlinie	01.05.2020	DAfStb-Richtlinie – Schutz und Instandsetzung von Betonbauteilen (Instandsetzungs-Richtlinie)
DGUV Vorschrift 3	01.11.2012	Unfallverhütungsvorschrift Elektrische Anlagen und Betriebsmittel
DGUV _Regel_101-038_ Bauarbeiten	01.10.2020	DGUV Regel 101-038 Bauarbeiten
DGUV Information 201-054	01.10.2015	Dach-, Zimmer- und Holzbauarbeiten
EAD 030350-00-0402	29.10.2020	Europäisches Bewertungsdokument (EAD) Flüssig aufzubringende Dachabdichtung (als Ersatz für ETAG 005)
EAD 030351-00-0402	29.10.2020	Europäisches Bewertungsdokument (EAD) Systeme mit mechanisch befestigten flexiblen Dachdichtungsbahnen (als Ersatz für ETAG 006)
Fachregel 01 Außenwandbekleidungen aus Holz und Holzwerkstoffen	01.03.2023	Fachregeln des Zimmererhandwerks 01 – Außenwandbekleidungen aus Holz
FLL-Prüfverfahren	01.04.2008	Verfahren zur Untersuchung der Wurzelfestigkeit von Bahnen und Beschichtungen für Dachbegrünungen
GEG Gebäudeenergiegesetz	16.10.2023	Gesetz zur Einsparung von Energie und zur Nutzung erneuerbarer Energien zur Wärme- und Kälteerzeugung in Gebäuden*
IFBS Fachregeln des Metallleichtbaus	01.01.2020	IFBS-Fachregeln des Metallleichtbaus
MBO	27.09.2024	Musterbauordnung (MBO) Ausgabe 2002, zuletzt geändert am 27.9.2024
MIndBauRL	01.05.2019	Muster-Richtlinie über den baulichen Brandschutz im Industriebau
Muster-Hochhaus-Richtlinie – MHHR	01.02.2012	Muster-Richtlinie über den Bau und Betrieb von Hochhäusern (MHHR)
Muster-Verkaufsstättenverordnung – MVKVO	01.07.2014	Muster-Verkaufsstättenverordnung (MVKVO)
MVV TB	20.05.2025	Muster-Verwaltungsvorschrift Technische Baubestimmungen (MVV TB)
OENORM B_3418	01.05.2012	Planung und Ausführung von Schneeschutzsystemen auf Dächern
Dachsteine DIN plus	01.03.2014	Zertifizierungsprogramm Dach- und Formsteine aus Beton nach DIN EN 490 und DIN EN 491
ZTV-ING	01.02.2025	Zusätzliche Technische Vertragsbedingungen und Richtlinien für Ingenieurbauten, Teil 1 und Teil 9

Zurückgezogene Normen

DIN 00105-100	01.01.2012	Mauerziegel – Teil 100: Mauerziegel mit besonderen Eigenschaften
DIN 01045-01	01.08.2008	Tragwerke aus Beton, Stahlbeton und Spannbeton – Teil 1: Bemessung und Konstruktion
DIN 01053-01	01.11.1996	Mauerwerk – Teil 1: Berechnung und Ausführung

DIN 01055-01	01.06.2002	Einwirkungen auf Tragwerke – Teil 1: Wichten und Flächenlasten von Baustoffen, Bauteilen und Lagerstoffen
DIN 01055-03	01.03.2006	Einwirkungen auf Tragwerke – Teil 3: Eigen- und Nutzlasten für Hochbauten
DIN 01055-04	01.03.2005	Einwirkungen auf Tragwerke – Teil 4: Windlasten
DIN 01055-05	01.07.2005	Einwirkungen auf Tragwerke – Teil 5: Schnee- und Eislasten
DIN 01055-100	01.03.2001	Einwirkungen auf Tragwerke – Teil 100: Grundlagen der Tragwerksplanung – Sicherheitskonzept und Bemessungsregeln
DIN 04102-04	01.05.2016	Brandverhalten von Baustoffen und Bauteilen – Teil 4: Zusammenstellung und Anwendung klassifizierter Baustoffe, Bauteile und Sonderbauteile
DIN 04102-04/_A1	01.11.2004	Brandverhalten von Baustoffen und Bauteilen – Teil 4: Zusammenstellung und Anwendung klassifizierter Baustoffe, Bauteile und Sonderbauteile; Änderung A1
DIN V 04108-06	01.06.2003	Wärmeschutz- und Energie-Einsparung in Gebäuden – Teil 6: Berechnung des Jahresheizwärme- und Jahresheizenergiebedarfs
DIN V 04108-06_ber. 1	01.03.2004	Berichtigungen zu DIN V 4108-6:2003-06
DIN-Fachbericht 04108-08	01.09.2010	Wärmeschutz und Energie-Einsparung in Gebäuden – Teil 8: Vermeidung von Schimmelwachstum in Wohngebäuden
DIN V 04108-10	01.06.2004	Wärmeschutz- und Energie-Einsparung in Gebäuden – Anwendungsbezogene Anforderungen an Wärmedämmstoffe – Teil 10: Werkmäßig hergestellte Wärmedämmstoffe
DIN 04109-Bbl. 03	01.06.1996	Schallschutz im Hochbau – Berechnung von R' w,R für den Nachweis der Eignung nach DIN 4109 aus Werten des im Labor ermittelten Schalldämm-Maßes R w
DIN 04113-00	01.02.1958	Aluminium im Hochbau – Richtlinien für Berechnung und Ausführung von Aluminiumbauteilen
DIN 04113-01	01.05.1980	Aluminiumkonstruktionen unter vorwiegend ruhender Belastung; Berechnung und bauliche Durchbildung
DIN 04223-01	01.07.1958	Bewehrte Dach- und Deckenplatten aus dampfgehärtetem Gas- und Schaumbeton – Richtlinien für Bemessung, Herstellung, Verwendung und Prüfung
DIN 04426-00	01.12.2013	Einrichtungen zur Instandhaltung baulicher Anlagen – Arbeitsplätze und Verkehrswege – Planung und Ausführung
DIN 07864-01	01.04.1984	Elastomer-Bahnen für Abdichtungen; Anforderungen, Prüfung
DIN 17455-00	01.02.1999	Geschweißte kreisförmige Rohre aus nichtrostenden Stählen für allgemeine Anforderungen – Technische Lieferbedingungen
DIN 17456-00	01.02.1999	Nahtlose kreisförmige Rohre aus nichtrostenden Stählen für allgemeine Anforderungen – Technische Lieferbedingungen
DIN 13501-05		
DIN 18190-04	01.10.1992	Dichtungsbahnen für Bauwerksabdichtungen; Dichtungsbahnen mit Metallbandeinlage; Begriff, Bezeichnung, Anforderungen